数据挖掘

原理与实践

[美] 查鲁·C. 阿加沃尔（Charu C. Aggarwal）著

王晓阳　王建勇　禹晓辉　陈世敏　译
复旦大学　清华大学　约克大学　中科院计算所

U0162912

Data Mining

The Textbook

机械工业出版社
China Machine Press

图书在版编目（CIP）数据

数据挖掘：原理与实践（基础篇）/（美）查鲁·C. 阿加沃尔（Charu C. Aggarwal）著；王晓阳等译 . —北京：机械工业出版社，2020.12（2021.9 重印）

（计算机科学丛书）

书名原文：Data Mining: The Textbook

ISBN 978-7-111-67029-2

I. 数… II. ① 查… ② 王… III. 数据采集 IV. TP274

中国版本图书馆 CIP 数据核字（2020）第 250285 号

本书版权登记号：图字 01-2015-5949

Translation from the English language edition:

Data Mining: The Textbook

by Charu C. Aggarwal

Copyright © Springer International Publishing Switzerland 2015

This work is published by Springer Nature

The registered company is Springer International Publishing AG

All Rights Reserved

本书中文版分为基础篇和进阶篇，深入探讨了数据挖掘的各个方面，从基础知识到复杂的数据类型及其应用，涉及数据挖掘的各种问题领域。它超越了传统上对数据挖掘问题的关注，引入了高级数据类型，例如文本、时间序列、离散序列、空间数据、图数据和社交网络数据。到目前为止，还没有一本书以如此全面和综合的方式探讨所有这些主题。

基础篇详细介绍了针对数据挖掘的四个主要问题（聚类、分类、关联模式挖掘和异常分析）的各种解决方法、用于文本数据领域的特定挖掘方法，以及对于数据流的挖掘应用。

本书在直观解释和数学细节上取得了很好的平衡，既包含研究人员需要的数学公式，又以简单直观的方式呈现出来，方便学生和从业人员（包括数学背景有限的人）阅读。本书包括大量插图、示例和练习，并把重点放在语义可解释的示例上，特别适合作为入门级数据挖掘课程的教材。

出版发行：机械工业出版社（北京市西城区百万庄大街 22 号　邮政编码：100037）

责任编辑：游　静		责任校对：李秋荣	
印　刷：北京市荣盛彩色印刷有限公司		版　次：2021 年 9 月第 1 版第 2 次印刷	
开　本：185mm×260mm　1/16		印　张：25.25	
书　号：ISBN 978-7-111-67029-2		定　价：139.00 元	

客服电话：(010) 88361066　88379833　68326294　　投稿热线：(010) 88379604

华章网站：www.hzbook.com　　读者信箱：hzjsj@hzbook.com

在当今的人工智能时代，数据分析和挖掘似乎已经是一个很古老的话题。这也难怪，对数据的分析甚至可以追溯到中国第一经——《易经》这部远古文明的产物[⊖]，至少 17 世纪就开始的数理统计学[⊜]为数据分析准备了齐全的数学工具，而领域公认的第一个数据挖掘算法[⊜]也早在 27 年前就发表了。相关领域现在流行的是机器学习，尤其是深度学习。那么在这个时候出版这本几年前就出版的原著译本，意义又何在？

事实上，目前的人工智能的发展是由数据驱动的。从数据中挖掘得到的知识在很大程度上成就了人工智能的奇妙，比如机器翻译、人脸识别、对话机器人等。目前人工智能所面临的问题是推广，也就是需要在各行各业将人工智能的能力发挥出来。这个能力的发挥在很大程度上依赖于数据的使用能力。而数据使用的难度源于数据的复杂性和多样性，我们需要一系列处理数据的工具，也就是数据挖掘工具，它是人工智能、机器学习任务的一个重要部分。

本书^㉘的一个特点是篇幅长、字数多，但它更重要的特点是打破了数据挖掘就是几个算法的错觉。它将数据挖掘工具放在实际的、复杂多样的数据环境中，总结各种方法的使用场景、使用方法，乃至可能的使用效果。各种方法与各种场景的组合纵横交错，形成了丰富的内容。

本书将数据挖掘归纳成四个基本问题：聚类、分类、关联模式挖掘和异常分析。同时作者对数据类型从多个方面进行考虑，包括是连续的还是离散的、是定量的还是定性的、是依赖于上下文的还是非依赖的，有文本数据和图数据，也有时间序列、与时间无关的序列、多维时间序列、数据流，以及各种交叉组合等，而且各种组合下的数据可能都需要进行聚类、分类、关联模式挖掘和异常分析。这就使数据挖掘任务变得异常复杂及困难，需要在本质上把这些类型之间的关系、各基本方法之间的关系，以及各类型与各方法之间的关系做一个梳理。另外，本书特别强调在解决上述问题时的计算及存储效率问题，在数据挖掘的实用性方面也有很好的分析。这些内容可帮助读者在数据挖掘及人工智能应用方面打下良好的基础。从这个角度来讲，本书对数据挖掘领域的描述相当完整。

本书作者是一位严谨的计算机科学家和高产的作家。译者在研究生涯中多次接触过他，他擅长将计算机科学问题提炼成数学问题，而且又能用计算机科学方法解决实际问题。从他撰写的书籍来看，他是一个在科研方面十分细致且思路宽广的人。本书注重原理、方法，有助于读者深入理解数据挖掘的各个方面，同时本书也可以作为一本"原理型菜单"，为各类数据的转换及四个基本方法的使用提供解决思路。既有基本方法，也有进阶内容，彼此融为一体，这使得本书既可以作为数据挖掘领域的工具书，也可以作为本科及研究生各个年级的

⊖ 王建. 易经：中国古代大数据 [M]. 北京：作家出版社，2015.
⊜ 陈希孺. 数理统计学简史 [M]. 湖南：湖南教育出版社，2002.
⊜ Rakesh Agrawal 等人在 1993 年 ACM SIGMOD 会议上发表的"Mining association rules between sets of items in large databases"。
㉘ 本书中文版将分为基础篇和进阶篇出版，基础篇对应原书第 1~13 章，进阶篇对应原书第 14~20 章，您手中的这一本是基础篇。——编辑注

教科书。

　　本书的翻译由本人与三位领域内翘楚王建勇、禹晓辉、陈世敏共同完成。整个翻译过程经过了较长的时间，其间得到了很多同事、学生的帮助，在这里一并感谢。同时也感谢机械工业出版社华章公司编辑们的极大耐心，"苦苦"等待本书翻译成稿。特别感谢本书策划编辑朱劼的支持与鼓励，使得冗长的翻译过程变得不再那么无望。最后，还要感谢本书责任编辑游静的出色工作，她使本书的成书质量得到了明显的提升。感谢各位。

王晓阳
2020 年 5 月于上海

"数据是新时代的石油。"

——Clive Humby

在过去二十多年中，数据挖掘领域取得了很大的进步，从计算机科学的角度来看尤其明显。尽管传统的概率与统计领域对数据分析已经有了广泛和深入的研究，但数据挖掘这个术语是由计算机科学相关的社区所创立的。对计算机科学家来说，计算的可扩展性、可用性和计算的执行都是极为重要的。

作为一门学科，数据科学需要一本超越传统的、仅专注于基本数据挖掘的教科书。最近几年，"数据科学家"这样的工作职位已经在市场上出现，这些人的工作职责就是从海量数据中窥探知识。在典型的应用中，数据类型倾向于异构及多样，基于多维数据类型的基本方法可能会失去效用，因此我们更需要将重点放在这些不同的数据类型以及使用这些数据类型的应用上。一本全面覆盖数据挖掘内容的书必须探索数据挖掘的不同方面，从基本技术出发，进而探讨复杂的数据类型，以及这些数据类型与基本技术的关系。虽然基本技术构成数据挖掘的良好基础，但它们并没有展示出数据分析真正复杂的全貌。本书在不影响介绍基本技术的情况下，研究这些高级的话题，因此本书可以同时用于初级和高级数据挖掘课程。到目前为止，还没有一本书用这种全面、综合的方式来覆盖所有这些话题。

本书假设读者已经有了一些概率统计和线性代数方面的基础知识，一般掌握了理工科本科时期学习的相关内容就足够了。对业界的从业者来说，只要对这些基础知识有一定的实际经验，就可以使用本书。较强的数学背景对学习那些高级话题的章节显然会有所帮助，但并不是必需的。有些章节专门介绍特殊的数据挖掘场景，比如文本数据、时序数据、离散序列、图数据等，这种专门的处理是为了更好地展示数据挖掘在多种应用领域有用武之地。

本书的章节可以分为三类。

- **基础章节**：数据挖掘主要有四个"超级问题"，即聚类、分类、关联模式挖掘和异常分析，它们的重要性体现为许许多多的实际应用把它们当成基本构件。由此，数据挖掘研究者和实践者非常重视为这些问题设计有效且高效的方法。这些基础章节详细地讨论了数据挖掘领域针对这几个超级问题所提出的各类解决方法。

- **领域章节**：这些章节讨论不同领域的特殊方法，包括文本数据、时序数据、序列数据、图数据、空间数据等。这些章节多数可以认为是应用性章节，因为它们探索特定领域的特殊性问题。

- **应用章节**：计算机硬件技术和软件平台的发展导致了一些数据密集型应用的产生，如数据流系统、Web挖掘、社交网络和隐私保护。应用章节对这些话题进行了详细的介绍。前面所说的那些领域章节其实也集中讨论了由这些不同的数据类型而产生的各类应用。

给使用本书的教师的一点建议

本书的撰写特点使得它特别适用于数据挖掘基础和高级两门课程的教学。通过对不同重点的关注，本书也可用于不同类型的数据挖掘课程。具体来说，使用各种章节组合可提供的课程包括下面几种。

- **基础课程**：数据挖掘基础课程应侧重于数据挖掘的基础知识。这门课可以使用本书的第 1、2、3、4、6、8、10 章。事实上，一门课可能无法覆盖这些章节中的所有内容，任课教师可根据需要从这些章节中选择他们感兴趣的话题。这门课也可以考虑使用本书的第 5、7、9、11 章的部分内容，这些章节确实是为高级课程准备的，但不妨在基础课程中引入一部分。
- **高级课程（基础）**：这门课将涵盖数据挖掘基础中的高级话题，并假定学生已经熟悉了本书第 1~3 章的内容，及第 4、6、8、10 章中的部分内容。这门课将主要关注第 5、7、9、11 章，如集成分析这样的内容对一门高级课程是有益的。此外，在基础课程中没来得及教授的第 4、6、8、10 章中的内容也可以在这门课中使用，并考虑增加第 20 章的隐私话题。
- **高级课程（数据类型）**：这门课可以教授文本挖掘、时序、序列、图数据和空间数据等内容，使用本书的第 13、14、15、16、17 章。也可以考虑增加第 19 章（如图聚类部分）和第 12 章（数据流）的内容。
- **高级课程（应用）**：应用课程可以与数据类型课程有所重叠，但有不同的侧重点。例如，在一个以应用为中心的课程中，重点应该放在建模而非算法方面。因此，第 13、14、15、16、17 章中的内容可以保留，但可以跳过一些算法细节。因为对具体算法关注得少些，这几章可以比较快地介绍，建议把省下来的时间分配给重要的三章，即数据流（第 12 章）、Web 挖掘（第 18 章）以及社交网络分析（第 19 章）。

本书的撰写风格简单，便于数学背景不多的本科生和业界从业人员使用。因此，对于学生、业界从业者以及科研人员，本书既可以作为初级的介绍性课本，也可以作为高级课程的课本。

在本书中，向量与多维数据点（包括类别型属性）都用上划线标注，如 $\overline{X}$ 或 $\overline{y}$。向量或多维数据点可以由小写字母或大写字母来表示，只要有上划线标注即可。向量点积由中心点表示，如 $\overline{X} \cdot \overline{Y}$。矩阵用大写字母表示，不用上划线标注，如 R。在整本书中，$n \times d$ 的数据矩阵用 D 表示，包含 n 个 d 维的点，因此 D 中的各个数据点是一个 d 维列向量。若数据点是只包含一项的向量（即一维向量），那么 n 个数据点即可表示为一个 n 维列向量。比如，n 个数据点的类别变量就是一个 n 维的列向量 $\overline{y}$。

致谢

感谢太太及女儿，感谢她们在我写这本书时所表达的爱与支持。写这本书需要大量的时间，这些时间都是从我的家人那里拿来的，所以这本书也是这段时间她们对我耐心支持的结果。

也感谢我的经理 Nagui Halim，他给了我莫大的帮助，他在专业方面的支持对本书以及过去我所写的多本书都至关重要。

在撰写本书时，我得到了很多人的帮助，特别是下列人士给了我很好的反馈：Kanishka Bhaduri、Alain Biem、Graham Cormode、Hongbo Deng、Amit Dhurandhar、Bart Goethals、Alexander Hinneburg、Ramakrishnan Kannan、George Karypis、Dominique LaSalle、Abdullah

Mueen、Guojun Qi、Pierangela Samarati、Saket Sathe、Karthik Subbian、Jiliang Tang、Deepak Turaga、Jilles Vreeken、Jieping Ye 和 Peixiang Zhao。感谢他们给了我很多具有建设性的反馈和建议。在过去的许多年中，我受益于许多合作者的真知灼见，这些对本书都有直接或间接的影响。首先要感谢我的长期合作者 Philip S. Yu，我们一起合作了多年。其他与我有过深度合作关系的研究者还包括 Tarek F. Abdelzaher、Jing Gao、Quanquan Gu、Manish Gupta、Jiawei Han、Alexander Hinneburg、Thomas Huang、Nan Li、Huan Liu、Ruoming Jin、Daniel Keim、Arijit Khan、Latifur Khan、Mohammad M. Masud、Jian Pei、Magda Procopiuc、Guojun Qi、Chandan Reddy、Jaideep Srivastava、Karthik Subbian、Yizhou Sun、Jiliang Tang、Min-Hsuan Tsai、Haixun Wang、Jianyong Wang、Min Wang、Joel Wolf、Xifeng Yan、Mohammed Zaki、ChengXiang Zhai 和 Peixiang Zhao。

还要感谢我的导师 James B. Orlin，感谢他在我早期研究中所给予的指导。尽管我已经不在原来的研究领域里工作，但我从他那里学到的东西形成了我解决问题的关键方式，特别是他告诉我在科研中依赖直觉并使用简洁思路是很重要的。这种做法在科研中的重要性其实还没有受到广泛的重视。本书就是用了一种简单、直观的方法撰写的，这样科研人员及业界从业者都能更容易理解本领域的研究内容。

感谢 Lata Aggarwal 帮我用微软的 PowerPoint 画了书中的一些图。

作者简介

　　Charu C. Aggarwal 在纽约约克顿高地的 IBM 托马斯·J. 沃森研究中心工作，是一位杰出研究员（DRSM）。他于 1993 年从坎普尔理工学院（IIT）获得学士学位，于 1996 年从麻省理工学院获得博士学位，并长期耕耘在数据挖掘领域。他发表了 250 多篇论文，撰写了 80 多篇专利文献，并编著和撰写了 14 本著作，其中包括第一部完整从计算机科学角度撰写的异常分析著作。由于他的专利具有很好的商用价值，IBM 三次授予他"创新大师"称号。另外，他在生物威胁探测方面的工作于 2003 年获得 IBM 企业奖，在隐私技术方面的工作于 2008 年获得 IBM 杰出创新奖，在数据流方面的工作于 2009 年获得 IBM 杰出技术成就奖，在系统 S 中的贡献于 2008 年获得 IBM 研究部门奖。他的基于冷凝方法进行隐私保护下的数据挖掘方法获得了 EDBT 会议于 2014 年颁发的"久经考验"奖。

　　他曾担任 2014 年 IEEE 大数据会议的联席总主席，并从 2004 年至 2008 年担任 *IEEE Transactions on Knowledge and Data Engineering*（TKDE）的副主编。他目前是 *ACM Transactions on Knowledge Discovery from Data*（TKDD）的副主编，*Data Mining and Knowledge Discovery*（DMKD）的执行主编，ACM *SIGKDD Explorations* 的主编，以及 *Knowledge and Information Systems*（KAIS）的副主编。他同时还担任由 Springer 出版的社交网络系列丛刊（LNSN）的顾问委员会成员。他曾担任过 SIAM 数据挖掘工作组的副主任。他由于对知识发现和数据挖掘算法的贡献而当选为 ACM 会士和 IEEE 会士。

数据挖掘导论

> "教育并非对知识、信息、数据、事实、技能及能力进行堆积，那只能叫培训；教育应该是对事物的内涵进行展示。"
>
> ——Thomas More

1.1 引言

数据挖掘是指对数据进行收集、清洗、加工和分析并从中获取有用知识的过程。在实际应用中，我们会遇到很多不同的问题领域、不同的应用场景、不同的问题表述形式和不同的数据表示形式等。因此，"数据挖掘"是个很宽泛的总称，用来描述上述各种情形中对数据的处理。

现代社会中几乎所有自动化系统都会产生某种形式的数据，用来对系统进行错误诊断或其他分析，这已导致一种数据洪流的出现，数据量达到千万亿字节（petabyte）甚至百亿亿字节（exabyte）的规模。下面是几个不同类型数据的例子。

- Web：Web 上文件的数目现以数十亿（billion）计，而且其中"暗网"（即网络中不能直接链接到的部分）中的数据量还要大得多。用户对此类文件的访问会在各类服务器上生成 Web 访问日志，在商业网站上形成用户行为数据。另外，网页之间的链接结构可称为 Web 图，其本身就是一种数据。这些数据有各种用途，例如，对 Web 文档及其之间的链接结构进行挖掘可以确定 Web 上各类不同话题之间的关系。另一方面，对用户访问日志的挖掘可以用来确定访问的频繁模式或发现异常的、也许不该发生的行为。

- 财务交往：日常生活最为普遍的事务，如每次使用借记卡或信用卡，都可以自动产生数据。从这类数据中可以挖掘出很多有用的信息，例如欺诈行为或其他不寻常的活动。

- 用户交互：各类形式的用户交互会产生大量的数据。例如，电话公司在用户每次使用电话时就会创建一条记录，包括通话持续时间和对方电话号码等详细信息。许多电话公司会定期分析这类数据，确定相关的用户画像，以便在网络容量、促销、定价等方面做决策时将其作为参考，或者进行用户需求跟踪。

- 传感器技术和物联网：低成本可穿戴式传感器、智能手机以及其他可以直接互相通信的智能设备近期发展速度很快。有一项估计称，这种设备的数量在 2008 年超出了地球上人类的数量 [30]。这类设备所采集的海量数据对挖掘算法的影响是深刻的。

海量数据的产生是技术进步和现代生活各方面智能化的直接结果，一个很自然的问题是，人们能否从这些数据中抽取出简明扼要的、可操作性强的洞察及理解，在相关应用中达成特定的目标。这个问题带来了数据挖掘的需求。原始数据可以是随意的、非结构化的，甚至是不适合直接进行自动化处理的格式。例如，数据可能是由手工从多类数据源、以不同的格式收集来的，但这些数据需要以某种自动的计算机程序进行处理，从而获得对事物的有益洞察。

为解决上述问题，数据挖掘分析师会使用这样一个处理流程，即对原始数据进行收集、清洗，并将其转化为一种标准格式，然后存储在一个商业数据库系统中，最后使用分析方法来产生所需要的洞察。事实上，数据挖掘往往使人只联想到分析算法，现实情况是绝大部分工作需要花费在数据准备上。上述流程从概念上来说跟实际的挖矿过程类似，都是从原始矿物到产生最终产品的过程，我们使用的"挖掘"一词也是由此得来的。

从分析的角度来看，数据挖掘是个困难的任务，因为需要面对差异很大的各类问题及各种数据类型。例如，商业产品推荐与入侵检测有很大的不同，在输入数据的格式及问题的定义这些基本层面上都很不一样。即使是类似的问题，数据挖掘任务的差别也可以是相当大的。例如，由于基础数据类型的不同，多维数据库中的商品推荐问题与社交推荐问题差别就很大。尽管如此，数据挖掘的应用通常与关联模式挖掘、聚类、分类以及异常检测这四个数据挖掘的"超级问题"有密切关系，这些问题的重要性反映为它们直接或间接地在大多数数据挖掘应用中起到了"基本模块"的作用，由此可以将它们作为有用的抽象概念，使我们能将整个数据挖掘领域有效地进行概念化和结构化。

各种数据可以有不同的格式或类型，类型可以是定量型的（比如年龄）、类别的（比如性别）、文本的、空间的、时间的或面向图的。虽然最常见的数据形式是多维数据，但越来越多的数据属于更加复杂的类型。在概念层面上，很多算法可以同时应用在不同的数据类型上，但在实际情形下，这种算法的移植事实上很困难，因为具体的数据类型可能对算法的实际操作方式有很大的影响。因此需要将多维数据上的算法进行变化，使之能在其他数据类型上起作用。本书将为不同的数据类型设定专门的章节，这样能使读者更好地了解具体数据类型对分析方法的影响。

近年来，不断增加的数据量形成了一项新的重大挑战，时下流行的不间断数据收集方式使人们对数据流领域的兴趣日增。例如，互联网上的流量就导致了较大的数据流，除非我们花费巨大的存储资源，一般无法有效地存储这样的数据。这种情况对处理和分析提出了独特的挑战，即在不可能直接存储所有数据时，分析处理工作需要实时进行。

本章对在各种数据类型上进行预处理及分析的不同技术给出一个概述，目标是研究在各类问题抽象方法及不同数据类型的情况下的数据挖掘方法，因为许多重要的应用可以使用这些抽象方法来表达。

本章内容的组织结构如下：1.2 节讨论数据挖掘过程，特别注重数据预处理阶段；1.3 节讨论不同的数据类型及其形式化定义；1.4 节比较粗略地讨论数据挖掘的主要问题，并讨论数据类型对这些挖掘问题的影响；1.5 节讨论数据挖掘算法的可扩展性问题；1.6 节给出几个应用的例子；最后，1.7 节给出本章小结。

1.2 数据挖掘过程

如前所述，数据挖掘过程包含数据清洗、特征提取、算法设计等多个阶段，本节将讨论这些阶段。典型数据挖掘应用的过程包含以下几个阶段。

1. 数据采集

数据采集工作可能是使用像传感器网络这样的专门硬件、手工录入的用户调查，或者如 Web 爬虫那样的软件工具来收集文档。虽然这个阶段与具体应用息息相关，但常常落在数据挖掘分析师们所考虑的范围之外，而这个阶段对数据挖掘过程也是至关重要的，因为这一阶段所做的选择会明显地影响整个数据挖掘过程。采集阶段产生的数据通常会先存入数据库，广义上称为**数据仓库**，然后进行处理。

2. 特征提取和数据清洗

上述采集阶段得到的数据，其格式往往不适合直接进行处理。例如，采集来的数据可能是使用复杂编码的日志或自由格式的文档，并在许多情况下，各种类型的数据又任意地混合在一起，形成自由格式的文档。要使这样的数据适合进一步加工，有必要把它们转化为对数据挖掘算法较为合适的格式，比如多维数据、时序数据或者半结构化数据等。多维数据是最常见的格式，其不同的字段对应于可以称为**特征**、**属性**或**维度**的各种测量属性。抽取这些特征是数据挖掘的一个至关重要的阶段，而特征提取阶段通常与数据清洗阶段并行进行，以便估计或校正丢失的数据以及错误的数据。另外，在许多情况下，数据可能从多个来源聚集而成，进行处理时需要把它们转换为统一的格式。上述过程的最终结果是一个有较好结构的数据集，可以由计算机程序有效地使用。在特征提取阶段之后，数据可以存回到数据库中用于进一步的处理。

3. 分析处理和算法

数据挖掘过程的最后一步是为处理过的数据设计有效的分析方法。在许多情况下，不太可能将手头的应用直接转化成一个标准的数据挖掘问题，比如转化成前面讨论过的四个"超级问题"中的某一个。但这四个超级问题具有很广泛的覆盖性，可以构成数据挖掘任务的基本模块，而大多数应用都能由这些作为基本模块的组件拼搭起来实现，本书将提供这个过程的案例。

整个数据挖掘过程可由图 1-1 表示。请注意，图中的分析处理模块显示了对特定应用设计的、由多个基本模块组合而成的解决方案，这一部分依赖于分析师的技能。通常的做法是使用四个主要问题中的一个或多个作为基本模块来搭建。需要承认的是，并非所有的数据挖掘应用都能用这四个主要问题来搭建解决方案，但许多应用可以这样解决，因此本书有必要给予这四个主要问题一个特殊的地位。下面我们使用一个有关推荐的应用实例来解释数据挖掘的整个过程。

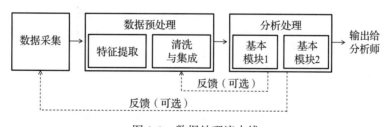

图 1-1　数据处理流水线

示例 1.2.1　考虑这样一个网上零售商的场景，此零售商保存了客户访问其网站的访问日志，还收集了客户的基本情况信息。假设网站的每个网页对应一个商品，客户访问一个网页可能表明对相应的商品感兴趣。零售商希望通过对客户的个人资料及其购买行为的分析，有针对性地给客户推荐商品。

解决问题的流程示例：分析师的第一步工作是收集两种不同来源的数据，其一是从该网站的日志系统中抽取的日志，其二是从零售商的数据库中抽取的客户个人资料。这里的一个难题就是这两种数据使用了非常不同的数据格式，放到一起处理很不容易。例如，一条日志可以以下面这种形式出现。

```
98.206.207.157 - - [31/Jul/2013:18:09:38 -0700] "GET /productA.htm
HTTP/1.1" 200 328177 "-" "Mozilla/5.0 (Mac OS X) AppleWebKit/536.26
(KHTML, like Gecko) Version/6.0 Mobile/10B329 Safari/8536.25"
"retailer.net"
```

日志中可能包含成千上万个这种条目，上面这一条目显示 IP 地址为 98.206.207.157 的客户访问了 productA.htm 这一网页。要确认使用一个 IP 地址的客户是谁，可以通过之前的登录信息，或者通过网页的 cookie 记录，甚至直接通过 IP 地址本身，但这个确认过程可能充满噪声，不可能总是产生准确的结果。作为数据清洗和提取过程的一部分，分析师还需要设计算法对不同的日志条目进行有效的过滤，以便只使用那些提供准确结果的数据段，因为原始日志中包含很多对零售商可能没有任何用处的额外信息。在特征提取阶段，零售商决定从网页访问日志中提取特征，为每个客户创建一条记录，其中将每个商品设置为一个属性，记录此客户对相应商品网页的访问次数。因此，这个特征抽取需要对每条原始日志进行处理，并将多条日志中抽取的特征进行聚合。之后在数据集成时，再将这些属性数据添加到零售商的客户数据库中去。这个客户数据库包含客户个人资料，倘若个人资料记录中缺少某些条目，则需要为其进行进一步的数据清洗。最终，我们得到一个数据集，将客户个人资料的属性及客户对商品访问次数的属性整合在一起。

此时，分析师需要决定如何使用此清洗过的数据集，为客户提供推荐。分析师可以将类似的客户分成几类群体，并根据每类群体的购买行为提出推荐意见。聚类分析在这里可以作为一个基本模块，用于确定类似客户的群体。对每一个客户，可以为其推荐该客户所在群体作为一个整体访问最多次的商品（这里指的是商品网页）。这个案例包含了一个完整的数据挖掘流程。读者将在第 18 章中学习许多优美的提供推荐的方法，它们在不同的情况下各有优劣，因此，整个数据挖掘过程是一门艺术，很大程度由分析师的技能所决定，而不完全由特定的技术或基本模块所左右，这种技能只能通过在不同应用需求下处理各类不同数据的实践中获得。

1.2.1　数据预处理阶段

数据预处理阶段也许是数据挖掘过程中最关键的一个阶段，然而，这个阶段很少得到应有的探讨，因为大部分数据挖掘讨论的重点放在了数据分析方面。这一阶段在数据采集后就开始，包括以下步骤。

1. 特征提取

分析师可能面临大量的原始文件、系统日志、商业交易，但几乎没有任何指导性的快速入门方法将这些原始数据转化为有意义的数据。这一步骤高度依赖于分析师的抽象能力，以找出与手头应用最相关的特征。例如，在信用卡欺诈检测应用中，收费金额、重复频率以及位置信息往往是找出欺诈的有效指标，而许多其他特征信息也许就用处不大。因此，提取正确的特征往往是个技术活，需要对手头应用相关的领域有充分的了解。

2. 数据清洗

上述特征提取得到的数据中可能含有错误，也有些条目可能在采集及提取时丢失。因此，我们可能要丢弃一些含有错误的数据记录，或者对缺失的条目进行估计填充，并剔除数据中的不一致性。

3. 特征选择与转换

当数据维度很高时，很多数据挖掘算法就会失效。而且当数据维度很高时，数据噪声会增加，可能带来数据挖掘的错误。因此，需要使用一些方法，移除与应用无关的特征，或者将数据变换到一个新的维度空间中，使数据分析更容易进行。另一个相关的问题是数据转换，将一些属性转换为另一种相同或类似数据类型的属性。比如将年龄数值转化成年龄段，可能对分析更有效也更便利。

数据清洗过程中通常需要使用对缺失数据进行估计的统计方法，此外，为确保挖掘结果的准确性，通常需要剔除错误的数据条目。本书第 2 章将介绍数据预处理时涉及的数据清洗问题。

由于特征选择和数据转换高度依赖于具体的分析问题，不应视为数据预处理的一部分，甚至在某些情况下，特征选择可能与具体算法或方法紧密结合，以一种包装模型或嵌入模型的形式出现。但在一般情况下，会在应用具体挖掘算法之前执行特征选择阶段。

1.2.2 分析阶段

本书大部分内容将关注挖掘过程的分析阶段。一个主要的挑战是每个数据挖掘应用都是独特的，很难为很多类应用打造出一个灵活的、可复用的挖掘技术。然而，我们发现有些数据挖掘方法在各类应用中反复出现，即所谓的"超级问题"或数据挖掘的基本模块。怎样在特定的数据挖掘应用中使用这些基本方法很大程度上取决于分析师的技能和经验，所以本书虽然可以对这些基本模块进行很好的描述，但怎样在实际应用中使用它们，只能通过实践来学习。

1.3 基本数据类型

数据挖掘过程中一个有趣的现象是存在各种各样可供分析的数据类型。广义上来说，数据挖掘需要处理复杂性不同的两类数据。

1. 非依赖型数据

这是相对简单的数据类型，如多维数据或文本数据。这种数据类型简单而常见，数据项或属性之间没有任何依赖关系，比如个体统计数据中的年龄、性别和邮编等。

2. 依赖型数据

这类数据中的数据项之间含有隐性的或显性的关系。社交网络数据集就是显性关系的一个例子，它包含一组连接在一起的顶点（数据项），而连接顶点的边即是数据项之间的显性关系。时间序列中往往包含隐性依赖关系，比如，传感器连续采集的两个读数很可能彼此相关，这里时间属性就给出了读数之间的隐性关联。

依赖型数据一般比较难处理，数据项之间已有的关系增加了挖掘的复杂性，因为要使挖掘结果有意义，这种数据之间的依赖关系需要直接纳入分析过程中去。

1.3.1 非依赖型数据

这是最简单的数据形式，通常是指多维数据。此类数据通常包含一组记录，记录在不同应用中也称为数据点、实例、样例、交易记录、实体、元组、对象或特征向量等，而每个记录通常包含一组字段，也称为属性、维度和特征等。本书中将交替使用这些意义相同的名称。一个记录的字段是用来描述该记录的属性的。关系数据库系统传统上从一开始就是为处理这种数据而设计的。例如，表 1-1 给出了个人资料的一个数据集，其中每条记录中含有个体的年龄、性别和邮编等属性。多维数据集的定义如下：

定义 1.3.1（多维数据） 一个多维数据集 D 是一个含有 n 条记录 $(\overline{X_1}, \cdots, \overline{X_n})$ 的集合，其中每条记录 $\overline{X_i}$ 是一个表示为 $(x_i^1, \cdots, x_i^d)$ 的含有 d 个特征的集合。

由于多维数据比较简单，而且能为之后处理更复杂的数据类型打下基础、做好准备，本书的最初几章将专注在多维数据上，而后面几章将转向更复杂的数据类型，讨论数据之间的依赖关系对数据挖掘的影响。

表 1-1　多维数据集的示例

姓　名	年　龄	性　别	邮　编
John S.	45	M	05139
Manyona L.	31	F	10598
Sayani A.	11	F	10547
Jack M.	56	M	10562
Wei L.	63	M	90210

1.3.1.1　定量型的多维数据

表 1-1 中的属性分为两种类型，一类是诸如年龄这样的数值类型，这种数值类型的数据有自然的次序，这类属性称为连续的、数值的或定量的。如果数据集内所有的字段都是定量型的，那么此类数据就称为**定量型数据**或**数值数据**。定义 1.3.1 中，若每个数据项 x_i^j 都是定量型的，相应的数据集就可称为定量型多维数据。此类数据在数据挖掘文献中是最常见的，本书讨论的许多算法也是为此类数据设计的。由于定量型数据从统计的角度来看要容易得多，因此此类数据特别便于分析处理。例如，一组定量型数据的均值就是其平均数，但对其他数据类型这类计算可能会变得很复杂。在可能并且效果还好的情况下，很多数据挖掘算法会尝试将不同种类的数据转换为定量型值之后进行处理，这也是为什么本书（以及几乎所有其他数据挖掘教科书）对分析算法的讨论都假设数据以多维定量形式出现。当然，在实际应用中，数据可能更复杂，我们可能需要处理各类数据混合的情况。

1.3.1.2　类别型和混合型数据

实际应用中的许多数据集可能包含类别型数据，其特点是离散且无次序。表 1-1 中的性别和邮编就是离散值，数据之间没有自然的前后次序。定义 1.3.1 中，若每个数据项 x_i^j 都是类别数据，相应的数据集就称为**无序离散数据**或**类别型数据**。若数据集内的数据项既有定量型的又有类别型的，相应的数据集就称为**混合型数据**。表 1-1 中的数据从整体来看是混合型数据，因为它包含定量型和类别型属性。

性别这个属性比较特别，它是类别型数据但只有两个可能的值。在这种情况下，可以人工指定两个值之间的次序，以便使用为定量型数据设计的挖掘算法。这种特别的属性称为**二元数据**，可以认为是定量型数据的一种特例，也可以认为是类别型数据的一种特例。本书第 2 章将解释如何使用二元数据作为一种"桥梁"，将定量型和类别型数据转换成一种适合多种挖掘处理需求的通用格式。

1.3.1.3　二元和集合数据

二元数据可视为多维类别型数据的特例或者是多维定量型数据的特例。说它是多维类别型数据的特例，是因为可以将一个二元属性看成一个类别型属性，只是此类别型属性只可能取两个离散值；说它是多维定量型数据的一个特例，是因为可以给予涉及的两个值一个前后次序。此外，二元数据也可以看成一种集合归属数据，表示是否隶属某个给定集合，属性值为 1 表示相应的元素是包含在给定集合中的，这种数据在市场购物篮相关的应用中常见，在本书的第 4～5 章中将有详细阐述。

1.3.1.4　文本数据

文本数据可以有不同的表示方法，一方面可以被视为一个字符串，另一方面也可以被视为多维数据。原始形式的文本数据是一个文档，对应于一个字符串，这是一种本章后面会介绍的依赖型数据。这里的字符串就是形成文档的字符（或单词）序列。然而，文本数据直接表示为字符串的情况比较少见，因为在大规模应用中，很难直接使用单词之间的次序关系，所以在文本处理应用领域，利用这种次序所带来的回报往往是很有限的。

在实际应用中，文档多以向量空间的形式表示，可以基于文档中各个单词出现的频率进行分析。单词有时也称为**术语**。在这种表示形式下，单词在文档中的次序信息就丢失了。这种频率信息通常需要进行某种统计意义上的归一化，比如使用文档的长度或涉及的单词在整个集合中出现的次数来做归一化。本书第 13 章将详细地讨论这些文本数据挖掘的问题。对于有 n 个文档、d 个术语的文本集合，可以用一个 $n \times d$ 的数据矩阵来表示，并称之为**文档术语矩阵**。

若用向量空间表示文档，那么文本数据就是一种多维的定量型数据，一个属性对应于词典中的一个单词，其属性值对应于这个单词在相应文档中出现的次数。然而，这种定量型数据有个特殊性，即大多数属性上的值可能为零，只有少数属性的值非零，这是因为若词典中有 10^5 个单词，而一个具体的文档一般只使用词典中很小一部分的单词。这种现象称为**数据稀疏性**，这种稀疏性对数据挖掘过程有很大的影响。稀疏数据若不进行一定的改造，而是直接使用定量型数据挖掘算法的话，成功的可能性不大，所以稀疏性对数据如何表示提出了要求。比如，文本数据可以用定义 1.3.1 所建议的方法来表示，但这不实用，因为定义 1.3.1 中 d 维向量中绝大多数的 x_i^j 值为 0，要以显式的方法保存如此多的 0 是很浪费的。文档的"词袋"表示方式指的是仅存储文档中出现的单词，并将这些单词在文档里出现的次数保存起来，这种表示方法通常更有效。由于数据稀疏问题，文本数据经常需要专门的处理方法，是数据挖掘研究中一个特殊的子领域。本书第 13 章将讨论文本挖掘方法。

1.3.2　依赖型数据

本章前面讨论较多的是多维数据，其数据记录中的每个数据项可以单独进行处理。但实际上，数据项之间可能有某种隐式的相互依赖关系（比如时间关系、空间关系），或者显式的依赖关系（比如数据项之间有某种网络的链接关系）。这些预先存在的依赖关系极大地改变了数据挖掘过程，因为数据挖掘说到底就是要找到数据之间的关系。预先存在的依赖关系改变了对数据中关系的预期，也因为这种预期的改变，影响了对什么是有趣关系的理解。可能存在几种类型的依赖关系，它们可能是隐式的也可能是显式的。

1. 隐式依赖关系

在这种情况下，数据项之间没有明确表达出来的依赖关系，但相关应用领域有"通常"存在的、数据项之间的依赖关系。例如，由传感器连续收集的几个温度值很可能极为相似，因此，如果一个传感器在某一特定时间记录的温度值与下一个时间记录的温度值有很大差异的话，将会极不寻常，这是数据挖掘时需要发现的有意思的现象。可以看出这种情况与多维数据中将每个数据项视为一个独立实体的情况很不同。

2. 显式依赖关系

通常是指用图数据或网络数据显式地给出数据项之间关系的情况。图是一种强有力的抽象方法，通常可以作为一种中间表示形式，用于解决其他数据类型的数据挖掘问题。

本小节将详细讨论各类依赖型数据。

1.3.2.1 时间序列数据

时间序列数据通常包含随着时间的推移通过连续测量所生成的数值。例如，环境传感器连续测量气温、心电图仪（ECG）连续测量病人的心脏节律参数等。这类数据通常具有隐式的、基于时间关系的依赖性。例如，温度传感器连续测量的数值记录应该是平滑变化的，这一现象需要被显式地使用在数据挖掘过程中。

但时间依赖性的特点可能随应用而有很大的不同。例如，一些传感器应用的读数可能会显示定期循环的态势。时间序列挖掘的一个重要问题就是要把这种依赖性挖掘出来。为严格定义这种时间引起的依赖关系，我们把时间序列数据的属性分为两种。

1. 上下文属性

这类属性给出产生数据隐式依赖性的上下文环境。例如，传感器数据中表示测量时间的时间戳属性可以看成这样一个上下文环境。有时时间戳并没有显式地给出时间本身，而是使用了次序上的序号。时间序列数据类型中只有一个上下文属性，其他数据类型可能有多个上下文属性，比如本章后面讨论的空间数据。

2. 行为属性

这类属性指的是在特定上下文中所测量的数值。在传感器的例子中，气温是一个行为属性。多个行为属性可以并存，例如多个传感器同步记录数值所产生的多维时间序列数据。

数据中上下文属性通常对行为属性值之间的依赖关系有很大影响。时间序列数据的正式定义如下。

定义 1.3.2（多元时间序列数据） 一个长度为 n、维度为 d 的时间序列在 $t_1, \cdots, t_n$ 这 n 个时间戳的每个时间点上有 d 个定量型特征，而每个时间戳上的数据包含 d 个序列中每个序列的一个数值。因此，时间戳 t_i 上的数据是 $\overline{Y_i} = (y_i^1, \cdots, y_i^d)$，而在时间戳 t_i 上第 j 个序列上的数据为 y_i^j。

例如，假设在同一个位置有两个传感器分别监测温度和压力，在一分钟内，每一秒各采集一个数值，这就对应了 $d = 2$、$n = 60$ 的多元时间序列数据。在一些情况下，尤其是在时间戳之间的时间间隔都一致的情况下，时间戳 $t_1, \cdots, t_n$ 可能由索引值 1 到 n 代替。

时间序列数据多用于传感器应用、预测、金融市场分析等。本书第 14 章将论述时间序列的分析方法。

1.3.2.2 离散序列和字符串

离散序列可以认为是将时间序列数据中的定量型数据转换成类别型数据而得到的。跟时间序列数据类似，离散序列的上下文属性是一个时间戳或时间序列索引，而行为属性是一个类别型数据。因此，离散序列数据的定义与时间序列数据的定义很类似。

定义 1.3.3（多元离散序列数据） 一个长度为 n、维度为 d 的离散序列在 $t_1, \cdots, t_n$ 这 n 个时间戳的每个时间点上有 d 个离散值，即每个时间戳上的元素 $\overline{Y_i}$ 是 d 个离散的行为属性 $(y_i^1, \cdots, y_i^d)$。

以一个网站访问序列为例，假设我们收集了 100 次对网站的访问，采集的数据包括所访问的网页地址以及访客的 IP 地址。这样我们就有一个长度 $n = 100$ 和维度 $d = 2$ 的离散数据序列。序列数据中特别常见的情况是单变量，即 $d = 1$ 的情况，这种序列数据也称为**字符串**。

应该指出的是，上述定义几乎与时间序列相同，只是离散序列包含的是类别型属性。理论上，一个序列中可以混合有类别型数据和定量型数据。另一个重要的变种是序列中不包含类别型属性，而是包含一组任意数量的无序类别值。例如，超市的交易记录可能包含一个项目（商品）集的序列，每个项目集可能包含任意数量的项目。这种集合类的序列不是真正的多元序列，而是单变量序列，序列中的每个元素是一个集合而不是单元数据。与时间序列数据相比，由于离散值可以定义为集合，因此离散序列可以更广泛地以各种方式来定义。

在某些情况下，上下文属性不见得就是明确的时间值，而可能是基于物理位置的值，比如生物序列数据就是如此。在这种情况下，时间戳可以用其他方式替代，比如使用代表字符串中值的位置的索引号，将最左端位置计为 1。序列数据常见的例子如下。

- **事件日志**：种类繁多的计算机系统、网站服务器、网络应用都依据用户的活动创建事件日志。例如，一个金融网站上用户操作的事件日志序列如下。

```
Login Password Login Password Login Password ....
```

  这个序列可能代表有用户试图闯入一个有密码保护的系统，从异常行为检测的角度来看，这可能是一个有意义的发现。

- **生物数据**：生物数据序列可能对应于核苷酸或氨基酸的字符串，这些分子的序列提供了有关蛋白功能的特性信息，由此，数据挖掘可以用来确定生物学特性的分子序列模式。

由于缺乏时间序列数据的平滑连续性，离散序列往往对挖掘算法更具挑战。本书第 15 章将论述序列挖掘方法。

1.3.2.3　空间数据

空间数据中，许多非空间属性是在空间位置上测量的，如温度、压力、图像像素颜色强度等。例如，气象学家经常收集海面温度来预测飓风的发生。在这种情况下，空间坐标对应于上下文属性，非空间属性（如温度）对应于行为属性。通常情况下空间数据有两个空间属性，且跟时间序列数据的情况一样，空间数据也可以有多个行为属性。比如在上述海面温度应用中还可以测量其他行为属性（如压力）。

定义 1.3.4（空间数据）　一个 d 维空间数据记录包含 d 个行为属性和一个或多个包含空间位置的上下文属性。由此，一个 d 维空间数据集是一组 d 维记录 $\overline{X_1}, \cdots, \overline{X_n}$，以及相对应的 n 个位置 $L_1, \cdots, L_n$ 的集合。

上述定义中对记录 $\overline{X_i}$ 和位置 L_i 的具体设定可以有很大的灵活性。例如，记录 $\overline{X_i}$ 中的行为属性可能是定量型的或类别型的，或者是两者的混合。在气象应用中，$\overline{X_i}$ 可能包含 L_i 地点的温度和压力属性。此外，L_i 可能是精确的空间坐标（比如纬度和经度），也可能是逻辑位置（比如城市或国家）。

空间数据挖掘与时间序列数据挖掘密切相关，因为常用的空间应用中的行为属性也是连续的，当然一些应用也会使用类别型数据。所以，就像在时间序列数据中，值连续性是在连续的时间戳上观察到的一样，空间数据中的值连续性也是在连续的空间位置上观察到的。

时空数据

有一种特殊形式的空间数据叫作时空数据，它包含空间和时间两种属性。这类数据的确切性质取决于哪些属性是上下文属性，哪些是行为属性。下面两种时空数据是最常见的。

1. 空间和时间都是上下文属性

这类数据可以看作空间数据和时间数据的直接推广，若需要同时测量空间和时间上的动态行为属性，这类数据就很有用。例如，若需要随着时间的推移测量海面温度的变化，那么温度就是行为属性，而空间和时间是上下文属性。

2. 时间是上下文属性，而空间是行为属性

严格地说，这样的数据也可以当成时间序列数据。然而，行为属性的空间特性也提供了较多的可解释性，也是各种情形下分析的重点。在轨迹分析应用中常采用这种数据形式。

应当指出的是，任何二维或三维的时间序列数据可以映射成轨迹数据。这是一个有用的转换，因为它意味着轨迹挖掘算法也可用于二维或三维的时间序列数据。例如，英特尔伯克利研究院的数据集 [556] 包含来自各种传感器的数据，图 1-2a 和图 1-2b 分别显示了温度和电压传感器的读数，而相应的温度 – 电压轨迹如图 1-2c 所示。本书第 16 章将讨论空间与时空数据挖掘的方法。

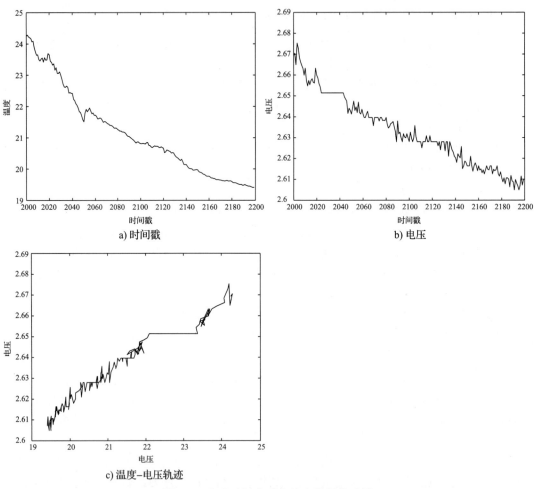

图 1-2 多元时间序列向轨迹数据的映射

1.3.2.4 网络和图数据

在网络和图数据中，数据值可对应于网络中的节点，而数据值之间的关系可对应于网络节点之间的边。在某些情况下，网络中的节点可以带有属性。虽然网络中的边也可以带有属

性，但这种情况并不常见。

定义 1.3.5（网络数据） 一个网络 $G = (N, A)$ 包含一组节点 N 和一组边 A，其中 A 中的边表示节点之间的关系。在某些情况下，一个节点 i 可以带有一个属性集 $\overline{X_i}$，一条边 (i, j) 也可以带有一个属性集 $\overline{Y_{ij}}$。

根据应用需求，一条边 (i, j) 可能是有向的或无向的。例如，一个 Web 图可能包含有向边，因为一个网页到另一个网页的超链接是有向的，而脸书社交网络上的朋友关系是无向的。

第二类图挖掘问题涉及包含许多小图的数据库，如化合物数据库。这两类数据挖掘问题面临着非常不同的挑战。以网络和图表示的数据的一些示例如下。

- **Web 图**：这类数据中节点对应于网页，边对应于超链接，网页中的文本可以是相应网页节点的属性。
- **社交网络**：这类数据中节点对应于社交网络用户，而边对应于朋友关系。社交页面的内容可以是节点上的属性数据。在一些专门的社交网络（比如电子邮件或聊天网络应用）中，邮件及聊天的通信记录可能是边上的属性数据。
- **化合物数据库**：这类数据中的节点对应于元素，边对应于元素之间的化学键。这些化合物的结构对于认识这些化合物重要的活性及药理特性很有用。

网络和图数据的表示方法具有很大的普遍性。许多其他数据类型上的应用，如果涉及的问题存在数据相似性，可能就可以使用网络和图数据的方法来解决。例如，多维数据可以转换成网络数据，即将每个记录转换为一个节点，在相似的记录（节点）之间连一条边。这种表示方法经常用于基于相似度的数据挖掘应用中，比如聚类分析，可以在网络数据上使用社区发现算法以确定节点群集（簇），然后将它们映射回多维数据。本书第 19 章将讨论一些基于这一原则的聚类方法。网络数据的普遍性是有代价的，因为开发网络数据上的挖掘算法一般更难些。本书第 17～19 章将讨论网络数据挖掘方法。

1.4 主要数据挖掘模块总览

如在 1.1 节引言中介绍的，有四个问题是数据挖掘过程的根本性问题，即聚类、分类、关联模式挖掘和异常检测，它们反复出现在很多数据挖掘应用中。是什么让这些问题如此特别？为什么它们一再出现？要回答这些问题，就必须了解什么样的典型关系是数据科学家经常试图从数据中提取的。

考虑一个多维数据库 $\mathcal{D}$，假设其中有 n 条记录、d 个属性。这种数据库 $\mathcal{D}$ 可表示为 $n \times d$ 矩阵 D，其中每一行对应一条记录，每一列对应一个维度。我们通常将这个矩阵称为**数据矩阵**。本书将交替使用数据矩阵 D 和数据库 $\mathcal{D}$ 这两种等价的说法。从广义上说，所有数据挖掘都是要发现数据矩阵中条目之间的某种综合性关系，这种关系要么异常频繁，要么异常罕见。数据条目之间的关系有两种。

- **列之间的关系**：这种情况是要确定在一行中各值之间频繁或罕见的关系，通常能转换为关联模式挖掘问题，其中的关联性可以是正相关也可以是逆相关，虽然人们对正相关情况的研究比较多。在某些情况下，矩阵中某一列比其他列更重要，是数据挖掘分析师的目标属性。这时，确定其他列与该特殊列的关系是人们所关心的，这些关系可以用于预测该特殊列所缺失的数据值。这一问题称为**数据分类**问题。这种把某特定属性视为特殊属性并对它进行预测的数据挖掘过程，我们称之为有监督的数据挖掘。

- **行之间的关系**：在这种情况下，目标是把行分成多个子集，使得属于一个子集中的行在相应列的值上具有相关性。若这些子集中的行都是相似的，则相应的问题称为**聚类**（此时一个子集也称为一个簇）。另一方面，若某一行的列值跟其他行中相应的列值很不一样，这一行就会是一个有意思的不寻常数据点，或可称为**反常现象**。这一问题称为**异常分析**。一个有趣的现象是，聚类问题与分类问题密切相关，后者可以认为是前者的带监督的版本。一个特殊列中的离散值可以作为一个行组的标识符，即在此列上具有同样值的行形成理想中的或者被监督的行组。从应用角度来看，这个分组应该对应于由相似数据行所组成的记录子集（数据挖掘的目标是对行的相似性给出定义）。例如，当某特殊列的值对应于客户对某商品是否感兴趣时（取"是 / 否"两值之一），这就把可以用于学习的数据分成了两组（两个簇），便于使用有监督的方法。"监督"一词指的是使用一个特殊列，以一个与应用需求相关的方式来指导数据挖掘的过程，就像一个老师监督其学生向一个具体的目标努力一样，去挖掘出一个簇内行之间相似性的条件。

由此看来，我们前面讲过的四个数据挖掘基本问题确实很重要，因为它们似乎涵盖了数据矩阵中所有正向、逆向、有监督、无监督的数据关系。这些问题彼此之间也存在各种联系，例如，关联关系中的模式可以间接地视为聚类中的簇，其中一个模式对应一个簇，簇之间可能有重叠。此时一个簇一般对应一个列组，而非行组。

应该指出的是，上述讨论是在（经常遇到的）多维数据类型的假设下进行的，但这些问题在更为复杂的数据类型中也同样重要。然而，复杂数据类型由于其更大的复杂性，将形成更多的问题种类，这方面的讨论将在本小节后面部分详细给出。

在现实应用中我们经常观察到的情况是，发现数据矩阵的行列之间的关系是一个不可或缺的中间步骤，这也说明深入理解上述基本模块对数据挖掘过程的重要性。因此，本书的第一部分将集中描述这些问题的细节，之后再推广到复杂的情况。

1.4.1 关联模式挖掘

关联模式挖掘问题最原始的形式是定义在稀疏二元数据库上的，也就是数据矩阵只包含 0/1 条目，而大多数条目值为 0。大多数客户交易数据库就是这种类型。比如，假设数据矩阵中的每一列对应于一个项目（商品），每一行代表一个客户交易记录，那么 (i, j) 条目是 1 就表示第 i 条客户交易记录中商品 j 是采购的商品之一。这个问题最常研究的是频繁模式挖掘问题，或更一般地说，是关联模式挖掘问题。在二元数据矩阵上，频繁模式挖掘问题可以正式定义如下。

定义 1.4.1（频繁模式挖掘） 给定一个 $n \times d$ 的二元数据矩阵 D，找到所有列的子集，使得在一个子集中所有列上的值都为 1 的行数至少为总行数（n）的 s 份（s 是一个 0~1 之间的分数）。前述都为 1 的行数在总行数中出现的频率称为这个模式（即此列子集）的支持率，其中分数 s 称为最小支持率。

满足最小支持率的模式通常称为**频繁模式**或**频繁项目集**（也称为**频繁项集**）。频繁模式代表了一类重要的关联模式。我们也可以采用其他各类关联模式的定义，比如不使用绝对频率而使用其他统计值，如 χ^2 度量等。从统计的角度来看，使用其他统计度量可能导致更有意思的规则，但上述关联模式定义方法是用得最多的，因为相应的算法较容易开发。本书将此问题称为**关联模式挖掘**而不是**频繁模式挖掘**。

例如，假设有一个客户交易数据库，其数据矩阵 D 中对应于面包、黄油和牛奶的列值经常在同一行中为 1，这意味着这些商品（项目）往往被同时采购。这是非常有用的信息，可以为商人在货架上布置商品提供信息，也可以为其商品促销方式提供参考。关联模式挖掘并不局限于二元数据的情况，可以通过使用适当的数据转换，扩展到定量型数据和数值数据上。本书将在第 4 章中讨论这类扩展。

关联模式挖掘最初是以关联规则挖掘的形式提出的，其中包含了一个额外的步骤，即对规则的置信度进行衡量。例如，考虑两组项目 A 和 B。规则 $A \Rightarrow B$ 的置信度指的是在包含 A 的交易中同时包含 B 的比例（或频率），也就是说，置信度是模式 $A \cup B$ 的支持率除以模式 A 的支持率。关联规则使用置信度和支持率两个方面的组合来定义。

定义 1.4.2（关联规则） 假设 A 和 B 是两个项目集合，如果以下两个条件同时满足，则关联规则 $A \Rightarrow B$ 在支持率 s 和置信度 c 下有效：

1）项目集 A 的支持率至少是 s，

2）$A \Rightarrow B$ 的置信度至少是 c。

如果在关联规则挖掘算法中融入有监督方法，就可以为分类问题提供解决方案。各类关联模式挖掘与聚类及异常分析亦息息相关，而这个情况其实很自然，因为数据矩阵上水平和垂直的分析之间往往是有关联的。事实上，多种关联模式挖掘问题在聚类、异常分析和分类的问题中作为子任务发挥作用，我们将在本书的第 4～5 章中介绍相应内容。

1.4.2 数据聚类

聚类问题的一个广义但非正式的定义如下。

定义 1.4.3（数据聚类） 给定一个数据矩阵 D（数据库 $\mathcal{D}$），将其行（记录）分割成 k 个集合 $\mathcal{C}_1, \cdots, \mathcal{C}_k$，使得每个集合（簇）中的行（记录）都是"相似"的。

我们有意提供这样一个非正式的定义，是因为聚类问题允许各种各样的相似度定义，其中一些定义不是由相似度函数以封闭的形式明确定义的。聚类问题往往可以看作一个优化问题，优化问题中的变量是数据点在各个簇中的归属性，而优化问题的目标函数则根据这些变量最大限度地实现簇内相似度的具体数学量化。

聚类过程的一个重要部分是设计一个适合计算过程的相似度函数。显然，相似性的计算很大程度度上取决于所涉及的数据类型。本书将在第 3 章中详细讨论相似性计算。下面是一些聚类的应用案例。

- **客户细分**：在许多应用中，进行各类商品推广时需要确定哪些客户是相似的，在这个过程中客户细分很重要。

- **数据摘要**：因为一个簇中的记录可以认为是类似的，这些簇可以用于创建数据集合的摘要。

- **其他数据挖掘问题中的应用**：因为聚类可以认为是无监督版本的分类问题，它经常作为分类的构建基础。此外，从下文可见，它也可用于异常分析。

本书第 6～7 章中将详细讨论数据聚类问题。

1.4.3 异常检测

异常点指的是与其他数据有显著不同的数据点。Hawkins[259] 将异常点的概念正式定义如下："异常点是一个与其他观察值偏离很多的值，以至于让人怀疑它是由一种不同的机制产生的。"

在数据挖掘与统计文献中，异常点也称为反常数据、不和谐数据、偏常数据或者异常数据。在大多数应用中，数据是由一个或多个产生过程创建的，这些产生过程既可以反映系统中的活动，又可以反映收集到的关于实体的观察结果。数据产生过程本身的不寻常会导致异常值的出现，因此，异常点的出现往往会给出一些有用的信息，指向影响数据产生过程的系统及实体的异常行为，而这种异常行为的发现可以提供对特定应用而言有用的洞察。使用数据矩阵，我们可以将异常检测问题非正式地定义如下。

定义 1.4.4（异常检测） 给定一个数据矩阵 D，确定其中与其余行非常不同的行。

异常检测问题与聚类问题相关，它们具有互补性，因为异常点正是那些不同于主要群体中数据的数据，而另一方面，数据中的主要群体形成簇群。事实上，一种简单的确定异常点的方法是使用聚类作为一个中间步骤。异常检测的应用可示例如下。

- **入侵检测系统**：在许多网络化计算机系统中，各类关于系统的数据被收集，包括操作系统调用、网络流量以及其他活动。这些数据中显示的不寻常行为有可能是因为恶意活动引起的，检测这类恶意活动的行为称为入侵检测。
- **信用卡欺诈**：未经授权的信用卡使用可能会显示出与平常不同的模式，比如突然从偏远地区进行大量的集中购买，这种情况可能会展现为信用卡交易数据中的异常点。
- **值得关注的传感器事件**：在许多实际的应用中，传感器通常用于跟踪各种环境和位置参数，这些参数模式的突然改变可能代表应关注的事件。在传感器网络领域，事件检测是一个主要的动机。
- **医疗诊断**：在许多医疗应用中，数据从繁多的仪器中收集获取，比如核磁共振成像（MRI）、正电子发射断层扫描（PET）、心电图（ECG）产生的各种时间序列数据，而这类数据中出现的异常模式通常反映了疾病的状况。
- **执法**：异常检测可以在许多执法情景中使用，尤其是需要长时间从实体的多个行为中才能发现不寻常模式的情况，比如金融交易、贸易活动、保险索赔中的欺诈检测，这些通常需要在案件对象行为所产生的数据中测定出不寻常的行为模式。
- **地球科学**：通过诸如卫星与遥感等机制，大量有关天气模式、气候变化或土地覆盖模式等的时空数据被人们所收集，这些数据中的异常情况提供了一些重要洞察，对可能产生这些异常情况的人类或环境趋势方面的潜藏原因做出一些解释。

本书在第 8～9 章中将详细研究异常检测问题。

1.4.4 数据分类

很多数据挖掘问题是指向一个专门目标的，而此目标有时由数据中某个特征的数值所表示，该特征称为**类标签**。因此，这类问题是有监督问题，是要去学习数据中其余的特征与此特殊特征之间的关系。用来学习这些关系的数据称为**训练数据**，而学习得来的模型可以用于估计数据中类标签上缺损的值。

例如，在目标营销应用中，每条记录可能有一个特定的标签，代表客户对某一特定商品的兴趣（或没兴趣），这些标签可能来自客户之前的购买行为。此外，也许可以得到客户的一些个人资料。我们的目的是在客户对某商品的兴趣度未知的情况下，利用客户的个人资料来预测其对某商品的兴趣程度。这时，我们利用训练数据进行学习，得出一个训练模型，并用此模型来预测客户对商品的兴趣度（类标签）。分类问题可以非正式地定义如下。

定义 1.4.5（数据分类） 给定一个 $n \times d$ 训练数据矩阵 D（数据库 $\mathcal{D}$），且 D 中的每一行

（$\mathcal{D}$ 中的记录）都给定了 $\{1, \cdots, k\}$ 中的一个类标签，创建一个训练模型 M，使其能预测不在数据库 $\mathcal{D}$ 中的 d 维记录（即 $\overline{Y} \notin \mathcal{D}$）的类标签。

上面提到的类标签未知的记录称为**测试记录**。观察聚类和分类之间的关系是有意义的。在聚类问题中，数据根据相似性分成了 k 组，而在分类问题中，记录（以及测试记录）也分为 k 组，但这个分组方式是从训练数据库 $\mathcal{D}$ 中学习得来的，并不是根据相似性得来的。换句话说，对训练数据给予的"监督"实际上是重新定义了一组"相似"记录的概念。因此，从学习的角度来看，聚类通常称为**无监督学习**，因其缺乏一个特别的训练数据库来"教导"适当的分组概念。反之，分类问题则称为**有监督学习**。

分类与关联模式挖掘也是有关系的，因为后者往往用来解决前者的问题，这是因为我们可以把整个训练数据库（包括类标签）当作一个 $n \times (d + 1)$ 的数据矩阵，若一个频繁模式包含这个矩阵中的类标签，那么它对其他特征与类标签之间的某种相关性做出了有益的提示。事实上，许多形式的分类器，称为**基于规则的分类器**，就是基于这个广义原则的。

分类问题可以映射为一种特殊的异常检测问题。虽然异常检测问题一般是假设在无监督的情况下进行的，但也有部分或完全监督的情况。在有监督异常检测问题中包含一些异常记录的例子。这样的话，这些异常记录就可以标记为属于一个罕见类，而其余的记录属于正常类。因此，有监督的异常检测问题就转换为一个二元的分类问题，当然这时类标签十分不平衡，这个值得注意。

由于纳入了监督，分类问题就变得相当独特，因为其直接使用应用特定的类标签。相对于其他主要的数据挖掘问题，分类问题是相对完整的，结果是可以直接使用的。聚类和频繁模式挖掘问题通常在较大应用框架中作为中间步骤使用，甚至异常分析也常常只是一种探索性方法。但分类问题在很多应用中常直接作为一个独立的工具。分类问题的一些应用例子如下。

- **目标营销**：用训练模型将客户特征与他们的购买行为关联起来。
- **入侵检测**：计算机系统中的用户行为序列可用于预测入侵的可能性。
- **有监督的异常检测**：当前面的异常值例子可用时，可以将罕见类与正常类区别开来。

本书在第 10～11 章中将详细讨论数据分类问题。

1.4.5 复杂数据类型对问题定义的影响

具体数据类型对问题的定义具有深刻的影响，特别是在依赖型的数据类型中，依赖关系往往对问题的定义、求解，甚至这两方面都有影响，这是因为上下文属性和依赖关系往往是评估数据的基础。此外，由于复杂的数据类型要丰富得多，它们甚至会产生不存在于多维数据上的新问题。表 1-2 给出了各类面向依赖型数据的数据挖掘问题。接下来，我们简要地回顾一下数据类型是怎样影响问题定义的。

表 1-2　数据类型及其相应的问题定义的例子

问　题	时间序列	空间数据	序列数据	网络数据
模式	基序挖掘 周期模式	同位模式	序列模式 周期序列	结构型模式
	轨迹模式			
聚类	形状聚类	空间聚类	序列聚类	社区发现
	轨迹聚类			

（续）

问 题	时 间 序 列	空 间 数 据	序 列 数 据	网 络 数 据
异常	异常位置点 异常形状 异常轨迹	异常位置点 异常形状	异常位置点 综合异常点	异常顶点 异常链接 异常社区
分类	位置分类 形状分类 轨迹分类	位置分类 形状分类	位置分类 序列分类	协同分类 图分类

1.4.5.1 复杂数据类型上的模式挖掘

关联模式挖掘问题通常是从相应的数据中找出一些表达为集合的模式，然而当数据中含有依赖关系时，这种集合的形式就不再成立了，这是因为依赖型关系经常对数据项施加某种次序，而直接使用频繁模式挖掘方法是无法识别数据项之间关系的。例如，如果拥有大量的时间序列数据，我们可以找出各类时态频繁模式，即在模式中的项目上加上时间顺序。此外，因为时间可以有多种额外的、内在外在的隐含属性，在关联模式挖掘问题中，时态模式可能要远比基于集合的模式来得丰富多样。模式可能是时间连续的，比如像时间序列基序那样，或者它们可能是周期性的，比如像周期模式那样。本书第 14 章将讨论一些时间模式挖掘方法。相似的情形发生在离散序列挖掘问题中，只是组成模式的单位是类别型数据而不是连续数据。在空间数据场景中，我们还可以定义二维图案模式，这类模式对图像处理有用处。最后，网络数据中通常需要定义结构型模式，以对应于数据中的频繁子图，这里需要将节点之间的依赖关系包含在模式的定义之中。

1.4.5.2 复杂数据类型上的聚类

聚类技术也明显受到相应数据类型的影响，其中最重要的是数据类型对相似度函数的影响。例如，在时间序列、序列、图数据中，两项数据的相似性无法使用简单的指标来定义，比如不能直接使用欧几里得度量，而是需要使用其他类型的度量指标，例如编辑距离或结构上的相似性。在空间数据中，轨迹聚类对在移动数据、多变量时间序列中的模式发现方面特别有用。对于网络数据，聚类问题可以用于发现密集连接的节点组，这也称为**社区发现**。

1.4.5.3 复杂数据类型上的异常检测

依赖关系可以用于定义数据项的预期值，与预期值有所偏差的就是异常点。例如，一个时间序列上的值突然跳跃表明在跳跃发生的时间点出现了异常，基本检测方法就是使用预测技术来预测在该位置的数值。这类异常点可以定义在时间序列、空间数据和序列数据上，一个数值是否与其相邻数据有较大的偏差可以通过自回归、马尔可夫过程或者其他模型来检测。在图数据中，异常点可能是节点、边或整个子图中不寻常的特性。总之，在复杂数据类型上可以有相当丰富的定义异常点的方法。

1.4.5.4 复杂数据类型上的分类

分类问题在各种复杂数据类型上也有相当多的种类。例如，类标签可以附加在序列的具体位置上，也可以附加在整个序列上。当类标签附加在序列中的具体位置上时，可以用于有监督的事件监测，也就是当具体事件标签出现时（比如一台机器的温度和压力传感器指出这台机器可能要出故障），就表示事件发生了。在网络数据中，类标签可以附加在非常大的网络中的单个节点上，或附加在含有众多图的集合中的单个图上，前一种情况可以用于社交网络中的节点分类，也称为**协同分类**，而后一种情况可以用于化学合成物的分类问题，其中类标签是根据合成物的化学特性附加在化学合成物上的。

1.5　可扩展性问题和数据流场景

由于目前应用中的数据在不断地增长，可扩展性已成为多种数据挖掘应用中的一个重要问题。从广义上讲，有两种重要的可扩展场景：

1）数据都存储在一个或多个机器上，但是数据量太大以致无法有效处理。例如，若全部数据都存储在内存中，高效算法的设计一般比较容易做到，但当数据存储在磁盘上时，一个重要的工作就是要设计出对磁盘的随机访问达到最小化的算法。对于非常大的数据集，可能需要使用大数据处理框架，例如 MapReduce。本书在需要的时候会对数据存储在磁盘中时的可扩展性进行讨论。

2）数据随着时间的推移不断地大量产生，这时完全存储所产生的数据已经不切实际。这种情况就是**数据流**，这时数据需要使用在线的方法进行处理。

数据流的情况需要进一步进行阐述。由于数据采集技术的发展，大量的数据不断地被收集，因此数据流场景越来越广泛。例如，使用信用卡或电话等日常生活简单的交易数据可能由系统自动地采集。在这种情况下，如此大量的数据不太可能直接存储，这时所有的算法只能在数据上进行一次遍历。在数据流处理中出现的主要挑战如下。

1.一次遍历约束

算法只能对整个数据集进行一次遍历。换句话说，一个数据项经过处理并进行相关摘要信息收集后，原始数据项即被丢弃，不再提供使用。在某一段给定时间内可以处理的数据量取决于可用于保留数据的存储量。

2.概念漂移

在大多数应用中，数据的分布随时间发生变化。例如，在一天中某小时的销售量模式不可能类似于同一天中另一小时的销售量模式。这导致挖掘算法的输出也会发生相应的变化。

以上场景增加了算法设计难度，因为数据中的模式在不断发生变化，而且变化速度是不确定的。本书第 12 章将讨论数据流挖掘的方法。

1.6　应用案例浅述

在本节中，我们讨论一些常见的应用场景，目的是说明现实中存在各种各样的问题和应用，并说明如何将它们映射到本章讨论的基本模块上。

1.6.1　商店商品布局

本应用场景可以这样表述。

应用 1.6.1（商店商品布局） 某商家有 d 种商品，并收集有以前的交易数据，每一个交易表示一个客户一次购买的所有商品。商家希望知道在货架上如何放置商品，使得经常一起购买的商品被放置在相邻的货架上。

这个问题与频繁模式挖掘密切相关，因为分析师可以使用频繁模式挖掘问题确定在给定的支持率下，经常一起购买的商品集。需要重视的一点是，频繁模式的发现可以提供有益的见解，但并不能直接在商品的货架放置方面给商家提供精确的指导。这种情况在数据挖掘中颇为常见，因为数据挖掘基本模块并不能直接解决手头上的问题。在目前这个特定的情况下，商家可以选择多种启发式方法来决定商品的货架放置方法。例如，商家已经放置好了商品，使用频繁模式挖掘方法可以给目前放置策略的质量打分，然后通过对当前的放置策略进行增量式改进，逐渐优化商品的放置位置。在采用了合适的初始化方法之后，频繁模式挖掘方法可以作为一个非常有用的子程序来解决问题。数据挖掘应用的各个部件往往是根据应用来确定的，它们在不同领域中可以是千差万别的，其正确的使用方式只能通过实践不断完善。

1.6.2　客户推荐

这是数据挖掘文献中经常遇到的问题，它有很多变种，具体形式取决于应用可使用的输入数据类型。下面，我们将讨论一个特定的推荐问题实例，以及一个解决方案的草稿版。

应用 1.6.2（商品推荐）　某商家有 $n \times d$ 二元矩阵 D，代表 n 个客户对 d 个商品的购买记录。假定矩阵是稀疏的，因为每个客户可能只买了几个商品。希望根据商品的相关性向客户提出推荐。

上述问题是协同过滤的一个简化版本，而协同过滤是数据挖掘与推荐文献中广泛研究的问题。就这一简化版本而言，文献中有数以百计的解决方案，这里我们提供三个复杂程度不同的样例：

1）一个简单的解决方案是使用关联规则挖掘，找出满足一定的支持率和置信度参数的关联规则。对一个特定的用户而言，关联规则就是若这位用户购买过关联规则左侧的那些商品的话，那么就可以预测此用户将购买出现在相应关联规则右侧的那些商品。

2）上面这个解决方案没有使用客户间的相似性进行推荐。那么第二种解决方案就是用矩阵中类似的行找出与目标客户类似的客户，然后可以将这些类似行中最常见的商品作为推荐商品。

3）最后这个解决方案可以对所有客户进行聚类，然后在目标客户所在的簇中使用上面提到的关联模式挖掘进行推荐。

由此可见，对一个特定的问题我们可以使用不同的分析方法得出多种解决方案。这些分析方法可能会使用各种不同的基本模块，而这些基本模块在整个数据挖掘过程的各个部分都是有用的。

1.6.3　医疗诊断

医疗诊断已经是数据挖掘的一个常见应用。医疗诊断中的数据类型一般比较复杂，可能有图像、时间序列或离散序列数据，所以医学诊断应用中通常需要处理依赖型数据，比如心脏病患者的心电图时间序列数据。

应用 1.6.3（心电图诊断）　假定我们收集了一组不同病人的心电图时间序列，我们希望确定其中的异常序列。

根据输入数据的性质，这个应用可以映射到不同的问题上去。假如我们没有已知的异常心电图序列可以使用，这个问题可以映射到异常检测问题，也就是说与其他序列有很大差异的时间序列可以认为是异常的。反之，若我们拥有已知的异常序列，则解决方案就可能非常不同，这个问题可以映射到时间序列的分类问题。这时要注意的是类标签可能是不平衡的，因为异常序列的数目通常要远少于正常序列的数目。

1.6.4　Web 日志异常检测

各类 Web 网站的服务器通常会采集 Web 日志，这种日志可以用于检测各 Web 网站上的异常、可疑或恶意活动。金融机构会定期分析它们的日志来发现入侵企图。

应用 1.6.4（Web 日志异常检测）　假设我们掌握了一组 Web 日志，我们希望发现其中的异常序列。

由于这类情况下数据一般是以原始日志形式给出的，使用之前需要大量的清洗工作。首先原始日志需要转换为符号序列，然后这些符号序列可能需要用较小的窗口来分解成许多序列片段，以便在某一粒度上对日志进行分析。之后我们可以在序列片段集合上使用序列聚类方法，并把那些不属于任何簇的序列片段认定为异常[5]。如果需要找出发生异常的具体位置，我们可能需要使用像马尔可夫模型那样更高级的方法[5]。

与前面的情况类似，根据我们是否掌握异常 Web 日志的样例，这一问题的分析可以使用不同的模型。如果没有异常 Web 日志样例，我们就把这个问题映射到无监督时间异常检测问题。文献 [5] 介绍了许多在时间序列上检测异常点的无监督方法。本书第 14～15 章也将简单讨论这个问题。另外，若拥有异常 Web 日志样例，我们可以将其映射到稀有类检测问题。文献 [5] 以及本书第 11 章对这个问题都有所讨论。

1.7　小结

数据挖掘是一个复杂的、多阶段的过程，包括数据采集、预处理和分析。数据预处理与应用需求高度相关，因为不同的数据格式需要用非常不同的算法来处理。预处理阶段可能包括数据集成、清洗和特征提取。在某些情况下，特征选择也可能用来锐化数据的表示形式。数据在转换为一种合适的格式后，就可以使用各种算法来进行分析了。

有几个数据挖掘的基本模块在种类繁多的应用中经常被用到，它们是频繁模式挖掘、聚类、异常分析和分类。对一个特定的数据挖掘问题，最终的解决方案取决于分析师对问题的分解能力，即将问题映射为几种基本模块的组合或者使用为特定应用设计的新颖算法的能力。本书所介绍的内容是获得这种分析能力的基础。

1.8　文献注释

数据挖掘问题是多个科研社区所研究的对象，包括统计学、数据挖掘和机器学习等领域，这些社区高度重叠，许多研究人员同时属于几个社区。机器学习和统计学社区一般从理论和统计的角度研究数据挖掘，并出版了一些从这些角度撰写的好书 [95, 256, 389]。因为机器学习社区比较关注有监督的学习方法，这些书大多集中在分类问题上。从更广泛的角度来撰写的数据挖掘方面的著作有 [250, 485, 536]。由于数据挖掘过程往往与数据库进行交互，一些数据库教科书 [434, 194] 也提供了有关数据表示与集成方面的内容。

也有一些为数据挖掘中主要问题专门编写的书。比如 [34] 专门详细地阐述了频繁模式挖掘问题及其各种变体。也有许多书籍专门关注数据聚类问题，比如 [284] 就是一本很著名的书，其中讨论了一些数据聚类经典技术；另一本书 [219] 讨论了近期出现的数据聚类方法，但只涉及一些较为简单的基础性材料；文献中最近出现的一本书 [32] 对数据聚类算法进行了非常全面的论述。数据分类问题在标准的机器学习著作 [95, 256, 389] 里都有所描述，在模式识别领域 [189] 也有深入的研究，而 [33] 是近期出版的一本书，它对分类问题进行了综述。[89, 259] 专门详细地研究了异常检测问题，但它们是从统计学角度来写的，而不是从计算机科学角度来考虑的；文献 [5] 从计算机科学的角度阐述了异常检测问题。

1.9 练习题

1. 一个分析师在一些活动参与者中进行调研并采集到了他们的喜好及厌恶数据，他将此数据上传到一个数据库，对一些错误和缺失的数据进行了纠正，然后在此基础上设计了一个推荐算法。下列操作中哪些对应于数据收集、数据预处理和数据分析？

   （a）进行调研和上传数据到数据库　　（b）纠正缺失项　　　　（c）设计推荐算法

2. 以下这些属性都是什么数据类型？

   （a）年龄　　　　　　　　　（b）薪金　　　　　　　　　（c）邮编

   （d）居住国　　　　　　　　（e）身高　　　　　　　　　（f）体重

3. 为了进行数据挖掘，某分析师从一个医师那里获得了医学笔记，并将其转换成给每个病人开出处方的一个表格。下列选项都是什么数据类型？

   （a）原始数据　　　　　　　　　（b）转换后的数据

   另外，将数据转换为新格式的过程叫作什么？

4. 一个分析师搭建了一个传感器网络，以在一段时间内测量不同地点的温度。收集到的数据的数据类型是什么？

5. 练习题 4 中的分析师从另一个数据源找到了一个含压力读数的数据库，他决定要创建单个数据库，使其同时包含温度与压力数据。创建单个数据库的过程叫什么？

6. 一个分析师处理 Web 日志，以收集不同客户在网页上的购买信息，形成记录。记录里的数据是什么类型的？

7. 考虑一组核苷酸按一定顺序排列，形成一组数据。这种数据是什么类型的？

8. 要把客户按个人信息分成相似的小组，哪个数据挖掘问题最适合做这件事？

9. 假设练习题 8 中，有个商家已经知道一些顾客是否购买了某种小部件，那么，哪个数据挖掘问题最适合去辨认其余顾客组中的顾客是否将来也有可能购买此小部件？

10. 假设练习题 9 中的商家还知道顾客是否购买了一些其他（与小部件不一样的）商品的信息。哪个数据挖掘问题最适合找出顾客们最经常与此小部件同时购买的商品集合？

11. 假设有一小部分客户谎报了其个人信息数据，导致我们发现这些客户的购买行为与其个人信息之间的匹配模式跟其他客户所表现的匹配模式很不一样。哪个数据挖掘问题最适合找出这些谎报的客户？

数 据 准 备

"凡事预则立，不预则废。"

——孔子

2.1 引言

数据分析师在有效地使用数据上面临着许多挑战，因为真实数据的原始格式通常是多种多样的，许多数据值可能缺失甚或是错误的，不同数据源间还可能存在不一致性。比如在一个社交媒体网站上，我们希望用消费者的行为来评估消费者的兴趣。这时，分析师首先需要确定哪些活动类型对挖掘过程会有价值，这些活动可能包括用户所表达的兴趣、用户的评论以及用户朋友圈中的朋友们和他们的兴趣。这些各式各样的信息需要从社交媒体网站不同的数据库中收集。此外，像原始日志这种形式的数据，由于其非结构化特性，通常不能直接使用。换句话说，我们需要从这些数据源中提取有用的特征。因此，数据准备阶段是必需的。

数据准备阶段是一个三步骤的加工过程，在不同的应用中，我们可以使用部分或全部步骤。下面简单介绍这三个步骤。

1. 特征提取和类型转换

原始数据格式通常不适用于分析，比如，原始记录和文档这类非结构化数据、半结构化数据以及其他形式的各类异构数据。在这种情况下，我们需要从数据中抽取有用的特征。一般来说，具有良好语义和可解释性的特征更为可取，因为它们可以简化分析师对中间结果的理解。此外，这些特征通常与当前数据挖掘应用的目标更为相关。在有些情况下，数据从多个来源获得并集成到单个数据库中进行处理。此外，一些算法可能限定于某些特定的数据类型，然而我们需要处理的数据可能包含不同的数据类型。在这种情况下，数据类型转换就变得很重要，即将特征值从一种数据类型转换为另一种，使得所产生的数据集具有统一形式，以便使用手头上已有的算法进行处理。

2. 数据清洗

在数据清洗阶段，我们删除含有缺失数据的、错误数据的和不一致数据的数据记录。此外，一些缺失的数据也可能由一种叫作数据填补（imputation）的过程估计出来。

3. 数据约简、选择和转换

在这个阶段，通过数据选择、特征选取或数据转换来缩减数据量。这个步骤给我们带来两个好处：首先，数据量的减小通常会使得算法的效率提高；其次，把无关的特征或记录删除后，数据挖掘的质量将得到提升。通用的采样和降维技术就可以实现第一个好处。为了实现第二个好处，我们必须采用一种跟挖掘问题高度相关的方法来进行特征选择，比如，一个适用于聚类的特征选择方法可能不适用于分类。

采用何种形式进行特征选择与需要处理的问题紧密相关，后面的章节将根据具体挖掘问题，比如聚类和分类，对特征选择进行详细讨论。

本章内容的组织结构如下：2.2 节讨论特征提取阶段；2.3 节涵盖数据清洗阶段；2.4 节

解释数据约简阶段；最后 2.5 节给出本章小结。

2.2 特征提取和类型转换

数据挖掘过程的第一个步骤是创建一组可供分析师使用的特征数据。当数据处于原始的非结构化形式（比如原始文本、传感器信号等）时，我们需要提取相关特征进行处理。另一种情形是特征值以不同的形式混杂在一起，而我们手头上的分析方法无法处理这种异构数据。在这种情况下，我们可能需要将特征数据转换为统一的表达形式，以便进行后续处理，这个过程称为**类型转换**。

2.2.1 特征提取

特征提取作为第一个步骤至关重要，而它又与特定的应用密切相关。在某些情况下，特征提取与类型转换是一个意思，即特征提取其实就是一种将低级特征类型转换为高级特征类型的过程。怎样做特征提取取决于提取特征所使用的数据领域。

1. 传感器数据

传感器数据通常以底层信号的形式大量地被收集，这种底层信号的数据量巨大。有时用小波变换或傅里叶变换将底层信号转换为更高级的特征。在其他一些情况下，底层信号以时间序列的形式出现，可以在一定的清洗后直接使用。信号处理领域有丰富的文献专门讨论这样的方法，相关技术也可用于将时间序列数据转换成多维数据。

2. 图像数据

在最原始的形式中，图像数据表示为许多像素的组合。在略高层面，颜色直方图可以用来表示一幅图像中不同片段的特征。最近，视觉词汇（visual word）的使用非常受欢迎，这是一种类似于文档数据的含有丰富语义的表示方法。图像处理面临的一个挑战是数据的维度通常很高。因此，特征提取应该在哪个层面上进行应该由给定的应用所决定。

3. Web 日志

Web 日志通常表示为指定格式的文本字符串。因为这些日志中的字段都有明确的定义并且分割清晰，所以比较容易将 Web 日志转换为含有（相关的）类别型属性和数值属性的多维表达形式。

4. 网络流量

在许多入侵检测应用中，网络数据包的特征可用来分析入侵或其他令人关注的活动。根据应用的需求，我们可以从这些数据包中提取各种特征，比如传输的字节数、使用的网络协议等。

5. 文档数据

文档数据通常是以原始的、非结构化的形式出现，而且可能包含多个实体间丰富的语言关系。一种方法是删除停顿词、抽取词根，然后用一个词袋（bag-of-words）来表示。另一种方法则是使用实体提取（entity extraction）来确定语言关系。

有名实体的识别是信息提取的一个重要子任务，是要在文本中找到一些原子元素，并使其与一些预设的人名、组织、位置、行为、数量等对应起来。显然，鉴定这些原子元素是非常有用的，因为它们可以帮助理解句子的结构和复杂的事件。这种方法也可以用来将文档数据放进一个传统的关系型数据库或形成一个原子实体的序列，这样使得文档数据更容易分析。例如，考虑下面的句子：

Bill Clinton lives in Chappaqua.

这里，"Bill Clinton"是一个人名，"Chappaqua"是一个地名。"lives"表示一个动作。每种类型的实体在数据挖掘过程中可能有不同的意义，这取决于手头上的应用。例如，要是一个数据挖掘应用主要关心所涉及的具体位置信息，那我们就需要将"Chappaqua"这个词提取出来。

通常使用的有名实体识别技术包括基于语法的语言学方法和统计模型。使用语法规则通常非常有效，但它需要依靠有经验的计算语言学家们来做。另一方面，统计模型需要大量的训练数据。我们一般需要根据具体领域来设计具体的技术。有名实体识别本身就是一个巨大的领域，它不在本书的范围内，读者可以参考文献[400]，其中对实体识别的不同方法都有详细的讨论。

特征提取是一门艺术，它高度依赖于分析师的一种能力，即是否能够根据手头的任务选择出最适合的特征及其表达形式。虽然特征抽取通常属于领域专家的工作范畴，而不是数据分析师的工作，但它可能是整个数据分析中最重要的一个任务，因为如果没有提取到正确的特征，那么分析结果只能和数据本身一样是无用的。

2.2.2 数据类型转换

数据类型转换是数据挖掘过程中的一个关键步骤，因为数据通常是异构的，并且可能包含多种类型。例如，人口数据集可能包含数值型和混合型，心电图（ECG）传感器收集的时序数据集可能带有许多元信息以及有关的文本属性。这使得分析师处于一个尴尬的处境，因为他们面临的挑战是如何设计一个能处理任意数据类型组合的分析算法。数据类型的混杂也限制了分析师使用现成工具进行处理的能力。值得注意的是，在某些情况下，数据类型转换会丢失表达精度和表现力。为了优化最终的结果，理想的方案是根据特定的数据类型组合来配置算法。然而，这样做很耗费时间，而且有时实际上不可行。

本小节将描述各种数据类型间的转换方法。因为数值型数据是数据挖掘算法中最简单的，也是最为广泛研究的一种数据，所以我们较多关注如何将各种数据类型转换为数值类型。当然，其他形式的转换在很多情况下也很有用。例如，对于基于相似度的算法（similarity-based algorithm）而言，几乎可以将任何数据类型转换成一个图，然后使用基于图的算法（graph-based algorithm）对其进行处理。表2-1总结了数据在不同类型间进行转换的各种方法。

表 2-1 数据类型之间可实现的转换

源数据类型	目标数据类型	方　　法
数值型	类别型	离散化
类别型	数值型	二元化
文本	数值型	潜在语义分析（LSA）
时序	离散序列	SAX
时序	多维数值型	DWT, DFT
离散序列	多维数值型	DWT, DFT
空间	多维数值型	二维 DWT
图	多维数值型	MDS, 图谱
任何类型	图	相似图（可用性较有限）

2.2.2.1 从数值型到类别型：离散化

最常用的是从数值型到类别型的数据转换，这个过程称为**离散化**。离散化过程是先将数值型属性的范围划分为 ϕ 个区间，并假设属性包含 ϕ 个不同的类标签值，那么一个原始数值就根据其所在的区间被转换为 1 到 ϕ 中相应的类标签值。例如，考虑年龄属性，我们可以创建 [0, 10]、[11, 20]、[21, 30] 等区间，并将 [11, 20] 区间内的任何记录用"2"作为其符号值，将 [21, 30] 区间内的记录用"3"作为其符号值，等等。因为它们是符号值，值"2"和"3"之间没有次序。而且，离散化后同一区间内的数值变化就不可区分了。所以，对于数据挖掘过程来说，离散化过程丢失了一些信息。然而对于一些应用来说，这种信息丢失也许不会造成太大的损失。离散化面临的一个挑战是，数据可能并不均匀地分布在不同的区间。比如薪酬属性，绝大部分人可能分布在 [40000, 80000] 区间内，而只有极少数人分布在 [1040000, 1080000] 区间内，但要注意的是，这两个区间的大小是一样的。因此，使用等尺寸区间可能不是非常有助于体现不同数据段之间的区别。另一方面，许多属性（比如年龄）的分布并不那么不均匀，这种情况下使用等尺寸区间可能就比较好。根据具体应用的情况，离散化过程可以以多种方式执行。

1. 等宽区间

在这种情况下，每个区间 [a, b] 的 b − a 值是相同的。这种方法的缺点是，当数据集不均匀地分布在不同的区间时，使用效果就会很不好。为了确定区间的实际值，我们需要先确定每个属性的最小值和最大值，然后将 [min, max] 这个范围分为 ϕ 个等长的区间。

2. 等幂区间

在这种情况下，每个区间 [a, b] 的 log(b) − log(a) 值是相同的。这种区间选择法使得区间范围呈几何增长，[a, a · a]、[a · a, a · a²]，等等，其中 $\alpha > 1$。当属性在某一范围内呈指数分布时，这种区间可能会很有用。实际上，如果一个属性的频率分布可以用一个函数形式 $f(\cdot)$ 来建模的话，那么一种自然的启发式方法就是选择区间 [a, b]，使得 $f(b) − f(a)$ 值都是相同的。这个方法的思路是选择一个函数 $f(\cdot)$，使得每个区间包含相似数量的记录。然而，在大多数情况下，很难找到这样一个形式化函数 $f(\cdot)$。

3. 等深区间

在这种情况下，每个区间包含相同数量的记录。这个方法的思路是为每个区间提供相同级别的颗粒度。把一个属性划分为等深区间的具体做法是，首先将数据从小到大排序，然后选择分割点使得每个区间包含同等数量的记录。

离散化过程也可用于将时序数据转换成离散的序列数据。

2.2.2.2 从类别型到数值型：二元化

在一些情况下，我们需要在类别型数据上使用数值型数据挖掘算法。因为二元数据是数值型和类别型数据的一种特殊形式，所以可以将类别型属性转换为二元形式，然后在这些二元化的数据上使用数值型算法。如果一个类别型属性有 ϕ 个不同的类别值，那么需要创建 ϕ 个不同的二元属性，其中每个二元属性对应于类别型属性的一个可能的类别值。这样，所转换成的二元数据是一个包含 ϕ 个二元属性的向量值，每个二元属性对应一个类标签值，其中有一个二元属性的取值为 1（此属性对应于原始类别型数据的类别值），其余取值为 0。

2.2.2.3 从文本到数值型

虽然文本的向量空间表示可以认为是一个稀疏的超高维数值型数据集，但是这种特殊的数值型表示法并不适合传统的数据挖掘算法。比方说，对文本数据我们一般使用特殊的相似度函数，比如余弦函数，而不使用欧几里得距离。这就是为什么文本挖掘是一个特殊的领域，它有着一套属于自己的特定算法。不过，我们可以将文本集合转换成一种更适合数值型数据挖掘算法的形式。第一步是利用潜在语义分析（LSA）将文本集合转换成一种非稀疏的低维表示。此外，转换后的文档 $\overline{X}=(x_1,\cdots,x_d)$ 需要按比例缩放为 $\dfrac{1}{\sqrt{\sum\limits_{i=1}^{d}x_i^2}}(x_1,\cdots,x_d)$。这种缩

放比例是必需的，因为要确保用统一的方式来处理长度不一的文档。缩放之后，传统的数值型测量方法，比如欧几里得距离，就变得有效了。我们将在本章 2.4.3.3 节讨论 LSA 方法。需要注意的是，LSA 很少与这种缩放一起使用。相反，传统的文本挖掘算法一般直接应用于 LSA 得出的表示形式。

2.2.2.4　从时序到离散序列

我们可以使用一种称为**符号聚合近似（SAX）**的方法，将时序数据转化为离散序列数据。这种方法分为两步。

1. 基于窗口的平均

首先将序列以长度为 w 的窗口进行分割，然后计算每个窗口中时序数据的平均值。

2. 基于值的离散化

使用之前讨论过的数值型属性的等深区间离散化方法，将（在第一步取平均值之后的）时序数值离散成少量大致等深的区间，这是为了确保时序数据使用的每个（类标签）符号都有一个近似相等的频率。我们也可以通过假设时序值服从高斯分布来构建区间边界，并以数据驱动的方式来估计高斯分布的参数，也就是取（窗口分割后的）时间序列值的平均值和标准差，并用高斯分布的分位数来确定区间的边界。这比直接将数据值进行排序来确定边界更有效些，而且这是一种适用于长时间（或者数据流下）的时序数据的更实际的方法。为了得到最好的结果，我们将数值离散成少量（通常 3～10 个）区间，将每一个这样的等深区间映射到一个符号值，创建一个时间序列的符号表示，它本质上就是一个离散序列。

因此，SAX 可以视为一种在基于窗口平均之后的等深离散化方法。

2.2.2.5　从时序到数值型

这种特定的转换非常有用，因为它使得多维算法可以应用于时序数据。这种转换的常用方法是离散小波变换（DWT）。小波变换将时序数据转换成多维数据，用一组系数来代表序列上不同部分之间的平均差异。如果需要，还可以只使用最大的几个系数，从而缩减数据量。关于数据约简的方法我们将在 2.4.4.1 节进行讨论。另一种称为离散傅里叶变换（DFT）的方法，我们将在 14.2.4.2 节进行讨论。这些转换的共同特点是各个系数之间不再像原始的时序值之间一样具有相互的依赖性。

2.2.2.6　从离散序列到数值型

这种转换可以分两步进行。第一步是将离散序列转换为一组（二元）时序数据，这组时序数据的数量等于不同符号的数目。第二步是使用小波变换将这些时序数据映射到一个多维向量。最后，将不同序列的特征进行组合，以创建单一的多维记录。

为了将一个序列转换成二元时间序列，我们可以创建一个二元字符串，其中的值表示一个特定的符号是否出现在某一位置。例如，考虑下面的核苷酸序列，我们用四个符号来表示：

ACACACTGTGACTG

这个序列可以转换为如下的四个二元时间序列，分别对应于符号 A、C、T 和 G：

```
10101000001000
01010100000100
00000010100010
00000001010001
```

对于每个序列，都可以应用小波变换以创建一组多维特征。然后将四个不同序列的特征相叠加，以创建单一的多维数值型记录。

2.2.2.7 从空间到数值型

通过使用跟用于时序数据相同的方法，空间数据可以转换成数值型数据。主要的区别在于，现在有两个上下文属性（而不是一个），这需要修改小波变换方法。本章 2.4.4.1 节将简要讨论，当有两个上下文属性时，如何拓展一维的小波变换方法。这种方法相当普适，可以用于任意数量的上下文属性。

2.2.2.8 从图到数值型

借助于多维标度（MDS）和图谱转换等方法，可以将图数据转换成数值型数据。这种方法适用于这样的应用：图的边是加权的，代表节点之间的相似度或距离关系。MDS 的一般方法可以实现这一目标，本章 2.4.4.2 节将对此进行讨论。图谱的方法也可以用来将图转换成多维表示。这也是一个降维方案，它将结构信息转换为多维表示。我们将在本章 2.4.4.3 节讨论这种方法。

2.2.2.9 从任意类型到图（适合基于相似度的应用）

许多应用都基于相似度的概念。例如，聚类问题被定义为将相似对象分为一簇，而异常检测问题被定义为识别与绝大部分对象有显著不同的对象子集。许多形式的分类模型，比如最近邻分类器，也依赖于相似度的概念。使用近邻图可以很好地诠释两两相似的概念。对于一个给定的数据对象集合 $\mathcal{O} = \{O_1, \cdots, O_n\}$，近邻图的定义如下：

1）为集合 $\mathcal{O}$ 中的每个对象定义一个节点，由此生成的节点集 N 包含 n 个节点，其中节点 i 对应于对象 O_i。

2）如果 O_i 和 O_j 之间的距离 $d(O_i, O_j)$ 小于某个阈值，那么就在 O_i 和 O_j 之间建立一条边。或者，可以把每个节点连接至其 k 个近邻对象所对应的节点。因为 k 近邻关系是不对称的，这就产生了一个有向图。我们一般忽略每条边上的方向并且删除平行边。边 (i, j) 上的权重 w_{ij} 等于对象 O_i 和 O_j 之间距离的内核函数（kernelized function）值，其中更大的权重意味着更高的相似度。一个例子是使用热核函数（heat kernel）：

$$w_{ij} = \mathrm{e}^{-d(O_i, O_j)^2/t^2} \tag{2.1}$$

这里，t 是一个用户自定义的参数。

图数据（或者网络数据）上有各种各样的数据挖掘算法，这些方法也都可以用于相似图（similarity graph）。注意，只要有一个适当的距离函数，我们就可以为任何类型的数据对象集合清晰地定义一个相似图。这就是为什么对一些数据类型来说距离函数的设计是非常重要的。我们将在第 3 章中解释距离函数的设计问题。但要注意，这种方法只适用于基于相似度或距离概念的应用。不过，许多数据挖掘问题都与相似度和距离概念直接或间接相关。

2.3 数据清洗

数据采集过程会产生源于各种情况的数据缺失或者数据误差，这些缺失和误差使得数据清洗变得尤为重要。下面是一些例子：

1）一些诸如传感器的数据采集技术因为在采集与传输过程中涉及的硬件设备具有局限性，数据在本质上是不准确的。有时传感器由于硬件的损坏或电池的耗尽，数据值可能丢失。

2）利用扫描技术采集到的数据可能会因为光学字符识别技术还远没有达到完美的程度而存在误差。另外，利用语音识别得到的数据也容易出现误差。

3）用户可能会出于隐私原因而不想填写一些信息，或者故意地填写一些错误的信息。例如，我们常常会注意到用户在像社交网站这类自主注册网站上填写错误的生日信息。而有时候，用户会直接选择空着一些栏目不填。

4）大量的数据是人为创造的，而在数据录入过程中人为错误是很常见的。

5）负责收集数据的机构可能会由于昂贵的代价而不愿收集一些记录中的某些字段，因此可能会存在不完整的记录。

上述问题可能是数据挖掘应用中不准确性的重要来源，我们需要找到移除或者修正数据中缺失项及错误项的方法。关于数据清洗有以下几个重要方面。

1. 缺失项的处理

由于数据采集过程的不足或者数据的内在特性，数据中的许多项可能就是不明确的。这样我们可能需要去预测那些缺失项，这个预测缺失项的过程也称为**数据填补**。

2. 错误项的处理

当同一个信息可以由多个来源得到时，可能会出现不一致性错误。这些不一致性可以在分析过程中移除掉。错误项检测的另一个方法是使用已知的、关于数据的特定领域知识。例如，如果一个人的身高标为 6 米，那么这很可能是错误的。更一般地说，与其余数据的分布不一致的数据点通常都是噪声。这些数据点称为**异常点**。然而，假设这些数据点一定是由误差所造成的也是很危险的。例如，信用卡诈骗的数据记录很可能与大部分的（正常）数据不一致，但是这些记录不应该作为"错误"项而被移除。

3. 缩放与标准化

数据常常会用迥然不同的尺度来表示（例如年龄和薪水）。这可能导致一些特征无意中加权太多，而忽略了其他特征。因此，不同特征的标准化是非常重要的。

下面将对以上几个方面进行逐一讨论。

2.3.1 缺失项的处理

缺失项在数据采集方法不完美的数据库中是常见的。例如，用户调研往往不能将所有问题的回答都收集到。在数据贡献是自愿的情况下，数据几乎总是不完全的。有三类用来处理缺失项的方法：

1）可以把任何包含缺失项的数据整个淘汰掉。然而，当大部分数据都包含缺失项时，这种方法可能不切实际。

2）可以对缺失项进行估计或者估算。然而，由数据填补过程产生的误差可能会影响到数据挖掘算法的结果。

3）可以把分析过程设计得能容忍缺失项的存在。许多数据挖掘算法基本上都在设计时考虑了存在缺失项的情况下的鲁棒（健壮）性。这个方法通常是最理想的，因为它避免了数据填补过程中总是会产生的额外偏差。

估计缺失项的问题与分类问题直接相关，因为分类问题就是特殊对待某一个特征，并使用其他特征来估计它的值。在估计缺失项的问题中，缺失项可能发生在任何特征上，因此尽管本质上两个问题没什么区别，但是估计缺失项的问题更具有挑战性。第 10～11 章中讨论的关于分类的许多方法可以同样用于缺失项的估计，另外 18.5 节讨论的矩阵填充方法也同样适用。

对于依赖型数据，例如时序或者空间数据，缺失项的估计要简单许多。在这种情况下，数据填补可以利用上下文邻近项的行为属性来进行。例如，在时序数据中，缺失项的前一个和后一个时间戳上数据的平均值可以用来作为估计值。再如，使用时序数据中最近的 n 个时间戳上的值，通过线性插值来确定缺失项。空间数据也有非常相似的方法，比如可以使用近邻空间位置上的平均值来进行估值。

2.3.2 错误项和不一致项的处理

用于移除或纠正错误项和不一致项的关键方法如下。

1. 不一致性检测

这种检测通常是从不同来源以不同格式获得数据时需要做的。例如，一个人的姓名在某个来源中可以完整拼出，然而其他来源中可能只有姓氏的全拼和名字的首字母。在这种情况下，关键问题就是重复性检测和不一致性检测。在数据库领域中，这些问题是在数据整合这个大框架下进行研究的。

2. 领域知识

有许多领域知识可以给我们指出一些属性值的范围以及不同属性之间的关系规则。例如，如果国家栏填写的是"美国"，那么城市栏就不能是"上海"。许多数据清洗和数据审计工具就是利用这样的领域知识和约束规则来进行错误项检测的。

3. 以数据为中心的方法

这种方法是用数据的统计行为特征来检测数据中的异常点。例如在图 2-1 中那两个标记为"噪声"的孤立点就是异常点。这些异常点可能是由于数据收集过程中的误差而造成的，但也并不总是如此，因为异常的出现也可能出自底层系统某种值得关注的行为。因此，所有检测到的异常点在丢弃之前可能需要手工检查。以数据为中心的数据清洗方法有时是危险的，因为这一方法可能会导致从系统底层发来的有用信息被删除。异常检测问题是一个重要的分析技术，我们会在第 8～9 章中详细讨论。

用于处理错误项和不一致项的方法通常具有高度的领域特性。

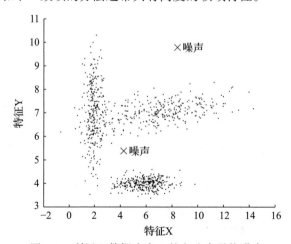

图 2-1 利用以数据为中心的方法来寻找噪声

2.3.3   缩放与标准化

在很多情况下，不同属性可能是在不同的参考尺度上的值，因此不能直接进行互相比较。例如，年龄属性和薪水属性是在非常不同的尺度上的，后者很明显地要比前者的数量级大很多。因此，有着更大数量级的属性会主导在多个属性上计算的聚合函数（例如欧几里得距离）。

我们通常使用标准化来解决这一问题。假设第 j 个属性具有平均值 μ_j 和标准差 σ_j，那么第 i 个记录 $\overline{X_i}$ 的第 j 个属性值 x_i^j 可以标准化如下：

$$z_i^j = \frac{x_i^j - \mu_j}{\sigma_j} \qquad (2.2)$$

在正态分布的假设下，绝大多数标准化后的值将会落在 [-3, 3] 这个区间内。

另一种是最小最大值缩放方法，它使得所有的属性值映射到区间 [0, 1] 中。假设 min_j 和 max_j 分别代表属性 j 的最小值和最大值，那么第 i 个记录 $\overline{X_i}$ 的第 j 个属性值 x_i^j 可以缩放如下：

$$y_i^j = \frac{x_i^j - min_j}{max_j - min_j} \qquad (2.3)$$

如果由于数据收集错误导致最大值和最小值成为极端的异常值，这一方法就不那么有效了。例如，如果年龄属性在数据收集过程中出现了一个错误，导致在某个年龄值后面多加了一个 0，使得这个年龄值达到 800 岁而不是 80 岁。在这种情况下，大多数年龄数据在缩放后都落到了 [0, 0.1] 这个区间内，从而使得年龄属性可能在应用中整个都被忽视。在这种情况下，上面提到的标准化具有更好的鲁棒性。

2.4   数据约简和转换

数据约简的目的是更简洁地表示数据。数据规模越小，就更易于使用复杂的、需要大量计算的算法。数据约简可以作用在行（记录）的数量或者列（维度）的数量上。数据约简确实会导致一些信息丢失，但使用一个更加复杂的算法有时可能会弥补由数据约简导致的信息丢失。各类应用中可能使用下述数据约简方法。

1. 数据采样

从底层数据中采取一部分记录建立一个非常小的数据库。在流处理场景中，采样通常更加困难，因为样本需要进行动态维护。

2. 特征选取

在底层数据的大量特征中，可能只有一部分特征是在分析过程中有用的，这些子集通常是按照特定于应用的方式而选取的。例如，一个适用于聚类的特征选取方法可能不适用于分类，反之亦然。因此，本小节只能以有限的方式讨论特征选取问题，而将更详细的讨论放在之后的章节中。

3. 基于坐标轴旋转的数据约简

这个方法是利用数据间的相关性将数据放到一个更小的维度下进行表示。这样的数据约简方法包括主成分分析（PCA）、奇异值分解（SVD）以及文本领域的潜在语义分解（LSA）。

4. 基于类型转换的数据约简

这种形式的数据约简十分依赖于数据类型的可转换性。例如，时序数据可以通过离散小波变换转化为多维的较小规模和较低复杂性的数据。同样地，图数据可以通过使用嵌入技术转化为多维表征。

上述各方面将会在本小节的不同部分进行讨论。

2.4.1 采样

采样的主要优点在于它简单、直观并且相对容易实施，但面对不同的应用，可能要采用不同的采样方法。

2.4.1.1 静态数据的采样

当全部数据可得并且因此基本数据点的数目预先可知时，采样是非常容易的。在无偏采样方法中，预定义一个比例 f，选择并保留数据集中的 f 部分进行分析。这是非常容易实现的，并且依据样本是否放回，可以用两种不同的方法实现。

在对有 n 条记录的数据集 $\mathcal{D}$ 的不放回采样中，总共有 $\lceil n \cdot f \rceil$ 条记录从数据中随机地挑选出来。因此，除非原始数据集 $\mathcal{D}$ 中含有重复数据，否则样本中是不包含重复数据的。在对有 n 条记录的数据集 $\mathcal{D}$ 的有放回采样中，我们在原始数据集 D 中连续地独立采样 $\lceil n \cdot f \rceil$ 次。重复数据是可能出现的，因为在不同选择步骤中可能抽中同样的记录。通常，不必要的重复可能会对一些数据挖掘应用有害，比如异常检测，因此大部分应用不采用有放回采样。以下是其他一些特殊的采样方法。

1. 有偏采样

在有偏采样中，一部分数据会由于它们在分析中有更大的重要性而故意被强调。一个经典的例子是时间衰减偏差（temporal-decay bias）——时间上更新的数据有更大的机会被采到，而更旧的数据被抽到的机会更低。在指数衰减偏差（exponential-decay bias）中，δt 个时间单位前生成的数据 $\overline{X}$ 被选中的概率 $p(\overline{X})$ 与一个指数型衰减函数值成正比：

$$p(\overline{X}) \propto e^{-\lambda \cdot \delta t} \tag{2.4}$$

上面公式中 e 是自然常数，λ 是控制衰变率的参数。我们通过对 λ 的不同取值来合理地控制时间衰减的效果。

2. 分层采样

在一些数据集中，数据的一些重要部分可能由于数量很少而在采样中得不到充分的选取。为解决此问题，分层采样首先将数据划分成合适的几层，然后按照特定应用中预先定义好的比例独立地从各层中进行采样。

例如，假设要调查人口中不同生活方式的经济多样性，那么即使随机采样的样本总数有100万人也不太可能包含一个亿万富翁，因为亿万富翁是相当罕见的。然而，分层采样（按照收入分层）会独立地从每一个收入层中按照预先定义的比例采取出参与者，这样可以确保分析过程具有更好的鲁棒性。

可以想象出许多其他形式的有偏采样。例如，在密度偏差（density-biased）采样中，位于密度更高的区域中数据点的权重设得相对低一点，以确保样本可以更好地代表低密度区域。

2.4.1.2 数据流的蓄水库采样

一个特别有意思的采样形式是数据流的蓄水池采样。在蓄水池采样中，k 个点的样本是在数据流动过程中动态维护的。回想一下，流的数据量非常大，不可能把它存放到磁盘上来进行采样。因此，对于流中每一个到来的数据点，我们必须使用一组高效率的可行操作来维护样本。

在静态数据的情况下，抽到一个数据点的概率是 k/n，这里 k 表示样本容量，n 表示数据集中的数据点数量。而在数据流的情况下，数据集不是静态的且不能存储在磁盘上。此外，由于更多的数据点不断地到来，n 的值不断增大，而不在目前样本中的数据点都已经被丢弃了。因此，这种采样方法需要在不能对历史记录完全了解的情况下，在任意给定时刻都能及时有效地给出一个样本。换句话讲，对于流中每一个到来的数据点，我们需要动态地做出两个简单的接纳控制决策：

1）应该使用哪种采样规则来决定是否将新到来的数据点放入样本中？

2）应该使用哪种规则来决定如何从样本中删去数据点来为新放入的数据点"让位"？

幸运的是，给数据流设计一个蓄水池采样算法是相对容易的[498]。对于一个容量为 k 的蓄水池，流中的前 k 个数据点用作蓄水池的初始值。随后，对于第 n 个到来的流数据点，使用下面两种接纳控制决策：

1）将第 n 个到来的流数据点放入蓄水池的概率是 k/n。

2）如果选中新到来的数据点，那么从旧的 k 个数据点中随机删去一个，为新放入的数据点让位。

可以证明上述规则保证了这是从数据流中得到的一个无偏的蓄水池采样。

引理 2.4.1 在已经有 n 个流数据点到来后，任一流数据点在蓄水池中的概率是相同的，且为 k/n。

证明：利用归纳法可以很容易得到这一结果。当使用最前面 k 个数据点作为初始值时，这一引理显然成立。我们（归纳地）假设当 $(n-1)$ 个点到来后，每一个点在蓄水池中的概率都为 $k/(n-1)$。第 n 个到来点放入蓄水池的概率为 k/n，也就是说对于第 n 个到来点来说引理是正确的。我们还需要证明对于流中的其余点这一引理也是正确的。由于新来的数据点可能会引起两种不相交情况的出现，并且数据点放入蓄水池的最终概率是下面两种情况的和。

Ⅰ：新来的数据点没有放入蓄水池。这一情况的概率为 $(n-k)/n$。因为在假设中任一点放入蓄水池的最初概率是 $k/(n-1)$，那么在情况Ⅰ中，数据点放入蓄水池的整体概率是一个概率乘积 $p_1 = \dfrac{k(n-k)}{n(n-1)}$。

Ⅱ：新来的数据点放入了蓄水池中。情况Ⅱ的概率和新来数据放入蓄水池的概率相同，是 k/n。随后，蓄水池中存在的数据点能留下的概率为 $(k-1)/k$，因为要从其中删去一个点。因为归纳假设中指出任意已经到来的数据点放入蓄水池的初始概率为 $k/(n-1)$，这表示在情况Ⅱ中数据点留在蓄水池中的概率是由上述提到的三个概率的乘积 p_2 得到的。

$$p_2 = \left(\frac{k}{n}\right)\left(\frac{k-1}{k}\right)\left(\frac{k}{n-1}\right) = \frac{k(k-1)}{n(n-1)} \qquad (2.5)$$

因此，在第 n 个数据点到来之后，一个数据点在蓄水池中的概率是由 p_1 和 p_2 相加得到的。可以证明这一概率等于 k/n，故引理得证。

蓄水池采样可以扩展到在数据流上使用时间偏差（temporal bias）采样。比如，文献 [35] 讨论了使用指数偏差（exponential bias）的情况。

2.4.2　特征子集选取

第二个数据预处理方法是特征子集的选取。若认为一些特征不相干，可以丢弃它们。那么什么样的特征是不相干的？显然，要依赖于应用场景来做出选择。下面是特征选取的两种主要类型。

1. 无监督的特征选取

这相当于从数据中消除噪声和冗余数据。尽管无监督特征提取的适用范围很广泛，但这个方法还是最好在聚类应用中使用。如果不放在聚类问题中讨论，就很难对这样的特征提取方法进行全面的描述。因此，无监督特征提取方法推后到本书第 6 章中进行讨论。

2. 有监督的特征选取

这种特征选取和数据分类问题有关，因为只有可以有效预测类属性的那些特征是最有用的。因此这样的特征提取方法通常和分类分析方法紧密结合在一起，我们在后面的第 10 章中将会进行详细讨论。

特征选取是数据挖掘过程的一个重要部分，因为它决定了输入数据的质量。

2.4.3　基于坐标轴旋转的维度约简

在实际数据集中，不同属性之间存在大量显著的相关性。在某些情况下，属性之间的硬性约束或规则使得一个属性可以唯一确定其他属性。例如，一个人的出生日期（以某种数量表示）和他的年龄是完全相关联的。在大多数情况下，相关性可能不是那样完美，但不同特征之间仍然存在显著的依赖性。不幸的是，实际数据集中包含许多这样的冗余信息，以致在数据创建的初始阶段躲过了分析师的注意。这些相关性和约束规则的存在就是某种隐式冗余的存在，因为它们意味着某个维度集合的信息可用来预测其他维度的值，如图 2-2 所示的三维数据集。在这种情况下，如果坐标轴旋转到图中所示的方向，那么在转换后的特征空间中相关性和冗余就消失了。这种消除冗余的结果就是，整个数据可以（近似地）表示为一维直线。因此，这个三维数据集的本征维度为 1，其他两个坐标轴对应于低方差的维度。如果用图 2-2 所示新坐标系中的坐标来表示数据，那么沿着低方差维度方向的坐标值相差不会很大。因此，在坐标系旋转后，可消除这些维度且没有太大的信息损失。

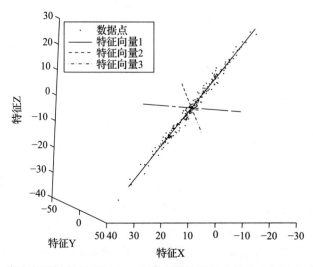

图 2-2　高度相关的数据可以在一个适当旋转后的坐标系中用较小维度表示

随之出现的一个问题就是如何在如图 2-2 所示的坐标系上自动进行相关性去除。目前有两种方法来实现这个目标，即主成分分析（PCA）和奇异值分解（SVD）。这两种方法虽然在定义上不完全相同，但却密切相关。尽管主成分分析直观上更容易理解，但 SVD 是一个更普遍的框架，且 PCA 可认为是它的一个特例。

2.4.3.1 主成分分析

PCA 通常适用于已经进行过均值中心化的数据集，即每一个数据点已经减去了该数据集的平均值。（虽然我们若另外保存数据的平均值，PCA 也可以用于非均值中心化的数据集。）这种均值中心化导致数据集以原点为中心。PCA 的目标是旋转数据到一个新坐标系，使得新坐标系中只有少数几个维度上数据方差量比较大。从图 2-2 的例子中就可以明显看出这样的坐标系受属性间的相关性影响。下面将介绍一个重要结论，即数据集沿着某一特定方向的方差可直接用其协方差矩阵表示。

假设有一个 $n \times d$ 数据矩阵 D，令 C 表示其 $d \times d$ 对称协方差矩阵，其中矩阵 C 的第 (i, j) 个元素 c_{ij} 表示数据矩阵 D 第 i 列（维）和第 j 列（维）数据的协方差。令 μ_i 表示数据矩阵 D 第 i 列（维）的平均值。如果 x_k^m 表示 D 的第 k 条（行）记录中的第 m 维数据，那么协方差元素 c_{ij} 的值就可表示为：

$$c_{ij} = \frac{\sum_{k=1}^{n} x_k^i x_k^j}{n} - \mu_i \mu_j \quad \forall i, j \in \{1, \cdots, d\} \tag{2.6}$$

令 d 维行向量 $\bar{\mu} = (\mu_1, \cdots, \mu_d)$ 表示数据集沿着不同维度的平均值。那么，对于不同的 i 和 j 值，需要进行 $d \times d$ 次计算的上述公式 2.6 就可紧凑地表示为如下 $d \times d$ 矩阵形式：

$$C = \frac{D^T D}{n} - \bar{\mu}^T \bar{\mu} \tag{2.7}$$

请注意，矩阵 C 的 d 个对角线元素对应于 d 个方差。协方差矩阵 C 是半正定的（positive semi-definite），因为对于任意 d 维列向量 $\bar{v}$，$\bar{v}^T C \bar{v}$ 的值等于数据集 D 在 $\bar{v}$ 方向上一维投影 $D\bar{v}$ 的方差。

$$\bar{v}^T C \bar{v} = \frac{(D\bar{v})^T D\bar{v}}{n} - (\overline{\mu v})^2 = D\bar{v} \text{中一维点的方差} \geq 0 \tag{2.8}$$

实际上，PCA 的目标是渐次确定正交向量 $\bar{v}$ 以最大化 $\bar{v}^T C \bar{v}$。怎样确定这样的方向？因为协方差矩阵是对称且半正定的，所以它可以如下对角化：

$$C = P \Lambda P^T \tag{2.9}$$

矩阵 P 的列包含 C 的正交特征向量，Λ 是包含非负特征值的对角矩阵。元素 Λ_{ij} 对应于矩阵 P 第 i 个特征向量（或列）的特征值。这些特征向量代表了上述优化模型（即沿着单位方向 $\bar{v}$ 最大化方差 $\bar{v}^T C \bar{v}$）的渐次直交解[注]。

这种对角化的一个有趣特性就是从底层数据分布来看，特征向量和特征值都有一个几何解释。具体来说，如果将数据的坐标系旋转到矩阵 P 每列数据表示的正交特征向量上的话，

[注] 将拉格朗日松弛公式中的梯度 $\bar{v}^T C \bar{v} - \lambda(\|\bar{v}\|^2 - 1)$ 设为 0，相当于设置一个特征向量条件 $C\bar{v} - \lambda\bar{v} = 0$，沿一个特征向量的方差就是 $\bar{v}^T C \bar{v} = \bar{v}^T \lambda \bar{v} = \lambda$。因此，要使所保留的子空间中的方差最大化，需要根据特征值 λ 从大到小地提取正交特征向量。

那么转换后数据中的所有 $\binom{d}{2}$ 个协方差就都是 0。也就是说，保留了最大方差的旋转方向也是将相关性去除的旋转方向。此外，特征向量上的特征值正好表示数据沿此方向的方差。实际上，对角矩阵 Λ 就是坐标轴旋转后的新协方差矩阵。因此，特征值大的特征向量保留了较大的方差，也称为**主成分**。根据得出这种转换的优化公式的特点，使用任意几个最大特征值的特征向量所形成的新坐标系，是在所有同维度的坐标系中可维持最大方差的坐标系。例如，图 2-2 的散点图显示了各种特征向量，很明显，保留最大数据方差的一维表示方法所需要的就是使用具有最大特征值的特征向量作为一维坐标。通常我们只要保留具有较大特征值的少数几个特征向量，用来表示旋转之后的约简数据。

不失一般性地，可以假设 P（以及相应的对角矩阵 Λ）中的列根据它们对应的特征值按递减的方向从左向右排列。我们将数据矩阵 D 旋转到用矩阵 P 中的正交列所形成的新坐标系中，那么变换后的数据矩阵 D' 可以通过如下线性变换进行计算：

$$D' = DP \tag{2.10}$$

尽管变换后的数据矩阵 D' 也是 $n \times d$ 的，但它只有前（最左端的）$k \ll d$ 列数据在数值上有明显的差异性，而矩阵剩余的 $(d-k)$ 列中每列数据都将近似等于旋转后坐标系中数据的平均值。对于均值中心化的数据来说，这 $(d-k)$ 列数据的值将几乎为 0。这样，数据的维度就可以减少，只需要使用变换后数据矩阵 D' 的前 k 列数据作为原始数据的代表$^{\ominus}$。此外，根据协方差矩阵定义公式 2.7，若我们分别用 DP（变换后数据）和 $\bar{\mu}P$（变换后平均值）来代替 D 和 $\bar{\mu}$，我们就可确定该变换后数据 $D' = DP$ 的协方差矩阵就是对角矩阵 Λ。从原有协方差矩阵 C 的角度来看，旋转后数据的协方差矩阵应该是 $P^{\mathrm{T}}CP$。但若我们将公式 2.9 的 $C = P\Lambda P^{\mathrm{T}}$ 代进这个协方差式子后，由于 $P^{\mathrm{T}}P = PP^{\mathrm{T}} = I$，我们还是得到 D' 的协方差矩阵等价于 Λ 的结论。也就是说，因为 Λ 是对角的，所以相关性已经从变换后的数据中消除了。

数据集在向前 k 个特征向量方向投影后，其方差等于 k 个对应特征值的和。在很多应用中，特征值会在前几个值后急剧下降。举例来说，图 2-3 显示了特征值的这种特点，其中 279 维的心律失常数据集来自 UCI 机器学习知识库 [213]。图 2-3a 递增地显示了特征值的绝对幅度，而图 2-3b 显示了保留在前 k 个特征值中的方差总量。图 2-3b 可通过使用图 2-3a 中最小特征值的累加和来导出。一个有趣的地方是 215 个最小特征值所包含的方差累加和不到数据总方差的 1%，因此对于基于相似度的数据挖掘应用来说，将其移除不会使结果有明显的变化。需要注意的是，心律失常数据集内其实并没有很多单个维度与单个维度间的强相关性，然而，由于多个维度之间相关性的累积效应，该降维方法仍然非常有效。

矩阵 C 的特征向量可通过使用文献 [295] 中讨论的数值方法或现成的特征向量解算器来求解。通过使用称为**内核技巧**（kernel trick）的方法，PCA 可进行扩展以发现非线性嵌入。内核 PCA 的简要说明请参阅 10.6.4.1 节。

2.4.3.2　奇异值分解

奇异值分解（SVD）和主成分分析（PCA）密切相关。然而，因为这种紧密关系，这两种不同的方法有时会互相混淆。在开始讨论 SVD 前，我们先说明它是如何与 PCA 相关的。SVD 比 PCA 更通用些，因为它提供两组基向量而不是一组。SVD 提供数据矩阵行和列的基向量，而 PCA 只提供数据矩阵行的基向量。此外，在某些特殊情况下，SVD 为数据矩阵各行提供和 PCA 相同的基向量：

$\ominus$　若数据不是均值中心化的，那么被采用列的平均值需要保留。

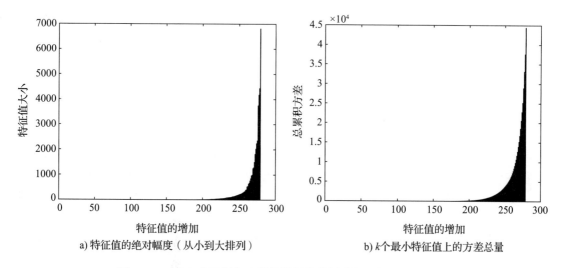

a) 特征值的绝对幅度（从小到大排列）　　　　b) k 个最小特征值上的方差总量

图 2-3　心率失常数据集中随着特征值数量增加所保留的方差值

当数据集每个属性的平均值都是 0 时，SVD 为其提供的基向量和数据转换与 PCA 所提供的是相同的。

PCA 的基向量在均值平移下保持不变，而 SVD 却非如此，另外当数据不是均值中心化时，SVD 和 PCA 的基向量将不相同，会给出性质不同的结果。SVD 经常用于诸如文档术语矩阵这类没有均值中心化的稀疏型非负数据。SVD 的一种定义是三个矩阵的因式分解：

$$D = Q \sum P^{\mathrm{T}} \tag{2.11}$$

其中，Q 是一个具有正交列的 $n \times n$ 矩阵，其正交列称为**左奇异向量**（left singular vector）。Σ 是一个包含奇异值（singular value）的 $n \times d$ 对角矩阵，其通常都是非负的，且有一个惯例是其对角线元素按从大到小非增排列。最后，P 是一个具有正交列的 $d \times d$ 矩阵，其正交列称为**右奇异向量**（right singular vector）。注意，对角矩阵 Σ 是长方形的而不一定是正方形的，但因为只有 Σ_{ii} 形式的元素是非零的，所以也称为对角矩阵。在线性代数中，这样的分解总是存在的，这是一个基本事实，文献 [480] 含有对这一事实的证明。Σ 中非零对角线元素的数量等于矩阵 D 的秩，其最多为 $\min\{n, d\}$。此外，因为奇异向量的正交性，$P^{\mathrm{T}}P$ 和 $Q^{\mathrm{T}}Q$ 都是单位矩阵。我们通过观察得出以下结论。

1）矩阵 Q 中的列，即左奇异向量，是 DD^{T} 的正交特征向量。这是因为 $DD^{\mathrm{T}} = Q\Sigma(P^{\mathrm{T}}P)\Sigma^{\mathrm{T}}Q^{\mathrm{T}} = Q\Sigma\Sigma^{\mathrm{T}}Q^{\mathrm{T}}$。因此，非零奇异值的平方，即 $n \times n$ 对角矩阵 $\Sigma\Sigma^{\mathrm{T}}$ 上的对角线元素，就是 DD^{T} 的非零特征值。

2）矩阵 P 中的列，即右奇异向量，是 $D^{\mathrm{T}}D$ 的正交特征向量。非零奇异值的平方，即 $d \times d$ 对角矩阵 $\Sigma^{\mathrm{T}}\Sigma$ 上的对角线元素，就是 $D^{\mathrm{T}}D$ 的非零特征值。注意，DD^{T} 和 $D^{\mathrm{T}}D$ 的非零特征值是相同的。矩阵 P 是非常重要的，因为 P 提供了一组基向量，与 PCA 所给出的协方差矩阵的特征向量类似。

3）因为均值中心化数据的协方差矩阵是 $\dfrac{D^{\mathrm{T}}D}{n}$（参考公式 2.7）且 SVD 的右奇异向量是 $D^{\mathrm{T}}D$ 的特征向量，所以对于均值中心化数据来说，PCA 的特征向量和 SVD 的右奇异向量是相同的。此外，SVD 中奇异值的平方是 PCA 中特征值的 n 次幂。这种等价关系说明了对于均值中心化数据，为什么 SVD 和 PCA 提供相同的变换。

4）不失一般性地，假设 Σ 的对角线元素按递减顺序排列，矩阵 P 和 Q 的列也相应排序。我们通过选择矩阵 P 和 Q 的前 k 列分别获得 $d \times k$ 和 $n \times k$ 矩阵，并令 P_k 和 Q_k 分别表示截断后的矩阵。再令 Σ_k 表示包含前 k 个奇异值的 $k \times k$ 正方形（对角）矩阵。那么，SVD 因式分解所产生的原始数据集 D 的近似 d 维数据为：

$$D \approx Q_k \Sigma_k P_k^{\mathrm{T}} \tag{2.12}$$

P_k 中的 k 个列代表了用于数据集归约的 k 维基坐标系。根据 PCA 的公式 2.10，在该 k 维基坐标系中降维后的数据集由 $n \times k$ 数据集 $D_k' = DP_k = Q_k \Sigma_k$ 给出。D_k' 中的每一行数据就是一个变换后的数据点在新坐标系中的 k 维坐标。通常情况下，k 的值比 n 和 d 都要小得多。此外，与 PCA 不一样的是，不管数据是否均值中心化，非截断 d 维变换后数据矩阵 $D' = DP$ 最右端的 $(d-k)$ 列数据将几乎是 0（而不是数据平均值）。一般情况下，PCA 将数据投影到一个经过数据平均值的低维超平面上，而 SVD 将数据投影到一个经过原点的低维超平面上。PCA 捕获尽可能多的数据方差（或者到数据中心点的欧几里得距离平方），而 SVD 捕获尽可能多的到原点的欧几里得距离平方和。这种数据矩阵的近似方法称为**截断 SVD**（truncated SVD）。

下面我们证明截断 SVD 最大化变换后数据点相对于原点的欧几里得距离平方和（即能量 energy 的最大化）。令 $\bar{v}$ 表示 d 维列向量，$D\bar{v}$ 表示数据集 D 在 $\bar{v}$ 方向上的投影。我们考虑一下如何得到单位向量 $\bar{v}$，使得投影后的数据点到原点的欧几里得距离平方和 $(D\bar{v})^{\mathrm{T}}(D\bar{v})$ 最大化。我们知道，将拉格朗日松弛公式中的梯度 $\bar{v}^{\mathrm{T}} D^{\mathrm{T}} D\bar{v} - \lambda(\|\bar{v}\|^2 - 1)$ 设为 0 等价于特征向量条件 $D^{\mathrm{T}} D\bar{v} - \lambda\bar{v} = 0$。因为右奇异向量是 $D^{\mathrm{T}} D$ 的特征向量，所以具有前 k 个最大特征值（奇异值平方）的特征向量（右奇异向量）提供了一组基，使用这组基即可最大化变换和归约后数据矩阵 $D_k' = DP_k = Q_k \Sigma_k$ 中所保存的能量。因为在坐标轴旋转前后的能量（即到原点处的欧几里得距离平方和）是不变的，所以 D_k' 中的能量和 $D_k' P_k^{\mathrm{T}} = Q_k \Sigma_k P_k^{\mathrm{T}}$ 中的能量是相同的。因此，k 价 SVD 是能量保存最大化的一种分解方法。这个结论称为 **Eckart-Young 定理**（Eckart-Young theorem）。

数据集 D 沿着奇异值为 σ 的单位右奇异向量 $\bar{v}$ 方向的投影 $D\bar{v}$ 中所保存的总能量为 $(D\bar{v})^{\mathrm{T}}(D\bar{v})$，其可简化为如下形式：

$$(D\bar{v})^{\mathrm{T}}(D\bar{v}) = \bar{v}^{\mathrm{T}}(D^{\mathrm{T}} D\bar{v}) = \bar{v}^{\mathrm{T}}(\sigma^2 \bar{v}) = \sigma^2$$

因为能量定义为一个沿正交方向线性可分的总和，所以沿着前 k 个奇异向量方向的数据投影中所保留的能量等于前 k 个奇异值的平方和。注意，数据集 D 的总能量总是等于所有非零奇异值的平方和。可以证明在 k 价近似中，最大化保存能量等价于最小化误差平方[⊖]（或能量损失）。这是因为保留的子空间内的能量与互补（即丢弃的）子空间内的损失能量之和总是一个常数，等于原始数据集 D 中的能量。

纯粹从特征向量角度分析时，SVD 为理解变换和归约后的数据提供了两种不同的视角。变换后的数据矩阵既可以看作数据矩阵 D 在 $d \times d$ 散射矩阵（scatter matrix）$D^{\mathrm{T}} D$ 的 k 个最大基础特征向量 P_k 上的投影 DP_k，也可直接看作 $n \times n$ 点积相似矩阵 DD^{T} 的缩放特征向量 $Q_k \Sigma_k = DP_k$。尽管提取 $n \times n$ 相似矩阵的特征向量通常需要高昂的计算代价，但该方法可推广为非线性降维方法，用于原始空间不存在线性基向量这个概念的情况。在这种情况下，可以使用一个更复杂的相似矩阵来代替点积相似矩阵，以便提取非线性嵌入（参考表 2-3）。

SVD 比 PCA 更通用，可用于同时确定数据矩阵的 k 维基向量及其能量最大化的转置。后

⊖ 误差平方是误差矩阵 $D - Q_k \Sigma_k P_k^{\mathrm{T}}$ 中条目的平方和。

者在理解矩阵 D^T 的互补变换特性上非常有用。Q_k 的正交列提供了一个 k 维基坐标系，可用于对应于 D^T 行的“数据点”的（近似）变换，而矩阵 $D^T Q_k = P_k \Sigma_k$ 给出了相应的坐标值。举例来说，在用户项目评分矩阵中，可能会希望确定用户的约简表示，或者项目的约简表示。SVD 同时为这两种约简提供了基向量。截断 SVD 根据 k 个占主导地位的潜在成分来表示数据。第 i 个潜在成分由矩阵 D 和 D^T 中的第 i 个基向量来表示，其在数据中的相对重要性由第 i 个奇异值定义。通过将矩阵乘积 $Q_k \Sigma_k P_k^T$ 分解成 Q_k 和 P_k 的列向量（即 D^T 和 D 中占主导地位的基向量），即可获得 k 个潜在成分的连加和：

$$Q_k \Sigma_k P_k^T = \sum_{i=1}^{k} \overline{q}_i \sigma_i \overline{p}_i^T = \sum_{i=1}^{k} \sigma_i (\overline{q}_i \overline{p}_i^T) \tag{2.13}$$

这里 $\overline{q}_i$ 是矩阵 Q 的第 i 列，$\overline{p}_i$ 是矩阵 P 的第 i 列，σ_i 是矩阵 Σ 的第 i 个对角线元素。每个潜在成分 $\sigma_i(\overline{q}_i \overline{p}_i^T)$ 都是一个秩为 1、能量为 σ_i^2 的 $n \times d$ 矩阵。这种分解称为**频谱分解**（spectral decomposition）。SVD 矩阵因式分解与约简基向量之间的关系如图 2-4 所示。

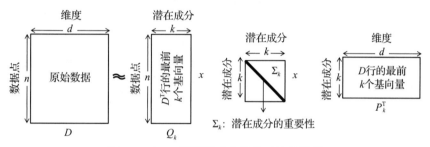

图 2-4　SVD 矩阵因式分解的互补基性质

下面是一个 6×6 矩阵的 2 价截断 SVD 的例子：

$$D = \begin{bmatrix} 2 & 2 & 1 & 2 & 0 & 0 \\ 2 & 3 & 3 & 3 & 0 & 0 \\ 1 & 1 & 1 & 1 & 0 & 0 \\ 2 & 2 & 2 & 3 & 1 & 1 \\ 0 & 0 & 0 & 1 & 1 & 1 \\ 0 & 0 & 0 & 2 & 1 & 2 \end{bmatrix} \approx Q_2 \Sigma_2 P_2^T$$

$$\approx \begin{bmatrix} -0.41 & 0.17 \\ -0.65 & 0.31 \\ -0.23 & 0.13 \\ -0.56 & -0.20 \\ -0.10 & -0.46 \\ -0.19 & -0.78 \end{bmatrix} \begin{bmatrix} 8.4 & 0 \\ 0 & 3.3 \end{bmatrix} \begin{bmatrix} -0.41 & -0.49 & -0.44 & -0.61 & -0.10 & -0.12 \\ 0.21 & 0.31 & 0.26 & -0.37 & -0.44 & -0.68 \end{bmatrix}$$

$$= \begin{bmatrix} 1.55 & 1.87 & \underline{1.67} & 1.91 & 0.10 & 0.04 \\ 2.46 & 2.98 & 2.66 & 2.95 & 0.10 & -0.03 \\ 0.89 & 1.08 & 0.96 & 1.04 & 0.01 & -0.04 \\ 1.81 & 2.11 & 1.91 & 3.14 & 0.77 & 1.03 \\ 0.02 & -0.05 & -0.02 & 1.06 & 0.74 & 1.11 \\ 0.10 & -0.02 & 0.04 & 1.89 & 1.28 & 1.92 \end{bmatrix}$$

注意，这个秩为 2 的矩阵是原始矩阵的一个良好近似。在最终近似矩阵中，具有最大误差的元素已用下划线标注。有趣的是，该元素在原始数据中也与其他部分的结构不太一致（为什么这样说？）。截断 SVD 常常试图纠正不一致元素，这一特性有时用于易出错数据集上的降噪处理。

2.4.3.3　潜在语义分析

潜在语义分析（LSA）是 SVD 方法在文本领域中的一个应用。在这种情况下，数据矩阵 D 是一个包含 n 个文档中标准化词频的 $n \times d$ 文档术语矩阵，其中 d 是词典的大小。虽然没有使用均值中心化但由于矩阵 D 的稀疏性，LSA 的结果与 PCA 大致相等。D 的稀疏性意味着 D 中的大多数元素都是 0，且每列平均值也比非零值小得多。在这种情况下，可以证明其协方差矩阵与 D^TD 近似成正比。数据集的稀疏性也导致了较低的本征维度。因此，在文本领域内，LSA 的降维效应是相当显著的。例如，用不到 300 个维度来表示一个基于 100 000 维词典的文集是很常见的。

LSA 是一个关于信息"损失"（即丢弃某些维）如何能导致数据表示质量提高的经典例子。文本领域有两个主要问题：同义性（synonymy）和多义性（polysemy）。同义性指两个单词可能有相同的意思。例如，单词"comical"和"hilarious"意思几乎相同。多义性指同一个单词可能有两种不同的意思。例如，单词"jaguar"既可指一辆汽车也可指一只豹。通常情况下，一个单词的意思只能通过上下文环境（文档中其他词汇）来理解。因此使用词频计算相似度可能不完全精确，这是基于相似度应用的一个问题。举例来说，在原始表示空间中，分别包含单词"comical"和"hilarious"的两个文档可能不十分相似。上述两个问题是同义性和多义性效果的直接结果。LSA 后的截断表示正是消除了同义性和多义性的噪声效果，因为（高能量）奇异向量代表了数据相关性方向，而单词恰当的上下文语意在沿这些方向上会有隐式的表达。反之，个别使用上的差异变化只在沿着低能量方向上有隐式表达，而这些低能量方向将被截去。已有观察表明[184, 416]，LSA 的使用可以显著提升文本应用的质量。对同义性效果的改进⊖通常要比多义性大。SVD 的这种降噪行为也在多维数据集中得到了证实[25]。

2.4.3.4　PCA 和 SVD 应用

尽管 PCA 和 SVD 主要用于数据约简和压缩，但它们在数据挖掘上还有很多其他应用。一些例子如下所示。

1. 降噪（noise reduction）

尽管在 PCA 和 SVD 中去除较小的特征向量/奇异向量可能导致信息损失，但在很多情况下也能导致数据表示质量的提高。主要是因为沿着小特征向量的变化经常是由噪声引起的，因此去除它们通常是有利的。例如 LSA 在文本领域的应用，其中较小成分的去除引起了文本语义特性的提升。SVD 也用于为有干扰图像去模糊。这些特定文本和特定图像的结果已被证明在任意数据领域都是真实有效的[25]。因此，数据约简不仅节省空间，还在很多情况下提供了本质上的改进。

2. 数据填补

SVD 和 PCA 可用于诸如协同过滤的数据重建[23]，因为即使数据矩阵不完整，使用较小的 k 值，也可以估算约简后的矩阵 Q_k、Σ_k 和 P_k，从而，整个矩阵可近似重建为 $Q_k\Sigma_k P_k^T$。该应用将在 18.5 节讨论。

⊖　若一个概念在所涉及的文集中并不显著，那么截断的使用就会将此概念忽略，进而也忽略原本表达这些概念的语义。因此，这个做法一般而言有其鲁棒性，但在多义词消歧方面并不一定正确或完整。

3. 线性方程组

很多数据挖掘应用是优化问题，其解决方案往往可以转化成对一个线性方程组的求解。对于任意线性方程组 $A\bar{y} = 0$，矩阵 A 中奇异值为 0 的任意右奇异向量都将满足该方程组（参考练习题 14）。因此，任意 0 奇异向量的线性组合都将是该方程组的一个解。

4. 矩阵求逆

SVD 可用于 $d \times d$ 正方矩阵 D 的求逆。令 D 的分解表示为 $Q\Sigma P^T$。那么，方阵 D 的逆为 $D^{-1} = P\Sigma^{-1}Q^T$。注意 Σ^{-1} 可直接通过对 Σ 中对角线上元素求倒数来得到。这种方法可推广到求解 k 秩矩阵 D 的 Moore-Penrose 伪逆矩阵（Moore-Penrose pseudoinverse）D^+ 的计算，这里我们只要对 Σ 中非零对角线元素求倒数即可。通过额外执行 Σ 的转置运算，我们甚至可以将此方法推广到非正方矩阵上。这种矩阵求逆运算在诸如最小二乘回归（参阅 11.5 节）和社交网络分析（参阅第 19 章）等许多数据挖掘应用中都是需要的。

5. 矩阵代数（matrix algebra）

很多网络挖掘应用需要诸如矩阵求幂计算的代数运算。这在随机游走方法中很常见（参阅第 19 章），需要计算一个无向网络图对称邻接矩阵的 k 次幂。该对称邻接矩阵可分解成 $Q\Delta Q^T$ 形式，这个分解式的 k 次幂可通过 $D^k = Q\Delta^k Q^T$ 进行快速计算。实际上，矩阵的任意多项式函数都可进行快速计算。

因为矩阵和线性代数操作在数据挖掘中无处不在，所以 SVD 和 PCA 是非常有用的。SVD 和 PCA 方便地提供了矩阵分解和基表示，使矩阵操作容易许多。把 SVD 称为"线性代数绝对的亮点"可以说是名至实归[481]。

2.4.4　基于类型转换的降维

在这些方法中，降维与类型转换一起进行。在大多数情况下，数据从相对复杂的类型转换成相对简单的类型，比如多维数据。这些方法可以同时达到数据约简和类型转换两个目的。这一小节将研究下面两种转换方法。

1. 时间序列的多维化

这里我们使用类似离散傅里叶变换和离散小波变换这样的变换方法。这些方法也可以看作一种坐标系的旋转，这个坐标系是由上下文属性上的多种时间戳所定义的，而变换之后的数据将不再是依赖型数据了。因此，结果数据集可以用一种类似于多维数据的方法进行处理。我们将主要介绍哈尔小波变换，因为它直观上看很简单。

2. 带权图的多维化

我们用多维标度和谱方法将带权图嵌入多维空间中，使得边上的相似性或距离值反映在多维嵌入中。

本小节将逐一讨论这些技术。

2.4.4.1　哈尔小波变换

小波分析是一种大家比较熟悉的方法，它将时序数据用多粒度分解和综合的方式转换为一种多维表达。哈尔小波是小波分解的一种典型且著名的形式，因为它比较直观并易于实现。为了对小波分解有一个直观的理解，我们介绍一个温度传感器的例子。

假设有一个传感器测量一天中从早到晚 12 个小时的温度。假定传感器采集温度样本的速率为 1 个样本 / 秒。因此，在一天之中，一个传感器可以收集 $12 \times 60 \times 60 = 43\ 200$ 条数据。显然，若要收集许多传感器在许多天内的所有数据，我们需要考虑采集方法的可延展性问题。可以注意到，很多相邻的传感器数据都非常相似，把所有数据都收集起来肯定十分浪费。那么，我们如何在较小的存储空间里近似表示这些数据呢？我们如何确定观察数据中出现较大差异的关键地带，并存储这些差异而不是存储重复性数据呢？

如果我们只存储一整天的平均温度，这样做确实提供了关于温度的一些信息，但一天中的温差就丢失了。那么，我们考虑把一天中上午和下午温度均值之间的差异也存储起来，这样我们可以从一整天的均值及上下午均值的差异这两个数值中，得出上午和下午的温度均值。这一过程是可递归的，因为一天中的上午又可以分为第一个四分之一天和第二个四分之一天。这一过程可以递归地应用到传感器读数的粒度级别。我们用这些差异值导出小波系数。当然，我们至此并没有完成任何数据约简，因为这些系数的数量与原始时间序列的长度是一样的。

大的差异值比小的差异值可以告诉我们更多关于温度的变化信息，因而大的差异值的存储更为重要。理解这一点十分重要，这使得我们在数据归一化之后，在同一粒度下的系数中只存储数值较大的系数。这种归一化我们将在后面讨论，它更倾向于存储那些代表更长时间规模的系数，因为长时间区间的变化趋势提供更多对（整个）原始序列重建而言有用的信息。

把上面的过程换成更正式一点的说法是，小波技术将时间序列分解成一组带权重系数的小波基向量。每一个系数代表了特定时间段中的前后两半时间序列的差异，而小波基向量也是一个时间序列，用一个简单的阶跃函数形式来代表所涉及的差异性所在的时间段。小波系数有不同的阶数，阶数取决于所分析的时间序列片段的长度，它同时也代表了分析的粒度。高阶系数代表广泛的趋势因为它们对应于大范围，而更局部的趋势由低阶系数所捕获。在给出更形式化的描述之前，我们用下面两步简单递归的方法来描述如何将一个时间序列片段 S 进行小波分解：

1）将 S 在前半时间和后半时间上的行为属性值的均值差异的二分之一作为小波变换的系数。

2）递归地将这一方法应用于 S 的前半时间段和后半时间段。

上述过程结束后，再做一个约简，即只把（归一化之后的）更大一些的系数保留下来。这里用到的归一化过程将在后面介绍。

现在我们可以更正式地用一些符号来给出定义了。为了方便描述，假定序列的长度 q 是 2 的平方。对于每个 $k \geq 1$ 的值，k 阶哈尔小波变换的系数有 2^{k-1} 个，这 2^{k-1} 个系数中的每一个都对应于一个长度为 $q/2^{k-1}$ 的时间序列片段，其中第 i 个系数与从 $(i-1) \cdot q/2^{k-1} + 1$ 的位置到 $i \cdot q/2^{k-1}$ 的位置的时间序列片段相对应。让我们把该系数定义为 ψ_k^i，并将与其相关的时间序列片段定义为 S_k^i。并且定义 S_k^i 中前一半的均值为 a_k^i，后一半的均值为 b_k^i。于是，ψ_k^i 的值就是 $(a_k^i - b_k^i)/2$。更正式地说，如果 Φ_k^i 定义了 S_k^i 的平均值，那么 ψ_k^i 的值可以递归定义为如下形式：

$$\psi_k^i = (\Phi_{k+1}^{2 \cdot i-1} - \Phi_{k+1}^{2 \cdot i})/2 \tag{2.14}$$

哈尔系数的集合由所有 1 阶到 $\log_2(q)$ 阶的系数所定义。另外，全局均值 Φ_1^1 对于完美重建是必需的。系数总数恰巧和原始序列长度相等，但我们通过摒弃（归一化后的）小的系数来实现降维，这将在后面讨论。

在不同阶数上的系数能让我们了解数据在不同粒度上的主要趋势。例如，系数 ψ_k^i 是时间序列片段 S_k^i 前半部分均值与后半部分均值的差值的一半。因为较大的 k 值几何上对应于约简片段的大小，通过这一 k 值我们可以获得不同粒度级别的基本趋势信息。哈尔小波变换的这一定义使其计算非常简便，因为只需要一系列的平均和差分运算即可。表 2-2 展示了序列 (8, 6, 2, 3, 4, 6, 6, 5) 的哈尔小波系数的计算过程。这一分解过程也可以用图 2-5 来展示。注意原始序列中的每个值都可以表示为 $\log_2(8) = 3$ 个小波系数之和，但有可能需要在和数之前加上一个负号或正号。总体来说，整个分解过程可以表示为一棵深度为 3 的树，该树代表了整个序列的分解层次关系。这棵树也称为**误差树**。表 2-2 中的小波分解的误差树可以用图 2-6 表示。除了**超根**节点表示序列平均值以外，树的其他节点都是小波系数值。

表 2-2　小波系数计算示例

粒度（k 阶）	平均值（Φ 值）	DWT 系数（ψ 值）
$k = 4$	(8, 6, 2, 3, 4, 6, 6, 5)	—
$k = 3$	(7, 2.5, 5, 5.5)	(1, −0.5, −1, 0.5)
$k = 2$	(4.75, 5.25)	(2.25, −0.25)
$k = 1$	(5)	(−0.25)

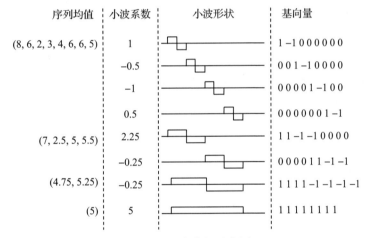

图 2-5　小波分解示意图

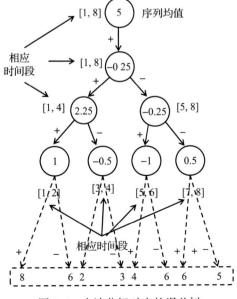

图 2-6　小波分解对应的误差树

这个序列中小波系数一共有 8 个，这也是原始序列的长度。图 2-6 中，误差树下方显示了原始序列的值，沿着树中指向该值的路径通过加减操作可以重构该值。如果我们使用左分支来重构原始序列值，那就加上节点中的系数，否则就减去。这种自然分解方法有这样一个特性，即序列中任一连续区间内原始值的重构，只需要使用误差树中与此区间相关的部分。

就像在所有降维方法中一样，小的系数将被忽略。我们将借助与每个系数相关的基向量来解释系数的丢弃过程：

小波表示方法是将长度为 q 的原始时间序列分解为 q 个"更为简单"的、相互正交的时间序列（或称小波）的带权重之和。这些简单的时间序列就是基向量，而小波系数则表示分解过程中得到的不同基向量的权重。

图 2-5 展示了这些简单的时间序列以及它们的系数。小波系数（以及基向量）的个数与序列长度 q 相等。每个作为基向量的时间序列的长度也是 q。一个小波系数是在一段连续区间内用差分运算方法求得的，那么对应的小波（基向量）在这段连续区间内的值要么是 +1 要么是 –1，而在其他区间内的值均为 0，因为序列在其他区间上的变化不会影响到这个小波。基向量非零的片段的前半部分的值是 +1，后半部分的值是 –1。这样，若把基向量画成一段时间序列，就显示出一种小波的形状，同时也反映出时间序列在相应的区间内进行的差分运算。将基向量和系数相乘将会得到带权重的时间序列，其中前半部分和后半部分的差值反映了原始时间序列中相关片段的均值差异。所以，通过对误差树中不同粒度级别的带权小波进行求和，便可以对原始序列进行重构。图 2-5 中的基向量列表是下面矩阵中的行。

$$\begin{bmatrix} 1 & -1 & 0 & 0 & 0 & 0 & 0 & 0 \\ 0 & 0 & 1 & -1 & 0 & 0 & 0 & 0 \\ 0 & 0 & 0 & 0 & 1 & -1 & 0 & 0 \\ 0 & 0 & 0 & 0 & 0 & 0 & 1 & -1 \\ 1 & 1 & -1 & -1 & 0 & 0 & 0 & 0 \\ 0 & 0 & 0 & 0 & 1 & 1 & -1 & -1 \\ 1 & 1 & 1 & 1 & -1 & -1 & -1 & -1 \\ 1 & 1 & 1 & 1 & 1 & 1 & 1 & 1 \end{bmatrix}$$

注意，任何一对基向量的点积为 0，因此这些序列相互正交。最细粒度的系数只有一个 +1 值和一个 –1 值，然而最粗粒度的系数有四个 +1 值和四个 –1 值。另外，向量 (1 1 1 1 1 1 1 1) 需要用来代表序列的平均值。

对时间序列 T，令向量 $\overline{W_1},\cdots,\overline{W_q}$ 为相应的基向量。那么，如果 $a_1,\cdots,a_q$ 是基向量 $\overline{W_1},\cdots,\overline{W_q}$ 的小波系数，则时间序列 T 可以如下表示：

$$T = \sum_{i=1}^{q} a_i \overline{W_i} = \sum_{i=1}^{q} (a_i \| \overline{W_i} \|) \frac{\overline{W_i}}{\| \overline{W_i} \|} \tag{2.15}$$

图 2-5 中的系数是未归一化的，因为底层基向量没有单位规范。虽然图 2-5 中的 a_i 是未归一化的，但是 $a_i \| \overline{W_i} \|$ 的值是归一化的。不同阶系数的 $\| \overline{W_i} \|$ 值是不同的，在该特定例子中等于 $\sqrt{2}$、$\sqrt{4}$ 或 $\sqrt{8}$。例如，在图 2-5 中，最粗一层的未归一化系数是 –0.25，而其相应的归一化值为 $-0.25\sqrt{8}$。归一化之后，基向量 $\overline{W_1},\cdots,\overline{W_q}$ 构成一个标准正交基，所以（归一化后的）系数的平方和与其相应的近似时间序列[⊖]中的留存能量相等。因为归一化系数可以看成

⊖ 近似时间序列指的是使用相应归一化系数所重构的时间序列。——译者注

时间序列在坐标轴旋转后的新坐标，因此，时间序列在归一化系数表示形式下（假设不丢弃任何归一化系数）的欧几里得距离与原时间序列的欧几里得距离是相同的。由此可见，通过保留最大归一化值的系数，小波表示的错误损失可以最小化。

前面的讨论关注的是单一时间序列的近似表示。实际上，我们可能想要将一个包含 N 个时间序列的数据库转换成 N 个多维向量。当包含多个时间序列的数据库可用时，有两种策略可以使用：

1）固定一组基向量，使用时间序列在这些固定的基向量上的系数，来创建一个有意义的低维度的多维数据库。为此，我们可以选择归一化系数在 N 个不同序列上的平均值最大的基向量。

2）保留完整维度的小波系数表示。然而，对于每一个时间序列，分别选择其最大的归一化系数。其余的数值设置为 0。这导致在高维稀疏数据库中大部分数值都为 0。SVD 方法可以用于第二步的降维。该方法的第二步有丢失小波变换特征可解释性的弊端。我们注意到，哈尔小波变换是少数对特定时间序列片段的具体趋势具有可解释性的降维方法中的一个。

小波分解方法提供了一种通过保留少数系数的自然的降维（和数据类型转换）方式。

带有多重上下文属性的小波分解

时序数据包含单一的上下文属性，即在时间上相关，这有助于简化小波分解。然而，在诸如空间数据等其他情况下，可能有 X 坐标和 Y 坐标两种上下文属性。例如，海平面温度在空间位置上测量得到，其描述需要用到二维坐标。怎样使小波分解适用于这些情况呢？在这里，我们简单介绍针对多个上下文属性的小波扩展方法。

假定空间数据的表达形式为二维网格，大小为 $q \times q$。记得在一维的例子里，我们对时间序列进行多层分段，并在相邻区段上取得差值，相应的基向量在相关位置上含有 +1 或 −1 值。二维的情况与之类似，我们将二维网格的相邻区域沿着两个轴交替进行多层分解。相关基向量是大小为 $q \times q$ 的二维矩阵，用其控制差分运算的进行。

图 2-7 展示了一个二维分解策略的例子。图中只给出了前两层的分解过程。例子中用的是一个 4×4 空间网格上的温度值。第一次切分沿着 X 轴进行，将空间区域分成了两个大小为 4×2 的块。关于二维二元基矩阵也在该图中进行了说明。下一步则是在层次化分解过程中将这些 4×2 的块分解成 2×2 的块。如同在一维时间序列例子中一样，小波系数是相应块分解得到的两部分的平均气温之差的一半。沿着 X 轴和 Y 轴交替分解的过程可以用于各个数据条目。这样便可以创建一个层次化小波误差树，它与一维误差树有许多相似的特性。这一分解的宗旨也与一维例子极其相似，主要区别在于如何在不同层级间沿着不同维度交替切分。这一方法可以扩展到 $k > 2$ 个上下文属性，只需要在树中的不同层级间依次选择坐标轴以用于差分运算即可。

2.4.4.2 多维标度

图是一种表达实体间关系的强有力的工具。在一些数据挖掘场景中，实体的数据类型可能十分复杂多变，例如时间序列上可以带有标注文本及其他数值属性。然而，基于特定应用目标，数据实体之间的距离也许可以清晰地获得。如何使得这些实体间的固有相似性更加形象化呢？如何使得在社交网络中两个相连个体的相近性更加形象化？一种自然的解决方式是多维标度（MDS）。尽管 MDS 的初衷是用于图结构中的距离在空间的一种表示，但它可以更广泛地应用于任意类型的数据实体在多维空间中的嵌入。这样的方式也使得多维数据挖掘算法适用于嵌入式数据。

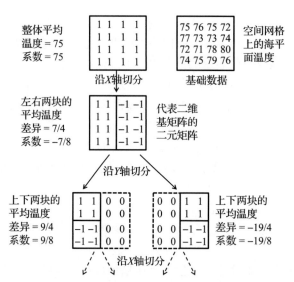

图 2-7   将一个空间网格上的海面温度数据进行小波分解的最上层情况展示

给定一个 n 节点的图，令 $\delta_{ij} = \delta_{ji}$ 表示节点 i 和节点 j 之间确定的距离，并假设两两节点间所有 $\binom{n}{2}$ 个距离都已给定。我们希望将图的 n 个节点映射成 n 个 k 维向量，记为 $\overline{X_1}, \cdots, \overline{X_n}$，使得这些向量在多维空间中的距离与图中两两节点之间给定的距离密切相关。MDS 方法将这 n 个点的所有 k 个坐标都视为需要优化的变量，使它们对给定的两两距离的集合进行拟合。度量化 MDS，或者称为经典 MDS，试图解决下列的优化（最小化）问题：

$$O = \sum_{i, j: i<j} (\| \overline{X_i} - \overline{X_j} \| - \delta_{ij})^2 \qquad (2.16)$$

这里 $\| \cdot \|$ 表示欧几里得范数。换句话说，就是将每个节点表示为一个多维数据点，使得点之间的欧几里得距离尽可能反映图中距离。其他形式的非度量 MDS 可以用不同于上面的目标函数，但无论是什么形式，这个优化问题有 $n \cdot k$ 个变量，并且变量数随着图节点数 n 和希望嵌入的维度 k 的增长而增长。公式 2.16 的目标函数 O 通常会除以 $\sum_{i, j: i<j} \delta_{ij}^2$，使 O 值落在 $(0, 1)$ 区间内。该值的平方根一般称为**克鲁斯应力**（Kruskal stress）。

经典 MDS 的基本假设是有一个假定的数据矩阵 D，这个矩阵中的值以及它的维度都是未知的，但给定的距离矩阵 $\Delta = [\delta_{ij}^2]_{n \times n}$ 是通过计算 D 中两两行之间的欧几里得距离而获得的。在经典 MDS 方法下，矩阵 D 不可能完全恢复，因为欧几里得距离在均值平移和坐标轴旋转下是不变的。合适的求数据均值和轴方向的方法将会在后面讨论。公式 2.16 的优化问题一般需要用到数值计算的一些技巧，但若给定的距离矩阵是欧几里得的，那么可以用下面的方法，直接通过特征值分解来对经典 MDS 求解。

1）任意距离（平方）矩阵 $\Delta = [\delta_{ij}^2]_{n \times n}$ 都可以通过欧氏空间的余弦定律转换成对称的点积矩阵 $S_{n \times n}$。特别地，如果 $\overline{X_i}$ 和 $\overline{X_j}$ 是第 i 个和第 j 个节点的嵌入式表示，那么 $\overline{X_i}$ 和 $\overline{X_j}$ 的点积可以表示为距离相关的形式，如下所示：

$$\overline{X_i} \cdot \overline{X_j} = -\frac{1}{2} \left[\| \overline{X_i} - \overline{X_j} \|^2 - (\| \overline{X_i} \|^2 + \| \overline{X_j} \|^2) \right] \quad \forall i, j \in \{1, \cdots, n\} \qquad (2.17)$$

在均值中心化嵌入的情况下，$\| \overline{X_i} \|^2 + \| \overline{X_j} \|^2$ 可以用距离矩阵 Δ 中的条目来表示如下

（参见练习题 9）：

$$\|\overline{X_i}\|^2 + \|\overline{X_j}\|^2 = \frac{\sum_{p=1}^{n}\|\overline{X_i} - \overline{X_p}\|^2}{n} + \frac{\sum_{q=1}^{n}\|\overline{X_j} - \overline{X_q}\|^2}{n} - \frac{\sum_{p=1}^{n}\sum_{q=1}^{n}\|\overline{X_p} - \overline{X_q}\|^2}{n^2} \quad (2.18)$$

均值中心化的假设是必要条件，因为虽然欧几里得距离不随均值移动变化，但点积后就不是如此了。将公式 2.18 代入公式 2.17 中，便可以得到点积 $\overline{X_i} \cdot \overline{X_j}$ 使用距离矩阵Δ中相关项的表达形式。因为这一情况对所有的 i 和 j 值均成立，所以我们可以方便地将其表示为 $n \times n$ 的矩阵形式。令 U 表示所有项都是 1 的 $n \times n$ 矩阵，I 表示单位矩阵。那么，从上述解释得出，点积矩阵 S 与 $-1/2(I - U/n) \Delta (I - U/n)$ 相等。在欧氏假设下，矩阵 S 总是半正定的，因为它与 $n \times n$ 的点积矩阵 DD^T 相等，其中 D 是上面讲的那个未知的数据矩阵。所以，希望将 S 高质量因式分解成 $D_k D_k^T$ 的形式，其中 D_k 是一个维度为 k 的 $n \times k$ 阶矩阵。

2）这个因式分解可以用特征分解得出。令 $S \approx Q_k \Sigma_k^2 Q_k^T = (Q_k \Sigma_k)(Q_k \Sigma_k)^T$ 表示 S 的近似对角化，其中 Q_k 是包含了 S 的最大的 k 个特征向量的 $n \times k$ 阶矩阵，Σ_k^2 是包含了特征向量的 $k \times k$ 阶对角矩阵。最后，嵌入表示就由 $D_k = Q_k \Sigma_k$ 给出。注意，SVD 方法通过原始数据点积矩阵的扩展特征向量也可获得这个最优嵌入，因此，通过这个方式可以最小化表达式的平方误差，也就可以证明该方法可以用来最小化克鲁斯应力。

这种优化方式并不是唯一的，因为我们可以将 $Q_k \Sigma_k$ 与任意有正交列的 $k \times k$ 阶矩阵相乘，而欧几里得距离并不会因此而受到影响。换句话说，$Q_k \Sigma_k$ 在任意旋转坐标系中的表达式也是最优的。MDS 找到一个类似 PCA 的坐标系，其中任何独立特征之间都是不相关的。事实上，若将经典 MDS 方法用到一个距离矩阵Δ上，只要该距离矩阵是通过计算真实数据集中任意两点间的欧几里得距离获得的，那么经典 MDS 方法也可以产生同一数据集上与 PCA 相同的嵌入表达。我们在数据集未知而只知距离矩阵时，MDS 方法是有用的。

与所有的降维方法一样，维度 k 的值提供了表达式的大小与精度之间的权衡。较大的维度 k 的值会导致应力的降低，而更多的数据点通常需要更大的维度以达到相同的应力。然而，最重要的是距离矩阵的原始结构。例如，如果一个 10 000 × 10 000 的距离矩阵包含了 10 000 个城市之间的两两驾驶距离，它通常可以近似为一个二维表达。这是因为驾驶距离近似二维空间中的欧几里得距离。另一方面，任意给定的一个距离矩阵可能不是欧几里得距离矩阵，其中距离甚至可能不符合三角不等式，那么矩阵 S 可能不是半正定的。在这种情况下，仍坚持假设其是度量空间中的距离，有时也能得到高质量的嵌入。特别是在正特征值幅度都大于负特征值幅度时，我们就只使用正特征值。这种方法在负特征值幅度都较小时，效果可能还是令人满意的。

MDS 通常用于非线性降维方法，如 ISOMAP（见 3.2.1.7 节）。值得注意的是，在传统 SVD 中，与矩阵 S 的特征向量可以产生 MDS 嵌入类似，$n \times n$ 阶点积相似矩阵 DD^T 的扩展特征向量可以产生矩阵 D 的一个低维嵌入表达。在如 PCA、SVD、ISOMAP、内核 PCA 和谱嵌入等线性和非线性降维方法中，相似矩阵的特征值分解是重要基础。每种嵌入方法的性质由相似矩阵的选择及其特征向量上的扩展方法决定。表 2-3 对比了这些方法，有些方法在后续章节中会有详细介绍。

表 2-3　使用不同相似矩阵的扩展特征向量导致嵌入具有不同性质

方　　法	相关的相似矩阵
PCA	将 D 均值中心化之后的点积矩阵 DD^T
SVD	点积矩阵 DD^T
谱嵌入（对称版本）	稀疏化 / 归一化的相似矩阵 $\overline{\Lambda^{-1/2}W\Lambda^{-1/2}}$（参见 19.3.4 节）
MDS/ISOMAP	用余弦定律 $S = -\dfrac{1}{2}\left(I - \dfrac{U}{n}\right)\Delta\left(I - \dfrac{U}{n}\right)$ 从距离矩阵 Δ 得到的相似矩阵
内核 PCA	中心化的内核矩阵 $S = \left(I - \dfrac{U}{n}\right)K\left(I - \dfrac{U}{n}\right)$（参见 10.6.4.1 节）

2.4.4.3　谱转换和图嵌入

MDS 方法用于维持全局距离，而谱方法则用于维持局部距离。对一些比如聚类等特定的应用，这种维持局部距离的方法是有意义的。谱方法可用于处理相似图，即图中边上的权重代表了相似度而非距离。即使原来是距离值，也可用内核函数将其转换成相似度，比如使用本章前面（2.2.2.9 节）所讨论过的热核函数。由于真实网络中节点之间往往由于某种同质性而连接在一起，相似度的概念很自然地适用于许多真实网络，比如 Web、社交网和信息网等。例如，一个文献网络中，节点代表作者，边代表合著关系。这个网络中边的权重可以是作者合作出版的数量，表示作者与作者之间在著作方面的一种相似度。相似图也可以在任意数据类型上构造。例如，一个含有 n 个时间序列的集合可以转换成一个含有 n 个节点的图，每个节点代表一个时间序列。边上的权重取对应两个时间序列的相似度，而且只保留满足一定相似度的边。本章前面 2.2.2.9 节中介绍了构造相似图的方法。因此，如果可以将一个相似图转换成一个多维表达并保留节点间的相似结构，那么我们就几乎可以将任意数据类型转换成简单可用的多维表达。这里需要注意的是这种转换方法只能用于基于相似度的应用，例如聚类或者最近邻分类，因为这种转换方法是为维持局部相似结构而设计的。当然，数据集的局部相似结构对于许多数据挖掘应用非常重要。

令 $G = (N, A)$ 为一个包含节点集 N 和边集 A 的无向图。假定节点集包含 n 个节点。一个对称 $n \times n$ 阶权重矩阵 $W = [w_{ij}]$ 代表不同节点间的相似度。注意，MDS 方法表达的是一种全局距离的完全图，但这里的图通常是一种稀疏表示，对每个对象只给出其最相似的 k 个对象（参见本章前面的 2.2.2.9 节），其余对象之间不加以区分，相似度都设置为 0。这是因为谱方法为聚类这类应用而设计，仅维持局部相似结构。矩阵中的所有条目均赋为非负值，数值越大则表示相似度越高。如果两节点之间没有边，则将矩阵中相应的值赋为 0。我们希望将图中的节点嵌入一个 k 维空间，使得数据的相似结构不变。

让我们先考虑一个简化了的问题，即将节点映射到一维空间中，之后再扩展到 k 维，这样相对容易理解些。我们将集合 N 中的节点映射到一维实数集 $y_1, \cdots, y_n$，使得这条线上的这些点之间的距离反映节点间的相连权重。因此，若两个节点之间有较高的连接权重，我们不希望把它们映射到这条线上两个较远的点上。也就是说，我们想确定 y_i 的值使得下述目标表达式 O 达到最小化：

$$O = \sum_{i=1}^{n}\sum_{j=1}^{n} w_{ij}(y_i - y_j)^2 \tag{2.19}$$

这个目标表达式对 y_i 和 y_j 之间的距离以 w_{ij} 值为比例进行惩罚，即当 w_{ij} 非常大时（非常相似的节点），数据点 y_i 和 y_j 在嵌入空间中需要更加接近。目标函数 O 可以重写成权重矩阵 W 的拉普拉斯矩阵 L 的形式，此拉普拉斯矩阵 L 定义为 $\Lambda - W$，其中 Λ 是满足 $\Lambda_{ii} = \sum_{j=1}^{n} w_{ij}$ 的对角矩阵。记嵌入值的 n 维列向量为 $\overline{y} = (y_1, \cdots, y_n)^{\mathrm{T}}$，我们可以经过代数化简，将上面的最小化目标函数 O 重写成下面这个拉普拉斯矩阵的形式：

$$O = 2\overline{y}^{\mathrm{T}} L \overline{y} \qquad (2.20)$$

矩阵 L 是非负特征值的半正定矩阵，这是因为平方和形式的目标函数 O 均为非负值。我们需要加入一个扩展约束来确保不会得到 $y_i = 0$（对于所有的 i）这个毫无意义的最优解。一个可行的扩展约束如下所示：

$$\overline{y}^{\mathrm{T}} \Lambda \overline{y} = 1 \qquad (2.21)$$

约束公式 2.21 中使用矩阵 Λ 基本上就是一种归一化约束，这将在 19.3.4 节中详细讨论。

可以证明优化 O 值能通过选择 $\Lambda^{-1} L \overline{y} = \lambda \overline{y}$ 等式中最小的特征向量作为 $\overline{y}$ 来实现。然而，最小特征向量始终为 0，这时 $\overline{y}$ 与只包涵 1 的向量成正比。这个解毫无实际意义，因为这就代表将所有节点均映射到同一点。因此，可以丢弃这个最小特征向量，而使用第二小的特征向量，该特征向量提供了一个更有价值的最优解。

上面这个解决方案可以推广到寻找最优 k 维嵌入方法的应用，即从小到大选择之后几个特征值所对应的特征向量，为之后每个维度确定嵌入值。丢弃特征值 $\lambda_1 = 0$ 的无实际意义的第一个特征向量 $\overline{e_1}$ 后，选择相应的特征值为 $\lambda_2 \leqslant \lambda_3 \leqslant \cdots \leqslant \lambda_{k+1}$ 的 k 个特征向量 $\overline{e_2}, \overline{e_3}, \cdots, \overline{e_{k+1}}$ 的集合。每个特征向量的长度都为 n，且包含相应图节点的坐标值，即沿着（作为新坐标的）第 j 特征向量上的第 i 个值表示第 i 个节点的第 j 个坐标值。这样就产生了一个 $n \times k$ 的矩阵，给出了 n 个节点的 k 维嵌入表示。

在直观层面上，使用嵌入空间中幅度小的特征向量有什么意义？这个意义表现在：我们若沿着一个小幅度特征向量部署图节点，在这个向量方向上边的权重值可能就很小，这也代表了节点空间中的一个聚类。在实际使用中，除去最小特征向量后得到的 k 个最小特征向量，可以用于创建 k 维嵌入，给出一种数据转换。这种嵌入通常能很好地保留原图节点之间的相似性结构。这种嵌入方法可以用于任意基于相似度的应用，不过最常见的还是用在谱聚类应用中。这一方法有许多变种，包括如何实施拉普拉斯矩阵 L 的归一化、如何生成最终聚类等。谱聚类方法将在 19.3.4 节中详细介绍。

2.5 小结

数据预处理是数据挖掘中的一个重要部分，因为分析算法对输入数据的质量较为敏感。数据挖掘需要的原始数据集有各种各样的来源，而原始形式可能不适合直接应用到分析算法中。因此，需要使用许多方法来从底层数据中提取特征。由此产生的数据可能包含会带来显著影响的缺失值、误差、不一致和冗余。为了填充缺失值或修正数据中的不一致，各种分析方法和数据清洗工具应运而生。

另一个重要问题是数据的异构性。分析师可能会面对大量不同的数据属性，直接应用数据挖掘算法可能并不容易。这时，数据类型的转换就显得十分重要，需要将一些属性转换成预设的形式。多维数据格式通常受到优先使用，因为这种格式非常简单。而事实上，几乎所有数据类型都可以通过两步骤的方法转换为多维表示——先构建一个相似图，再进行多维嵌入。

数据集可能会很大，需要将行数减少、维度减小。减少行数可以直接使用采样。减少数据的列数可以使用特征子集选取或数据转换。特征子集选取方法指的是只保留较小的一组最适合用于分析的特征。这类数据约简方法与分析方法息息相关，因为数据间的关联性可能与应用任务有关。因此，特征提取过程需要依据特定的分析方法来决定。

特征转换有两种类型。第一种是将坐标系旋转到与数据相关性一致，并且保留最大方差的方向上。第二种应用于复合型数据，例如图和时间序列。在这些方法中，数据表达在规模上可以变小，并可转化为一种多维表示形式。

2.6　文献注释

特征提取问题对于数据挖掘很重要，但高度依赖于特定应用。例如，从文本数据集[400]中抽取有名实体的方法与从图像数据集[424]中抽取特征的方法是迥然不同的。关于一些在不同领域中不错的特征抽取技术的概述可以查阅 [245]。

在从不同来源抽取特征之后，这些特征需要整合到一个数据库中。传统数据库文献[194, 434] 中描述了大量的数据整合方法。随后，需要清洗数据并且将缺失项移除。概率型数据及不确定性数据的研究形成了一个新的领域[18]，以概率数据库的形式为不确定和错误的数据建模。然而，这个领域仍在研究阶段，还没有进入主流的数据库应用。大部分的现有方法或者使用缺失数据分析工具[71, 364]，或者使用更为常规的数据清洗工具[222, 433, 435]。

清洗了数据之后，仍需要减少其表示的规模或维度。采样是最常用最简单的数据约简方法。无论在静态数据集还是动态数据集中，都可以使用采样方法。传统的数据采样方法在 [156] 中进行了讨论。数据采样方法也已经以蓄水池采样的形式扩展到数据流[35, 498]。文献 [35] 讨论了将蓄水池采样方法扩展到数据流上并进行有偏采样的情况。

特征选取是数据挖掘中的一个重要部分。特征选取的方法常常高度依赖于所使用的特定的数据挖掘算法。例如，适用于聚类的特征选取方法可能并不适用于分类。因此，我们在本书后面关于聚类和分类的章节中对特征选取将分别进行讨论。以特征选取为主题的书也有不少，如 [246, 366]。

两个常用的多维数据降维方法是 SVD[480-481] 和 PCA[295]。这些方法也被扩展成文本处理领域中的 LSA 方法[184, 416]。出人意料地，在很多领域中[25, 184, 416]，使用诸如 SVD、PCA、LSA 的降维方法之后都提高了底层数据的质量。这种提高是因为通过丢弃方差低的维度减少了噪声的影响。SVD 方法在数据填补中的应用在 [23] 和本书的第 18 章中有提到。其他数据降维和转换方法包括卡尔曼滤波[260]、Fastmap[202] 以及一些非线性的方法诸如拉普拉斯特征映射[90]、MDS[328] 和 ISOMAP[490]。

近年来人们也提出了一些同时进行数据转换和降维的数据约简方法，包括小波变换[475]以及诸如 ISOMAP 和拉普拉斯特征映射[90, 490]等图嵌入方法。用于图嵌入的谱方法教程材料可以在 [371] 中找到。

2.7　练习题

1. 考虑时间序列 (–3, –1, 1, 3, 5, 7, *)，其中 * 表示一个缺失项。若用大小为 3 的窗口来做线性补缺的话，这个缺失项的估计值是多少？

2. 假设有一堆文本文件，你需要从这些文本中找出提到的人物。你会用哪些技术来完成此任务？

3. 从 UCI 机器学习资源库 [213] 中下载 Arrythmia 数据集。将数据归约成平均值为 0 且标准差为 1。并把每个数值属性进行离散化：

   (a) 用 10 个等宽的区间   (b) 用 10 个等高的区间

4. 假设有一组任意给定的、形式不同的对象，这些对象反映一些器件的不同特性。一位领域专家已经告诉你每一对对象之间的相似度。你怎样把这些对象转换成多维数据以进行聚类分析？

5. 假设有一平方公里海洋上的温度数据集，其中每个数据点对应一组以 10×10 密度采集的海面温度值。换言之，一个数据记录包含在 10×10 个空间位置上的温度数据。另外，这 10×10 个位置的每一个位置还含有一些文字描述。你怎样把这个数据集转换成多维数据表示？

6. 假设有一组离散的生物蛋白序列，每个序列又有一些对其特性的文字描述。你怎样把这个异构的数据集用多维数据来表示？

7. 从 UCI 机器学习资源库 [213] 中下载 Musk 数据集。在此数据集上使用 PCA 方法，并报告特征值以及特征向量结果。

8. 把练习题 7 用 SVD 再做一遍。

9. 假设均值中心化的数据集包含点 $\overline{X_1}, \cdots, \overline{X_n}$，证明下面的式子成立：

$$\| \overline{X_i} \|^2 + \| \overline{X_j} \|^2 = \frac{\sum_{p=1}^{n} \| \overline{X_i} - \overline{X_p} \|^2}{n} + \frac{\sum_{q=1}^{n} \| \overline{X_j} - \overline{X_q} \|^2}{n} - \frac{\sum_{p=1}^{n} \sum_{q=1}^{n} \| \overline{X_p} - \overline{X_q} \|^2}{n^2} \tag{2.22}$$

10. 将时序数据 1, 1, 3, 3, 3, 3, 1, 1 用小波方法进行分解。分解之后有多少系数是非 0 的？

11. 下载英特尔伯克利研究院的数据集。对第一个传感器的温度数据进行小波分解。

12. 在 UCI 机器学习资源库 [213] 中，考虑 KDD CUP 的网络入侵数据集，将其中的每一个定量型变量看成一个时间序列，并进行小波分解。

13. 使用练习题 12 中的数据，令 $n = 1, 10, 100, 1000, 10\ 000$，在数据中取 n 个点的样本。使用样本来计算每个定量列 i 的平均值 e_i。假设整个数据集的均值为 μ_i，标准方差为 σ_i。用下面公式计算 e_i 与 μ_i 之间的标准方差：

$$z_i = \frac{|e_i - \mu_i|}{\sigma_i}$$

   z_i 值是怎样随 n 值变化的？

14. 证明对于矩阵 A 的任意右奇异向量 $\overline{y}$，若其奇异值为 0，则 $A\overline{y} = 0$。

15. 证明正方矩阵的对角化过程是 SVD 的一种特殊变体。

第 3 章

Data Mining: The Textbook

相似度和距离

"爱使人在不同之中发现相似。"

——Theodor Adorno

3.1 引言

在许多数据挖掘应用中，我们需要区分数据中相似或者不相似的对象、模式、属性或者事件等，也就是说，我们需要一种对数据对象的相似度进行量化的方法论。几乎所有数据挖掘问题，如聚类、异常检测和分类，都需要相似度计算。相似度或者距离的量化问题可以正式定义如下：

给定两个对象 O_1 和 O_2，确定这两个对象之间的相似度 $Sim(O_1, O_2)$（或者距离 $Dist(O_1, O_2)$）的度量值。

在相似度函数下，较大的值意味着较强的相似性；而在距离函数下，较小的值意味着较强的相似性。在某些领域例如空间数据中，讨论距离函数更加自然；而在其他领域如文本数据中，相似度函数则更为适用。然而，无论是哪类数据领域，这两种函数的设计原则是一致的。因此，本章将根据所适用的场合，选择使用术语"距离函数"或"相似度函数"。相似度和距离函数通常以闭式公式（例如，欧几里得距离）表示，但在某些领域例如时间序列数据中，它们是用算法定义的，无法以闭式公式来表达。

距离函数对数据挖掘算法的设计效果很重要，使用错误的距离函数将对挖掘过程非常有害。分析师有时将欧几里得函数作为"黑盒子"使用，没有考虑这个选择对于整体挖掘任务的影响。一个没有经验的分析师常犯的错误是在数据挖掘算法设计上付出了巨大的努力，却将距离函数子程序的设计看作次要问题。本章内容将告诉各位，糟糕的距离函数可能使整个挖掘任务全盘失败。好的距离函数设计也是实现不同数据类型之间转换的关键。在 2.4.4.3 节中我们讨论过，不管是什么数据类型，谱嵌入算法可将相似图转化成多维数据。

距离函数对于数据分布、维度和数据类型高度敏感。在某些数据类型如多维数据中，定义和计算距离函数比其他类型如时间序列数据中更为简单。在某些情况下，用户的意图（或对配对结果的反馈）可监督距离函数的设计。本章将主要关注无监督的方法，但也将简单说明使用有监督方法时的一般性原则。

本章内容的组织结构如下：3.2 节研究多维数据的距离函数，涉及定量型、类别型和混合型的多维数据；3.3 节讨论文本、二元和集合数据的相似性度量；3.4 节讨论时间数据；图数据的距离函数在 3.5 节中加以讨论；有监督的相似性度量将在 3.6 节中讨论；3.7 节给出本章小结。

3.2 多维数据

虽然多维数据是最简单的数据形式，但是由于有不同的属性类型，例如类别型或定量型，距离函数的设计还是呈现出其多样性，本小节将分别研究这些不同的数据类型。

3.2.1　定量型数据

最常见的定量型数据的距离函数是线性度量 L_p 范数。两个数据点 $\overline{X} = (x_1,\cdots,x_d)$ 和 $\overline{Y} = (y_1,\cdots,y_d)$ 之间的 L_p 范数定义为：

$$Dist(\overline{X}, \overline{Y}) = \left(\sum_{i=1}^{d} |x_i - y_i|^p \right)^{1/p} \tag{3.1}$$

L_p 范数的两种特殊情况是**欧几里得**（$p = 2$）和**曼哈顿**（$p = 1$）度量，其命名源于具有明确物理解释的应用场景：欧几里得距离是两个数据点之间的直线距离，而曼哈顿距离是在矩形网格状的城市街区（如纽约市的曼哈顿岛）中两点间的行驶距离。

欧几里得距离的一个很好的性质是旋转不变性，因为两个数据点之间的直线距离不因轴系统方位的改变而变化。该属性也意味着使用一些变换，如使用 PCA、SVD 或时间序列的小波变换（在第 2 章有所讨论），并不会影响⊖距离。另一个有趣的特例是 $p = \infty$。其计算方式是选择两个对象数值相差最远的那个维度，算出该维度下两个对象位置差的绝对值，并忽略所有其他维度。

L_p 范数是数据挖掘分析中最常用的距离函数之一，因为其自然直观的吸引力，也因为 L_1 范数和 L_2 范数在空间应用上的可解释性。然而，这些距离函数的直观可解释性并不意味着它们是最合适的，尤其在高维数据情况下。事实上，受到数据的稀疏性、分布特征、噪声和特征相关程度的影响，这些距离函数可能在高维的情况下效果并不好。本章将会讨论适用于距离函数设计的一般性原则。

3.2.1.1　领域相关性的影响

在某些情况下，分析师可能知道一个应用中哪些数据特征比其他特征更加重要。例如为信用评分应用设计距离函数时，与性别属性相比，收入属性和应用更相关，虽然两者都会对应用产生一定的影响。在这类情况中，如果分析师了解不同特征之间相对重要性这样的领域知识，就可以用加权的方式衡量不同的特征。这通常是根据经验和技巧而来的启发式方法。广义的 L_p 距离最适合这种情况，它的定义方式与 L_p 范数类似，所不同的是它为第 i 个特征增加了一个系数 a_i，用于对 L_p 范数中的对应特征进行加权：

$$Dist(\overline{X}, \overline{Y}) = \left(\sum_{i=1}^{d} a_i \cdot |x_i - y_i|^p \right)^{1/p} \tag{3.2}$$

这个距离也称为广义**闵可夫斯基距离**。但是，在许多情况下决定这些加权参数的领域知识并不容易得到，此时 L_p 范数可用作默认选项。不幸的是，如果没有关于哪些特征是最相关的这种领域知识，L_p 范数容易受到维度增加的不良影响，详情随后讨论。

3.2.1.2　高维度的影响

许多基于距离的数据挖掘应用随着数据维度的增加而逐渐失效。例如，由于距离函数可能随着维度的增加而无法准确表达数据点之间本质的语义距离，基于距离的聚类算法就会将本来无关的数据点分在一组。因此，基于距离的聚类、分类和异常检测的模型往往被定性地判定为在高维度下是无效的，这种现象最早由 Richard Bellman 命名为"维度诅咒"。

为了更好地理解维度诅咒对距离的影响，我们考虑一个完全位于非负象限的 d 维单位立方体，令其一个顶点在原点 $\overline{O}$。那么从这个立方体的顶点（例如原点）到其内部随机选择的

⊖　降维后的距离会受到影响，而转换本身并不影响距离。

一个点 $\overline{X}$ 的曼哈顿距离是多少？在这种情况下，因为一个终点是原点，而且所有的坐标都是非负的，所以曼哈顿距离就是点 $\overline{X}$ 所有维度坐标的总和。这些坐标都服从 [0, 1] 均匀分布。因此，如果令 Y_i 代表 [0, 1] 均匀分布的随机变量，则两个点的曼哈顿距离为：

$$Dist(\overline{O}, \overline{X}) = \sum_{i=1}^{d}(Y_i - 0) \qquad (3.3)$$

其结果是一个满足平均值 $\mu = d/2$，标准差 $\sigma = \sqrt{d/12}$ 的随机变量。对于一个很大的 d 值，由大数定律可知这个随机变量会大概率地落入 $[D_{min}, D_{max}] = [\mu - 3\sigma, \mu + 3\sigma]$ 中。因此，随机选择的点 $\overline{X}$ 大部分限制在离原点 $D_{max} - D_{min} = 6\sigma = \sqrt{3d}$ 的距离之内。注意曼哈顿距离的期望值随着维度增长和 d 线性相关，因此距离变化量同其绝对值的比值可用变化率 $Contrast(d)$ 给出：

$$Contrast(d) = \frac{D_{max} - D_{min}}{\mu} = \sqrt{12/d} \qquad (3.4)$$

这个比值可以看作不同数据点之间的相对距离的**对比度**，换句话说，它衡量了到原点的最小和最大距离之间具体有多大差距。因为该对比度随着维度增长以 $\sqrt{d}$ 的比率降低，这意味着不同数据点之间的距离越来越难以区别。较低的对比度明显是不理想的，它意味着数据挖掘算法在不同的数据点之间将使用几乎一样的距离值，因而并不能区分具有不同层次语义关系的不同对象。图 3-1a 显示了对比度随着维度增加的变化情况。事实上对于不同 p 值的所有 L_p 范数而言这种情况都存在，只是严重程度略有不同。本章后面几小节会对这些不同的严重程度进行探讨。显而易见，随着维度的增加，直接使用 L_p 范数不再有效。

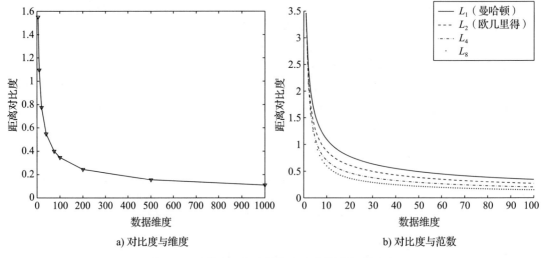

a) 对比度与维度   b) 对比度与范数

图 3-1　距离对比度随着维度和范数增加而下降

3.2.1.3 局部不相关特征的影响

通常在高维数据中，很可能许多特征与应用的相关性不大，因而要探索高维度的影响，更基本的途径是审视那些不相关特征的影响。例如有一组病历记录，它包含具有不同病情的患者及其病史中各个方面广泛的检测数据。对于包含糖尿病患者的簇，某些属性如血糖值对于距离计算更为重要，而对于含有癫痫患者的簇，其他特征将更为重要。多个属性值的自然变化所带来的叠加效应可能会显著影响距离值。一些距离度量，如欧几里得度量，由于使用平方和的叠加方式，可能会从噪声更大的维度不必要地得出一个较大的距离值。这里我们看到的一个关键问题是，不同对象之间的比较与使用哪些特征来计算距离有很大关系，因而这个问题不能由全局特征选择来解决，相关的特征要由参与比较的对象局部地决定。从总体上来看，可能所有特征都是相关的。

当许多特征与应用不相关时，不相关特征叠加起来所产生的噪声干扰，有时会在距离值中聚集，导致距离计算上的误差。因为高维数据集常常含有许多不同的特征，而其中有许多是与应用无关的，平方和的叠加效应（例如 L_2 范数）是非常有害的。

3.2.1.4　不同 L_p 范数的影响

不同的 L_p 范数在不相关特征所产生的影响以及距离对比度两方面的表现不尽相同。考虑极端情况 $p = \infty$，这意味着两个对象仅在最不相似的一个维度上比较，而它们在这个维度上的差别可能只是一种自然产生的变化而已，也许对手头基于相似性的应用毫无用途。事实上，对于一个 1000 维的应用，如果两个对象有 999 个相似的属性值，这样的对象应该是非常相似的。然而，L_∞ 度量会使那个不相似的属性值甩开所有相似的属性值，产生决定性的影响。换句话说，L_∞ 度量会淡化数据的局部相似性质，显然这是不可取的。

类似 L_∞ 强调不相关属性值的现象，对于较大的 p 值是普遍存在的。实际上，对于某些数据分布，范数 p 值越大数据对比度也就越差。图 3-1b 显示了不同 p 值的距离对比度随着维度增加的变化情况。该图与图 3-1a 的构成是相似的，虽然所有的 L_p 范数随着维度增加距离对比度都在下降，但 p 值较大的曲线下降速度更快。在图 3-2 中 X 轴显示了 p 值，使得这种趋势更加显而易见。图 3-2a 中显示的是不同维度下 p 值和对比度的变化情况。图 3-2b 源自图 3-2a，所不同的是，它显示了几个维度下各范数的对比度占曼哈顿距离对比度的比例。显然在维度更大的情况下，（当 p 上升时）对比度下降的速度（梯度）更快。对于二维数据，对比度几乎没有什么下降，这说明 p 的具体取值在低维数据应用中不那么重要。

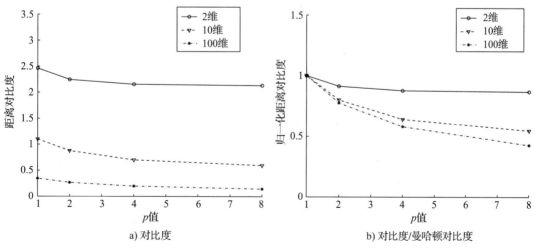

a) 对比度　　　　　　　　　　　　　　　　b) 对比度/曼哈顿对比度

图 3-2　p 值对对比度的影响

上述讨论中的问题促使人们提出分数量的概念，即 p 采用 (0, 1) 中的值。这类分数度量在高维情况下更有效。作为一个经验法则，维度越大，p 值应该越低。然而，没有确切的规则可用于指导 p 的精确选择，因为维度并不是唯一因素。p 值的精确选择需要根据手头上的应用，使用相关的基准数据来决定。本章最后的文献注释中有对分数度量的讨论。

3.2.1.5 基于匹配的相似度计算

一种理想的方法是使用局部相关特征进行距离计算，但这带来的问题是，如何在数据挖掘应用中有意义地实际进行这种计算。一种通过匹配多个属性值来累积证据的简单方法在许多情形中都有效，这种方法也比较容易实现。

在高维数据中有效的更广泛的原则是，在多个维度上考虑匹配的累积效应时，淡化各个属性中的噪声所带来的影响。当然，这样的方法对低维数据造成了挑战，因为统计学上匹配累积效应的计算在低维数据中不是鲁棒的。因此，需要一种可以自动调节以适应不同维度的方法。

随着维度的增加，一个记录很可能同时包含与应用相关和不相关的特征。由于不相关特征的噪声影响，一对语义相似的对象可能含有不相似（在沿该维度一个标准差的水平上）的特征值。相反，不相似对象可能在许多属性上具有相似的值，这只是偶然现象，除非这些属性与应用相关。有趣的是，由于使用属性值差的平方和，欧几里得度量（和一般的 L_p 范数）呈现出的恰好是相反的效果：不相干属性的噪声部分支配了最终值，并且掩盖了大量属性的相似性。L_∞ 度量提供了这样一个极端的例子，因为它仅仅使用具有最大距离值的维度。在高维领域如文本，相似度函数如余弦度量（在 3.3 节中讨论），都倾向于强调许多属性值上匹配的累积效应，而不是沿着某些属性上较大的距离。这个一般性原则也可用于定量型数据。

对不相似性的精确程度进行淡化的一个方法是以一种维度敏感的方式使用**邻近阈值**。这种邻近阈值方法，首先将数据离散成等高桶。每个维度都分为 k_d 个等高桶，每个桶中则包含总数的 $1/k_d$ 的记录。等高桶的数量 k_d 依赖于数据维度 d。

令 $\overline{X} = (x_1, \cdots, x_d)$ 和 $\overline{Y} = (y_1, \cdots, y_d)$ 代表两个 d 维数据记录，对于第 i 维的记录 x_i 和 y_i，如果它们在相同的桶中，则称这两个记录在维度 i 上是邻近的。所有 $\overline{X}$ 和 $\overline{Y}$ 的邻近维度构成一个维度的子集，称为邻近集，用 $S(\overline{X}, \overline{Y}, k_d)$ 来表示。另外，对于每个维度 $i \in S(\overline{X}, \overline{Y}, k_d)$，令 m_i 和 n_i 分别表示 x_i 和 y_i 所处的那个桶的上界和下界，那么相似度 $PSelect(\overline{X}, \overline{Y}, k_d)$ 定义为：

$$PSelect(\overline{X}, \overline{Y}, k_d) = \left[\sum_{i \in S(\overline{X}, \overline{Y}, k_d)} \left(1 - \frac{|x_i - y_i|}{m_i - n_i} \right)^p \right]^{1/p} \tag{3.5}$$

因为累加符号中的表达式的值都在 0 和 1 之间，所以上述表达式的值位于 0 和 $|S(\overline{X}, \overline{Y}, k_d)|$ 之间。由于更大的值意味着两个记录更加相似，这可以作为一个相似度函数。

上述相似度函数保证只有对映射到同一个桶的维度才给出非零的分量值。使用等高划分确保了两个记录在某个维度下共享一个桶的概率为 $1/k_d$。因此，平均来说，上述总和可能有 d/k_d 个非零分量。对于更相似的记录，非零分量的数量会更大，而且每个分量还可能贡献更大的相似度值。该方法忽略两个记录相差很大的维度，不计算这些维度上的距离，因为这些往往是噪声。理论显示 [7]，对于某些数据分布，选择 $k_d \propto d$ 可使高维空间的对比度保持恒定。k_d 值高会导致每个维度下更严格的筛选。这些结果也同时表明，在高维空间中设置更严格的质量界限更好，这样在相似度计算中只有较小百分比（而不是数量）的维度参与进来。这个距离函数另一个有趣的方面是其对数据维度的灵敏性质，根据维度 d 选择的 k_d 确保了在低维情况中，它可以使用绝大部分维度的数据（类似于 L_p 范数）；而对于高维情况，由于使用属性匹配的相似度，它和文本领域的相似度函数有些类似。人们曾证明，这个距离函数在典型的最近邻分类应用中很有效。

3.2.1.6　数据分布的影响

L_p 范数的值只取决于两个数据点，与其他数据点的全局统计性质无关。那么两点距离是否应该依赖于数据集中其他数据点的分布情况呢？答案是肯定的。为了说明这一点，考虑图 3-3 中的分布，图中的数据以原点为中心分布，此外有两个数据点 A = (1, 2) 和 B = (1, −2) 标记在图中。显然对于任何 L_p 范数，A 和 B 到原点的距离都是相等的。然而，是否真正应该将 A 和 B 视为与原点 O 等距离？因为从 O 到 A 的连线在高方差的方向上，统计上可能会有更多的数据点位于远处⊖。另一方面，由 O 到 B 路径方向上的点很稀疏，其方向也是低方差方向，统计上 B 离 O 这么远的可能性比较小⊖。因此，从 O 到 A 的距离应该小于从 O 到 B 的距离。

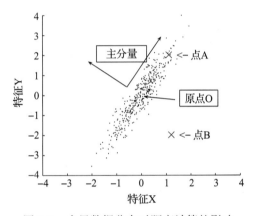

图 3-3　全局数据分布对距离计算的影响

马哈拉诺比斯距离是基于这个普遍原则的距离定义。令 Σ 为数据集的 $d \times d$ 的协方差矩阵。协方差矩阵中的第 (i, j) 个元素等于维度 i 和 j 之间的协方差。那么，两个 d 维数据点 $\overline{X}$ 和 $\overline{Y}$ 之间的马哈拉诺比斯距离定义如下：

$$Maha(\overline{X}, \overline{Y}) = \sqrt{(\overline{X} - \overline{Y}) \Sigma^{-1} (\overline{X} - \overline{Y})^{\mathrm{T}}}$$

理解马哈拉诺比斯距离的另一种方法是按照主成分分析（PCA）的叙述。马哈拉诺比斯距离类似于欧几里得距离，只是它使用属性间的相关性对数据进行了归一化。例如，如果轴系统旋转到数据的主方向上（如图 3-3 所示），则数据就没有（二阶）属性间相关性，在变换（轴旋转）后的数据集中，用变换后的坐标值除以沿该方向上的数据标准差后，马哈拉诺比斯距离是等效于欧几里得距离的。结果是，图 3-3 中数据点 B 到原点的距离将比数据点 A 到原点的距离更远。

3.2.1.7　非线性分布：ISOMAP

我们现在考虑数据包含任意形状的非线性分布的情况，如图 3-4 所示的全局分布。其中有三个数据点 A、B 和 C，哪一对数据点彼此间最接近？乍一看，数据点 A 和 C 的欧几里得距离似乎是最近的。然而，全局数据的分布告诉我们事实并非如此。理解距离的一种方法是：求出从一个数据点经过反复跳跃达到另一个数据点的最短路径的长度，而每一次跳跃都

是跳到数据集中在标准度量（比如欧几里得度量）下 k 近邻中的一个。这个理由是直观的，只有点对点的短跳可以精确度量在该点生成过程中的细微变化。因此，点对点的跳跃比两点间的直线距离更能准确反映距离之间累积的变化，这种距离称为**测地线距离**。在图 3-4 所示的情况下，从 A 到 B 使用点对点跳跃的唯一方法是，沿着椭圆形的数据分布形状，途中经过 C 点。因此，A 和 B 实际上是最远的一对数据点！这里隐含的假设是，非线性分布是局部欧几里得的，但全局上却不是。

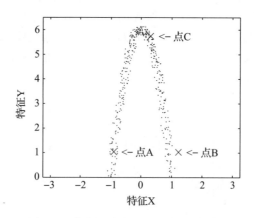

图 3-4　非线性分布对距离计算的影响

上述距离可以通过使用一种从非线性降维和嵌入方法衍生出来的，称为 ISOMAP 的方法来计算。该方法包括两个步骤：

1）计算每个点的 k 近邻。构造一个节点代表数据点、边代表 k 近邻之间的距离的加权图 G。

2）对于任意两个点 $\overline{X}$ 和 $\overline{Y}$，根据它们在 G 中的最短路径得出它们之间的距离。

这两个步骤在没有明显降维的情况下计算了距离。然而，一个将数据嵌入多维空间的附加步骤，可以使许多点对之间重复的距离计算快得多，尽管这样做会失去一些精度。这种嵌入还可以将一些算法自然而然地应用在已经预设好距离度量的多维数值数据上。

上述嵌入是通过使用计算图 G 中所有点对点最短路径的有关算法，构造所有点对点距离的全集，然后使用多维标度算法（MDS）（参见 2.4.4.2 节），将数据嵌入低维空间来实现的。该方法的整体效果是"拉直"图 3-4 所示的非线性形状，同时把它嵌入一个扁平长条状的空间。事实上，在此变换后可以用一维数据来近似表示该数据。此外，只要在最后阶段中使用了 MDS，在这个新的空间里，距离函数例如欧几里得度量就很好用。图 3-5a 给出了一个三维的例子，其中的数据呈螺旋状。在该图中，数据点 A 和 C 之间的距离似乎比 A 和 B 之间的距离近很多。然而，使用图 3-5b 所示的 ISOMAP 嵌入之后，数据点 B 更接近于 A 和 C。该例显示了数据分布对距离计算的重大影响。

一般情况下，高维数据也许是沿着非线性低维形状排列起来的，这也称为**流形**。"展平"这些流形，会使得度量距离变得有效，因此这种数据变换方法有利于标准度量的使用。这种方法主要的计算挑战在于降维过程，然而在执行完一次性的预处理后，距离的反复计算就能高效实现。

非线性嵌入方法可以通过扩展的 PCA 算法实现。使用一种称为内核技巧的方法，PCA 可以扩展成发现非线性嵌入的方法。关于内核 PCA 的简单描述请参考 10.6.4.1 节。

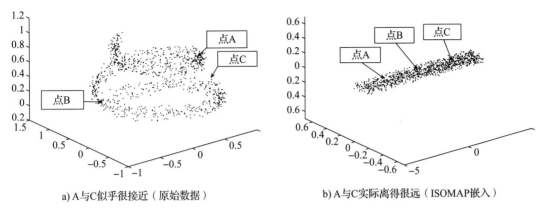

a) A与C似乎很接近（原始数据）　　　　　b) A与C实际离得很远（ISOMAP嵌入）

图 3-5　ISOMAP 嵌入对距离计算的影响

3.2.1.8　局部数据分布的影响

到目前为止，我们的讨论只涉及了全局分布对距离计算的影响。然而，数据分布也会在不同的区域有着显著的不同。这种异质性可能有两种类型，一是数据的绝对密度在不同的区域显著不同，二是簇的形状也可因区域不同而变化。第一种类型的变化如图 3-6a 所示，其具有两个含有相同数量点的簇，但其中一个比另一个更密集。即使 (A, B) 之间的绝对距离与 (C, D) 是相同的，但基于局部数据分布情况，C 与 D 之间的距离应该更大。换句话说，在它们的局部分布的上下文中，C 与 D 之间的距离要远得多。这个问题经常在许多基于距离的方法例如异常检测中遇到。由此可见，根据局部距离的方差而调整的距离计算方法通常比那些不进行调整的方法好得多。广为人知的异常检测方法——**局部异常因子**（LOF），就是基于这个原理。

第二个例子如图 3-6b 所示，它说明了不同的局部簇的取向对距离的影响。这里 (A, B) 和 (C, D) 的欧几里得距离是相同的。然而，在各区域形成的局部簇却显示出非常不同的取向。(A, B) 连线的方向与其所在簇的高方差轴线方向是一致的，(C, D) 却不是这样。其结果是，C 和 D 之间的内在距离比 A 和 B 之间的要大。例如，如果利用相关的簇的协方差统计数据来计算局部马哈拉诺比斯距离，则 C 和 D 之间的距离比 A 和 B 之间的大。

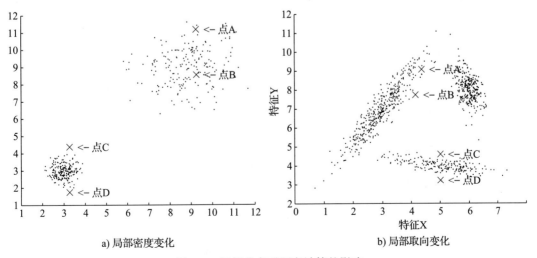

a) 局部密度变化　　　　　　　　　　　b) 局部取向变化

图 3-6　局部分布对距离计算的影响

1. 共享最近邻相似度

上面第一个问题可以使用共享最近邻相似度来解决，即在预处理阶段就计算每个数据点的 k 近邻，将共享最近邻相似度定义为两个数据点之间的共同邻居数。这个度量是局部敏感的，因为它依赖于共同邻居的数目，而不是距离的绝对值。在数据点密集的区域，k 近邻的距离会很小，因此数据点需要更紧密地联系在一起才会有更多的共享最近邻。共享最近邻的方法可以用来定义一个相似图，其中至少有一个共享邻居的两个数据点之间用一条边相连。由于这种相似度关注局部的 k 近邻，因此形成的相似图对局部分布具有敏感性。

2. 一般方法

在一般的局部距离计算方法中，将空间分为多个局部区域是一种重要的思想。之后的距离计算将使用每个区域中的局部统计信息。一般性的做法如下：

1）将数据划分成局部区域的集合。

2）对于任何两个对象，找到与它们最相关的区域，使用局部统计数据来计算它们之间的距离。例如，在每个区域中计算局部马哈拉诺比斯距离。

各种聚类方法可用于将数据划分为局部区域。在计算属于不同区域的两个对象的距离时可以使用全局分布，或使用两个区域的分布分别计算然后取平均值。另一个问题是，该算法的第一步（分割过程）本身需要距离的概念参与聚类。这就要求解决方案具有循环性，需要一个迭代的解决方案。这些方法的详细讨论超出了本书的范围，我们将在 3.8 节给出一些文献建议。

3.2.1.9 计算中需要考虑的问题

距离函数设计需要考虑的一个主要问题是计算复杂度。这是因为距离函数计算通常是作为一个子程序，在应用中被反复使用的。如果子程序不能高效地实现，适用范围就会受到限制。例如，ISOMAP 等方法在计算上是昂贵的，由于这类方法至少要消耗原始数据规模的平方的计算空间，因此在非常大的数据集上难以实现。然而，它们有个优点，那就是可以一次性转换数据的表示形式，使其在数据挖掘算法中能被有效地利用。距离函数需要重复执行，而预处理只需执行一次。因此，只要可以加快后来的计算，使用涉及大量计算的预处理也是绝对划算的。但对于许多应用，复杂的方法如 ISOMAP 甚至对于一次性的处理也太过昂贵。针对这种情况，可能需要使用本章前面讨论的方法。在本小节讨论的方法中，L_p 范数和基于匹配的技术是最快的方法，可以用于大规模的应用场景。

3.2.2 类别型数据

距离函数是计算数值数据在各个维度上差异值的函数，其中数值是有顺序的。然而，具有离散值的类别型数据却不一定存在这样的顺序，那么该如何计算距离呢？一种可能是像 2.2.2.2 节讨论的那样利用二元方法将类别型数据转换为数值数据。因为二元向量可能是稀疏的（许多零值），其他稀疏领域如文本的相似度函数也适用于这种情形。对于类别型数据，使用相似度函数比使用距离函数更加常见，因为可以更自然地匹配离散值。

考虑两个记录 $\overline{X} = (x_1, \cdots, x_d)$ 和 $\overline{Y} = (y_1, \cdots, y_d)$。$\overline{X}$ 和 $\overline{Y}$ 之间最简单的相似度是各个属性值相似度值的总和。如果令 $S(x_i, y_i)$ 代表 x_i 和 y_i 之间的相似度，那么总体的相似度可以定义为：

$$Sim(\overline{X}, \overline{Y}) = \sum_{i=1}^{d} S(x_i, y_i)$$

因此，$S(x_i, y_i)$ 的选择决定了整体相似度的度量。

最简单的选择是当 $x_i = y_i$ 时把 $S(x_i, y_i)$ 设置为 1，其他情况下设置为 0。这也称为**重叠度量**。这个度量的主要缺点是没有考虑不同属性间的相对频率。例如，考虑一个类别型属性，其中 99% 的记录属性值是"正常"，其余记录的属性值是"癌症"或"糖尿病"。显然，如果两个记录都是"正常"值，这并不提供统计学上显著的相似性信息，因为大多数的对象都是这样。然而，如果两个记录的该属性值有相互匹配的"癌症"或"糖尿病"，这就提供了显著的相似性的统计证据。这种说法与之前提到的全局数据分布的重要性是类似的。通常，不寻常的差别对于相似度有重要的统计学意义。

在类别型数据的情况下，数据集的聚合统计特性应该用于计算相似性。这类似于马哈拉诺比斯距离，即使用全局统计信息来计算相似度，从而使得结果更加准确。应当明确的是，与不寻常的类别属性值相匹配的权重应该比经常出现的值的权重要大。这也成为在文本等领域使用的常见归一化技术的基本原则，如下一节中讨论的一个例子——逆文档频率（IDF）在信息检索领域的应用。下面介绍一个针对类别型数据定义的类似的度量。

逆文档频率是简单匹配方法的一般化。这个方法用匹配值出现频率的逆函数来衡量两个记录属性之间的相似度。因此，当 $x_i = y_i$ 时 $S(x_i, y_i)$ 等于逆加权频率，否则为零。令 $p_k(x)$ 为所有记录中第 k 个属性取值为 x 的记录的比率，则有

$$S(x_i, y_i) = \begin{cases} 1/p_k(x_i)^2 & \text{如果} x_i = y_i \\ 0 & \text{否则} \end{cases} \tag{3.6}$$

一个相关的度量是**古德尔**（Goodall）度量。在逆文档频率的例子中，当一个值的出现频率较低时，匹配的相似度取到高值。这种度量的一个简单变体[104] 如下所示，当 $x_i = y_i$ 时第 k 个属性的相似度为 $1 - p_k(x_i)^2$，否则为零。

$$S(x_i, y_i) = \begin{cases} 1 - p_k(x_i)^2 & \text{如果} x_i = y_i \\ 0 & \text{否则} \end{cases} \tag{3.7}$$

3.8 节中包含了可以用于类别型数据的各种相似性度量的文献建议。

3.2.3　定量型和类别型的混合数据

一个简单的推广到混合数据的方法是对定量型数据和类别型数据加上合理的权重。例如，对于两个记录 $\overline{X} = (\overline{X_n}, \overline{X_c})$ 和 $\overline{Y} = (\overline{Y_n}, \overline{Y_c})$，$\overline{X_n}$ 和 $\overline{Y_n}$ 是数值属性的集合，$\overline{X_c}$ 和 $\overline{Y_c}$ 是类别型属性的集合，那么整体的相似度可定义如下：

$$Sim(\overline{X}, \overline{Y}) = \lambda \cdot NumSim(\overline{X_n}, \overline{Y_n}) + (1-\lambda) \cdot CatSim(\overline{X_c}, \overline{Y_c}) \tag{3.8}$$

参数 λ 调节类别型属性和数值属性的相对重要性，但选择 λ 是困难的。在缺乏关于属性间相对重要性的领域知识的情况下，一个自然的选择是使用等于数据中数值属性所占比例的分数作为 λ。此外，在数值数据中经常使用距离函数，而不是相似度函数来计算接近度。当然，距离值可以转换为相似值，比如对于一个距离值 $dist$，常用的方法是使用一个内核映射[104] 来产生相似值 $1/(1 + dist)$。

上述方法实际上是需要将数值属性上的相似值与类别型属性上的相似值进行比较，有时做进一步的归一化可以使这样的比较更有意义，因为衡量这两类属性相似性的尺度可能是完全不一样的。实现这一目标的一种方法是，利用两个域的样本确定二者相似度取值的标准差，再用每个部分的相似值（数值型和类别型）除以其标准差作为归一的结果。因此，如果

令 σ_c 和 σ_n 为类别型和数值型属性相似度取值的标准差，则公式 3.8 需要修改如下：

$$Sim(\overline{X}, \overline{Y}) = \lambda \cdot NumSim(\overline{X_n}, \overline{Y_n}) / \sigma_n + (1 - \lambda) \cdot CatSim(\overline{X_c}, \overline{Y_c}) / \sigma_c \qquad (3.9)$$

通过归一化，λ 的值变得更有意义，因为它现在代表了这两个部分之间真实的相对权重。默认情况下，这个权重可以设置为每个部分中属性数量所占的比例，除非我们可以获得用于决定属性之间相对重要性的特定领域知识。

3.3 文本相似性度量

严格地说，文本在使用词袋模型时可以认为是定量型的多维数据：将基本词汇集合看作全部属性的集合，每个词的频率是相应定量型属性的值。然而，文本的结构是稀疏的，其中大多数属性为 0，所有词的频率也是非负的。这种特殊的文本结构对于相似度计算和其他数据挖掘算法具有重要意义。像 L_p 范数等度量方法不能很好地适应文件集合中不同长度的文件。例如在 L_2 度量下两个长文件之间的距离总是大于两个短文件之间的距离，即使两个长文件有许多共同的单词而两个短文件则完全不含任何共同的单词。如何处理这种不正常的情形呢？一种方法是使用余弦度量。它计算两个文件之间的角度而对文件的绝对长度不敏感。令 $\overline{X} = (x_1, \cdots, x_d)$ 和 $\overline{Y} = (y_1, \cdots, y_d)$ 代表基本词汇规模为 d 的两个文件，余弦度量定义如下：

$$\cos(\overline{X}, \overline{Y}) = \frac{\sum_{i=1}^{d} x_i \cdot y_i}{\sqrt{\sum_{i=1}^{d} x_i^2} \cdot \sqrt{\sum_{i=1}^{d} y_i^2}} \qquad (3.10)$$

上述度量只使用原始的属性频率统计数字。就像其他数据类型那样，我们也可以使用全局统计信息来提高相似性度量的有效性。例如，如果两个文件匹配了一个罕见的词，这就比两个文档匹配一个常见词更具有统计上的相似性意义。逆文档频率 id_i 定义为含有第 i 个词的文件数目 n_i 的一个递减函数，它常用在归一化中：

$$id_i = \log(n / n_i) \qquad (3.11)$$

在上式中，文档集合中的文件数量用 n 表示。另一个保证过于频繁出现的某个词不会影响相似性度量的常见方法是使用阻尼函数 $f(\cdot)$，例如平方根函数或者对数函数，经常在相似性计算之前将它们应用在文档频率上：

$$f(x_i) = \sqrt{x_i}$$
$$f(x_i) = \log(x_i)$$

在许多情况下不使用阻尼函数，相当于将 $f(x_i)$ 设置为 x_i。对于第 i 个词的归一化频率 $h(x_i)$ 可定义如下：

$$h(x_i) = f(x_i) \cdot id_i \qquad (3.12)$$

进而在公式 3.10 定义的余弦度量中应用归一化频率：

$$\cos(\overline{X}, \overline{Y}) = \frac{\sum_{i=1}^{d} h(x_i) \cdot h(y_i)}{\sqrt{\sum_{i=1}^{d} h(x_i)^2} \cdot \sqrt{\sum_{i=1}^{d} h(y_i)^2}} \qquad (3.13)$$

另一个相对不常见的文本度量方式是 Jaccard 系数 $J(\overline{X}, \overline{Y})$：

$$J(\overline{X}, \overline{Y}) = \frac{\sum_{i=1}^{d} h(x_i) \cdot h(y_i)}{\sum_{i=1}^{d} h(x_i)^2 + \sum_{i=1}^{d} h(y_i)^2 - \sum_{i=1}^{d} h(x_i) \cdot h(y_i)} \qquad (3.14)$$

Jaccard 系数对于文本来说不太常用，但是对于稀疏的二元数据集是常见的。

二元和集合数据

二元多维数据用来表达基于集合的数据，值为 1 表示某个元素在集合中。二元数据经常在购物篮应用领域中用来记录交易信息，表达一个交易是否包含某个项目。一个交易可以认为是一个特殊的文本数据，文本中词（即项目）的频率是 0 或 1。如果 S_X 和 S_Y 这两个集合的二元表示为 $\overline{X}$ 和 $\overline{Y}$，在二元表示上使用公式 3.14 的结果等价于：

$$J(\overline{X}, \overline{Y}) = \frac{\sum_{i=1}^{d} x_i \cdot y_i}{\sum_{i=1}^{d} x_i^2 + \sum_{i=1}^{d} y_i^2 - \sum_{i=1}^{d} x_i \cdot y_i} = \frac{|S_X \bigcap X_Y|}{|S_X \bigcup S_Y|} \qquad (3.15)$$

这是一个极具启发性的结果，公式的分子和分母准确地统计出了两个集合交集和并集的元素数量。

3.4　时态的相似性度量

时态数据包含一个代表时间的单一上下文属性以及一个或多个在特定时间段上变化的行为属性。根据应用需求，时态数据可以表示为连续时间序列或离散序列，后者可以认为是前者的离散版本。离散序列数据并不总是时态性的，因为上下文属性也可以是关于位置的，如生物序列数据。离散序列有时也称为**字符串**。许多用于时间序列和离散序列的相似性度量方法可以在这两种领域之间相互借用，尽管某些度量有可能更适合其中一个领域。因此，本小节将讨论这两种数据类型，并且每部分的相似性度量将根据它最常用的场合，在连续序列或离散序列上进行讨论。有些度量在两种数据类型上都很常用。

3.4.1　时间序列相似性度量

时间序列相似性度量的设计与具体的应用密切相关。例如，两个长度相等的时间序列之间可以使用最简单的欧氏度量。虽然这样的度量在许多情况下有效，但它没有考虑在许多应用中常见的几个干扰因素。

1. 行为属性的尺度缩放和转化

在许多应用中，不同的时间序列可能不在同一个尺度上。例如，代表各种股票价格的时间序列可能会出现类似的运动模式，但平均值和标准差的绝对值可能非常不同。假设几种不同代码的股票价格如图 3-7 所示，这三个序列有着类似的模式，但却具有不同的尺度和一些随机的变化。显然，如果使用这些序列的绝对值，即使它们出现了类似的模式，也无法进行有意义的比较。

2. 时间（上下文）属性的转化

在一些应用中，如实时金融市场分析，不同的时间序列可能代表相同的时间段。在其他应用中，如从医学测量获得的时间序列的分析，数据读取时的绝对时间是不重要的。在这种情况下，时间序列中的时间属性需要叠加一个偏移量来进行更有效的匹配。

3. 时间（上下文）属性的尺度缩放

在这种情况下，序列可能需要沿时间轴进行拉伸或压缩，才能更有效地进行匹配。这就是所谓的**时间规整**，一个序列不同的时间段可能需要不同程度的规整，才能更好地进行匹配。在图 3-7 中最简单的规整是，A 股票整个集合的值都拉伸了。一般情况下，时间规整可能更复杂，在相同序列的不同窗口上拉伸或压缩的程度可能不同。这称为**动态时间规整（DTW）**。

4. 匹配的非连续性

长时间序列可能含有噪声数据使得相互之间不能很好地匹配。例如，图 3-7 中的一个序列在一个时间窗口中漏读了数据。这在传感器数据中是常见的。距离函数需要对这样的噪声保持鲁棒性。

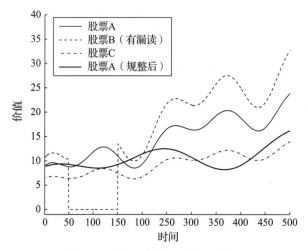

图 3-7　缩放、转换和噪声的影响

在上述的问题中，一部分可以使用预处理阶段的属性归一化来处理。

3.4.1.1　行为属性归一化的影响

行为属性的尺度缩放和转化问题相比于上下文属性经常更容易处理，因为在预处理的过程中可以对它们进行归一化。

1. 行为属性的转化

在预处理阶段将行为属性进行均值中心化。

2. 行为属性的尺度缩放

将行为属性的标准差缩放为单位 1。

要记住，不是每个应用都需要归一化。有些可能只需要转化，或者只需要尺度缩放，或者两者都不需要，而其他应用可能两者都要。事实上，在某些情况下，错误的归一化选择会对结果的可解释性产生不利影响。因此，分析师需要根据具体应用需求明智地选择归一化方法。

3.4.1.2　L_p 范数

序列 $\overline{X} = (x_1, \cdots, x_n)$ 和 $\overline{Y} = (y_1, \cdots, y_n)$ 的 L_p 范数可以定义为公式 3.16，它将一个时间序列等同于一个多维数据点，其中每个时间戳是一个维度：

$$Dist(\overline{X}, \overline{Y}) = \left(\sum_{i=1}^{n} |x_i - y_i|^p \right)^{1/p} \tag{3.16}$$

L_p 范数也可以应用于时间序列的小波变换。在 $p = 2$ 的特殊情况下，如果大部分较大的小波系数保留在小波表示中，可以从这个表示上得到较精确的距离值。事实上，如果没有删除任何小波系数，两种表示得到的距离是相同的，因为小波变换可看作轴系统的旋转，其中每个维度代表一个时间戳，而欧氏度量具有旋转不变性。L_p 范数的主要问题在于它们只能处理等长的时间序列，不能处理不规整的时间（上下文）属性。

3.4.1.3　动态时间规整距离

DTW 以变化（或动态）的方式对序列的不同部分沿时间轴进行拉伸，以便可以更有效地匹配。规整的一个例子如图 3-8a 所示，图中两个序列有形状非常相似的片段 A、B 和 C，但每个序列的具体片段需要适当拉伸才能更好地匹配。DTW 方法从语音识别领域演变而来，在这个领域要匹配不同的说话速度，时间规整是很有必要的。DTW 算法既可用于时间序列也可用于序列数据，因为它只涉及上下文属性的缩放问题，而与行为属性在本质上是无关的。下面给出一个可用于时间序列和序列数据的通用算法。

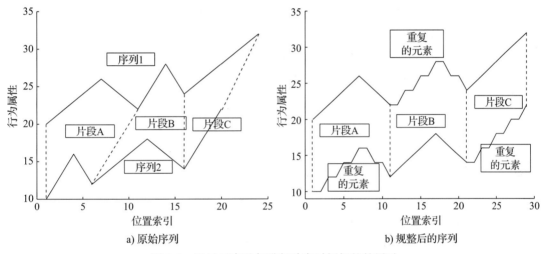

图 3-8　通过元素重复进行动态时间规整的展示

L_p 范数只能定义两个等长时间序列之间的距离，而 DTW 本质上允许定义两个不同长度序列之间的距离度量。在 L_p 范数距离中，两个时间序列的时间戳存在一对一的映射关系，而 DTW 采用多对一的映射来解释时间规整。这种多对一的映射可以认为是在两个时间序列其中一个的几个（精心选择的）片段上添加重复的元素。这样可以人为地创建两个相同长度的序列，使得它们的时间戳之间有一对一的映射，进而就可以使用任何度量如 L_p 范数来测量距离。如图 3-8b 所示，在两个序列上形成了三个片段，为每个片段选择在其中一个序列上重复某些元素，使得这两个序列之间呈现出一对一的映射关系。注意这两个序列现在看起来比在图 3-8a 中更相似。当然，可以用许多不同的方式进行这种重复，目标是尽量减少 DTW 距离。使用动态规划可以确定规整的最优选择。

为了理解 DTW 是如何推广一对一距离度量（如 L_p 范数）的，考虑用 L_1（曼哈顿）度量 $M(\overline{X_i}, \overline{Y_i})$ 来计算等长时间序列 $\overline{X} = (x_1, \cdots, x_n)$ 和 $\overline{Y} = (y_1, \cdots, y_n)$ 的前 i 个元素值，可以递归地写成：

$$M(\overline{X_i}, \overline{Y_i}) = |x_i - y_i| + M(\overline{X_{i-1}}, \overline{Y_{i-1}}) \tag{3.17}$$

请注意，因为是一对一的匹配，等式右边这两个序列的索引都减了 1。而在 DTW 中因为允许多对一的映射，两个索引可能不需要都减 1：任何一个或两个索引可能会减 1。这取决于两个时间序列（或序列数据）的最佳匹配。那个没有减少的索引表示一个重复的元素。很自然地，哪个索引（包括两个索引）减 1 的选择可以递归地定义为寻找最优解的过程。

令 $DTW(i, j)$ 为时间序列 $\overline{X} = (x_1, \cdots, x_m)$ 和 $\overline{Y} = (y_1, \cdots, y_n)$ 的前 i 个和前 j 个元素的最佳距离，注意这里两个序列的长度分别为 m 和 n，可以不一样长。那么 $DTW(i, j)$ 可以递归地定义如下：

$$DTW(i, j) = distance(x_i, y_j) + \min \begin{cases} DTW(i, j-1) & \text{重复} x_i \\ DTW(i-1, j) & \text{重复} y_j \\ DTW(i-1, j-1) & \text{都不重复} \end{cases} \quad (3.18)$$

$distance(x_i, y_j)$ 的值可以根据应用领域用各种方法确定。例如，对于连续时间序列，可以用 $|x_i - y_j|^p$ 或者经过行为属性尺度缩放或转化而来的距离来确定。对于离散序列，可以使用类别型度量的方法来确定。DTW 方法主要用于上下文属性的规整，与行为属性及距离函数的关系不大，因此时间规整可以很容易地扩展到多行为属性的情形中去，只要在递归公式里使用多行为属性距离即可。

公式 3.18 需要一个迭代的方法，这个方法首先将 $DTW(0, 0)$ 初始化为 0，将 $DTW(0, j)$ 初始化为 ∞，其中 $j \in \{1, \cdots, n\}$，将 $DTW(i, 0)$ 初始化为 ∞，其中 $i \in \{1, \cdots, m\}$。算法根据公式 3.18 逐步增加 i 和 j，得到 $DTW(i, j)$，其过程可以用嵌套循环的伪代码表示如下：

```
for i = 1 to m
  for j = 1 to n
    用公式 3.18 计算 DTW(i, j)
```

上面的代码是迭代的而非回溯的，但实现一个回溯的计算机程序也是可能的。此算法需要对每一个 $i \in [1, m]$ 和每一个 $j \in [1, n]$ 计算 $DTW(i, j)$ 的值，即计算 $m \times n$ 网格上每一节点的值，因此计算复杂度是 $O(m \cdot n)$，其中 m 和 n 是序列的长度。

最佳规整可以理解为沿着 $m \times n$ 的网格线从原点 O 到目标位置 (m, n) 时通过的最佳路径，如图 3-9 中显示的那样，三条可能的路径 A、B 和 C 标识在图中。这三条路径只向上（增加 i），向右（增加 j），或者斜向上（同时增加 i 和 j）运动。

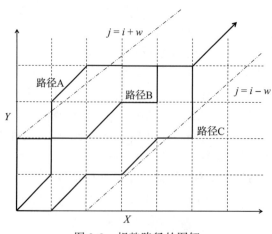

图 3-9　规整路径的图解

在 DTW 的计算中经常引入许多有实际意义的约束条件。窗口约束是经常用到的，它强

制规定了一个匹配元素位置之间的限定值 ω，只有在 $|i-j| \leqslant \omega$ 时，才能进行计算。例如对于路径 A 和 C，它们有部分处于限定值之外因而就不需要计算了。这在动态规划的回溯算法中节省了许多额外的计算开支。所以内循环中的循环变量 j 的取值范围是 $[\max\{0, i - \omega\}$，$\min\{i + \omega, n\}]$。

如果所有属性都是进行同样的时间规整，DTW 距离也可以扩展到多行为属性变量空间。在这种情况下，回溯算法本身并不需要改变，仅有的不同在于 $distance(\overline{x_i}, \overline{y_i})$ 可能需要基于多属性向量的计算。这里我们用 $\overline{x_i}$ 和 $\overline{y_i}$ 中的上横线表示多行为属性的向量。在 16.3.4.1 节我们将讨论二维轨迹数据的距离度量。

3.4.1.4　基于时间窗口的方法

图 3-7 中展示了含有漏读数据的例子，这样的数据缺失会导致匹配过程中的误差。基于时间窗口的方法则设法将两个序列分解成一个个窗口，然后将相似性度量"拼接"在一起。该方法受到了如下事实的启发：如果两个序列有许多连续片段可以匹配起来，它们也应当是相似的。长时间序列的全局匹配不太可能，唯一合理的选择就是利用窗口对片段化序列的相似性进行度量。

考虑两个时间序列 $\overline{X}$ 和 $\overline{Y}$，令 $\overline{X_1}, \cdots, \overline{X_r}$ 和 $\overline{Y_1}, \cdots, \overline{Y_r}$ 为从相应的时间序列中抽取出的无重叠的窗口片段，它们按照时间排序。注意，原始序列中某些窗口可能没有包含在这里，它们对应于噪声片段而遭到丢弃。进而 $\overline{X}$ 和 $\overline{Y}$ 之间整体的相似度可以用下式计算：

$$Sim(\overline{X}, \overline{Y}) = \sum_{i=1}^{r} Match(\overline{X_i}, \overline{Y_i}) \tag{3.19}$$

本小节中讨论过的许多度量方法可以用于上式中计算 $Match(\overline{X_i}, \overline{Y_i})$。但如何赋给 $Match(\overline{X_i}, \overline{Y_i})$ 一个合适的值极具技巧性，因为连续的匹配要比分片（不连续，但长度相同）的匹配更难发生。具体的选择需要依赖于具体的应用场合。另一个问题是，寻找序列拆分成窗口的最佳分解方式可能非常困难。这里不做详细讨论，有兴趣的读者可以在文献注释中寻找相关方法的文献指南。

3.4.2　离散序列相似性度量

离散序列的相似性度量与时间序列相似性度量的基本原则是一致的。与时间序列数据一样，离散序列数据可能存在或不存在位置之间的一一映射。当一对一映射存在时，许多多维类别型数据的距离度量可以在这里使用，就像 L_p 范数可以用于连续时间序列一样。然而，在离散序列数据的应用领域这样的一对一映射经常不存在。这时除了 DTW 方法，其他一些动态规划的方法也是常用的。

3.4.2.1　编辑距离

两个字符串之间的编辑距离指的是使用最少的"努力"（或成本）用一系列的变换操作（或称为"编辑"）将一个序列变换成另一个。编辑距离又称为 Levenshtein 距离。编辑操作包括字符插入、删除和替换，每个操作具有特定的成本。在许多模型中，替换操作的成本最高，而插入和删除通常具有相同的成本。考虑由字母表 {a, b} 构成的字符串序列 abababab 和 bababababa。第一个字符串可以用几种方式转换成第二个。例如，如果将第一个字符串中的每一个字母都替换掉，使得它成为第二个字符串，这样做的成本是十个替代操作。一个更具成本效益的方法是删除字符串最左边的元素，并插入字符"a"作为最右边的元素。这样做的成本只有一个插入操作和一个删除操作。编辑距离被定义为使用插入、删除和替换操作将一个字符串转换为另一个字符串的最优成本。最优成本的计算需要动态规划算法。

对于两个序列 $\overline{X} = (x_1, \cdots, x_m)$ 和 $\overline{Y} = (y_1, \cdots, y_n)$，考虑将 $\overline{X}$ 转化成 $\overline{Y}$ 的编辑距离。注意，这个距离函数是非对称的，因为编辑距离本身具有方向性。如果假设插入和删除操作的成本不一样，$Edit(\overline{X}, \overline{Y})$ 与 $Edit(\overline{Y}, \overline{X})$ 可能不相等。不过实际上通常假设插入和删除操作的成本是相等的。

令 I_{ij} 为一个二元指示变量，当 $\overline{X}$ 的第 i 个字符与 $\overline{Y}$ 的第 j 个字符相等时，它取 0 值，否则取 1 值。下面，考虑 $\overline{X}$ 的前 i 个字符与 $\overline{Y}$ 的前 j 个字符，假设这两个片段用 $\overline{X_i}$ 和 $\overline{Y_j}$ 来表示，令 $Edit(i, j)$ 代表片段 $\overline{X_i}$ 和 $\overline{Y_j}$ 的最优匹配成本，我们的目标是决定如何对 $\overline{X_i}$ 的最后一个字符进行操作使得它要么和 $\overline{Y_j}$ 的一个字符相匹配要么被删除。有三种可能性：

1）删除 $\overline{X_i}$ 的最后一个字符，编辑成本为 [$Edit(i - 1, j)$ + 删除成本]。这时，删除最后一个字符后的 $\overline{X_{i-1}}$ 可能（也可能不）与 $\overline{Y_j}$ 的最后一个字符相匹配。

2）插入一个字符到 $\overline{X_i}$ 的最后，使得它和 $\overline{Y_j}$ 的最后一个字符相匹配，编辑成本为 [$Edit(i, j - 1)$ + 插入成本]。使用 $Edit(i, j - 1)$ 是因为两个序列之间相匹配的字符可以都被删除。

3）将 $\overline{X_i}$ 的最后一个字符转化成 $\overline{Y_j}$ 的最后一个字符，编辑成本为 [$Edit(i - 1, j - 1)$ + I_{ij} · 替代成本]，如果这两个字符是相同的，那么成本为 0，我们也前进了一步。否则的话，就真的需要使用替代操作。因为 x_i 与 y_j 已经匹配了，我们只需要考虑剩下序列的匹配成本，即 $Edit(i - 1, j - 1)$。

显然，最佳匹配就是成本最小的匹配，因此，下面的递归式定义了最佳匹配的过程：

$$Edit(i, j) = \min \begin{cases} Edit(i-1, j) + 删除成本 \\ Edit(i, j-1) + 插入成本 \\ Edit(i-1, j-1) + I_{ij} \cdot 替代成本 \end{cases} \tag{3.20}$$

此外，还需要设置递归的初始值。$Edit(i, 0)$ 的值等于进行 i 次删除操作的成本，$Edit(0, j)$ 等于 j 次插入操作的成本。这样就建立好了动态规划方法。我们就可以编写相应的计算机程序，可以写一个非递归嵌套循环（像 DTW 那样），也可以利用上式直接写一个递归程序。

上述讨论假定了一般情况下的插入、删除和替换成本。在实际应用中，插入和删除的成本通常可以认为是相同的。在这种情况下，编辑函数是对称的，因为无所谓将哪个字符串转变成另一个。对于从一个字符串转化成另一个的任意编辑操作序列，都可以构造一个反向编辑序列，以同样的成本，将目标字符串转化为初始字符串。

通过将插入、删除和替换的基本操作转变为专为时间序列设计的转换规则，可以将编辑距离扩展到数值数据。这种转换规则可以包括在窗口片段内对时间序列的形状进行变化的基本操作。这种方法过于复杂，因为需要设计一些变换时间序列形状的基本操作并对其成本赋值。对于时间序列距离计算的这种方法的普及程度并不高。

3.4.2.2 最长公共子序列

序列的**子序列**是指按照原始序列同一顺序依次截取的字符所组成的字符串。子序列不同于**子串**，子序列中的字符在原始序列中的位置不一定是连续的，而子串是从原始序列中连续截取的。考虑 agbfcgdhei 和 afbgchdiei 这两个序列。在这种情况下，ei 是两个字符串序列共同的子串，也是子序列。而 abcde 和 fgi 是两个字符串共同的子序列，但不是共同子串。显然，两个序列的共同子序列越长则这两个序列之间匹配度越高。与编辑距离不同的是，**最长公共子序列**（LCSS）是一个相似度函数，较大的值表示更强的相似性。虽然一个序列可能的子序列个数与序列长度呈指数关系，却可以利用动态规划方法在多项式时间内求得 LCSS。

对于两个序列 $\overline{X} = (x_1, \cdots, x_m)$ 和 $\overline{Y} = (y_1, \cdots, y_n)$，考虑 $\overline{X}$ 的前 i 个字符与 $\overline{Y}$ 的前 j 个字符，假设用 $\overline{X_i}$ 和 $\overline{Y_j}$ 来表示这两个片段，令 $LCSS(i, j)$ 代表片段 $\overline{X_i}$ 和 $\overline{Y_j}$ 的最长公共子序列，我们的目标是决定匹配 $\overline{X_i}$ 和 $\overline{Y_j}$ 的最后一个字符，或者删除某个序列的最后一个字符。有两种可能性：

1）$\overline{X_i}$ 和 $\overline{Y_j}$ 的最后一个字符相匹配。在这种情况下，它们的匹配不会损害可能找到的最长公共子序列（可以证明），因此就把这两个字符从各自字符串中删去。相似值 $LCSS(i, j)$ 可以递归地表示为 $LCSS(i-1, j-1) + 1$。

2）如果二者不匹配，根据假设，至少有一个字符是可以从相应字符串中删掉的。因此 $LCSS(i, j)$ 的值要么是 $LCSS(i-1, j)$，要么是 $LCSS(i, j-1)$，这取决于删掉哪个字符。

因此，最佳匹配的结果可以通过枚举上述两种情况得到：

$$LCSS(i, j) = \max \begin{cases} LCSS(i-1, j-1)+1 & \text{仅当} x_i = y_j \\ LCSS(i-1, j) & \text{否则（不匹配} x_i\text{）} \\ LCSS(i, j-1) & \text{否则（不匹配} y_j\text{）} \end{cases} \qquad (3.21)$$

此外，需要设置边界条件，令 $LCSS(i, 0)$ 和 $LCSS(0, j)$ 总是为 0。如同 DTW 和编辑距离的计算，可以使用一个嵌套循环计算最终值，也可以实现一个递归程序。虽然 LCSS 采用的是离散序列的定义方法，但是也可作用在连续时间序列上，需要做的只是将每个值离散化变成类别值后再使用离散 LCSS 方法。或者，使用将相邻两时间戳之间值的变化（上升、下降等）情况作为一个类别值这样的离散化方法。具体选择如何进行离散化取决于应用需求。

3.5 图的相似性度量

图的相似性可以用不同的方式来度量，取决于是需要度量两个图之间的相似性，还是需要度量同一图中两个节点之间的相似性。为简单起见，本章中的图都假设为无向网络，有关方法也可以很容易地推广到有向网络。

3.5.1 单个图中两个节点之间的相似度

令 $G = (N, A)$ 为一个无向网络，其中 N 为节点集，A 为边集。在某些领域，节点间具有成本，而在其他一些领域，节点间具有权重。如在文献网络中，边可以具有权重，而在路网中，边上可以带有运输成本。通常，距离函数与成本相对应，而相似度函数与权重相对应。因此可以假定边 (i, j) 需要指定成本 c_{ij}，或权重 w_{ij}。通常可以使用简单的启发式内核函数将成本转换成权重（反之亦然），具体内核函数需要根据应用来决定。一个例子是热核函数 $K(x) = e^{-x^2/t^2}$。

衡量一对节点 i 和 j 之间的相似度是有意义的。图中两个节点之间相似性原理的基础是实际网络中的同质性，这一概念的内涵是：在实际网络中，通过一些边相互连接起来的那些节点（相对那些无连接的节点）更为相似。这在许多领域都是常见的，如 Web 和社交网络。因此有两个标准来衡量相似性，即通过连接路径的长短或通过连接路径的多少。第一个标准通过使用最短路径算法是容易实现的，后一个标准与节点之间的连通性密切相关。

3.5.1.1 基于结构距离的度量方法

这里的目标是度量从图中任何一个点到另一个点之间的距离。令 $SP(s, j)$ 为从源点 s 到任意一点 j 的最短路径，对于 $s = j$，将 $SP(s, j)$ 初始化为 0，否则初始化为 ∞。接下来，s 到网络中任意其他节点之间的距离可以总结为单个步骤，每个节点按照一定次序只参加一次这个步骤的计算。

对于所有未计算过的节点，选择节点 i 使得 $SP(s, i)$ 的值最小，通过下式更新与 i 相邻的节点 j 的数据：

$$SP(s, j) = \min\{SP(s, j), SP(s, i) + c_{ij}\} \tag{3.22}$$

这在本质上就是著名的 Dijkstra 算法。该方法与网络中边的数目呈线性关系：它正好检查每个节点和它的入射边各一次。该方法提供了只用一次扫描获得从一个单一的节点到所有其他节点距离的方法。$SP(s, j)$ 的最终值提供了节点 s 和节点 j 之间的结构距离的量化值。但是，这种方法只专注于原始的结构性距离，没有充分利用节点之间路径的多样性。

3.5.1.2　基于随机游走的度量方法

上一小节的结构性度量对于节点之间有不同数量路径相连的情形不太适用。例如，在图 3-10 中，A 和 B 节点之间的最短路径长度为 4，而在 A 和 C 之间的最短路径长度为 3。然而，节点 B 和 A 更类似，因为这两个节点之间通过多条路径紧密相连。基于随机游走的相似性度量就是基于这一原理的。

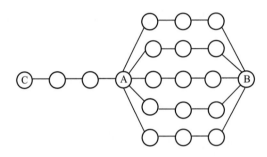

图 3-10　最短距离与连接多样性比较

其算法具体如下：设从源节点 s 开始随机游走，走到邻近节点的概率为 w_{ij}。此外对于任何给定的节点，允许"跳回到"源节点的概率存在，该概率称为**重启概率**，这将导致一个更偏重于源节点 s 的概率分布。同 s 更相似的节点将有更高的访问概率。这种方法可以很好地适应图 3-10 中所示的场景，因为随机游走将更频繁地访问 B 节点。

这个方法基于这样一个直观的想法，即如果你在一个公路网络中迷失了方向，随机地开车，循环往复，你更可能停在哪个位置？你更可能停在一个较近并且有多条路可以到达的位置。因为考虑到了多重路径，随机游走度量提供了和最短路径度量不同的结果。

这种相似度计算和 PageRank 概念密切相关，搜索引擎利用它对网页进行排名。此法进行适当修改，可以得出一个称为**个性化 PageRank** 的算法，用于度量节点之间的相似性。也可以得出一个对称的版本，称为 SimRank。本章不讨论 PageRank 和 SimRank 计算的细节，因为需要读者掌握更多关于排名这个概念的相关背景知识。18.4 节提供了一个更完整的讨论。

3.5.2　两个图之间的相似度

在许多应用中，有时需要度量多个图之间的距离。这中间有一个复杂因素，就是许多节点可能有相同的标签以致无法相互区分。这种情况经常出现在诸如化合物分析之类的领域。化合物可以表示为节点是化学元素、边是元素之间作用力的图。因为在一个分子中可能多次重复某个元素，节点的标签就变得没有区别了。在这种情况下，确定图的相似性度量方法是非常具有挑战性的。即使是确定两个图是否相同的问题都很难，这个问题可以视为图的同构问题，是已知的 NP 难问题[221]。人们提出了许多诸如基于图的编辑距离和子结构相似性的度量方法来解决这个非常困难的问题，这些方法的核心思想如下。

1. 最大公共子图的距离

当两图含有一个较大的共同子图时，它们通常是更相似的。最大公共子图问题和相关距离函数将在 17.2 节阐述。

2. 基于子结构的相似性

虽然很难匹配两个大的图，但是匹配较小的结构是容易的。其核心思想是统计频繁出现在两个图中的子结构个数并且将其结果作为相似性度量。这也可以认为是模仿基于子序列的字符串相似性度量方法。基于子结构的相似性度量详见 17.3 节。

3. 图的编辑距离

这个距离度量类似于字符串编辑距离。它被定义为从一个图变换到另一个所需的编辑的数目。因为图匹配是一个困难的问题，这个度量对于很大的图是难以实现的。图编辑距离的详细讨论见 17.2.3.2 节。

4. 图的内核

人们已经定义了许多内核函数来度量图之间的相似性，例如最短路径内核和随机游走内核。这个主题将在 17.3.3 节详细讨论。

这些方法都相当复杂，需要了解图数据领域的相关知识，因此我们把这些度量的讨论推迟到第 17 章。

3.6　有监督的相似度函数

前面几小节讨论了在不需要理解用户意图情况下的相似性度量。在实际工作中，属性的相关性或距离函数的选择在很大程度上取决于应用的领域。例如对于一个影像数据集，颜色特征和纹理特征的权重哪个应该更大？在不考虑用户意图的情况下，距离函数无法对这些方面进行建模。无监督的度量方法，如 L_p 范数，对所有特征都平等对待，并不含有对最终用户概念中相似性语义的任何基本理解。将此语义信息纳入相似性度量的唯一途径是允许相似性和相异性的显式反馈。例如，反馈可以表示为以下几组对象对：

$$\mathcal{S} = \{(O_i, O_j) : O_i \text{ 和 } O_j \text{ 相似}\}$$
$$\mathcal{D} = \{(O_i, O_j) : O_i \text{ 和 } O_j \text{ 不相似}\}$$

如何利用这些信息来改进相似度计算？人们已经设计了许多有监督的相似度计算算法。一种常见的方法是为一个特定封闭形式的相似度函数假定一些需要学习的参数。例如在 3.2.1.1 节的加权 L_p 范数中，我们将特征权重 $(a_1, \cdots, a_d)$ 用参数 Θ 表示。因此，第一步是创建一个距离函数 $f(O_i, O_j, \Theta)$，其中 Θ 是一组未知的权重值。假定更大的函数值表示更大的相异性，因此这是一个距离函数而不是相似度函数。如果要确定理想的参数 Θ，应尽可能地满足以下条件：

$$f(O_i, O_j, \Theta) = \begin{cases} 0 & \text{如果} (O_i, O_j) \in \mathcal{S} \\ 1 & \text{如果} (O_i, O_j) \in \mathcal{D} \end{cases} \tag{3.23}$$

这可以表示为 Θ 的最小平方优化问题，最小化误差 E：

$$E = \sum_{(O_i, O_j) \in \mathcal{S}} (f(O_i, O_j, \Theta) - 0)^2 + \sum_{(O_i, O_j) \in \mathcal{D}} (f(O_i, O_j, \Theta) - 1)^2 \tag{3.24}$$

这个目标函数可以利用现成的优化算法对参数 Θ 进行优化。如果需要，也可以设置 Θ≥0 的约束。例如，当对闵可夫斯基距离的权重参数进行优化时，就需要满足非负性参数的假设。类似的有约束优化问题都可以用许多非线性优化方法很容易地解决。而类似 $f(O_i, O_j, \Theta)$ 的闭式形式函数保证了可以高效地解决参数 Θ 的优化问题。

如果可能，用户反馈可用于改善距离函数的质量。对距离函数的训练和学习，可以建模为更一般的分类问题。分类问题在第 10～11 章有详细阐述。用 Fisher 方法设计有监督的距离函数也将在第 10 章中介绍基于样例学习的相关小节里有所讨论。

3.7 小结

距离函数的设计问题是数据挖掘应用中的关键问题。因为许多数据挖掘算法利用距离函数作为一个关键子程序，而距离函数的设计直接影响到结果的质量。距离函数对于数据类型、维度以及全局和局部分布性质都是高度敏感的。

L_p 范数是多维数据中最常用的距离函数。随着维度的增加，它的效果会变差，尤其对于较大的 p 值。在某些情况下已证明，p 在范围 (0, 1) 内的分数度量是特别有效的。也已证明许多基于邻近程度的度量方法在高维数据中是有效的。

数据分布对距离函数设计也有影响。使用全局分布信息的最简单的距离函数是马哈拉诺比斯距离，它是欧氏度量的一种泛化，是将数据沿主成分方向根据数据方差进行缩放后再计算距离的一种方法。一种更复杂的方法称为 ISOMAP 算法，它采用非线性嵌入来体现非线性数据分布的影响。当数据分布异构性较强时，局部的归一化往往能提供更有效的度量方法。

其他数据类型如类别型数据、文本数据、时间数据和图数据，对相似性度量提出了进一步的挑战。时间序列和离散序列的相似性度量方法是密切相关的，后者是前者的类别型数据版本。主要的问题是，两个相似的时间序列可能会在行为和上下文属性上有不同的缩放比例。这需要考虑使用归一化函数处理行为属性，并使用规整函数处理上下文属性。对于离散序列的情况，许多距离和相似度函数（如编辑距离和 LCSS）都是常用的。

由于距离函数往往是为了模拟用户的相似度概念，在可能的情况下应当使用反馈调节措施，来改进距离函数的设计。此反馈可以用在参数化模型的场景中，利用学习方法得到最佳参数值，以使得出的模型与用户提供的反馈保持一致。

3.8 文献注释

近年来，数据挖掘的研究人员和从业人员已经广泛地研究了相似度计算问题。高维数据在 [17, 88, 266] 中有相关探讨。[88] 分析了距离的聚集效应对高维计算的影响。[266] 表明选择局部敏感距离函数具有相对优势，这一工作也显示了曼哈顿度量相对于欧氏度量的优点。[17] 提出了分数度量，一般可以提供比曼哈顿和欧氏度量更准确的结果。[490] 提出了在本章中讨论的 ISOMAP 方法。许多局部性的方法也有可能适合距离函数的计算。一个有效的局部方法的例子是 [543] 中提出的基于样例的模型。

[104] 深入地探讨了类别型数据的相似性。这项工作分析了许多相似性的度量方法，并对它们如何应用于异常检测问题进行了测试。在 [232] 中介绍了古德尔（Goodall）度量。[122] 使用了信息论的方法来计算相似度。本章中讨论的大部分度量方法并不考虑属性的不匹配性。然而，在 [74, 363, 473] 中提出的一些方法对属性值间的不匹配做出了区分，前提是不频繁属性值在统计意义上比频繁属性值更有可能不匹配。因此，在这些方法中当 x_i 与 y_i

不同时，$S(x_i, y_i)$ 不总是设置为 0（或相同意义的值）。[182] 提出了一种局部相似性的度量方法。文本相似性的度量在信息检索领域文献 [441] 中有广泛的研究。

人们在时间序列的相似性度量领域取得了丰硕的成果，设计了大量的算法。关于这个主题的一个很好的教程可以参考 [241]。[130] 讨论了小波计算在时间序列相似度计算中的应用。尽管在语音识别领域 DTW 算法的应用已经非常广泛，但将它应用于数据挖掘中却是在 [87] 中首次提出的。随后，它在基于相似度的数据挖掘应用中被广泛使用 [526]。数据挖掘应用面临的主要挑战是它的计算密集性。时间序列数据挖掘文献中提出了众多的方法 [307] 来加速 DTW 算法。[308] 提出了一种计算 DTW 下界的快速方法，并说明了它如何用于精确索引。[53] 中提出了一种基于窗口的方法来计算具有噪声、不同缩放比例和需要转换的序列之间的相似度。[499-500] 提出了用于多变量时间序列的相似性搜索方法。编辑距离已广泛用于生物数据中序列之间的相似性计算 [244]。在 [283, 432] 中作者使用相似性转换规则来定义时间序列的距离。这样的规则可以用于对连续时间序列创建类似编辑距离的度量方法。[438] 提出了字符串编辑距离的方法，[141] 演示了如何将 L_p 范数和编辑距离结合起来。对 LCSS 问题的算法可以在 [77, 92, 270, 280] 中找到。这些算法的一个综述报告见 [92]。[32] 中讨论了用于时间序列相似度计算的各种其他方法。

许多方法可用于图的相似性搜索。[62] 中包括了寻找节点间距离的各种高效的最短路径算法。[357] 是一本介绍 Web 挖掘的书，其中讨论了 PageRank 算法。在 [221] 中讨论了图同构问题的 NP 难性质，以及与编辑距离密切相关的其他问题。在 [119-120] 中研究了最大公共子图问题与图编辑距离之间的关系。[520-521] 设法解决子结构的相似性搜索，以及利用子图进行相似性搜索的问题。为了度量图之间的距离，[522] 提出了变异距离的概念。[42] 提出了一种使用频繁子结构的方法用于图的聚类。图匹配技术的综述报告可以见 [26]。

利用对距离函数的学习来实现用户监督的方法已有广泛研究。最早将 L_p 范数的权重参数化的是 [15]。距离函数的学习问题与分类问题之间已建立形式化的联系，并有非常细致的研究。[33] 是一个涵盖距离函数学习中重要问题的综述报告。

3.9　练习题

1. 令 $p = 1, 2, \infty$，计算 (1, 2) 和 (3, 4) 之间的 L_p 范数。

2. 证明两个数据点之间的马哈拉诺比斯距离与数据变换后这两个数据点的欧几里得距离是相等的，这里的数据变换是指将数据沿主成分方向进行表示，并除以每个分量上的标准差。

3. 从 UCI 机器学习库 [213] 中下载 Ionosphere 数据集，并计算出所有数据点对之间的 L_p 范式距离，取 $p = 1, 2, \infty$。计算该数据集在各种范数下的对比度。对前 r 个维度进行采样后重复这个练习题，其中 r 从 1 直到全维度。

4. 计算两个数据集 {A, B, C} 和 {A, C, D, E} 之间的基于匹配的相似度、余弦相似度、Jaccard 相似度。

5. 令 $\overline{X}$ 和 $\overline{Y}$ 代表两个数据点，证明它们之间的余弦弧度为：

$$cosine(\overline{X}, \overline{Y}) = \frac{\|\overline{X}\|^2 + \|\overline{Y}\|^2 - \|\overline{X} - \overline{Y}\|^2}{2\|\overline{X}\|\|\overline{Y}\|} \qquad (3.25)$$

6. 从 UCI 机器学习库 [213] 中下载 KDD Cup 的网络入侵数据集。创建一个只包含类别型属性的数据集。利用匹配度量以及逆出现频率度量，计算每个数据点的最近邻。计算类标签可以相互匹配的样例数量。

7. 仅使用数据集中的数值属性，使用 L_p 范数，取 $p = 1, 2, \infty$，重复练习题 6 中的问题。

8. 使用数据集中的所有属性重复练习题 6。要求使用混合型属性函数，以及练习题 6 和 7 中类别型和数值型距离函数的不同组合。

9. 写一个计算机程序求编辑距离。

10. 写一个计算机程序求 LCSS 距离。

11. 写一个计算机程序求 DTW 距离。

12. 假设 $Edit(\overline{X}, \overline{Y})$ 代表将字符串 $\overline{X}$ 转化成 $\overline{Y}$ 的编辑成本，证明如果插入和删除操作的成本相同，则 $Edit(\overline{X}, \overline{Y}) = Edit(\overline{Y}, \overline{X})$。

13. 计算编辑距离和 LCSS 相似度：ababcabc 和 babcbc；cbacbacba 和 acbacbacb。假设编辑距离的各种操作成本是一样的。

14. 证明 $Edit(i, j)$、$LCSS(i, j)$ 和 $DTW(i, j)$ 对于 i 和 j 都是单调函数。

15. 利用未加工的频率值计算下面两个句子的余弦度量：

（a）The sly fox jumped over the lazy dog.

（b）The dog jumped at the intruder.

16. 假设插入和删除操作的成本是 1 个单位，而替换操作的成本是 2 个单位。证明，只使用插入和删除操作就可以计算出最优的字符串编辑距离。在上述成本的假设下，证明最优的编辑距离可以用 LCSS 的最优距离以及两个字符串的长度来表示。

关联模式挖掘

"浪子的模式是：反叛、堕落、悔悟、和解、恢复。"

——Edwin Louis Cole

4.1 引言

关联模式挖掘的经典问题是在超市数据处理背景下定义的，每条超市数据是顾客单次购买的所有商品（item）的集合，称作一个**事务**（transaction）。关联模式挖掘的目标是确定顾客购买的商品组合之间的关联性，可以直观地理解为求解商品间的 k 组相关度（k-way correlation）。最流行的关联模式挖掘模型采用商品组合的出现频率来量化关联性的水平。找到的商品组合称为**大项集**（large itemset）、**频繁项集**（frequent itemset）或**频繁模式**（frequent pattern）。关联模式挖掘问题有广泛的应用领域。

1. 超市数据

超市应用是提出关联模式挖掘问题的最早的应用场景。之所以使用**项集**（itemset）这个术语，是因为顾客购买的商品的英语是 item，也称为**项**，那么商品或项的频繁模式就自然称为项集。频繁项集的确定提供了关于目标营销和货架摆放的有用信息。

2. 文本挖掘

因为文本数据经常表示为词袋模型（bag-of-words model），关联模式挖掘可以帮助发现同时出现的术语和关键词。同时出现的术语在文本挖掘领域有种类繁多的应用。

3. 推广到具有依赖关系的数据类型

原始的关联模式挖掘模型经过少量修改已经推广到很多具有依赖关系的数据类型上，例如时序数据、序列数据、空间数据和图数据。这些模型有助于互联网日志分析、软件程序错误检测、时空事件探测等应用。

4. 其他主要的数据挖掘问题

频繁模式挖掘可以作为子程序为聚类、分类、异常分析等很多主要的数据挖掘问题提供有效的解决方案。

因为频繁模式挖掘问题起源于对超市购物篮数据的处理，所以用于描述输入数据（例如事务）和输出结果（例如项集）的大量术语都是类比超市场景得到的。从应用无关的角度，一个频繁模式可以定义为在所有可能集合空间中的一个频繁子集。然而，基于超市购物篮的术语十分流行，所以本章将沿用这些术语。

频繁项集可以用于给出 $X \Rightarrow Y$ 形式的关联规则，其中 X 与 Y 都是项的集合。在数据挖掘领域的"民间传说"故事中，一个著名的关联规则的例子是 { 啤酒 } $\Rightarrow$ { 尿布 }$^{\ominus}$。这条规则暗示购买啤酒的顾客有很大的可能性也会购买尿布。显然，这条规则的含义具有一个特

$\ominus$ 这条规则是在某些早期关于超市数据的论文中得出的。这里对于在任意超市数据集中这条规则出现的可能性未作假定。

定的指向性，可量化为一个条件概率。关联规则对许多目标营销应用十分有效。例如，如果一个超市店主发现 { 鸡蛋，牛奶 } ⇒ { 酸奶 } 是一条关联规则，那么他就能向经常购买鸡蛋和牛奶的顾客推销酸奶，或者可以把酸奶放置在与鸡蛋和牛奶相近的货架上。

基于频率的关联模式挖掘模型因其简洁而流行。但是，一个模式的原始出现频率与商品间相关度的统计显著性（statistical significance）并不完全相同。于是，出现了许多基于统计显著性的频繁模式挖掘模型。这类模型也称作**有趣模式**（interesting pattern）。本章也将探悉一些有趣模式。

本章内容的组织结构如下：4.2 节介绍关联模式挖掘的基础模型；从频繁项集生成关联规则的方法将在 4.3 节中讨论；4.4 节讲述多种频繁模式挖掘算法，包括 Apriori 算法、枚举树算法、基于后缀的回归方法；寻找有趣频繁模式的方法将在 4.5 节讨论；频繁模式挖掘的元算法将在 4.6 节中讨论；4.7 节给出本章小结。

4.2 频繁模式挖掘模型

关联模式挖掘问题很自然地定义在无序集合类数据上。假设数据库 $\mathcal{T}$ 是一个包括 n 个事务 $T_1, \cdots, T_n$ 的集合。每个事务 T_i 是从包括所有项的空间 U 中抽取的，也可以表达为一个仅包含二元属性的 d 维记录，其中 $d = |U|$。记录中的每个二元属性代表一项。如果一个事务包括了某一项，那么在这个事务的记录中该项所对应的二元属性值就为 1，否则就为 0。在实践中，商品空间 U 中的商品总数远大于每个事务 T_i 中商品的典型数量。例如，一个超市的数据库可能包含成千上万种商品，而顾客每次购买商品种类通常少于 50 种。这一性质经常在设计频繁模式挖掘算法时使用。

一个**项集**是一个项的集合。一个 k 项集是一个恰好包括 k 个项的项集。换言之，一个 k 项集是一个势为 k 的项的集合。在事务 $T_1, \cdots, T_n$ 中，含有某一特定项集的事务占全体事务的比例，就是此项集的出现频率。这个出现频率也称作**支持率**（support）。

定义 4.2.1（支持率）   一个项集 I 的支持率是在事务数据库 $\mathcal{T} = \{T_1, \cdots, T_n\}$ 中包含子集 I 的事务占全体事务的比例。

一个项集 I 的支持率表示为 $sup(I)$。显而易见，相关的项将会频繁地在事务中同时出现。这样的项集将会有高的支持率。于是，频繁模式挖掘问题就是要找出所有支持率不低于设定的最小支持率的项集。

定义 4.2.2（频繁模式挖掘）   给定一个事务集合 $\mathcal{T} = \{T_1, \cdots, T_n\}$，其中每个事务 T_i 是项空间 U 的一个子集，在 $\mathcal{T}$ 中找出所有项集 I，使包括子集 I 的事务占全体事务的比例不低于预先设定的比例 $minsup$。

这个预先设定的比例 $minsup$ 称作**最小支持率**。虽然在本书中默认 $minsup$ 为一个相对的比例值，但是有时 $minsup$ 也会设定为一个绝对的整数值，用于代表事务的个数。除明确说明之外，本章将总是使用相对比例值表示 $minsup$。此外，频繁模式也称作频繁项集或大项集，本书将互换地使用这些名称。

一个事务唯一的标识称作**事务序号**（transaction ID），缩写为 tid。频繁模式挖掘问题也可以以集合方式更加广义地定义如下。

定义 4.2.3（频繁模式挖掘：以集合方式定义）   给定一个集合的集合 $\mathcal{T} = \{T_1, \cdots, T_n\}$，其中集合 T_i 的每个元素都是从元素空间 U 中抽取的，找出所有集合 I，使 $\mathcal{T}$ 中包括子集 I 的集合占 $\mathcal{T}$ 中所有集合的比例不低于预先设定的 $minsup$ 值。

如第 1 章所述，二元多维数据和集合数据是等价的。其等价性是因为每个多维属性可以对应于集合的一个元素（或项）。一个多维属性值为 1，对应于相应的元素（或项）存在于集合（或事务）之中。所以，一个事务数据集（或一个集合的集合）也能够表示为一个多维二元数据库，其维度等于项的总数。

考虑表 4-1 中描述的事务。每个事务都在最左列中有一个唯一的事务序号，在中间列中显示了购物篮的内容，即同时购买的商品。表 4-1 的最右列是每个购物篮的二元多维表示。在这里，二元表示的属性按顺序从左到右是 {面包，黄油，奶酪，鸡蛋，牛奶，酸奶}。在数据库中，{面包，牛奶} 的支持率是 2/5 = 0.4。这是因为面包和牛奶同时在 2 个事务中出现，而数据库中共有 5 个事务。同理，{奶酪，酸奶} 的支持率是 0.2，因为这一组合仅出现在最后一个事务中。如果设定最小支持率为 0.3，那么项集 {面包，牛奶} 将满足条件而被输出为频繁项集，而 {奶酪，酸奶} 则不满足。

表 4-1 超市购物篮数据集举例

事务序号	项　集	二进制表示
1	{面包，黄油，牛奶}	110010
2	{鸡蛋，牛奶，酸奶}	000111
3	{面包，奶酪，鸡蛋，牛奶}	101110
4	{鸡蛋，牛奶，酸奶}	000111
5	{奶酪，牛奶，酸奶}	001011

频繁项集的数量通常对最小支持率的变化非常敏感。考虑使用最小支持率为 0.3 的情况。面包、牛奶、鸡蛋、奶酪和酸奶这每种商品都至少出现在 2 个事务中，所以在最小支持率为 0.3 时，这些包含单一商品的项集都可以确定为频繁项集。这些项集是频繁 1 项集。实际上，1 项集中只有 {黄油} 的支持率低于 0.3。此外，当最小支持率为 0.3 时，频繁 2 项集为 {面包，牛奶}、{鸡蛋，牛奶}、{奶酪，牛奶}、{鸡蛋，酸奶} 和 {牛奶，酸奶}。唯一一个满足 0.3 最小支持率的频繁 3 项集为 {鸡蛋，牛奶，酸奶}。另一方面，如果最小支持率设定为 0.2，即绝对支持率仅为 1。在这种情况下，每个事务的每个子集都满足条件，都会被输出为频繁项集。可见，设置较低的最小支持率，就会生成较多的频繁模式。相反，如果最小支持率太高，那么将没有模式满足条件。所以，恰当地选择最小支持率对于发现有意义且数量适当的频繁模式至关重要。

当一个项集 I 包含于一个事务中时，这个项集的所有子集也将包含于这个事务中。所以，项集 I 的任意子集的支持率将总是大于或等于项集 I 的支持率。这个性质称作**支持率单调性**（support monotonicity property）。

性质 4.2.1（支持率单调性） 项集 I 的任意子集 J 的支持率将总是大于或等于项集 I 的支持率。

$$sup(J) \geq sup(I) \quad \forall J \subseteq I \tag{4.1}$$

支持率单调性意味着频繁项集的每个子集也是频繁的。这称为**向下闭包性**（downward closure property）。

性质 4.2.2（向下闭包性） 频繁项集的每个子集也是频繁的。

从算法设计的角度，向下闭包性是一个非常便利的性质，因为它给出了频繁模式内在结构的一个重要限定条件，在频繁模式挖掘算法中经常使用该限定条件对搜索过程进行剪枝，从而获得更高的效率。另外，向下闭包性可以用于简化输出的频繁模式的表达，在所有发现的频繁项集中，只需要保留最大频繁项集（maximal frequent itemset）。

定义 4.2.4（最大频繁项集） 在一个给定的最小支持率 *minsup* 下，如果一个项集是频繁的，并且它的任何超集都不是频繁的，那么这个项集是一个最大频繁项集。

在表 4-1 的例子中，当最小支持率为 0.3 时，项集 { 鸡蛋，牛奶，酸奶 } 是一个最大频繁项集。与之相对，项集 { 鸡蛋，牛奶 } 不是最大的，因为这个项集有一个超集是频繁项集。此外，当最小支持率为 0.3 时，这个例子中的最大频繁项集有 { 面包，牛奶 }、{ 奶酪，牛奶 } 和 { 鸡蛋，牛奶，酸奶 }。事务集合中的频繁项集共有 11 个，而最大频繁项集却只有 3 个。所以，最大频繁项集可以作为全部频繁项集的一种精简表示。然而，这种精简表示没有保留子集的支持率信息。例如，{ 鸡蛋，牛奶，酸奶 } 的支持率是 0.4，而 { 鸡蛋，牛奶 } 的支持率是 0.6。可见，已知 { 鸡蛋，牛奶，酸奶 } 的支持率，并不能得出 { 鸡蛋，牛奶 } 的支持率信息。一种不同的精简表示方法是**闭合频繁项集**（closed frequent itemset），这种精简表示能够保留支持率信息。闭合频繁项集将在第 5 章进行深入介绍。

一个有趣的性质是全部项集在概念上可以放置在一个项集的格结构中。项空间 U 给出 $2^{|U|}$ 个项集，每个项集对应于格中的一个节点。如果两个项集的区别仅在于一项，那么它们对应的节点之间存在一条边。图 4-1 展示了一个项集格的例子，其中项空间包含 5 项，所以总共有 $2^5 = 32$ 个项集节点。项集的格代表了频繁模式的搜索空间。所有的频繁模式挖掘算法都会显式地或者隐式地遍历这个搜索空间，以寻找可能的频繁模式。

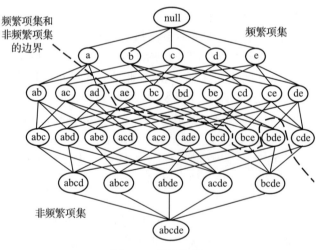

图 4-1　项集的格

项集的格用一条边界分为频繁项集和非频繁项集，在图 4-1 中该边界显示为一条短划线。在这条边界上方的所有项集都是频繁的，而在这条边界下方的项集是非频繁的。值得注意的是所有最大频繁项集都紧邻这一边界。而且，任何正确划分频繁和非频繁项集的有效边界都始终遵守频繁项集的向下闭包性。

4.3　关联规则的生成框架

引入**置信度**（confidence）度量之后，频繁项集就可以用于形成关联规则。一条规则

$X \Rightarrow Y$ 的置信度是，一个事务在包含项集合 X 的条件下也包含项集合 Y 的条件概率。计算方法是用项集 $X \cup Y$ 的支持率除以项集 X 的支持率。

定义 4.3.1（置信度）　设 X 和 Y 是两个项的集合。规则 $X \Rightarrow Y$ 的置信度 $conf(X \Rightarrow Y)$ 是在一个事务包含 X 的条件下，$X \cup Y$ 在这个事务中出现的条件概率。所以，置信度 $conf(X \Rightarrow Y)$ 定义如下：

$$conf(X \Rightarrow Y) = \frac{sup(X \cup Y)}{sup(X)} \qquad (4.2)$$

项集 X 和 Y 分别是这条规则的**前提**（antecedent）和**结果**（consequent）。在表 4-1 的例子中，{鸡蛋，牛奶} 的支持率是 0.6，而 {鸡蛋，牛奶，酸奶} 的支持率是 0.4。所以，规则 {鸡蛋，牛奶} $\Rightarrow$ {酸奶} 的置信度是 (0.4/0.6) = 2/3。

与支持率相似，使用最小置信度阈值 $minconf$ 可以生成最相关的关联规则。关联规则的定义同时使用了支持率和置信度的条件。

定义 4.3.2（关联规则）　设 X 和 Y 是两个项的集合。在最小支持率 $minsup$ 和最小置信度 $minconf$ 下，如果规则 $X \Rightarrow Y$ 同时满足下述两个条件，那么就称它为一条关联规则：

1）项集 $X \cup Y$ 的支持率至少为 $minsup$；

2）规则 $X \Rightarrow Y$ 的置信度至少为 $minconf$。

第一个条件保证存在足够数量的事务和这条规则有关，即这条规则对目标应用而言，相关事务在数量上需要达到一个临界点才有意义。第二个条件确保这条规则在条件概率方面具有足够的强度。可见，上述两个条件量化了关联规则的不同方面。

生成关联规则的总体框架有两个阶段，它们分别对应定义 4.3.2 中的两个条件，代表了对支持率和置信度的要求。

1）在第一阶段中，以最小支持率 $minsup$，生成所有频繁项集。

2）在第二阶段中，以最小置信度 $minconf$，从频繁项集中生成关联规则。

第一阶段的计算更加密集，因此也是整个过程中更加有趣的部分。第二阶段相对比较简单，所以对于第一阶段的讨论将推迟到本章后面的小节中继续进行，而这里将对比较简单的第二阶段快速地进行讨论。

假设给定了一个频繁项集的集合 $\mathcal{F}$。对于集合中的每个项集 $I \in \mathcal{F}$，生成规则的一个简单方法是把 I 分解成所有可能的集合 X 和集合 $Y = I - X$ 的组合，满足 $I = X \cup Y$。接着，计算每条规则 $X \Rightarrow Y$ 的置信度，保留满足最小置信度要求的规则。关联规则之间也存在**置信度单调性**（confidence monotonicity）的性质。

性质 4.3.1（置信度单调性）　如果项集 X_1、X_2 和 I 满足 $X_1 \subset X_2 \subset I$，那么 $X_2 \Rightarrow I - X_2$ 的置信度总是大于或等于 $X_1 \Rightarrow I - X_1$ 的置信度，即

$$conf(X_2 \Rightarrow I - X_2) \geqslant conf(X_1 \Rightarrow I - X_1) \qquad (4.3)$$

这个性质可从置信度定义和支持率单调性直接得到。考虑两条规则 {面包} $\Rightarrow$ {黄油，牛奶} 和 {面包，黄油} $\Rightarrow$ {牛奶}。第二条规则相对于第一条规则而言是多余的，因为它和第一条规则有相同的支持率，而其置信度不小于第一条规则。由于置信度具有单调性，报告结果时有可能只报告非冗余的规则。这个问题将在下章深入讨论。

4.4　频繁项集挖掘算法

本小节将讨论几个流行的频繁项集生成算法。实际上，频繁项集生成可以有很多种算

法，本章的重点是仔细讨论特定的几个算法，从而向读者介绍算法设计的关键技巧。因为几乎所有的频繁模式挖掘算法都采用相同的枚举树框架，所以这些设计技巧可以在不同算法中被复用。

4.4.1　暴力算法

一个项空间 U 除去空集共有 $2^{|U|} - 1$ 个不同的子集。图 4-1 对于包含 5 个项的项空间，展示了其全部 2^5 个子集。那么，一种可能的方法是首先生成所有的候选项集（candidate itemset），然后在事务数据库 $\mathcal{T}$ 上计算其支持率。在频繁项集挖掘的文献中，**候选项集**这一术语通常是指可能频繁出现的项集。这些候选项集需要通过**支持率计数**（support counting）来检验其在事务数据库上是否频繁。为了对项集的支持率计数，需要检查一个给定的项集 I 是否是每个事务 $T_i \in \mathcal{T}$ 的子集。当项空间 U 比较大时，这种穷举的方案很可能是不现实的。考虑当 $d = |U| = 1000$ 的情况。这时，共有 $2^{1000} > 10^{300}$ 个候选项集。换言之，即使目前最快的计算机能在每个机器时钟周期内处理一个候选项集，完成所有候选项集处理所需的时间也将比宇宙的寿命高出数百个数量级。所以，这不是一个可行的方法。

当然，根据向下闭包性，如果没有频繁的 k 模式，那么也不存在频繁的 $(k + 1)$ 模式。于是，暴力算法可以在这一认识的基础上进行加速。可以按照长度从小到大来枚举和计数所有模式的支持率。也就是说，可以先枚举和计数所有包含 1 项的模式，然后是包含 2 项的模式，依次类推，直至在某个长度 l 下，没有任何长度为 l 的模式是频繁的。对于稀疏的事务数据库而言，相对于 $|U|$，l 的值通常非常小。到此为止，算法可以结束。因为枚举的频繁项集个数降低为 $\sum_{i=1}^{l} \binom{|U|}{i} \ll 2^{|U|}$，所以与前述方案相比会有显著的改进。在稀疏的事务数据库中，最长的频繁项集的长度也远小于 $|U|$，因此这个方案的速度将提高多个数量级。但是，对于大的 $|U|$ 值，其计算复杂度仍然不能令人满意。例如，当 $|U| = 1000$、$l = 10$ 时，$\sum_{i=1}^{10} \binom{|U|}{i}$ 的数量级是 10^{23}。这个值仍然很大，超出了目前合理的计算能力。

不过，由上可见，即使是一个非常简单生硬的对向下闭包性的应用，也可以使算法的性能有数百个数量级的提高。很多快速的项集生成算法精妙地使用了向下闭包性以生成候选项集，并在计数前进行剪枝。频繁模式挖掘算法搜索候选项集的格（见图 4-1）来发现频繁模式，并使用事务数据库对格中的候选项集计数以确定其支持率。可以通过下述一个或多个方法获得更高的频繁模式挖掘算法效率：

1）利用向下闭包性等性质，通过剪除候选项集（格节点）来缩小搜索空间（图 4-1 的格）。
2）对候选项集计数时，通过剪除已知的与此候选项集不相关的事务，使计数更加高效。
3）使用紧凑的数据结构来表示候选项集或者事务数据库，从而实现快速的计数。
利用向下闭包性对搜索空间进行有效修剪的第一个算法是 Apriori 算法。

4.4.2　Apriori 算法

Apriori 算法利用向下闭包性对候选搜索空间进行修剪。在包含所有频繁项集的集合中，向下闭包性引入了一种清晰的结构。尤其是，可以利用项集非频繁的信息来更加谨慎地生成候选超集。如果一个项集是非频繁的，那么对它的超集进行支持率计数就没有任何意义。这样有助于避免对确知是非频繁的项集继续进行支持率的计数，避免计算资源的浪费。在

Apriori 算法中，首先生成较小的长度为 k 的候选项集，计算它们的支持率，然后生成长度为 $(k + 1)$ 的候选项集。利用向下闭包性，计算生成的频繁 k 项集可用于限制候选的 $(k + 1)$ 项集的数量。就这样，按照项集长度从小到大的顺序，生成候选项集和计算模式支持率，这两个步骤在 Apriori 算法中交替执行。在频繁模式生成的过程中，候选项集支持率计数是最昂贵的部分，所以保持较低的候选项集数量是极其重要的。

为方便算法描述，假设项空间 U 中的项符合字典顺序。于是，一个项集 $\{a, b, c, d\}$ 可以看成一个（字典序排列的）项的字符串 $abcd$。这可以用于在项集（模式）之间引入一种顺序，与项集所对应的字符串在字典中的顺序相同。

Apriori 算法首先对单个项的支持率进行计数，生成频繁 1 项集。然后，把这些 1 项集组合成候选的 2 项集，对它们的支持率进行计数。频繁的 2 项集被保留下来。一般而言，对于不断增加的 k，长度为 k 的频繁项集用于生成长度为 $(k + 1)$ 的候选项集。对于长度不断增加的候选项集进行支持率计数的算法称作**逐层算法**（level-wise algorithm）。用 $\mathcal{F}_k$ 表示频繁 k 项集的集合，用 $\mathcal{C}_k$ 表示候选 k 项集的集合。这个方法的核心思想是迭代计算，每次迭代根据上次计算得到的 $\mathcal{F}_k$ 中的频繁 k 项集，生成所有候选的 $(k + 1)$ 项集，并在事务数据库中，统计候选的 $(k + 1)$ 项集的出现频率。在生成候选的 $(k + 1)$ 项集的时候，可以检查是否 $\mathcal{C}_{k+1}$ 中项集的所有 k 子集都包含在 $\mathcal{F}_k$ 中，从而对搜索空间进行修剪。那么，如何根据 $\mathcal{F}_k$ 中的频繁 k 项集在 $\mathcal{C}_{k+1}$ 中生成有意义的 $(k + 1)$ 项集呢？

如果 $\mathcal{F}_k$ 中的一对项集 X 和 Y 含有 $(k - 1)$ 个共同的项，那么通过这 $(k - 1)$ 个共同项把两者连接在一起，就建立了一个大小为 $(k + 1)$ 的候选项集。例如，两个 3 项集 $\{a, b, c\}$（或简写为 abc）和 $\{a, b, d\}$（或简写为 abd），当通过共同项 a 和 b 连接在一起时，将生成候选 4 项集 $abcd$。当然，连接其他频繁模式可能得到相同的候选项集。例如，连接 abc 和 bcd 也可以得到同样的结果 $abcd$。如果 $abcd$ 的所有 4 个 3 子集都是频繁 3 项集，那么可以通过 $\binom{4}{2} = 6$ 种不同的方法来生成这个候选 4 项集。为了避免候选项集生成过程中的重复问题，通常的解决方式是把项集中的项按字典顺序排序，并总是使用每个项集的前 $(k - 1)$ 项进行连接操作。按照这种方式，生成 $abcd$ 的唯一方法是使用项集 abc 和 abd，并通过最开始的两项 a 和 b 来进行连接。需要注意的是，如果 abc 或者 abd 不是频繁的，那么按照这种方式，将不会生成候选项集 $abcd$，并且根据频繁项集的向下闭包性，可以确定 $abcd$ 一定不是频繁的。所以，向下闭包性保证这种生成候选项集的连接方式不会丢失任何真正频繁的项集。下面我们将看到，这种非重复的、穷尽的生成候选项集的方式，可以理解为对所有模式上的概念层次进行遍历。这个概念层次称作**枚举树**（enumeration tree）。另一点需要注意的是，上述连接操作通常可以非常高效地执行。这是因为集合 $\mathcal{F}_k$ 是按照字典顺序排列的，那么所有具有相同的前 $(k - 1)$ 项的项集将排列在一起，从而可以很容易地发现它们。

可以采用逐层修剪的技巧进一步减少候选 $(k + 1)$ 项集的数量。根据频繁项集的向下闭包性，一个项集 $I \in \mathcal{C}_{k+1}$ 的所有 k 子集（即势为 k 的子集）都需要在 $\mathcal{F}_k$ 中出现。否则，可以确定项集 I 不是频繁的。所以，对于每个项集 $I \in \mathcal{C}_{k+1}$，检查是否它的所有 k 子集都在 $\mathcal{F}_k$ 中。如果不是，那么就从 $\mathcal{C}_{k+1}$ 中剪除这个项集 I。

当长度为 $(k + 1)$ 的候选项集的集合 $\mathcal{C}_{k+1}$ 生成完毕后，可以通过在事务数据库 $\mathcal{T}$ 中统计每个候选项集的出现次数来确定项集的支持率。只有满足最小支持率的候选项集才能保留下来，组成 $(k + 1)$ 频繁项集的集合 $\mathcal{F}_{k+1} \subseteq \mathcal{C}_{k+1}$。当集合 $\mathcal{F}_{k+1}$ 为空时，算法终止。在算法终止时，计算不同长度的频繁项集集合的并集 $\bigcup\limits_{i=1}^{k}\mathcal{F}_i$ 作为算法的最终输出结果。

完整算法如图 4-2 所示。算法的核心是一个循环，它对于依次增大的 k，每次从频繁 k 模式中生成 $(k+1)$ 模式，并进行计数。算法的三个主要操作是生成候选项集、修剪候选项集和支持率计数。在这三者中，支持率计数是最昂贵的，它的执行时间取决于事务数据库 $\mathcal{T}$ 的大小。这种逐层计算的方式保证算法至少从磁盘访问的角度较为高效。这是因为可以通过一遍顺序数据访问对每个候选项集的集合 $\mathcal{C}_{k+1}$ 完成计数，而不需要进行随机磁盘访问。所以，磁盘数据访问的总遍数等于最长的频繁项集的项数。即便如此，计数操作过程仍需要检查每个项集是否为某个事务的子集，其代价仍然高昂。所以，必须提高支持率计数操作的效率。

Algorithm *Apriori*（事务数据库：$\mathcal{T}$，最小支持率：*minsup*）

begin

  $k = 1$;

  $\mathcal{F}_1 = \{$ 全部频繁 1 项集 $\}$;

  while $\mathcal{F}_k$ 不为空 **do begin**

    通过连接 $\mathcal{F}_k$ 中的项集对生成 $\mathcal{C}_{k+1}$;

    从 $\mathcal{C}_{k+1}$ 中剪除违背向下闭包性的项集;

    在 $(\mathcal{C}_{k+1}, \mathcal{T})$ 上进行支持率计数，并保留 $\mathcal{C}_{k+1}$ 中支持率

      至少为 *minsup* 的项集，构成 $\mathcal{F}_{k+1}$;

    $k = k + 1$;

  end

  return ($\bigcup\limits_{i=1}^{k}\mathcal{F}_i$);

end

图 4-2　Apriori 算法

4.4.2.1　高效的支持率计数

在支持率计数过程中，Apriori 算法需要检验每个候选项集是否存在于某个事务之中。为了实现高效性，该检验采用了**哈希树**（hash tree）的数据结构。哈希树把 $\mathcal{C}_{k+1}$ 中的候选模式精巧地组织起来以支持高效的比较计数。假设事务中的项和候选项集都按照字典顺序排列。哈希树是一棵树，树中的内部节点都有相同的分支度（即每个内部节点的孩子个数都相同）。每个内部节点都使用一个随机哈希函数把项映射为树中孩子节点的下标。哈希树的每个叶子节点包含按字典序排列的一组项集，而每个内部节点包含一个哈希表。$\mathcal{C}_{k+1}$ 中的每个候选模式都在且仅在哈希树的一个叶子节点中存储。内部节点中的哈希函数用于决定任意一个候选项集属于哪个叶子节点，具体方法描述如下。

可以假设哈希树的所有内部节点都采用相同的哈希函数 $f(\cdot)$ 把项映射为 $[0, \cdots, h-1]$。h 的取值也就是哈希树的分支度。对于 $\mathcal{C}_{k+1}$ 中的一个候选项集，这些内部节点的哈希函数定义了一条从根到叶子节点的路径，把这个候选项集映射为一个叶子节点。假定哈希树的树根的层次为 1，每个向下的后继层次加 1。如上所述，假设候选项集和事务中的项都按照字典顺序排列。在第 i 层的一个内部节点中，对于一个候选项集 $I \in \mathcal{C}_{k+1}$，使用这个项集的第 i 项进行哈希，映射结果确定了孩子节点分支的下标，应沿着哈希树中这个分支继续向下。如此可以自顶向下递归地创建整棵哈希树。哈希树设定了叶子节点中候选项集的数量限制，从而可以确定是否应该终止哈希树的继续向下扩展。叶子节点中的候选项集都按照字典顺序排序存储。

在计数操作时，对于一个事务 $T_j \in \mathcal{T}$，希望进行一次哈希树访问，就可以发现候选项集集合 $\mathcal{C}_{k+1}$ 中的每个候选 k 项集（T_j 的子集）。为了实现这个目标，算法递归遍历整棵哈希树，寻找所有可能包含 T_j 的子项集的叶子节点，访问所有相关的路径。递归遍历选择相关叶子节点的方法如下。在根节点，哈希映射事务 T_j 中的每个项，访问所有映射到的分支。在一个内部节点，如果当前节点是在父节点中通过哈希映射事务 T_j 中的第 i 项得到的，那么就哈希映射事务 T_j 中第 i 项之后的每个项，访问所有映射到的孩子节点。于是，沿着这些路径，就可以找到树中所有相关的叶子节点。在一个叶子节点中，候选项集是排序存储的，所以可以高效地与事务 T_j 比较，以确定每个候选项集是否是事务 T_j 的子集。对每个事务都重复这个过程，就可以确定 $\mathcal{C}_{k+1}$ 中每个候选项集的支持率计数。

4.4.3 枚举树算法

枚举树算法基于集合枚举的概念，其中不同的候选项集通过一个树状结构生成，这个树状结构称作**枚举树**（enumeration tree），枚举树是图 4-1 中介绍过的频繁项集的格的一个子图。枚举树也称作字典序树（lexicographic tree），因为它依赖于在项上事先定义的字典顺序。通过产生字典序树，可以生成候选模式。枚举树可以通过多种多样的策略进行生长，从而实现对存储、磁盘访问代价、计算效率的不同的折中选择。本小节大部分讨论是将枚举树数据结构作为算法设计的基础，所以这里将深入介绍其概念。枚举树（字典序树）的主要特征是它提供了项集上的一个抽象的层次表达方式。在频繁模式挖掘算法中，这个表达方式被用于系统地、无重复地探索候选模式。算法的最终输出结果也可以看作一棵枚举树，它是仅定义在频繁项集上的枚举树。频繁项集上的枚举树定义如下：

1）对应于每个频繁项集，树中都存在一个节点。树根节点对应于空项集 null。

2）设 $I = \{i_1, \cdots, i_k\}$ 是一个频繁项集，其中项 $i_1, i_2, \cdots, i_k$ 按照字典顺序排列。节点 I 的父节点是项集 $\{i_1, \cdots, i_{k-1}\}$。一个节点的孩子节点只可以通过在当前节点的所有项之后增加一项来得到。如果把项集用字符串表示，按照字典序排序，那么枚举树也可以看作这些字符串上的一棵前缀树。

上述父子节点关系的定义自然地在节点上创建了一个树结构，树根是 null 节点。图 4-3 展示了一棵枚举树的频繁部分的例子。如果一个项用于在枚举树中扩展一个节点以生成它的（频繁）孩子节点，那么该项就称作一个**频繁树扩展**（frequent tree extension），或简称为树扩展（tree extension）。在图 4-3 的例子中，节点 a 的频繁树扩展是 b、c、d 和 f。这些项分别扩展 a 得到频繁项集 ab、ac、ad 和 af。从 null 节点到一个给定节点，格结构中包含多条扩展路径，与之相对，一棵枚举树却只存在一条扩展路径。例如，项集 ab 在格中可通过 $a{\to}ab$ 或者 $b{\to}ab$ 来扩展达到。然而，当字典顺序固定之后，在枚举树中，只有第一种方式才可以扩展得到 ab。所以，字典顺序在项集中引入了一个严格的层次结构。算法可以按照这个层次结构系统地、无重复地探索项集搜索空间，一项一项地扩展生成频繁项集。实际上，可以在项上定义不同的字典顺序，从而有多种方法创建枚举树。不同顺序的效果将在后面进一步讨论。

大部分枚举树算法采用预定的策略来产生频繁项集上的枚举树。首先，扩展树的根节点，找到频繁 1 项集。然后，扩展这些节点生成候选项集，再根据事务数据库对候选项集进行检查以确定频繁的候选项集。枚举树框架为频繁项集的发现提供了一种顺序和结构，有助于改善候选项集的计数和修剪过程。在下面的讨论中，节点和项集这两个术语将不做区分交换使用。符号 P 既表示一个项集，又表示这个项集在枚举树中相应的节点。

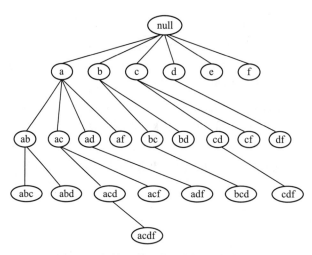

图 4-3　频繁项集的枚举树（字典序树）

那么，在枚举树中，如何系统地从一个已经发现的频繁节点生成候选节点呢？如果项 i 可以扩展频繁节点 P 成为节点 $P \cup \{i\}$，那么它必须也是 P 的父节点 Q 的一个频繁扩展。这是由频繁项集的向下闭包性决定的。当父节点 Q 的频繁扩展已经确定时，就可以根据这个性质来系统地定义节点 P 的候选扩展。用 $F(Q)$ 表示节点 Q 在频繁枚举树中的频繁扩展的集合。用 $i \in F(Q)$ 表示从频繁节点 Q 生成频繁节点 $P = Q \cup \{i\}$ 所使用的频繁扩展。用 $C(P)$ 表示 $F(Q)$ 中按照字典顺序出现在项 i 之后的项的集合。那么集合 $C(P)$ 就给定了节点 P 的所有候选扩展项，即可以追加在 P 之后以生成候选项集的项。这提供了一种系统的方法来生成节点 P 的候选孩子节点。我们将在 4.4.3.1 节中看到，这种方法生成的候选项集和 Apriori 算法连接得到的候选项集是完全一致的。值得注意的是，关系式 $F(P) \subseteq C(P) \subset F(Q)$ 永远成立。在图 4-3 中，当 $P = ab$ 时，$F(P)$ 的值是 $\{c, d\}$。当 $P = ab$ 时，$C(P)$ 的值是 $\{c, d, f\}$，这些项就是 P 的父节点 $Q = \{a\}$ 在项 b 之后（按照字典序）的频繁扩展。注意，候选扩展集合 $C(ab)$ 包含了（非频繁扩展）项 f，而频繁扩展集合 $F(ab)$ 则不包含。在枚举树算法中，这些非频繁扩展项对应于测试失败的候选项集。注意，图 4-3 是频繁枚举树，所以没有包括非频繁项集 abf。我们也可以在候选项集上建立一棵枚举树，在图 4-3 的基础上额外增加节点的非频繁扩展，这样一个结构就会包含 abf。

枚举树算法迭代地生成频繁模式上的枚举树 $\mathcal{ET}$。这个迭代步骤反复执行，不断扩展枚举树 $\mathcal{ET}$，其通用描述如下：

- 选择 $\mathcal{ET}$ 中的一个或多个节点 $\mathcal{P}$；
- 对于每个 $P \in \mathcal{P}$，确定候选扩展集合 $C(P)$；
- 统计生成的候选项集的支持率；
- 把频繁候选项集添加到 $\mathcal{ET}$ 之中（枚举树生长）；

这种扩展不断进行，直至无法找到可以进一步扩展的节点为止。至此，算法终止。图 4-4 提供了更详细的算法说明。有趣的是，几乎所有的频繁模式挖掘算法都可以看作这个简单的枚举树框架的某种变体或扩展。在这个框架中，大量的变化存在于枚举树的生长策略和支持率计数的数据结构之中。图 4-4 没有指定这些因素的具体内容，因此给出了一个非常通用的算法描述。不同的生长策略和不同的计数方法可以给出效率、空间需求、磁盘访问代价的不同的折中方案。例如，在广度优先搜索策略下，图 4-4 中一次迭代所选中的节点集

合 $\mathcal{P}$ 是枚举树中一层的所有节点。这个策略更适用于面向磁盘的数据库，因为可以通过对事务数据库的一遍访问实现对树中一层的所有节点的计数和扩展。深度优先策略选择最深层上的一个节点来建立 $\mathcal{P}$。这类策略能够更好地探索树的深层内容，从而能更早发现长的频繁模式。早些发现较长的模式，尤其有助于改进最大模式挖掘的计算效率和基于投影的算法的内存管理。

```
Algorithm GenericEnumerationTree (事务数据库：T，最小支持率：minsup)
begin
    初始化枚举树 ET，仅包括一个根节点 null；
    while ET 中存在尚未检查的节点 do begin
        从枚举树 ET 中选择一个或多个尚未检查的节点 P；
        对于每个节点 P∈P，生成候选扩展集合 C(P)；
        对于每个节点 P∈P 进行支持率计数，确定其频繁扩展集 F(P)⊆C(P)；
        在枚举树 ET 中，使用 F(P) 对每个节点 P∈P 进行扩展；
    end
    return 枚举树 ET；
end
```

图 4-4　未指定生长策略和计数方法的通用枚举树生长算法

因为计数部分是算法中代价最高的部分，所以不同的技术试图通过改变树的生长策略来优化计数部分的工作量。而且，计数时采用的数据结构对算法效率至关重要。本小节将探讨一些常见算法、数据结构和利用枚举树结构在计数步骤中进行剪枝的策略。有趣的是，虽然 Aprori 算法在提出时并没有使用枚举树的概念，但是枚举树框架十分通用，以至于 Apriori 算法也可以对应到这个框架之中。

4.4.3.1　用枚举树框架解释 Apriori 算法

Apriori 算法可以看作采用广度优先策略逐层地构建枚举树。Apriori 算法的连接操作使用两个频繁 k 项集的前 $(k-1)$ 项来生成候选的 $(k+1)$ 项集，这样可以避免重复生成候选项集。这种方法等价于把枚举树第 k 层的所有直接兄弟节点两两进行连接。例如，在图 4-3 中，ab 的孩子节点可以通过连接 ab 和它右侧的频繁兄弟节点（即节点 a 的其他孩子节点）来得到，ab 右侧的频繁兄弟节点是按照字典顺序排在节点 ab 之后的节点。换言之，连接节点 P 和它右侧的频繁兄弟节点所得到的候选项集，与使用 $C(P)$ 中的每个候选扩展 P 的结果一致。事实上，将某一层上的每两个兄弟节点进行连接，就可以不重复地得到这一层上全部的候选扩展 $C(P)$。接下来，Apriori 算法根据向下闭包性，用剪枝操作去除了一部分枚举树节点，因为可证明它们是非频繁的。然后，通过对事务数据库的一遍访问，统计所有候选项集的支持率，对当前层的每个节点 P 生成频繁扩展集合 $F(P)\subseteq C(P)$，并进而扩展枚举树。当枚举树在某一层不能继续生长时，算法终止。可见，Apriori 算法的连接操作在枚举树中有直接的对应解释，其实 Apriori 算法使用连接操作隐式地逐层地扩展着枚举树。

4.4.3.2　TreeProjection 和 DepthProject

TreeProjection 类的方法递归地把事务投影到枚举树结构上。递归投影的目的是把一个节点上已经完成的计数工作，在其子孙节点中复用。这样，计数操作的工作量可以成数量级地减少。TreeProjection 是一个通用的框架，它指出如何把数据库投影应用到枚举树的构建上，并支持多种不同的策略，包括广度优先策略、深度优先策略，以及两者的结合。Depth-

Project 是这一框架在深度优先策略下的一个特定实例。不同的策略对于内存需求和磁盘访问代价有不同的折中选择。

基于投影的方法主要基于如下观察：如果一个事务不包含某个枚举树节点所对应的项集，那么这个事务也不会包含此节点的任何子孙节点的项集（超项集），与任何子孙节点的计数无关。所以，在一个枚举树节点进行计数操作时，应该通过某种方式把不相关的事务信息保留下来，从而有助于此节点的子孙节点计数。这可以采用**投影数据库**（projected database）来实现。每个投影数据库都是特定的、针对一个枚举树节点的。如果一个事务不包含项集 P，那么它就不包括在节点 P 及其子孙节点的投影数据库中。而且，只有 P 的候选扩展项，即 $C(P)$，才与节点 P 的任何子树中的计数相关，所以节点 P 上的投影数据库只需要保留 $C(P)$ 中的项。$C(P)$ 远小于项空间，而且随着 P 的长度变大，投影数据库中每个事务的项就会变少。我们用 $\mathcal{T}(P)$ 来表示在节点 P 位置上的投影数据库。例如，在图 4-3 中，考虑节点 $P = ab$，扩展 ab 的候选项是 $C(P) = \{c, d, f\}$。所以，事务 $abcfg$ 在投影数据库 $\mathcal{T}(P)$ 中被映射为事务 cf。另一方面，事务 $acfg$ 甚至不在 $\mathcal{T}(P)$ 之中，原因是 $P = ab$ 不是 $acfg$ 的一个子集。特殊情况 $\mathcal{T}(null) = \mathcal{T}$ 对应于枚举树的根节点，等于完整的事务数据库。实际上，在节点 P 处给出（投影）事务数据库 $\mathcal{T}(P)$ 后得出的子问题，与最上层的问题在结构上是相同的。不同之处是这个子问题的规模较小，而且寻找的频繁模式前缀为 P。所以，在枚举树中，频繁节点 P 可以在较小的数据库 $\mathcal{T}(P)$ 上统计 $C(P)$ 中每项的支持率，以实现进一步扩展。这里的计数是对单个项而不是对项集进行的，因此计数操作可以更加简单，更加高效。

枚举树可以通过多种策略生长，例如广度优先策略和深度优先策略。在每个节点上，支持率计数是使用投影数据库而不是完整的事务数据库来进行的。之后，把进一步缩小的投影数据库传播到 P 的孩子节点上。在枚举树向下的每层里，投影数据库中项的个数和事务的个数都在缩小。这里的基本思想是使 $\mathcal{T}(P)$ 只包含事务数据库中与节点 P 及其子树相关的最小部分，通过在树中较高层次上已经完成的计数操作，去除与 P 及其子树不相关的事务和事务中不相关的项。通过自上而下递归地把事务数据库投影到枚举树的节点上，这些在较高层次完成的计数操作得到了复用。我们称这种方式为基于投影的计数工作复用。

图 4-5 展示了采用层次投影的通用枚举树算法。这个通用算法对树的生长策略未做任何假设。它与图 4-4 的通用枚举树伪码很相似。这两段伪码有两处区别：

1）为了简化表达，我们在图 4-5 中一次扩展一个节点 P，而不是像在图 4-4 中一次扩展一组节点 $\mathcal{P}$。然而，图 4-5 中的伪码可以很容易地改写为对一组节点 $\mathcal{P}$ 进行处理。所以，这并不是一个显著的区别。

2）关键的区别是使用投影数据库 $\mathcal{T}(P)$ 对节点 P 进行支持率计数。枚举树中的每个节点在这里表示为项集和投影数据库的二元组 $(P, \mathcal{T}(P))$。这是一个非常重要的区别，$\mathcal{T}(P)$ 比原始数据库要小很多。对节点 P 的祖先计数时获得的信息，有相当大的一部分保留在了 $\mathcal{T}(P)$ 之中。而且，为了扩展节点 P，只需要在 $\mathcal{T}(P)$ 中对 P 的 1 项扩展的支持率进行计数。

根据项的不同的字典顺序，可以构建不同的枚举树。应该采用怎样的字典顺序呢？枚举树结构存在内在的偏向性，排在字典顺序较前位置的项会有较多的子孙节点，从而形成一棵不平衡的树。例如，在图 4-3 中，节点 a 比节点 f 有多得多的子孙节点。所以，把项按照支持率从小到大的顺序排列，保证了枚举树中计算量较大的分支拥有较少的相关事务。这有助于最大化投影的选择性和保证更好的性能。

```
Algorithm ProjectedEnumerationTree (事务数据库：T，最小支持率：minsup)
begin
    初始化枚举树 ET，包括一个根节点 (null, T)；
    while ET 中存在尚未检查的节点 do begin
        从枚举树 ET 中选择一个尚未检查的节点 (P, T(P))；
        对于节点 (P, T(P))，生成候选扩展项的集合 C(P)；
        对 C(P) 中的每个项在较小的投影数据库 T(P) 上进行支持率计数，
            确定频繁扩展项的集合 F(P)⊆C(P)；
        从 T(P) 中去除非频繁项；
        for 每个频繁扩展项 i∈F(P) do begin
            根据 T(P) 生成 T(P∪{i})；
            在 ET 中，增加 (P∪{i}, T(P∪{i})) 为 P 的孩子节点；
        end
    end
    return 枚举树 ET；
end
```

图 4-5　未指定生长策略和数据库投影策略的通用枚举树生长算法

算法中选择节点 P 进行扩展的策略定义了实体化枚举树节点的顺序。这个策略将直接影响到内存管理，因为使用过的投影数据库在计算中将不再有用，可以删去。在深度优先策略下，按照字典顺序，选择最小的尚未检查的节点 P 进行扩展。在这种情况下，只需要保存枚举树中当前搜索路径上的每个节点的投影数据库。在广度优先搜索策略下，对应于特定模式长度的所有节点 P 都会扩展。在这种情况下，枚举树 ET 中与当前扩展过程相关的两层的所有节点，都需要同时保留其投影数据库。虽然，在较小的事务数据库上对如此大量的节点进行投影是可行的，但是对于通常较大的事务数据库而言，图 4-5 的基本框架需要进行一定的修改才能使用。

具体来说，在 TreeProjection 框架上的广度优先实现，是在计数操作之前才从父节点生成投影数据库的。TreeProjection 的深度优先实现，例如 DepthProject，在枚举树中从根节点到当前节点的不长的路径上，保留每个实体化节点的投影数据库，从而实现完全的基于投影的信息复用。而广度优先的实现则丧失了一定的信息复用能力，以换取对任意大的事务数据库优化磁盘访问的能力。下面会讨论到，随着数据库的增大，所有基于（全）投影的复用方法都面临着内存管理的挑战。这些额外的内存需求可以看作需要付出的代价，以便把前面迭代中获得的相关信息间接地保存在投影数据库中。文献注释中包括了对这些 TreeProjection 框架的优化实现细节的文献建议。

在深层节点上优化计数操作：基于投影的方法使得深层节点上的特殊计数技术成为了可能。深层节点是指靠近枚举树叶子节点的节点。这些特殊计数技术可以在扫描投影数据库时对子树里所有的项集进行统计。因为深层节点比其他高层节点更多，所以这些技术可以大幅度提高计算性能。

在树中什么地方可以使用这些技术呢？当节点 P 的频繁扩展 F(P) 的数量低于阈值 t，并且在内存中可以容纳 2^t 个项集和计数时，就可以使用称为**分桶**（bucketing）的方法。为获得最佳的计算效率，t 的值应该使得 2^t 远小于投影数据库中的事务个数。这仅在投影数据库中存在大量重复的事务时才可能。

此方法包括两个阶段。在第一个阶段中，统计投影数据库中每个可能的事务的出现次

数。这很容易实现，可以维护 $2^{|F(P)|}$ 个桶或计数器，逐一地扫描事务，对每个事务找到对应的桶，并将计数添加到桶中。这里只需要对很小的投影数据库进行一次简单的扫描。当然，这个阶段只提供对事务的计数，而不是项集的计数。

在第二个阶段中，事务的统计计数可以进一步系统地整合为项集的频率计数。从概念上看，整合投影事务计数的过程类似于把 $2^{|F(P)|}$ 种可能放在一个格中，如图 4-1 所示。沿着格的结构，从第一个阶段已经得到的节点的计数开始，自下而上累计求和，把孩子节点的计数加和作为父节点的计数。当 $|F(P)|$ 较小（例如 10）时，这个阶段不会形成计算的瓶颈，总时间主要取决于第一个阶段扫描投影数据库所需的时间。下面讨论第二个阶段的一个高效实现。

考虑由 0、1 和 * 组成的字符串。一个字符串代表一个项集，其中 0 和 1 对应于项缺失或项存在的情况，而 * 表示"不关心"相应位置的项是否存在。那么，所有的事务都可以表示为 0、1 的二元形式。另一方面，所有的项集都可以表示为 1 和 * 的串，因为项集的每个位置对应的项要么存在，要么其是否存在尚不清楚。例如，当 $|F(P)|=4$ 时，存在四个项，其序号为 $\{1, 2, 3, 4\}$。如果一个项集包括第 2 项和第 4 项，那么可以表示为 *1*1。我们从 $2^4 = 16$ 个由 0 和 1 组成的位串开始。这些位串代表了所有可能出现的不同的事务。算法经过 $|F(P)|$ 次循环完成计数的整合。如果一个字符串的某个位置为 " * "，那么可以把这个 * 替换为 0 和 1 而生成两个字符串，而原来那个字符串的计数可以通过将后两个字符串的计数相加来得到。例如，字符串 *1*1 的计数可以表示为字符串 01*1 和 11*1 的计数之和。对于具有多个 * 的字符串，虽然可以按照任何顺序处理，但最简便的方法是从最低有效位到最高有效位进行加和。

下面描述了加和计算的简单伪码。在伪码中，$bucket[i]$ 的初始值等于与整数 i 的位串表示相对应的事务的计数值。$bucket[i]$ 的最终值是把事务的计数转化为项集的计数的结果。换言之，位串中的 0 由"不关心"所代替。

for $i := 1$ **to** k **do begin**
  for $j := 1$ **to** 2^k **do begin**
    if j 的二元表示中第 i 位为 0 **then**
      $bucket[j] = bucket[j] + bucket[j + 2^{i-1}]$;
  endfor
endfor

图 4-6 展示了 $|F(P)|=4$ 时的分桶计算。在枚举树的下层，由于 $|F(P)|$ 值快速地下降，所以分桶技巧可以普遍适用。在枚举树结构中，下层节点的个数占据了节点总数的绝大部分，于是分桶的影响可能非常显著。

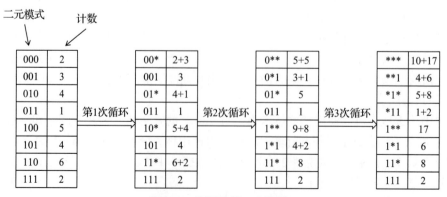

图 4-6　分桶的第二个阶段

优化最大模式挖掘：DepthProject 方法是 TreeProjection 的一种深度优先变体。Depth-Project 特别适合于最大模式挖掘。在这里，采用深度优先策略探索枚举树，以便最大程度剪除仅包含非最大模式的搜索区域。对于最大频繁模式挖掘而言，枚举树的构建顺序十分重要，因为特定的非最大模式搜索空间的剪除方法是在深度优先顺序上进行优化的。

设 $C(P)$ 为节点 P 的候选项扩展的集合。在支持率计数之前，先检查 $P \cup C(P)$ 是否是已经发现的频繁模式的子集。如果确实如此，那么模式 $P \cup C(P)$ 不是一个最大频繁模式，枚举树中以 P 为根的子树可以全部剪除。这种剪枝操作称为**基于超集的剪枝**。当 P 不能剪掉时，需要确定它的候选扩展的支持率。在支持率计数的过程中，在统计 P 的单项扩展的同时，也对 $P \cup C(P)$ 的支持率进行计数。如果 $P \cup C(P)$ 确定为频繁的，那么就可以消除对以节点 P 为根的子树中的（非最大）节点进一步计数的代价。

虽然这种**前瞻**（lookahead）的方法也可以用于广度优先算法，但是前瞻对于深度优先策略更加有效。深度优先方法倾向于先发现较长的模式，适合采用基于超集的剪枝。例如，考虑一个长度为 20 的频繁模式，它有 2^{20} 个子集。在深度优先策略下，可以证明长度为 20 的模式可以在仅探索 19 个直接前缀之后就被发现，而这时广度优先方法可能仍然陷于较短模式的发现中。所以，在 DepthProject 等深度优先方法中，较长的模式很早就被发现了，于是可以通过基于超集的剪枝剪除枚举树的大部分。

4.4.3.3 列式计数方法

Partition[446] 和 Monet[273] 方法最先倡导对事务数据库 T 采用列式的数据库表示方法。在**列式表示**中，每个项都与一个事务序号（tid）的列表相关联。也可以想象为把代表所有事务的事务数据矩阵进行转置，互换行和列。把新形成的行当作新的"记录"来使用。于是，每个项对应于一个事务序号列表，列表中的每个事务都包含这个项。例如，表 4-2 是表 4-1 中数据库的列式表示。注意，表 4-2 中的二元矩阵是表 4-1 中矩阵的转置。

表 4-2　超市购物篮数据集的列式表示

项	事务序号列表	二元表示	项	事务序号列表	二元表示
面包	{1, 3}	10100	鸡蛋	{2, 3, 4}	01110
黄油	{1}	10000	牛奶	{1, 2, 3, 4, 5}	11111
奶酪	{3, 5}	00101	酸奶	{2, 4, 5}	01011

两个项的事务序号列表的交集生成了一个新的事务序号列表，新列表的长度等于 2 项集的支持率。接着，对这个结果列表和另一个项的事务序号列表再次求交，就生成了 3 项集所对应的事务序号列表。例如，牛奶和酸奶的事务序号列表的交集是 {2, 4, 5}，长度为 3。{牛奶，酸奶}的事务序号列表和鸡蛋的事务序号列表的交集是 {2, 4}，长度为 2。这意味着 {牛奶，酸奶} 的支持率是 3/5 = 0.6，而 {牛奶，鸡蛋，酸奶} 的支持率是 2/5 = 0.4。注意，也可以通过 {牛奶，酸奶} 和 {牛奶，鸡蛋} 的事务序号列表的交集得到相同的结果。对于可以连接生成 $(k+1)$ 项集的一对 k 项集，可以求这两个 k 项集的事务序号列表的交集，来得到其结果 $(k+1)$ 项集的事务序号列表。为了得到同一个 $(k+1)$ 项集的事务序号列表，可以求两个 k 项集的事务序号列表的交集，也可以求 k 项集与 1 项集的事务序号列表的交集。前者更优，因为 k 项集的事务序号列表通常比 1 项集的短，求交集的速度也会更快。这种方法

称为**递归事务序号列表交集**。这一方法是由 Monet[273]⊖和 Partition[446] 算法引入的。Partition 框架[446] 提出了一种采用事务序号列表交集的列式的 Apriori 算法。图 4-7 展示了这个列式 Apriori 算法的伪码。它与行式的 Apriori 算法的唯一区别在于采用递归事务序号列表交集进行计数。虽然列式 Apriori 算法比行式 Apriori 算法有更高的计算效率，但是它需要更多的内存来存放每个项集的事务序号列表。可以通过一种**划分集成**（partitioned ensemble）的方法降低内存的需求。这种方法把数据库分解成多个小块，分别独立处理，每块的内存需求减少了，但是增加了后处理的运行代价，将在后面 4.6.2 节中介绍。对于较小的数据库，不需要应用划分。在这种情况下，图 4-7 中的列式 Apriori 算法也称作 **Partition-1**，是所有最新的列式模式挖掘算法的鼻祖。

Algorithm *VerticalApriori*（事务数据库：$\mathcal{T}$，最小支持率：*minsup*）
begin
  $k = 1$;
  $\mathcal{F}_1 =$ { 全部频繁 1 项集 };
  对每个频繁项构建列式事务序号列表;
  while $\mathcal{F}_k$ 不为空 **do begin**
    通过连接 $\mathcal{F}_k$ 中的项集对生成 $\mathcal{C}_{k+1}$;
    从 $\mathcal{C}_{k+1}$ 中剪除违背向下闭包性的项集;
    对 $\mathcal{C}_{k+1}$ 中每个候选项集，把 $\mathcal{F}_k$ 中生成这个候选集的两个项集的事务序号
      列表取交集，可以得到这个候选项集的事务序号列表;
    对 $\mathcal{C}_{k+1}$ 中每个候选项集，根据其事务序号列表的长度确定其支持率;
    $\mathcal{F}_{k+1} = \mathcal{C}_{k+1}$ 中的频繁项集及其事务序号列表;
    $k = k + 1$;
  end;
  return（$\bigcup_{i=1}^{k} \mathcal{F}_i$）;
end

图 4-7   Savasere 等人[446] 提出的列式 Apriori 算法

列式数据库表示实际上可以在几乎任何的枚举树算法中使用，只要不是广度优先的生长策略。与列式 Apriori 算法相似，可以在扩展树的时候，把事务序号列表和项集（节点）存放在一起。如果节点 P 的事务序号列表已知，那么通过与 P 的兄弟节点的事务序号列表取交集，可以确定 P 的相应扩展的支持率（及其事务序号列表）。这提供了一种高效的支持率计数方法。通过改变枚举树生长的策略，可以降低存储事务序号列表的内存代价，但是交集操作的次数不会改变。例如，虽然广度优先和深度优先策略对同一对节点都需要进行相同的交集操作，但深度优先策略占用的内存较少，因为它只需要存储当前路径上的节点及其直接兄弟节点的事务序号列表。减少内存需求是重要的，因为这可以增加能够在内存中处理的数据库的大小。

之后，很多算法，例如 Eclat 和 VIPER，采用了 Partition 算法的递归事务序号列表交集方法。Eclat 是对图 4-7 中算法的优化，通过划分格来优化内存的占用。Eclat[537] 算法在每个具有公共前缀的项集的子格上，独立地采用了类似 Apriori 算法的广度优先策略。这些项集组称作等价类。这种方法通过划分候选空间形成多个组以减少内存的需求。每个项集组及其

  ⊖ 严格来讲，Monet 是列式数据库的名字，这个数据库中使用了这个（未命名的）算法。

前缀所对应的列式事务序号列表可以独立进行处理。这种候选划分的方法类似于并行版本的
Apriori 算法，例如候选分配算法 [54]。与并行算法不同，Eclat 不是采用不同的处理器并行
地处理不同的子格，而是串行地、逐一地处理每个子格，从而降低内存的峰值占用。所以，
Eclat 可以避免 Savasere 等人提出的数据分区方法中引入的后处理代价，这种情况发生在数
据库过大而不能用 Partition-1 算法在内存中处理，但又足够小可以用 Eclat 算法在内存中处
理时。在这种情况下，Eclat 比 Partition 算法快。值得注意的是，Partition-1 算法中的交集操
作次数和 Eclat 算法没有本质的不同，因为任意一对项集之间的事务序号列表交集仍然是一
样的。此外，Eclat 隐式地假定了数据库存在大小的上限。这是因为它假设多个事务序号列
表可以放在内存中，每个列表的大小至少为数据库记录数的 *minsup* 比例。多个列表的累计
内存代价总是与数据库的大小成正比的，但是在基于划分集成的 Parition 算法中，内存的代
价是独立于数据库的大小的。

4.4.4 递归的基于后缀的模式生长方法

枚举树是通过扩展项集在某个字典顺序下的前缀来构建的。一些种类的项集探索方法也
可以通过递归的基于后缀的探索来表达。虽然递归模式生长经常可以理解为完全不同种类的
方法，但是它可以看作上一节中通用枚举树算法的一个特例。递归模式生长和枚举树的关系
将在 4.4.4.5 节中详细介绍。

提到递归的基于后缀的模式生长方法，通常会联想到著名的 FP-Tree 数据结构。虽然
FP-Tree 为递归模式探索提供了一种空间和时间上高效的实现方式，但是递归模式生长方法也
可以采用数组和指针来实现。本小节将对递归模式生长方法进行简要描述，而不限于特定的
数据结构，同时也将介绍一些简化的实现[⊖]来增进理解。这里的基本思路是从简到繁，进行
自顶向下的与数据结构无关的介绍，而不是与通常使用的 FP-Tree 数据结构紧密结合地进行
说明。这种描述方式可以提供对模式搜索空间的清晰认识，也可以理清递归模式探索与传统
的枚举树算法的关系。

假设事务数据库 $\mathcal{T}$ 只包括频繁的项。也就是说，对事务数据库已经进行了一遍计数，去
除了非频繁项，并对每个单项的支持率进行了计数。所以，这里的递归过程的输入和前面介
绍的算法有少许的不同；前面算法的输入包括非频繁项，没有完成对单项的计数。把数据库
中的项按照支持率从大到小的顺序进行排列，以这个顺序定义项集和事务中项的字典顺序。
项集和事务中的前缀和后缀也是根据这个顺序定义的。算法的输入是事务数据库 $\mathcal{T}$(只包括
频繁的项)、当前频繁项集后缀 P 和最小支持率 *minsup*。对算法的一次递归调用的目的是确
定后缀为 P 的所有频繁模式。所以，在最高层的调用中，后缀 P 为空。在深层次的递归调
用中，后缀 P 不为空。在进行深层次的递归调用时，假设 $\mathcal{T}$ 中的事务都含有项集 P，这些事
务是 P 的频繁扩展，频繁扩展只包括按字典顺序比 P 中所有项小的项。因此，$\mathcal{T}$ 是一个**条件
事务集**，即关于后缀 P 的投影数据库。这一基于后缀的投影与前述 TreeProjection 和 Depth-
Project 中的基于前缀的投影类似。

在任一递归调用中，第一步是通过把事务数据库 $\mathcal{T}$ 中的每项 i 放在前面与后缀 P 连接创
建项集 $P_i = \{i\} \cup P$，然后报告 P_i 为频繁项集。项集 P_i 之所以是频繁的，是因为按照定义，
$\mathcal{T}$ 只包含后缀 P 的投影数据库中的频繁项。接着，对每个项 i 进行递归调用，从而进一步扩

展 P_i，调用参数是（新扩展的）频繁后缀 P_i 的投影数据库。频繁后缀 P_i 的投影数据库记作 $\mathcal{T}_i$，它的创建方法如下。首先，从 $\mathcal{T}$ 中提取所有包含项 i 的事务。因为希望从后向前扩展后缀 P_i，所以从 $\mathcal{T}_i$ 的已提取事务中删除按字典顺序大于或等于 i 的所有项。换言之，一个事务中按字典顺序在 i 之后（包含 i）的部分，与 P_i 的频繁模式计数是无关的。然后，对 $\mathcal{T}_i$ 中每项的出现频率进行计数。最后，删除非频繁的项。

容易看出事务集合 $\mathcal{T}_i$ 足够用于生成以 P_i 为后缀的所有频繁模式。这个新问题（即在事务集合 $\mathcal{T}_i$ 上寻找所有以 P_i 为后缀的频繁模式）是一个与原始问题（即在 $\mathcal{T}$ 上寻找以 P 为后缀的频繁模式）相同但规模较小的问题。所以，可以进行递归调用，参数是相对较小的投影数据库 $\mathcal{T}_i$ 和经过扩展的后缀 P_i。对 $\mathcal{T}$ 中的每一项 i 都重复这一过程。

在更深的递归层次上，投影事务集合 $\mathcal{T}_i$ 中项的数量和事务的数量将会更少。随着事务数量的减少，集合中所有的项都将最终低于最小支持率，于是（仅在频繁项上构造的）投影数据库将为空。在这种情况下，对 $\mathcal{T}_i$ 的递归调用将不被触发，所以，这个递归分支将不被探索。对于某些数据结构，例如 FP-Tree，可以增加更强的边界条件从而更早地终止递归。这一边界条件将在稍后讨论。

图 4-8 展示了上述递归算法。虽然在本章中参数 minsup 一直假设为一个（相对的）分数值，但是在本小节和在图 4-8 中 minsup 是一个绝对的整数值。这个改变保证了在不同递归调用之间最小支持率的一致性，即使在不同的递归调用中投影事务数据库在变小。

Algorithm *RecursiveSuffixGrowth*（仅包含频繁 1 项的事务集合：$\mathcal{T}$，最小支持率：minsup，当前后缀：P）
begin
  for $\mathcal{T}$ 中的每项 i **do begin**
    报告项集 $P_i = \{i\} \cup P$ 为频繁项集；
    从 $\mathcal{T}$ 中提取包含项 i 的所有事务构成 $\mathcal{T}_i$；
    从 $\mathcal{T}_i$ 中删除所有按字典序大于或等于 i 的项；
    从 $\mathcal{T}_i$ 中删除所有非频繁项；
    if $(\mathcal{T}_i \neq \phi)$ **then** *RecursiveSuffixGrowth*$(\mathcal{T}_i, minsup, P_i)$；
  end
end

图 4-8   在仅包含频繁 1 项的事务集合上的通用递归后缀生长算法

4.4.4.1   采用数组而非指针的实现

那么，对于 d 个不同的 1 项后缀，如何把投影数据库 $\mathcal{T}$ 分解为条件事务集合 $\mathcal{T}_1, \cdots, \mathcal{T}_d$ 呢？最简单的方案是使用数组。在这个方案中，原始的投影数据库 $\mathcal{T}$ 和条件事务集合 $\mathcal{T}_1, \cdots, \mathcal{T}_d$ 都用数组表达。可以采用图 4-8 中的"for"循环扫描一遍事务数据库 $\mathcal{T}$，以生成集合 $\mathcal{T}_i$。在循环中删除 $\mathcal{T}_i$ 中的非频繁项。但是，在"for"循环中反复扫描数据库 $\mathcal{T}$ 是代价高昂和浪费的。一种替代方案是在扫描数据库 $\mathcal{T}$ 时同时生成对应于不同后缀项的所有投影 $\mathcal{T}_i$。不过，同时生成对应很多项的投影数据库可能会需要大量的内存。一种平衡计算和访问需求的极佳方法是使用指针，我们将在下节中讨论。

4.4.4.2   采用指针而非 FP-Tree 的实现

基于数组的方案要么需要反复扫描数据库 $\mathcal{T}$，要么需要在一次数据扫描的同时建立多个小的投影数据库。通常后者有较高的效率，但需要更多的内存。解决这个困境的一条简单途径是在第一遍扫描时建立一个采用指针的数据结构，从而可以用较低的内存开销，隐式地记

录分解 $\mathcal{T}$ 所形成的投影数据集。这个数据结构是在从事务数据库 $\mathcal{T}$ 中删除非频繁项时建立的，之后它就可以用于从 $\mathcal{T}$ 中提取不同的投影 $\mathcal{T}_i$。在这个数据结构中，对于 $\mathcal{T}$ 中的每项 i，把存储该项的事务按照字典顺序用指针连接起来。换句话说，按照字典顺序排列事务数据库 $\mathcal{T}$ 中的事务后，每个事务的项 i 有一个指针指向下一个包含项 i 的事务。在每个事务的每个项上都需要一个指针，所以这个方案的存储开销与原始事务数据库 $\mathcal{T}$ 的大小成正比。进而可以合并多次出现的相同的事务，并存储其数量，以节省空间。图 4-9 展示了一个数据库的例子，其中包括 5 个项 $\{a, b, c, d, e\}$ 和 9 个事务。可以清楚地看到图中有 5 组指针，每组对应于数据库中的一项。

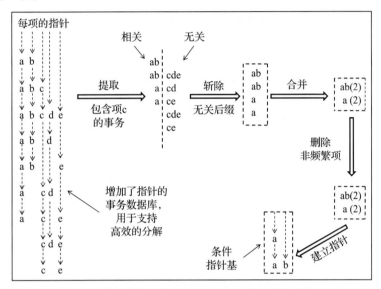

图 4-9　采用指针而非 FP-Tree 实现递归的模式生长

在指针设置完毕之后，就可以通过"追逐"项 i 的指针得到 $\mathcal{T}_i$。其时间代价与 $\mathcal{T}_i$ 中的事务数量成正比。删除 $\mathcal{T}_i$ 中的非频繁项，并且重建条件事务数据（投影事务数据）的指针以得到**条件指针基**，也就是增加了指针的条件事务集。图 4-10 展示了使用指针数据结构的伪码。注意，图 4-8 和图 4-10 的唯一区别在于，在提取条件事务集之后设置指针并且利用这些指针高效地提取条件事务集 $\mathcal{T}_i$。然后，对扩展的后缀 $P_i = \{i\} \cup P$ 和条件事务集 $\mathcal{T}_i$ 进行下一层的递归调用。

Algorithm *RecursiveGrowthPointers* (仅包含频繁 1 项的事务集合：$\mathcal{T}$，最小支持率：*minsup*，当前后缀：*P*)
begin
  for $\mathcal{T}$ 中的每项 i **do begin**
    报告项集 $P_i = \{i\} \cup P$ 为频繁项集；
    使用指针从 $\mathcal{T}$ 中提取包含项 i 的所有事务构成 $\mathcal{T}_i$；
    从 $\mathcal{T}_i$ 中删除所有按字典序大于或等于 i 的项；
    从 $\mathcal{T}_i$ 中删除所有非频繁项；
    在 $\mathcal{T}_i$ 中设置指针；
    if ($\mathcal{T}_i \neq \phi$) **then** *RecursiveGrowthPointers*($\mathcal{T}_i$, *minsup*, P_i);
  end
end

图 4-10　使用指针的通用递归后缀生长算法

图 4-9 展示了一个事务数据库的例子来说明如何提取 $\mathcal{T}_i$，它包含 5 个项和 9 个事务。为简单起见，我们假设（原始的）最小支持率为 1。首先提取包含项 c 的事务，删除无关后缀（即包含项 c 或比项 c 大的项的后缀），再进一步递归调用。注意，这一过程形成的事务将更短，其中可能存在重复的事务。在合并之后，条件数据库 $\mathcal{T}_i$ 仅包括两个不同的事务。需要删除条件数据库中的非频繁项。这里，由于支持率为 1，所以没有删除任何项。注意，如果支持率是 3，那么就要删除项 b。新的条件事务集的指针需要重新设置，因为与原始事务相比，条件事务数据库的指针是不同的。与图 4-8 中的伪码不同，图 4-10 的伪码包括一个额外的设置指针的步骤。

指针提供了一种提取条件事务数据库的有效方法。当然，这种方法的代价是用于存储指针的空间开销，它的大小与原始的事务数据库 $\mathcal{T}$ 成正比。合并重复的事务确实可以节省部分空间。下节将要介绍的 FP-Tree 采用 Trie 结构把这种方法向前推进了一步，不仅合并重复的事务，而且合并重复的事务前缀。合并事务数据库中的前缀可以进一步节省空间。

4.4.4.3　采用指针和 FP-Tree 的实现

FP-Tree 的主要设计目标是提高投影数据库的空间效率。FP-Tree 是一个 Trie 数据结构，它通过合并前缀来表示条件事务数据库。与前述基于数组的实现相比，这个 Trie 数据结构替换了数组，但保留了指针。在 Trie 中，从根到叶子的一条路径代表数据库中的一个（可能重复的）事务。从根到内部节点的路径可能代表数据库中的一个事务，或者代表一个事务的前缀。每个内部节点与一个计数值相关联，它代表在原始数据库中以从根到该内部节点的对应路径为前缀的事务个数。每个叶子节点也与一个计数值相关联，它代表该叶子节点所对应的事务的重复出现次数。于是，FP-Tree 记录了所有事务的重复次数，以及所有事务的前缀的出现次数。与标准的 Trie 数据结构一样，前缀是按照字典顺序排序的。项的字典顺序是从频繁到稀有。这个顺序可以最大化基于前缀的压缩效果，同时也拥有极佳的选择约束性，可以均衡地减小条件事务集。图 4-11 展示了一个 FP-Tree 数据结构的例子（它对应于与前图 4-9 相同的数据库）。在图 4-11 中，FP-Tree 中最左侧的 c 节点上标注了数字 "2"，记录了前缀为 abc 的路径数量。

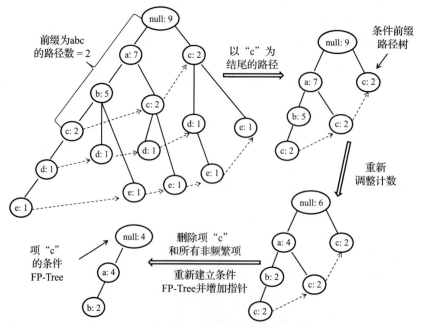

图 4-11　采用指针和 FP-Tree 实现递归的模式生长

初始 FP-Tree $\mathcal{FPT}$ 可以如下构建。首先，删除数据库中的非频繁项。然后，把数据库中的事务逐一插入 Trie。当新插入事务的前缀与一条已存在的路径重合时，所有重合节点的计数值加 1。对于不重合的部分，建立一条与之对应的新路径。所有新建节点的计数值被初始化为 1。上述插入过程与 Trie 基本相同，主要区别是增加了每个节点的计数。插入过程所生成的树是对事务数据库的一种压缩表示，多个事务前缀中的共同项只由一个节点表示。

指针构建方式与前面介绍的基于数组的数据结构相似。每项的指针指向 Trie 中出现相同项的下一个节点。因为 Trie 按照字典顺序来存储事务，所以很容易把相同的项通过指针连接起来。但是，指针的数量比前面的基于数组的结构要少，因为许多节点在 Trie 中合并了。以图 4-9 和图 4-11 为例，我们可以比较图 4-9 中的基于数组的数据结构和图 4-11 中的 FP-Tree。主要的区别在于图 4-9 中数组的前缀在图 4-11 中被合并和压缩成了一棵 Trie。

对于每项 $i \in \mathcal{FPT}$，需要提取和重组（代表条件数据库 $\mathcal{T}_i$ 的）条件 FP-Tree $\mathcal{FPT}_i$，进而可以对条件 FP-Tree 递归调用。与前面小节中使用的简单的指针数据结构相似，这里也可以通过每项的指针来提取该项的投影数据库。提取项 i 的条件 FP-Tree 的步骤如下：

1）跟踪项 i 的指针以提取关于此项的条件前缀路径树。其中，条件前缀路径是从项 i 到根的路径。剪除其余的树枝。

2）调整前缀路径树中节点的计数值，以反映剪除的树枝。可以从叶节点自下而上进行聚合以得到每个节点的计数值。

3）对于每项，把前缀路径树中这项对应的所有节点的计数值相加，统计这项的出现频率。删除不满足最小支持率的项。并且，从每个前缀路径中删除按字典序最大的项 i。因为删除了非频繁项，条件 FP-Tree 和前缀路径扩展树可能有非常不同的结构。所以，在删除非频繁项后，可能需要重新插入条件前缀路径，来重新构建条件 FP-Tree。条件 FP-Tree 中的指针也需要重新设置。

考虑图 4-11 中的例子，图 4-11 和图 4-9 的数据集是相同的。和图 4-9 中一样，可以跟踪项 c 的指针，提取一棵条件前缀路径树（如图 4-11 所示）。在这棵条件前缀路径树中，许多节点的计数值都需要减少，因为原始 FP-Tree 中的许多（不包含项 c 的）分支都被去除了。减少的计数值可以从叶节点自下而上聚合得到。在删除了项 c 和非频繁项之后，得到两条附注了频率的条件前缀路径 $ab(2)$ 和 $a(2)$，这与图 4-9 中显示的两个经投影和合并的事务相同。接着，把这两条条件前缀路径插入一棵新的条件 FP-Tree，就建立了项 c 的条件 FP-Tree。再次强调，这棵条件 FP-Tree 就是图 4-9 中条件指针基的 Trie 表示。在这里，因为最小支持率是 1，所以没有非频繁项。如果最小支持率是 3 的话，那么就会删除项 b。获得的条件 FP-Tree 将在下一层的递归调用中使用。当提取到条件 FP-Tree $\mathcal{FPT}_i$ 后，检查它是否为空。在条件前缀路径树中没有频繁项的情况下会出现空树。当树不为空时，进行下一层递归调用，调用参数是后缀 $P_i = \{i\} \cup P$ 和条件 FP-Tree $\mathcal{FPT}_i$。

使用 FP-Tree 可以进行一个额外的优化，即利用边界条件在深层递归中快速提取频繁模式。具体而言，就是检查是否 FP-Tree 的所有节点都在一条路径上。在这种情况下，可以直接提取频繁模式，方法是提取这条路径上节点的所有组合及其合计的支持率计数。例如，在图 4-11 中，条件 FP-Tree 的所有节点都在一条路径上。所以，在下一次递归调用中，就会达到递归的边界条件。图 4-12 展示了 FP-growth 的伪码，它和图 4-10 中基于指针的伪码很相似，主要区别在于使用了压缩的 FP-Tree。

```
Algorithm FP-growth（频繁项的 FP-Tree：FPT，最小支持率：minsup，当前后缀：P）
begin
  if FPT 仅有一条路径
    then 确定路径上节点的所有组合 C，并报告 C∪P 为频繁模式；
  else（FPT 不只有一条路径的情况）
  for FPT 中的每项 i do begin
    报告项集 Pᵢ = {i}∪P 为频繁项集；
    使用指针从 FPT 中提取包含项 i 的条件前缀路径；
    重新调整前缀路径的计数值，并删除项 i；
    从前缀路径中删除非频繁项，并重建条件 FP-Tree FPTᵢ；
    if (FPTᵢ ≠ φ) then FP-growth(FPTᵢ, minsup, Pᵢ);
  end
end
```

图 4-12   FP-growth 算法（基于频繁 1 项事务数据库的 FP-Tree 表示）

4.4.4.4　不同数据结构比较

与基于指针的实现相比，FP-Tree 的主要优势是节省空间，因为它采用了 Trie 进行压缩，但是由于指针本身需要一定的存储空间，所以它可能比基于数组的实现需要更多的空间。准确的空间需求取决于在具体的数据集上 FP-Tree 结构中高层节点的合并程度。不同的数据结构可能适合于不同的数据集。

因为在递归调用中会反复建立和扫描投影数据库，所以把它们放置在主存中非常关键。否则，潜在的指数级的递归调用次数将会引起巨大的磁盘访问开销。投影数据库随着原始数据库的增大而增大。对于某些重复事务合并程度有限的数据库，投影数据库中独特的事务个数总是和原始数据库中的事务个数近似成正比，其中这个正比系数 f 等于（分数的）最小支持率。如果数据库比可用主存大 1/f 倍，那么投影数据库也不能放入主存。所以，此方案的一个使用限制是原始事务数据库的大小。这个问题存在于几乎所有基于投影的方法和列式计数方法中。在这些方法中，内存总是非常宝贵的，所以把投影的事务数据结构设计得尽量紧凑至关重要。我们稍后将会介绍 Savasere 等人[446]提出的划分框架，它用延长执行时间的代价来部分解决这个问题。

4.4.4.5　FP-Growth 算法和枚举树方法的关系

很多人认为 FP-Growth 和枚举树是完全不同的方法。部分原因是 FP-growth 最初表现为一种直接提取频繁模式而不生成候选模式的方法。但是，这种解释仅给出了其如何探索模式搜索空间的不完整的理解。FP-growth 是枚举树方法的一个实例。所有的枚举树方法都生成候选扩展来产生树。下面，我们说明枚举树方法和 FP-growth 的等价关系。

FP-growth 是一种扩展频繁模式后缀的递归算法。任何递归算法都存在一个与之关联的树结构（称作**递归树**（recursion tree)），和一个动态的**递归栈**。递归栈用来存储运行时递归树当前路径的递归变量。所以，有必要仔细观察 FP-growth 算法的基于后缀的递归树，并把它和枚举树算法中基于前缀的经典枚举树进行比较。

在图 4-13a 中，复制了早前图 4-3 中的枚举树。所有枚举树算法都对频繁模式树上的节点进行计数，还同时考虑对此树用非频繁候选集进行的一层扩展（对应于测试失败的候选节点）。每个 FP-growth 调用都发现一组扩展了特定后缀的频繁模式，就像枚举树的每个分支都探索具有特定前缀的项集。那么，所探索的后缀之间的递归层次结构是怎样的？首先，我们需要确定项的顺序。因为递归是在后缀上进行的,而枚举树是在前缀上建立的,所以假定反向顺序 $\{f, e, d, c, b, a\}$ 可用于弥补两种方法的差异。实际上,大部分枚举树方法都是按照从稀有到频繁的顺序排列项的,而 FP-growth 正好相反。图 4-13b 展示了 FP-growth 的递归树,其中 1 项集按顺序自左向右排列。图 4-13a 和图 4-13b 中的树是等价的,唯一的区别是由于字典顺序相反它们的画法不同。在相反的字典顺序上建立的 FP-growth 递归树和基于前缀的传统的枚举树具有等价的结构。在任意给定的 FP-growth 递归调用中,当前(递归)栈上的后缀项就是枚举树中当前探索的路径。递归调用的本质决定了 FP-growth 对于枚举树的探索是深度优先的。

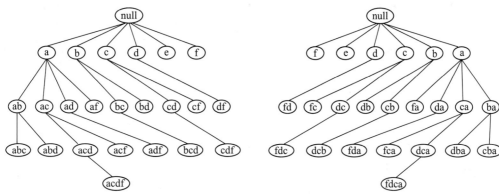

a) 采用 a、b、c、d、e、f 的顺序进行前缀扩展　　　　b) 采用 f、e、d、c、b、a 的顺序运行 FP-growth 算法
　　　　(展示枚举树的前缀)　　　　　　　　　　　　　　　(展示递归树的后缀)

图 4-13　枚举树和采用反向字典序的 FP-growth 递归树是等价的

传统的枚举树方法通常将频繁模式的单独一层的非频繁扩展作为(失败的)候选进行计数,然后排除。所以,讨论 FP-growth 是否避免对这些非频繁候选进行计数是有益的。注意,当条件事务数据库 $\mathcal{FPT}_i$ 创建时(见图 4-12),非频繁项必须删除。这意味着需要对这些(隐式失败的)候选扩展的支持率进行计数。传统的候选生成再测试的算法在计数步骤之后会立即报告频繁候选扩展为成功的候选测试。但是,FP-growth 用这些频繁扩展构建成条件事务数据库 $\mathcal{FPT}_i$,而把报告推迟到下一层的递归调用时才进行。下一层递归调用从 $\mathcal{FPT}_i$ 中提取这些频繁扩展,然后报告它们是频繁模式。非频繁项的计数和从条件事务集中的删除是一种隐式的候选测试步骤。FP-growth 中失败的候选测试的数量[⊖]与枚举树算法(如(不进行每层剪枝步骤的)Apriori 算法)完全相等。这种相等关系可以从所有算法如何探索枚举树和排除非频繁部分而直接得到。所有模式生长方法,包括 FP-growth,都可以像 Apriori 一样被认为是枚举树方法。传统的枚举树是建立在前缀上的,而 FP-growth(隐式的)枚举树是用后缀建立的。这个区别仅在于惯用的项顺序。

深度优先策略是数据库投影方法的首选方案,因为在(较浅的)枚举树上保持条件事务集比在(较宽的)枚举树上内存占用更少。如前所述,当数据库超过一定的大小时,即使使用深度优先策略内存管理也会成为一个问题。但是,探索策略对于整个算法执行中所探索的枚举树(或候选)的范围没有任何影响。唯一的区别是广度优先策略在很多分支上处理候选,

---

⊖　FP-growth 的一个剪枝优化是当树的所有节点都在单一的路径上时 FP-growth 结束递归调用。这个剪枝优化减少了了对成功候选的测试,但是没有减少对失败候选的测试。而在实际数据集上,失败候选的测试经常远多于成功候选的测试。

而深度优先策略在枚举树中涉及直接兄弟的较少的分支上处理候选模式。从这个角度可见，FP-growth 无法避免枚举树方法（如 Apriori）所需要的对指数级搜索空间的探索。

虽然 Apriori 等方法也可以解释为在与 FP-growth 的递归树同样大小的枚举树上进行计数，但是在枚举树高层的计数工作丢失了。这是因为 Apriori 中每层的计数都是重新对整个事务数据库进行的，而不是使用投影数据库记录和复用高层的工作。基于投影的复用也在 Savasere 等人提出的列式方法[446] 和 DepthProject 中被采用。FP-growth 与其他基于投影的方法的主要区别在于其结合了指针和 Trie 来表达投影数据库。在深度优先探索中，这些方法或者可以理解为分治策略，或者可以理解为基于投影的复用策略。基于投影的复用是一个更加广泛的概念，因为它可以应用于广度优先和深度优先的算法，并且它更清晰地描绘了如何避免浪费的重复的计数以节省计算资源。基于投影的复用能够高效地在数据库的某个有限部分中测试候选项扩展，而不需要在整个数据库中测试候选项集。所以，FP-growth 的效率来源于对每个候选更高效的计数而不是因为候选的数量减少了。不同方法在搜索空间规模上的唯一区别是特定剪枝优化的结果，如 Apriori 中的分层剪枝、DepthProject 算法中的分桶方法，和 FP-growth 中的单一路径边界条件。

投影事务集的记录可以采用不同的数据结构，如数组、指针，或指针和 Trie 的结合。许多不同的数据结构的变体被使用在不同的投影算法里，如 TreeProjection、DepthProject、FP-growth 和 H-Mine[419]。每个数据结构都具有不同的效率和代价。

总之，枚举树[⊖]是一种最广泛的框架，可以描述前面所有的频繁模式挖掘算法。这是因为枚举树是（候选模式空间）格的一个子图，并且它提供了一种系统的不冗余的探索候选模式的方法。所有频繁项集挖掘算法记入和排除可能的（或候选的）频繁模式的基本原理是对于枚举树中的频繁部分和下一层非频繁候选扩展的计数测试。如果一个算法，如 FP-growth，使用枚举树进行支持率计数来记入和排除可能的频繁模式扩展，那么它就是一个候选生成再测试的算法。

4.5 替代模型：有趣模式

传统的频繁项集生成模型由于其简单性而得到广泛的普及和认可。使用原始的出现频率对支持率进行计数和使用条件概率作为置信度，这种简单的方案非常吸引人。而且，频繁项集的向下闭包性质使得设计高效的频繁项集挖掘算法成为可能。但是，这些算法设计的便利因素并不意味着找到的模式对于特定应用而言总是重要的。原始出现频率不总是对应于最有趣的模式。

例如，考虑图 4-1 中的事务数据库。在这个数据库中，所有的事务都包含牛奶。所以，牛奶可以追加在任意项集的后面，而不改变其出现频率。但是，这并不意味着牛奶真的与任何项集都相关。对于任何项集 X，关联规则 $X \Rightarrow \{ 牛奶 \}$ 有 100% 的置信度。但是，对于超市商人而言，假定 X 对应的商品可以独特地识别牛奶是没有意义的。这显示了传统的支持率 – 置信度模型的局限。

有些时候，可能希望设计某种度量方法来对单个项支持率的数据倾斜进行调整。这种调整对于负模式挖掘（negative pattern mining）尤为重要。例如，{ 牛奶，黄油 } 的支持率与

⊖ FP-growth 与枚举树是在不同章节描述的，这是因为 FP-growth 采用了与基于后缀的枚举树不同的惯例来构建。区分"模式生长"的方法和"基于候选"的方法在归类频繁模式挖掘算法时是没有意义的。枚举树方法最好用下述属性来归类：树探索策略、基于投影的复用特征，和相关的数据结构。

{¬牛奶，¬黄油} 的支持率非常不同。这里，¬ 表示取反操作。可是，两者统计学意义上的相关系数是完全一样的。所以，合适的度量方法应该对两者采用相同的量化。很明显，这样的度量方法对于负模式挖掘很重要。符合这一性质的度量方法称作符合 **比特对称**（bit symmetric）性质，因为在二元矩阵中 0 和 1 是被同等对待的。

虽然，与支持率 – 置信度框架相比，在统计上可能能更加鲁棒地量化项集的密切关系，但是对于大多数基于有趣性的模型而言，一个主要的计算问题是其不满足向下闭包性。这使得在指数级大小的模式搜索空间上很难设计出有效的算法。在某些模型中，度量方法仅在 2 项集的特例上有定义。在另一些模型中，倒是有可能设计出更高效的算法。下面将讨论一些有趣模型。

4.5.1　统计相关系数

两项之间的 Pearson 相关系数是一种自然的统计度量方法。两个随机变量 X 和 Y 之间的 Pearson 相关系数定义如下：

$$\rho = \frac{E[X \cdot Y] - E[X] \cdot E[Y]}{\sigma(X) \cdot \sigma(Y)} \tag{4.4}$$

对于超市购物篮数据，X 和 Y 是二元变量，它们的取值反映了对应的项是否出现。$E[X]$ 表示 X 的期望，$\sigma(X)$ 表示 X 的标准差。如果 $sup(i)$ 和 $sup(j)$ 是对应项的相对支持率，$sup(\{i,j\})$ 是项集 $\{i,j\}$ 的相对支持率，那么整体相关性可以基于数据估计如下：

$$\rho_{ij} = \frac{sup(\{i,j\}) - sup(i) \cdot sup(j)}{\sqrt{sup(i) \cdot sup(j) \cdot (1 - sup(i)) \cdot (1 - sup(j))}} \tag{4.5}$$

相关系数总是在 [–1, 1] 的区间内，其中 +1 值表示完美的正相关，–1 值表示完美的负相关。接近 0 的值表示弱相关的数据。这个度量满足比特对称性。虽然相关系数在统计上可以认为是度量相关关系的最鲁棒的方式，但是当处理具有不同的较低支持率的项时，常常难以直观地解释相关系数的含义。

4.5.2　χ^2 度量

χ^2 度量是另一种比特对称的度量，可以对项的存在和缺失进行相似的处理。注意，将一组 k 个二元随机变量（项）记为 X，X 中不同项的存在或缺失情况共有 2^k 个不同的状态。例如，对于 $k = 2$ 项 {面包，黄油}，2^2 个不同状态是 {面包，黄油}、{面包，¬黄油}、{¬面包，黄油} 和 {¬面包，¬黄油}。每种组合的预期出现频度可以量化为单个项的状态（存在或缺失）的支持率的乘积。对于一个给定的数据集，某个状态的观测到的支持率可能与预期的支持率有显著的差异。设 O_i 和 E_i 是项 i 的观测的和预期的绝对支持率。例如，{面包，¬黄油} 的预期支持率 E_i 等于全部事务数乘面包和 ¬黄油各自的相对支持率。项集 X 的 χ^2 度量定义如下：

$$\chi^2(X) = \sum_{i=1}^{2^{|X|}} \frac{(O_i - E_i)^2}{E_i} \tag{4.6}$$

例如，当 $X = \{$面包，黄油$\}$ 时，公式 4.6 对 $2^2 = 4$ 个状态求和，即 {面包，黄油}、{面包，¬黄油}、{¬面包，黄油} 和 {¬面包，¬黄油}。接近 0 的值代表项之间统计独立，越大的取值表示变量之间越强的依赖关系。但是，大的 χ^2 度量没有揭示项之间的依赖关系是正向的或是反向的。这是因为 χ^2 度量检测的是变量之间的依赖关系，而不是特定变量状态之间的相关性质。

χ^2 度量是比特对称的，因为它以相似的方法对待项的存在和缺失。χ^2 度量满足向上闭包性，因此可以设计有效的算法来发现感兴趣的 k 模式。但是，公式 4.6 的计算复杂度随着 $|X|$ 呈指数增长。

4.5.3　兴趣比率

兴趣比率（interest ratio）是一种简单且直观可解释的度量。一组项 $\{i_1, \cdots, i_k\}$ 的兴趣比率记作 $I(\{i_1, \cdots, i_k\})$，定义如下：

$$I(\{i_1, \cdots, i_k\}) = \frac{sup(\{i_1, \cdots, i_k\})}{\prod\limits_{j=1}^{k} sup(i_j)} \qquad (4.7)$$

当各项是统计独立的，上式中分子的联合支持率将等于分母中支持率的乘积。所以，兴趣比率为 1 是一个分水岭。比 1 大的值表明变量之间是正相关的，而比 1 小的值表明负相关性。

当某些项非常稀有时，兴趣比率可能产生一定的误导。例如，如果在一个很大的事务数据库中某项仅在一个事务中出现，那么任何一个和它同时出现的项，都可以与它一起形成一个具有非常高的兴趣比率的 2 项集。这在统计上是起误导作用的。而且，因为兴趣比率不满足向下闭包性，所以很难设计高效的计算算法。

4.5.4　对称置信度

传统的置信度在前置条件和结果之间是非对称的。但是，支持率是对称的。对称置信度（symmetric confidence measure）可以用单一的度量代替支持率 – 置信度框架。设 X 和 Y 为两个 1 项集。对称置信度可以表示为 $X \Rightarrow Y$ 的置信度和 $Y \Rightarrow X$ 的置信度的函数。对称置信度度量可以是这两个置信度的最小值、平均值或最大值。当 X 或 Y 非常不频繁时，最小值可能导致整合后的度量结果太小，不合适。当 X 或 Y 非常频繁时，最大值可能导致整合后的度量结果太大，也不合适。对于许多场景，平均值提供了最鲁棒的平衡点。这些度量可以扩展到 k 项集上，方法是使用结果中全部 k 个单项进行计算。有趣的是，两个置信度的几何平均值等同于余弦度量，将在下面对此进行介绍。对称置信度的计算问题是满足特定阈值的关联项集的度量不满足向下闭包性。

4.5.5　列的余弦系数

通常在行上计算余弦系数来确定事务之间的相似性。但是，也可以在列上应用余弦系数以确定项之间的相似性。在列对应的二元向量上计算余弦系数，最好使用列式事务序号列表。在二元向量上余弦系数计算如下：

$$cosine(i, j) = \frac{sup(\{i, j\})}{\sqrt{sup(i)} \cdot \sqrt{sup(j)}} \qquad (4.8)$$

上式的分子等于项 i 和项 j 的事务序号列表的交集的长度。余弦度量可以看作 $\{i\} \Rightarrow \{j\}$ 和 $\{j\} \Rightarrow \{i\}$ 这两条规则的置信度的几何平均数。所以，余弦系数是一种对称置信度量。

4.5.6　Jaccard 系数和 min-hash 技巧

第 3 章介绍了 Jaccard 系数，用于度量集合之间的相似性。一列上的事务序号列表可以看作一个集合，所以两个事务序号列表之间的 Jaccard 系数可以用于计算其相似性。设 S_1 和 S_2 为两个集合。如第 3 章所述，两个集合间的 Jaccard 系数 $J(S_1, S_2)$ 可以计算如下：

$$J(S_1, S_2) = \frac{|S_1 \bigcap S_2|}{|S_1 \bigcup S_2|} \qquad (4.9)$$

Jaccard 系数可以很容易地推广到多略集合的情形，其计算如下：

$$J(S_1, \cdots, S_k) = \frac{|\bigcap S_i|}{|\bigcup S_i|} \qquad (4.10)$$

当集合 $S_1, \cdots, S_k$ 对应于 k 项的事务序号列表时，这些事务序号列表的交集和并集可以用于确定上式的分子和分母。这给出了 k 项集的 Jaccard 系数。可以在 Jaccard 系数上使用一个最小阈值来确定所有相关的项集。

Jaccard 系数的一个优良性质是它满足集合的单调性。k 路 Jaccard 系数 $J(S_1, \cdots, S_k)$ 总是不小于 $(k + 1)$ 路 Jaccard 系数 $J(S_1, \cdots, S_{k+1})$，这是因为 Jaccard 系数的分子随着 k 的增加单调非增，而分母则是单调非减。所以，Jaccard 系数无法随着 k 的增加而增加。于是，当在项集的 Jaccard 系数上施加一个最小阈值时，结果项集也满足向下闭包性。这意味着大部分传统算法，如 Apriori 和枚举树方法，都可以较容易地扩展支持 Jaccard 系数。

可以进一步通过采样来加速 Jaccard 系数的计算，并把它转化为一个标准的频繁模式挖掘问题。这类采样方法使用哈希函数来模拟排序的数据样本。那么，怎么使用排序采样来计算 Jaccard 系数呢？设 D 是一个包含 n 行 d 列的 $n \times d$ 二元数据矩阵。为不失一般性，考虑需要在前 k 列上计算 Jaccard 系数的情况。假设要对 D 中的行进行排序，然后找到前 k 列中至少有一个 1 的第一行。那么，容易看出这行中前 k 列全为 1 的概率等于 k 路 Jaccard 系数。如果对行进行多次排序，那么可以统计第一个满足条件的行的前 k 列全为 1 的次数，然后用其除以排序的次数来估计这个概率。当然，这么做非常低效，因为每次排序都要访问一遍数据库。而且，这种方案只能对给定的 k 列估计 Jaccard 系数，而不能发现在 Jaccard 系数上符合最小标准的所有 k 项集。

min-hash 技巧可以用于有效地进行隐式的排序，以及转换获得一种简洁的采样表示，可以在其上使用传统的频繁模式挖掘算法来发现满足 Jaccard 阈值的组合。它的基本思路如下。对每个事务序号应用一个随机哈希函数 $h(\cdot)$。对于二元数据的每一列，对其中为 1 的行所对应的事务序号计算哈希值，选择哈希值最小的事务序号。这样得到的是一个包含 d 个不同事务序号的向量。前 k 列的事务序号相同的概率是多少？容易看出这等于 Jaccard 系数，因为哈希过程模拟了一次排序，并且报告了二元矩阵中第一个非零元素的下标。所以，采用独立的哈希函数建立多个样本，就可以估算 Jaccard 系数。可以采用 r 个不同的哈希函数重复上述过程，建立 r 个不同的样本。注意，r 个哈希函数可以在一遍扫描事务数据库的同时使用。这建立了一个存储事务序号的 $r \times d$ 的类别型数据矩阵。找到事务序号相同的列的组合，并且要求其支持率不小于最小支持率，就可以发现所有满足 Jaccard 系数至少为最小支持率的 k 项集。这是一个标准的频繁模式挖掘问题，除了它是定义在类别型数据上而非二元数据矩阵上。

一种把 $r \times d$ 类别型数据矩阵转化为二元矩阵的方法是，从每行中把事务序号相同的列的下标提取出来，形成一个新的事务，其中的"项"是列的下标。这样，$r \times d$ 矩阵的一行将会映射为多个事务。得到的事务数据集可以用一个新的二元矩阵 D' 来表示。任意现成的频繁模式挖掘算法都可以从这个二元矩阵中发现相关的列下标组合。采用现成算法的优势是存在许多面向传统频繁模式挖掘模型的高效算法。可以证明,随着数据样本数量的增加,这一采样方案的精度将呈指数级增长。

4.5.7 集体强度

一个项集的集体强度(collective strength)通过**违规率**(violation rate)来定义。一个项集 I 对于一个事务是违规的,这是因为一些项在这个事务中存在,而另一些不存在。一个项集 I 的违规率 $v(I)$ 是项集 I 违规的事务占全部事务的比例。一个项集 I 的**集体强度** $C(I)$ 可以用违规率定义如下:

$$C(I) = \frac{1-v(I)}{1-E[v(I)]} \cdot \frac{E[v(I)]}{v(I)} \tag{4.11}$$

集体强度是一个 0 到 ∞ 之间的数值。0 表明完全负相关,而 ∞ 表明完全正相关。1 是分水岭。$v(I)$ 的预期值是在假定每项独立统计的情况下计算的。当 I 中的所有项都被包含在一个事务中时,或者当 I 中没有任何项被包含在事务中时,没有违规的情况发生。所以,如果 p_i 是项 i 在事务中出现的比例,那么我们有

$$E[v(I)] = 1 - \prod_{i \in I} p_i - \prod_{i \in I} (1-p_i) \tag{4.12}$$

直观上,如果从试图在项间建立高相关关系的角度,一个项集对于一个事务的违规是一个"坏事件",那么 $v(I)$ 是"坏事件"的比例,而 $(1-v(I))$ 是"好事件"的比例。所以,集体强度可以如下理解:

$$C(I) = \frac{\text{好事件}}{\text{E[好事件]}} \cdot \frac{\text{E[坏事件]}}{\text{坏事件}} \tag{4.13}$$

集体强度的概念可以强化为**强集体**(strongly collective)项集。

定义 4.5.1 一个项集 I 是一个 s 级强集体的条件是,它满足下列性质:

1)项集 I 的集体强度 $C(I)$ 至少为 s;

2)闭包性——I 的任意子集 J 的集体强度 $C(J)$ 都至少为 s。

必须强制要求闭包性,以保证项集中不包含无关的项。例如,考虑项集 I_1 为 {牛奶,面包} 和项集 I_2 为 {尿布,啤酒} 的情况。如果 I_1 和 I_2 都有很高的集体强度,那么 $I_1 \cup I_2$ 也通常具有很高的集体强度,即使比如牛奶和啤酒等项可能是独立的。因为这个定义要求闭包性,所以为这个问题可以设计一种类似 Apriori 的算法。

4.5.8 与负模式挖掘的关系

在许多应用中,希望确定存在的项和不存在的项之间的模式。负模式挖掘要求使用比特对称的度量,对存在和缺失同等对待。传统的支持率 – 置信度度量不是为发现这类模式而设计的。统计上的相关系数、χ^2 度量和集体强度等度量方法更适合于发现这类项之间的正相关或负相关关系。但是,许多这种度量在实际中难以使用,因为它们不满足向下闭包性。多路 Jaccard 系数和集体强度是少数满足向下闭包性的度量方法。

4.6 有用的元算法

使用一些元算法可以从模式挖掘过程中得到不同的知识获取能力。**元算法**是使用某个

特定算法作为子过程的算法，它或者使得原始算法更加高效（例如通过采样），或者得到新的知识获取能力。在模式挖掘中，两类元算法最为流行。第一类元算法使用采样来提高关联模式挖掘算法的效率。第二类元算法使用预处理和后处理子程序把算法应用于其他场景。例如，使用了包装程序之后，标准的频繁模式挖掘算法可以应用于定量型或类别型数据。

4.6.1　采样方法

当事务数据库非常大时，无法在主存中存放。这对于应用频繁模式挖掘算法是一种挑战。因为数据库通常存储在硬盘上，所以只有分层的算法才可能有效。许多枚举树上的深度优先算法在主存不足的情况下使用困难，因为它们需要对事务进行随机访问。当数据存储在硬盘上时，随机访问代价很大。如前所述，这种深度优先算法通常对于内存中的数据是最有效的。采样方法可以仅牺牲有限的准确性而使许多算法高效地执行。当在采样数据上应用标准项集挖掘算法时，将遇到下面两个主要挑战。

1. 假正例

这些模式在采样数据上达到了支持率阈值，但是在基础数据上没有达到阈值。

2. 假负例

这些模式在采样数据上没有达到支持率阈值，但是在基础数据上达到了阈值。

假正例比假负例更容易处理，因为扫描一次硬盘上的数据库就可以消除假正例。但是，为了解决假负例的问题，需要降低支持率阈值。通过降低支持率阈值，可以概率性地保证在特定阈值下结果缺失的程度。在本章最后的文献注释中有概率保证的相关文献引导。过大地降低支持率阈值将产生许多貌似符合条件的项集，而使后处理阶段的工作量上升。通常，支持率阈值上很小的改变都会引起假正例数量的快速增加。

4.6.2　数据划分集成法

一种可以确保没有假负例的方案是采用 Partition 算法 [446] 进行划分集成（partitioned ensemble）。这种方案可以减少硬盘访问开销，或者降低基于投影算法的内存空间需求。在划分集成方案中，把事务数据库划分为 k 个互不相交的片段，每段数据可以放入主存。给定最小支持率，在 k 个数据段上独立地运行频繁项集挖掘算法。其中，一个重要的性质是每个全局的频繁模式必将在至少一段数据中也是频繁的。否则，各段数据上的总支持率将无法达到最小支持率的要求。所以，在各段数据上生成的频繁项集的并集是全局频繁项集的一个超集。换言之，这个并集可能包括假正例，却肯定没有假负例。假正例可以在支持率计数的后处理阶段从这个超集中去除。当投影数据库无法放入内存时，划分集成方案对内存密集型的基于投影的算法尤为有效。在原始的 Partition 算法中，基于投影的复用的数据结构是列式事务序号列表。虽然对于任意大的数据库，实现基于内存的投影算法必须进行数据划分，但是后处理的代价有时可能很大。所以，应该根据可用的内存容量采用最小的划分个数。虽然 Partition 算法主要以其集成方法而著名，但它的一个更加重要却被忽视的贡献是提出了列式事务序号列表的思路。这个方案被认为是发现了递归事务序号列表的交集具有基于投影的复用性。

4.6.3　推广到其他数据类型

采用第 2 章所述的类型转换方法可以较简单地把频繁模式挖掘算法推广到其他数据类型。

4.6.3.1　定量型数据

在许多应用中，当部分属性具有定量值时，希望发现定量型的关联规则。许多在线服务收集的用户信息（如年龄）就具有数字值。例如，在超市应用中，可能希望把用户信息与数据中的商品属性关联起来。一个定量型规则的例子如下：

$$（年龄 = 90）\Rightarrow 国际跳棋$$

如果事务数据中没有足够的该年龄的客户，那么这条规则可能得不到充分的支持。但是，这条规则可能与一个更广的年龄组相关。所以，一种可能的方法是把不同的年龄放入一个区间来建立一条规则：

$$年龄 [85, 95] \Rightarrow 国际跳棋$$

这条规则可以获得所需的最小支持率。一般而言，定量型关联规则挖掘是把定量型的属性离散化并转化为二元形式。于是，整个数据集（包括项的属性）可以表示成一个二元矩阵。使用这种方案的一个挑战是难以事先得知恰当的离散化方案。对于这种表示，可以应用标准的关联规则挖掘算法。进而，相邻区间上的规则可以合并，形成更大区间上的规则。

4.6.3.2　类别型数据

类别型数据在许多应用领域都很常见。例如，性别和邮政编码是典型的类别型数据。在一些情况下，定量型数据和类别型数据可能混合在一起。包含混合属性的规则举例如下：

$$（性别 = 男），年龄 [20, 30] \Rightarrow 篮球$$

可以使用第 2 章中讨论的二元化方法把类别型数据转换为二元数据。对于每个类别值，用一个二元的取值表明其是否出现，这样就可以确定关联规则。在某些情况下，如果具备一定的领域知识，就可以把多个类别值聚类转换为一个二元属性。例如，可以根据地域把邮政编码分成 k 个聚类，那么这 k 个聚类可以分别当作二元属性。

4.7　小结

关联规则挖掘能够识别不同属性之间的关系。通常采用两阶段的框架来生成关联规则。第一个阶段确定所有满足最小支持率的模式。第二个阶段从这些模式中生成满足最小置信度的规则。

Apriori 算法是最早的和最著名的频繁模式挖掘算法之一。该算法连接不同的频繁模式来生成候选模式。之后，针对频繁模式挖掘，出现了多种枚举树算法。其中，多数方法使用投影来提高对数据库中事务的计数效率。传统的支持率 – 置信度框架的缺陷是它不是基于鲁棒的统计度量的。生成的许多模式是乏味的。所以，多种兴趣度量被提出来用于发现更有意义的模式。

多种采样方法可以增进频繁模式挖掘的效率。采样方法导致了假正例和假负例，前者可以通过后处理来解决。划分集成法也能够避免假负例。通过类型转换，可以在定量型和类别型数据上确定关联规则。

4.8　文献注释

[55] 首先提出了频繁模式挖掘问题。本章讨论的 Apriori 算法是首先在 [56] 中提出的，[57] 提出了一个 Apriori 的改进算法。最大模式挖掘和非最大模式挖掘算法的主要区别在于前者增加了剪枝步骤。MaxMiner 算法使用了基于超集的非最大剪枝 [82] 来实现更高效的计数。但

是，它采用了广度优先策略来减少读取数据的遍数。DepthProject 算法发现基于超集的非最大剪枝在深度优先策略下更有效。

FP-growth[252] 和 DepthProject[3-4] 方法分别独立地在行式数据库布局上提出了基于投影复用的概念。不同的基于投影复用的算法，例如 TreeProjection[3]、DepthProject[4]、FP-growth[252] 和 H-Mine[419]，使用了许多不同的数据结构。一个称为 OpportuneProject[361] 的方法根据具体情况选择基于数组或基于树的结构来表示投影事务。TreeProjection 框架也发现广度优先和深度优先策略具有不同的利弊。TreeProjection 的广度优先实现牺牲了一些基于投影复用的能力，而更好地支持了任意大的数据集，减少了硬盘读取的遍数。TreeProjection 的深度优先实现，例如 DepthProject，获得了基于投影复用的全部能力，但是需要在主存中一致地维护投影数据库。[34] 和 [253] 分别提供了频繁模式挖掘方法的一部著作和一篇综述论文。

采用列式表达进行频繁模式挖掘最早是由 Holsheimer 等人[273] 和 Savasere 等人[446] 独立地提出的。这些工作引入了一个巧妙的思路：递归事务序号列表的交集可以显著地节省支持率计数的计算代价，因为 k 项集与 $(k-1)$ 项集或单项相比，其事务序号列表更短。列式 Apriori 算法是基于 Partition 框架的一个组合部件的[446]。虽然这个算法中采用的列式列表最早是在列式模式挖掘论文 [537, 534, 465] 中提到的，但 Partition 算法的一些贡献及其与后续工作的关系多年来一直没有为学术界所认识。实际上，Savasere 等人的类似 Apriori 的算法为所有列式算法（例如 Eclat[534] 和 VIPER[465]）打下了基础。Han 等人的著作 [250] 中把 Eclat 描述为一种广度优先算法，而 Zaki 等人的著作 [536] 将其描述为一种深度优先算法。仔细阅读 Eclat 论文 [537] 可以发现，它是对于 Savasere 等人[446] 的广度优先方法的一种内存优化。Eclat 的主要贡献是提出了 Savasere 等人的算法中单一集成组件的一种内存优化，它对格进行了划分（而不是进行数据划分），从而提高了可以利用主存处理的数据库的大小，而避免了数据划分所带来的后处理计算开销。在本质上，Partition 算法中对于单一组合部件进行支持率计数所需的计算量与 Eclat 没有不同。Eclat 算法按照公共前缀对格进行划分，称每个划分为一个等价类，然后在内存中对这些较小的子格采用广度优先方法[537] 进行处理。这种格划分来自并行版本的 Apriori，例如 Candidate Distribution 算法[54]，其中也存在类似的对格划分和对数据划分的选择。因为对每个子格的搜索采用了广度优先方法，这种方法比纯粹的深度优先方法明显有更大的内存需求。如 [534] 中所述，Eclat 显式地解耦了格划分阶段和模式搜索阶段。这与纯粹的深度优先策略不同，在纯粹的深度优先策略中，两者是紧密结合在一起的。深度优先算法不需要显式解耦这两者来减少内存的需求。所以，在 Candidate Distribution 算法[54] 的启发下，Eclat 中的格划分似乎是专门针对第二阶段（模式搜索）的广度优先方法而设计的。Eclat 算法的会议论文 [537] 和期刊论文 [534] 都陈述了所有实验的第二阶段均采用了广度优先（自下而上）的过程。FP-growth[252] 和 DepthProject[4] 是分别被独立地提出的第一个深度优先的频繁模式挖掘算法。MAFIA 是第一个采用纯粹的深度优先策略的列式方法[123]。之后出现的其他列式算法的变体，例如 GenMax 和 dEclat[233, 538]，也包含了深度优先方法。diffsets[538, 233] 的概念也是在这些算法中提出的，其在枚举树中采用了增量的列式列表。这个方法对于某些类型的数据集有内存需求和计算效率上的优势。

为寻找有趣的频繁模式，人们提出了许多度量方法。χ^2 度量是最早出现的测试之一，[113] 对其进行了讨论。这个度量满足向上闭包性，所以可以设计高效的模式挖掘算法。采用 min-hash 技术来确定有趣模式，而不进行支持率计数，是在 [180] 中提出的。[517] 处理了单项支持率中出现的数据倾斜所产生的问题。这项工作也提出了一种在有倾斜的数据上基于相似性的有趣模式挖掘算法。一个常见的支持率分布有显著倾斜的情况是负模式挖掘[447]。集体强度模型是在 [16] 中提出的，这项工作中也讨论了一个寻找所有强集体项集的分层算法。集体强度模型也可以在数据中发现负关联规则。[486] 研究了如何选择正确的度量以寻找有趣的关联规则。

采样是一种利用基于内存的算法来高效地寻找频繁模式的流行方法。[493] 讨论了第一个采样方法，并给出了理论限值。[446] 采用数据划分集成的方法，使对大数据集应用基于内存的频繁模式挖掘算法成为可能。[476] 讨论了寻找定量型关联规则和从定量型数据中寻找不同种类的模式。CLIQUE 算法也可以看作一种在定量型数据上进行关联模式挖掘的算法[58]。

4.9 练习题

1. 考虑下表中的事务数据库：

事务序号	项	事务序号	项
1	a, b, c, d	4	a, e, f
2	b, c, e, f	5	b, d, f
3	a, d, e, f		

求项集 $\{a, e, f\}$ 和 $\{d, f\}$ 的绝对支持率，并把绝对支持率转换为相对支持率。

2. 对于练习题 1 中的数据库，当最小绝对支持率是 2、3 和 4 时，计算全部频繁模式。

3. 对于练习题 1 中的数据库，当最小绝对支持率是 2、3 和 4 时，确定全部最大频繁模式。

4. 把练习题 1 中的数据库表示成列式形式。

5. 考虑下表中的事务数据库：

事务序号	项	事务序号	项
1	a, c, d, e	5	b, e, f
2	a, d, e, f	6	c, d, e
3	b, c, d, e, f	7	c, e, f
4	b, d, e, f	8	d, e, f

当最小支持率为 3、4 和 5 时，确定全部频繁模式和最大模式。

6. 把练习题 5 中的数据库表示为列式形式。

7. 基于练习题 1 中的数据库，确定规则 $\{a\} \Rightarrow \{f\}$ 和 $\{a, e\} \Rightarrow \{f\}$ 的置信度。

8. 基于练习题 5 中的数据库，确定规则 $\{a\} \Rightarrow \{f\}$ 和 $\{a, e\} \Rightarrow \{f\}$ 的置信度。

9. 对于练习题 1，假设最小绝对支持率为 2，写出 Apriori 算法中每层的候选项集和频繁项集。

10. 对于练习题 5，假设最小绝对支持率为 3，写出 Apriori 算法中每层的候选项集和频繁项集。

11. 对于练习题 1 中的数据集，当最小绝对支持率为 2 时，假设字典顺序为 a, b, c, d, e, f，画出基于前缀的频繁项集枚举树。然后，构造相反字典顺序的枚举树。

12. 对于练习题 5 中的数据集，当最小绝对支持率为 3 时，假设字典顺序为 a, b, c, d, e, f，画出基于前缀的频繁项集枚举树。然后，构造相反字典顺序的枚举树。

13. 对于练习题 9 中的数据集和支持率，使用通用递归后缀生长算法，写出递归树中的频繁后缀。假设字典顺序为 a, b, c, d, e, f 和 f, e, d, c, b, a。把生成的树与练习题 11 的结果相比较。

14. 对于练习题 10 中的数据集和支持率，使用通用递归后缀生长算法，写出递归树中的频繁后缀。假设字典顺序为 a, b, c, d, e, f 和 f, e, d, c, b, a。把生成的树与练习题 12 的结果相比较。

15. 对于练习题 1 中的数据集，当字典顺序为 a, b, c, d, e, f 时，构造基于前缀的 FP-Tree。然后对于相反的字典顺序，构造 FP-Tree。

16. 对于练习题 5 中的数据集，当字典顺序为 a, b, c, d, e, f 时，构造基于前缀的 FP-Tree。然后对于相反的字典顺序，构造 FP-Tree。

17. Apriori 的剪枝方法是为广度优先策略而设计的，因为在生成 $(k+1)$ 项集之前需要生成所有的频繁 k 项集。讨论如何为深度优先算法实现相似的剪枝策略。

18. 实现一个模式生长算法，使用：

(a) 基于数组的数据结构

(b) 基于指针而非 FP-Tree 的数据结构

(c) 基于指针和 FP-Tree 的数据结构

19. 实现练习题 18 (c)，但是采用基于后缀的 FP-Tree 来进行前缀的模式生长。

20. 对于练习题 1 中的数据集和项集 $\{d, f\}$，计算统计相关系数、兴趣比率、余弦系数，和 Jaccard 系数。

21. 对于练习题 5 中的数据集和项集 $\{d, f\}$，计算统计相关系数、兴趣比率、余弦系数，和 Jaccard 系数。

22. 讨论 TreeProjection、DepthProject、VerticalApriori 和 FP-growth 的异同。

关联模式挖掘：高级概念

> "每个孩子都是对更美好生活的一次探险——一个改变旧模式形成新模式的机会。"
>
> ——Hubert H. Humphrey

5.1 引言

关联模式挖掘算法常常会发现大量的模式，但是如此大量的模式很难直接应用到需要解决的实际问题上，原因之一是对一个特定的应用而言，所发现的关联规则绝大多数都是无意义的或者冗余的。本章讨论多种高级方法使关联模式挖掘更加适合应用的需求。

1. 模式汇总（summarization）

关联模式挖掘的输出通常非常大。但是，对于最终用户而言，较小的结果项集会更易于理解和吸收。本章将讨论多种汇总方法，例如寻找最大项集、闭包项集和非冗余项集。

2. 模式查询（querying）

当存在大量的项集时，用户可能希望通过查询来获得较少的汇总结果。本章将讨论多种便于查询的特殊汇总方法，其思路是使用一种两阶段的方式来预处理数据，生成汇总信息，然后将汇总信息用于查询。

3. 纳入约束（constraint incorporation）

在许多真实场景中，我们可能希望把应用相关的限制条件合并到产生项集的过程中。虽然基于限制条件的算法不一定总能提供在线响应，但与两阶段的"一次预处理后多次查询"的方式相比，这个方法使得我们可以在挖掘时使用更小的支持率。

上面这三点内容虽然都涉及从项集中提取有意思的汇总信息，但使用了不同的方法。例如，在查询方法中，将项集做某种压缩表示也许非常有用，但便于查询的压缩方案与去除冗余的汇总方案十分不同。约束的纳入使得输出的项集减少，但是这种减少是由于采用了限制条件，而不是采用了某种压缩或者汇总方法。本章也将讨论多种关联模式挖掘的应用。

本章内容的组织结构如下：模式汇总问题在 5.2 节中介绍；模式查询方法在 5.3 节中讨论；5.4 节讨论多种频繁模式挖掘的应用；最后，5.5 节给出本章小结。

5.2 模式汇总

频繁项集挖掘算法常常会发现大量的模式，如此大量的输出数据使得用户难以把握算法的结果以及进行有意义的推论。由于有向下闭包性，即一个频繁项集的所有子集也是频繁的，所以绝大多数挖掘出来的模式是冗余的，这一点很重要。在频繁模式挖掘中人们使用各种紧凑形式来表示所有实际的频繁模式，这些紧凑形式在不同层面上保留这些模式的一些信息及支持率。最著名的表示形式是最大频繁项集、闭包频繁项集和其他近似表示。这些表示形式的不同点在于其信息损失的程度不同。闭包表示对于支持率和项集成员是完全无损的。最大频繁项集对于支持率是有损的，而对于项集成员信息是无损的。近似压缩表示对于两者都是有损的，但是在应用驱动场景下通常是最佳的选择。

5.2.1　最大模式

最大项集的概念在上一章曾经略微提及。为方便起见，这里重新叙述最大项集的概念。

定义 5.2.1（最大频繁项集）　在给定的最小支持率 *minsup* 下，如果一个项集是频繁的，并且它的任何超集都不是频繁的，那么这个项集是一个最大频繁项集。

例如，考虑表 5-1 中的例子。表 5-1 复制自前一章的表 4-1。我们可以看出，项集 { 鸡蛋，牛奶，酸奶 } 在最小支持率为 2 时是频繁的，也是最大的。根据支持率的单调性，最大项集的真子集的支持率总是大于或等于最大项集的支持率。例如，{ 鸡蛋，牛奶，酸奶 } 的一个真子集 { 鸡蛋，牛奶 } 的支持率是 3。所以，一种汇总策略是仅挖掘最大项集。其他项集可以从最大项集的子集得到。

表 5-1　超市购物篮数据集的例子（复制自第 4 章表 4-1）

事务序号	项　　　集	事务序号	项　　　集
1	{ 面包，黄油，牛奶 }	4	{ 鸡蛋，牛奶，酸奶 }
2	{ 鸡蛋，牛奶，酸奶 }	5	{ 奶酪，牛奶，酸奶 }
3	{ 面包，奶酪，鸡蛋，牛奶 }		

虽然所有项集都可以通过子集的方式从最大项集获得，但是它们的支持率信息是无法如此得到的，所以最大项集是有损的，因为最大项集没有保留支持率的信息。为了提供一种对支持率无损的表示方式，人们提出了闭包项集挖掘的概念，我们将在下节讨论。

得到最大项集的一种直截了当的方法是先运行任意频繁项集挖掘算法找出全部的频繁项集，然后在后处理阶段按照项集长度从大到小的顺序检查所有项集，仅保留最大频繁项集，而删除真子集。重复这个过程直至所有项集要么通过了检查要么被删除为止。在上述过程结束时没有被删除的项集就是最大项集。当然，这个方法是十分低效的，因为当频繁项集很长时，最大频繁项集的数量可能比频繁项集的数量低几个数量级。在这种情况下，可以设计算法在频繁项集发现过程中直接剪除部分模式搜索空间。大多数穷举树的方法都可以采用前瞻（lookahead）的概念进行模式搜索空间的剪枝。上一章在讲述 DepthProject 算法时讨论过这个概念。

虽然第 4 章讲述了前瞻的概念，但为完整起见，这里再次叙述一遍。设 P 为穷举树中的一个频繁模式，$F(P)$ 为 P 在穷举树中的候选扩展集合。如果 $P \cup F(P)$ 是一个已经找到的频繁模式的子集，那么以 P 为根的整棵穷举树子树都是频繁的，因此可以剪除，不再考虑。当子树没有被剪除时，P 的候选扩展需要进行支持率计数。在计数过程中，在计数单项候选扩展的同时，也要计数 $P \cup F(P)$。如果 $P \cup F(P)$ 是频繁的，那么也可以剪除以 P 为根的子树。上述基于子集的剪枝方法对于深度优先方法尤为有效。这是因为与广度优先策略相比，在深度优先策略下最大模式可以更早地被发现。对于一个长度为 k 的最大模式，深度优先策略可以仅在探索其 $(k-1)$ 个前缀后就发现它，而不需要尝试 2^k 种可能。接下来，这个最大模式就可以用于基于子集的剪枝，即可以剪除包含子集 $P \cup F(P)$ 的子树。DepthProject 算法是最早关注深度优先策略中的前瞻剪枝优势的算法。

上面这个剪枝方法可以得到包括所有最大模式的一个较小的模式集合，然而即使在剪枝后，也还是可能包括一些非最大模式。所以，可以采用上面提到的后处理方法除去非最大模式。参见文献注释中给出的各种最大频繁模式挖掘算法指南。

5.2.2 闭包模式

闭包模式或闭包项集的一个简单定义如下。

定义 5.2.2（闭包项集） 如果一个项集 X 的任何超集的支持率都和 X 的支持率不同，则项集 X 是闭包的。

闭包频繁模式挖掘算法要求项集不仅频繁而且闭包。那么为什么闭包项集如此重要呢？考虑一个闭包项集 X，以及所有具有相同支持率的 X 的子集集合 $S(X)$。那么对于 $S(X)$，闭包频繁项集挖掘算法返回的唯一项集将是 X。$S(X)$ 中的项集可以称为 X 的支持率等价子集。一个重要的观察如下。

观察 5.2.1 设 X 是一个闭包项集，而 $S(X)$ 是其支持率等价子集。对于所有项集 $Y \in S(X)$，包含 Y 的事务集合 $\mathcal{T}(Y)$ 将完全相同。此外，不存在 $S(X)$ 之外的项集 Z 使得包含 Z 的事务集合 $\mathcal{T}(Z)$ 与 $\mathcal{T}(X)$ 相同。

这一观察可以从频繁项集的向下闭包性得到。因为对 X 的任意真子集 Y，事务集合 $\mathcal{T}(Y)$ 总是 $\mathcal{T}(X)$ 的超集。但是，如果 X 和 Y 的支持率是相同的，那么 $\mathcal{T}(X)$ 和 $\mathcal{T}(Y)$ 应该也是相同的。此外，如果任意项集 $Z \notin S(X)$ 有 $\mathcal{T}(Z) = \mathcal{T}(X)$，那么 $Z \cup X$ 的支持率与 X 的支持率一定相同。因为 Z 不是 X 的子集，所以 $Z \cup X$ 一定是 X 的一个真超集。但是，这与 X 是闭包的假设相矛盾。

重要的结论是项集 X 代表了 $S(X)$ 中所有项集的全部计数信息，由于 $S(X)$ 中的每个项集对应着相同的事务集合，所以保留一个项集做代表就足够了。这里，我们保留了 $S(X)$ 中的最大项集 X 做代表。需要指出的是，定义 5.2.2 是一个简化版本，更正式的定义基于集合闭包操作，而这个正式的定义可以根据观察 5.2.1 直接得出（注意，观察 5.2.1 是从简化的定义中推出的）。本章使用非正式定义是为了有助于理解。频繁闭包项集挖掘问题的定义如下。

定义 5.2.3（闭包频繁项集） 当最小支持率为 $minsup$ 时，如果一个项集 X 既是闭包的又是频繁的，则它是一个闭包频繁项集。

闭包项集可以通过两种方式来发现：

1）对于任意给定的最小支持率，确定频繁项集的集合，然后从这个集合中得出闭包频繁项集。

2）设计算法，在频繁模式发现的过程中直接寻找闭包频繁模式。

第二类算法超出了本书的范围，这里将给出第一种方法的简单描述。关于第二类算法，读者可以参见文献注释。

寻找闭包频繁项集的一个简单方法是，首先把所有频繁项集划分为支持率等价的组，然后从每个支持率等价组中报告最大项集。考虑在一组频繁模式 $\mathcal{F}$ 中确定闭包频繁模式。首先，我们按照支持率从小到大的顺序⊖考察 $\mathcal{F}$ 中的频繁模式，根据模式是否闭包，将其去除或者保留。注意，这种顺序可以保证先遇到闭包模式后遇到其冗余子集。初始时，所有模式都无标记。当处理一个未标记的模式 $X \in \mathcal{F}$ 时，把它加入闭包频繁项集集合 $\mathcal{CF}$。因为 X 的具有相同支持率的真子集都不是闭包的，所以我们标记 X 的所有具有相同支持率的真子集。为了实现这个目标，在代表 $\mathcal{F}$ 的项集的子格中，从 X 开始进行深度优先或广度优先遍历，

⊖ 对同一支持率的模式，以长度从大到小的顺序。——译者注

检查 X 的子集。如果 X 的一个子集和 X 具有相同的支持率，那么就标记这个子集。遍历过程的回溯条件是遇到更大的支持率，或者遇到在本次或前面的遍历中已标记的项集。当一次遍历完成后，将下一个未标记的模式加入 $\mathcal{CF}$，并以这个新加入 $\mathcal{CF}$ 的模式为起点，重复整个遍历标记过程。最后，$\mathcal{CF}$ 中的项集就是闭包频繁模式。

5.2.3 近似频繁模式

近似频繁模式挖掘方案几乎都是有损的方案，因为它们不保留关于项集的全部信息。对模式的近似可以按照下述两种方式进行。

1. 从事务角度的描述

闭包性质以项集所从属的事务集角度对项集进行无损描述。可以扩展这一思路，允许"近似"闭包，其中闭包性质不是准确地被满足，而是近似地被满足。这里，我们可以调整闭包定义中的支持率取值范围来达到近似的目的。

2. 从项集本身角度的描述

在这种情况下，对频繁项集进行聚类，从每类中提取代表来给出一种简明的汇总信息。在这种情况下，可以调整代表项集和其他项集的距离。

这两种描述揭示了不同的内涵。一个定义是关于所从属的事务集，而另一个定义是关于项集结构。例如，在 10 项集 X 的子集中，一个 9 项集可能有高得多的支持率，但是一个 1 项集可能具有与 X 相同的支持率。在第一个定义中，从从属事务集的角度，这个 10 项集和 1 项集是近似冗余的$^{\ominus}$。在第二个定义中，从项集结构的角度，这个 10 项集和 9 项集是近似冗余的。下面将介绍这两种项集的发现方法。

5.2.3.1 从事务角度的近似

闭包性质从事务的角度描述了项集和项集的等价关系的标准。"近似闭包"的概念是这一标准的扩展。有多种定义"近似闭包"的方法，为便于理解，这里介绍一种较简单的定义。

在前述的准确闭包中，选择了特定支持率下的最大超集。在近似闭包中，不必选择特定支持率下的最大超集，而是允许在一个支持率范围内调整 δ。也就是说，全部频繁项集 $\mathcal{F}$ 可以划分为不相交的 k 个"支持率近似等价"的组 $\mathcal{F}_1, \cdots, \mathcal{F}_k$，对于 $\mathcal{F}_i$ 中任意一对项集 X、Y，满足 $| sup(X) - sup(Y) |$ 最多为 δ。从每个组 $\mathcal{F}_i$ 中，只报告最大频繁代表。明显地，当 δ 为 0 时，这就是闭包项集。如果需要，也可以额外存储从近似闭包项集中去除一项以后的项集支持率的准确误差值。当然，其他项集的支持率仍然存在一些不确定性，因为从这样额外的信息中无法计算得到去除两项的项集的支持率。

注意，当 $\delta > 0$ 时，可以有许多方式构建"支持率近似等价"组。这是因为"支持率近似等价"组中的支持率范围不需要准确地等于 δ，允许比 δ 小。当然，一种选择支持率范围的贪心方法是找到最小支持率的项集，然后加上 δ 得到支持率范围的上界。重复这个过程以构建所有的范围，就可以以此为基础获得闭包频繁项集。

寻找"近似闭包"频繁项集的算法与寻找闭包频繁项集的算法非常相似。如前所述，可以把频繁项集划分为支持率近似等价组，然后确定每组中的最大模式。在格上进行遍历的算法如下。

$\ominus$　因为它们从属的事务集类似。——译者注

首先，对"支持率近似等价"组确定其支持率范围。按照支持率范围递增的顺序，一组一组地处理 $\mathcal{F}$ 中的项集。在每一组中，按照支持率递增⊖的顺序处理未标记的项集。把未标记的项集加入近似闭包集合 $\mathcal{AC}$。当检查一个模式 $X\in\mathcal{F}$ 时，标记在同一组中的 X 的每个真子集，除非这个真子集已经有标记了。要实现这个算法可以采用前面小节中一样的方法遍历代表 $\mathcal{F}$ 的子格。之后，对于下一个未标记项集，重复上述过程。最后，集合 $\mathcal{AC}$ 包含所有"近似闭包"频繁模式。文献中有多种"近似闭包"项集的定义，文献注释中给出了一些定义的出处。

5.2.3.2 从项集角度的近似

从项集角度的近似也可以有许多不同的方法来定义。它和聚类密切相关。从原理上讲，它的目标是在频繁项集的集合 *calF* 上生成聚类，然后从聚类中选择代表项集 $\mathcal{J}=J_1,\cdots,J_k$。因为聚类总是定义在项集 X、Y 之间的一个距离函数 $Dist(X, Y)$ 之上的，所以 δ 近似集合的概念也基于一个距离函数。

定义 5.2.4（δ 近似集合） 设代表项集的集合为 $\mathcal{J}=\{J_1,\cdots,J_k\}$，如果对于任意频繁模式 $X\in\mathcal{F}$，存在一个 $J_i\in\mathcal{J}$ 使得下式为真，则 $\mathcal{J}$ 是 δ 近似的：

$$Dist(X, J_i)\leqslant\delta \qquad (5.1)$$

可以使用任何定义在集合数据上的距离函数，例如 Jaccard 系数。注意，上述集合的大小 k 定义了压缩的程度。所以，优化目标是对于特定的压缩程度 δ，确定最小的 k。这个优化目标与基于划分的聚类密切相关，但在后者中 k 值是固定的，其目标是优化各个对象与其代表之间的平均距离。从原理上讲，这个优化过程也在频繁项集上创建聚类，可以严格地把一个频繁项集划分到与其最近的代表项集所在的聚类，也可以允许一个频繁项集属于多个聚类，只要它与这些聚类中的最近代表的距离最多为 δ。

那么，如何确定代表集合的最优大小呢？在许多场景下，一种简单的贪心解决方案非常有效。设 $\mathcal{C}(\mathcal{J})\subseteq\mathcal{F}$ 表示被 $\mathcal{J}$ 中的代表所覆盖的频繁项集的集合。$\mathcal{F}$ 中的一个项集称作被 $\mathcal{J}$ 中的代表所覆盖的条件是，它与 $\mathcal{J}$ 中至少一个代表的距离至多为 δ。显然，我们希望确定 $\mathcal{J}$ 使得 $\mathcal{C}(\mathcal{J})=\mathcal{F}$，而且 $\mathcal{J}$ 集合越小越好。

贪心算法的思路是从 $\mathcal{J}=\{\}$ 开始，把 $\mathcal{F}$ 中覆盖最多项集的元素加入 $\mathcal{J}$。然后从 $\mathcal{F}$ 中删除已经被覆盖的项集。循环重复这个过程，贪心地把更多的元素加入 $\mathcal{J}$，以最大化对 $\mathcal{F}$ 中剩余项集的覆盖。当集合 $\mathcal{F}$ 为空时，结束这个过程。可以推出函数 $f(\mathcal{J})=|\mathcal{C}(\mathcal{J})|$ 满足关于参数 $\mathcal{J}$ 的子模性（submodularity）。在这种情况下，贪心算法在实践中通常很有效。实际上，如果稍微变化一下这个问题，对于固定大小的 $\mathcal{J}$ 直接优化 $|\mathcal{C}(\mathcal{J})|$，那么可以为这个贪心算法所能达到的质量找到一个理论阈值。本章文献注释中将会指出子模性的相关工作。

5.3 模式查询

虽然上述方法提供了一种频繁项集的简洁汇总，但是在一些情况下，用户可能希望根据特定的属性来查询频繁模式，查询结果可以提供与应用相关的模式。与全部频繁模式的集合相比，与应用相关的模式集合通常要小很多。举例如下：

1）报告所有包含 X、并且最小支持率为 *minsup* 的频繁模式。

2）报告所有包含 X、最小支持率为 *minsup*、且最小置信度为 *minconf* 的关联规则。

⊖ 长度递减。——译者注

一种可能性是穷尽地扫描所有频繁项集并汇报满足用户给定条件的项集。但是，当频繁模式数量很大时，这种方法非常低效。有两种方式常用于查询感兴趣的模式。

1. 一次预处理多次查询

第一种方式是对于一个较小的支持率挖掘所有项集，把它们排放在一个层状或格的数据结构中。第一阶段只需要离线运行一次，因此可以获得充足的计算资源支持。由于采用了一个较小的支持率阈值，更多的频繁模式得以保留。使用第一阶段创建的汇总结构，可以在第二阶段处理许多查询请求。

2. 基于限制条件的模式挖掘

在这种方式中，直接把用户给定的限制条件放入挖掘过程中。虽然每个查询的处理可能较慢，但是这种方式允许采用比第一种方式低得多的支持率进行模式挖掘。这是因为限制条件可以在项集发现算法中间步骤中减少模式的数量，所以与上述（无限制的）预处理阶段相比，可以采用低得多的支持率来发现模式。

在本小节中，将讨论这两种方式。

5.3.1　一次预处理多次查询

这种方式对于较简单的查询非常有效。在这种情况下，关键是要先对非常小的支持率确定所有的频繁模式，然后把结果项集放置在一个数据结构中以便查询。最简单的数据结构是项集格，它可以看作为查询而建立的图数据结构。当然也可以借鉴信息检索领域中的词袋数据结构来支持项集的查询。本小节将探讨这两种选择。

5.3.1.1　利用项集的格

如上章所述，项集空间可以表示为格。为方便起见，把上一章中的图4-1复制到图5-1。在虚线边界上方的项集是频繁的，而在边界下方的项集是非频繁的。

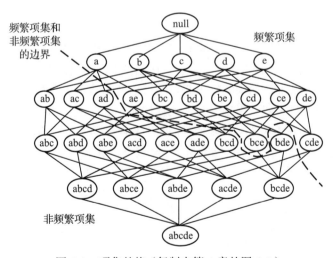

图 5-1　项集的格（复制自第 4 章的图 4-1）

在一次预处理多次查询的方式中，项集的挖掘采用最小可能的支持率 s，使得项集的格（图）中大部分频繁使用的部分可以放入内存。这是预处理阶段，运行时间不是主要的考虑因素。格上的边采用指针来实现，从而可以支持高效的遍历。此外，建立一个哈希表，把项集映射为图中的节点。格有许多重要的性质，例如向下闭包性，可用于发现非冗余的关联规则和模式。

这种结构可以有效地支持许多要求最小支持率 $minsup \geq s$ 的查询请求。举例如下：

1）为了确定在特定 $minsup$ 下所有包含集合 X 的项集，可以用哈希表把项集 X 映射到格中的相应节点。然后，遍历格以确定 X 的相关超集并报告。相似地，可以进行反方向遍历来得到 X 所包含的所有频繁项集。

2）在用户给定的最小支持率 $minsup$ 下，可以在遍历中直接确定最大项集，这是通过发现不存在指向直接超集的边的节点来实现的。

3）在给定最小支持率下，可以找到距离 X 给定海明距离的节点，这是通过从 X 开始向上和向下对格结构搜索预先指定的步数来得到的。

采用这种方法，还可以确定非冗余规则。例如，对于任意项集 $Y' \subseteq Y$，规则 $X \Rightarrow Y$ 的置信度和支持率不大于规则 $X \Rightarrow Y'$ 的。所以，规则 $X \Rightarrow Y'$ 相对于规则 $X \Rightarrow Y$ 是冗余的。这称为**严格冗余**（strict redundancy）。此外，对于任意项集 I，规则 $I - Y' \Rightarrow Y'$ 相对于规则 $I - Y \Rightarrow Y$ 仅在置信度方面是冗余的。这称为**简单冗余**（simple redundancy）。格结构提供了一种针对简单冗余和严格冗余来识别非冗余规则的有效方法。对于寻找这类规则的搜索策略，读者可以参见文献注释。

5.3.1.2　利用数据结构来支持查询

在某些情况下，我们需要使用硬盘作为存储媒介来支持查询。在这种情况下，基于内存的格遍历可能效率不高。两种最常用的数据结构是**倒排索引**（inverted index）和**特征表**（signature table）。这些数据结构的主要缺陷是它们不能像格结构一样有序地访问频繁模式的集合。

本小节中讨论的数据结构可以用于事务或项集。但是，部分数据结构，例如特征表，特别适合于项集，因为它们显式地利用了项集之间的相关关系以实现高效的索引。注意，与原始事务相比，项集之间的相关关系更加显著。下面介绍这两种数据结构。

1. 倒排索引

倒排索引是一种数据结构，用于检索稀疏集合数据，例如文本的词袋表示。因为频繁模式也是从一个很大的项空间中抽取的稀疏集合，所以可以采用倒排索引对其进行高效的查询。

给每个项集分配一个唯一的**项集标识符**。这可以使用哈希函数很容易地产生。项集标识符与代表事务的事务序号类似。项集本身可能存储在一个以项集标识符为索引的二级数据结构中。这个二级数据结构可以是一个哈希表，基于和产生项集标识符相同的哈希函数。

倒排表对于每项给出一个列表（项集标识符列表）。这个列表可以存储在硬盘上。图 5-2 展示了一个倒排表的例子。倒排表对于少数项上的包含性查询特别有效。考虑一个查询请求，要寻找包含 X 的所有项集，而 X 中的项比较少。X 中每项对应的倒排表是存储在硬盘上的，只要计算这些倒排表的交集，即可给出相关的项集标识符。当然，这些项集标识符并非项集本身。如果需要，可以访问硬盘读取相关项集，但这需要使用项集标识符来访问硬盘上的二级数据结构。这是倒排数据结构的额外开销，因为它可能导致随机硬盘访问。如果查询结果很多时，这种方式可能不实用。

虽然倒排表对于少数项上的包含性查询很有效，但它对于较长项集上的相似性查询效率不高。倒排索引的一个问题是它独立地对待每个项，而没有利用项集中项之间明显的相关关系。而且，检索完整项集比返回项集标识符更困难。对于这类情况，可以选择使用特征表数据结构。

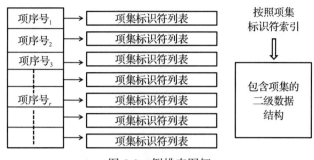

图 5-2　倒排表图解

2. 特征表

特征表最早是为索引购物篮事务而设计的。因为项集和事务具有相同的集合数据结构，它们都可以使用特征表来表示。广义上，特征表对于不同项之间存在显著相关关系的稀疏二元数据特别有用。因为项集的形成是根据相关关系而来的，而不同的项集之间存在大量的重叠，所以特征表对于这种场景尤为有效。

一个**特征**是一个项集合。将原始数据中所有项的集合 U 划分为 K 个特征 $S_1, \cdots, S_K$，使得 $U = \bigcup_{i=1}^{K} S_i$。$K$ 称为**特征基数**（signature cardinality）。当且仅当 $|S_i \cap X| \geq r$，称项集 X 在等级 r 上激发了特征 S_i。等级 r 称作**激发阈值**（activation threshold）。换言之，项集 X 需要与特征 S_i 有至少 r 个相同的项才能激发 S_i。

每个项集在 K 维空间中都有一个超坐标（super-coordinate），其中 K 是特征基数。超坐标的每一维与某个特定的特征一一对应，每维取值为 0～1，指出所对应的特征是否由此项集所激发。于是，如果将所有项的集合 U 划分为 K 个特征 $\{S_1, \cdots, S_K\}$，那么可能有 2^K 个超坐标。根据项集激发的特征，每个项集映射到一个超坐标。如果 $S_{i_1}, S_{i_2}, \cdots, S_{i_l}$ 是一个项集激发的一组特征，那么它的超坐标中 $l \leq K$ 维 $\{i_1, i_2, \cdots, i_l\}$ 设为 1，其余维设为 0。于是，这种方法建立了一个多到一的映射，即多个项集可能映射到相同的超坐标上。对于高度相关的项集，只要在将 U 划分为特征时保证每个特征包含相关的项，一个项集将只会激发少量的特征。

特征表包含 2^K 个条目，每个条目对应于一个可能的超坐标。项集到超坐标的映射建立了对项集的一个严格划分。这种划分可以用于相似性搜索。特征表可以存储在内存中，因为当 K 较小时，每个超坐标都可以放入内存。例如，当 K 选为 20 时，超坐标的数量大约是一百万。特征表中每个条目所索引的项集可以存储在硬盘上。特征表的每个条目指向一个硬盘页的列表，这些硬盘页中包含了相应的超坐标所索引的项集。图 5-3 展示了特征表。

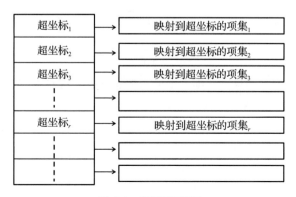

图 5-3　特征表图解

　　一个特征可以理解为项的一个小类别，如果特征中的所有项都是密切相关的，那么一个项集只可能激发少量的特征。这些特征揭示了对于该项集近似的购物行为模式，由此，把项聚类成特征时下面两个条件十分关键：

　　1）S_i 簇中的项是相关的，这可以保证更有区别力的映射，从而提供更佳的索引性能。

　　2）在每个簇中项的总支持率是相似的，这可以保证特征表是均衡的。

　　为了构建特征表，先创建一个图，图的每个节点对应一个项。对于每对频繁项，在图中增加一条边，边的权重是这一对项的支持率。此外，一个节点的权重是它所对应项的支持率。我们希望把这个图划分为 K 个部分，使得跨部分的边的权重之和越小越好，并且各部分最好是均匀的。减少跨部分的边的权重保证了相关的项集被分组在一起，尽量划分均匀以使得映射到超坐标上的项集也尽量均匀。于是，这个方法把项集合转化为一个相似图，然后将其聚类成图划分。图划分可以使用各种聚类方法，第 19 章中讨论的图聚类算法（例如 METIS）也可以用于图划分。本章文献注释中也将指出一些关于特征表构造方法的文献。

　　在特征确定之后，使用项集的超坐标可以定义数据的划分。每个项集属于其超坐标所对应的划分。与倒排索引不同的是，列表中显式地存储了项集，而不是项集标识符。这确保了不需要访问二级数据结构就可以获得项集。这就是为什么特征表可以返回项集本身，而非仅仅是项集标识符。

　　特征表能够处理通用的相似性查询，而倒排索引则无法进行有效的支持。设 x 为一个项集与目标项集 Q 相匹配的项数，y 为它与 Q 不同的项数[○]。对于固定的目标项集 Q，特征表能够处理 $f(x, y)$ 形式的相似函数，其满足下述两个性质：

$$\frac{\Delta f(x, y)}{\Delta x} \geq 0 \tag{5.2}$$

$$\frac{\Delta f(x, y)}{\Delta y} \leq 0 \tag{5.3}$$

　　这两个性质称为**单调性**，直观上保证这个函数对于匹配个数是增函数，对于海明距离是减函数。匹配和海明距离明显满足上述条件，还可以证明其他集合相似度函数，例如余弦和 Jaccard 系数，也满足这些条件。例如，设 P 和 Q 为两个项集，其中 Q 是目标项集，那么，余弦函数及 Jaccard 函数可以用 x 和 y 来表示如下：

$$Cosine(P, Q) = \frac{x}{\sqrt{|P|} \cdot \sqrt{|Q|}}$$
$$= \frac{x}{\sqrt{(2 \cdot x + y - |Q|)} \cdot \sqrt{|Q|}}$$
$$Jaccard(P, Q) = \frac{x}{x + y}$$

　　这些函数随着 x 的增加而增加，随着 y 的增加而减少。这些性质非常重要，因为它们允许根据参数的范围计算相似函数的取值范围。换言之，如果 γ 是 x 取值的上界而 θ 是 y 取值的下界，那么可以证明 $f(\gamma, \theta)$ 是函数 $f(x, y)$ 取值的上界（或称为乐观边界）。这可以用于实现分支定界法来进行相似性计算。

○　在项集中但不在 Q 内的以及在 Q 中但不在项集内的项数的总和，也可以理解为项集与 Q 的海明距离。——译者注

设 Q 为目标项集，计算 Q 与每个超坐标的项集的匹配和海明距离的乐观边界。这些边界可以证明是目标 Q（激活阈值）和特征选择的函数值。本章文献注释中将提到关于这些边界的具体计算方法的文献。假设对于第 i 个超坐标，匹配上的乐观边界是 x_i，海明距离上的乐观边界是 y_i。它们可以用于确定目标和第 i 个超坐标所索引的项集之间的相似函数 $f(x, y)$ 的乐观边界。因为单调性，对于第 i 个超坐标，这个乐观边界是 $B_i = f(x_i, y_i)$。将超坐标按照乐观边界 B_i 的递减顺序（即越来越差方向）排序。然后，按照这个顺序计算 Q 与超坐标所指向的项集的相似度。动态地保留到目前为止找到的最近的项集，直到乐观边界 B_i 比找到的最近项集的相似度还低（即还要差）时，终止这一过程。此时，报告找到的最近项集。

5.3.2 把限制条件放入模式挖掘

本章目前为止讨论的方法都是针对查询而设计的，满足在项上的限制条件。但是，在实践中，限制条件可能更加广泛，很难使用一种特定的数据结构方便地进行处理。在这种情况下，需要把限制条件直接放入模式挖掘过程中。

所有前述方法都使用了一次预处理多次查询的模式。所以，查询过程受限于预处理阶段中选择的最小初始支持率。虽然这样的方法对于在线查询和及时响应具有优势，但是当限制条件排除了大部分的项集时，就不是很有效。在这种情况下，所需要的最小支持率可能比初始预处理阶段可以合理选择的最小支持率小很多。把限制条件放入挖掘过程的优势是可以在执行频繁模式挖掘算法的过程中利用这些限制条件剪除大量的中间项集。这样，可以使用小得多的最小支持率。这种灵活性的代价是当数据集非常大的时候，实现的算法不再被认为是真正的在线算法。

考虑下面的场景，假设（商品）项已经被标记为不同的类别，例如零食、奶制品、烘烤类产品等。我们希望找到特定的模式，要求模式里所有的项都属于同一个类别。显然，这是对模式寻找的一个限制。当然，我们可以先挖掘所有的模式，然后过滤得到相关的模式，但是这种方法不很有效。如果在预处理阶段挖掘得到的模式数量不超过 10^6，而限制条件的选择性高于 10^{-6}[⊖]，那么最终返回的结果可能为空，或者非常少。

文献中有许多方法可以直接在挖掘过程中处理这些限制条件。根据限制条件对挖掘算法的不同影响，可以把这些限制条件分成不同的类型。一些著名的限制条件类型包括简洁（succinct）、单调（monotonic）、反单调（antimonotonic）和可交换（convertible）。对这些方法的详细描述超出了本书的范围。本章文献注释将提到许多关于这样算法的文献。

5.4 关联模式挖掘的应用

关联模式挖掘在多种实际场景中有丰富的应用，本小节将简要讨论其中一些应用。

5.4.1 与其他数据挖掘问题的关系

关联模型与其他数据挖掘问题紧密相关，比如分类、聚类和异常检测。关联模式可以对这些数据挖掘问题提供有效的解决方案。本小节将简要探讨这些关系，许多相关的算法也会在相应的数据挖掘问题的章节中进行讨论。

5.4.1.1 在分类中的应用

关联模式挖掘问题和分类问题密切相关，基于规则的分类器和关联规则挖掘非常相关。

⊖ 选择性越高则选择条件越苛刻。——译者注

10.4 节会深入地讨论这种分类器，这里只做一个概述。

考虑规则 $X \Rightarrow Y$，其中 X 是前置条件而 Y 是结果。在关联分类中，结果 Y 是一个对应于类别变量的单个项，而前置条件包含了特征变量。我们可以从训练数据中挖掘出这样的规则。通常，它们不是通过传统的支持率和置信度来确定的，而是需要确定对于不同类别最具有区分能力的规则。例如，考虑项集 X 和两个类 c_1 和 c_2。直觉上，如果规则 $X \Rightarrow c_1$ 和 $X \Rightarrow c_2$ 的置信度的绝对差异尽可能大，那么项集 X 就能够区分这两个类。所以，挖掘过程应该确定这种具有区分能力的规则。

有趣的是，研究发现对关联挖掘框架进行相对简单的修改就可以有效地处理分类问题。这种分类器的一个实例是 CBA 框架（Classification Based on Associations，基于关联的分类）。10.4 节将讨论基于规则的分类器的更多细节。

5.4.1.2 在聚类中的应用

因为关联模式确定了高度相关的属性的子集，那么在进行了离散化之后，关联模式就可以用于确定定量型数据中密集的区域。7.4 节将讨论 CLIQUE 算法，它通过离散化把定量型数据转化为二元属性，然后在转化后的数据上寻找关联模式。与这些数据密集区域相交的数据点就可以作为子空间簇。当然，这种方法有可能得出高度重叠的簇，然而因为其结果对应于数据中密集的区域，所以可以用来揭示这些区域的内在意义。

5.4.1.3 在异常检测中的应用

关联模式挖掘也可用于确定购物篮数据中的异常点，其关键思路是定义异常点为不被数据中大多数关联规则所覆盖的事务。当一个事务包含了一条关联规则中所有项时，就称这个事务被这条关联模式所覆盖。当数据是高维的时，传统的基于距离的算法难以应用，而这种基于关联模式的方法就尤其有效，因为事务数据本质上是高维的。9.2.3 节将深入讨论这种方法。

5.4.2 购物篮分析

关联规则挖掘问题最先提出时的应用场景就是购物篮分析。在这个问题中，我们希望确定客户购买行为的规则，为零售商提供帮助。例如，如果一条关联规则揭示购买啤酒就很可能购买尿布，那么零售商就可以使用这个信息，优化货架摆放和促销策略。尤其是，有趣的或出乎意料的规则对于购物篮分析最具价值，购物篮分析的许多传统的和替代的模型都侧重于这类决策。

5.4.3 用户信息分析

一个密切相关的问题是使用用户信息进行推荐。一个例子是 4.6.3 节中讨论的规则：

$$年龄\ [85, 95] \Rightarrow 国际跳棋$$

其他个人资料，包括性别、邮政编码，也可以用于确定更加细致的规则。这种规则称为**用户信息关联规则**。用户信息关联规则对于目标营销非常有价值，因为它们可用于识别与特定商品相关的人群。用户信息关联规则可以看作与分类规则十分相似，除了其前件通常标识用户信息片段，而结果标识目标营销的人群。

5.4.4 推荐和协同过滤

上面提到的两个应用与推荐分析和协同过滤密切相关。协同过滤的基本想法是根据相似用户的购买行为对用户进行推荐。在这个场景下，局部模式挖掘特别有用。局部模式挖掘的思路是把数据聚类成为几段，然后确定每段中的模式。每段中的模式通常对于全局数据的噪声有更强的抵抗力，而且可以更清晰地提供相似顾客间的模式。例如，在电影推荐系统中，电影名称的一个特殊模式，如 { 角斗士，尼禄，尤利乌斯·恺撒 }，可能在全局上没有足够的支持率。但是，在喜欢历史电影的用户中，这个模式可能具有很高的支持率。这种方法在协同过滤中得到应用。局部模式挖掘的问题非常具有挑战性，因为它需要同时确定聚类的段和关联规则。本章文献注释部分将给出局部模式挖掘方法的指南。协同过滤将在 18.5 节中详细讨论。

5.4.5　Web 日志分析

　　Web 日志分析是模式挖掘方法的一个常见应用场景。例如，在某个会话中访问的网页与购物篮数据中的事务十分相似。一组网页频繁地被一起访问，揭示了用户行为的相关性。网站管理员可以用这种认识来改善网站的结构。例如，如果一对网页之间没有超链接但经常在会话中被一起访问，那么增加超链接就有助于用户的使用。更复杂的日志分析通常需要处理时间角度的日志，超出了频繁项集挖掘的集合框架。这类方法将在第 15、18 章中详细讨论。

5.4.6　生物信息学

　　许多生物信息学中的新技术，例如微阵列和大型光谱测量技术，可以采集各种各样的高维数据集。这种数据的一个经典实例是基因数据，它可以表示为一个 $n \times d$ 矩阵，与传统的购物篮应用相比，矩阵的列数 d 非常大。在微阵列应用中，几十万列的数据也不罕见。有许多在这类数据中进行频繁模式挖掘的应用，可以发现数据中关键的生物学特征编码。在这种情况下，长模式挖掘方法，例如最大模式挖掘和闭包模式挖掘，尤其重要。实际上，本章文献注释中将提到专门为这类数据设计的多种方法的相关文献。

5.4.7　应用于其他复杂数据类型

　　频繁模式挖掘算法可推广应用于更加复杂的数据类型，如时间数据、空间数据和图数据。本书将分章介绍这些复杂的数据类型。这里对它们先进行简要的讨论。

　　1. 时序 Web 日志分析

　　使用 Web 日志中的时间信息极大地丰富了分析过程。例如，特定的访问模式可能在日志中频繁出现，这可以用于建立事件预测模型，用当前事件预测未来事件。

　　2. 空间同位模式

　　空间同位模式为不同个体的空间相关性提供了有益的理解。频繁模式挖掘算法可推广应用到这个领域。参见第 16 章。

　　3. 化学和生物学的图应用

　　在许多真实场景中，例如化学和生物学的化合物，确定结构模式有助于揭示分子的性质，这些模式也可用于创建分类模型。我们将在第 17 章中讨论。

　　4. 程序错误分析

　　程序结构常常可以表示为调用图。分析调用图中的频繁模式以及与这些模式的关键性偏离有助于发现程序中的错误。

　　许多上述提到的应用都将在本书后续的章节中进一步讨论。

5.5　小结

为了在数据驱动的应用中有效地使用频繁模式，创建模式的简洁汇总信息十分关键。这是因为返回的模式可能数量繁多且难以理解。许多方法为频繁模式构造了压缩的汇总表达。最大模式是一种简明汇总，但是它对支持率信息是有损的。我们常常可以在频繁模式挖掘算法中集成不同种类的剪枝策略来有效地确定最大模式。

闭包模式是一种频繁项集的无损描述。但是，闭包模式的压缩效果明显低于最大模式。近似闭包项集的概念可以实现较好的压缩，但是在这个过程中有一定程度的信息丢失。压缩项集的另一种方法是对项集进行聚类，使得所有项集到特定代表项集的距离都小于预先设定的距离。

项集的查询操作在许多应用中十分重要。例如，项集的格可以用于处理简单的查询。在某些情况下，格无法放入内存。这时，可能希望使用基于硬盘的数据结构，如倒排索引和特征表。当限制条件十分随意或者有很高的选择性时，可以考虑把限制条件直接放入挖掘过程进行处理。

频繁模式挖掘有很多应用，可以把它作为其他数据挖掘问题的子过程。其他应用还包括购物篮分析、用户信息分析、推荐、Web 日志分析、空间数据和化学数据。许多应用将在本书后续章节中讨论。

5.6　文献注释

第一个最大模式挖掘算法是在 [82] 中提出的。之后的 DepthProject[4] 和 GenMax[233] 算法也是针对最大模式挖掘进行设计的。DepthProject 表明深度优先方法对于确定最大模式有多种优势。MAFIA[123] 中使用的列式位图可以用于压缩事务序号列表。闭包模式挖掘问题首先在 [417] 中提出，它展示了一个基于 Apriori 的算法，称为 A-Close。之后出现了许多闭包频繁模式挖掘算法，例如 CLOSET[420]、CLOSET+[504] 和 CHARM[539]。最后这个算法采用了列式数据形式来更有效地挖掘长模式。对于非常高维的数据，闭包模式挖掘算法以 CARPENTER[413] 和 COBBLER[415] 的形式被提出。另一种称作模式融合（pattern-fusion）[553] 的方法，把不同的模式片段融合成一个长模式。

[125] 中的工作探讨了如何使用推理规则来在所有频繁项集上构造最小的表示。[126] 是一篇关于频繁项集压缩表示的优秀综述。之后，出现了许多 δ-freesets[107] 形式的近似闭包方法。[470] 讨论了项集压缩的信息论方法。

使用基于聚类的方法进行压缩主要集中于项集而非事务。[515] 根据模式的相似性和频率进行聚类，构建了一种模式的压缩表示。[403] 讨论了在贪心算法中使用的子模性，用于发现覆盖项集的最佳集合。

[37] 讨论了使用项集的格进行交互式规则探索的算法。这项工作也讨论了简单冗余和严格冗余的概念。这种方法也可推广到用户信息关联规则的场景[38]。本章中讨论的倒排索引可以在 [441] 中找到。采用特征表对购物篮进行专门处理的实现方法可以在 [41] 中找到。[359] 研究了一种为存储和查询频繁项集而设计的紧凑的硬盘结构。

有多种多样的基于限制条件的模式挖掘方法。简明限制条件（succinct constraint）是最容易处理的，因为可以直接放入数据选择中处理。单调限制条件（monotonic constraint）只需要进行一次检查以限制模式生长[406, 332]，而反单调限制条件（antimonotonic constraint）则需要放入深层次的模式挖掘过程中。另一种称为可转换限制条件（convertible constraint）[422]

的模式挖掘形式，可以通过把项按照升序或降序排列来限制模式生长。

CLIQUE 算法 [58] 指出了如何在聚类算法中使用关联模式挖掘方法。[358] 讨论了 CBA 算法，进行基于规则的分类。[115] 是一篇基于规则的分类方法的综述。频繁模式挖掘问题也可用于对非常长的事务进行异常检测 [263]。频繁模式挖掘也可应用于生物信息学领域 [413, 415]。确定局部关联规则 [27] 对于推荐和协同过滤十分有用。在生物信息学应用中挖掘频繁长模式的方法可以在 [413, 415, 553] 中找到。关联规则也可以用于发现空间同位模式 [388]。Aggarwal 和 Wang[26] 详细讨论了对于图应用的频繁模式挖掘方法，图应用包括程序错误分析、化学和生物学数据等。

5.7 练习题

1. 考虑下表中的事务数据库：

事务序号	项	事务序号	项
1	a, b, c, d	4	a, e, f
2	b, c, e, f	5	b, d, f
3	a, d, e, f		

当最小支持率为 2、3 和 4 时，确定事务数据库中所有最大模式。

2. 编写一个程序，从一组频繁模式中确定最大模式。

3. 对于练习题 1 中的事务数据库，当最小支持率为 2、3 和 4 时，确定所有闭包模式。

4. 编写一个程序，从一组频繁模式中确定闭包频繁模式。

5. 考虑下表中的事务数据库：

事务序号	项	事务序号	项
1	a, c, d, e	5	b, e, f
2	a, d, e, f	6	c, d, e
3	b, c, d, e, f	7	c, e, f
4	b, d, e, f	8	d, e, f

当最小支持率为 3、4 和 5 时，确定事务数据库中所有频繁最大模式和闭包模式。

6. 编写一个程序，实现从一组项集中寻找代表项集的贪心算法。

7. 编写一个程序，在购物篮数据上实现倒排索引。实现一个查询请求，检索包含一组特定项的所有项集。

8. 编写一个程序，在购物篮数据上实现特征表。实现一个查询请求，基于余弦相似度，检索与目标购物篮最相近的购物篮。

第 6 章

Data Mining: The Textbook

聚 类 分 析

"想要当羊群中一头完美的羊，你首先需要是头羊。"

——Albert Einstein

6.1 引言

许多应用需要将数据点划分成近似的组。通过将大量数据点划分成少量的组，可以极大程度地概括数据，也可以在多种数据挖掘应用中更好地理解数据。聚类的一种非正式的直观定义如下：

给定一组数据点，将其划分成若干个包含相似数据点的组。

这是一种十分粗略且直观的解释，因为这一定义没有表明这个问题在多个方面可以有所不同，如组的数量，或相似度的客观标准。尽管如此，这一简明的定义能基本解释不同应用中所使用的专门模型。这类应用的一些例子如下。

- **数据汇总**（data summarization）：从广义的角度来讲，聚类问题可以看作数据汇总的一种形式。因为数据挖掘主要是从数据中提取摘要信息（或简明的见解），而聚类过程经常用于数据挖掘算法的第一步。事实上，许多应用都以某种形式来使用聚类分析得出的汇总特性。
- **客户分类**（customer segmentation）：我们经常需要分析相似用户组的共同行为特性，这一需求可以由客户分类来实现。客户分类的一个应用实例是**协同过滤**（collaborative filtering），指的是将相似用户组已知或潜在的偏好用于给组中其他用户进行商品推荐。
- **社交网络分析**（social network analysis）：在网络数据的例子中，通过连接关系而紧密聚集的节点通常属于相似的组，如朋友或社区。社交网络分析中研究最广泛的问题之一便是社区发现，因为对人类行为的广泛理解正是取自对社区团体动态的分析。
- **与其他数据挖掘问题的关系**：基于上述总结可知，聚类问题可以用在解决其他数据挖掘问题。例如，聚类经常用在分类或异常检测模型的预处理步骤中。

聚类分析已有很多模型，不同的模型适用于不同的场景或数据类型。许多聚类算法都会遇到的一个问题是许多特征可能含有噪声或者对于聚类分析来说信息不足。这类特征需要在聚类分析的早期步骤中去除掉。这个问题称为**特征选取**（feature selection）。本章也会研究聚类中的特征选取算法。

本章将聚焦在较简单的包含数值或离散数据的多维数据类型上，讨论一些基本的聚类算法。对更为复杂的数据类型，如时序或网络数据，将在后面的章节讲述。这些基本模型之间的主要区别在于如何定义不同数据组中的相似度。在一些情况下，相似度被显式定义为一种合适的距离度量，然而在另一些情况下则可能是隐式给出的，需要用混合概率模型或密度模型来定义。除此之外，特定的聚类分析场景，如高维或大规模数据集，则具有特殊的困难，这些问题将在下一章讨论。

本章内容的组织结构如下：6.2 节讲述特征选择算法；一些经典算法将在 6.3 节给出；层次化聚类算法在 6.4 节中讲述；6.5 节讨论基于概率和模型方法的聚类算法；基于密度的方法在 6.6 节给出；基于图的聚类技术在 6.7 节中讨论；6.8 节研究数据聚类的非负矩阵分解方法；聚类有效性的问题将在 6.9 节讨论；最后，6.10 节给出本章小结。

6.2　聚类的特征选取

特征选取的主要目标是去除那些影响聚类的噪声特征。特征选取对于无监督问题（如聚类）来说通常比较困难，因为没有外部的有效准则（如标签）来做特征选取。直观地说，特征选取与确定一组特征的内在聚类趋势密切相关。特征选取就是确定特征子集，使得数据的聚类趋势最大化。特征选取主要有两种模型。

1. 过滤模型

在这种情况下，每个特征都有一个与之相关的基于相似度准则的分数。这一准则本质上是一个过滤器，提供了过滤特征的简明条件，以除去分数达不到标准的特征。在某些情况下，过滤模型可以把特征子集作为一个整体来量化其质量，而非根据单个特征。这样的模型可能更有效，因为它们考虑了将一个特征加入其他特征中时产生的增量影响。

2. 包装模型

在这种情况下，聚类算法用于评估特征子集的质量，随后也用于聚类中特征子集的优化。这是一个自然迭代的过程，可以根据聚类来选择合适的特征值，反之亦然。特征选取在某些程度上依赖于特定聚类方法的选择。尽管这看起来是一个不利条件，事实上，不同的聚类方法在不同的特征集上所表现出来的效果是不一样的。因此，这种方法也可以对特定聚类问题中的特征选取方法进行优化。另一方面，在具体聚类方法的影响下，特定特征的内在信息有时不能通过这种方法反映出来。

过滤模型和包装模型的主要区别在于前者可以单纯用于预处理阶段，而后者则被整合于聚类过程之中。在后面几小节中将会讨论一些过滤和包装模型。

6.2.1　过滤模型

过滤模型使用某个特定的标准来评估单个特征或特征子集对数据集聚类趋势的影响，下面将介绍一些常用的标准。

6.2.1.1　项权

项权量化标准一般用于稀疏领域，如文本数据。在这种领域中，与属性值之间的距离相比，非零值的存在与否更有意义，相似度函数也比距离函数更有意义。这种方法对随机的文档对进行采样（不考虑文档在文档对中的次序）。项权的定义是在相似文档对（相似度大于 β）中，某项若出现在第一个文档里也出现在第二个文档里的比例。换句话说，对于任意项 t，以及充分相似的文档对 $(\overline{X}, \overline{Y})$，项权定义如下：

$$项权 = P(t \in \overline{Y} \mid t \in \overline{X}) \tag{6.1}$$

如果需要，可以通过将数值属性离散化为二元数将项权泛化到多维数据上。其他类似方法则利用整体距离和属性距离之间的关联来确定相关性。

6.2.1.2　预测特征的依赖性

该量化标准的动机是，与不相关特征相比，相关特征将会产生更好的聚类效果。当某一属性和其他属性具有相关性时，其他属性就能用来估计该属性值。这时可以用一种分类算法

（或回归模型）来评估预测能力。当属性是数值型时，可以用回归模型；否则，可以使用分类算法。对属性 i 的相关性进行量化的总体方法如下：

1）为了预测属性 i 的值，对除属性 i 之外的所有属性使用分类算法，这时将属性 i 看作分类变量。

2）将分类精度看作属性 i 的相关度。

这里可以使用任意分类算法，但最理想的方法是近邻算法，因为近邻算法本身就有相似度计算和聚类的过程。分类算法将在第 10 章中讨论。

6.2.1.3 熵

该量化方法的基本思想是高度聚集的数据会将其聚类特征反映在距离分布上。为了说明这一点，给出两种不同的数据分布，如图 6-1a 和图 6-1b 所示。第一幅图描绘了均匀分布的样本，而第二幅图展示了包含两个簇的数据点。图 6-1c 和图 6-1d 展现了在上面两种情况下两点间距离的分布。显然，均匀分布的数据点的距离分布为钟型曲线，而聚集为多个簇的数据距离分布则呈现出簇间分布与簇内分布的两种不同的峰值。峰值的数目通常随着簇数的增加而增加。基于熵的度量目标就是量化给定的特征子集上的距离分布形状，然后挑选出分布行为与图 6-1b 类似的子集。因此，这类算法需要一种系统化方法来搜索合适的特征组合，并且在此基础上量化基于距离的熵。那么，在特定的特征子集上，如何计算基于距离的熵呢？

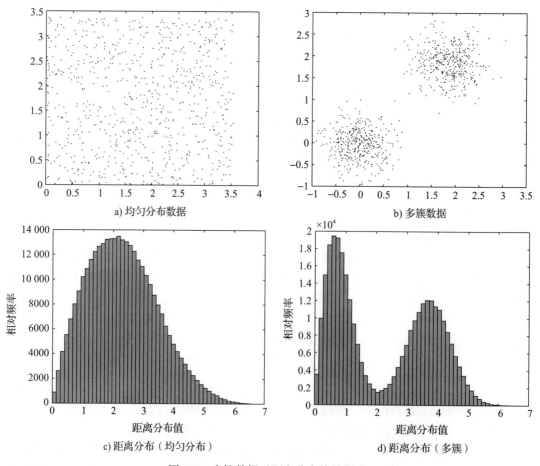

a) 均匀分布数据

b) 多簇数据

c) 距离分布（均匀分布）

d) 距离分布（多簇）

图 6-1   多簇数据对距离分布熵的影响

一种传统的量化方法是直接使用数据点的概率分布来计算熵。考虑一个 k 维特征子集。第一步是通过把每一维数据划分为 ϕ 个网格域来将数据离散化成多维的网格域。最终将获得 $m = \phi^k$ 个网格，我们用 1 到 m 标记这些网络。设 $\phi = \lceil m^{1/k} \rceil$，这时 m 值对所有需要评估的特征子集都近似。如果 p_i 是网格域 i 中的数据点占总数据点的比例，则基于概率的熵 E 定义为：

$$E = -\sum_{i=1}^{m} [p_i \log(p_i) + (1 - p_i) \log(1 - p_i)] \tag{6.2}$$

均匀分布的熵很大，不能很好地用于聚类，而多簇聚集的数据则有较小的熵。因此，熵的度量可以反馈特征子集的聚类质量。

尽管可以直接使用上述量化方法，但网格域 i 的概率密度有时很难从高维数据中精确估计。这是因为网格域是多维的，而且高维数据存在稀疏性问题。确定特征子集在变化的维度 k 下的网格域数量 m 也很困难，因为 $\phi = \lceil m^{1/k} \rceil$ 的值是向上取整的。一种替代方法是在一维采样数据集的点对点距离分布上计算熵值。这与图 6-1 中的分布相同。此时，p_i 的值代表所有采样得到的距离中第 i 个距离区间所占的比例。虽然这一方法没有完全解决高维数据中的问题，但是这为维度适中的数据集提供了很好的选择。例如，如果在柱状图 6-1c 和图 6-1d 上计算熵，我们是可以很好地区分这两种分布的。一种基于原始距离的启发式计算方法也常被使用，具体请参阅文献注释。

通常有多种搜索方法来找到熵值 E 最小的特征子集。例如，从特征全集开始，使用简单的贪心算法来去掉一些使得熵值急剧减小的特征，重复直至熵值缩减不大甚或熵值开始增加。一些改进方法将量化指标与搜索策略同时考虑，本书文献注释部分会提到这样的方法。

6.2.1.4　霍普金统计

霍普金统计方法经常用于度量数据集的聚类趋势，也可以应用于特定的属性子集。度量结果可以与特征搜索算法结合使用，如前面小节所讲的贪心算法。

令 $\mathcal{D}$ 表示需要评估聚类趋势的数据集。在数据空间域中随机生成 r 个数据点，形成（人工合成）样本 S。同时，从 $\mathcal{D}$ 中抽取 r 个数据点构成样本 R。令 $\alpha_1, \cdots, \alpha_r$ 代表样本 $R \subseteq \mathcal{D}$ 中数据点与其在原始数据集 $\mathcal{D}$ 中最近邻居的距离。类似地，令 $\beta_1, \cdots, \beta_r$ 表示合成样本 S 中的数据点与其在数据集 $\mathcal{D}$ 中最近邻居的距离。则霍普金统计 H 表示如下：

$$H = \frac{\sum_{i=1}^{r} \beta_i}{\sum_{i=1}^{r} (\alpha_i + \beta_i)} \tag{6.3}$$

霍普金统计值一定在 (0, 1) 范围内。对于均匀分布的数据而言，由于 α_i 与 β_i 的值相似，因此霍普金统计值为 0.5。对于多簇聚集的数据而言，α_i 的值通常远小于 β_i 的值，这导致霍普金统计值近似于 1。所以，霍普金统计值 H 越高则代表数据点有更高的多簇聚集程度。

我们观察到这种方法使用了随机采样策略，因此结果会根据随机样本的不同而发生变化。必要时需要进行多次重复采样。可以用置信度统计测试来确定霍普金统计值大于 0.5 的聚类的置信度。对于特征选择，可以使用多次测试的统计平均值。这种统计方法可以用于评估任意特定特征子集的质量以分析子集的聚类趋势。这一准则同样可以与贪心算法相结合来挖掘子集的相关特征，该贪心算法与在基于熵的方法中所讨论的贪心算法类似。

6.2.2 包装模型

包装模型在特征子集上应用聚类算法的同时使用一个内部的聚类效度标准。聚类效度标准用于评估聚类质量，这一部分将在 6.9 节详细讲述。包装模型的基本思想是在特征子集上使用聚类算法，然后通过聚类效度标准对聚类质量进行评估。因此，需要探索不同特征子集的搜索域，从而找到最佳的特征组合。由于特征子集的搜索域是根据维度呈指数增长的，因此可以使用一个贪心算法，从使用所有特征开始，相继丢弃能极大提高聚类效度标准的特征。这一方法的主要不足是对所选择的效度标准的高度依赖。正如本章后面所述，聚类效度标准还远不够成熟，而且算法的计算代价极高。

另一种简单的方法是从分类算法中借鉴而来的，以特征选择标准来选择单个特征。在这种情况下，将对特征进行独立评估，而不是对特征子集进行评估。在聚类方法中，我们人工地建立一个标签集合 L，它对应于数据点的簇标识符。特征选择标准从分类方法中借鉴了使用标签集 L 的思想。这一标准用于标识那些最有区分度的特征：

1）在当前所选的特征子集 F 上使用聚类算法，这样可以在数据点上添加簇标签 L。

2）借助数据簇标签 L，使用任意有监督标准来量化 F 中每个特征的质量，从中选出前 k 个质量最高的特征。

上述方法有很大的灵活性，每一步都可以使用不同的聚类算法和特征选择标准，也可以使用多种不同的有监督标准，例如基于类别的熵和 Fisher 评分（参见 10.2 节）。10.2.1.3 节讨论的 Fisher 评分可以用于度量任意给定属性上簇间方差与簇内方差的比值。另外，我们可以迭代执行上面这两步，不过需要对第一步做出一些改进。我们不再选取前 k 个特征，而是将前 k 个特征的权值设为 1，而将其余特征的权值设为 $\alpha < 1$。这里，α 是用户指定的参数。在最后一步时只选前 k 个特征。

为了提高效率，我们通常将包装模型与过滤模型相结合，从而组成一个混合模型。在这种情况下，候选特征子集由过滤模型构建。候选特征子集的质量将根据聚类算法来评估。评估方法可以使用聚类效度标准，也可以使用带有聚类标签的分类算法。从而选择最优的候选特征子集。相比过滤模型，混合模型提供了更高的精确度，且比包装模型更为高效。

6.3 基于代表点的算法

基于代表点的算法在聚类算法中最为简单，因为它直接依赖于聚类数据点的距离（或相似度）。在基于代表点的算法中，聚类可以一次性创建，不同簇之间没有层次依赖关系。这通常通过划分出的代表点集合来完成。代表点可以通过聚类数据上的一个函数（如 mean 函数）来创建，也可以从聚类的现有数据点中选择。主要思想是发现高质量的簇等同于发现高质量的代表点集。一旦确定了代表点，就可以使用距离函数将数据点分配给离它最近的代表点。

一般地，将簇数记为 k，它由用户指定。假设数据集合 $\mathcal{D}$ 包含 n 个数据点，在 d 维空间中记为 $\overline{X_1}, \cdots, \overline{X_n}$。聚类目标是确定 k 个代表点 $\overline{Y_1}, \cdots, \overline{Y_n}$ 使得下面的目标函数 O 最小化。

$$O = \sum_{i=1}^{n} [\min_j Dist(\overline{X_i}, \overline{Y_j})] \tag{6.4}$$

换句话说，不同数据点到其最近代表点的距离和应该最小化。注意，数据点的分布依赖于 $\overline{Y_1},\cdots,\overline{Y_k}$ 的选择。在一些不同的基于代表点的算法中，例如 k-medoid 算法，假设代表点 $\overline{Y_1},\cdots,\overline{Y_k}$ 取自原始数据集 $\mathcal{D}$，尽管这样显然不能得到最优解。总之，在本章讨论中，除非特别说明，否则不会自动假设代表点取自原始数据集 $\mathcal{D}$。

观察公式 6.4 可以发现代表点 $\overline{Y_1},\cdots,\overline{Y_k}$ 和数据点到代表点的最优分配事先是未知的，但是它们以一种循环方式相互依赖。例如，如果最优的代表点已知，那么最优的数据分配也很容易得到，反之亦然。这种优化问题可以使用一种迭代的方式求解，使得候选代表点和候选分配相互增强。因此，普通的 k 代表点算法首先用简单的启发式方法（如从原始数据集中随机取样）初始化 k 个代表点 S，然后迭代修正代表点和簇分配，如下所示：

- （分配阶段）根据距离函数 $Dist(\cdot,\cdot)$ 将每个数据点分配到 S 中距离它最近的代表点，记相应的簇为 $\mathcal{C}_1,\cdots,\mathcal{C}_k$。
- （优化阶段）对于每个簇 $\mathcal{C}_j$，选择最优的代表点 $\overline{Y_j}$ 使局部目标函数 $\sum\limits_{\overline{X_i}\in\mathcal{C}_j}[Dist(\overline{X_i},\overline{Y_j})]$ 最小化。

在本章后面会提到以最大期望值算法为基础做聚类分析，上面的两步过程与这类方法的生成模型紧密相关。由于我们分成了两步迭代，第二步中的局部优化变得简单，因为在全局优化问题的公式 6.4 中，它不再依赖于未知的数据点分配。一般情况下，可以证明最优的代表点是第 j 个簇中数据点的中心，但究竟这个中心在哪里依赖于距离函数 $Dist(\overline{X_i},\overline{Y_j})$ 的选择。对于欧几里得距离和余弦相似度函数，可以证明每个簇的最优中心代表点为其均值。然而，不同的距离公式可能导致中心代表点稍有不同，因此产生了不同的方法，如 k-means 算法和 k-medians 算法。所以 k 代表点方法定义了一个算法族，其中使用的距离函数不同导致了基本框架的微小差别。这些不同的标准将在后面进行讨论。图 6-2 中的伪代码展示了在任意距离函数下基于代表点的算法框架。核心思想是通过迭代的方法来优化目标函数。算法的目标函数值在初始迭代中下降很快，而在后续迭代中逐渐变慢。当某次迭代中目标函数的变化小于用户定义的阈值时，迭代终止。算法的主要计算瓶颈在分配阶段，此时需要计算所有"点–代表点"对之间的距离。对于大小为 n，维度为 d 的数据集，每次迭代的时间复杂度为 $O(k\cdot n\cdot d)$。算法终止的迭代次数通常是一个较小的常数。

```
Algorithm GenericRepresentative（数据集：D，代表点数：k）
begin
    初始化代表点集合 S;
    repeat
        用距离函数 Dist(·,·) 为每个 D 中的数据点找到集合 S 中最近的代表点，
        从而产生簇集合 (C₁, ⋯, Cₖ);
        为每个 Cⱼ 找到一个代表点 Ȳⱼ 使得 ∑ Dist(X̄ᵢ, Ȳⱼ) 最小，并用这些 Ȳⱼ
                                      X̄ᵢ∈Cⱼ
        形成新的代表点集合 S;
    until 收敛;
    return (C₁, ⋯, Cₖ);
end
```

图 6-2　不指定距离函数的基于代表点的通用算法

k 代表点算法的详细步骤如图 6-3 所示，其中数据包含了三个自然簇，记为 A、B 和 C。

为了简便起见，假定算法输入的 k 值和自然簇数相等，在这个例子中 $k = 3$。使用欧几里得距离函数，因此在第二步中使用簇的均值。初始化时从数据域中随机选取代表点（或种子）。这导致了一种特别不好的初始化情况，其中两个代表点距离簇 B 很近，而另一个位于簇 A 和簇 C 之间。结果导致簇 B 被两个代表点分割，而在初始化阶段中簇 A 和簇 C 中的点被分配给了同一个代表点。这种情况如图 6-3a 所示。然而，由于分配给了每个代表点不同数目的数据点，且这些数据点来自不同的簇，因此代表点将在后面的迭代中偏向一个特定的簇。例如，代表点 1 逐渐偏向于簇 A，而代表点 3 逐渐偏向于簇 C。同时，代表点 2 成为簇 B 中的一个不错的中心点。结果是簇 B 在 10 次迭代后不再被两个代表点分割（见图 6-3f）。一个有趣的现象是不论初始化阶段的赋值多么糟糕，k 代表点算法只需要 10 次迭代便可以生成合理的数据簇。在实践中，k 代表点算法也是如此，这一算法可以快速收敛并且得到不错的聚类效果。尤其是在将异常点取作初始代表点时，k-means 算法也能收敛至次优解。在这种情况下，某个簇可能包含一个异常点，该点不是数据集的代表点，或者可能包含两个合并的簇。这类情况的处理将在算法实现部分讨论。后面的章节会讨论一些特殊情况和该框架的几种变种。大多数 k 代表点算法的变种都是根据数据点 $\overline{X_i}$ 与代表点 $\overline{Y_j}$ 之间距离函数 $Dist(\overline{X_i}, \overline{Y_j})$ 的不同选择来定义的。每种变种对簇中心的获取形式都会带来一些不同。

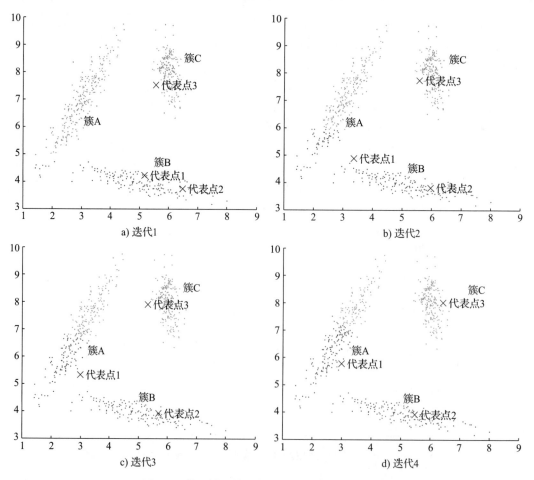

图 6-3　使用随机初始化的 k 代表点算法示意图

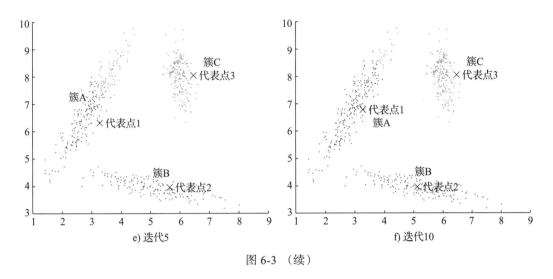

图 6-3 （续）

6.3.1　*k*-means 算法

在 *k*-means 算法中，使用数据点和离其最近的代表点之间的欧几里得距离的平方和来度量聚类的目标函数。因此我们有：

$$Dist(\overline{X_i}, \overline{Y_j}) = \parallel \overline{X_i} - \overline{Y_j} \parallel_2^2 \tag{6.5}$$

这里 $\parallel \cdot \parallel_p$ 表示 L_p 范数。表达式 $Dist(\overline{X_i}, \overline{Y_j})$ 可以近似看作数据点与离其最近的代表点（中心点）的平方误差。那么，目标则是最小化不同数据点的平方误差和。这种方法有时也称为 SSE。在这种情况下，可知[⊖]每次优化迭代中的最优代表点 $\overline{Y_j}$ 是簇 C_j 中数据点的均值。那么，图 6-2 中的通用伪代码与 *k*-means 方法的伪代码之间唯一的不同就是距离函数 $Dist(\cdot, \cdot)$ 的具体实例化和选取簇的局部均值作为代表点。

k-means 算法的一个有趣变种是使用局部马哈拉诺比斯距离（Mahalanobis distance）来分配每个数据点所属的簇。这一函数在 3.2.1.6 节中讨论过。每个簇 C_j 都有 $d \times d$ 的协方差矩阵 Σ_j，它可以通过计算前一次迭代中分配给该簇的数据点得到。带有协方差矩阵 Σ_j 的数据点 $\overline{X_i}$ 和代表点 $\overline{Y_j}$ 的马哈拉诺比斯距离平方定义如下：

$$Dist(\overline{X_i}, \overline{Y_j}) = (\overline{X_i} - \overline{Y_j}) \sum_j^{-1} (\overline{X_i} - \overline{Y_j})^{\mathrm{T}} \tag{6.6}$$

当聚类沿特定方向呈细长椭圆形时，使用马哈拉诺比斯距离会十分有效，如图 6-3 所示。因子 $\sum_j^{-1}$ 归一化了局部密度，这对于局部密度不同的数据集很有效。最终算法称为**基于马哈拉诺比斯距离的 *k*-means 算法**（Mahalanobis *k*-means algorithm）。

当簇为随意形状时，*k*-means 算法不会取得太好的效果。如图 6-4a 所示，其中簇 A 为非凸的形状。*k*-means 算法将其划分为两个部分，同时将其中一部分与簇 B 合并。这种情况

⊖　对于一个固定的簇分配 $C_1, \cdots, C_k$，关于 $\overline{Y_j}$ 的聚类目标函数的梯度 $\sum_{j=1}^{k} \sum_{\overline{X_i} \in C_j} \parallel \overline{X_i} - \overline{Y_j} \parallel^2$ 被设置为 $2 \sum_{\overline{X_i} \in C_j} (\overline{X_i} - \overline{Y_j})$。将梯度设置为 0 得到簇 C_j 的均值，将其作为 $\overline{Y_j}$ 的最优值。注意，其他簇对梯度没有贡献，因此，该方法有效地优化了 C_j 的局部聚类目标函数。

在 k-means 算法中经常出现,因为其主要倾向于发现球形簇。尽管基于马哈拉诺比斯距离的 k-means 算法可以处理细长形的簇,但是它也不能很好地处理这种情况。另外,马哈拉诺比斯距离可以适用于簇密度不同的情况,这是因为基于马哈拉诺比斯距离的方法使用聚类特定的协方差矩阵对局部距离进行归一化。基于密度的算法仍不能对图 6-4b 中的数据集进行有效的聚类,这种算法是针对任意形状的簇的情况设计的(参见 6.6 节)。因此,不同的算法适用于不同的应用需求。

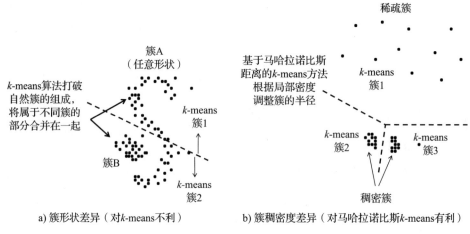

a) 簇形状差异(对k-means不利)   b) 簇稠密度差异(对马哈拉诺比斯k-means有利)

图 6-4 k-means 算法的优势和劣势

6.3.2 k-means 内核算法

通过使用**内核技巧**,可以将 k-means 算法扩展为可以发现任意形状的簇。基本思想是将数据进行变换,从而使任意形状的簇映射到新空间中的欧几里得簇。参见 10.6.4.1 节中对 k-means 内核算法的简明介绍。k-means 内核算法的主要问题是内核矩阵的计算复杂度与数据点的数量平方成正比。然而这一方法能够有效发现图 6-4a 中的任意形状的簇。

6.3.3 k-medians 算法

在 k-medians 算法中,使用曼哈顿距离作为目标函数。因此,距离函数 $Dist(\overline{X_i}, \overline{Y_j})$ 定义如下:

$$Dist(\overline{X_i}, \overline{Y_j}) = \| X_i - Y_j \|_1 \tag{6.7}$$

在这种情况下,可以看出最佳代表点 $\overline{Y_j}$ 就是簇 C_j 中每一维度数据点的中值。这是因为对于在一条线上分布的数据点集合,与每个数据点的 L_1 距离之和最小的点正好是集合的中值。该结论的证明很简单,因为从中值的定义可以看出,中值在任何方向上的变化 ϵ 都不能减少 L_1 距离的和。这意味着中值的选取可以使得数据集中的数据离此点的 L_1 距离和最小。

因为在每一维上都独立选择中值,所以 d 维代表点将可能不属于原始数据集。k-medians 方法有时会与 k-medoids 方法混淆,k-medoids 方法选择的代表点是在原始数据集中的。在这种情况下,图 6-2 所示的伪代码和 k-medians 算法的唯一区别在于后者使用曼哈顿距离函数以及使用簇的局部中值作为代表点。相比于 k-means 方法,k-medians 算法以一种更为鲁棒的方法选取代表点,因为中值对异常点不像均值那么敏感。

6.3.4 *k*-medoids 算法

尽管 *k*-medoids 算法也使用代表点，但其基本的算法框架与图 6-2 所示的通用 *k* 代表点算法仍有所不同。其聚类目标函数和 *k* 代表点算法一样。*k*-medoids 算法的主要不同在于它总是从数据集 $\mathcal{D}$ 中选取代表点。这种差异需要更改 *k* 代表点算法的基本结构。

这里的问题在于为什么需要从数据集 $\mathcal{D}$ 中选取代表点。有两个原因。一个原因是异常点的存在可能会使 *k*-means 聚类畸变。在这种情况下，代表点可能会在某个空白区域中，这样则不能代表簇中的大多数数据点。这样的代表点会使不同簇中的部分数据点汇集在一起，这样显然是不正确的。这一问题可以通过谨慎处理异常点或使用对异常点鲁棒性强的算法（如 *k*-medians 算法）来部分解决。第二个原因是对于复杂数据类型，通常很难计算数据点集最优的中心代表点。例如，如果将 *k* 代表点算法用于变长的时间序列集合，那么该怎样定义不同时间序列的中心呢？这时，从原始数据集中选择代表点会十分有效。只要代表点是从每一个簇中选取的，则该方法将获得高质量的聚类结果。因此，*k*-medoids 算法的主要特性在于其可以应用于任何数据类型，只要在这种类型的数据集上有合适的相似度或距离函数。所以，*k*-medoids 方法的效果直接依赖于距离函数的选择。

k-medoids 方法使用一般的爬山策略，其中代表点集 *S* 被初始化为原始数据集 $\mathcal{D}$ 中的一系列数据点。随后，通过将集合 *S* 中的某一点与从数据集 $\mathcal{D}$ 中选择的点进行交换来迭代更新集合 *S*。这种迭代交换的方法可以看作爬山策略，因为集合 *S* 隐式地定义了聚类问题的一种解决方案，并且每次交换都可看作一步爬山。那么交换的标准和迭代终止的条件是什么呢？

显然，为了使得聚类算法有不错的结果，爬山策略至少应在某种程度上优化目标函数。下面是交换的几种选择：

1）将集合 *S* 中的一个代表点与集合 $\mathcal{D}$ 中的一个数据点交换，总共可以尝试 $|S|\cdot|\mathcal{D}|$ 种可能性，然后选择最优的一个。然而，这种方法的计算复杂度非常高，因为对于 $|S|\cdot|\mathcal{D}|$ 种选择中的每一种，目标函数迭代计算的时间复杂度都与原始数据集的大小成正比。

2）一种更为简便的解决方案是随机选择 *r* 对 $(\overline{X_i}, \overline{Y_j})$ 作为可能的交换对象，其中 $\overline{X_i}$ 取自数据集 $\mathcal{D}$，而 $\overline{Y_j}$ 取自代表点集合 *S*。*r* 对中最优的将用于交换。

第二种方案的时间复杂度与数据集大小的 *r* 倍成正比，对于适度大小的数据集，这种方案通常是可以实现的。当目标函数不再变化或目标函数的优化幅度小于用户定义的阈值时，就说算法收敛了。*k*-medoids 方法通常比 *k*-means 方法慢，但是对于不同的数据类型有很好的适用性，下一章将介绍 CLARANS 算法，该算法是 *k*-medoids 框架的扩展版本。

```
Algorithm GenericMedoid（数据集：𝒟, 代表点个数：k）
begin
    从 𝒟 中选择代表点以形成代表点集合 S 的初始值；
    repeat
        用距离函数 Dist(·,·) 为每一个 𝒟 中的数据点找到集合 S 中最近的
        代表点，从而产生簇集合 (𝒞₁, …, 𝒞ₖ)；
        找到 𝒟 中的数据点 X̄ᵢ 以及 S 中的代表点 Ȳⱼ，使得用 X̄ᵢ 代替 S 中的 Ȳⱼ 后
        目标函数的改进最大；
        只有上述改进是正值时，才将 S 中的 Ȳⱼ 替换成 X̄ᵢ；
    until 当前迭代无任何改进；
    return (𝒞₁, …, 𝒞ₖ);
end
```

图 6-5　未指定爬山策略的通用 *k*-medoids 算法

实践和实现的问题

在实现基于代表点的算法时出现了许多问题，这类算法有 k-means、k-medians 和 k-medoids 算法。这些问题与初始化方法、簇数 k 的选择和异常点的存在有关。

最简单的初始化方法是从数据空间域中随机选择数据点或者从原始数据集 $\mathcal{D}$ 中取样。从原始数据集 $\mathcal{D}$ 中取样通常优于从数据空间中取样，因为它可以获得底层数据的更好的统计表示。尽管 k 代表点算法看上去对初始化的选择具有鲁棒性，但是该算法可能得到次优簇。一种解决方案是从数据集 $\mathcal{D}$ 中抽取多于 k 个的数据点，然后使用代价较高的层次聚类算法来创建 k 个鲁棒的中心点。因为这些中心点对于数据集 $\mathcal{D}$ 更具代表性，所以这为算法提供了更好的初始数据。

一种十分简单且似乎非常有效的方法是从 m 个随机取样的数据点中选择初始代表点，m 的数值由用户定义。这样可以保证初始中心点的选择不会太接近异常点。而且当所有的中心代表点都与数据点均值近似相等时，它们将稍微倾向于某一个簇。k-means 算法的后续迭代会将每一个代表点和一个簇相关联。

异常点会影响这类算法的聚类效果。这发生在初始化阶段将异常点选作初始中心点的情况下。尽管 k-medoids 算法可以在迭代交换过程中排除异常点，但一般的 k-center 方法⊖可能会在后续迭代中得到一个单例簇，或者得到一个空簇。针对这种情况的一种解决方案是在算法迭代过程中增加一步检验，丢弃数据点较少的簇的中心点，并随机选取数据点进行替换。

目前讨论的方法中，簇数 k 是一个参数。6.9.1.1 节中的聚类有效地提供了一种近似方法以选取簇数 k。如 6.9.1.1 节所述，这种方法还有待改进。使用自动的方法很难确定自然簇的数目。因为自然簇的数目事先很难确定，有时可以选取比分析师关于真实簇数的"猜测"更大的 k 值。结果可能将数据簇划分给多个代表点，但是降低了错误合并簇的可能。后续步骤则是根据簇间距离对簇进行合并。一些聚合和划分的混合算法在 k 代表点算法上增加了一个合并阶段。对这些算法的具体介绍请参见文献注释。

6.4 层次聚类算法

层次聚类算法通常用距离对数据进行聚类。然而，距离函数却不是必需的。许多层次算法使用其他聚类方法，例如基于密度或基于图的算法，将其作为构建层次结构的子程序。

从以应用为中心的角度来看，为什么层次聚类方法十分有效？一个主要原因是不同层次的聚类粒度给应用提供了不同的视角。通过这种方法可以将簇进行分类，这借鉴自语义学。考虑一个众所周知的开放式目录（ODP）网站的分类⊖。在这个例子中，簇是由志愿者手动分类的，但它可以对多粒度层次提供良好的理解。层次结构的一小部分如图 6-6 所示。在最高层，网页被组织成主题形式，如艺术、科学、健康等。在接下来的一层，科学主题可以划分成许多子主题，如生物学和物理学，而健康可以分为健身和医药学。这种组织结构使得用户可以方便地手动阅览，特别是在簇内容可以通过语义理解时。在其他情况下，这种层次结构可以通过索引算法来使用。此外，这类算法有时也可以用于创建更好的"扁平"簇。一些凝聚和分裂的层次方法，如二分 k-means 算法，可以获得比划分算法（如 k-means）更好的聚类效果，尽管其有更高的计算复杂度。

⊖ 如 k-means 或 k-median 等。——译者注
⊖ http://dmoz.org。

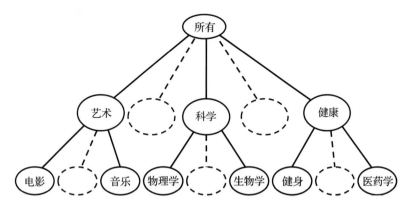

图 6-6　层次聚类给出的多粒度理解

层次算法有两种类型，这取决于簇的层次树是如何组织的。

1. 自底向上（凝聚）的方法

独立的数据点逐步凝聚成更高层次的簇。这种算法框架的几种不同方法的差异之处在于用于决定如何对簇进行合并的目标函数的选择。

2. 自顶向下（分裂）的方法

自顶向下的方法是将数据点连续划分成树状结构。可以使用扁平的聚类算法进行每一步的划分。这种方法在树结构和每个节点的数据点数目的选择上有很好的灵活性。例如，树增长策略可以将数据点过多的节点分裂成多个有相近数据点数的叶节点。另外，树增长策略也可以构建出平衡树的结构（平衡树的每个节点有相同数量的孩子节点），使得每个叶节点的数据点数量有差异。

在下面的小节中，将对这两种层次算法进行讨论。

6.4.1　自底向上凝聚的方法

在自底向上的方法中，数据点逐步凝聚成更高层次的簇。开始时，算法将每个数据点看作一个簇，而后逐步将数据点凝聚成更高层次的簇。在每一步迭代中，将选择两个尽可能相近的簇进行合并。合并后的新簇用以替换原有簇。每个合并步骤将减少一个簇。因此，需要使用一种算法来衡量包含多个数据点的簇之间的相似度，并根据相似度对簇进行合并。根据簇间距离的不同计算方式，派生出了几种不同的算法。

令 n 表示 d 维数据集 $\mathcal{D}$ 中的数据点数量，$n_t = n - t$ 为 t 次凝聚后的簇数。对于任何给定的数据点，算法都包含一个当前簇之间的 $n_t \times n_t$ 距离矩阵 M。计算与维护距离矩阵的详细方法将在后面讨论。在任意迭代步骤中，将选择距离矩阵中具有最小值的非对角项，并合并对应的簇。合并之后，距离矩阵更新为 $(n_t - 1) \times (n_t - 1)$ 阶矩阵。维度减 1 的原因是需要将两个合并的簇所对应的行和列删除，并将新创建的簇的距离行列值加入矩阵之中。新创建的行和列的值的计算取决于合并过程中簇间距离的计算，这部分将在后面讨论。距离矩阵的增量更新过程比从头计算所有距离更加有效率。当然，我们假定有足够的内存来维护距离矩阵。如果没有足够内存，那么则需要在每次迭代过程中重新计算整个距离矩阵，这样的凝聚算法性能相对较差。迭代终止条件可以是需要合并的两个簇之间的距离达到最大阈值，也可以是最终的簇数达到最小阈值。前面的方法自动确定数据集的簇数，但是存在的弊端是需要指定一个质量阈值，这很难直观地去猜测。后面方法的好处则是可以直观地确定数据集的簇数。

合并的顺序可以生成层次化的树状结构，以表示不同簇之间的关系，这种结构称为**系统树图**（dendrogram）。图 6-8a 是一个系统树图的例子，它连续合并了六个数据点，这六个数据点分别记为 A、B、C、D、E 和 F。

在合并准则不定情形下的凝聚过程如图 6-7 所示。距离表示为 $n_t \times n_t$ 阶矩阵 M。该矩阵提供成对的簇间距离，该距离通过某种合并准则来计算。后面将讨论不同的合并准则。两个簇的合并与矩阵 M 中行（及列）i 和 j 有关，因而需要计算两个簇中组成成员两两之间的距离。对于各自包含 m_i 和 m_j 个成员的两个簇，有 $m_i \cdot m_j$ 个成员间的距离对。例如在图 6-8b 中，有 2×4 个组成成员的距离对，在图中由相应的边表示。两个簇的整体距离需要通过一个关于这 $m_i \cdot m_j$ 个距离对的函数进行计算。下面介绍不同的距离计算方法。

Algorithm *AgglomerativeMerge*（数据：$\mathcal{D}$）
begin
  用 $\mathcal{D}$ 初始化 $n \times n$ 的距离矩阵 M;
  repeat
    使用 M 找出最近的两个簇 i 和 j;
    将簇 i 与簇 j 合并;
    在 M 中把第 i、j 两行及第 i、j 两列删除，并加上合并簇的对应行和列;
    更新 M 中新加的行列中的值;
  until 满足停止条件;
  return 目前所有合并后的簇集合;
end

图 6-7 未指定合并条件的通用凝聚合并算法

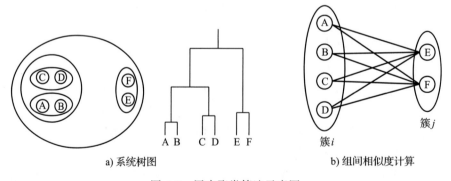

a) 系统树图   b) 组间相似度计算

图 6-8 层次聚类算法示意图

6.4.1.1 基于组的统计

下面的讨论假设需要合并的两个簇的下标分别为 i 和 j。在基于组的方法中，两组对象之间的距离由一个关于成员对象之间 $m_i \cdot m_j$ 个距离对的函数计算。计算两组对象之间距离的不同方法如下。

1. 最优链接（单链接）

此时，簇间距离取所有 $m_i \cdot m_j$ 个成员对之间距离的最小值，即与两组中最近的两个成员有关。合并之后，需要更新矩阵 M 中距离对的值。将删除第 i 行和第 j 行以及第 i 列和第 j 列的数据，并用新的一行和新的一列表示合并后的簇。新行（新列）中的值为之前删除的行列值中的最小值。这是因为在单链接中，其他的簇和被合并的簇之间的距离为它们和合并前单个簇之间距离的最小值。对于其他任何 $k \neq i, j$ 的簇，矩阵中新的一行的值为 $\min\{M_{ik}, M_{jk}\}$，新的一列的值为 $\min\{M_{ki}, M_{kj}\}$。随后更新行和列的下标，以说明两个簇的删除和新簇的替换。单链接聚类算法是凝聚方法的一个特例，它可以很好地发现任意形状的簇。这是因为任意形状的簇中最近的点对将会相继合并。然而，这种方法可能因为异常点的存在而错误地合并不同的簇。

2. 最差链接（全链接）

此时，簇间距离取所有 $m_i \cdot m_j$ 个成员对之间距离的最大值，即与两组中最远的两个成员有关。因此，矩阵 M 需要根据行（列）中的最大值进行更新。在 $k \neq i, j$ 时，矩阵中新的一行的值为 $\max\{M_{ik}, M_{jk}\}$，新的一列的值为 $\max\{M_{ki}, M_{kj}\}$。最差链接算法旨在将簇的最大直径最小化，这是由簇中任意点对之间的最大距离定义的。这种方法也称为**全链接**方法。

3. 组平均链接

在组平均链接方法中，簇间距离取所有 $m_i \cdot m_j$ 个成员对之间距离的平均值。为了计算合并后矩阵 M 的行列值，需要使用矩阵 M 中第 i 行（列）和第 j 行（列）的加权平均数。在 $k \neq i, j$ 时，矩阵中新的一行的值为 $\dfrac{m_i \cdot M_{ik} + m_j \cdot M_{jk}}{m_i + m_j}$，新的一列的值为 $\dfrac{m_i \cdot M_{ki} + m_j \cdot M_{kj}}{m_i + m_j}$。

4. 最近质心

在这种情况下，质心最近的两个簇将合并。然而，这种方法并不可取，因为质心不能反映不同簇的相对分布。例如，这种方法无法区分大小不同的两个簇，只要它们质心间的距离相同。通常情况下，这种方法倾向于合并较大的簇，因为较大簇的质心在统计上彼此更为接近。

5. 基于方差的方法

这种方法使得合并后目标函数（比如簇的方差）的变化最小化。由于粒度缺失，合并通常会使得聚类的目标函数值更加恶化。簇的合并应使得合并后目标函数的变化（恶化）尽可能小。为了达到这一目标，可以为每个簇维护 0、1 和 2 阶矩统计量。第 i 个簇的均方误差 SE_i 可以根据簇中数据点的数量 m_i（0 阶矩）、簇 i 沿每一维 r 的数据点之和 F_{ir}（1 阶矩），以及簇 i 沿每一维 r 的数据点的平方和 S_{ir}（2 阶矩）进行计算，关系如下：

$$SE_i = \sum_{r=1}^{d}(S_{ir}/m_i - F_{ir}^2/m_i^2) \tag{6.8}$$

这种关系可以用方差的基本定义证明，且用于许多聚类算法中，如 BIRCH（参见第 7 章）。因此，对于每个簇，我们只需要维护这些特定于簇的统计量即可。在合并过程中，这些统计量很容易进行维护，因为进行合并的两个簇 i 和 j 的矩统计量可以通过对其各自的矩统计量求和得到。令 $SE_{i \cup j}$ 表示可能合并的两个簇 i 和 j 的方差。那么合并后簇 i 和 j 的方差变化如下：

$$\Delta SE_{i \cup j} = SE_{i \cup j} - SE_i - SE_j \tag{6.9}$$

由此可知，方差的变化永远是一个正量。将方差增长最小的两个簇选择为最相近的簇进行合并。如前所述，通过维护矩统计量来记录矩阵 M 的 $\Delta SE_{i \cup j}$ 值。第 i 个和第 j 个簇合并后，删除 M 的第 i 行（列）和第 j 行（列），并为合并后的簇添加新的一行（列）。在矩阵 M 中，新的一行（列）的第 k 个行（列）项（$k \neq i, j$）的值为 $SE_{i \cup j \cup k} - SE_{i \cup j} - SE_k$。我们使用簇的矩统计量来计算这些值。在计算出新的行列值之后，还需要对矩阵 M 的下标进行更新，以说明其尺寸的缩减。

6. 离差平方和法

我们也可以使用误差平方和替代方差变化作为合并准则。这种方法等价于在公式 6.8 中设置公式右边为 $\sum_{r=1}^{d}(m_i S_{ir} - F_{ir}^2)$。出人意料的是，这一方法是质心法的一个变种。通过将质心之间欧几里得距离的平方与每对中的点的数量的调和平均数相乘来得到目标函数。因为对过大的簇有惩罚因子，所以这种方法比质心法更为有效。

不同的准则有不同的利弊。例如，单链接方法可以相继合并最近的相关点并发现任意形状的簇。然而，当链接发生在两个簇的噪声点上时，也可能将两个无关的簇进行合并。单链接聚类的好坏情况的例子如图 6-9a 和图 6-9b 所示。因此，单链接聚类方法的效果取决于噪声数据点的存在与影响。有趣的是，众所周知的 DBSCAN 算法（参见 6.6.2 节）可以看作单链接算法的一种更为鲁棒的变种，因此，它也可以发现任意形状的簇。DBSCAN 算法在合并过程中排除了簇中的噪声点，从而避免产生不想要的链接效果。

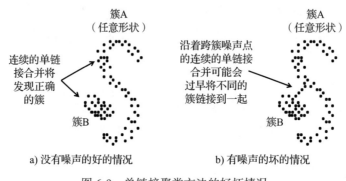

图 6-9　单链接聚类方法的好坏情况

全链接方法试图将两个簇中最远数据点之间的距离最小化。这种度量可以近似看作簇的直径。由于重点在于最小化簇的直径，所以该算法试图创建直径相同的簇。然而，如果数据中的某些自然簇过大，那么该算法将会分裂这些过大的簇。这种算法会偏向于创建球形簇，而不管底层数据的真实分布。全链接方法的另一个问题在于它过多地关注簇的噪声点，因为算法要求计算簇中任意两点间的最大距离。组平均、方差和离差平方和的方法则由于在距离计算中使用多链接，从而对噪声点有很好的鲁棒性。

凝聚算法需要维护有序距离的堆文件来高效地确定矩阵 M 中距离的最小值。初始化距离矩阵 M 的计算复杂度为 $O(n^2 \cdot d)$，在整个算法中维护一个有序堆文件的时间复杂度为 $O(n^2 \cdot \log(n))$，因为总共需要对堆文件进行 $O(n^2)$ 次添加和删除操作。所以，算法的总时间复杂度为 $O(n^2 \cdot d + n^2 \cdot \log(n))$。距离矩阵的空间要求为 $O(n^2)$。对于大型数据集来说，这一空间要求是一个极大的难题。在这种情况下，我们不能增量地维护相似度矩阵 M，此时，许多层次算法的时间复杂度增加到 $O(n^3 \cdot d)$。这是因为每次合并时都需要显式地执行簇间相似度的计算。然而，在这种情况下可以通过近似的合并准则来加快算法速度。7.3.3 节所讨论的 CURE 方法，为层次方法提供了一种可扩展的单链接实现，并且能够发现任意形状的簇。这一改进是通过从簇中精心挑选代表点以近似地计算单链接准则来实现的。

实际应用考虑

凝聚的层次方法通常会为聚类产生一个二叉树结构。和自顶向下的方法相比，自底向上的方法通常更难控制层次树的结构。因此，在需要特定结构的分类中，自底向上的方法是不可取的。

　　层次方法的一个问题在于它对合并过程中产生的少量错误十分敏感。例如，若由于噪声点的存在导致在某一步中错误地进行了合并，那么将无法对错误步骤进行撤销，而错误的结果将会进一步传播到后续步骤中。事实上，一些层次聚类的变种，如单链接方法，都存在由于一小部分噪声点的存在而相继合并邻近簇的问题。然而，也有很多方法通过对噪声点进行特殊处理来避免这类问题。

　　对于大型数据集，从空间和时间效率的角度来看，凝聚算法都是不切实际的。因此，这些方法经常与取样和其他划分方法相结合，以提供高质量高效率的解决方案。

6.4.2　自顶向下分裂的方法

　　尽管自底向上凝聚的方法是基于距离的典型方法，但自顶向下的层次方法可以作为通用元算法，它几乎可以使用所有的聚类算法作为子程序。因为它是一种自顶向下的方法，所以它可以更好地控制树的整体结构，如树的度和不同分支之间的平衡性。

　　自顶向下聚类的整体方法使用通用的"扁平"聚类算法 $\mathcal{A}$ 作为子程序。该算法从包含所有数据点的根节点开始初始化整棵树。每次迭代时，当前树的某个特定节点上的数据集会分裂成多个节点（簇）。通过改变节点选择的标准，该算法可以构造高度平衡或簇数平衡的树。如果算法 $\mathcal{A}$ 是随机的，比如使用随机种子的 k-means 算法，则需要对特定节点进行多次分裂试验，并从中选择最优的一个。自顶向下方法的通用伪代码如图 6-10 所示。该算法使用自顶向下的方法递归地分裂节点，直到树的高度达到特定要求或者每个节点包含的数据对象的数目少于预定值。使用算法 $\mathcal{A}$ 的不同实例和增长策略，我们能够为该算法设计许多不同的变种。注意，算法 $\mathcal{A}$ 可以是任意的聚类算法，而不仅仅限定于基于距离的算法。

Algorithm *GenericTopDownClustering*（数据：$\mathcal{D}$，扁平算法：$\mathcal{A}$）
begin
　　用 $\mathcal{D}$ 作为根节点来初始化树 $\mathcal{T}$；
　　repeat
　　　　根据预设的条件来选择 $\mathcal{T}$ 中的一个叶节点 L；
　　　　用算法 $\mathcal{A}$ 将 L 分裂成 $L_1, \cdots, L_k$；
　　　　将 $L_1, \cdots, L_k$ 作为 L 的子节点加入 $\mathcal{T}$ 中；
　　until 满足终止条件；
end

图 6-10　自顶向下聚类的通用元算法

二分 k-means 算法

　　二分 k-means 算法是自顶向下的层次聚类算法，其中每个节点将分裂成两个孩子节点（使用 2-means 算法）。为了将一个节点分裂成两个孩子节点，需要进行多次随机试验，然后选择一种使聚类目标函数达到最优的分裂策略。不同的方法使用不同的增长策略来选择待分裂的节点。例如，所含数据点最多的节点优先分裂，或者与根节点最近的节点优先分裂。这些不同的方法会根据簇的权重或树的高度来平衡树的结构。

6.5　基于概率模型的算法

　　本书讨论的大多数聚类算法都是"硬"聚类算法，其中每个数据点都被确定地分配给某个特定的簇。基于概率模型的算法则是一种"软"聚类算法，每个数据点和大多数（通常是所有）簇之间都有一个非零的归属概率。通过将数据点分配给其归属概率最大的簇，便可以将软聚类算法转化为硬聚类算法。

广义的混合生成模型假设数据由概率分布为 $\mathcal{G}_1, \cdots, \mathcal{G}_k$ 的 k 个分布混合生成。每个分布 $\mathcal{G}_i$ 代表一个簇，也称为一个**混合分量**（mixture component）。每个数据点 $\overline{X_i}$，$i \in \{1, \cdots, n\}$，由下面的混合模型生成：

1）选择一个先验概率为 $\alpha_i = P(\mathcal{G}_i)$ 的混合分量，其中 $i \in \{1, \cdots, k\}$。假设选中第 r 个。

2）根据 $\mathcal{G}_r$ 生成一个数据点。

生成模型记为 $\mathcal{M}$。不同的先验概率 α_i 和不同分布 $\mathcal{G}_r$ 的参数事先未知。通常假定每个分布 $\mathcal{G}_i$ 为高斯分布，尽管也可以假定每个分布 $\mathcal{G}_i$ 为任意（不同）的分布。分布 $\mathcal{G}_i$ 的选择十分重要，因为其反映了用户对分布以及每个簇（混合分量）的形状的先验了解。每个混合分量的分布参数，如均值和方差，都需要根据已有数据进行估计，以使得整体数据的似然函数最大。因此，可以得到期望最大化（EM）算法。不同混合分量的参数可以用来对簇进行描述。例如，每个高斯分量的均值估计类似于 k 代表点方法中每个簇中心均值的计算。得到每个混合分量的参数估计之后，便可以决定数据点关于每个混合分量（簇）的后验概率。

假设混合分量 $\mathcal{G}_i$ 的概率密度函数定义为 $f^i(\cdot)$。则这一模型所生成的数据点 $\overline{X_j}$ 的概率密度函数为所有不同混合分量的概率密度的加权和，其中权值为每个混合分量的先验概率 $\alpha_i = P(\mathcal{G}_i)$：

$$f^{point}(\overline{X_j} \mid \mathcal{M}) = \sum_{i=1}^{k} \alpha_i \cdot f^i(\overline{X_j}) \tag{6.10}$$

那么，对于包含 n 个数据点 $\overline{X_1}, \cdots, \overline{X_n}$ 的数据集 $\mathcal{D}$，模型 $\mathcal{M}$ 所生成的数据集的概率密度为每个点概率密度的乘积：

$$f^{data}(\mathcal{D} \mid \mathcal{M}) = \prod_{j=1}^{n} f^{point}(\overline{X_j} \mid \mathcal{M}) \tag{6.11}$$

关于模型 $\mathcal{M}$ 的数据集 $\mathcal{D}$ 的对数似然函数 $\mathcal{L}(\mathcal{D}|\mathcal{M})$ 即为上述表达式的对数形式，它可以更方便地表示不同数据点之和。对数似然函数也更加便于计算：

$$\mathcal{L}(\mathcal{D} \mid \mathcal{M}) = \log\left(\prod_{j=1}^{n} f^{point}(\overline{X_j} \mid \mathcal{M})\right) = \sum_{j=1}^{n} \log\left(\sum_{i=1}^{k} \alpha_i f^i(\overline{X_j})\right) \tag{6.12}$$

需要通过最大化对数似然函数来确定模型的参数。我们可以直观地发现，如果来自不同簇的数据点的概率已知，那么确定每个混合分量的最优模型参数将变得相对简单。这时，不同分量所生成数据点的概率依赖于这些最优的模型参数。这种循环求解方法类似于 6.3 节中提到的优化划分算法目标函数的循环方法。在这种情况下，数据点关于簇的硬分布知识可以用于更好地确定每个簇的最优代表点。这时，软分布的知识也为每个簇提供了局部估计模型最优参数（极大似然）的能力。这就需要迭代的 EM 算法，通过互相迭代求解模型参数和概率分布。

令 Θ 为一个向量，代表描述混合模型中所有分量的参数的整体设置。例如，在高斯混合模型中，Θ 包含了所有混合分量的均值、方差、协方差和先验概率 $\alpha_1, \cdots, \alpha_k$。EM 算法首先对 Θ 进行初始化（可能对应于混合分量中数据点的随机分布），然后如下处理：

1）（E 步骤）给定 Θ 中当前的参数值，通过观测数据点 $\overline{X_j}$，估计每个分量 $\mathcal{G}_i$ 的后验概

率 $P(\mathcal{G}_i | \overline{X}_j, \Theta)$，$\mathcal{G}_i$ 是在生成过程中决定的。$P(\mathcal{G}_i | \overline{X}_j, \Theta)$ 同样也是需要进行估计的软聚类分布概率。对于每个数据点 $\overline{X}_j$ 和混合分量 $\mathcal{G}_i$，都需要执行这一步骤。

2）（M 步骤）给定数据点关于每个簇的当前分布概率，用极大似然估计法来确定 Θ 中所有参数的值，其中极大似然估计是在当前分布的基础上进行的。

交替迭代地执行上述两步，以获得最大似然估计。在一定迭代次数后，目标函数改进过慢时，就认为算法收敛了。下面将详细地介绍算法的 E 步骤和 M 步骤。

E 步骤使用当前可用的模型参数来计算由每个混合分量所生成数据点的概率密度。概率密度可用于计算每个分量 $\mathcal{G}_i$ 所生成数据点的贝叶斯概率（模型参数固定为当前参数集合 Θ）。

$$P(\mathcal{G}_i | \overline{X}_j, \Theta) = \frac{P(\mathcal{G}_i) \cdot P(\overline{X}_j | \mathcal{G}_i, \Theta)}{\sum_{r=1}^{k} P(\mathcal{G}_r) \cdot P(\overline{X}_j | \mathcal{G}_r, \Theta)} = \frac{\alpha_i \cdot f^{i,\Theta}(\overline{X}_j)}{\sum_{r=1}^{k} \alpha_r \cdot f^{r,\Theta}(\overline{X}_j)} \tag{6.13}$$

正如将在第 10 章关于分类算法的讨论中所看到的，式 6.13 使用贝叶斯分类器将之前未见到的点分配给某个类别。在概率密度函数中加入上标 Θ 来表示它们由当前模型参数 Θ 所估计。

M 步骤假定 E 步骤提供了正确的软分布，从而对每个概率分布参数进行优化。为了进行优化，需要计算对数似然函数关于模型参数的偏导数，并将其置为 0。这里省略详细的代数步骤，直接讨论优化后的模型参数值。

根据归属于簇 i 的点的当前权重分数来估计 α_i 的值，其中 $P(\mathcal{G}_i | \overline{X}_j, \Theta)$ 与数据点 j 相关。因此，有：

$$\alpha_i = P(\mathcal{G}_i) = \frac{\sum_{j=1}^{n} P(\mathcal{G}_i | \overline{X}_j, \Theta)}{n} \tag{6.14}$$

实践中，为了在小规模数据集上获得更鲁棒的结果，分子中每个簇的数据点期望数量增加 1，分母中数据点的总数量为 $n + k$。因此，估计值如下：

$$\alpha_i = \frac{1 + \sum_{j=1}^{n} P(\mathcal{G}_i | \overline{X}_j, \Theta)}{k + n} \tag{6.15}$$

这种方法也称为**拉普拉斯平滑**。

为了确定分量 i 中的其他参数，可以将 $P(\mathcal{G}_i | \overline{X}_j, \Theta)$ 的值看作数据点的权重。考虑一个 d 维高斯混合模型，其中第 i 个分量的分布为：

$$f^{i,\Theta}(\overline{X}_j) = \frac{1}{\sqrt{|\Sigma_i|}(2 \cdot \pi)^{(d/2)}} e^{-\frac{1}{2}(\overline{X}_j - \overline{\mu}_i)\Sigma_i^{-1}(\overline{X}_j - \overline{\mu}_i)} \tag{6.16}$$

这里，$\overline{\mu}_i$ 是第 i 个分量的 d 维均值向量，Σ_i 是第 i 个分量的高斯分布的 $d \times d$ 阶协方差矩阵。符号 $|\Sigma_i|$ 表示协方差矩阵的行列式。可以看出 $\overline{\mu}_i$ 和 Σ_i 的极大似然估计将产生该分量数据点的均值和协方差矩阵。通过计算 E 步骤的概率分布可以得到这些概率权重。有趣的是，这正是 6.3 节中产生马哈拉诺比斯 k-means 方法的代表点和协方差矩阵的方法。唯一的差别

⊖ 这是通过对 $\overline{\mu}_i$ 中 Σ 为 0 的每个参数设置偏导数 $\mathcal{L}(\mathcal{D}|\mathcal{M})$ 来实现的（见公式 6.12）。

是数据点没有权重，因为硬分配方法被应用于确定性 k-means 算法。注意，高斯分布中的指数项是马哈拉诺比斯距离的平方。

我们可以迭代计算 E 步骤和 M 步骤直至收敛，从而得到最优的参数集 Θ。在最后的过程中，将生成一个表述数据项分布的概率模型。该模型也在 E 步骤最终的执行基础上给出了数据点的软分布概率 $P(\mathcal{G}_i | \overline{X}_j, \Theta)$。

实际上，为了最小化估计参数的数量，通常将 Σ_i 的非对角项的值设为 0。此时，Σ_i 的行列式简化为每一维上方差的乘积。这等价于在指数项上使用明可夫斯基距离的平方。如果进一步要求每个对角项的值相同，那么相当于使用欧几里得距离，并且混合模型中所有分量都为球形簇。混合模型的不同选择及不同复杂度，使得每个分量概率分布的表示有很大的灵活性。

这两步的迭代方法与基于代表点的算法很相似。E 步骤可以看作基于距离的划分算法中分配阶段的软版本。M 步骤可以看作优化阶段，其中，在固定分配的基础上获得特定分量的优化参数。概率分布指数上的距离项提供了概率算法和基于距离的算法的自然结合。这种结合将在下一节中讨论。

EM 算法和 k-means 算法的关系及其他代表点算法

EM 算法为概率聚类提供了非常灵活的框架，某些特定例子也可以看作基于距离的聚类方法的软版本。来看一个特殊例子，考虑将所有先验概率 α_i 设置为 $1/k$ 的情况。并且所有的混合分量在各个方向上有相同的半径 σ，第 j 个簇的均值设为 $\overline{Y}_j$。由此，唯一需要学习的参数是 σ 和 $\overline{Y}_1, \cdots, \overline{Y}_k$。在这种情况下，第 j 个混合分量的分布如下：

$$f^{j,\Theta}(\overline{X}_i) = \frac{1}{\left(\sigma\sqrt{2\cdot\pi}\right)^d} e^{-\left(\frac{\|\overline{X}_i - \overline{Y}_j\|^2}{2\sigma^2}\right)} \tag{6.17}$$

这一模型假设所有的混合分量有相同的半径 σ，每个分量中的簇都是球形的。注意，分布的指数项为欧几里得距离的平方。E 步骤和 M 步骤与 k-means 算法的分配和重置中心步骤的比较如下：

1）（E 步骤）每个数据点 i 都有一个对簇 j 的归属概率，它与到每个代表点 $\overline{Y}_j$ 的经过缩放和取幂的欧几里得距离成正比。在 k-means 算法中，则是通过选择到任意代表点 $\overline{Y}_j$ 的最优欧几里得距离来完成的。

2）（M 步骤）中心点 $\overline{Y}_j$ 是所有数据点的带权平均值，权重被定义为簇 j 的分配概率。k-means 则使用硬版本，每个数据点只能属于或不属于一个簇（即 0-1 概率）。

当混合分布被定义为更一般的高斯分布形式时，相应的 k 代表点算法则为马哈拉诺比斯距离的 k-means 算法。可以明显地看出，广义高斯分布的指数项为马哈拉诺比斯距离。这表明 EM 算法的特殊形式与 k-means 算法的软版本相同，其中使用取幂的 k 代表点距离来定义 EM 的软分配概率。

E 步骤的结构与分配阶段相似，M 步骤与 k 代表点算法的优化阶段相似。许多混合分量的分布可以表示为 $K_1 \cdot e^{-K_2 \cdot Dist(\overline{X}_i, \overline{Y}_j)}$ 的形式，其中 K_1 和 K_2 与分布参数相关。这种指数分布的对数似然函数映射到 M 步骤目标函数的附加距离项 $Dist(\overline{X}_i, \overline{Y}_j)$，这与 k 代表点算法中附加的优化项相同。对于许多混合概率分布形式为 $K_1 \cdot e^{-K_2 \cdot Dist(\overline{X}_i, \overline{Y}_j)}$ 的 EM 模型，相应的 k 代表点算法可以定义为距离函数 $Dist(\overline{X}_i, \overline{Y}_j)$。

实际应用考虑

混合模型中主要的实际问题是在定义混合分量时的灵活程度。例如，当每个分量都被定义为广义高斯模型时，对于发现任意形状和方向的簇更有效。另外，这种方法需要学习大量的参数，如 $d \times d$ 阶的协方差矩阵 Σ_j。当数据集规模较小时，由于过拟合问题，这种方法的效果较差。过拟合指的是参数通过泛化模型小样本学习获得，且由于噪声点的存在，这种泛化模型并不能准确地反映真实模型。而且和 k-means 算法相似，EM 算法也会在局部最优处收敛。

另一种极端情况是，算法可以选择球形高斯分布，其中每个混合分量有相同的半径，且先验概率 α_i 固定为 $1/k$。在这种情况下，EM 算法即使在小规模数据集上也有很好的效果，因为 EM 算法只需要学习一个参数。然而如果不同的簇有不同的形状、大小和方向，这种方法即使在大规模数据集上效果也会很差。一般的经验是，通过减少可用数据的大小来降低模型复杂度。数据集规模过大会增加模型复杂度。这时分析师可能需要簇中数据点分布的领域知识。在一些情况下，最优解就是选择领域知识基础上的混合分量。

6.6 基于网格和基于密度的算法

基于距离和概率的方法的主要问题是簇的形状已经由距离函数或概率分布隐式地定义了。例如，k-means 算法隐式地假定簇为球状。同样地，广义高斯分布假定 EM 算法中的簇为椭圆形。实际上，往往很难通过距离函数或概率分布的原型来对簇进行建模。为了理解这一点，考虑图 6-11a 中的簇。图中数据显然为两个正弦曲线形状的簇。然而，不论选择 k-means 算法中的哪个代表点，都会使得某个簇的代表点将其他簇的数据点拉出。

基于密度的算法则十分适用于这种情况。这种算法的核心思想是先细粒度地识别数据中的密集区域。这些是构建任意形状簇的基础模块，也可以将它们考虑为需要重新聚类到任意形状组中的伪数据点。因此大多数基于密度的方法可以认为是两层的层次算法。因为比起第一阶段的数据点数量，第二阶段的基础模块较少，可以通过更详细的分析来将其组织到复杂的形状里。这种详细分析（或后处理）过程在概念上与单链接的凝聚算法相似，都是通过细致处理来决定小规模数据的任意形状簇。根据所选基础模块类型的不同，这一广泛原则产生了许多变种。例如，在基于网格的方法中，数据空间中的细粒度簇均为网格状区域。当密集区域中预处理的数据点通过单链接方法聚类时，这种方法称为 DBSCAN。其他基于密度的更复杂的方法，如 DENCLUE，使用梯度上升的核密度估计来构建基础模块。

6.6.1 基于网格的算法

这种方法将数据集离散化为 p 个区间，每个区间都是等宽的。我们也可以使用其他变种，如等深区间，尽管这种方法不常用于密度计算。对于 d 维数据集，这导致原始数据集为 p^d 的超立方体。不同网格粒度 $p = 3$，25 和 80 的例子如图 6-11b、图 6-11c 和图 6-11d 所示。每个超立方体（图 6-11 中的长方形）为每个簇的基本模块。密度阈值 τ 用于判断 p^d 的超立方体的子集是否密集。在许多真实数据集中，任意形状的簇可能会导致多个密度区域，它们由边或至少一个角相连。所以，如果两个网格区域有共同的边，则称其**边界相连**。对于弱定义，如果两个区域有共同的角，就认为它们边界相连。许多网格聚类算法使用边界相连的强定义，其中用边代替角。通常，对于 k 维空间中的数据点，2 个 k 维方块可能被定义为相邻，其条件是对于某些用户定义的参数 $r < k$，它们共享维度至少为 r 的平面。

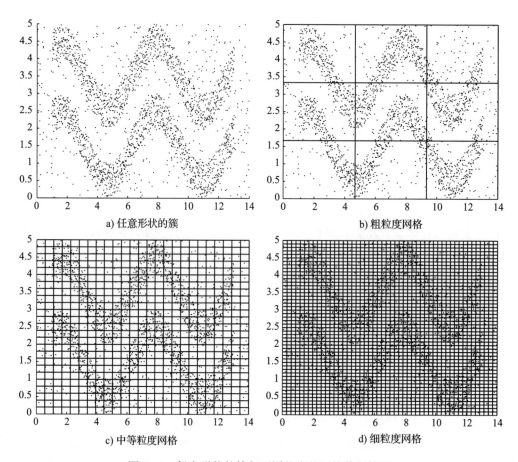

a) 任意形状的簇　　　　　　　　　　　　b) 粗粒度网格

c) 中等粒度网格　　　　　　　　　　　　d) 细粒度网格

图 6-11　任意形状的簇与不同粒度的网格分割情况

　　这种直接的边界相连可以推广到间接的网格区域间的密度相连，这两个区域并不是紧邻的。如果可以找到一条从一个网格到另一个网格的路径，且该路径只包含一系列相邻的网格区域，那么这两个网格区域为密度相连的。基于网格的聚类的目标就是找到这些相邻的网格区域。使用网格上基于图的模型很容易找到这些相邻的网格区域。每个密度网格是图中的一个节点，每条边代表边界相连。可以从不同的节点开始，使用图的广度优先或深度优先策略来寻找连接子图，每个连接子图的输出为最终的簇。根据基本模块构建任意形状的簇的例子如图 6-13 所示。注意，这个方法中的角均为长方形中的角，这也是基于网格的方法的一个局限。基于网格的算法的伪代码如图 6-12 所示。

Algorithm *GenericGrid* (数据：$\mathcal{D}$，区间：p，密度：τ)
begin
　将 $\mathcal{D}$ 的每个维度都离散化为 p 个区间；
　找到密度至少为 τ 的网格区域；
　构造一个图，在每两个相邻的密集网格区域之间连一条边；
　找出这个图的所有连通子图；
　return 作为簇的每个连通子图中的点；
end

图 6-12　基于网格的通用算法

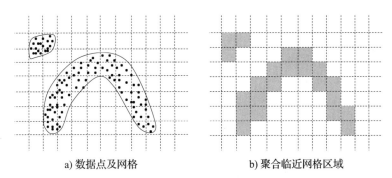

a) 数据点及网格   b) 聚合临近网格区域

图 6-13   聚合临近网格区域

基于网格的（和大多数基于密度的）算法的一个特性是不需要像 *k*-means 算法那样事先定义簇的数量。其目的是返回数据的自然簇以及簇的形状。需要定义两个不同的参数，网格数量 p 和密度阈值 τ。而这些参数的选择通常很困难，且很难直观猜测。错误的选择可能会导致错误的结果：

1）如图 6-11b 所示，若网格区域数量选择得过小，许多来自不同簇的数据点将被放在同一个网格区域中。这将导致不合需要的簇合并。若网格区域数量选择得过大，如图 6-11d 所示，将会产生许多空的网格区域。结果将是数据中的许多自然簇在该算法中不相邻。过大的网格数量通常也会导致计算量的增加。

2）密度阈值的设置对聚类效果有相似的影响。例如，当密度阈值 τ 过小时，所有的簇包括其周围的噪声点都将被合并到一个更大的簇中。而且，不必要的高密度区域可能会导致部分甚至完全地丢失一个簇。

上述的两个弊端是这种方法中的严重问题，尤其是当不同的局部区域中的簇的大小和密度发生显著变化时。

实际应用考虑

基于网格的算法不需要特定的簇数，也不假定簇有任何特定的形状。然而，这一方法却需要指定密度参数 τ，τ 通常是很难从数据分析中得到的。网格的尺寸也是一个问题，因为它与密度 τ 的关联方式并不明确。后面将看到，使用 DBSCAN 方法更为简单，因为该基于密度的方法更容易与特定的密度阈值相关联。

大多数基于密度的方法（包括基于网格的方法）的一个主要问题是，它们全局地使用单一的密度参数 τ。然而，底层数据的簇中往往存在多个密度，如图 6-14 所示。在这种特定情况下，如果密度阈值设置得过高，那么簇 C 可能会丢失。如果密度阈值设置得过低，那么簇 A 和簇 B 可能被人为合并。在这些情况下，基于距离的算法，如 *k*-means，可能比基于密度的算法更为有效。这种问题不仅仅是基于网格的算法的问题，也是所有基于密度的方法会遇到的问题。

使用长方形网格区域是该方法的一种近似。这种近似程度随维度的增加而减少，因为高维长方形区域对底层的簇的相似性较差。而且，基于网格的方法不能在高维空间中计算，因为网格数量随着数据维度的增加呈指数性增长。

6.6.2 DBSCAN

DBSCAN 方法和基于网格法十分相似。然而，和基于网格法不同的是，它使用数据点的密度特性来将数据点合并成簇。因此，在基于密度进行数据点分类后，将密集区域内的各个数据点作为基础模块。

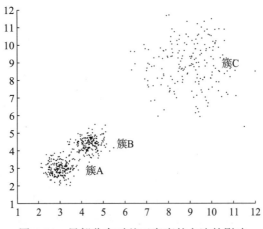

图 6-14　局部分布对基于密度的方法的影响

数据点的密度被定义为落在该点 Eps 半径范围内的点的个数（包括该点自身）。这些球形区域的密度被用于将数据点划分为核心点、边界点或噪声点。这些概念定义如下。

1. 核心点（core point）

如果在数据点 Eps 半径范围内至少包含 τ 个点[⊖]，则定义该数据点为核心点。

2. 边界点（border point）

如果在数据点 Eps 半径范围内包含少于 τ 个点，但至少包含一个核心点，则定义该点为边界点。

3. 噪声点（noise point）

既不是核心点也不是边界点的数据点。

图 6-16 给出了 $\tau = 10$ 时核心点、边界点和噪声点的示例。数据点 A 在图示 Eps 半径范围内包含 10 个点，因此 A 是核心点。数据点 B 在 Eps 半径范围内只包含 6 个点，但它包含核心点 A，因此 B 是一个边界点。数据点 C 在 Eps 半径范围内只包含 4 个点且不包含任何核心点，因此 C 是一个噪声点。

在确定了核心、边界和噪声点后，DBSCAN 算法如下继续进行。首先，构建核心点的连通图，其中每个节点对应于一个核心点，当且仅当两个核心点之间的距离在 Eps 之内时，在该核心点对之间加一条边。注意，和基于网格法在划分上建图不同，DBSCAN 方法是在数据点上建图。该图的所有连通子图是被唯一标识的，对应于在核心点上构建的簇。之后将边界点赋给和其有最高连通级别的簇。最终，结果集为簇，噪声点为异常点。DBSCAN 的基本算法如图 6-15 所示。值得一提的是，基于图聚类方法的第一步和单链接凝聚聚类方法一样（其中聚类终止条件是 Eps 距离，仅适用于核心点）。因此，通过对边界和噪声点的特殊处理，DBSCAN 算法可以看作单链接凝聚聚类算法的一个改进。这个特殊处理可以降低单链接凝聚聚类算法对异常点的敏感性，同时又不丧失其创建任意形状簇的能力。举例来说，对于如图 6-9b 所示的病态实例情形，如果 Eps 和 τ 选择恰当，那么在凝聚聚类算法过程中就不会使用噪声数据点。在此类情况下，尽管数据中有噪声，DBSCAN 也能发现正确的簇。

⊖　原始的 DBSCAN 描述使用参数 *MinPts*。但是，为了保持与基于网格聚类的一致性，这里使用 τ。

```
Algorithm DBSCAN (数据：𝒟，半径：Eps，密度：τ)
begin
    在 𝒟 中以 (Eps, τ) 为基准，找出核心、边界和噪声点；
    创建一个图，若其中每两个核心点是连接在一起的，并且它们之间的距离
    在 Eps 内，则在两个点间连一条边；
    找出图中的所有连通子图；
    为每个边界点找一个与之具有最强连接的连通子图；
    return 作为簇的每个连通子图中的点；
end
```

图 6-15   基本的 DBSCAN 算法

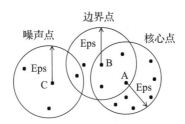

图 6-16   核心、边界和噪声点的例子

实际应用考虑

DBSCAN 方法和基于网格法十分相似，除了它使用圆形区域作为基础模块。对于要发现的簇，使用圆形区域通常可以提供更平滑的轮廓。尽管如此，粒度越细，这两个方法越相似。DBSCAN 的优缺点和基于网格法的也类似。DBSCAN 方法能够发现任意形状的簇，且不要求将簇的数目作为一个输入参数。基于网格法很容易受局部簇密度变化的影响。如图 6-4b 和图 6-14 所示，DBSCAN 既发现不了稀疏簇，又会合并两个密集簇。在这种情况下，诸如基于马哈拉诺比斯距离的 k-means 之类的算法通常会使用局部密度来对距离进行归一化处理，故此类算法会更有效。DBSCAN 能有效发现图 6-4a 中的簇，而基于马哈拉诺比斯距离的 k-means 方法则不能。

DBSCAN 方法主要的时间复杂度在于发现不同数据点在 Eps 距离内的邻居。如数据库大小为 n，则其最坏情况下的时间复杂度为 $O(n^2)$。然而，对于某些特殊情况，使用空间索引来发现近邻能将时间复杂度降低到大约 $O(n\log(n))$ 次距离计算。在低维数据中，近邻索引很有效，有 $O(\log(n))$ 的查询性能。通常情况下，基于网格的方法采用的是空间划分方法，而不是发现近邻等计算量开销较大的方法，因此基于网格的方法会更有效。

参数 τ 和 Eps 直接相关，这在参数设置中十分有用。特别地，用户设定 τ 值后，Eps 值可通过数据驱动方式来确定。其思想是使用 Eps 值能将簇中大部分数据点捕获为核心点。这可通过如下方法来实现。对于每一个数据点，它的 τ 近邻距离是已知的。通常情况下，簇内大多数数据点的 τ 近邻距离的数值都较小。然而，τ 近邻距离的值经常因为一小部分噪声点（或者位于簇边缘的点）突然增加。因此，关键是识别 τ 近邻距离分布的尾部。诸如 Z 值测试的统计测试，可用来确定 τ 近邻距离开始剧增时的 Eps 值。在此分界点处的 τ 近邻距离值将为 Eps 提供一个合适的值。

6.6.3 DENCLUE

DENCLUE 算法基于核密度估计的统计基础。核密度估计可用来创建密度分布的平滑轮

廓。在核密度估计中，坐标 $\overline{X}$ 处的密度 $f(\overline{X})$ 被定义为在数据库 $\mathcal{D}$ 中 n 个不同数据点上的影响（内核）函数 $K(\cdot)$ 之和：

$$f(\overline{X}) = \frac{1}{n} \sum_{i=1}^{n} K(\overline{X} - \overline{X_i}) \qquad (6.18)$$

有多种不同的内核函数可供选择，目前最常用的是高斯内核函数。对一个 d 维数据集来说，高斯内核函数的定义如下：

$$K(\overline{X} - \overline{X_i}) = \left(\frac{1}{h\sqrt{2\pi}}\right)^d e^{-\frac{\|\overline{X} - \overline{X_i}\|^2}{2 \cdot h^2}} \qquad (6.19)$$

项 $\|\overline{X} - \overline{X_i}\|$ 代表这些 d 维数据点之间的欧几里得距离。直观上讲，核密度估计使用一个平滑的"凸起带"来替代每一个离散数据点，每个点处的密度就是这些"凸起带"之和。这抑制了数据的随机成分，并产生了一个平滑轮廓，从而获得密度的一个平滑估计。这里，h 代表密度估计的带宽，其用于调节估计的平滑程度。较大的带宽值 h 可使噪声部分平滑，但也丢失了数据分布的某些细节。实际上，h 值是以数据驱动方式启发性地被选取的。图 6-18 展示了一个核密度估计的例子，其中数据集有三个自然簇。

DENCLUE 的目标是通过密度阈值 τ（其与平滑密度轮廓相交）来确定簇，如图 6-18 和图 6-19 所示。位于交集中每个（任意形状的）连接轮廓里的数据点将属于相应的簇。使用爬山算法后，某些边界点可能会与簇相关联，因此位于轮廓之外的边界数据点可能也会被包含到簇中。密度阈值的选择将影响数据中簇的个数。例如，图 6-18 使用一个低密度的阈值，因此两个不同的簇被合并，最终该方法只产生两个簇。图 6-19 使用一个较高的密度阈值，因此该方法将产生三个簇。需要注意的是，如果密度阈值继续增加，那么会有一个或多个簇将完全丢失。例如，峰值密度比用户定义的阈值还要低的簇，将被认为是一个噪声簇，不会出现在 DENCLUE 算法的结果集中。

DENCLUE 算法使用密度吸引子（density attractor）的概念来将数据点划分成簇，其想法是将密度分布的每个局部峰值作为一个密度吸引子，通过朝相关峰值爬山的方法来将每个数据点和相应峰值关联起来。通过至少为 τ 的密度路径连接起来的不同峰值之后将进行合并。例如，在图 6-18 和图 6-19 中，每个都有三个密度吸引子。然而，就图 6-18 的密度阈值来说，因为两个峰值的合并，最终将只发现两个簇。

DENCLUE 算法使用一个迭代的梯度下降方法，对每个数据点 $\overline{X} \in \mathcal{D}$，将分别使用 $\overline{X}$ 处的密度轮廓梯度来进行迭代更新。令 $\overline{X^{(t)}}$ 表示在第 t 轮迭代过程中的 $\overline{X}$ 更新值，则 $\overline{X^{(t)}}$ 值更新如下：

$$\overline{X^{(t+1)}} = \overline{X^{(t)}} + \alpha \nabla f(\overline{X^{(t)}}) \qquad (6.20)$$

这里，$\nabla f(\overline{X^{(t)}})$ 是一个 d 维向量，代表核密度在各个坐标分量上的偏导，α 是步长。使用上述规则连续更新数据点，直到它们收敛到一个局部最优解，即其中一个密度吸引子。因此，多个数据点可能收敛到同一个密度吸引子。这创建了数据点的一个隐式聚类，对应于不同的密度吸引子（或局部峰值）。每个吸引子的密度可根据公式 6.18 进行计算，而密度不满足用户自定义阈值 τ 的吸引子可以认为是小的"噪声"簇，常常将它们排除在外。此外，如果两个簇的密度吸引子通过一条密度至少为 τ 的路径连接起来，则可合并这一对簇。如图 6-18 所示，这一步强调了多个密度峰值的合并，类似于基于网格法和 DBSCAN 的后处理步骤。DENCLUE 的大致算法如图 6-17 所示。

```
Algorithm DENCLUE (数据: D, 密度: τ)
begin
    使用公式 6.20 中的梯度上升方法，为 D 中的每个数据点确定其密度
    吸引子；
    将收敛到同一个密度吸引子的数据作为一个簇；
    对于上面形成的任何簇，若它的密度小于 τ，则抛弃此簇，并将其数据点
    报告为异常点；
    任何簇的密度吸引子之间若可由密度至少为 τ 的路径相连，则合并之；
    return 每个簇的数据点；
end
```

图 6-17　基本的 DENCLUE 算法

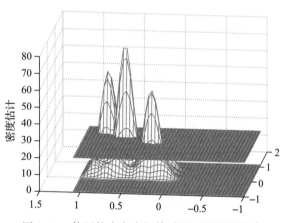

图 6-18　使用较小密度阈值时基于密度的轮廓

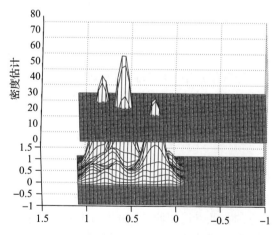

图 6-19　使用较大密度阈值时基于密度的轮廓

　　核密度估计的一个优点是梯度值 $\nabla f(\overline{X})$ 可以很容易地使用构成核密度值的梯度来进行计算：

$$\nabla f(\overline{X}) = \frac{1}{n} \sum_{i=1}^{n} \nabla K(\overline{X} - \overline{X_i})　\text{（6.21）}$$

虚然在数据点数量巨大时，不同内核函数计算得出的梯度值差异不大，但是梯度的精确

值仍依赖于内核函数的选择。如选择高斯内核函数时，由于指数负平方距离的影响，梯度将满足如下特殊形式：

$$\nabla K(\overline{X} - \overline{X_i}) \propto (\overline{X_i} - \overline{X}) K(\overline{X} - \overline{X_i}) \qquad (6.22)$$

这是因为指数函数的导数是它自身，负平方距离的梯度和 $(\overline{X_i} - \overline{X})$ 成正比。核的梯度即为这两项的乘积。需要注意的是，公式 6.22 中的比例常数间接包括在梯度上升方法的步长 α 中，因此它是无关紧要的。

确定局部最优解的另一种方法是设置梯度 $\nabla f(\overline{X})$ 为 0 并将其作为函数 $f(\overline{X})$ 的最优解条件，使用迭代方法来解方程组，但对于各个数据点，选择不同的起点。例如，设置公式 6.21 中高斯内核函数的梯度为 0，将式 6.22 代入式 6.21 可得：

$$\sum_{i=1}^{n} \overline{X} K(\overline{X} - \overline{X_i}) = \sum_{i=1}^{n} \overline{X_i} K(\overline{X} - \overline{X_i}) \qquad (6.23)$$

就 d 维坐标 $\overline{X}$ 来看，这是一个非线性方程组，对于不同密度峰值（或局部最优解），该方程组将有多个解。此方程组可使用迭代更新方法来求解，不同的起点也将导致不同的峰值。在迭代过程中，当一个数据点被用作起点时，它将总是到达其密度吸引子。因此，使用如下修改的更新规则来代替梯度上升方法：

$$\overline{X^{(t+1)}} = \frac{\sum_{i=1}^{n} \overline{X_i} K(\overline{X^{(t)}} - \overline{X_i})}{\sum_{i=1}^{n} K(\overline{X^{(t)}} - \overline{X_i})} \qquad (6.24)$$

用此更新规则代替公式 6.20，收敛速度会更快，该更新规则被广泛称为 mean-shift 方法。因此，在 DENCLUE 和 mean-shift 方法之间有一个有趣的关联。文献注释部分包含了该优化方法和 mean-shift 方法的指南。

DENCLUE 方法要求计算每个数据点的密度，其复杂度为 $O(n)$，因此，算法整体的计算复杂度为 $O(n^2)$。通过观察发现，数据点的密度很大程度上只受邻近数据点的影响，且对于诸如高斯内核函数之类的指数内核函数来说，较远数据点的影响通常相对很小，这一发现可用来降低计算复杂度。在这些场景中，将数据离散到网格中，那么每个数据点的密度只需计算位于同一网格内的点和直接近邻网格内的点即可。鉴于网格可通过索引结构来快速访问，因此该实现方法会更有效。有趣的是，如果采用一个二元内核函数（在 *Eps* 半径范围内则值为 1，否则为 0），那么 DBSCAN 聚类方法可看作 DENCLUE 方法的一个特例。

实际应用考虑

当数据点的数量相对较小时，DENCLUE 方法比其他基于密度的方法更有效，因此平滑估计将提供一个更为精确的密度分布。此时，即使簇边缘数据点的密度小于 τ，也能通过密度吸引子来吸引位于簇边缘的相关点，因此，DENCLUE 能以一种更为简洁的方式来处理位于簇边界的数据点。如果噪声点簇的密度吸引子不满足用户自定义的密度阈值，那么可以将它们适当地丢弃。DENCLUE 也拥有其他基于密度算法的很多优点。例如，该方法能够发现任意形状的簇，且不要求指定簇的数目。另外，和所有基于密度的方法一样，DENCLUE 方法要求用户指定密度阈值 τ，这在实际应用中很难确定。如上文针对图 6-14 的讨论，对于任意基于密度的算法，密度的局部变化都将是一个不小的挑战。然而，通过改变密度阈值 τ，有可能创建簇的一个谱系图。举例来说，图 6-18 和图 6-19 的不同 τ 值，将产生簇的一个自然分层排列。

6.7 基于图的算法

基于图的算法提供了一种通用的元框架，几乎任何类型的数据都可以在其中进行聚类。如第 2 章所讨论的，任何类型的数据都能转换成相似图进行分析。通过在对应的转换后的图上应用聚类，类型转换方法使得对任意数据类型进行隐式聚类成为可能。

下面将详细讨论这种转换。通过使用近邻图（neighborhood graph）来定义成对相似性。考虑一组数据对象 $\mathcal{O} = \{O_1, \cdots, O_n\}$，可以根据该数据定义一个近邻图。注意，这些对象可以是任意类型，如时间序列或离散序列。主要约束条件是能够在这些对象上定义一个距离函数。近邻图构建如下。

1）$\mathcal{O}$ 中的每个对象定义为单个节点，如节点 i 对应于对象 O_i。节点集 N 包含 n 个节点。

2）如果距离 $d(O_i, O_j)$ 小于特定阈值 ϵ，则 O_i 和 O_j 之间存在一条边。一个更好的方法是分别计算 O_i 和 O_j 的 k 近邻，如果其中一个是另一个的 k 近邻，则添加一条边。边 (i, j) 的权重 w_{ij} 等于对象 O_i 和 O_j 之间距离的内核函数，从而使较大的权重表示较大的相似性。例如热核函数，其使用参数 t 定义如下：

$$w_{ij} = \mathrm{e}^{-d(O_i, O_j)^2/t^2} \tag{6.25}$$

对多维数据来说，通常使用欧几里得距离来实例化 $d(O_i, O_j)$。

3）（可选步骤）该步骤主要用于降低如图 6-14 所示的局部密度变化所带来的影响。注意，$deg(i) = \sum_{r=1}^{n} w_{ir}$ 可看作在对象 O_i 附近的局部核密度估计的一个替代。每条边的权重 w_{ij} 可通过除以 $\sqrt{deg(i) \cdot deg(j)}$ 来进行归一化，该方法保证聚类是在对局部密度的相似度进行归一化之后执行的。因为谱聚类方法会在幕后进行类似的归一化处理，所以当在近邻图中使用诸如归一化谱聚类算法来进行最终节点的聚类时，该步骤不是必需的。

在构建完近邻图后，任何网络聚类或社区发现算法（参考 19.3 节）都可用来在近邻图内聚类节点。节点上的簇可用于映射原始数据对象上的簇。下面将详细讨论谱聚类方法，其为节点聚类最后一步的具体实例。然而，基于图的算法可作为更一般的元算法，其中在节点聚类的最后一步可使用任意社区发现算法。基于图聚类的大致元算法如图 6-20 所示。

```
Algorithm GraphMetaFramework（数据：D）
begin
    在 D 上构建一个近邻图 G；
    找出 G 上的簇（社区）；
    return 对应于 G 的节点分割的簇；
end
```

图 6-20 基于图的通用元算法

令 $G = (N, A)$ 表示一个节点集为 N、边集为 A 的无向图，它是由上述基于邻域的转换来创建的。基于诸如公式 6.25 所示的具体邻域转换，对称的 $n \times n$ 权重矩阵 W 定义了对应节点的相似度。假设该矩阵中的所有元素都非负，且元素值越大表明相似度越高。如果两个节点之间没有边，那么相应元素设为 0。我们希望将图的节点嵌入一个 k 维空间中，使得聚类过程中数据的相似性结构能够得以保存，之后该嵌入可用在聚类的第二阶段中。

首先，我们讨论一个更简单的问题，将节点映射到一个一维空间中。泛化到 k 维的情况相对简单。我们把节点集 N 中的节点映射到一个一维线性空间中，其值为实数 $y_1, \cdots, y_n$，因此这些点之间的距离反映了节点之间的连通性。我们不希望通过高权重边相连的节点映射到该线性空间中后间隔较远。因此，我们可通过最小化如下目标函数 O 来确定 y_i 的值：

$$O = \sum_{i=1}^{n} \sum_{j=1}^{n} w_{ij} \cdot (y_i - y_j)^2 \qquad (6.26)$$

该目标函数使用与 w_{ij} 成正比的权重来惩罚 y_i 和 y_j 之间的距离。因此，当 w_{ij} 十分大时（更相似的节点），数据点 y_i 和 y_j 在嵌入空间中将更有可能靠近彼此。可根据权重矩阵 $W = [w_{ij}]$ 的拉普拉斯矩阵 L 重写目标函数 O。拉普拉斯矩阵 L 定义为 $\Lambda - W$，其中 Λ 是一个满足 $\Lambda_{ij} = \sum_{j=1}^{n} w_{ij}$ 的对角阵。将嵌入值的 n 维列向量表示为 $\overline{y} = (y_1, \cdots, y_n)^{\mathrm{T}}$，经过某些代数化简后，利用拉普拉斯矩阵 L，目标函数 O 可重写为：

$$O = 2\overline{y}^{\mathrm{T}} L \overline{y} \qquad (6.27)$$

因为平方和目标函数 O 总是非负的，所以拉普拉斯矩阵 L 是半正定的且特征值非负。此外，我们需要使用一个比例约束条件来保证对于所有没有用优化方法选择的 i，都有平凡解 $y_i = 0$。一个可能的比例约束如下：

$$\overline{y}^{\mathrm{T}} \Lambda \overline{y} = 1 \qquad (6.28)$$

约束条件中的 Λ 保证嵌入有更好的局部归一化。可以发现，使用有约束的优化技术，最小化目标函数 O 的最优解 $\overline{y}$ 等于 $\Lambda^{-1} L$ 的最小特征向量，满足关系 $\Lambda^{-1} L \overline{y} = \lambda \overline{y}$。这里，$\lambda$ 是一个特征值。然而，$\Lambda^{-1} L$ 的最小特征值总是 0，它对应的平凡解 $\overline{y}$ 正比于仅含 1 的向量。平凡特征向量将每个节点映射到线性嵌入空间中的同一点，所以它没有提供任何有用信息，在分析中没有用处，可以丢弃。而第二小的特征向量可以提供有更多有用信息的最优解。

该优化公式和相应解可一般化为找一个最佳 k 维嵌入空间，这可通过确定具有连续递增特征值的 $\Lambda^{-1} L$ 的特征向量来实现。在丢弃第一个特征值 $\lambda_1 = 0$ 的平凡特征向量 $\overline{e_1}$ 后，将产生 k 个特征向量 $\overline{e_2}, \overline{e_3}, \cdots, \overline{e_{k+1}}$，对应特征值 $\lambda_2 \leqslant \lambda_3 \leqslant \cdots \leqslant \lambda_{k+1}$，其中每个特征向量是一个 n 维单位向量，第 j 个特征向量的第 i 个部分代表了第 i 个数据点的第 j 个坐标。因为一共选取了 k 个特征向量，所以该方法创建一个 $n \times k$ 矩阵，对应于 n 个数据点中每个点的一个 k 维表示。之后可在该转换后的表示上应用 k-means 聚类算法。

为什么对于现有的 k-means 聚类算法，转换后的表示比原始数据更合适？很重要的一点是，在新的嵌入空间中使用基于欧几里得距离的 k-means 算法发现的球形簇可能对应于原始空间中的任意形状的簇。如下节所要讨论的，该表现是相似图和目标函数 O 的定义方式的直接结果，这也是使用相似图转换的一个主要优点。举例来说，如果将该方法应用于如图 6-11 所示的任意形状簇，那么相似图就是应用在转换数据上的 k-means 算法（或在相似图上的一个社区发现算法），通常将产生原始空间中正确的任意形状簇。谱方法的许多变体将在 19.3.4 节中详细介绍。

基于图的算法的特性

基于图算法的一个令人感兴趣的特性是可使用该方法发现任意形状的簇。这是因为近邻图对相关局部距离（或 k 近邻）进行编码，所以近邻图中的社区是通过凝聚局部密集区域来隐式确定的。正如之前基于密度聚类方法所讨论的，局部密集区域的凝聚对应于任意形状的簇。举例来说，在图 6-21a 的 k 近邻图中，任意形状簇 A 中的数据点彼此之间密集地连接在一起，但它们和簇 B 中的数据点没有明显相连。其结果是，任意社区发现算法都能发现图表示中的两个簇 A 和 B。

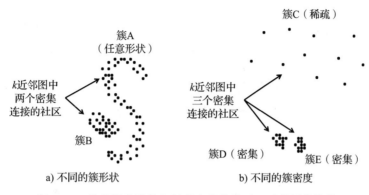

图 6-21   处理任意形状和任意密度的簇时 k 近邻图的优势

当使用 k 近邻而不是绝对距离阈值来构建近邻图时，基于图方法也能更好地调整数据密度的局部变化（参考图 6-14）。这是因为在建立近邻图时，不管节点是大还是小，它的 k 近邻是基于距离的相对比较进行选择的。例如在图 6-21b 中，即使簇 D 和簇 E 的距离比稀疏簇 C 中任意数据点对的距离都要近，这三个簇也应该作为不同的簇进行考虑。当 k 值较小时，k 近邻图不会在这些簇之间创建太多交叉连接。即使数据点局部密度不同，通过在 k 近邻图上使用社区发现算法，仍能发现所有的这三个簇。因此，基于图算法除了能发现任意形状的簇外，还能根据不同局部密度进行调整，从而提供比 DBSCAN 等算法更好的聚类结果。k 近邻图算法的该特性并不局限于谱聚类方法最终阶段中的使用，很多其他基于图算法也能以一种局部敏感性方式来发现任意形状的簇。这些特性被嵌入 k 近邻图的表示中，并可推广到$^\ominus$诸如异常分析之类的其他数据挖掘问题中。共享近邻相似函数（参考 3.2.1.8 节）的局部敏感性也是基于相同的原因。很多经典聚类算法（如 k-medoids、自底向上算法和 DBSCAN 等）的局部敏感性，可通过加入基于图的相似度函数（如共享近邻方法等）来加以改进。

基于图算法的主要缺点是高计算开销，如在一个 $n \times n$ 相似矩阵上应用该方法的成本通常是很昂贵的。但是由于相似图的稀疏性，很多社区发现方法可利用该稀疏性来提供更高效的解决方案。

6.8　非负矩阵分解

非负矩阵分解（NMF）是针对聚类的一种降维方法。换句话说，NMF 将数据嵌入一个隐空间，使其更适用于聚类。NMF 方法适用于非负且稀疏的数据矩阵。举例来说，文本应用中 $n \times d$ 的文档 – 项矩阵中的元素总是非负的，且因为大多数词的频率是 0，所以该矩阵也是稀疏的。

和所有降维方法一样，为了表示数据，非负矩阵分解会创建一个新的基坐标系。然而，与其他降维方法相比，NMF 的一个显著特点是不一定包含正交向量。此外，该坐标系中的基向量和数据记录的坐标都是非负的，该表示的非负性是高度可解释的且非常适用于聚类。因此，非负矩阵分解同时是一种可用于数据聚类的降维方法。

　⊖　参见 [257]，它是 LOF 算法的一个基于图的替代方案，用于位置敏感的异常分析。

考虑 NMF 在文本领域的一个常见用例，其中 $n \times d$ 数据矩阵 D 是一个文档 – 项矩阵（词典大小为 d，文档个数为 n）。NMF 将数据转换到一个归约的 k 维基坐标系中，其中每个基向量都是一个话题，即每个基向量都是一个定义话题的非负加权词向量。每个文档对应于各个基向量的坐标都是非负的，因此文档的簇成员资格可通过检查文档在任意 k 个向量上的最大坐标来确定。这可提供与每个文档最相关的"话题"并据此定义其所属簇。进行聚类的另一可选方法是在转换表示上应用诸如 k-means 之类的另一种聚类算法，因为转换表示能更好地刻画不同簇，所以 k-means 方法会更有效。这种将每个文档表示为附加信息和底层话题非负组合的方法本身也能提供语义解释性。这就是为什么非负矩阵分解如此受欢迎。

那么，怎样定义基系统和坐标系呢？非负矩阵分解方法尝试确定矩阵 U 和 V 来最小化如下目标函数：

$$J = \frac{1}{2} \| D - UV^{\mathrm{T}} \|^2 \tag{6.29}$$

这里，U 是 $n \times k$ 非负矩阵，V 是 $d \times k$ 非负矩阵，k 是嵌入空间的维度，$\| \cdot \|^2$ 代表（平方的）Frobenius 范数，即矩阵中所有元素的平方和。矩阵 U 提供 D 中行在转换坐标系中对应的新的 k 维坐标，矩阵 V 提供基于原始词典的基向量。具体来说，U 中的行数据为 n 个文档中的每个文档提供其 k 维坐标，V 中的列数据提供 k 个 d 维基向量。

上述优化问题的意义是什么？注意，通过最小化 J，目标是将文档 – 项矩阵 D 分解为如下形式：

$$D \approx UV^{\mathrm{T}} \tag{6.30}$$

对于 D 中的每行 $\overline{X_i}$（文档向量），以及 U 中每个 k 维行数据 $\overline{Y_i}$（转换后的文档向量），上述公式可重写为如下形式：

$$\overline{X_i} \approx \overline{Y_i} V^{\mathrm{T}} \tag{6.31}$$

这和任意标准降维方法具有相同的形式，其中 V 的列提供基空间而行向量 $\overline{Y_i}$ 表示降维后坐标。换句话说，文档向量 $\overline{X_i}$ 可近似为 k 个基向量的（非负）线性组合。因为 V 中的列向量发现数据中的潜在结构，所以和完整的维度相比，k 值通常较小。此外，矩阵 U 和 V 的非负性保证在基于项的特征空间中，文档被表示为关键概念（或簇区域）的非负线性组合。

图 6-22 展示了一个 NMF 的例子，其中文档 – 项矩阵 D 是 6×6 的，行对应于 6 个文档 $\{\overline{X_1}, \cdots, \overline{X_6}\}$，列对应于 6 个词，矩阵中的每个元素对应于文档中的词频。文档 $\{\overline{X_1}, \overline{X_2}, \overline{X_3}\}$ 和猫科相关，文档 $\{\overline{X_5}, \overline{X_6}\}$ 和汽车相关，文档 $\overline{X_4}$ 和二者都相关。因此，该数据中存在两个自然簇，相应地，矩阵 D 可以分解为两个秩 $k = 2$ 的矩阵 U 和 V^{T}。图 6-22 展示了一个近似最优分解，其中每个元素四舍五入到最接近的整数。注意，在实际例子中，分解矩阵中的大多数元素不会恰好是 0，但很多可能接近于 0，且几乎所有元素都将是非整数值。显然，U 和 V 中的行和列可分别映射到数据中的汽车或猫科的簇中。6×2 矩阵 U 提供关于 6 个文档和 2 个簇之间的关系信息，而 6×2 矩阵 V 提供关于 6 个词和 2 个簇之间对应关系的信息。每个文档可能被分配到在 U 中具有最大坐标的簇中。

如果使用 U 和 V 的 k 个列向量 $\overline{U_i}$ 和 $\overline{V_i}$ 的矩阵乘积进行表示，秩 k 的矩阵分解 UV^{T} 可分解为如下 k 个部分：

$$UV^{\mathrm{T}} = \sum_{i=1}^{k} \overline{U_i} \, \overline{V_i}^{\mathrm{T}} \tag{6.32}$$

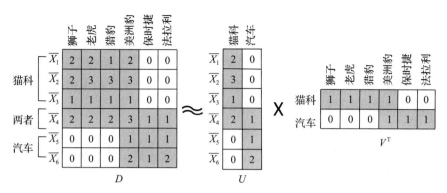

图 6-22　非负矩阵分解的一个例子

每个 $n \times d$ 矩阵 $\overline{U_i}\overline{V_i}^{\mathrm{T}}$ 都是秩为 1 的矩阵，它对应于数据中的一个潜在成分。由于非负分解的可解释性，很容易将这些潜在成分映射到簇。举例来说，如图 6-23 所示，上述例子中的两个潜在成分分别对应于猫科和汽车。

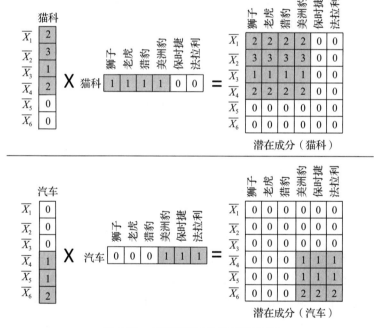

图 6-23　可解释的 NMF 矩阵分解

下面将解释怎样解决上述关于 J 的优化问题。任意矩阵 Q 的平方范数都可表示为矩阵 QQ^{T} 的迹。因此，目标函数 J 可表示为如下形式：

$$J = \frac{1}{2}tr[(D - UV^{\mathrm{T}})(D - UV^{\mathrm{T}})^{\mathrm{T}}] \tag{6.33}$$

$$= \frac{1}{2}[tr(DD^{\mathrm{T}}) - tr(DVU^{\mathrm{T}}) - tr(UV^{\mathrm{T}}D^{\mathrm{T}}) + tr(UV^{\mathrm{T}}VU^{\mathrm{T}})] \tag{6.34}$$

这是一个对于矩阵 $U = [u_{ij}]$ 和 $V = [v_{ij}]$ 的优化问题，因此矩阵元素 u_{ij} 和 v_{ij} 都是优化变量。此外，约束条件 $u_{ij} \geq 0$ 和 $v_{ij} \geq 0$ 保证非负性。这是一个典型的有约束的非线性优化问题，可通过拉格朗日松弛（Lagrangian relaxation）来解决，它松弛这些非负约束并在目标函数中用违反约束惩罚来代替它们。拉格朗日参数（Lagrange parameter）是这些新惩罚项的乘积。令 $P_\alpha = [\alpha_{ij}]_{n \times k}$ 和 $P_\beta = [\beta_{ij}]_{d \times k}$ 分别表示与 U 和 V 具有相同维度的矩阵，矩阵 P_α 和 P_β 中的元素分别对应于 U 和 V 中不同元素上非负条件的拉格朗日乘积。此外，需要注意的是，$tr(P_\alpha U^T)$ 等于 $\Sigma_{i,j} \alpha_{ij} u_{ij}$，$tr(P_\beta V^T)$ 等于 $\Sigma_{i,j} \beta_{ij} v_{ij}$，它们分别对应于 U 和 V 上非负约束的拉格朗日惩罚。那么，带有约束惩罚的增强目标函数可表示为如下形式：

$$L = J + tr(P_\alpha U^T) + tr(P_\beta V^T) \tag{6.35}$$

为了优化这个问题，需要计算 L 相对于 U 和 V 的偏导数，并将其设置为 0。对基于迹的目标函数矩阵进行演算得到以下公式：

$$\frac{\partial L}{\partial U} = -DV + UV^T V + P_\alpha = 0 \tag{6.36}$$

$$\frac{\partial L}{\partial V} = -D^T U + V U^T U + P_\beta = 0 \tag{6.37}$$

上述表达式提供了两个约束矩阵。上述两个条件矩阵的第 (i, j) 个元素分别对应于 L 相对于 u_{ij} 和 v_{ij} 的偏导。这些条件分别乘 u_{ij} 和 v_{ij}。通过使用 Kuhn-Tucker 最优化条件 $\alpha_{ij} u_{ij} = 0$ 和 $\beta_{ij} v_{ij} = 0$，约束条件的第 (i, j) 个元素可写为如下形式：

$$(DV)_{ij} u_{ij} - (UV^T V)_{ij} u_{ij} = 0 \quad \forall i \in \{1, \cdots, n\}, \forall j \in \{1, \cdots, k\} \tag{6.38}$$

$$(D^T U)_{ij} v_{ij} - (V U^T U)_{ij} v_{ij} = 0 \quad \forall i \in \{1, \cdots, d\}, \forall j \in \{1, \cdots, k\} \tag{6.39}$$

这些条件独立于 P_α 和 P_β，并提供了针对 U 和 V 中元素的一个方程组。这样的方程组通常使用迭代方法求解。可以证明，对于该特定方程组可分别使用下列 u_{ij} 和 v_{ij} 的乘法更新准则来得到解：

$$u_{ij} = \frac{(DV)_{ij} u_{ij}}{(UV^T V)_{ij}} \quad \forall i \in \{1, \cdots, n\}, \forall j \in \{1, \cdots, k\} \tag{6.40}$$

$$v_{ij} = \frac{(D^T U)_{ij} v_{ij}}{(V U^T U)_{ij}} \quad \forall i \in \{1, \cdots, d\}, \forall j \in \{1, \cdots, k\} \tag{6.41}$$

U 和 V 中的元素被随机初始化为 $(0, 1)$ 之间的某个值，并迭代到收敛为止。

关于矩阵分解技术的一个有趣发现是，它也可用于确定词簇而不是文档簇。和用 V 的列来发现文档簇的基一样，也可用 U 的列向量来发现对应于词簇的基。因此，该方法可为高维空间提供补充信息。

与奇异值分解对比

奇异值分解（参考 2.4.3.2 节）是一种矩阵分解方法。SVD 将数据矩阵分解成 3 个矩阵而不是 2 个。在这里复制第 2 章的公式 2.12 如下：

$$D \approx Q_k \Sigma_k P_k^T \tag{6.42}$$

可将其与用于非负矩阵分解的公式 6.30 进行比较。$n \times k$ 矩阵 $Q_k \Sigma_k$ 类似于非负矩阵分解中的 $n \times k$ 矩阵 U，$d \times k$ 矩阵 P_k 类似于 NMF 中的 $d \times k$ 矩阵 V。这两种表示方法都使数据表示的平方误差最小化。SVD 和 NMF 的主要差异在于相应优化问题的约束条件不同。SVD 可看作与 NMF 目标函数相同的矩阵分解，但其优化是在基向量上施加正交约束而不是非负约束。也可使用其他类型的约束条件来设计不同形式的矩阵分解，此外还可改变要优化的目标函数。举例来说，PLSA（参考 13.4 节）将（缩放后的）矩阵的非负元素解释为概率，并最大化其生成模型的似然估计。在不同应用中，矩阵分解的不同变种可提供多种效用：

1）由于非负性，对于聚类应用，NMF 中的隐含因子更容易解释。举例来说，在诸如文本聚类的应用领域中，U 和 V 的每列分别与文档簇和项簇相关。非负（转换）坐标的幅度反映了在文档中哪些概念有强烈的表达。在诸如文本之类的领域中，每个特征都具有语义，所以 NMF 的这种"附加部分"表示是高度可解释的。但在 SVD 中转换后坐标值和基向量部分可能是负的，所以其不具有该特性。这也是为什么对于聚类而言，NMF 转换比 SVD 更有用。类似地，非负矩阵分解的概率形式，如 PLSA，也经常用于聚类。可以启发性地和图 6-22 中的例子进行比较，其中 SVD 采用与 2.4.3.2 节末尾相同的矩阵。注意，NMF 分解更容易解释。

2）与 SVD 不同，NMF 的 k 个隐含因子不是两两正交的。这是 NMF 的一个缺点，因为坐标轴系统的正交性允许将数据转换直观地解释为轴旋转。而且将样本外数据点（即不包含在 D 中的数据点）映射到一个正交基坐标系中很容易。此外，转换后数据点之间的距离计算在 SVD 中更有意义。

3）对于任意优化问题，诸如非负性等约束条件的添加，通常会降低找到的解决方案的质量。然而，在 SVD 中，正交约束的添加，理论上不影响无约束矩阵分解的全局最优解（参考练习题 13）。因此，SVD 提供比 NMF 更好的秩 k 近似。此外，与完全指定的矩阵的无约束矩阵分解相比，实际上 SVD 更容易确定全局最优解。因此，SVD 能提供无约束矩阵分解的一个可选全局最优解，这在计算上很容易确定。

4）对于不完整数据矩阵，相比于其他矩阵分解方法，SVD 通常很难实现，这与推荐系统中评分矩阵不完整有关，在 18.5.5 节将讨论推荐系统中潜在因素模型的使用。

因此，SVD 和 NMF 有不同的优缺点，适用于不同的应用。

6.9　聚类验证

在确定了聚类方法之后，需要衡量所得到的聚类质量，即进行**聚类验证**（cluster validation）。在真实数据集上进行聚类验证是一个无监督问题，往往很难实现。因此，外部验证度量（external validation criteria）并非总是可用的。因而人们设计了一系列内部度量（internal criteria）来评估聚类的质量。内部度量的主要问题在于，根据不同的定义方式，它们往往会偏向于某一特定的算法。在某些情况下，也可用外部验证度量，比如使用人工生成的测试数据集时，理想的聚类结果是已知的。或者，如果获得了真实数据对应的类标签，这些信息也可视为验证时的簇标识符。在这些情况下，验证往往更加有效，这些验证方法称为**外部验证度量**。

6.9.1　内部验证度量

当外部度量不可用时，可用内部验证度量来评估聚类的质量。特定的聚类模型会对目标函数进行优化，而对算法的评估度量往往是从目标函数中直接借鉴而来的。举例来说，实际上 k 代表点算法、EM 算法和凝聚式聚类方法中的目标函数都可以用作验证度量。通过将算法和其他方法进行对比，使用这些函数进行验证的问题就会显现出来。验证度量总是会偏向那些使用与之类似的目标函数的算法。然而，在外部度量不可用的情况下，这已经是最优的选择。这些度量标准在比较两个广义上相同的算法时十分有效。常用的内部度量如下所示。

1. 簇内点到质心的距离平方和

这种度量假设所有簇的质心已经确定并使用距离平方和（SSQ）作为目标函数。SSQ值越小，聚类的质量越好。显然，这种度量标准更适用于基于距离的聚类算法（如 k-means），而对基于密度的算法（如 DBSCAN）的评估效果往往较差。SSQ 的另一个问题是，计算绝对距离的方式并不能给用户提供任何有关底层聚类质量的有意义的信息。

2. 簇间与簇内距离的比值

这个度量方法比 SSQ 更加细致。主要的思想是，从原始数据中采样选取 r 组点对，将其中属于同一个簇的点对置于集合 P 中，将剩下的点对置于集合 Q 中。平均簇内距离和平均簇间距离的定义如下：

$$Intra = \sum_{(\overline{X_i}, \overline{X_j}) \in P} dist(\overline{X_i}, \overline{X_j})/|P| \qquad (6.43)$$

$$Inter = \sum_{(\overline{X_i}, \overline{X_j}) \in Q} dist(\overline{X_i}, \overline{X_j})/|Q| \qquad (6.44)$$

平均簇间距离与平均簇内距离的比值记为 $Intra/Inter$，该值越小，聚类算法的效果越好。

3. silhouette 系数

令 $Davg_i^{in}$ 为第 i 簇内点对之间的距离的平均值。计算第 i 簇内的点与其他簇（除了它本身）内点的距离的平均值，令 $Dmin_i^{out}$ 表示这些平均距离中的最小值。针对簇 i 的 silhouette 系数 S_i 的计算如下：

$$S_i = \frac{Dmin_i^{out} - Davg_i^{in}}{\max\{Dmin_i^{out}, Davg_i^{in}\}} \qquad (6.45)$$

silhouette 系数的取值在 $(-1, 1)$ 之间。值越大，表示聚类越分散；负值意味着不同的簇之间有混杂在一起的数据点，其绝对值的大小反映了混杂程度。这是因为只有在第 i 簇中的点到另一个簇的距离比其簇内距离更小时，$Dmin_i^{out}$ 才会小于 $Davg_i^{in}$。silhouette 系数的一个优点是它的绝对值直观地反映了聚类的质量。

4. 概率方法

该度量的目标是使用混合模型来评估特定聚类算法的质量。每个混合模型分量的质心是已发现的簇的质心，分量的其他参数（如协方差矩阵）可以通过类似 EM 算法中 M 步骤的方法计算得到。该方法会返回整体的对数似然值。由于每个混合模型分量的分布隐含了对应簇的特定形状，如果根据领域知识确定了簇应有的形状，这种度量便十分有效。

内部度量的主要问题是它们会明显地偏向某一类聚类算法。举例来说，将基于距离的度量（如 silhouette 系数）应用在任意形状的簇上效果并不好。考虑在如图 6-11 所示的簇上计算 silhouette 系数，即使是正确的聚类，某些系数也可能会是负值，这不同于 k-means，silhouette 负值意味着不同簇之间的数据混杂，即错误的聚类结果。尽管在图 6-11 上计算得到的 silhouette 系数或许并不如在错误的 k-means 聚类上的值大。出现这种情况的原因是如图 6-11 所示的簇形状是任意的，并不适用于基于距离的度量。同理，基于密度的度量会偏向基于密度的聚类算法。通过对使用内部度量的不同方法进行比较可以发现，内部度量标准的主要问题在于每个度量都试图为好的聚类结果定义一个"原型"模型。它们往往只告诉我们某个聚类模型与原型模型的匹配程度有多高，而非聚类的本质。这可能是某种形式的过拟合，会对评估产生重大影响。至少它增加了评估置信度的不确定性，违反了评估的初衷。这是具有无监督特性的聚类所面临的基本问题，目前尚未有令人满意的解决方案。

内部度量确实在特定的场景下大有用途。例如，它可以用来比较隶属于同一类的相似的聚类算法或同一算法的几个不同实现。内部度量标准会受到簇数目的影响。如果两个不同聚类算法生成的簇数目不同，就无法使用某一度量标准进行比较。一个细粒度的聚类方法往往会在某些内部定性度量标准上表现优越。因此，使用这些度量时要十分注意，因为它们有倒向某些特定算法或特定环境下某一算法实现的趋势。牢记聚类是个无监督问题，即在外部度量缺失的情况下没有所谓的"正确的"模型。

6.9.1.1　内部度量调参

所有的聚类算法都需要以某些参数作为输入，如簇的数目或密度。尽管无法避免内部度量固有的缺陷，但还是可以使用一些调参的方法。调参的主要思想是，有效度量的各种变体会在正确的参数值下表现出"拐点"。当然，由于度量自身的缺陷，在使用这些技术时需要格外注意。拐点的形状会根据参数的调整和度量特性的选取而出现明显的不同。考虑对 k-means 中的簇数目 k 进行调参。在这种情况下，SSQ 度量的值总是随着簇数目的减少而减小，尽管在拐点之后它下降的速度会变慢。另外，对于选取簇内与簇间距离比值作为度量的情况，度量值会逐渐下降并在到达拐点之后出现略微的回升。图 6-24 展示了上述两种情况下的拐点。X 轴代表所调整的参数（簇数目），Y 轴表示（相对）度量值。在很多时候，如果验证模型既没有表现簇的自然形状也没有很好地反映出聚类算法模型，这样的拐点就会产生误导，甚至不会被观察到。然而，如图 6-24 所示的点可以结合对散点图的目测和算法划分（algorithm partitioning）一起来决定合适的簇数目。这种对内部度量进行调参的技术只是一种非正式的经验规则，并非严格标准。

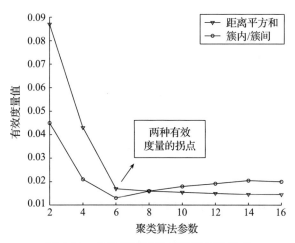

图 6-24　参数调整下的有效度量的拐点

6.9.2　外部验证度量

外部度量标准需要在已知正确的聚类结果的情况下使用。一般来说，这在大多数真实数据集上都是不可实现的。然而，当数据集是根据已知基准人工生成的时，就可以将簇标识符和生成的数据记录联系起来。对于真实数据集，如果类别信息是可用的，也可以达到近似的效果。使用类别标识的主要问题在于这些信息反映了面向特定应用的数据特性，无法体现数据底层的聚类本质。然而，外部度量标准仍然是优于内部度量的选择，因为它们通常可以避免向某些算法倾斜的问题。在后面的讨论中，"类别标识"一词既可以表示人工生成数据集中的簇标识符，也可以表示真实数据集中的类别信息。

问题在于数据集的簇数目并不一定和类别标识的个数一致。令 k_t 表示类别标识的个数，即正确的簇数目，令 k_d 表示应用聚类算法后得到的簇数目。尽管在某些情况下 k_t 和 k_d 是相等的，但很多时候二者都是不同的。当 $k_d = k_t$ 时，建立一个混淆矩阵是十分有效的，它可以建立从正确的聚类结果到算法运行结果的映射，每一行 i 对应一个类别标识（即一个正确的簇），每一列 j 对应聚类算法得到的一个簇。因此，矩阵中的 (i, j) 元素表示的就是本应隶属于类别 i 的数据点由算法分类到类别 j 的数目。即使应用不同的聚类算法，矩阵第 i 行的数值加和总是不变的，因为它反映的是在正确的分类结果中第 i 类的大小，这是独立于算法的已知事实。

当聚类结果较好时，通过改变行和列的顺序，可以发现只有矩阵对角线上的数值较大。相应地，如果聚类效果较差，矩阵元素值的分布就会比较均衡。图 6-25 和图 6-26 分别展示了两个混淆矩阵的例子。第一个聚类算法的效果显然要优于第二个。

簇标识	1	2	3	4
1	97	0	2	1
2	5	191	1	3
3	4	3	87	6
4	0	0	5	195

图 6-25   聚类质量较佳情况下的混淆矩阵

簇标识	1	2	3	4
1	33	30	17	20
2	51	101	24	24
3	24	23	31	22
4	46	40	44	70

图 6-26   聚类质量较差情况下的混淆矩阵

混淆矩阵提供了一种对聚类进行直观评估的方法。然而，当矩阵规模较大时，这也许并不是一个实用的方法，而且，对于 $k_d \neq k_t$ 的情况也可以建立混淆矩阵，故仅仅依靠观察很难对聚类质量进行估计。因此，需要为混淆矩阵的整体质量评估建立一个硬性标准。两个常用的标准是簇纯度（cluster purity）和基于类的基尼系数（class-based Gini index）。令 m_{ij} 表示隶属于类别 i 且被算法分类到类别 j 的数据点数目，其中，i 取自 $[1, k_t]$，j 取自 $[1, k_d]$。设 N_i 表示正确的分类结果中类别 i 的大小，M_j 表示聚类算法得到的类别 j 的大小。因此，分到不同簇中的数据点可以通过下式相关联：

$$N_i = \sum_{j=1}^{k_d} m_{ij} \quad \forall i = 1, \cdots, k_t \tag{6.46}$$

$$M_j = \sum_{i=1}^{k_t} m_{ij} \quad \forall j = 1, \cdots, k_d \tag{6.47}$$

算法产生的高质量簇中，大部分数据点隶属于同一类（称为主导类），故对于给定的簇

j，隶属于主导类（dominant class）的数据点数目 P_j 即为 m_{ij} 在不同的标准簇 i 上的最大值：

$$P_j = \max_i m_{ij} \tag{6.48}$$

高质量的聚类会得到 $P_j \le M_j$ 的结果，其中 P_j 非常接近 M_j。整体的纯度可以通过下式计算：

$$\text{Purity} = \frac{\sum_{j=1}^{k_d} P_j}{\sum_{j=1}^{k_d} M_j} \tag{6.49}$$

纯度值越高越好。簇纯度可以通过两种方式计算。上面讨论的方法可以为每个算法得到的簇计算纯度（相对于正确的簇），并在此基础上计算聚合的簇纯度。第二种方法是对每个已知的正确簇计算纯度（相对于算法得到的簇）。两种方法会得到不同的结果，特别是当 k_d 和 k_t 的值相差较大时。基于公式6.49进行计算的第一种方法更容易进行直观解释，故是最常用的。

基于纯度的标准的主要问题是它只考虑聚类中的主导类而忽视了剩余数据点的分布。举例来说，假设有两个纯度相同的聚类结果，其中一个簇包含的数据点只来自两个主导类，而另一个簇的数据点来自许多不同的类，显然前者的质量要优于后者。基尼系数可以用来解决数据分布在不同类上的问题。这个度量标准和熵的概念有关，它针对混淆矩阵的一行（或列）上的数据分布计算不相等（或混淆）的程度。对于基于纯度的度量，既可以使用面向行的方法也可以使用面向列的方法，二者会得到不同的结果。下面介绍面向列的方法。列 j 的基尼系数 G_j 的计算方法如下：

$$G_j = 1 - \sum_{i=1}^{k_t} \left(\frac{m_{ij}}{M_j} \right)^2 \tag{6.50}$$

如果一列上的数值分布出现倾斜，G_j 的值会接近 0，如图6-25所示。当分布相对平稳时，G_j 的值接近于它的上界 $1 - 1/k_t$。平均基尼系数是每一列基尼系数的加权平均值，M_j 是每一列的权重：

$$G_{average} = \frac{\sum_{j=1}^{k_d} G_j \cdot M_j}{\sum_{j=1}^{k_d} M_j} \tag{6.51}$$

基尼系数的值越低越好。基尼系数的概念和熵的概念紧密相关，设 E_j 表示算法得到的簇 j 的熵：

$$E_j = -\sum_{i=1}^{k_t} \left(\frac{m_{ij}}{M_j} \right) \cdot \log \left(\frac{m_{ij}}{M_j} \right) \tag{6.52}$$

熵值越低预示着聚类质量越好。基于每个簇的熵，整体的熵值可以使用和基尼系数类似的方式计算得到。

$$E_{average} = \frac{\sum_{j=1}^{k_d} E_j \cdot M_j}{\sum_{j=1}^{k_d} M_j} \tag{6.53}$$

最后，成对的准确率和召回率也可以用来评估聚类算法的效果。为了计算准确率，需要考虑隶属于同一簇的所有的数据点对，其中，属于同一类的点对所占的比重即为准确率。而计算召回率时，需要考虑属于同一类的所有点对，其中算法分配到同一簇中的点对数目所占的比重即为召回率。一个综合的衡量标准是 Fowlkes-Mallows，它的值是准确率和召回率的几何平均值。

6.9.3 评价

尽管有很多相关文献对聚类验证进行了研究，但是大部分方法还是不够完善。内部度量的缺陷在于它会偏向特定的算法。外部度量需要借助类别标识才能工作，而类别标识往往无法反应真正的聚类结果。即使使用人工生成的数据集，数据生成的方法也会隐含向某一类算法的倾斜性。这些问题之所以会出现都是由于聚类是无监督问题，众所周知，对这类算法进行质量验证是很困难的。通常，对聚类效果进行衡量的真正标准取决于它是否满足特定应用的需要。

6.10 小结

数据聚类问题有各种各样的算法，如基于代表点的方法、层次法、概率法、基于密度的方法、基于图的方法和基于矩阵分解的方法等。所有这些方法都需要指定某些参数，如簇的数目、密度或者矩阵的秩等。基于代表点的方法和概率法需要限制簇的形状，但对于簇密度不同的情况有更好的适应能力。凝聚和基于密度的方法对簇的不同形状有更好的适应能力，但不能很好地适应簇密度不同的情况。对于不同形状和密度，基于图的方法有更好的调节能力，但通常实现起来代价高昂。诸如聚类等无监督问题，聚类验证是一件很困难的事情。尽管对于聚类可用内部和外部验证度量，但它们通常会偏向于某一类算法，或者不能准确反映基础数据内部的簇特征，应该谨慎使用这些评测标准。

6.11 文献注释

在数据挖掘和机器学习领域，聚类问题已有广泛研究。经典书目 [74, 284, 303] 已经讨论了大多数传统聚类方法，其中详细介绍了很多经典算法，如划分法和层次法等。另一本书 [219] 讨论了最近出现的几种数据聚类算法。[285] 是对数据聚类的一篇优秀综述。书目 [32] 提供了对于不同数据聚类算法的非常全面的概述。[366] 详细讨论了不同的特征选择方法。[169] 讨论了基于密度方法的熵度量。在 [262, 350, 550] 中，从谱聚类和簇散射矩阵中衍生出来的各种有效方法可用于特征选择。[32] 的第 2 章详细介绍了不同特征选择方法。

一个经典综述 [285] 很好地介绍了 *k*-means 算法，[108] 讨论了如何改善 *k*-means 型算法的初始数据点。[423] 着重讨论了如何发现 *k*-means 算法正确的簇数量。[79] 介绍了代表点算法的其他著名评价标准（包括 Bregman 散度）。

本章介绍的三个主要的基于密度方法在 STING[506]、DBSCAN[197]、DENCLUE[267] 中有介绍。DENCLUE 的更快更新规则可参照 [269]，该规则早前作为均值平移聚类单独出现在 [148, 159] 中。最常见的基于网格算法包括 Wavecluster[464] 和 MAFIA[231]。[198] 着重介绍了 DBSCAN 的增量版本，OPTICS 算法 [76] 根据数据点排序进行基于密度的聚类，这对于层次法和可视化来说也非常有用。DBSCAN 算法的另一个变种是可用于更一般类型数据的

GDBSCAN[444]。

最著名的基于图算法之一是 Chameleon 算法[300]。共享近邻算法[195] 本质上也是基于图算法，它对不同区域数据密度不同的簇具有良好的适应能力。一个著名的自上而下多层聚类算法是 METIS[301]。[371] 是一篇关于谱聚类方法的优秀综述。矩阵分解及其变种[288, 440, 456] 与谱聚类[185] 紧密相关。在 [212] 中讨论了图上的社区发现方法，其中的任何一个方法都能用于基于图聚类算法的最后阶段。在 [247-248] 中讨论了聚类有效性方法，此外，[32] 详细研究了聚类有效性问题。

6.12 练习题

1. 考虑有 10 个数据点的一维数据集 $\{1, 2, 3, \cdots, 10\}$。说明当 $k = 2$ 时 k-means 算法的三次迭代过程，其中随机种子被初始化为 $\{1, 2\}$。

2. 重复练习题 1，其中初始种子集为 $\{2, 9\}$。说明种子集的不同是如何影响聚类结果质量的。

3. 写一个计算机程序来实现 k 代表点算法。使用模块化的程序结构，其中距离函数和质心的确定是单独的子程序。在下列情景下实例化这些子程序：k-means 算法、k-medians 算法。

4. 实现马哈拉诺比斯 k-means 算法。

5. 考虑一维数据集 $\{1, \cdots, 10\}$，应用凝聚层次聚类法，其中分别使用最小、最大和组平均准则进行合并，计算展示最开始的六次合并。

6. 写一个计算机程序实现使用单链接合并准则的层次合并算法。

7. 写一个计算机程序实现 EM 算法，其中有两个具有相同半径的球状高斯簇。从 UCI 的机器学习库[213] 中下载 Ionosphere 数据集，在其上应用该算法（随机选定初始质心），并记录每次迭代过程中的高斯质心。现在应用练习题 3 中实现的 k-means 算法，其中初始种子集与高斯质心相同。怎样比较这两种算法在不同迭代过程中的质心？

8. 设计实现练习题 7 中的计算机程序，其中使用更一般的高斯分布，而不是球状高斯。

9. 考虑具有三个自然簇的一维数据集。第一个簇包含连续整数 $\{1, \cdots, 5\}$，第二个簇包含连续整数 $\{8, \cdots, 12\}$，第三个簇包含数据点 $\{24, 28, 32, 36, 40\}$。应用初始质心为 1、11、28 的 k-means 算法，该算法能确定正确的簇吗？

10. 如果将初始质心改为 1、2 和 3，那么 k-means 算法还能发现正确的簇吗？这说明了什么？

11. 使用练习题 9 中的数据集，说明层次法是怎样对局部密度变化敏感的。

12. 使用练习题 9 中的数据集，说明基于网格法是怎样对局部密度变化敏感的。

13. 线性代数的一个基本事实是，任意秩 k 矩阵都有这样一个奇异值分解，其恰好有 k 个非零奇异值。利用这个结果可以证明，SVD 中秩 k 近似的最小误差和无约束矩阵分解（其中基向量没有正交约束）相同。假设使用误差矩阵的 Frobenius 范数来计算近似误差。

14. 假设从数据集中构建一个边具有权重的 k 近邻相似图，针对该相似图，描述自下而上的单链接算法。

15. 假设联合使用共享近邻相似函数（参考第 3 章）和 k-medoirds 算法来从 n 个数据点中发现 k 个簇，用于定义共享近邻相似度的近邻数量设为 m。就 k 和 n 而言，试描述怎样选择合适的 m 值，而不会导致太差的算法性能。

16. 假设近似表示数据矩阵 D 的矩阵分解为 $D \approx D' = UV^T$。证明 U 和 V 的一个或多个行 / 列可与常量因子相乘，因而可用无限多个不同方法来表示 $D' = UV^T$。在所有这些方案之间，U 和 V 的合理选择是什么？

17. 解释对于不同算法内部验证度量是如何偏向其中某个聚类算法的。

18. 假设有一个包含任意方向高斯簇的合成数据集。SSQ 标准如何反映聚类的质量？

19. 对于练习题 18 中的合成数据集，哪个聚类算法将表现得最好？

聚类分析：高级概念

"大众和团体同样重要，想成功就都要考虑。"

——Levon Helm

7.1 引言

上一章我们介绍了基本的数据聚类方法，本章我们将研究几个高级聚类场景，例如，底层数据的数据规模、数据维度以及数据类型对聚类的影响。除此之外，使用高级的有监督方法或者集成算法也可能得到对数据更深入的认识。我们将特别讨论聚类算法的两个重要方面。

1. 难以聚类的场景

许多数据场景下的聚类极具挑战性。其中包括类别型数据的聚类、高维数据的聚类以及海量数据的聚类。由于距离计算以及给一组分类数据点合适地定义一个簇代表点的"中心"具有挑战性，因此离散数据是难以聚类的。在高维情况下，许多不相干的维度可能会对聚类过程造成干扰。最后，海量数据集由于可扩展性问题更是难以聚类。

2. 深入的认识方法

因为聚类问题是一种无监督问题，因此很难用一种有意义的方式来衡量底层簇的质量。在前面的章节中也讨论过聚类有效性方法的这一不足。可能存在许多可替代的聚类方法，并且很难去衡量它们之间的优劣。提高与特定应用的相关性及鲁棒性的方法有很多，可以通过使用外部监督、人监督或者元算法（比如把多个数据聚类组合在一起的集成聚类）来实现。

难以聚类的场景通常是由数据的特定情况引起的，它们使得数据分析极具挑战性。这些方面如下。

1. 类别型数据聚类

因为在这种情况中，很难去定义相似性的概念，所以类别型数据聚类更困难一些。除此之外，对于类别型数据来说，聚类算法中的许多中间步骤，例如簇平均值的确定，并不像对数值型数据那样可以自然地定义。

2. 可扩展的聚类

许多聚类算法需要多次遍历数据。当数据非常庞大并且存储在磁盘上的时候算法实现将会很困难。

3. 高维数据的聚类

正如 3.2.1.2 节所讨论的，高维数据点之间的相似性计算往往由于大量不相干属性以及聚集效应的存在而无法反映本质距离。因此，已经设计出了许多利用投影来在相关维度的子集上确定簇的方法。

因为聚类是一种无监督问题，在许多实际场景中很难去衡量聚类的质量。此外，如果数据是嘈杂的，聚类的质量可能也是糟糕的。因此，有各种各样的方法来监督聚类或者从聚类过程中获得进一步的认识。这些方法如下。

1. 半监督聚类

在一些情况中，我们可能能够得到关于底层簇的部分信息。可以通过标签或者外部反馈的形式得到这些信息。这些信息可以用来显著提升聚类质量。

2. 可视化的交互聚类

在这种情况下，将会使用用户的反馈来提高聚类质量。在聚类中这种反馈通常是在可视化交互的辅助下得到的。例如，一种交互方式是在不同的投影子空间中挖掘数据的聚类特征并且选取最相关的簇。

3. 集成聚类

正如前面章节中提到的，不同的聚类方法可能会得到截然不同的聚类结果。那么哪种聚类方法是最佳的呢？通常来说，这个问题是没有一个确切答案的。反倒不如将多个模型的认识结合起来，从聚类过程中得到一个更为统一的观点。集成聚类可以看作一个用来从多个模型中得到更为显著观点的元算法。

本章内容的组织结构如下：在 7.2 节中讨论类别型数据的聚类算法；在 7.3 节中讨论可扩展的聚类算法；高维数据的聚类算法将在 7.4 节中提及；半监督的聚类算法会在 7.5 节中讨论；而可视化的交互聚类算法将放在 7.6 节中讨论；7.7 节给出集成聚类方法；7.8 节讨论数据聚类的不同应用；7.9 节给出本章小结。

7.2 类别型数据的聚类

类别（离散）型数据的聚类非常困难，因为数据聚类中的大部分原始操作，如距离计算、确定代表点以及密度估计，都是自然而然地定义在数值型数据上的。我们可以很显著地观察到，总是可以利用第 2 章中讨论的二元化操作将类别型数据转化为二元数据。通常来说，利用二元数据操作起来更简单，因为它也是数值型数据的一种特殊形式。但是在这种情况下，算法需要去适配二元数据。

本小节将讨论各种各样的类别型数据聚类算法，并且将会详细指出使用各种经典方法来聚类类别型数据所遇到的问题以及需要做的修改。

7.2.1 基于代表点的算法

如 k-means 聚类等基于质心的代表点算法需要反复地确定簇的质心以及质心与原始数据间的相似性。正如前面在 6.3 节中讲到的，这些算法迭代地选取簇的质心，然后将数据点分配给距离最近的质心。从更高层次上看，在类别型数据中这些步骤保持不变，但是这些步骤的部分细节受到类别型数据的下述影响。

1. 类别型数据集的质心选取

所有基于代表点的算法都需要确定一系列对象的质心代表点。在数值型数据聚类中，可以通过求平均数自然地获取。然而对于类别型数据，质心等价于每个属性值的概率直方图。对于每个属性 i，以及可选的值 v_j，直方图的值 p_{ij} 代表在簇中属性 i 的值是 v_j 的对象所占的比例。因此，对于一个 d 维的数据集，一个簇的质心是一个由 d 个不同的直方图组成的集合，这些直方图表示簇中每一维上的类别值的概率分布。如果 n_i 是属性 i 的不同值的数目，那么这一步骤需要 $O(n_i)$ 的空间来表示第 i 个属性的质心。表 7-1 展示了具有颜色和形状属性的二维数据点的簇。表 7-2 展示了颜色和形状属性对应的直方图。可以注意到，某个特定属性的概率值总是和为 1。

表 7-1　二维类别型数据簇的例子

数　据	（颜色，形状）	数　据	（颜色，形状）
1	（蓝色，方形）	6	（红色，圆形）
2	（红色，圆形）	7	（蓝色，方形）
3	（绿色，立方体）	8	（绿色，立方体）
4	（蓝色，立方体）	9	（蓝色，圆形）
5	（绿色，方形）	10	（绿色，立方体）

表 7-2　类别型数据簇的均值直方图及众数

属　性	直　方　图	众　数
颜色	蓝色 = 0.4 绿色 = 0.4 红色 = 0.2	蓝色或绿色
形状	立方体 = 0.4 方形 = 0.3 圆形 = 0.3	立方体

2. 计算到质心的相似性

在 3.2.2 节中介绍了大量的计算一对类别型数据之间相似性的方法。最简单的一种方法是基于匹配的相似性计算。然而在这种情况下，要做的是确定一个概率直方图（对应于聚类代表点）与类别型属性值之间的相似性。如果某个数据中，属性 i 的值是 v_j，那么类似的基于匹配的相似性是它的直方图概率 p_{ij}。将不同属性上的概率加起来作为总的相似性。每个数据项将被分配给与它具有最大相似性的质心。

k-means 算法的其他步骤在类别型数据中和在数值型数据中保持一致。k-means 算法的效果高度依赖于底层数据属性值的分布。例如，如果属性值极度不平衡，就像购物篮数据那样，利用基于匹配的度量来计算直方图与数据的相似性可能会表现得很差。这是因为这种度量将所有的属性值平均地对待，然而在这种情况下罕见的属性值应占更大比重。这可以通过在预处理阶段向每个类别型属性值分配一个权重来实现，权重值是其全频率的倒数。因此，现在类别型数据记录在每个属性上都有相关的权重。这些权重的存在会对概率直方图的生成和基于匹配的相似性计算都造成影响。

7.2.1.1　k-modes 聚类

在 k-modes 聚类中，代表点的每个属性值被选为聚类中这一属性类别型数值的众数。类别型数据集的**众数**是数据集中出现次数最多的值。表 7-2 展示了表 7-1 中十个点的聚类中每个属性的众数。直观来看，这相当于每个属性 i 在概率直方图中具有最大数值 p_{ij} 的类别型数值 v_j。当两个类别型数值具有相同的频率时，属性的众数可能不是唯一的。在表 7-2 中，两种可能的众数是（蓝色，立方体）和（绿色，立方体）。如果在平局的情况下进行随机选择，那么任意一个都可以用作代表点。基于众数的代表点可能并非取自原始的数据集，因为每个属性的众数都是独立确定的。因此，作为代表点的 d 维众数的特定组合可能不属于原始数据集。基于众数的方法的一个好处在于代表点也是一个类别型数据记录，而不是一个直方图。因此，更易于使用更多的相似度函数来计算数据点与众数之间的距离。例如，第 3 章中介绍的出现次数的倒数的相似度函数可以用来标准化倾斜的属性值。另外，当类别型数据集的属性值本身就倾斜时，例如"购物篮"数据，使用众数可能获得不了太多信息。例如，在某个"购物篮"数据集中，代表点的所有物品属性的值可能都是 0，因为数据集本身就是稀疏的。然而当属性值满足均衡分布时，使用 k-modes 聚类可以得到很好的效果。一种在属性值分布不均衡的情况下让 k-modes 聚类表现好的方法是将属性在簇中的频率除以它在整个数据集中出现的频率，得到一个标准化的频率。这样可以从本质上纠正不同属性值的微分的全局分布。随后利用标准化后的频率的众数作为代表点。最常用的相似度计算函数是 3.2.2 节中讨论的基于匹配的相似性度量。然而对于有偏的类别型数据分布，应当使用出现频率的倒数来正规化相似度函数，这在第 3 章中也提到过。可以通过使用相对应的属性值的出现频率的倒数作为数据中每个属性的权重来间接实现。利用正规化的众数和每个数据点上每个属性的权值，直接使用基于匹配的相似度计算函数可以得到更好的结果。

7.2.1.2 k-medoids 聚类

基于中心点的聚类算法更易于推广到类别型数据集，因为代表点是从输入的数据库中选取的。中心点方法广义的定义与前面 6.3.4 节中所讲的相同。相比于数值型数据，唯一的区别在于如何计算一对类别型数据点的相似度。3.2.2 节中讨论过的任意相似度函数都可以用来计算类别型数据点的相似度。和 k-modes 聚类的情况一样，因为代表点也是类别型数据点（而不是直方图），更易于直接使用第 3 章中的类别型的相似度函数。包括使用出现频率的倒数的相似度函数来正规化不同属性值中的倾斜。

7.2.2 层次算法

6.4 节中讨论过了层次算法。自底向上凝聚的算法已经成功应用于类别型数据。也已经用值的距离矩阵一般化地定义了 6.4 节中的方法。只要能够定义类别型数据的距离（相似性）矩阵，前面章节中提到的大部分算法都可以很轻易地应用于这种情况中。让人感兴趣的一个适用于类别型数据的层次算法是 ROCK。

ROCK

ROCK（RObust Clustering using linKs，使用链接的鲁棒聚类）算法基于自底向上凝聚的方法，在这种算法中聚类是基于相似性准则合并的。ROCK 使用了基于共享近邻度量的准则。因为凝聚算法有点耗时，ROCK 仅仅合并一些样本点来发现原型簇。在最后一次计算中，将剩下的数据点分配到这些原型簇中的一个。

ROCK 算法的第一步是利用第 2 章中讲到的二元化方法将类别型数据转化为二元表示。对于类别型属性 i 的每个值 v_j 都新建一个虚拟项，只有当属性 i 取值为 v_j 时这个虚拟项的值为 1。因此，如果 d 维的类别型数据集中的第 i 个属性具有 n_i 个不同的取值，这样的方法将会新建一个具有 $\sum_{i=1}^{d} n_i$ 个二元属性的二元数据集。当每个 n_i 的值都很大时，二元数据集将会是稀疏的，就和"购物篮"数据集一样。这样，每一条数据记录可以看作一个二元事务或者一个项集。两个事务间的相似性可以利用集合间的基卡德系数来计算：

$$Sim(T_i, T_j) = \frac{|T_i \cap T_j|}{|T_i \cup T_j|} \tag{7.1}$$

如果两个点 T_i 和 T_j 之间的相似性 $Sim(T_i, T_j)$ 超过某个阈值 θ，则将它们定义为邻居。这样，邻居的概念隐式地定义了数据项之间的图结构——点代表数据项，边代表邻近关系。符

号 $Link(T_i, T_j)$ 表示共享近邻的相似度函数，它的值为 T_i 和 T_j 共享的近邻的数量。

相似度函数 $Link(T_i, T_j)$ 为凝聚算法提供了一个合并准则。这个算法从簇中的每一个点（来自最初选择的样本）开始，然后基于簇间的相似性准则逐层合并聚类。直观来看，当两个簇 C_1 和 C_2 间共享近邻的累计个数非常大时，它们应当进行合并。因此，对照独立点的相似度函数，也可以概括出以簇作为参数的基于链接的相似性概念：

$$GroupLink(C_i, C_j) = \sum_{T_u \in C_i, T_v \in C_j} Link(T_u, T_v) \tag{7.2}$$

我们注意到这个准则和前面章节中提到的组平均的链接准则有些相似。然而这个方法还不够正规化，因为规模越大的簇之间的交叉链的期望个数越大。因此我们必须利用两个簇间的期望值来对之进行正规化，以确保规模大的簇的合并不会具有不合理的优势。因此正规化的链接准则 $V(C_i, C_j)$ 如下所示：

$$V(C_i, C_j) = \frac{GroupLink(C_i, C_j)}{E[CrossLinks(C_i, C_j)]} \tag{7.3}$$

簇 C_i 和 C_j 之间交叉链的期望值可以利用关于单个簇的簇内链接 $Intro(\cdot)$ 的期望值函数计算得到，公式如下：

$$E[CrossLinks(C_i, C_j)] = E[Intra(C_i \bigcup C_j)] - E[Intra(C_i)] - E[Intra(C_j)] \tag{7.4}$$

簇内链接数的期望值是特定于单个簇的，且更易于使用关于簇大小 q_i 和 θ 的函数估计得到。在 ROCK 算法中，含有 q_i 个点的簇的簇内链接数是利用 $q_i^{i+2 \cdot f(\theta)}$ 启发式估计得到的。这里，函数 $f(\theta)$ 是关于数据集和簇的种类的性质，这是我们感兴趣的地方。$f(\theta)$ 的值启发式地定义如下：

$$f(\theta) = \frac{1-\theta}{1+\theta} \tag{7.5}$$

因此，将交叉链的期望值代入公式 7.3 中之后，我们可以得到下面的合并准则 $V(C_i, C_j)$：

$$V(C_i, C_j) = \frac{GroupLink(C_i, C_j)}{(q_i + q_j)^{1+2 \cdot f(\theta)} - q_i^{1+2 \cdot f(\theta)} - q_j^{1+2 \cdot f(\theta)}} \tag{7.6}$$

分母通过利用将要合并的簇的大小来惩罚规模较大的簇以明确地进行正规化。这种正规化的目标是阻止相继合并大型簇的不平衡偏好。

依次进行合并，直到数据中仅剩 k 个簇。因为凝聚过程仅使用了一部分样本数据，还需要将剩余点分配到簇中。这一步骤可以通过将存于磁盘上的数据点分配到与它具有最大相似性的簇中来实现。和簇的合并一样，这里也利用公式 7.6 来计算相似性。在这种情况下，通过将数据点视为单体簇来计算簇与数据点之间的相似性。

7.2.3 概率算法

在 6.5 节中介绍了数据聚类的概率性方法。只要每个混合模型分量都能定义出合适的生成概率分布，生成模型就可以推广到几乎任何数据格式。这就为对多种数据格式适配概率聚类算法提供了前所未有的灵活性。定义了混合分量的模型之后，还需要定义最大期望值（EM）方法中的 E 和 M 步骤。相比于数值型聚类，最大的不同在于 E 步骤中的软分配过程和 M 步骤中的参数估计过程将会依赖于数据格式对应的相关概率分布模型。

用 $G_1, \cdots, G_k$ 来表示 k 个混合分量。那么，数据集 D 中每个点的生成过程将分为下面两步：

1）根据先验概率 α_i 选取一个分量，其中 $i \in \{1, \cdots, k\}$。

2）如果在第 1 步中选取了第 m 个分量，那么从 $\mathcal{G}_m$ 生成一个数据点。

α_i 的值表示先验概率 $P(\mathcal{G}_i)$，它需要以数据驱动的方式随着其他模型参数一起被估计。与数值型相比，最主要的区别在于第 m 个簇（模型分量）$\mathcal{G}_m$ 的生成模型的数学形式在这里是离散的概率分布而不是数值型中使用的概率密度函数。这一区别反映出了数据格式中的差异。$\mathcal{G}_m$ 离散概率分布的一个合理选择是假设第 i 个属性的第 j 个类别型值是由分量（簇）m 利用概率 p_{ijm} 独立生成的。假设数据点 $\overline{X}$ 在其 d 个维度上分别包含属性值指标 $j_1, \cdots, j_d$。换句话讲，第 r 个属性有第 j_r 个可行的类别型值。为了方便起见，整个模型参数集用一个通用符号 Θ 表示。于是聚类 m 中的离散概率分布 $g^{m, \Theta}(\overline{X})$ 由下面的表达式给出：

$$g^{m, \Theta}(\overline{X}) = \prod_{r=1}^{d} p_{rj_r m} \qquad (7.7)$$

离散概率分布 $g^{m, \Theta}(\cdot)$ 类似于前面章节中 EM 模型中的连续函数 $f^{m, \Theta}(\cdot)$。相应地，簇 $\mathcal{G}_m$ 生成的观测数据点 $\overline{X}$ 的后验概率 $P(\mathcal{G}_m | \overline{X}, \Theta)$ 可以用下面的式子来估计：

$$P(\mathcal{G}_m | \overline{X}_j, \Theta) = \frac{\alpha_m \cdot g^{m, \Theta}(\overline{X})}{\sum_{r=1}^{k} \alpha_r \cdot g^{r, \Theta}(\overline{X})} \qquad (7.8)$$

这定义了类别型数据的 E 步骤，并且提供了将数据点分配给簇的软分配概率。

确定了软分配概率之后，在 M 步骤中对每一个模型分量进行最大似然估计来估计概率 p_{ijm}。在估计簇 m 的参数的时候，假设每一个记录的权值和它分配给簇 m 的分配概率 $P(\mathcal{G}_m | \overline{X}, \Theta)$ 相同。对于每一个簇 m，估计属性 i 为第 j 个可行类别型值的数据点的权值 w_{ijm}。它的值与所有取第 j 个可行类别型值的数据点的（对于簇 m 的）分配概率的总和相同。通过将这个值除以所有数据点分配到簇 m 的总分配概率，可以像下面这样估计 p_{ijm}：

$$p_{ijm} = \frac{w_{ijm}}{\sum_{\overline{X} \in \mathcal{D}} P(\mathcal{G}_m | \overline{X}, \Theta)} \qquad (7.9)$$

参数 α_m 被估计为数据点分配到簇 m 的平均分配概率。上述估计公式可以通过最大似然估计方法推导得出。详细的推导可以在文献注释中找到指南。

有时候由于可用的数据可能受限或者类别型属性的某些值可能是罕见的，公式 7.9 的估计有可能不准确。在这些情况下，一些属性值可能在簇中没有出现过（或者 $w_{ijm} \approx 0$）。这可能导致出现糟糕的参数估计或者过拟合的现象。通常使用拉普拉斯平滑来处理这些病态的概率。这可以通过向估计值 w_{ijm} 加一个小的正数 β 来实现。通常这样的估计更具有鲁棒性。当数据集很小的时候，这种平滑类型也被应用到先验概率 α_m 的估计中。这样就完整地描述了 M 步骤。与数值型数据的情况相同，迭代地执行 E 步骤和 M 步骤，直到收敛为止。

7.2.4 基于图的算法

因为基于图的算法属于元算法，这些算法的广义定义在类别型数据和数值型数据上事实上是相同的。因此 6.7 节中介绍的方法在这里也能很好适配。唯一的区别在于如何构建相似图中的边和值。首先确定每一个点的 k 个近邻，接下来为每条边赋相似度的值。3.2.2 节中介绍的所有相似度函数都可以用来计算图中边上的相似度的值。这些相似性度量也包括第 3 章中讨论过的出现频率的倒数的度量，它可以用来纠正不同属性值的自然倾斜。正如前面章节中所讲的，基于图的算法的一个好处是只要在某一数据格式上能够定义相似度函数，那么这种数据格式就可以使用基于图的算法。

7.3 可扩展的数据聚类

在很多应用中，数据的规模是很庞大的。一般来讲，数据不能存储在内存中，而需要存储在磁盘上。这是一个重大的挑战，因为它对聚类算法的算法设计限定了一个约束。在这一部分中，我们将讨论 CLARANS、BIRCH 和 CURE 这三个算法。这些算法都是前面章节中讨论过的基本聚类算法的扩展实现。例如，CLARANS 方法是 k-medoids 聚类算法的扩展实现。BIRCH 算法是 k-means 算法自顶向下层次化的一般形式。CURE 算法是自底向上凝聚的聚类方法。这些不同的扩展方法继承了原来的基本聚类算法的优点和缺点。例如，尽管 CLARANS 具有易于在非数值型数据中实现的优点，但是它也继承了 k-medoids 聚类的计算复杂度相对较高的缺点。BIRCH 基于 k-means 算法，因此相对更快。并且由于它是自顶向下的划分方法，因此可以严格控制其层次聚类结构。这对于索引应用来说是很有用的。但是，BIRCH 并不适用于任意数据类型，也不适用于任意形状的簇。因为 CURE 是自底向上的层次聚类，它可以确定任意形状的簇。最适合的算法选取依赖于应用的场景。本小节将会简述这些不同的方法。

7.3.1 CLARANS

CLARA 和 CLARANS 是 k-medoids 方法的两种泛化形式。读者可以查阅前面 6.3.4 节中一般的 k-medoids 方法的定义。仔细回想，k-medoids 方法对代表点的集合进行操作，并且反复地在每次迭代中用非中心点替换中心点中的一个来提高聚类的质量。一般的 k-medoids 方法在决定这种替换怎么进行时有着相当大的灵活性。

CLARA（Clustering LARge Applications）方法是基于 k-medoids 方法的一个特定实例——一种称为**围绕中心点的划分**（Partitioning Around Medoids，PAM）的方法。在这种方法中，为了提高聚类目标函数，所有可能的 $k \cdot (n - k)$ 对中心点和非中心点都要试着进行替换。每次替换都会选出提高最多的一对，直到算法达到局部最优。替换步骤需要 $O(k \cdot n^2)$ 次距离计算。因此 d 维的数据集每次迭代的时间复杂度为 $O(k \cdot n^2 \cdot d)$，这是相当耗时的。因为复杂度高度依赖于数据点的数量，我们可以通过将这种算法使用在规模较小的样本中来降低复杂度。因此，CLARA 将 PAM 应用于大小为 $f \cdot n$ 的较小数据样本中来发现中心点。f 的值是采样因子，它远小于 1。再将剩余未采样的数据点分配到通过对采样点使用 PAM 发现的最优的中心点中。反复将这些步骤应用于独立采样得到的大小都为 $f \cdot n$ 的数据样本。并选取这些数据样本上的最佳聚类作为最优解。因为每次迭代的时间复杂度为 $O(k \cdot f^2 \cdot n^2 \cdot d + k \cdot (n - k))$，当 f 的值很小的时候，这种方法将比之前的方法快好几个数量级。当预先选取的样本中不包含好的中心点的时候，CLARA 的主要问题就出现了。

CLARANS（Clustering Large Applications based on RANdomized Search，基于随机搜索的大型应用聚类）方法利用全部的数据来进行聚类以免出现预选取的样本不合理所引发的问题。这种方法迭代地尝试使用随机选取的非中心点来替换随机选取的中心点。每次尝试随机替换之后，都要判断聚类质量是否提高了。如果聚类质量确实提高了，那么最终选择执行这次替换。否则，记录失败的替换尝试次数。当达到用户定义的失败尝试次数 MaxAttempt 之后，当前聚类就是局部最优解。整个寻找局部最优解的过程所重复的次数是由用户定义的，表示为 MaxLocal。评估每一个 Maxlocal 局部最优解的聚类目标函数。从这些局部最优解中选出最好的那个作为最优解。相比 CLARA 而言，CLARANS 的一个优点就是探讨了搜索空间的多样性。

7.3.2 BIRCH

BIRCH（Balanced Iterative Reducing and Clustering using Hierarchies，利用层次结构的平衡迭代归约和聚类）方法可以看作自顶向下的层次算法和 k-means 聚类的结合。为了实现这一目的，这种方法引入了一种称为 CF 树的层次数据结构。这是一种分层组织簇的高度平衡的数据结构。每一个节点都有一个不超过 B 的分支因子，代表它最多有 B 个子簇。这种结构和数据库索引中经常用到的 B 树（平衡树）的数据结构具有相似性。它本身就是这样设计的，因为在设计时 CF 树天生就支持向层次聚类结构中进行动态插入。图 7-1 展示了 CF 树的一个例子。

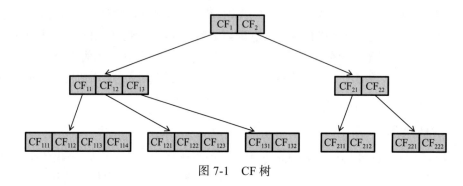

图 7-1   CF 树

每一个节点都包含它所指向的最多 B 个子簇的概括描述。簇的概括描述称为**聚类特征**（CF），或者**聚类特征向量**。这个描述包含一个三元组 $(\overline{SS}, \overline{LS}, m)$，其中 $\overline{SS}$ 是一个包含簇中点的平方和的向量⊖（2 阶矩），$\overline{LS}$ 是一个包含簇中点的线性加权和的向量（1 阶矩），m 是簇中点的数量（0 阶矩）。因此，对于一个 d 维的数据集，描述的大小是 $(2 \cdot d + 1)$ 并且同样称为聚类特征向量。因此聚类特征向量包含所有不超过 2 的阶矩。这个描述具有两个很重要的特性：

1）每一个聚类特征都可以表示为独立数据点的聚类特征的线性加权总和。此外，CF 树中父节点的聚类特征是孩子节点聚类特征的总和。凝聚簇的聚类特征同样可以计算为组成簇的聚类特征的总和。因此，聚类特征向量的动态数据更新可以通过将数据点的聚类特征向量加到簇的聚类特征向量中来有效实现。

2）聚类特征可以用来计算簇的有用特征，例如半径和质心。要注意它们是如 k-means 算法或 BIRCH 的基于质心算法仅需要的两个计算。下面将会讨论这些计算。

为了理解怎样利用聚类特征来衡量簇的半径，先考虑表示为 $\overline{X_1}, \cdots, \overline{X_m}$ 的数据点集，其中 $\overline{X_i} = (x_i^1, \cdots, x_i^d)$。任一点集的均值和方差都可以根据它们的 1 阶矩和 2 阶矩来表示。容易看出簇的质心（向量）仅仅是 $\overline{LS} / m$。随机变量 Z 的方差定义为 $E[Z^2] - E[Z]^2$，其中 $E[\cdot]$ 表示期望值。因此沿着第 i 维的方差可以用 $SS_i/m - (LS_i/m)^2$ 表示。这里 SS_i 和 LS_i 代表沿着第 i 维的相应的矩向量的组成部分。每一维上的方差之和限制了整个簇的方差。此外，可以利用

⊖   在不影响聚类特征可用性的情况下，可以在 d 维空间中存储 $\overline{SS}$ 中值的和来代替 $\overline{SS}$。这将导致聚类特征的大小为 $(d + 2)$，而不是 $(2 \cdot d + 1)$。

聚类特征使用 $\overline{LS}/m$ 计算任一点到质心的距离。因此聚类特征向量包含所有向 CF 树中插入点所需要的信息。

CF 树中的每一个叶节点都有一个直径阈值 T。这个直径[⊖]可以是簇上任何延伸的度量，例如它的半径或者方差，只要这种度量可以直接利用聚类特征向量计算得到。T 的值控制了聚类的粒度、树的高度以及叶节点中的簇总数。T 值越低，则细粒度簇的数量越多。因为总是假设 CF 树是常驻于内存的，通常数据集的大小会对 T 的取值产生很大影响。相对小的数据集可以使用小的阈值 T，相反，相对大的数据集则需要一个较大的阈值 T。因此，如 BIRCH 的增量方法会随着数据规模的增大而逐步提高 T 的取值来平衡内存中更多的需求。换句话说，当 CF 树不能再保持在内存中的可用性时，需要提高 T 的取值。

向树中增量插入数据点的操作是利用自顶向下的步骤执行的。特别地，在每一层选取最接近的质心来执行插入树结构中的操作。这一操作类似于传统数据库索引中的插入过程，例如 B 树。利用简单加法更新树中相应路径上的聚类特征向量。在叶节点上，只有在插入不会导致簇直径超出阈值 T 的情况下，才会将数据点添加到距离最近的簇中。否则，必须要创建一个只包含这个点的新簇。如果叶节点没有满，那么就将这个新簇添加到叶节点中。如果叶节点已经满了，那么这个叶节点需要分裂为两个节点。因此，旧的叶节点中的聚类特征项需要分配给两个新节点中的一个。可以将距离质心最远的叶节点内的两个聚类特征作为分裂的种子。其他的聚类特征项分配给与它们最近的种子节点。结果，叶节点的父节点的分支因子要加 1。因此分裂可能会导致父节点的分支因子超过 B。如果发生这样的情况，那么父节点也要以相同的方式进行分裂。如此一来，分裂会向上传播直到所有节点的分支因子都不超过 B。如果分裂传播到了根节点，那么 CF 树的高度加 1。

这些重复的分裂有时可能会导致树占满主存空间。如果这样，需要通过提高阈值 T 来重建 CF 树并将旧的叶节点重新插入具有较高阈值 T 的新树中。通常，重新插入将会导致一些旧簇合并为满足新修改的阈值 T 的较大的簇。因此，新树的内存需求降低了。因为利用聚类特征向量重新插入旧的叶节点，所以这一步骤的实现不需要从磁盘中读取原始数据库。要注意的是，聚类特征向量允许利用合并的簇来计算直径，而无须使用原始数据点。

可以选择使用聚类细化阶段来聚合叶节点中的相关簇并移除小的异常簇。这可以通过使用凝聚的层次聚类算法来实现。许多凝聚的合并准则，例如基于方差的合并准则（请查阅 6.4.1 节），可以轻易地通过聚类特征向量计算得到。最终，聚类细化阶段将所有的点重新分配给与它们最近的中心，这与全局聚类阶段相同。它需要额外扫描数据一次。如果需要的话，在这一阶段可以移除异常值。

BIRCH 算法非常快，因为它的基本方法（不包括细化）只需要扫描数据一次，且每一次插入都是与传统索引结构中的插入一样高效的操作。它同样高度自适应于底层的主存要求。然而，它隐含地假设了底层簇是球形的。

7.3.3 CURE

CURE（Clustering Using REpresentative，利用代表点聚类）是一种凝聚的层次算法。回

⊖ 原始的 BIRCH 算法提出使用簇数据点之间的成对的均方根（RMS）距离作为直径。这是度量簇内距离的一种可行方法。这个值也可以根据聚类特征向量计算出来：$\sqrt{\dfrac{\sum_{i=1}^{d}(2\cdot m\cdot SS_i-2\cdot LS_i^2)}{m\cdot(m-1)}}$ 。

想一下 6.4.1 节，自底向上的层次算法的单链接实现可以发现任意形状的簇。就像所有的凝聚方法一样，它维护了当前的一组基于单链接簇间距离与其他簇成功合并的簇。然而，不同于直接计算将要凝聚合并的两个簇中所有点对间的距离，这个算法使用一组代表点来提高执行效率。这些代表点是精心选取出来捕捉每个当前簇的形状的，所以尽管只使用少量的代表点，凝聚方法还保留着捕捉簇形状的能力。选取距离簇中心最远的数据点作为第一个代表点，离第一个代表点最远的数据点作为第二个代表点，离前两个点的最短距离最大的数据点作为第三个代表点，以此类推。特别地，第 r 个代表点是离前 $(r-1)$ 个代表点最短距离最大的数据点。最终代表点趋向于沿着簇的轮廓排布。通常从每个簇中选取少量的代表点（例如 10 个）。这种利用最远距离的方法倾向于选取异常点，这种不利影响的确令人遗憾。在选取好代表点后，将它们朝着簇中心进行收缩以减少异常值的影响。通过使用连接代表点和簇中心的线段 L 上的新的人造数据点替换代表点来实现这种收缩。人造代表点和原始代表点之间的距离是线段 L 的长度的 $\alpha \in (0, 1)$ 倍。收缩在凝聚聚类的单链接实现中格外有效，因为这些方法对于簇边缘的噪声代表点很敏感。这样的噪声代表点可能会将一些不相关的簇链接在一起。需要注意的是，如果代表点收缩得太厉害（$\alpha \approx 1$），这种方法将会变成基于中心点的合并，我们已经知道它同样是效率很低的（请查阅 6.4.1 节）。

通过使用凝聚的自底向上的方法来合并簇。这里使用任意一对数据代表点之间的最小距离来实现合并。这就是 6.4.1 节中的单链接方法，它最适合于发现任意形状的簇。通过使用少量的数据代表点，CURE 算法能够显著地降低凝聚的层次算法中的合并准则的计算复杂度。合并可以一直执行，直到剩余簇的数量等于 k。k 是由用户指定的输入参数。CURE 通过在合并过程中定期清除小的簇来处理异常值。这里认为簇依然很小是因为它们所包含的主要是异常值。

为了进一步降低计算复杂度，CURE 算法从底层数据中抽取一个随机样本，并对这个随机样本进行聚类。在这个算法的最后一步中，通过选取距离最近的数据代表点的簇来将所有的数据点都分配给剩余簇中的一个。

利用划分方法就可以高效地使用较大的样本容量。在这种情况下，将样本进一步划分为 p 个部分。对每个部分都进行层次聚类，直到达到期望的簇的数目，或者满足某个合并质量标准。这些（所有部分中的）中间簇将重新进行层次聚类以根据样本数据创建最终的 k 个簇。最终分配阶段将数据点分配给生成的代表点的簇。因此，总过程可以描述为下面的步骤：

1）从容量为 n 的数据库 $\mathcal{D}$ 中抽取 s 个点作为样本。

2）将 s 个样本点划分为 p 个部分，每个部分的容量为 s/p。

3）使用层次合并对每个部分独立地进行聚类，每个部分生成 k' 个簇。所有部分中的簇的总数为 $k' \cdot p$，依然比用户期望的目标 k 要大。

4）对从所有部分中得到的 $k' \cdot p$ 个簇进行层次聚类，来得到用户期望的 k 个簇。

5）将 $(n-s)$ 个非样本数据点中的每一个都分配到与其最近的代表点的簇中。

与 BIRCH 和 CLARANS 等其他可扩展算法不同的是，CURE 算法能够发现任意形状的簇。实验结果显示，CURE 还比其他算法快。

7.4 高维数据聚类

高维数据包含许多无关特征，在聚类过程中这些特征会形成噪声。前面章节中的特征选取部分讨论了如何移除不相关特征来提高聚类质量。当大量特征不相关时，数据不可能划分为有意义且聚合度高的簇。当特征彼此不相关时，非常有可能出现这种情况。遇到这种情况，所有数据点对之间的距离将非常相似。这种现象称为距离集中。

前面章节中讨论过的特征选取方法可以降低不相关特征的有害影响。然而，当特征的最优选择局部依赖于底层数据时，先验地移除任何特定特征集通常是不可能的。考虑图 7-2a 中的情况。在该例中，簇 A 存在于 XY 平面中，而簇 B 在 YZ 平面中。因此特征相关性是局部的，并且不能在不损失一些局部数据的相关特征的情况下全局地移除任何特征。因此，引入映射聚类的概念来解决这一问题。

在传统聚类方法中，每一个簇都是一组点。在映射聚类中，每一个簇定义为一组点加上一组维度（或者子空间）。例如，在图 7-2a 中映射簇 A 会定义为与它相关的一组点加上对应于 X 和 Y 维度的子空间。类似地，在图 7-2a 中映射簇 B 定义为与它相关的一组点加上对应于 Y 和 Z 维度的子空间。因此映射簇定义为 $(\mathcal{C}_i, \mathcal{E}_i)$，其中 $\mathcal{C}_i$ 是一组点，$\mathcal{E}_i$ 是由一组维度定义的子空间。

图 7-2b 展示了一个更具挑战性的情况。在这种情况下，簇并不存在于与坐标平面平行的子空间中，而是存在于朝着数据任意方向的子空间中。这个问题同样是第 2 章中讨论过的主成分分析方法的一个泛化形式，在主成分分析中我们寻找具有最大方差的一维全局映射来保留关于数据的最多信息。在这里，我们想要保留具有最小方差的最佳局部映射来确定子空间，在这些子空间中每组数据点都紧密聚集。这些类型的簇称为**任意方向的映射簇**、**广义映射簇**或者**关联簇**。由此一来，每个簇 $\mathcal{C}_i$ 的子空间 $\mathcal{E}_i$ 就不能用一组原始维度来描述了。除此之外，$\mathcal{E}_i$ 的正交子空间可以用来执行局部降维。这本身就是个很有趣的问题。由于局部地选取了子空间来进行降维，因此局部降维提供了一种加强的数据降维。

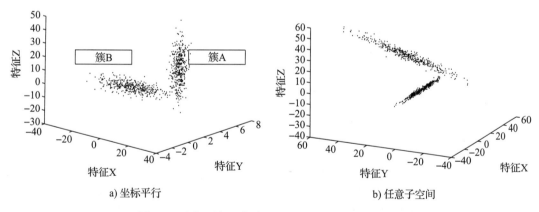

a) 坐标平行   b) 任意子空间

图 7-2　坐标平行且任意（相关）方向投影的簇示例

这个问题有两个不同变种，分别称为**子空间聚类**和**映射聚类**。

1. 子空间聚类

在这种情况下，允许不同的簇之间有重复的数据点。这个问题更接近于模式挖掘，模式挖掘是在将数值型数据离散化之后从中挖掘出联合模式。因此每个模式对应于数值型数据子空间中的一个超立方体，并且超立方体中的数据点代表了子空间簇。通常，挖掘出的子空间簇的数量可能非常大，它依赖于一个用户定义的参数，这个参数称为密度阈值。

2. 映射聚类

在这种情况下，不同的簇之间不允许存在数据点的重叠。这个定义提供了关于数据的概括描述。因此原则上这个模型更接近于关于数据概括描述的聚类框架的原本目标。

在这一节中，我们将描述三个不同的聚类算法。第一个是 CLIQUE，它是一个子空间聚类算法。剩下的两个分别是 PROCLUS 和 ORCLUS，它们两个分别是平行于坐标平面的映射聚类和关联聚类。

7.4.1 CLIQUE

CLIQUE（Clustering In QUEst）技术是前面章节中提到过的基于网格法的泛化。该方法的输入是每一维上网格的数量范围 p 和密度 τ。密度 τ 代表了一个密集网格单元中数据点的最小数目，也可以看作一个网格单元所需的最小支持度。与所有的基于网格法一样，第一步用离散化来创建网格结构。在全维度的基于网格法中，相关的密集区域是基于所有维度上离散化范围的交集区域。CLIQUE 和这些方法主要的区别在于它想仅仅通过维度中满足密度大于 τ 的子集来确定范围。这和频繁模式挖掘相同，每一个离散范围视为一项且支持度设为 τ。在原始的 CLIQUE 算法中使用了 Apriori 方法，尽管任意一个频繁模式挖掘的方法原则上都可以在这里使用。就像在一般的基于网格法中一样，（定义在同一个子空间内的）相邻网格单元是放在一起的。这里的操作除了两个网格必须定义在同一子空间内以便于判断是否相邻外，与一般的基于网格法都相同。所有发现的模式是连同它们中的数据点一起返回的。图 7-3 展示了 CLIQUE 算法。也可以通过将每一组 k 维的连接网格区域分解成一组最小的 k 维的超立方体来生成关于它们的一种易于理解的描述。这个问题是 NP 难的。想要了解高效的启发式方法可以查阅文献注释。

Algorithm *CLIQUE*（数据：$\mathcal{D}$，网格数量：p，密度：τ）
begin
　将 $\mathcal{D}$ 的每个维度都离散化为 p 个区间；
　用任意一个频繁模式挖掘算法找出支持度至少为 τ 的网格区域的组合；
　构造一个图，在每两个相邻的密集网格区域组合之间连一条边；
　找出这个图的所有连通子图；
　return 对每个连通子图返回（点集合，子空间）对；
end

图 7-3　CLIQUE 算法

严格来说，CLIQUE 是一种定量型频繁模式挖掘方法而不是一种聚类方法。与频繁模式挖掘一样，CLIQUE 的输出可能非常大，有时甚至比数据集还要大。聚类和频繁模式挖掘是相关的，但也是具有不同目标的不同问题。频繁模式挖掘的主要目标是发现维度的相关性而聚类的主要目标是概括描述。从字面上来理解，这种方法不像是能够实现主要的特定于应用的数据概括的目标。最坏情况下的复杂度以及发现的模式数量是与维度数量成指数相关的。当密度阈值 τ 较低的时候，这种方法可能不会停止。

7.4.2 PROCLUS

PROCLUS（PROjected CLUStering）算法使用了基于中心点的方法来进行聚类。这一算法分为三个阶段：初始化阶段、迭代阶段以及簇的细化阶段。初始化阶段选取一个小的中心点候选集合 M，它限制了爬山算法的搜索空间。换句话讲，最终的中心点集合是候选集合 M 的子集。为了获得更好的结果，迭代阶段在爬山算法中使用了基于中心点的技术直到收敛。在最后簇的细化阶段中，为数据点分配最优的中心点并且移除异常值。

在初始化中，按照下面的步骤选取一个小的中心点候选集合 M：

1）对数据点进行随机采样，得到容量与簇数量 k 成正比的集合 M。用 $A \cdot k$ 来表示这个子集的容量，A 是一个大于 1 的常数。

2）使用贪心算法进一步将集合 M 的容量减少到 $B \cdot k$，其中 $A > B > 1$。特别地，使用了最远距离的方法——迭代地选取到最近的已经选取好的点的距离值最大的数据点。

尽管选取一个较小的中心点候选集可以降低搜索空间的复杂度，但它依然会因为使用了最远距离方法而常常包含许多异常值。然而最远距离方法确保了种子被很好地分离，它们同样易于从簇中很好地分离出来。

这种算法首先从 M 中随机地选取具有 k 个中心点的集合 S，并且通过迭代地用 M 中的新点替换当前 S 中"不好"的中心点来逐步提高中心点的质量。总是将到目前为止最好的中心点集合存储在 S_{best} 中。S 中的每一个中心点与基于它的局部数据点的统计分布的一组维度紧密相关。这一组维度表示了特定于对应簇的子空间。这个算法利用稍后将提到的一种方式确定了一组 S_{best} 中"不好"的中心点。这些不好的中心点由从 M 中随机选取的替代点来替换，并且衡量对于目标函数的影响。如果目标函数提高了，那么利用当前最优的一组中心点 S_{best} 来更新 S。否则，在下一次迭代中尝试利用另一组随机选取的替代点来替换 S_{best} 中这些不好的中心点。如果连续替代的尝试次数达到一个预定义的值，S_{best} 中的中心点都没有再提高，那么算法终止。所有的计算（例如分配和目标函数计算）都在与每个中心点相关的子空间中执行。整个算法展示在图 7-4 中。下面我们详细说明上述的每一个步骤。

```
Algorithm PROCLUS (数据：D，簇数量：k，维度：l)
begin
    使用最远距离方法找出数据中的候选中心点集合 M ⊆ D；
    S = M 的一个大小为 k 的随机子集；
    BestObjective = ∞；
    repeat
        对 S 中的每一个中心点计算与之相关的维度（子空间）；
        将 D 中数据点分配给 S 中与其投影距离最近的中心点；
        CurrentObjective = 数据点到簇质心的投影距离的均值；
        if (CurrentObjective < BestObjective) then begin
            S_best = S；
            BestObjective = CurrentObjective；
        end；
        将 S_best 中糟糕的中心点用 M 中随机的数据点来代替，产生 S；
    until 终止条件成立；
    用改进的子空间计算方法将数据点分配给 S_best 中的中心点；
    return 所有簇 – 子空间对；
end
```

图 7-4 PROCLUS 算法

1. 为中心点确定映射维度

上述方法需要确定特定中心点集的质量。这需要通过在第 i 个中心点所对应的子空间 $\mathcal{E}_i$ 中计算数据点与中心点 i 的距离来为数据点分配中心点。首先要定义 S 中每一个中心点的局部。每个中心点的局部定义为一组落在半径等于到最近中心点距离的球体中的数据点。

计算每一维上从中心点到它局部数据点（归一化）的平均距离。令 r_{ij} 表示维度 j 上中心点 i 的局部数据点到中心点 i 的平均距离，并且计算这些距离数值 r_{ij} 在每一个局部中的均值

$$\mu_i = \sum_{j=1}^{d} r_{ij} / d \text{ 和标准差 } \sigma_i = \sqrt{\frac{\sum_{j=1}^{d}(r_{ij}-\mu_i)^2}{d-1}} \text{。这样可以转化成一个归一化的数值 } z_{ij}:$$

$$z_{ij} = \frac{r_{ij} - \mu_i}{\sigma_i} \tag{7.10}$$

做特定于局部的归一化的原因在于，不同的数据局部具有不同的实际尺寸，并且不归一化很难比较不同局部的维度。允许 z_{ij} 取负值尤为必要，因为它们显示了比中心点 – 维度对的期望值更小的平均距离。基本思想是选取 $k \cdot l$ 个值最小的（大部分是负数的） z_{ij} 来确定特定于簇的相关维度。注意，这样可能会导致为不同的簇分配了不同数量的维度。所有与不同中心点相关的维度数量的总和必须等于 $k \cdot l$。另一个约束是每一个中心点的相关维度的数量必须至少是 2。为了满足这一约束条件，以升序排列所有的 z_{ij} 值，并且为每一个中心点 i 选取最小的两个。之后从剩下的 z_{ij} 值中贪婪地选取 $k \cdot (l-2)$ 个最小的作为剩余的中心点 – 维度对。

2. 为每一个数据点分配簇并进行聚类评估

给定中心点及相关的维度集合，通过遍历一次数据库就可以为每一个数据点分配中心点。数据点到中心点的距离使用曼哈顿节段距离来计算。曼哈顿节段距离与曼哈顿距离相同，只不过它对与每个中心点相关的不同的维度数量进行了标准化。为了计算这一距离，曼哈顿距离仅使用相关维度集合来计算，并且之后要除以相关维度的数量。将数据点分配给具有最小的曼哈顿节段距离的中心点。在确定了簇之后，聚类的目标函数用数据点到它们所属簇的中心点的平均曼哈顿节段距离来评估。如果聚类目标函数提升了，那么更新 S_{best}。

3. 确定不好的中心点

按照下面的方法在 S_{best} 中确定"不好"的中心点：具有点数最少的簇的中心点是不好的。此外，具有少于 $(n/k) \cdot minDeviation$ 个点的簇的中心点是不好的，其中 $minDeviation$ 是一个小于 1 的常数。这个值通常设置为 0.1。这里假设不好的中心点有很小的簇要么因为它们是异常值，要么因为它们与其他簇共享了点。从候选中心点集 M 中随机选取点来替换不好的中心点。

4. 细化阶段

选取了最优的中心点集之后，要遍历一次数据来提高聚类质量。每个中心点相关的维度计算与在迭代阶段中不同，主要的区别在于为了分析每一个中心点对应的维度，在迭代阶段结束时用到了簇中点的分布，这与中心点的局部截然相反。计算出新的维度后，基于新的维度集合上的曼哈顿节段距离为数据点重新分配中心点。在最后一次遍历中同样也处理了异常值。对于每一个中心点 i，使用曼哈顿节段距离计算在它相关子空间内与它最近的中心点。对应的距离称为影响范围。如果一个点到每一个中心点的距离都大于后者的影响范围，那么这个点就是一个异常值。

7.4.3 ORCLUS

任意方向的映射聚类（ORCLUS）算法在任意方向的子空间中发现簇，就像图 7-2b 所展示的一样。显然不能在平行于坐标系的映射聚类中发现这样的簇。这样的簇也称为**关联簇**。此算法使用簇数量 k 和每个子空间 $\mathcal{E}_i$ 的维度 l 作为输入。因此算法返回 k 个不同的 $(\mathcal{C}_i, \mathcal{E}_i)$

对，其中簇 C_i 定义在任意方向的子空间 $\mathcal{E}_i$ 中。此外，算法还返回异常值集合 $\mathcal{O}$。这一方法也称为**关联聚类**。PROCLUS 与 ORCLUS 的另一个区别在于后者简化地假设了每一个子空间的维度是相同的固定值 l。前者的 l 值是每个簇所在的子空间的维度的平均值。

ORCLUS 算法结合了层次聚类与 k-means 聚类来协同进行子空间细化。尽管层次合并算法通常更高效，但它们很耗时。因此算法使用了分层代表点来进行连续合并。开始，算法选择 $k_c = k_0$ 个初始种子点 S。在每次连续迭代合并中降低了当前种子点的数量 k_c。使用基于代表点的聚类算法来将数据点分配给这些种子点，只不过数据点到种子点的距离是在与种子点相关的子空间 $\mathcal{E}_i$ 中测量的。每个簇的当前维度 l_c 被初始设置为数据的全维度。通过在每次迭代中连续降低 l_c 的值来逐步降低到用户定义的维度 l。这种逐步降低背后的思想是，前几次迭代中的簇并不一定与数据中自然的低维子空间中的簇对应得很好，所以要保留更大的子空间来防止信息丢失。在后面的迭代中簇更加精练，因此能够提炼出低维子空间。

总的算法是由大量迭代组成的，在每次迭代中一系列的合并操作与使用映射距离进行的 k-means 样式的分配交替出现。在某次迭代中，当前簇的数量依照因子 $\alpha < 1$ 降低，而当前簇 C_i 的维度依照 $\beta < 1$ 降低。最初的几次迭代对应着较高的维度，而且每次连续迭代连续剥离越来越多的不同簇的噪声子空间。通过从 k_0 降低到 k 的迭代次数与从 $l_0 = d$ 降低到 l 的迭代次数相等，可以将 α 和 β 联系在一起。在图 7-5 中 α 的值为 0.5，并且 β 的导出值也有显示。算法的整个过程也展示在了这个图中。

Algorithm *ORCLUS*（数据：$\mathcal{D}$，簇数量：k，维度：l）
begin
　从 $\mathcal{D}$ 中取出 $k_0 > k$ 个数据点作为样本集 S；
　$k_c = k_0$; $l_c = d$;（d 是数据 $\mathcal{D}$ 的维度。——译者注）
　将每个 $\mathcal{E}_i$ 设成数据的全部维度；（S 中的每个中心点有一个 $\mathcal{E}_i$。——译者注）
　$\alpha = 0.5$; $\beta = e^{-\log(d/l) \cdot \log(1/\alpha)/\log(k_0/k)}$;
　while $(k_c > k)$ **do**
　begin
　　对 $\mathcal{D}$ 中数据点计算与 S 中每个种子点相应的 $\mathcal{E}_i$ 维度上的投影距离，找出最近的种子点，并将其分配给此种子点，使得 S 中的种子点形成 C_i 簇；
　　对每一个簇 C_i，对 S 中的种子点进行重新中间化；
　　使用 PCA，找出 C_i 的协方差矩阵的最小 l_c 个特征值，形成子空间 $\mathcal{E}_i$；
　　$k_c = \max\{k, k_c \cdot \alpha\}$; $l_c = \max\{l, l_c \cdot \beta\}$;
　　重复合并簇来减少簇的数量，使其达到 k_c；
　end;
　最后走一遍，把每个点分配给相应的簇；
　return 簇 – 子空间对 $(C_i, \mathcal{E}_i)$，其中 $i \in \{1, \cdots, k\}$；
end

图 7-5　ORCLUS 算法

整个过程在每次迭代中使用了三个交替步骤：分配、子空间计算以及合并。因此算法在子空间优化中结合了层次算法和 k-means 的概念。分配步骤通过对比子空间 $\mathcal{E}_i$ 中数据点到第 i 个种子点的映射距离，将每个数据点分配给最近的种子点。分配之后，S 中的所有种子点被重新设置为对应簇中的中心点。这时候计算每个簇 C_i 所对应的子空间 $\mathcal{E}_i$ 的维度 l_c。这可以通过在簇 C_i 上执行 PCA 来实现。子空间 $\mathcal{E}_i$ 用簇 C_i 的协方差矩阵中具有最小特征值的 l_c 个特征向量来定义。为了执行合并，这一算法计算了对应的最小传播子空间中两个簇的并集的

映射能量（方差）。选取具有最小能量的一对进行合并。注意，这是层次合并算法（请参阅 6.4.1 节）的方差准则的子空间泛化。

当簇的数量降低到 k 时算法终止。这时每个簇 C_i 所对应的子空间 $\mathcal{E}_i$ 的维度 l_c 也等于 l。最后，算法遍历数据库一次并基于映射距离将数据点分配给离它最近的种子点。异常值将在最后阶段中处理。当子空间 $\mathcal{E}_i$ 中的数据点到最近的种子点 i 的映射距离大于其他种子点到种子点 i 的映射距离时，数据点可以认为是异常值。

主要的计算挑战是合并技术需要计算簇的并集的特征向量，这一计算会很耗时。为了高效地执行合并操作，ORCLUS 将 BIRCH 中的聚类特征向量扩展为协方差矩阵。不仅要存储聚类特征向量，还要存储每一对维度上属性值的乘积总和。协方差矩阵可以通过这个扩展的聚类特征向量来进行计算。这一方法可以看作 6.4.1 节中基于方差合并的实现的基于协方差和子空间的泛化。读者可以翻阅文献注释来获取优化的细节。

时间复杂度依赖于选取的 k_0 的值，以合并过程和分配过程为主。合并需要计算特征向量，这会很耗时。合并可以基于聚类特征向量而在 $O(k_0^2 \cdot d \cdot (k_0 + d^2))$ 的时间内高效实现，而分配步骤总是需要 $O(k_0 \cdot n \cdot d)$ 的时间。通过使用最优的特征向量来计算可以加快这一操作。k_0 的值越小，方法的计算复杂度越接近于 k-means，而 k_0 的值越大，方法的计算复杂度越接近于层次算法。ORCLUS 算法并不假设存在可以增量更新的相似矩阵，这和自底向上的层次方法一样。在付出额外空间的代价下，维持这样的相似矩阵可以将 $O(k_0^3 \cdot d)$ 项降为 $O(k_0^2 \cdot \log(k_0) \cdot d)$。

7.5 半监督聚类

聚类遇到的一个难题是通过各种算法可以获得很多可替代的解决方案。这些不同聚类的质量在不同的内部检验标准下排名也不一样，因为这个排名可能取决于聚类准则和检验标准之间的匹配程度。这是任何无监督算法都具有的主要问题。由此，半监督聚类希望依赖于外部的面向应用的准则来指导聚类过程。

重要的是要理解从面向应用的角度来看不同聚类可能并不同样有效。毕竟聚类结果的效用取决于在给定应用中能否有效地使用。利用监督是一种以面向应用为目标的指导聚类的方式。例如，考虑分析员希望按照开放目录专案（ODP）⊖定义的标准来划分文档集的情况，在 ODP 中用户已经手动将文档用一组预定义的类别进行了标记。这里仅仅想把这个目录用作软性的指导准则，因为分析员的集合中的簇的数量和它们的主题与 ODP 中的可能并不完全相同。一种协调监督的方法是下载 ODP 中的每个类的示例文件并将它们混合到待聚类的文档中。这个新下载的文档集用类别作为标签并且提供了关于特征与不同簇（类别）之间关系的信息。因此添加的标记文档集就像老师在指导学生一样在聚类过程中提供监督来达到特定目标。

在另一些场景下，由背景知识可知某些文档应该属于同一类别而其他的则不属于这一类别。相应地，在聚类中通常使用两种半监督方法。

1. 单点监督

每一个数据点都有一个标签，并且这个标签提供了关于这个对象的类别（或簇）信息。这种问题与数据分类密切相关。

⊖ http://www.dmoz.org/。

2. 成对监督

为每一个数据点提供"'必须'链接"和"'不能'链接"的约束。这些约束分别提供了关于一对对象被允许放在同一个簇中或禁止放在同一个簇中的信息。这种形式的监督有时也称为**约束聚类**。

接下来将介绍每种场景下的若干简单的半监督聚类方法。

7.5.1 单点监督

单点监督通常比成对监督更容易解决，因为数据点的标签可以更自然地与现有聚类算法相结合。在软监督中，标签用来进行指导，但是也允许将不同标签的数据点混合起来。在严格监督中，不同标签的数据点是不允许混合在一起的。下面是一些修改现有聚类算法的不同方法的例子。

1. 选取种子点的半监督聚类

在这种情况中，选取具有不同标签的数据点作为 k-means 算法的种子点。并用它们来执行 k-means 算法。有偏的初始化对于最终结果有着重大的影响，甚至当允许将有标签数据点分配给具有不同标签的初始种子点时依然是这样（软监督）。在严格监督中，簇与它们的初始种子明确相关。有标签数据点的分配是受约束的，因此这些数据点能够分配给具有相同标签的簇。在一些情况下，通过在计算簇中心的过程中忽视无标签数据点的权重来增加监督的影响。第二种形式的半监督与半监督分类紧密相关，这将在第 11 章中进行讨论。EM 算法使用了类似的方法，它在有标签与无标签的数据点上执行半监督分类。可以参阅 11.6 节中关于这一算法的讨论。为了得到有更好鲁棒性的初始化，可以分别对每一个有标签数据段执行无监督聚类来创建种子点。

2. EM 算法

因为 EM 算法是 k-means 算法的一种软版本，所以 EM 算法所需要的变化与 k-means 算法一样。对以有标签数据点为中心的混合模型进行 EM 算法的初始化。除此之外，对于严格监督聚类来说，对不属于同一个标签的模型分量，标签数据点的后验概率通常设为 0，而且在计算模型参数时要适当忽略未标记的数据点。这种方法在 11.6 节中有详细讨论。

3. 凝聚算法

凝聚算法可以轻易地推广到半监督的问题中。在允许合并具有不同标签的簇（软监督）的情况下，聚类过程考虑两个方面，即簇之间的距离函数以及簇内成分的标签分布的相似度，并给予相同标签的簇更高的信用额度。信用额度规定了监督的级别。在合并准则中有许多不同的与监督更强地结合的选择。例如，合并准则可能只合并具有相同标签的簇。

4. 基于图的算法

可以通过结合相似图和监督来修改基于图的算法，以便它在半监督中能够奏效。连接具有相同标签数据点的边有额外的权重 α。α 的值控制了监督的级别。增加 α 的值则会接近于严格聚类，而缩减 α 的值则会接近于软聚类。聚类算法中的其他步骤都保持一致。另一种形式的基于图的监督是用来解决半监督分类问题的，称为协作分类（请参阅 19.4 节）。

因此单点监督算法容易与大多数聚类算法相结合。

7.5.2 成对监督

在成对监督中，要在成对的对象之间指定"'必须'链接"和"'不能'链接"的约束。

我们可以立即观察到对于任意的约束集合无须存在可行的一致性解决方案。考虑三个点 *A*、*B*、*C*，(*A, B*) 和 (*A, C*) 都是 "'必须'链接"对，而 (*B, C*) 是 "'不能'链接"对。十分明显，并不能找到一个可行的满足这三个条件的聚类。利用成对约束来发现簇的问题通常比指定单点约束的情况更困难。在只指定 "'必须'链接" 的情况下，问题可以近似简化为单点监督的情况。

改造 *k*-means 算法可以很容易地处理成对监督。基本思想是从一组随机选取的初始中心点开始。按照随机的顺序将数据点分配给种子点。将每个数据点在不违背已执行的分配所隐含的约束的情况下分配给距离最近的种子点。如果不能利用一致的方式将数据点分配给任一簇，则算法终止。假如这样，返回最后一次找到可行解的迭代中的簇。在一些情况下，甚至在第一次迭代中都没有发现可行解，这依赖于种子点的选择。因此，有约束的 *k*-means 算法可能要执行多次，然后返回这些执行中的最优解。无论是依据指定的约束的种类还是根据解决方法，文献中的许多其他方法都是可用的。在文献注释中指出了这些方法的出处。

7.6 用户监督聚类与可视化监督聚类

前面讨论了在输入数据中以约束或者标签的形式结合监督的方法。一种不同的结合监督的方法是基于针对簇的可以理解的概括，在聚类过程中直接使用用户的反馈。

核心思想是语义上有意义的簇很难通过全自动的方法隔离开来，在这些全自动方法中严格的数学形式是唯一的判别标准。簇的效用基于它们特定于应用的可用性，这通常是在语义上可解释的。在这样的情况下，在聚类发现过程中有必要通过人的干预来体现直观的、语义上可解释的观点。聚类是一种既需要计算机的计算能力也需要人的直观理解的问题。因此一个自然的解决方案是将聚类任务以每个实体执行它最合适的任务的方式进行划分。在交互过程中，计算机执行大量的计算分析，并且利用它为用户提供聚类结构的直观易理解的概括。用户使用这个概括来为应该由聚类算法做的关键选择提供反馈。协调技术的结果是一个能够比人或者计算机更好执行聚类任务的系统。

在聚类过程中有两种自然的提供反馈的方式。

1. 标准聚类算法中作为中间步骤的语义反馈

这样的方法与具有语义可解释性的对象（如文本或图像）的领域相关联，并且在聚类算法要做关键选择的特定阶段中用户会提供反馈。例如在 *k*-means 算法中，在每次迭代中用户可能选择丢掉一些簇并且手动指定一些新的反映部分数据的种子。

2. 专门为人机交互设计的算法中的视觉反馈

在许多高维数据集中，属性的数量可能非常大，很难用可解释的语义将对象联系起来。在这样的情况下，必须提供给用户不同属性子集中数据聚类结构的可视化表示。用户通过利用这些表示来为聚类过程提供反馈。这一方法可以看作映射聚类方法的交互版本。

在下面的部分中将会详细讨论这些不同类型的算法。

7.6.1 现有聚类算法的变体

大多数聚类算法使用了许多关键的决策步骤，在这些步骤中需要做一些选择，例如层次聚类算法中合并的选择或者为数据点分配最相关的簇的决议。当基于严格的、预定义的聚类准则做这些选择时，最终的簇有可能反映不出自然的数据聚类结构。因此这种方法的目标是在聚类过程中给用户提供少量的关键选择的替代品。下面是一些简单的现有聚类算法的变体的例子。

1. *k*-means 算法及相关方法的变体

k-means 算法中的许多关键决策点都可以用来改善聚类过程。例如，在每一轮迭代之后，可以提供给用户每一个簇的代表点。用户可以选择手动丢弃只有极少数据点的簇或者与其他簇紧密相关的簇。在每一轮迭代中，丢弃对应的种子点并用随机选择的种子点来代替。当提供给用户的代表点具有明确可解释的语义时，这种方法表现得很好。在图像数据或文本数据等许多领域中确实是这样。

2. 层次方法的变体

在自底向上的层次算法中，需要连续地选取最接近的一对簇进行合并。关键是如果在合并过程中自底向上算法出错了，合并决策最终会导致聚类质量降低。因此减少这种错误的一种方法是提供给用户最优的合并选择，也就是少量不同的簇对。用户可以基于可解释的语义来做出选择。

指出用户可以做出反馈的关键步骤依赖于底层数据中对象的语义可解释性的级别是非常重要的。在一些情况下，可能并不具备这样的语义可解释性。

7.6.2　可视化聚类

可视化聚类在一些场景中特别有用，例如像高维数据这种单个对象的语义可解释性不强的场景。在这种情况下，通过可视化数据的低维映射来确定数据聚类的子空间是有帮助的。发现数据低维映射的能力是基于计算机的计算能力与用户直观反馈的综合体现。IPCLUS 是综合了交互映射聚类方法与源自基于密度法的可视化方法的一种方法。

高维数据聚类的一个困难是不同数据局部及子空间中的簇的密度、分布以及形状可能会各不相同。此外，在任意子空间中决定用来区分簇的最优密度阈值可能并不容易。即使对于全维度聚类这依然是个问题，在全维度聚类中密度阈值⊖可能会导致将簇合并在一起或者完全忽略掉簇。如 CLIQUE 等子空间聚类方法通过得到大量的有重叠的簇来解决这一问题，而如 PROCLUS 等映射聚类方法通过艰难决定数据应当怎样概括才最合适来解决这一问题。显而易见，可以通过用户交互地探索这些可替代视图并且最终从这些不同视图中创建一致性来更有效地做出这些决策。引入用户的一个优点在于在提供给聚类过程的反馈质量方面用户有更强的直觉。这种协调技术的结果是一个能够比人或者计算机更好地执行聚类任务的系统。

IPCLUS（Interactive Projected CLUStering algorithm）背后的想法是提供给用户一组低维映射中有意义的可视化以及决定如何区分簇的能力。图 7-6 展示了算法的整个过程。交互的映射聚类算法要进行多次迭代；在每次迭代中要确定一个映射，这个映射具有不同的点集，而这些点的集合之间有着明显区别。这样的映射称为**充分极化**。在一个充分极化的映射中，用户更容易明显区别一组簇与剩余的数据。图 7-7a 和图 7-7b 分别展示了充分极化映射和不充分极化映射的数据密度分布的例子。

这些极化映射是通过从数据库中随机选取一组具有 *k* 个记录的集合来确定的，这个集合称为**极化集合**。极化集合的容量 *k* 是算法的输入之一。确定数据的二维子空间，这样数据就聚集在极化集合中的每一个值附近。特别地，选取二维子空间以便最小化将数据点分配到极化点的均方半径。使用用户可以提供反馈的不同样本集合来反复确定不同映射。之后由多个子空间上的数据视图中用户生成的不同聚类来确定一致性聚类。

⊖　参见第 6 章中关于图 6-14 的讨论。

```
Algorithm IPCLUS (数据: D, 极化点数: k)
begin
    while (不满足停止条件) do
    begin
        从 D 中随机取 k 个点 Y̅₁,…,Y̅ₖ;
        在 Y̅₁,…,Y̅ₖ 附近计算二维子空间 ε;
        在 ε 上计算出密度轮廓并呈现给用户;
        根据用户基于密度的反馈, 记录每个簇的成员统计量;
    end;
    return 在成员统计量上具有一致性的簇;
end
```

图 7-6　IPCLUS 算法

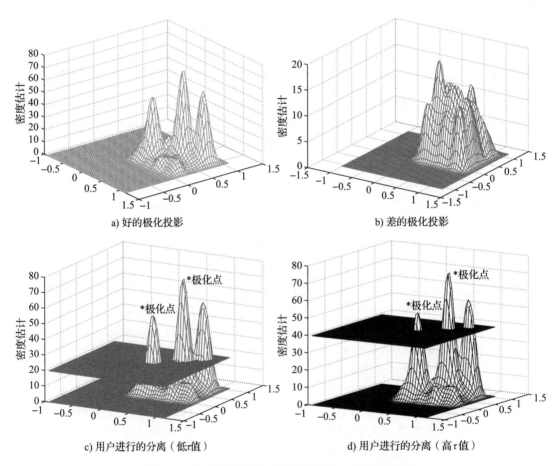

图 7-7　不同质量的极化投影以及用户交互的灵活性

极化子空间既可以是平行于坐标系的子空间也可以是任意方向的子空间，尽管前者的可解释性更强。确定极化子空间的整个过程从全维度开始并且迭代地降低当前子空间的维度，直到获得一个二维子空间。这可以通过在每轮迭代中将数据点分配给子空间中距离最近的集合点然后丢弃关于极化点最嘈杂（高方差）的维度来迭代地实现。在每轮迭代中降低两维。因此，这是一个 k-medoids 形式的方法，只不过在每轮迭代的距离计算中降低子空间的维度而不是替换种子点。这样通常会导致二维子空间高度集中在极化点周围。当然，如果极化点采样得不好，那么会导致簇也区分得不好。然而，重复地对极化点进行采样保证了在至少几次迭代后就能够选出好的子空间。

找到映射子空间之后，可以使用核密度估计技术来确定每个二维网格点在相关子空间中的数据密度。利用这些网格点的密度值来绘制曲面图。图 7-7 展示了这种图的一个示例。因为簇相当于数据中的稠密区域，所以它们表示为密度分布图中的山峰。为了将簇实际区分开，用户可以可视化地指定相当于可以区分开簇的噪声级别的密度阈值。特别地，一个簇可以定义为空间中具有高于用户定义的噪声阈值 τ 的连续区域。簇可以是任意形状的并且可以确定这个形状内的点。注意，当密度分布随着局部有显著变化时，设置不同的密度阈值将会发现不同数量、形状以及大小的簇。图 7-7c 和图 7-7d 展示了密度阈值的例子，设置不同的密度阈值将会发现不同数量与形状的簇。在这一步骤中，无论是决定最相关的极化映射还是决定指定多大的密度阈值，用户的直觉都是非常重要的。如果有必要，用户可以完全丢弃一个映射或者在同一个映射中指定多个阈值来在不同的地方发现不同密度的簇。不需要直接确定密度阈值 τ 的值。可以借助于图形界面，用可视化方法将密度分离超平面叠加在密度分布图上。

用户的每一个反馈都会导致生成密度轮廓之内的有联系的点集。这些点集可以看作画在数据点的"项目"空间中的一个或多个二元"事务"。关键是要从这些新创建的编码了用户反馈的事务中决定一致性聚类。从多个聚类中寻找一致性聚类的问题将在下一节中详细讨论，实现它的一个最简单的方法是使用频繁模式挖掘（发现有重叠的簇）或者对这些事务进行二次聚类来生成不重叠的簇。因为这个新的事务集合编码了用户偏好，所以通过这样的方式找到的簇的质量通常是非常高的。

7.7 集成聚类

前面阐述了在聚类问题中不同的数据视图是怎样导致不同解决方案的。这种观点与多视图聚类或集成聚类的概念紧密相关，这种聚类方法从更广泛的角度来研究问题。从本章和上一章中的讨论来看，十分明显聚类是一种拥有许多不同解决方案的无监督问题。集成聚类的目标是组合许多聚类模型的结果来得到一个具有更好鲁棒性的聚类。我们的想法是没有一个单一模型或者准则是真正最优的聚类，但是这些模型的集成将会提供一个具有更好鲁棒性的解决方案。

大多数集成模型运用两步来生成一个聚类解决方案：

1）使用不同的模型以及不同的数据选取机理来生成 k 个不同的聚类。它们表示了不同的集成组件。

2）将不同的结果组合成一个单一的且具有更好鲁棒性的聚类。

下面的部分对几种构造集成聚类的不同方法做了一个小结。

7.7.1 选择不同的集成组件

不同的集成组件可以通过各种各样的方式来选取。它们既可以基于模型，也可以基于数据选取。在基于模型的集成中，集成中的不同成分反映出不同的模型，例如所使用的不同的聚类模型、同一个模型的不同设置或者同一个随机算法的不同运行次数所提供的不同聚类。一些例子如下：

1）不同成分可以是各种模型，例如划分方法、层次方法以及基于密度的方法。模型间的定量区别将会是特定于数据集的。

2）不同成分可以是同一个算法的不同设置。一个例子是在如 k-means 或者 EM 等算法中使用不同的初始化，在 EM 中使用不同的混合模型，或在同一个算法中使用不同的参数设置，例如在 DBSCAN 中选择不同的密度阈值。集成方法是有效的，因为在诸如聚类等无监督问题中确定参数设置的最优选择也是困难的。

3）不同成分可以从一个算法中获得。例如 2 均值聚类在谱聚类得到的一维嵌入中的应用，每一个特征向量将具有一个不同的聚类解决方案。最小的 k 个重要特征向量将会提供 k 个不同的解决方案，这些解决方案由于特征向量之间所具有的正交性而往往极为不同。

另一种选取集成中不同成分的方法借助于数据选取。数据选取可以由两种不同的方法来执行。

1. 点选取
聚类过程既可以通过随机采样也可以通过系统选择来选取数据的不同子集。

2. 维度选取
选取不同的维度子集来执行聚类。一个例子是前面讲过的 IPCLUS 方法。

构建好独立的集成组件之后，组合这些不同成分的结果来建立一个一致聚类通常是具有挑战性的。

7.7.2　组合不同的集成组件

获得了不同的聚类解决方案之后，需要由这些不同成分创建一个具有鲁棒性的一致方案。下面的部分将会介绍几种使用基本聚类方法作为输入来生成最终的一组簇的简单方法。

7.7.2.1　超图划分算法

数据中的每一个对象表示为一个顶点。任意集成组件中的簇表示为一条超边。超边是边的概念的一种泛化，因为它以团的形式连接了超过两个顶点。任何现成的超图聚类算法都可以用来确定最优划分，例如 HMETIS[302]。添加约束以确保划分是平衡的。超图划分的一个主要挑战是划分可以通过许多不同的方法"折断"超边，但定性地来说不是所有的方法都是等价的。大多数超图划分算法都使用一个常量来对折断一条超边进行惩罚。从定性的角度来看，这有时是令人不愉快的。

7.7.2.2　元聚类算法

这也是一种基于图的算法，只不过顶点是与集成组件中每一个簇相关的。例如，如果 r 个集成组件分别具有 $k_1, \cdots, k_r$ 个不同的簇，那么一共需要创建 $\sum_{i=1}^{r} k_i$ 个顶点。因此每一个顶点代表一组数据对象。如果两个顶点对应的对象集合间的 Jaccard 系数非零，那么在它们之间添加一条边。边的权重与 Jaccard 系数相同。这是一个 r 分割的图，因为同一个集成组件中的两个点之间没有边。在这个图中应用图划分算法来创建期望数量的簇。每一个数据点有 r 个不同的实例，对应于不同的集成组件。数据点的不同实例对于元划分的分布可以用来确定元聚类的成员或者软分配概率。可能会向元聚类算法添加平衡性约束来确保最终生成的聚类结果是平衡的。

7.8　聚类应用

聚类可以看作数据概括的一种特殊形式，其中数据点的概括建立在相似性的基础上。因为概括是许多数据挖掘应用的第一步，所以这样的概括是广泛有用的。这一部分将会讨论数据聚类的许多应用。

7.8.1　应用到其他数据挖掘问题

聚类与其他数据挖掘问题紧密相关，并且在这些问题中作为第一步的概括来使用。特别地，在异常分析和分类的数据挖掘问题中经常这样使用。这些特定的应用将在下面讨论。

7.8.1.1　数据概括

尽管诸如采样、直方图和小波等许多形式的数据概括可以用于不同种类的数据，但聚类是唯一基于相似概念的自然形式的概括。因为相似的概念是许多数据挖掘应用中的基本原理，所以这样的概括对于基于相似性的应用是非常有用的。特定的应用包括推荐分析方法，例如协同过滤。这一应用稍后会在本章中进行讨论，并且在第 18 章中也会提到。

7.8.1.2　异常分析

异常点定义为与正常数据点相比，产生于不同机制的数据点。这可以看作聚类的互补问题，在聚类中目标是确定包含产生于相同机制的密切相关的数据点的组。因此，异常点也可以定义为不存在于任何一个特定簇中的数据点。当然这是一个简单的抽象，但作为起点它仍然是一个强大的准则。8.3 节和 8.4 节将讨论异常分析的许多算法是如何作为聚类算法的变种的。

7.8.1.3　分类

许多形式的聚类可用于提高分类方法的准确性。例如，近邻分类器将最近的一组训练数据点的分类标签返回给给定的测试实例。聚类可以通过用隶属于某个特定类的细粒度的簇的中心点代替数据点来帮助加速这一操作。除此之外，半监督方法同样可以用来在许多领域中进行分类，例如文本。在本章文献注释中介绍了这些方法的文献。

7.8.1.4　降维

如非负矩阵分解等的聚类算法与降维问题有关。事实上，这一算法有两个输出，分别是一组概念和一组簇。另一个相关方法是第 13 章中将会提到的概率的潜在语义索引。这些方法展示了聚类与降维之间的紧密联系以及常见的可以通过这两个问题得到的解决方案。

7.8.1.5　相似性搜索与索引

至少从启发式的观点来看，如 CF 树等的层次聚类有时可以用作索引。对于任意给定的目标记录，只需要搜索树中接近于相关簇的分支并且返回最相关的数据点。这在许多不能建立保证准确性的确切索引的场景中是很有用的。

7.8.2　客户分类与协同过滤

在客户分类应用中，基于给定网站中的客户资料或者其他操作的相似性，可以将相似的客户组合在一起。在数据分析自然地关注于数据的相似部分的场景中，这样的划分方法是非常有用的。一个特殊的例子是协同过滤应用，在协同过滤应用中评级是由不同客户基于他们感兴趣的物品所提供的。将相似的客户组合在一起，并且在组合中基于评级的分布向同一个簇中的客户进行推荐。

7.8.3   文本应用

许多 Web 网站需要基于内容的相似性来组织网站中的资源。文本聚类方法对于文本文档的组织和浏览可能是有用的。层次聚类可以用来在一个搜索友好的树结构中组织文档。许多 Web 网站的层次目录是由用户标识和半监督聚类方法的组合构建的。层次聚类所提供的语义见解在许多应用中是非常有用的。

7.8.4   多媒体应用

随着如图像、照片以及音乐等电子形式的多媒体数据的日渐增多，在文献中涌现了大量设计来在这些场景中进行聚类。这些多媒体数据的聚类同样为用户提供了在包含这些数据的社交媒体网站中搜索相关对象的能力。这是因为可以利用聚类方法建立启发式的索引。这些索引对于有效检索是有帮助的。

7.8.5   时态与序列应用

许多形式的时间数据（如时间序列数据）和网络日志都可以通过聚类来进行有效分析。例如，网络日志序列的聚类提供了关于用户正常模式的见解。这可以用来重组网站或者优化结构。在一些情况下，关于正常模式的这些信息可以用来发现不符合正常交互模式的异常现象。一个相关领域是生物序列数据，在这种情况下序列的聚类与底层的生物学特性有关。

7.8.6   社交网络分析

在社交网络网站中，聚类方法可以用来寻找相关的用户社区。这个问题称为**社区发现**。社区发现在网络科学的其他应用中有着大量的变体，例如异常检测、分类、影响分析以及链路预测。这些应用将在第 19 章中详细讨论。

7.9   小结

本章讨论了大量聚类分析的高级场景。这些场景包括对高级数据格式（如类别型数据、海量数据以及高维数据）进行聚类。许多传统聚类算法可以通过改变特定的标准，例如相似度函数或者混合模型，来进行修改以适用于类别型数据。可扩展的算法需要在算法设计中进行修改，来减少遍历数据的次数。高维数据是最困难的，因为在底层数据中存在许多不相关特征。

因为聚类算法有很多替代的解决方案，所以监督可以帮助引导聚类发现过程。监督既可以是背景知识的形式，也可以是用户交互的形式。在一些场景中，可替代的聚类可以组合起来创建一个一致聚类，这种聚类相比于单一模型更具有鲁棒性。

7.10   文献注释

类别型数据的聚类问题与寻找合适的相似度量[104, 182]紧密相关，因为许多聚类算法将相似度量作为一个子程序。k-modes 算法及它的模糊算法可以在 [135, 278] 中找到。流行的聚类算法包括 ROCK[238]、CACTUS[220]、LIMBO[75] 以及 STIRR[229]。本书中讨论的三种可扩展的聚类算法是 CLARANS[407]、BIRCH[549] 以及 CURE[239]。本章中讨论的高维聚类算法包括 CLIQUE[58]、PROCLUS[19]、ORCLUS[22]。在 [32] 中有关于不同类型的类别型的、可扩展的及高维聚类算法的详细综述。

[80-81, 94, 329] 讨论了使用种子选取、约束、度量学习、概率学习以及基于图的学习的半监督聚类方法。[43] 首次提出了本章中提到的 IPCLUS 方法。其他两个能够通过可视化低维子空间来发现聚类的工具是 HDEye[268] 和 RNavGraph[502]。[479] 首次提出了聚类集成框架。集成聚类中使用的超图划分算法 HMETIS 是在 [302] 中提出的。随后在高维数据中，也已经证明了这一方法的有效性 [205]。

7.11 练习题

1. 实现 *k*-modes 算法。从 UCI 机器学习知识库中下载 KDD Cup 的网络入侵数据集 [213]，并且将算法运用到数据集的类别型属性中。计算关于类标签的簇纯度。

2. 实现 ROCK 算法。数据集及问题同练习题 1。

3. 如果使用马哈拉诺比斯距离来计算数据点与质心之间的距离，BIRCH 的实现需要做哪些修改？簇的直径利用马哈拉诺比斯半径的均方根来计算。

4. 讨论高维聚类算法之间的关系，例如 PROCLUS 与 ORCLUS 以及特征选取中的包装器模型。

5. 说明怎样创建允许增量计算簇的协方差矩阵的聚类特征向量。利用它来创建一种增量的、可扩展的马哈拉诺比斯 *k*-means 算法。

6. 实现从原始数据集中选取数据点作为种子的 *k*-means 算法。将这一方法运用到练习题 1 的数据集的数值属性中，并且从每一个类别中选取一个数据点作为种子。计算关于随机选取种子的 *k*-means 算法的簇纯度。

7. 描述一种自动化地确定一组 "'必须'链接" 和 "'不能'链接" 约束是否一致的方法。

异 常 分 析

"你是独一无二的。如果这未能应验，那么一定是有什么东西丢失了。"

——Martha Graham

8.1 引言

异常点是与其余大部分数据非常不同的数据点。Hawkins 正式定义异常点的概念如下：

"异常点是一个与其他观察值偏离很多的值，以至于让人怀疑它是由一种不同的机制产生的。"

异常点可以看作与聚类互补的概念。聚类试图确定相似数据点的分组，而异常点是与其他数据非常不同的个别数据点。在数据挖掘和统计文献中，异常点也称作孤立点、不和谐点、离群点或不规则点。在许多数据挖掘场景中，异常点有着众多的应用。

1. 数据清洗

异常点常常代表数据中的噪声。噪声可能出自数据采集过程中的错误。所以异常检测方法有助于去除这些噪声。

2. 信用卡欺诈

罕见的信用卡使用模式常常可能是欺诈的结果。因为这些模式比正常模式少见得多，所以可以作为异常点进行检测。

3. 网络入侵检测

许多网络通信可以认为是一系列多维记录的数据流。异常点常常定义为在这个数据流中罕见的记录或者罕见的趋势改变。

大多数异常检测方法会建立一个正常模式的模型。这种模型的实例包括聚类、基于距离的量化或降维。异常点定义为不能自然地符合这个正常模型的数据点。数据点的异常程度被量化为一个数值，称为异常分（outlier score）。所以，大多数异常检测算法产生以下两类结果之一。

1. 实数值的异常分

这个分数定量地表述了一个数据点是异常点的倾向。越大的（或在某些情况下，越小的）分数说明给定的数据点越可能是异常点。一些算法可能进而输出概率值，以量化给定数据点是异常点的可能性。

2. 二元标签

输出是二元结果，表明一个数据点是否为异常点。这种输出比第一种输出包含的信息量少，因为可以用一个阈值把第一种输出转化为二元标签。但是，反过来是不可行的。所以，异常分比二元标签更加广义。然而，许多应用需要二元结果作为最终结果，因为它提供了明确的决策。

产生异常分要求构建一个正常模式的模型。在某些情况下，可以基于非常受限的正常模式模型，设计产生特殊种类异常点的模型。这种异常点的例子包括极值，仅用于某些特定类型的应用。下面总结一些主要的异常分析模型，后续小节中将深入讨论。

1. 极值

一个数据点是一个极值的条件是，它处于某个概率分布的两个终端之一。对于多维数据，也可以使用多变量概率分布而不是单变量类似地定义极值。这些是非常特殊的异常点，但是由于它们有助于把异常分转化为标签，所以对于通常的异常分析仍然有价值。

2. 聚类模型

聚类可以认为是异常分析的互补问题。前者寻找出现在同组中的数据点，而后者寻找与所有数据组都隔开的数据点。实际上，异常点被视为许多聚类算法的副产品。也可以优化聚类模型来专门对异常点进行检测。

3. 基于距离的模型

在这种情况下，通过分析数据点的 k 近邻分布来确定它是否为异常点。直觉上，如果一个数据点的 k 近邻距离比其他数据点的大很多，则它是异常点。基于距离的模型可以看作一种更细化的、以实例为中心的版本的聚类模型。

4. 基于密度的模型

这些模型定义数据点的异常分为它的局部密度。基于密度的模型与基于距离的模型具有内在的相关性。给定数据点的局部密度低的情况，仅当它到最近邻的距离很大时才会出现。

5. 概率模型

第 6 章讨论了聚类的概率算法。因为异常点分析可以认为是聚类的互补问题，所以使用概率模型进行异常点分析也很自然。算法步骤与聚类算法类似，只是聚类采用 EM 算法，使用概率拟合值（probabilistic fit value）而不是距离值作为数据点的异常分。

6. 信息论模型

这些模型与其他模型存在有趣的关系。大部分其他模型固定了正常模式的模型，然后通过与正常模型的偏差来量化异常点。相对应地，信息论方法限制了数据点与正常模型的偏离程度，然后检查当包含及不包含一个特定数据点时所构建模型的空间需求差异。如果差异很大，那么就将这个点报告为一个异常点。

下面将详细讨论这些不同种类的模型，也将介绍每种类型中具有代表性的算法。

应该指出的是，本章定义异常分析为无监督问题，不存在已知的异常和正常的数据点。在有监督的场景中，存在已知的异常点示例，这是一种特殊的分类问题，将在第 11 章中详述。

本章内容的组织结构如下：8.2 节讨论极值分析方法；概率方法在 8.3 节中介绍；这些方法可以看作 EM 聚类方法的变体，利用聚类和异常分析问题之间的关系来探测异常点，这个问题将在 8.4 节中更正式地讨论；基于距离的异常点检测模型在 8.5 节中讨论；基于密度的模型在 8.6 节中讨论；8.7 节讨论信息论模型；8.8 节讨论异常检测正确性问题；8.9 节给出本章小结。

8.2　极值分析

极值分析是一种非常特殊的异常分析，它将外围的数据点汇报为异常点。这些异常点对应于概率分布的统计尾部。一维分布很自然地定义了统计尾部，也可以在高维情形中定义类似的概念。

理解极值是一种非常特殊的异常点十分重要。换言之，所有极值都是异常点，但反之不一定为真。传统的异常点定义是基于 Hawkins 的生成概率定义的。例如，考虑 {1, 3, 3, 3, 50, 97, 97, 97, 100} 的一维数据集。这里，1 和 100 可以认为是极值。50 是数据集的平均值，所以不是极值。但是，50 是数据集中最与众隔绝的点，所以应该从生成的角度认为它是异常点。

一个相似的论点可以用于多变量数据的情形，其中极值出现在分布的多变量尾部区域。与单变量相比，虽然其基本概念类似，但严格地定义多变量尾部的概念更富挑战性。考虑图 8-1 中的例子。这里，数据点 A 可以认为是一个极值，也是一个异常点。数据点 B 也是与众隔绝的，所以应该也认作异常点。但是，不能认为它是一个多变量极值。

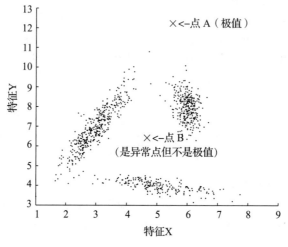

图 8-1   多变量极值

极值分析本身就有重要的应用，所以在异常分析中扮演着不可或缺的角色。极值分析的一个重要应用是把异常分转化为二元标签，这可以通过识别异常分的极值来实现。多变量极值分析在多标准异常检测算法中常常非常有用，它可以用于统一多个异常分以形成单一值，并产生二元标签作为输出。例如，考虑一个气象应用，可以根据不同地区的温度和气压独立地产生地区的（两个）异常分，但需要把这两个异常分统一为单一的异常分，或者一个二元标签。多变量极值分析在这些场景中非常有用。下面将讨论单变量和多变量的极值分析方法。

8.2.1   单变量极值分析

单变量极值分析与统计尾部置信度检测的概念有内在的关联性。通常，统计尾部置信度检测假设一维数据符合特定的概率分布。基于分布假设，这些方法试图确定预计比当前数据点更加极端的对象的比例，为判断当前数据点是否为极值提供一个置信度。

分布的尾部是如何定义的呢？对于非对称的分布而言，有必要讨论高尾部和低尾部，它们可能具有不同的概率。高尾部的定义是比一个特定阈值大的所有极值，而低尾部的定义是比一个特定阈值小的所有极值。考虑密度分布函数 $f_X(x)$。通常，尾部可以定义为分布的两个极端区域，其中对于用户定义的阈值 θ 满足 $f_X(x) \leqslant \theta$。图 8-2a 和图 8-2b 分别展示了在对称分布和非对称分布中低尾部与高尾部的例子。从图 8-2b 中可见，在非对称分布中，高尾部和低尾部的面积可能并不相同。而且，在图 8-2b 中有些内部区域的密度比密度阈值 θ 小，但是因为它们不在分布的尾部，所以不是极值。这些区域中的数据点可以认为是异常点，却不是极值。图 8-2a 和图 8-2b 中高尾部或低尾部的面积代表这些极端区域的累积概率。在对称概率分布中，尾部是根据这个面积而不是根据概率密度阈值来定义的。但是，密度阈值的概念是尾部的界定特征，尤其是对非对称单变量或多变量分布而言。一些非对称分布，如指数分布，甚至可能在分布的某一端不存在尾部。

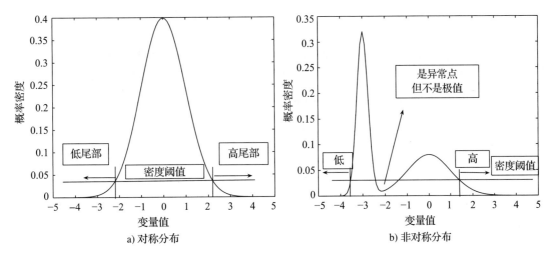

图 8-2　对称分布和非对称分布的尾部

需要选择一个典型分布来计算尾部的概率。最常用的典型分布是正态分布。当均值为 μ 且标准差为 σ 时，正态分布的概率密度函数 $f_X(x)$ 定义如下：

$$f_X(x) = \frac{1}{\sigma \cdot \sqrt{2 \cdot \pi}} \cdot e^{\frac{-(x-\mu)^2}{2 \cdot \sigma^2}} \tag{8.1}$$

标准正态分布的均值为 0，标准差 σ 为 1。在某些应用场景中，通过先验知识，可以获得分布的均值 μ 和标准差 σ。或者，当存在大量的数据样本时，可以非常准确地估计均值和标准差。这些可以用于计算随机变量的 Z 值。一个可观测的变量 x_i 的 Z 值 z_i 计算如下：

$$z_i = (x_i - \mu)/\sigma \tag{8.2}$$

大的正数的 z_i 对应于高尾部，而大的负数的 z_i 对应于低尾部。正态分布可以直接使用 Z 值表示，因为 Z 值对应于缩放和转换后的随机变量，其均值为 0，标准差为 1。公式 8.3 中的正态分布可直接写作 Z 值的形式，其中使用了标准正态分布：

$$f_X(z_i) = \frac{1}{\sigma \cdot \sqrt{2 \cdot \pi}} \cdot e^{\frac{-z_i^2}{2}} \tag{8.3}$$

这意味着累积正态分布可以用于确定大于 z_i 的尾部面积。根据经验，如果 Z 值的绝对值大于 3，所对应的数据点就认为是极值。对应于这个阈值，可以证明尾部的累积面积只占不到 0.01% 的正态分布总面积。

当用于估计均值 μ 和标准差 σ 的数据样本数量 n 比较小时，上述方法需要小的调整。正态分布不再适用，而采用如上计算的 z_i 值和自由度为 $(n-1)$ 的 student t 分布来计算尾部的累积分布。注意，当 n 很大时，t 分布收敛为正态分布。

8.2.2 多变量极值

严格来说，尾部是在单变量分布上定义的。但是，就像单变量尾部定义为概率密度小于特定阈值的极端区域一样，也可以在多变量分布中定义类似的概念。多变量的极值概念比单变量更复杂，是对于只有单峰的概率分布定义的。与前面一样，这里使用多变量正态分布，并使用数据驱动的方式估计分布参数。多变量极值分析的隐含假设是所有数据点都位于一个单峰概率分布（即一个高斯聚类）中，并且在所有方向上距离聚类中心很远的数据点都应该认为是极值。

设 $\overline{\mu}$ 为一个 d 维数据集的 d 维均值向量，$\sum$ 为 $d \times d$ 的协方差矩阵。协方差矩阵的 (i, j) 项等于第 i 维和第 j 维之间的协方差。这些代表对于多变量正态分布的参数估计。那么，d 维数据点 $\overline{X}$ 的概率分布函数 $f(\overline{X})$ 定义如下：

$$f(\overline{X}) = \frac{1}{\sqrt{|\sum|} \cdot (2 \cdot \pi)^{(d/2)}} \cdot e^{-\frac{1}{2} \cdot (\overline{X} - \overline{\mu}) \sum^{-1} (\overline{X} - \overline{\mu})^{\mathrm{T}}} \tag{8.4}$$

$|\sum|$ 表示协方差矩阵的行列式。上式中指数部分是数据点 $\overline{X}$ 和均值 $\overline{\mu}$ 之间的马哈拉诺比斯距离平方的一半。换言之，如果 $Maha(\overline{X}, \overline{\mu}, \sum)$ 代表 $\overline{X}$ 和 $\overline{\mu}$ 之间关于协方差矩阵 $\sum$ 的马哈拉诺比斯距离，那么正态分布的概率密度函数如下：

$$f(\overline{X}) = \frac{1}{\sqrt{|\sum|} \cdot (2 \cdot \pi)^{(d/2)}} \cdot e^{-\frac{1}{2} \cdot Maha(\overline{X}, \overline{\mu}, \sum)^2} \tag{8.5}$$

为了使概率密度低于给定的阈值，马哈拉诺比斯距离必须比一个特定的阈值大。于是，对于数据均值的马哈拉诺比斯距离可用于极值分数。相关极值的定义取决于大于某个特定阈值的马哈拉诺比斯距离所对应的多维区域。图 8-3b 展示了这个区域。所以，一个数据点的极值分数就可以计算为该点与均值的马哈拉诺比斯距离。越大的极值分数表明越极端的属性。

在某些情况下，可能希望获得一种更加直观的概率度量。为了响应这个需求，数据点 $\overline{X}$ 的极值概率定义为比 $\overline{X}$ 与 $\overline{\mu}$ 的马哈拉诺比斯距离大的多维区域的累积概率。那么怎么估计这个累积概率呢？

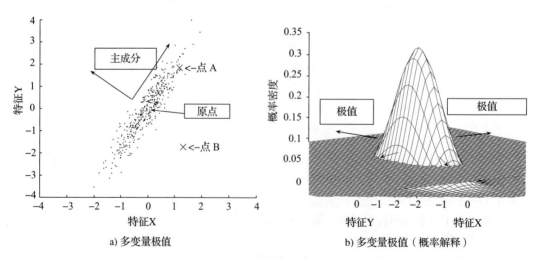

a) 多变量极值   b) 多变量极值（概率解释）

图 8-3   多变量极值

如第 3 章所述，马哈拉诺比斯距离与欧几里得距离相似，只不过它在非相关的方向上把数据标准化了。例如，如果旋转数据的坐标系到主成分的方向（如图 8-3 所示），那么在新坐标系中，转换后的坐标将没有属性之间的相关性（即协方差矩阵是一个对角矩阵）。在转换后（坐标系旋转后）的数据集上，把每个坐标除以其所在方向的标准差，这时马哈拉诺比斯距离就等于欧几里得距离。这是一种建立马哈拉诺比斯距离的概率分布模型的优雅方案，它提供了对多变量尾部的累积概率的估计方法。

因为标准差的缩放，可以将马哈拉诺比斯距离的每个独立的成分模拟为一个均值为 0 且标准差为 1 的一维标准正态分布。而通过 d 个独立的标准正态分布的随机变量的平方和，就可得到一个自由度为 d 的符合 χ^2 分布的随机变量。所以，考虑自由度为 d 的 χ^2 分布，计算取值大于 $Maha(\overline{X}, \overline{\mu}, \Sigma)$ 的区域的累积概率，就可得到 $\overline{X}$ 的极值概率。极值概率越小表示它是极值的可能性越大。

直观上，这个方法把数据分布按照不相关的方向模拟为统计上独立的正态分布，并通过标准化使每个方向对异常分的贡献相同。在图 8-3a 中，基于数据内部的自然相关关系，数据点 B 可以合理地认为是多变量极值，而数据点 A 则不然。但是，如果按照欧几里得距离（而不是马哈拉诺比斯距离），数据点 B 比数据点 A 离质心更近。这表明马哈拉诺比斯距离可以更有效地利用数据的统计分布来推断数据点的极值属性。

8.2.3　基于深度的方法

基于深度的方法的通用原则是一组数据点的凸包代表这些数据点的帕累托最优极值。基于深度的算法执行一个循环，在第 k 次循环时，删除数据集凸包拐角处的所有点。循环次数 k 提供了一种异常分，其值越小的数据点越可能是异常点。重复这个步骤直至数据集为空。可以报告所有深度至多为 r 的数据点为异常点，这样就把异常分转化为二元标签。r 本身需要通过单变量极值分析来确定。图 8-4 展示了基于深度方法的步骤。

```
Algorithm FindDepthOutliers（数据集：D，分数阈值：r）
begin
    k = 1;
    repeat
        找到 D 的凸包的拐角点的集合 S;
        对 S 中的点赋予深度值 k;
        D = D−S;
        k = k + 1;
    until（D 为空）;
    报告深度至多为 r 的点为异常点;
end
```

图 8-4　基于深度的方法

图 8-5 用图解来说明基于深度的方法。其过程可以类比为一层层地剥洋葱的皮（如图 8-5b 所示），最外面的层定义了异常点。基于深度的方法试图达到和前一小节中多变量方法相同的目标，但它通常在结果质量和运算效率方面效果较差。从结果质量角度来看，与基于马哈拉诺比斯距离的多变量方法相比，基于深度的方法没有根据数据分布的统计特征对数据进行归一化。所有凸包的拐角点都被等同地对待。这明显不令人满意，而且许多数据点的分数是相同的，难以区分。此外，数据中凸包的拐角点所占的比例通常随着维度的增多而增

加。对于非常高维的情况，绝大部分数据点可能都在最外层凸包的拐角上，这种情况并不罕见。这样，将无法区分不同数据点的异常分。另外，随着维度的增加，凸包计算的复杂度显著增加。结合结果质量与计算效率来看，与基于马哈拉诺比斯距离的多变量方法相比，这种方法是一种较差的选择。

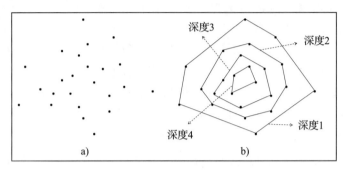

图 8-5　基于深度的异常检测

8.3　概率模型

概率模型是 8.2.2 节中讨论的多变量极值分析的推广。基于马哈拉诺比斯距离的多变量极值分析可以看作一个仅包括单一分量的高斯混合模型（Gaussian mixture model）。通过将这个模型推广到多个混合分量，就可以确定通用的异常点，而不仅是多变量极值。这个设想与 6.5 节中介绍的 EM 聚类算法内在相关。直观上，在概率意义上不适合任何簇的数据点可能是异常点。请参见 6.5 节中更详细的关于 EM 算法的讨论，为方便起见，这里进行简要的介绍。

混合生成模型的原理假设数据是从 k 个概率分布 $\mathcal{G}_1, \cdots, \mathcal{G}_k$ 的混合中按照下述过程产生的：

1）以先验概率 α_i 选择一个混合成员，其中 $i \in \{1, \cdots, k\}$。假设选中的是第 r 个成员。

2）从 $\mathcal{G}_r$ 中产生一个数据点。

将这个生成模型标记为 $\mathcal{M}$。它产生数据集 $\mathcal{D}$ 的每个数据点。数据集 $\mathcal{D}$ 用于估计模型的参数。虽然可以很自然地用正态分布来代表每个混合成员，但是也可以使用其他模型。这种灵活性有助于把该模型应用于不同的数据类型。例如，在一个类别型数据集中，对于每个混合成员用类别的概率分布来替代正态分布。当模型的参数估计完成后，异常点就定义为 $\mathcal{D}$ 中极不符合这个生成模型的数据点。注意，这个假设准确地反映了本章开始时讲述的 Hawkins 的异常点定义。

接下来，我们讨论如何估计模型的参数，例如不同的 α_i 和不同分布 $\mathcal{G}_r$ 的参数。这个估计过程的目标函数是为了保证 $\mathcal{D}$ 中的所有数据具有生成模型的最大似然拟合。假设 $\mathcal{G}_i$ 的密度函数是 $f^i(\cdot)$。由模型产生的数据点 $\overline{X_j}$ 的概率（密度函数）如下：

$$f^{point}(\overline{X_j} \mid \mathcal{M}) = \sum_{i=1}^{k} \alpha_i \cdot f^i(\overline{X_j}) \tag{8.6}$$

注意，$f^{point}(\overline{X_j} \mid \mathcal{M})$ 的密度值是这个数据点的一个异常分。异常点自然具有很低的拟合值。图 8-6 展示了拟合值与异常分的关系。数据点 A 和数据点 B 通常对混合模型有很低的拟合值，因为它们并非自然属于任何混合成员，所以将 A 和 B 认为是异常点。数据点 C 对混合模型有很高的拟合值，所以不能认为是异常点。模型 $\mathcal{M}$ 的参数是用一种最大似然标准来估计的，将在下面讨论。

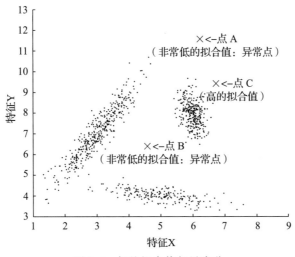

图 8-6　似然拟合值与异常分

如果数据集 $\mathcal{D}$ 包含 n 个数据点，记为 $\overline{X_1}, \cdots, \overline{X_n}$，则模型 $\mathcal{M}$ 产生数据集的概率密度是单点概率密度的乘积：

$$f^{data}(\mathcal{D} \mid \mathcal{M}) = \prod_{j=1}^{n} f^{point}(\overline{X_j} \mid \mathcal{M}) \tag{8.7}$$

数据集 $\mathcal{D}$ 关于 $\mathcal{M}$ 的对数似然拟合 $\mathcal{L}(\mathcal{D} \mid \mathcal{M})$ 是上述表达式的对数，可以（更方便地）表示为不同数据点对应部分的和：

$$\mathcal{L}(\mathcal{D} \mid \mathcal{M}) = \log\left(\prod_{j=1}^{n} f^{point}(\overline{X_j} \mid \mathcal{M}) \right) = \sum_{j=1}^{n} \log\left(\sum_{i=1}^{k} \alpha_i \cdot f^i(\overline{X_j}) \right) \tag{8.8}$$

需要优化对数似然拟合来确定模型参数。其目标函数最大化数据点对生成模型的拟合。为此目的，使用 6.5 节的 EM 算法。

当模型的参数估计完成后，$f^{point}(\overline{X_j} \mid \mathcal{M})$ 或其对数可以报告为异常分。这种混合模型的主要优势是混合成员也可以集成关于成员形状的领域知识。例如，如果已知某个特定簇中的数据点以某种方式相关，那么可以在混合模型中集成这一知识，把相应的协方差矩阵中对应的参数的值固定下来，只计算剩余的模型参数。另外，当数据量较小时，混合模型可能过度拟合数据，从而错过真正的异常点。

8.4　异常检测的聚类方法

上节的概率算法预演了聚类和异常检测的关系。聚类是关于寻找数据点的簇，而异常分析是关于寻找远离簇的数据点。所以，众所周知，聚类和异常分析具有互补的关系。一个简化的看法是任何一个数据点要么是一个簇的成员，要么是一个异常点。聚类算法常常有一个"异常点处理"的选项来去除簇之外的数据点。但是，作为聚类算法的副产品，这种检测异常点的方法并不恰当，因为簇算法不是为了异常检测而优化的。簇的边界区域内的数据点也可以认为是弱异常点，但是这在大多数应用场景中很少有用。

聚类方法确实有一些优势。异常点常常倾向于出现在它们自己的小簇中。这是因为异常情况可能在产生时重复了几次。所以，一小组相关的异常点就形成了。图 8-7 显示了一个例子，其中有一小组与众隔离的异常点。下面会讲到，聚类方法通常具有一定的鲁棒性抵抗这种情况，因为这些小组没有达到足够数量，无法形成自己的簇。

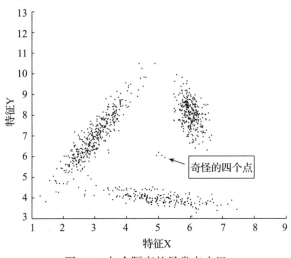

图 8-7　与众隔离的异常点小组

一个定义数据点异常分的简单方法是先对数据集进行聚类，再使用数据点到与其最近的簇质心的距离作为异常分。当簇是被拉长的或者有不同的密度时，效果可能更好。如第 3 章所述，局部数据分布常常扭曲了距离，所以使用原始距离不是最优的。这个广义的原理在多变量极值分析中被使用，其中全局马哈拉诺比斯距离定义了异常分。在这里，可以使用关于最近簇质心的局部马哈拉诺比斯距离。

考虑一个数据集，聚类算法发现了 k 个簇。假设在 d 维空间中，第 r 个簇的均值是一个 d 维向量 $\overline{\mu_r}$，其 $d \times d$ 协方差矩阵是 Σ_r。协方差矩阵的 (i, j) 项是这个簇第 i 维和第 j 维的协方差。那么数据点 $\overline{X}$ 与簇质心 $\overline{\mu_r}$ 的马哈拉诺比斯距离 $Maha(\overline{X}, \overline{\mu_r}, \Sigma_r)$ 定义如下：

$$Maha(\overline{X}, \overline{\mu_r}, \Sigma_r) = \sqrt{(\overline{X} - \overline{\mu_r}) \sum_{r}^{-1} (\overline{X} - \overline{\mu_r})^{\mathrm{T}}} \tag{8.9}$$

把这个距离作为异常分。越大的异常分表示该数据点更可能是异常点。当异常分确定后，可以使用单变量极值分析来把异常分转换为二元标签。

采用马哈拉诺比斯距离的依据与 8.2 节中多变量极值分析的情况类似。唯一区别在于特定簇的局部马哈拉诺比斯距离更适合于确定一般的异常点，而全局马哈拉诺比斯距离更适合于确定特殊种类的异常点，如极值。使用局部马哈拉诺比斯距离与似然拟合的 EM 算法存在有趣的关系，在 EM 算法中，马哈拉诺比斯距离的平方出现在每个高斯混合成员的指数上。所以，在 EM 算法中，数据点与不同的混合成员的均值（簇均值）的马哈拉诺比斯距离的负指数的和被用于确定异常分。这个分数可以看作硬聚类算法所确定的分数的软化版本。

聚类方法是基于全局分析的。所以，在大多数情况下，紧密相关的少数点不能自行成为簇。例如，图8-7中四个与众隔离的点通常不能认为是一个簇。大部分聚类算法要求一组数据点达到一个临界质量才能考虑将其作为一个单独的簇。所以，这些点会有较高的异常分。这意味着聚类方法能够检测出这些小组的紧密相关的数据点，并报告它们是异常点。在纯粹的局部分析上的基于密度的方法无法支持这种情况。

聚类算法的主要问题是它们有时不能正确地区分环境噪声点和真正隔离的异常点。显然，后者比前者具有更强的异常性。这两种点都不在簇中。与最近簇质心的距离常常不代表数据点的局部分布（或实例分布）。在这些情况下，基于距离的方法会更有效。

8.5　基于距离的异常检测

因为异常点定义为数据中远离"拥挤区域"（或簇）的数据点，所以一种自然的基于具体实例的异常点定义方法如下：

对象 O 的基于距离的异常分是它与其 k 近邻的距离。

上述定义是最常用的，其中使用了 k 近邻距离。有时会使用定义的其他变体，例如与 k 近邻的平均距离。k 是一个用户定义的参数。选择大于1的 k 有助于识别与众隔离的异常点。例如，在图8-7中，只要 k 设定为大于3的任何值，异常点小组中的所有数据点就将有很高的异常分。注意，计算异常分的目标数据点本身不计入自己的 k 近邻。这样可以避免1近邻方法永远产生异常分0的情况发生。

基于距离的方法通常会比聚类方法进行更细粒度的分析，所以可以区分环境噪声和真正隔离的异常。这是因为环境噪声比真正隔离的点通常有较小的 k 近邻距离。在聚类方法中，这种区分被丢失了，与最近簇质心的距离没有准确地反映数据点周边的隔离情况。

更好粒度的代价是更高的计算复杂度。考虑一个数据集 $\mathcal{D}$，它包含 n 个数据点。对每个数据点确定 k 近邻距离，当使用顺序扫描时，需要 $O(n)$ 时间。所以对全部数据点计算异常分需要 $O(n^2)$ 时间。对于非常大的数据集，这显然是不可行的。所以，多种多样的方法被用来加速计算。

1. 索引结构

索引结构可以高效地确定 k 近邻距离。但是，当数据是高维的时，这种选择不存在，因为索引结构的有效性会变差。

2. 剪枝技巧

在许多应用中，全部数据点的异常分是不必要的。返回前 r 个异常点的二元标签和异常分可能就足够了。剩余数据点的异常分是无关紧要的。在这种情况下，在计算一个数据点的异常分时，如果它的 k 近邻距离上界比当前第 r 个最大的异常分还小时，就可以结束顺序扫描。这是因为可以确保这个数据点不是前 r 个异常点。这个方法称为"早期停止技巧"，将在本节中详细描述。

在某些情况下，可能会将剪枝技巧和索引结构结合使用。

8.5.1　剪枝方法

剪枝方法在仅需要返回前 r 个异常点时才被使用，剩余数据点的异常分无关紧要。因此，剪枝方法只能用于二元决策的情况。剪枝方法的基本思路是通过快速排除即使使用近似计算也明显不是异常点的数据点，来减少 k 近邻距离计算所需的时间。

8.5.1.1 采样方法

首先从数据 $\mathcal{D}$ 中提取一个样本 $\mathcal{S}$，其大小 $s \ll n$，计算样本 $\mathcal{S}$ 中每个数据点与数据库 $\mathcal{D}$ 中所有数据点的距离。总共有 $n \cdot s$ 对点。这个过程需要 $O(n \cdot s) \ll O(n^2)$ 次距离计算。于是，得到样本 $\mathcal{S}$ 中每个点的 k 近邻距离。按异常分从大到小的顺序，确定样本 $\mathcal{S}$ 中的前 r 个异常点，其中 r 是需要返回的异常点数量。当前第 r 个异常点的异常分是整个数据集 $\mathcal{D}$ 上第 r 个异常点的异常分的下界[⊖]L。对于 $\mathcal{D} - \mathcal{S}$ 中的每个数据点，只知道其 k 近邻距离的上界 $V^k(\overline{X})$，它等于这个数据点与样本 $\mathcal{S} \subset \mathcal{D}$ 中数据点的 k 近邻距离。但是，如果这个上界 $V^k(\overline{X})$ 不大于已经确定的下界 L，那么就可以将数据点 $\overline{X} \in \mathcal{D} - \mathcal{S}$ 排除在前 r 个异常点之外。通常只要数据集被很好地聚类了，就可以立即从 $\mathcal{D} - \mathcal{S}$ 中排除大量的候选数据点。这是因为只要每个簇中有一个点包含在样本 $\mathcal{S}$ 中，而且有 r 个样本位于稀疏的区域，就可以将簇中的大部分数据点排除。在真实数据集中，中小型的样本就常常可以获得这样的效果。从 $\mathcal{D} - \mathcal{S}$ 中删除数据点之后，剩余的数据点集为 $\mathcal{R} \subseteq \mathcal{D} - \mathcal{S}$。可以在小得多的候选集 $\mathcal{R}$ 上应用 k 近邻方法，返回 $\mathcal{R} \cup \mathcal{S}$ 中前 r 个异常点作为最终结果。根据获得的剪枝效果，这种方法可以非常显著地减少计算时间，尤其是当 $|\mathcal{R} \cup \mathcal{S}| \ll |\mathcal{D}|$ 时。

8.5.1.2 嵌套循环的早期停止技巧

上节讨论的方法可以进一步改进，以加速对 $\mathcal{R}$ 中每个数据点的 k 近邻计算。基本思路是对于任意数据点 $\overline{X} \in \mathcal{R}$ 的 k 近邻计算不一定需要进行到底。一旦确定 $\overline{X}$ 不可能是前 r 个异常点，就可以提前停止为计算 $\overline{X}$ 的 k 近邻而进行的数据库扫描。

注意，基于到样本 $\mathcal{S}$ 的距离，对于每个点 $\overline{X} \in \mathcal{R}$ 已经存在一个 k 近邻距离（上界）的估计 $V^k(\overline{X})$。而且，$\mathcal{S}$ 中第 r 大的异常点的 k 近邻距离提供了判断前 r 个异常点的下界。下界记为 L。通过扫描数据库 $\mathcal{D} - \mathcal{S}$ 和计算点 $\overline{X}$ 到 $\mathcal{D} - \mathcal{S}$ 中每个点的距离，点 $\overline{X}$ 的 k 近邻距离估计 $V^k(\overline{X})$ 进一步减小。因为这个不断变化的估计值 $V^k(\overline{X})$ 总是 $\overline{X}$ 真正 k 近邻距离的上界，所以当 $V^k(\overline{X})$ 比已知的前 r 个异常点的距离下界 L 小时，就可以停止计算 $\overline{X}$ 的 k 近邻距离。这称为**早期停止**，它可以显著地节省计算时间。然后，处理 $\mathcal{R}$ 中的下一个数据点。当早期停止没有触发时，数据点 $\overline{X}$ 几乎[⊜]总是在当前的前 r 个异常点中。所以，在这种情况下，下界 L 可以变紧（增大）为新的第 r 大的异常分。当计算 $\mathcal{R}$ 中的下一个数据点的 k 近邻距离时，这将产生更佳的剪枝效果。为了最大化剪枝的好处，$\mathcal{R}$ 中数据点的处理顺序不应该是随意的，而是应该按照初始采样估计 $V^k(\cdot)$ 递减的顺序。这可以确保较早地发现 $\mathcal{R}$ 中的异常点，而且全局下界 L 可以更快地缩紧，以达到更好的剪枝效果。而且，在内层循环中，$\mathcal{D} - \mathcal{S}$ 中的数据点 $\overline{Y}$ 可以按照相反顺序，即 $V^k(\overline{Y})$ 增加的顺序，进行访问。这样可以保证更早地更新 k 近邻距离，从而最大化早期停止的优势。嵌套循环方法也可以不采用第一个采样阶段[⊜]，

⊖ 注意，越大的 k 近邻距离表明该数据点越可能是异常点。

⊜ 我们说"几乎"是因为可能直到点 $\overline{X}$ 的最后一次距离计算才把 $V^k(\overline{X})$ 减小到 L 之下。这种情况很罕见，但是可能偶尔出现。

⊜ 大多数文献中的描述忽略了第一阶段的采样，这个阶段对于最大化运行效率至关重要。在时序分析 [306] 中的一些实现确实更仔细地对数据点进行了排序，但是没有采用采样。

但是这种方法将不能得到数据点排序所带来的好处。从采样阶段得到的第 r 大异常分的初始下界 L 开始，嵌套循环的实现如下：

> **for** 每个 $\overline{X} \in \mathcal{R}$ **do begin**
> 　**for** 每个 $\overline{Y} \in \mathcal{D}\text{-}\mathcal{S}$ **do begin**
> 　　计算 $\overline{Y}$ 与 $\overline{X}$ 之间的距离，更新当前的 k 近邻距离估计 $V^k(\overline{X})$；
> 　　**if** $V^k(\overline{X}) \leqslant L$ **then** 停止内层循环；
> 　**endfor**
> 　**if** $V^k(\overline{X}) > L$ **then**
> 　　把 $\overline{X}$ 加入当前最佳的 r 个异常点中，更新 L 为新的第 r 大的异常分；
> **endfor**

注意，数据点 $\overline{X}$ 的 k 近邻不包括这个数据点本身。所以，内层循环在更新 k 近邻距离时，必须小心处理 $\overline{X} = \overline{Y}$ 的特殊情况。

8.5.2　局部距离修正方法

3.2.1.8 节对局部数据分布对距离计算的影响进行了详细的讨论。特别地，当簇的密度和形状随着局部数据的不同而有显著改变时，简单的度量（如欧几里得距离）无法反映数据点之间的内在距离。8.4 节也使用了这个原则，采用马哈拉诺比斯距离而非欧几里得距离来度量与簇质心的距离。最早在不同数据密度下认识到这个原则的方法之一是**局部异常点因素**（Local Outlier Factor，LOF）方法。正式的依据是基于数据集的生成原则，但这里只讲述一种直观的理解。应该指出的是，在多变量极值分析（8.2.2 节）中使用马哈拉诺比斯距离（而非欧几里得距离）也是基于数据点符合统计分布的似然生成原则的。主要区别是，多变量极值分析是全局的，而这里的分析是局部的。读者可以参见 3.2.1.8 节的讨论，理解数据分布对数据点之间的内在距离的影响。

为了在异常分析中说明局部距离修正的意义，我们举两个例子。其中一个例子解释不同局部分布密度的影响，而另一个例子说明不同局部簇形状的影响。这两方面都可以通过对距离计算进行不同类型的局部归一化来处理。图 8-8a 展示了两个不同的簇，其中一个比另一个稀疏。在这种情况下，数据点 A 和 B 显然都是异常点。虽然异常点 B 可以很容易地由大多数基于距离的算法检测出，但检测异常点 A 却富于挑战性。这是因为在较稀疏的簇中，许多点的最近邻距离至少和异常点 A 的最近邻距离一样大。所以，根据设置的距离阈值的不同，一个 k 近邻算法或者会错误地报告稀疏簇的一部分，或者会完全忽略异常点 A。简单而言，基于距离的算法对异常点的排序在这里是不正确的。这是因为簇中两点之间的真正距离应该基于局部数据分布，通过归一化的方式来计算。这与 3.2.1.8 节中讨论的局部数据分布对于距离函数设计的影响相关，它对于许多基于距离的数据挖掘问题很重要。这里的关键是生成原则，最近簇产生数据点 A 的可能性比稀疏簇产生许多稍稍隔离的数据点的可能性要小很多。在本章开始处阐述的 Hawkins 的异常点定义是基于生成原则的。应该指出的是8.3 节的概率 EM 算法在承认生成过程的区别这方面做得更好。但是，因为对于小数据集上的过拟合问题，概率 EM 方法常常不实用。LOF 方法是第一个集成了这些生成规则的非参数的基于距离的算法。

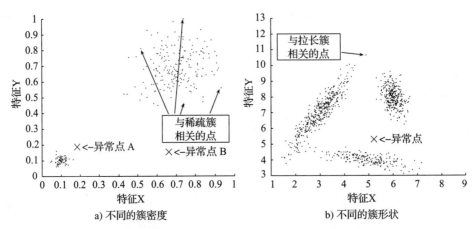

a) 不同的簇密度   b) 不同的簇形状

图 8-8 数据分布的局部属性对基于距离的异常检测的影响

通过观察图 8-8b 中不同局部形状和方向的簇可以进一步强调这一观点。在这种情况下，如果使用 1 近邻距离，那么基于距离的算法将报告在拉长的簇的长轴上的数据点是最强的异常点。而这个数据点比标记为"×"的异常点有大得多的可能性是由距离最近的簇产生的。而后者的 1 近邻距离较小。所以，基于距离的算法的显著问题是它们没有考虑数据的局部生成属性。本小节将讨论两个方法来处理这个问题。其中一个方法是 LOF，另一个方法是对采用全局马哈拉诺比斯距离的极值分析的直接推广。第一个方法可以修正图 8-8a 中的问题，而第二个方法可以修正图 8-8b 中的问题。

8.5.2.1 局部异常点因素

局部异常点因素（Local Outlier Factor，LOF）方法按照数据局部的两点平均距离来归一化距离计算，以便对簇密度进行局部修正。常常可以将它理解为一种基于密度的方法，但实际上，它是一种基于（归一化）距离的方法，其中归一化是基于局部数据的平均密度的。归一化是解决图 8-8a 所展示的问题的关键。

对于一个给定的数据点 $\overline{X}$，设 $V^k(\overline{X})$ 是它的 k 近邻距离，设 $L_k(\overline{X})$ 是在 $\overline{X}$ 的 k 近邻距离内的点的集合。集合 $L_k(\overline{X})$ 通常包含 k 个数据点，但有时因为距离相同也可能包含超过 k 个点。

那么，$\overline{X}$ 相对于 $\overline{Y}$ 的可达距离 $R_k(\overline{X}, \overline{Y})$ 定义为两点 $(\overline{X}, \overline{Y})$ 之间的距离 $Dist(\overline{X}, \overline{Y})$ 和 $\overline{Y}$ 的 k 近邻距离这两者的较大值：

$$R_k(\overline{X}, \overline{Y}) = \max\{Dist(\overline{X}, \overline{Y}), V^k(\overline{Y})\} \tag{8.10}$$

可达距离对于 $\overline{X}$ 和 $\overline{Y}$ 是非对称的。直观上，当 $\overline{Y}$ 在一个密集的区域内并且 $\overline{X}$ 和 $\overline{Y}$ 的距离很大时，$\overline{X}$ 相对于 $\overline{Y}$ 的可达距离等于它们之间的真实距离 $Dist(\overline{X}, \overline{Y})$。而当 $\overline{X}$ 和 $\overline{Y}$ 的距离很小时，可达距离就会由 $\overline{Y}$ 的 k 近邻距离做平滑处理。k 值越大，就越平滑。相应地，对于不同点的可达距离也将变得更加相似。使用平滑的原因是它能够使中间的距离计算更稳定。当 $\overline{X}$ 和 $\overline{Y}$ 的距离很小时，这尤为重要，原始距离可能导致更大的统计波动。在概念层次上，可以基于原始距离而非可达距离定义一个版本的 LOF，但是这个版本将缺少平滑所带来的稳定效果。

数据点 $\overline{X}$ 相对于其邻近区域 $L_k(\overline{X})$ 的**平均可达距离** $AR_k(\overline{X})$ 定义为相对于其邻近区域中所有对象的可达距离的平均值。

$$AR_k(\overline{X}) = \text{MEAN}_{\overline{Y} \in L_k(\overline{X})} R_k(\overline{X}, \overline{Y}) \tag{8.11}$$

此处，MEAN 函数表示在全部集合 $L_k(\overline{X})$ 上的平均值。于是，局部异常点因素 $LOF_k(\overline{X})$ 就等于 $AR_k(\overline{X})$ 与 $\overline{X}$ 的 k 邻近区域的所有点的相应值的比值的平均值。

$$LOF_k(\overline{X}) = \text{MEAN}_{\overline{Y} \in L_k(\overline{X})} \frac{AR_k(\overline{X})}{AR_k(\overline{Y})} \tag{8.12}$$

上述定义使用了距离的比值，充分考虑了局部距离的属性。所以，当一个簇中的数据点同质地分布时，簇内对象的 LOF 值常常接近于 1。例如，在图 8-8a 的情况下，两个簇中的数据点的 LOF 值都将非常接近于 1，即使这两个簇的密度很不同。另外，两个异常点的 LOF 值都将很大，因为它们将根据邻居可达距离的平均值的比值来计算。实践中，从一组不同的 k 值中选择使 $LOF_k(\overline{X})$ 最大的一个来确定最佳的邻近区域的大小。

虽然 LOF 在文献中常常理解为基于密度的方法，但它可以更简单地理解为一种采用了平滑的基于相对距离的方法。平滑实际上是为使距离计算更加稳定的一种细化。即使在公式 8.11 的计算中使用了原始距离而非可达距离，基础 LOF 方法在许多数据集上也会有很好的效果。

因为公式 8.12 中每项分母的归一化处理，LOF 方法能够很好地适应不同密度的区域。在最早对于 LOF 算法的描述中（参见文献注释），LOF 是基于密度变量定义的。这个密度变量较宽松地定义为平滑可达距离的平均值的倒数。当然，这不是一个精确的密度定义。传统上，密度的定义是在一个给定面积或体积中的数据点的数量。本书对 LOF 的定义与文献中的完全相同，只是稍稍修改了描述，没有使用中间密度变量。这样既可以简化定义，又可以用（归一化的）距离直接定义 LOF。LOF 与数据密度的真正联系在于它能够使用相对距离对不同数据密度进行修正。所以，本书把这种方法归类为（归一化）基于距离的方法，而不是一种基于密度的方法。

8.5.2.2　实例特定的马哈拉诺比斯距离

实例特定的马哈拉诺比斯距离是为修正如图 8-8b 所示的特定数据点的局部分布形状而设计的。马哈拉诺比斯距离与数据分布的形状直接相关，虽然它的传统用途是全局的。当然，也可以用数据点邻近区域的协方差结构来计算局部马哈拉诺比斯距离。

这里的问题是当邻近簇的形状不是球形时，数据点的邻近区域很难用欧几里得距离来定义。例如，数据点的欧几里得距离偏向于捕捉这个点周围的圆形区域，而不是拉长的簇。为了处理这个问题，采用一种凝聚方法来确定数据点 $\overline{X}$ 的 k 近邻区域 $L_k(\overline{X})$。首先，把数据点 $\overline{X}$ 加入 $L_k(\overline{X})$。然后，迭代地增加 $L_k(\overline{X})$，每次选择与 $L_k(\overline{X})$ 中点距离最近的数据点加入 $L_k(\overline{X})$。这种方法可以看作单链接层次聚类的一个特例，其中将单例点归并入簇中。单链接方法在创建任意形状的簇方面很出名。这种方法倾向于按照与簇相同的形状"生成"一个邻近区域。计算邻近区域 $L_k(\overline{X})$ 的均值 $\overline{\mu_k(X)}$ 和协方差矩阵 $\Sigma_k(\overline{X})$。于是，数据点 $\overline{X}$ 的实例特定的马哈拉诺比斯距离 $LMaha_k(\overline{X})$ 就提供了它的异常分。这个异常分定义为数据

点 $\overline{X}$ 相对于 $L_k(\overline{X})$ 中数据点的均值 $\overline{\mu_k(X)}$ 的马哈拉诺比斯距离。

$$LMaha_k(\overline{X}) = Maha(\overline{X}, \overline{\mu_k(X)}, \Sigma_k(\overline{X}))$$ （8.13）

上述计算与极值分析的全局马哈拉诺比斯距离的唯一区别是，这里使用局部邻近区域 $L_k(\overline{X})$ 作为"相关"的数据。虽然 8.4 节中的聚类方法确实使用了在局部邻近区域上的马哈拉诺比斯距离，但这里的计算有着细微的差异。在基于聚类的异常检测中，预处理方法预先定义了有限个簇作为所有可能的邻近区域。而在这里，邻近区域是在特定实例上构建的。不同的数据点将有稍许不同的邻近区域，而不一定对应于预先定义的簇。这里增加的粒度允许更精细的分析。在概念层次上，这种方法计算数据点 $\overline{X}$ 相对于它的局部簇是否可以视为极值。与 LOF 方法一样，这种方法可以应用于不同的 k 值，并报告每个数据点的最高的异常分。

如果把这种方法应用于图 8-8b 的例子，将可以正确地识别异常点，因为它采用了适合于每个数据点的（局部的）协方差矩阵来计算局部马哈拉诺比斯距离。不需要针对数据密度（图 8-8a 的场景）进行距离归一化，因为马哈拉诺比斯距离已经在幕后完成了这种局部归一化。所以，这种方法也可以用于图 8-8a 的场景。文献注释中指出了一些 LOF 的变种的文献，所提到的方法都是把不同局部簇形状的概念用于凝聚邻近区域的计算。

8.6 基于密度的方法

基于密度的方法和基于密度的聚类有相似的基本原理。其思路是确定数据中稀疏的区域以便报告异常点。相应地，可以使用基于统计直方图的方法、基于网格的方法或基于核密度的方法。可以将统计直方图看作基于网格方法的一维特例。但是，由于难以适应数据局部的不同密度，这些方法并不流行。随着维度的增加，密度的定义也变得更富挑战性。但是，在单变量的情况下，这些方法有着自然的概率解释，因而经常被使用。

8.6.1 基于统计直方图和网格的技术

统计直方图在单变量数据上很容易构建，所以在许多应用领域得到频繁的使用。在这种情况下，将数据离散化为多个区间，然后估计每个区间的频率。将出现在非常低频率区间中的数据点报告为异常点。如果希望得到连续的异常分，那么数据点 $\overline{X}$ 所在区间内的其他数据点的个数就可以作为 $\overline{X}$ 的异常分。所以，这个区间的计数不包括这个点本身，以便最小化对较小区间宽度和较少数据点的过拟合。换言之，每个数据点的异常分比它所在的区间计数少 1。

在多变量数据的情况下，一个自然的推广是使用网格结构。每维都划分为 p 个等宽的区间。与上面一样，一个特定的网格区域中的点数就是异常分。将任何密度低于 τ 的网格区域中的点报告为异常点。恰当的 τ 值可以采用单变量极值分析来确定。

基于统计直方图的方法面临的主要挑战是常常难以确定最佳的直方图宽度。太宽或太窄的直方图都不能很好地反映频率的分布。这与使用网格结构进行聚类所遇到的是同样的问题。当区间太窄时，在这些区间中的正常数据点将被当成异常点。而当区间太宽时，异常数据点和高密度区域可能被归并为一个区间。所以，这样的异常数据点可能不会被归为异常点。

　　使用直方图技术的第二个问题是它们本质上太关注局部了，而常常不能考虑数据的全局特点。例如，在图 8-7 的情况下，一个基于网格的多变量方法可能无法将一组与众隔离的数据点识别为异常点，除非小心地校准网格结构的分辨率。这是因为网格的密度仅依赖于其内部的数据点，而当网格的粒度较高时，一组与众隔离的数据点可能成为一个人为的密集的网格。此外，当密度分布随着数据位置显著变化时，基于网格的方法可能难以对局部的密度变化进行归一化。

　　最后，直方图方法在高维时效果不好，因为随着维度增高网格结构越来越稀疏，除非异常分是在仔细选择的低维度投影上计算的。例如，一个 d 维空间将有至少 2^d 个网格，所以每个网格中预期的数据点数随着维度的增长而呈指数级减少。基于网格方法的这些问题是众所周知的，也在其他数据挖掘应用如聚类中频繁出现。

8.6.2　核密度估计

　　核密度估计方法在建立密度描述方面与直方图技术相似。主要区别在于它构建了一种更加平滑的密度描述。核密度估计对给定点连续地估计密度，估计值等于相对于数据集中每个点的内核函数 $K_h(\cdot)$ 的平滑值的总和。每个内核函数有一个相关的核宽度 h，它决定了这个函数可以达到的平滑等级。基于 n 个 d 维数据点和内核函数 $K_h(\cdot)$ 的核估计 $f(\overline{X})$ 定义如下：

$$f(\overline{X}) = \frac{1}{n} \cdot \sum_{i=1}^{n} K_h(\overline{X} - \overline{X_i}) \tag{8.14}$$

　　于是，将数据集中每个离散点 $\overline{X_i}$ 替换成一个连续函数 $K_h(\cdot)$，它的峰值出现在 $\overline{X_i}$，它的方差由平滑参数 h 决定。这种分布的一个例子是宽度为 h 的高斯核。

$$K_h(\overline{X} - \overline{X_i}) = \left(\frac{1}{\sqrt{2\pi} \cdot h}\right)^d \cdot e^{-\|\bar{X} - \overline{X_i}\|^2 / (2h^2)} \tag{8.15}$$

　　估计误差取决于核宽度 h，核宽度是以数据驱动的方式选择的。已经证明当数据点的数量趋近无穷大时，只要恰当地选择宽度 h，大部分平滑函数 $K_h(\cdot)$ 的估计值渐近地收敛于真实的密度值。每个数据点的密度计算不包括这个数据点本身。密度值被作为异常分报告。密度值越小表明越可能是一个异常点。

　　基于密度的方法与基于统计直方图和网格的技术有相似的挑战。特别地，使用一个全局核宽度 h 来估计密度不适合局部密度变化很大的情况，如图 8-7 和图 8-8 中的情况。这是因为基于密度方法的本质是短视的，在计算中未考虑密度分布的变化。然而，基于核密度的方法可以推广应用于存在局部变化的数据，尤其当宽度是在局部选择的时。与基于网格的方法一样，这些方法对于高维的情况效果不好。原因是随着维度的增加，密度估计的精度会下降。

8.7　信息论模型

　　异常点是不能自然地符合其他数据的分布的数据点。所以，如果利用某种"正常"数据分布的模式对一个数据集进行压缩，那么异常点就会增加需要使用的最小编码长度。例如，考虑下面两个字符串：

```
ABABABABABABABABABABABABABABABABAB
ABABACABABABABABABABABABABABABABAB
```

与第一个字符串相比，第二个字符串有相同的长度，只在一个位置上不同（包含了一个独特的字符 C）。第一个字符串可以简洁地描述为"AB 重复 17 次"。但是，第二个字符串有一个位置对应于字符 C。所以，第二个字符串不再能简洁地描述了。换言之，字符 C 在字符串某处的出现增加了该字符串的最小描述长度。可以容易地看出这个字符对应于一个异常点。信息论模型基于这一通用原理，因为它们度量模型大小的增量，以尽可能简洁地描述数据。

信息论模型可以看作几乎等价于传统的基于偏差的模型，只是异常分是由描述偏差的模型的大小，而不是由既定模型的偏离来定义的。在传统模型中，异常点总是基于正常模式的一个"汇总"模型来定义的。当一个数据点显著地与这个汇总模型的估计相偏离时，就报告这个偏离值为异常分。显然，存在着汇总模型大小和偏离程度的折中考虑。例如，如果使用聚类模型，那么更多的簇质心（更大的模型）将导致任何数据点（包括异常点）与其最近质心的距离变得更小。所以，传统模型使用相同的聚类为不同数据点计算偏离值（分）。一种稍微不同的计算异常分的方式是针对某个特定的数据点是否在数据集内的两种情况，固定允许的最大偏离（而不是簇质心的数量），计算达到相同程度偏离所需的簇质心的数量，并把簇质心数量的增加作为异常分。这里的思路是每个点都可以用离它最近的簇质心来估计，所有的簇质心相当于一个"密码本"，使用这个密码本对数据进行有损压缩。

信息论模型可以看作传统模型的互补版本，它从不同的角度来审视空间－偏离的关系曲线。几乎每个传统模型都可以转化为信息论版本，只需在空间－偏离的曲线上从空间维度而非偏离维度进行审视。文献注释也将指出关于下列每种情况具体实例的文献。

1）8.3 节的概率模型采用生成模型参数，如混合均值和协方差矩阵，来建立正常模式的模型。模型需要的空间取决于它的复杂度（例如混合成员的个数），而偏离对应于概率拟合。在这个模型的信息论版本中，互补的方式是检查所需模型的大小以达到一个给定的拟合程度。

2）聚类或基于密度的汇总模型以聚类、统计直方图或其他汇总表示来描述一个数据集。这些表示的粒度（簇质心的个数或统计直方图的区间个数）定义了空间，而用簇（区间）的中心元素来逼近数据点时的误差定义了偏离。在传统模型中，模型的大小（区间或簇的数量）是给定的，而在信息论版本中，允许的最大偏离是给定的，并将所需的模型大小作为异常分。

3）频繁模式挖掘模型采用一组频繁模式组成的密码本来描述数据。密码本越大（通过设置较小的支持率），数据描述就越准确。这种模型特别流行，文献注释中提供了部分指南。

所有这些模型都使用代表综合趋势的单个浓缩成员来近似地表示数据。一般而言，异常点增加了描述的长度，其表现为为达到同等程度的近似所需的浓缩成员的数量。例如，一个具有异常点的数据集将需要更多的参数、簇数或频繁模式数来达到同等程度的近似。所以，在信息论方法中，可以将这些汇总模型的成员大致称为"密码本"。异常点定义为这样的数据点：如果删除了它们就会在同等误差下最大地缩短描述的长度。实际的编码构造常常是启发式的，与传统异常分析所使用的汇总模型没有多大区别。在某些情况下，不需要显式地构造密码本或汇总模型，就能估计一个数据集的描述长度。一个例子是数据集的信息熵，或者字符串的柯尔莫果洛夫复杂性。读者可参见文献注释中给出的关于这类方法实例的文献。

虽然信息论模型与传统模型是近似等价的，它们对相同的权衡关系以稍微不同的方式进行了探索，但是信息论模型在某些情况下确实有一定的优势。在某些情况下，很难显式地构建数据的准确汇总模型，而信息熵或柯尔莫果洛夫复杂性等度量可以用来间接地估计数据集的压缩空间需求。在这种情况下，信息熵方法很有用。当汇总模型可以显式地构建时，使用传统模型更好，因为异常分被直接优化为每个点的偏离，而不是更加生硬的对空间占用差异的度量。文献注释中给出了部分前述方法的具体实例指南。

8.8 异常点正确性

与聚类模型一样，希望确定特定算法发现的异常点的正确性。虽然聚类与异常检测的关系是互补的，但判断异常点正确性的指标无法简单地通过互补的方式设计。实际上，异常检测的正确性分析比数据聚类困难得多，其原因如下。

8.8.1 方法论上的挑战

与数据聚类一样，异常分析是一个无监督问题。无监督问题是难以验证的，因为缺少外部标准，除非这种标准是人工合成的，或者使用真实数据集的某些罕见因素为代理。所以，一个自然的问题是，是否可以像数据聚类一样为异常点验证定义内部标准。

但是，异常分析很少使用内部标准。即使在数据聚类的场景下，这类标准也已知是有缺陷的，其缺陷会严重到使这类标准变得不适合用于异常分析。读者可以参见 6.9.1 节中关于内部聚类验证挑战的讨论。大多数挑战都与这个事实相关：聚类正确性标准来自聚类算法的目标函数。所以，一个特定的正确性度量将偏向（或过度拟合）一个采用相似目标函数的聚类算法。这些问题在异常分析中被放大了，因为其解的样本空间很小。一个模型只需要在几个异常点上是正确的，就会认为是一个好的模型。所以，在聚类中已经比较明显的内部正确性标准的过拟合问题，在异常分析中将变得更严重。举一个具体的例子，如果使用 k 近邻距离作为内部正确性度量，那么一个纯粹基于距离的异常检测器将总是优于如 LOF 的局部归一的检测器。这当然与真实设定中的已知经验不一致，LOF 通常提供更有意义的结果。可以试图设计一种与需要比较的异常检测模型不同的正确性度量，来减少过拟合的影响。但是，这不是令人满意的解决方案，因为总是无法确定在这种度量与异常检测模型之间是否存在隐含的相互关系。内部度量的主要问题是评价不同算法时总是存在相对的偏向性，即使使用不同的数据集。一个带偏向选择的内部度量很容易在算法测试时被滥用。

异常分析几乎从不使用内部度量，虽然它们常常在聚类评估中使用。即使在聚类中，虽然内部度量的使用已被广泛接受，但它还是有问题的。所以，大部分用于异常检测的正确性度量基于外部度量，如 ROC 曲线。

8.8.2 接收者工作特征（ROC）曲线

衡量异常检测算法的效果通常采用外部度量，即将从人工合成数据集或真实数据集的罕见类别中获得的已知异常点标签作为真值。系统地比较真值与异常分来产生最终结果。虽然这些罕见类别不总是反映数据中自然存在的所有异常点，但是当使用许多数据集进行评测时，结果通常能够较合理地代表算法的质量。

异常检测模型通常使用一个异常分上的阈值来产生二元标签。如果这个阈值选得过于严格以减少发现的异常点个数，那么算法就会忽略真正的异常点（假负例）。而如果阈值选择得过于宽松，那就会产生过多的假正例。这引发了假正例和假负例之间的权衡问题。问题是在一个真实场景下"正确"的阈值是无法确知的。但是，可以生成完整的权衡曲线，并使用它来比较不同的算法。这种曲线的一个实例是 **ROC 曲线**（Receiver Operating Characteristic curve）。

对于任意给定的异常分阈值 t，报告的异常点集记为 $\mathcal{S}(t)$。当 t 变化时，$\mathcal{S}(t)$ 的大小也随之变化。设 $\mathcal{G}$ 代表数据集中异常点的真值集合。真正率，也称作**召回率**（recall），定义为在阈值为 t 时正确报告的异常点在真实异常点中的百分比。

$$TPR(t) = Recall(t) = 100 * \frac{|\mathcal{S}(t) \bigcap \mathcal{G}|}{|\mathcal{G}|}$$

假正率 $FPR(t)$ 是错误地报告为正例的假正例相对于真实负例的百分比。所以，给定数据集 $\mathcal{D}$ 和真实正例集合 $\mathcal{G}$，这个度量定义如下：

$$FPR(t) = 100 * \frac{|\mathcal{S}(t) - \mathcal{G}|}{|\mathcal{D} - \mathcal{G}|} \tag{8.16}$$

把 $FPR(t)$ 画在 X 轴上，把 $TPR(t)$ 画在 Y 轴上，改变 t 得到的曲线就是 ROC 曲线。注意，ROC 曲线的两个端点总是 $(0, 0)$ 和 $(100, 100)$，一个随机方法预期产生一条连接这两点的对角线。在这条对角线上向上升起的部分显示了所评测的方法的准确性。ROC 曲线下方的面积为特定方法的有效性提供了具体的定量评估。

为了解释从图形表示所获得的认识，考虑一个包含 100 个点的数据集，其中 5 个点是异常点。两个算法 A 和 B 分别把数据集中的数据点排列为 1 到 100，越小的等级代表越高的异常点倾向。于是，真正率和假正率可以通过确定 5 个真实异常点的等级来产生。表 8-1 对于不同的算法给出了 5 个真实异常点的某些假设的等级。此外，还指明了对于一个随机算法真实异常点的等级。这个随机算法为每个数据点输出一个随机异常分。同样地，表里还列出了一个完美预言算法，它正确地把最前面的 5 个点列为异常点。图 8-9 显示了相应的 ROC 曲线。

表 8-1   已知真实异常点等级构建的 ROC 曲线

算　法	真实异常点的等级	算　法	真实异常点的等级
算法 A	1, 5, 8, 15, 20	随机算法	17, 36, 45, 59, 66
算法 B	3, 7, 11, 13, 15	完美预言	1, 2, 3, 4, 5

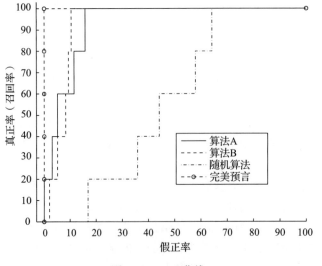

图 8-9   ROC 曲线

这些曲线说明了什么？当一条曲线严格地高于另一条曲线时，显然前者的算法更优秀。例如，立即可见完美预言算法比其他算法都好，而随机算法比其他算法都差。另外，算法 A 和算法 B 在 ROC 曲线的不同部分高低不同。在这种情况下，很难说一个算法就绝对更好。从表 8-1 中可见算法 A 把 3 个正确的异常点排列得很靠前，但是其余两个异常点排列得不好。而在算法 B 中，排列得最靠前的异常点没有算法 A 中的排得好，但是确定全部 5 个异常点的等级阈值比算法 A 中的好。相应地，算法 A 在 ROC 曲线的早期部分更高，而算法 B 在后期占优。一些实践工作者使用 ROC 曲线下方的面积作为评价算法总体效果的指标，但是应该十分谨慎地使用这个指标，因为对于不同的应用，ROC 曲线不同的部分不一定同等重要。

8.8.3 常见错误

评测异常分析应用的一个常见错误是反复使用 ROC 曲线下方的面积来调节异常分析算法的参数。注意，这种方法隐含地在模型构建中使用了真值标签，所以不再是无监督的算法。对于聚类和异常检测等问题，任何使用外部标签来调节算法的方法都是不可接受的。尤其在异常分析中，这种调节方法可能会极大地高估算法的准确性，因为少数异常点的相对分数对 ROC 曲线有着非常巨大的影响。

8.9 小结

异常分析问题是一个重要的问题，在多种领域中都有广泛应用。异常检测的常见模型包括概率模型、聚类模型、基于距离的模型、基于密度的模型和信息论模型。其中，距离模型是最流行的，但是计算代价也最高。有多种加速技术可以使这些模型更快。使用局部特征的基于距离的模型通常会更有效，因为它们对数据的生成特性更敏感。信息论模型与传统模型密切相关，在空间－偏离的权衡关系中从另一个角度进行了探索。

判断异常点正确性是一个难题，因为异常检测是无监督的，而且输出是在一个很小的样本空间中。通常会使用外部验证标准。可以使用 ROC 曲线来量化异常分析算法的有效性，ROC 曲线显示了对于不同的异常分阈值的假正例和真正例的权衡关系。这条曲线下方的面积给出了异常检测算法的定量评价。

8.10 文献注释

有多部著作和综述探讨过异常分析问题。这方面的经典著作 [89,259] 主要是从统计学领域的角度来讲述的。许多著作是在数据库技术被广泛接受之前完成的，所以没有从计算的角度来研究。近期，计算机科学领域广泛地研究了这个问题。这些工作考虑了异常检测所面临的实际问题，例如数据量可能非常大，数据维度可能非常高。最近的一部著作 [5] 也从计算机科学领域的角度研究了这个课题。多种综述从不同角度、方法、数据类型讨论了异常点的概念 [61, 84, 131, 378, 380]。其中，Chandola 等人的综述 [131] 是最新的，也可以说是最全面的。它从多个学术领域的角度广泛地覆盖了异常检测的工作。

统计文献中常常使用 Z 值测试和许多延伸技术，如 t 值测试 [118]。虽然这个测试假设大数据集符合正态分布，但是即使对于不满足正态分布假设的数据分布，它也作为一个好的启发式方法被广泛地使用。

[319,436] 提出了多种基于距离的异常检测方法，[109] 提出了异常检测的距离修正方法。

[487] 探索了如何使用 LOF 算法确定任意形状的簇。在实例特定的马哈拉诺比斯距离这个小节中，发现任意形状的邻近区域的凝聚算法就基于这个方法。但是，这个方法使用了连接异常点因素，而不是实例特定的马哈拉诺比斯距离。[468] 提出了将马哈拉诺比斯距离作为异常检测的模型，虽然这些方法是全局的而非局部的。[257] 讨论了一个基于图的局部异常检测的算法。ORCLUS 算法也展示了如何在有任意形状的簇时确定异常点[22]。解释基于距离的异常点的方法首先在 [320] 中提出。

[68, 102, 160, 340, 472] 讨论了多种异常检测的信息论方法。许多这些模型可以看作传统模型的互补。例如，[102] 探索了在信息论模型下的概率方法。[68, 472] 使用频繁模式构成的密码本来建模。[470] 探索了频繁模式和压缩的关联关系。[340, 305] 使用了信息熵和柯尔莫果洛夫复杂性来进行异常检测。[129] 在基于集合的序列的情景下探索了编码复杂性的概念。

异常分析的评价方法本质上与信息检索所使用的用于理解精度和召回率的权衡的技术或用于 ROC 曲线分析的分类技术是相同的。详细的讨论请见 [204]。

8.11 练习题

1. 假设一个随机变量的均值为 3，标准差为 2。计算取值为 −1、3 和 9 时的 Z 值。其中哪些值可以认为是最强的极值？
2. 如果 d 维统计上互相独立，每维的标准差分别为 $\sigma_1, \cdots, \sigma_d$，定义基于马哈拉诺比斯距离的极值。
3. 考虑 4 个二维数据点 (0, 0)、(0, 1)、(1, 0) 和 (100, 100)。使用 MATLAB 等软件画出这些点。哪个数据点看起来像是一个极值？哪个数据点在马哈拉诺比斯度量下有最强的极值？根据基于深度的度量哪些数据点是极值？
4. 实现聚类的 EM 算法，并使用它实现一个概率异常分的计算。
5. 实现马哈拉诺比斯 k-means 算法，并使用它来实现一个异常分的计算（计算与最近簇质心的局部马哈拉诺比斯距离）。
6. 讨论练习题 4 与练习题 5 中实现的算法之间的联系。
7. 讨论聚类模型相对于基于距离的模型的优劣。
8. 实现一个朴素的基于距离的异常检测算法，不用剪枝方法。
9. 在 k 近邻异常检测中，参数 k 的影响是什么？何时小 k 值的效果好？何时大 k 值的效果好？
10. 采用第 6 章的 NMF 方法来设计一种异常检测方法。
11. 讨论在基于距离的算法中相对于不同数据集的剪枝效果：
    （a）均匀分布的数据；
    （b）高度聚类的数据，存在少量的环境噪声和异常点。
12. 实现异常检测的 LOF 算法。
13. 考虑一组一维数据点 {1, 2, 2, 2, 2, 2, 6, 8, 10, 12, 14}。使用基于距离的算法，当 $k = 2$ 时，哪个（些）数据点有最高的异常分？使用 LOF 算法，哪些数据点有最高的异常分？为什么会有区别？
14. 实现异常检测的实例特定的马哈拉诺比斯距离方法。

15. 已知一个真值标签集合和异常分，实现一个程序来计算一个数据点集合的 ROC 曲线。

16. 以不同的异常点检测算法的目标函数为标准来设计相应的内部正确性度量。讨论这些度量中对于特定算法的偏向。

17. 假设你从一个数据集中构建了一个有向的 k 近邻图。如何使用节点的度来获得一个异常分？这个算法与 LOF 共享哪些特征？

第 9 章
Data Mining: The Textbook

异常分析：高级概念

"如果每个人都想的一样，那么有的人并未在思考。"

——George S. Patton

9.1 引言

许多异常分析的场景无法采用上章讨论的技术来处理。例如，数据类型对异常检测算法至关重要。为了在类别型数据上应用异常检测算法，可能需要修改最大期望值（EM）算法的距离函数或分布类型。在许多情况下，这些改变与聚类所需的改变完全相同。

另一些情况更富挑战性。例如，对于很高维的数据，常常很难应用异常分析，因为有噪声及不相关的维度可能模糊了数据的特征。在这种情况下，需要使用一类称为**子空间方法**的新方法。在这些方法中，异常分析是在数据的低维投影上进行的。许多时候，很难发现这些投影，所以可能需要结合多个子空间的结果来获得更鲁棒的结果。

结合多个模型所产生的结果在更广义上称为**集成分析**（ensemble analysis）。集成分析也用于其他数据挖掘问题如聚类和分类。从原理上说，异常检测的集成分析与数据聚类或分类的集成分析是相似的。但是，在异常检测时，集成分析的难度尤其大。本章将研究下述三类异常检测的难题。

1. 类别型数据上的异常检测

因为异常检测模型采用近邻计算和聚类等概念，所以需要调整这些模型以适应需要处理的数据类型。本章将讨论为处理类别型数据所需的改变。

2. 高维异常检测

因为维度灾难（curse-of-dimensionality），高维数据对于异常分析具有很强的挑战性。许多属性是无关紧要的，而且会在模型构建时导致误差。一个常用的处理方法是子空间异常检测。

3. 异常点集成分析

在许多情况下，集成分析可以改善异常检测算法的鲁棒性。本章将研究为异常检测而进行的集成分析的本质原理。

异常分析在非常广泛的领域，如数据清洗、欺诈检测、金融市场、入侵检测和法律执行，有着众多的应用。本章也将探讨异常分析某些常见的应用。

本章内容的组织结构如下：9.2 节讨论对于类别型数据的异常检测模型；不同情况的高维数据将在 9.3 节中讨论；异常点集成分析将在 9.4 节中探讨；多种异常检测的应用将在 9.5 节中讨论；9.6 节给出本章小结。

9.2 类别型数据上的异常检测

与其他数据挖掘问题一样，基础数据类型对算法具体细节有显著影响。异常分析也不例外。但是，在异常检测的情况下，需要的改变相对较小，因为与聚类不同，许多异常检测算法（如基于距离的算法）使用非常简单的异常点定义。这些定义常常稍加修改就可以适合于类别型数据。本小节将针对类别型数据重新讨论上章讲述的部分模型。

9.2.1 概率模型

可以很容易地修改概率模型来适应类别型数据。概率模型使用一组混合的簇分量来代表数据。所以，混合模型中的每个分量都需要反映一组离散属性而非数值属性。换言之，需要设计一个类别型数据的混合生成模型。不符合这个混合模型的数据点就报告为异常点。

混合模型的 k 个分量记为 $\mathcal{G}_1, \cdots, \mathcal{G}_k$。其生成过程是由下述两个步骤来生成在 d 维数据集 $\mathcal{D}$ 中的每个点：

1）以先验概率 α_i 选择一个混合分量，其中 $i \in \{1, \cdots, k\}$。

2）如果第一步选中了第 r 个分量，则从 $\mathcal{G}_r$ 中产生一个数据点。

α_i 的值是先验概率。混合分量模型的一个例子就是设第 i 个属性的第 j 个值是由簇 m 以概率 p_{ijm} 产生的。全部模型参数的集合记为 Θ。

考虑数据点 $\overline{X}$ 包含属性值 $j_1, \cdots, j_d$，其中第 r 个属性的值为 j_r。于是，从簇 m 中产生一个数据点的概率 $g^{m,\Theta}(\overline{X})$ 由下式给出：

$$g^{m,\Theta}(\overline{X}) = \prod_{r=1}^{d} p_{r j_r m} \tag{9.1}$$

这个数据点拟合到第 r 个分量的概率是 $\alpha_r \cdot g^{r,\Theta}(\overline{X})$。所以，对所有分量的拟合值的加和为 $\sum_{r=1}^{k} \alpha_r \cdot g^{r,\Theta}(\overline{X})$。它代表这个模型产生这个数据点的可能性。所以，将它作为异常分。但是，为了计算这个拟合值，我们需要估计参数集 Θ。这是由 EM 算法来实现的。

第 m 个簇的分配概率（后验概率）$P(\mathcal{G}_m | \overline{X}, \Theta)$ 可以估计如下：

$$P(\mathcal{G}_m | \overline{X}, \Theta) = \frac{\alpha_m \cdot g^{m,\Theta}(\overline{X})}{\sum_{r=1}^{k} \alpha_r \cdot g^{r,\Theta}(\overline{X})} \tag{9.2}$$

这个步骤计算了把这个数据点分配给一个簇的软性概率，它对应于 E 步骤。

软性分配概率被用于估计概率 p_{ijm}。当估计簇 m 的参数时，假设数据点的权重等于它被分配到簇 m 的概率 $P(\mathcal{G}_m | \overline{X}, \Theta)$。估计 α_m 为全部数据点被分配到簇 m 的概率。对于每个簇 m，估计记录的加权数 w_{ijm}，其中这些记录的第 i 个属性的取值为簇 m 的第 j 个离散值。对于所有第 i 个属性的取值为第 j 个离散值的记录 $\overline{X}$，加和其后验概率 $P(\mathcal{G}_m | \overline{X}, \Theta)$，就得到 w_{ijm} 的估计值。那么，可以估计 p_{ijm} 如下：

$$p_{ijm} = \frac{w_{ijm}}{\sum_{\overline{X} \in \mathcal{D}} P(\mathcal{G}_m | \overline{X}, \Theta)} \tag{9.3}$$

当数据点很少时，公式 9.3 的估计在实践中可能难以进行。在这种情况下，一些属性值可能在一个簇中不出现（或 $w_{ijm} \approx 0$）。这种情况可能导致较差的参数估计或过拟合。拉普拉斯平滑方法常常用于处理这种病态的概率。设 m_i 是类别型属性 i 的离散取值的个数。在拉普拉斯平滑中，在公式 9.3 的分子上增加一个小数值 β，在分母上增加 $m_i \cdot \beta$。在这里，β 是一个控制平滑程度的参数。当数据集很小时，这种平滑有时也用于先验概率 α_i 的估计。这就是 M 步骤。与数值数据一样，反复迭代 E 步骤和 M 步骤直至收敛。将最大似然拟合值报告为异常分。

9.2.2　聚类和基于距离的方法

大部分基于聚类和距离的方法都可以很容易地从数值数据推广到类别型数据。主要需要如下两个修改：

1）类别型数据需要特殊的聚类方法，这些方法通常与数值数据的聚类方法不同。第 7 章对此有详细的讨论。其中任何模型都可以用于创建一组初始簇。如果使用的是基于距离或基于相似性的聚类算法，那么相同的距离函数或相似度函数应该用于计算候选点与簇质心的距离（相似性）。

2）在类别型数据的场景下，相似度函数的选择十分重要：使用基于簇质心的算法，还是使用基于原始距离的算法。3.2.2 节中的距离函数在这里可能非常有用。基于距离算法的剪枝技术无须知晓距离函数的选择，所以是通用的。许多局部方法，如 LOF，也可以对距离定义进行修改，以推广到类别型数据。

所以，聚类和基于距离的方法通过相对有限的修改就可以推广到类别型数据的场景。

9.2.3　二元和集合取值的数据

二元数据是一种特殊的类别型数据，在许多真实场景中十分频繁地出现。关于频繁模式挖掘的章节就是基于这类数据的。而且，类别型数据和数值数据总是能够转化为二元数据。一个常见的特征是，虽然属性个数非常多，但在典型事务中非零的属性值个数非常少。

在这些情况下，频繁模式挖掘可以用作异常检测的一个子过程。其基本思路是频繁模式极不可能出现在异常事务中。所以，一个可能的度量是使用出现在一个特定事务中的所有频繁模式的支持率之和。这个支持率之和可以用总的频繁模式数予以归一化。这提供了这个事务的异常分。严格而言，可以在最终分数中忽略归一化，因为它对于所有事务的影响是一样的。

设 $\mathcal{D}$ 为一个事务数据库，包含的事务记为 $T_1, \cdots, T_N$。设 $s(X, \mathcal{D})$ 代表项集 X 在 $\mathcal{D}$ 中的支持率。所以，如果 $FPS(\mathcal{D}, s_m)$ 代表当最小支持率为 s_m 时数据库 $\mathcal{D}$ 中频繁模式的集合，那么一个事务 $T_i \in \mathcal{D}$ 的频繁模式异常点因数 $FPOF(T_i)$ 定义如下：

$$FPOF(T_i) = \frac{\sum_{X \in FPS(\mathcal{D}, s_m), X \subseteq T_i} s(X, \mathcal{D})}{|FPS(\mathcal{D}, s_m)|} \tag{9.4}$$

直观上，一个包含了大量具有高支持率的频繁模式的事务将有很大的 $FPOF(T_i)$ 值。所以，越小的值表示越大的异常点倾向。

这个方法与判断数据点是否属于簇来定义异常点的方法很相似，而不是直接确定事务的偏离或稀疏程度。这个方法的问题是它可能无法区分真正的与众隔离的数据点和环境噪声。这是因为这两种数据点都不可能包含许多频繁模式。所以，这种方式有时可能不能有效地确定数据中最强的异常。

9.3　高维异常检测

高维异常检测尤其富于挑战性，因为在数据的不同位置，不同属性的重要性可能发生改变。这里的思路是异常的因果联系通常能够在所有维度的一个小的子集上观察到。其余的维度是无关的，并且会对异常检测过程增加噪声。而且，不同的维度子集可能与不同的异常相关。所以，全维度分析常常不能恰当地揭示多维数据中的异常点。

这个概念最好通过一个启发性例子来理解。图9-1展示了对一个高维数据集的四个二维投影。每个投影对应于一组不相交的维度。所以，这些投影看起来互不相同。在数据集的第一个投影中可以看出数据点 A 是一个异常点，而在第四个投影中可以看出数据点 B 是异常点。但是，数据点 A 和 B 在第二和第三个投影中没有显示为异常点。所以，从评价 A 或 B 的异常属性方面来看，这些投影是没有价值的。而且，从任何一个具体的数据点（例如点 A）的角度来看，四个投影中的三个是无关的。所以，当在全部维度上计算距离度量时，异常点的信息就可能丢失。在许多场景中，随着维度的增加，无关投影（属性）的比例也会增加。在这些情况下，因为有大量的无关属性，异常点就会消失在大量的低维数据子空间中。

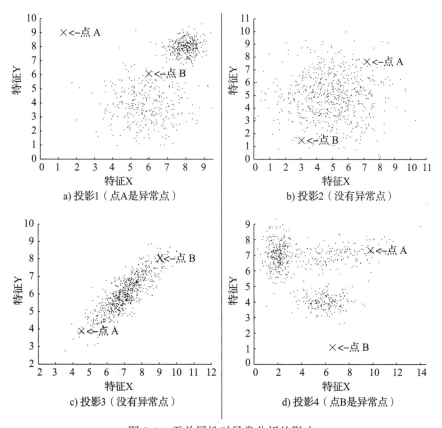

图 9-1　无关属性对异常分析的影响

在许多具体应用场景中，这个现象有十分清晰的物理解释。例如，考虑一个信用卡诈骗应用，它追踪不同的特征，如顾客的购物地点、购物频率、消费总价。对于一个特定顾客，可以通过检查购物地点和频率来追踪异常。而对于另一个顾客，消费总价和购物时间可能是相关的。所以，从全局角度来看所有的特征都是有用的，但是从局部的角度来看，只有一个小的特征子集是有用的。

这里的主要问题是大量"通常是噪声"的维度，引起了稀释效应，使异常检测变得困难。换言之，当采用全维度分析时，由于噪声在全维计算中的掩盖和稀释效应，异常点会在大量低维子空间中消失。在第 7 章关于数据聚类的内容中，也讨论了相似的问题。

在数据聚类中，这个问题的解决方法是定义子空间特定的簇或投影的簇。这个方法也提供了高维空间异常分析的一条自然的解决路径。换言之，一个异常点可以定义为与一个或多个特定于该异常点的子空间相关。虽然子空间聚类和子空间异常检测问题存在清晰的类比关系，但二者的困难程度远远不同。

聚类最终确定频繁的数据点集，而异常检测则确定罕见的数据点集。一般来说，统计学习方法确定一个数据集的频繁性比确定罕见性要容易得多。这个问题在高维时被进一步放大。一个 d 维数据点的可能的子空间个数是 2^d。其中，只有一小部分会揭示其异常点性质。对于聚类，可以通过累计数据点的统计分析来容易地确定密集子空间。但是，异常检测不能这样简单处理，而必须对具体数据点采用具体的方式显式地探索各子空间。

一个有效的异常检测方法需要以一种整合的方式搜索数据点和维度来揭示最相关的异常点。这是因为不同的维度子集可能与不同的异常点相关，图 9-1 的例子已经清楚地说明了这一点。数据点和子空间探索的整合导致了异常检测所需检查的组合数进一步扩大。虽然文献注释中引用了许多方法，但本章只探讨两种子空间探索的方法。这些方法如下。

1. 基于网格的罕见子空间探索

这种方法把数据离散成一种类似网格的结构，然后探索罕见的数据子空间。

2. 随机子空间采样

这种方法通过对数据子空间进行采样来发现最相关的异常点。

下面小节将仔细地讨论这些方法。

9.3.1　基于网格的罕见子空间探索

通过在低维空间中寻找数据的异常低密度局部区域来确定投影的异常点。因为这是一种基于密度的方法，所以基于网格的技术就成为首选方法。需要识别基于网格的非空的密度很低的子空间。这与子空间聚类方法（如 CLIQUE）中的定义是互补的。在子空间聚类方法中，得出的是频繁的子空间。应该指出，确定频繁子空间比确定罕见子空间简单得多，因为在一个典型的数据集中，罕见子空间比密集子空间多得多。这导致了可能性的组合爆炸，所以不再是发现罕见子空间的可行方法。所有这些方法的第一步都是确定一个对于罕见低维投影的恰当的统计定义。

9.3.1.1　异常低维投影的建模

异常低维投影是数据密度远低于平均值的低维投影。前一章引入的 Z 值概念在这里可以派上用场。首先对数据离散化。将数据的每个属性分为 p 个区间。这些区间是在等深的基础上建立的。换言之，每个区间包含所有记录的 $f = 1/p$ 份。

从不同维度选择 k 个不同的区间，就构成了一个维度为 k 的网格单元。这个网格单元中预期的数据记录比例等于 f^k，但条件是这些属性是统计独立的。在实践中，数据不是统计独立的，所有网格单元中数据点的分布与期望值显著不同，对应于罕见区域的偏离应有特别的关注。

设 $\mathcal{D}$ 为一个包含 n 个 d 维记录的数据库。在数据点独立的假定下，任意数据点在一个 k 维网格单元中出现或不出现的概率为 f^k 伯努利随机变量。在一个 k 维网格单元中数据点个数的期望值和标准差是 $n \cdot f^k$ 和 $\sqrt{n \cdot f^k \cdot (1 - f^k)}$。当 n 很大时，网格单元中的数据点个数是一个近似符合正态分布的随机变量，其均值和标准差如上。

设 $\mathcal{R}$ 代表 k 维空间中的一个网格单元，$n_\mathcal{R}$ 代表该单元中的数据点个数。那么，$\mathcal{R}$ 的稀疏系数 $S(\mathcal{R})$ 可以计算如下：

$$S(\mathcal{R}) = \frac{n_\mathcal{R} - n \cdot f^k}{\sqrt{n \cdot f^k \cdot (1 - f^k)}} \qquad (9.5)$$

负的稀疏系数表示网络单元内部出现的数据点个数远低于期望。因为假设 $n_\mathcal{R}$ 符合正态分布，所以可以用正态分布来量化这种偏离的概率显著性。这只是一种启发性的近似，因为在实践中正态分布的假设通常不成立。

9.3.1.2　搜索网格来发现子空间异常点

如前所述，分层的算法对罕见子空间的发现是不实用的。另一个挑战是低维投影没有提供关于维度组合的统计性质的信息，尤其在子空间分析的场景中。

例如，考虑一个包含学生考试成绩的数据集。每个属性代表一门课程的成绩。有些课程的成绩可能是高度相关的。例如，概率理论得高分的学生可能在统计课上也得高分。但是，极为罕见的情况是在其中一门课上得了高分，而在另一门课上成绩很差。这里的问题是单独的维度没有提供关于维度组合的信息。异常点的罕见本质使得这种不可预见的场景倒是需要经常关注。这种对于维度组合性质缺少预见性的情况，促使我们采用遗传算法（genetic algorithm）来探索搜索空间。

遗传算法模拟生物进化过程来解决组合问题。进化毕竟是大自然伟大的优化实验，适者生存，并导向最"优"生物。相应地，优化问题的每个解都可以假设成进化系统中的一个个体。这个"个体"的适应性度量等于相应解的目标函数值。与个体竞争的种群是这个优化问题的其他解的集合。这对应于选择操作。其他两个经常使用的操作是交叉与变异。每个可行解表示为一个字符串，代表这个解的染色体。这也称作编码。

每个字符串是一个解，与一个特定的目标函数值相关。在遗传算法中，这个目标函数值也称作适应度函数。这里的思路是选择操作应该偏向于具有更好适应度（目标函数值）的字符串。这与爬山算法（hill-climbing algorithm）相似，只是遗传算法在一群解而非一个解上工作。另外，和爬山方法只检查邻近区域的做法不同，遗传算法使用交叉与变异操作来定义更复杂的邻近区域。

所以，进化算法重复选择、交叉和变异的过程来改进适应度（目标）函数的值。随着进化过程的进展，种群中的所有个体通常都会有改进的适应度，而且也会变得更加相近。在某次迭代中，如果在字符串的某个位置上具有相同值的字符串的个数达到预设的比例，那么就说字符串的这个位置收敛了。如果字符串的所有位置都收敛了，那么就说这个种群收敛了。

那么，如何把这些映射到寻找罕见模式上呢？相关的局部子空间模式可以很容易地表示为长度为 d 的字符串，其中 d 是数据的维度。字符串中的每个位置代表一个等深区间的下标。所以，字符串中的每个位置只能从 1 到 p 中取值，其中 p 是离散化的粒度。它也可以取值为 *（不在乎），表明这一维没有被包含在字符串所对应的子空间中。字符串的适应度基于前面讨论的稀疏系数。目标函数（稀疏系数）很负的值表示更好的适应度，因为我们在寻找稀疏子空间。唯一需要注意的是，子空间必须非空才可以被选中。空的子空间对于寻找异常数据点是无用的。

考虑一个四维问题，其中将数据离散化为 10 个区间。那么，字符串长度为 4，每个位置可以有 11 种可能的取值（包括"*"）。所以，总共有 11^4 个字符串，每个字符串对应于一个子空间。例如，字符串 *2*6 是一个二维子空间，包含第二维和第四维。

进化算法把投影的维度 k 作为一个输入参数。所以，对于一个 d 维数据集，长度为 d 的字符串将包含 k 个有具体值的位置和 $(d-k)$ 个"不在乎"的位置。解的适应度可以用前述的稀疏系数来计算。进化搜索技术从 Q 个随机解开始，然后迭代地使用选择、交叉和变异的过程，来以一种组合了爬山、解重组和随机搜索的方式对可能的投影空间进行探索。这个过程一直进行到基于上面讨论的标准下的种群收敛。

在算法的每次迭代中，将追踪 m 个最佳投影解（最负的稀疏系数）。在算法结束时，将这些解报告为数据中的最佳投影。选择、交叉和变异操作定义如下。

1. 选择

这个步骤实现了这个方法所需的爬山，虽然它与传统的爬山方法十分不同。把所有的解排序，在种群中更倾向于排名高的解。这称为排名选择，将导致倾向于更优的解。

2. 交叉

交叉技术是算法成功的关键，因为它隐式地定义了子空间搜索的过程。一种方法是使用均匀的两点交叉来创建重组的子字符串。可以看作结合两个解的性质来创建两个重组的新解。传统的爬山方法只测试一个串的邻近解。这种重组交叉方法审视更复杂的邻近区域，结合两个不同字符串的性质，来产生两个新的邻居点。

两点交叉方法先在字符串中随机选择一个点，称为交叉点，然后交换这个点右侧的字段。这等价于通过从两个解中采样然后将其结合来创建两个新的子空间。但是，盲目的重组可能经常创建很差的解。所以，这里定义一种优化的交叉机制，保证两个孩子解都对应于可行的 d 维投影，而且每个孩子通常有更高的适应度。这是通过检查多个不同的可能重组来选择其中最佳的来实现的。

3. 变异

在这种情况下，字符串中的随机位置以一个预先定义的变异概率被翻转。需要注意，在翻转后投影维度不能改变。这与传统爬山方法很相似，只是遗传算法是对一群解进行变异以保证鲁棒性。因此，虽然遗传法试图达到与爬山相同的目标，但它采用了一种不同的方式来获得更好的解。

当迭代终止时，算法进入后处理阶段。在后处理阶段中，将所有包含异常投影的数据点报告为异常点。这个方法也提供了与异常点相关的投影，为异常的行为提供了因果联系（或内部知识）。因此，这个方法就有了很好的可解释性，可以解释为什么一个数据点应该被归为异常点。

9.3.2 随机子空间采样

从上节中采用的不同寻常的遗传算法可见，确定罕见子空间是一个很困难的任务。处理这个问题的另一个方法是探索许多可能的子空间，并检查是否其中至少有一个子空间包含异常点。一个著名的方法是**特征装袋**（feature bagging）。这个方法反复应用下述两个步骤：

1）在第 t 次迭代中，随机选择数据集中的 $(d/2)$ 到 d 个特征，以创建数据集 D_t；

2）在数据集 D_t 上应用异常检测算法 O_t，以创建异常分向量 S_t。

几乎任何算法 O_t 都可以用于确定异常分，只要在不同实例上异常分有可比性。从这个角度来看，LOF 算法由于其使用归一化的异常分是一个理想的选择。在上述过程结束时，需要将不同算法的异常分合并。有两个不同的方法来合并不同的子空间。

1. 宽度优先方法

使用不同算法返回的数据点的排名来进行合并。先排所有算法排名第一的异常点，然后排所有排名第二的异常点（删除重复的点），依次类推。因为在一个特定排名中对于多个异常点需要打破平局，所以可能产生稍许的不确定性。这等价于使用每个数据点在所有计算中的最佳排名作为它的最终异常分。

2. 累积和方法

加和不同算法得到的异常分。基于此报告最高排名的异常点。

初看起来，似乎随机子空间采样方法根本没有试图优化子空间的发现来找到罕见实例。但是，这里的思想是即使使用启发式优化方法，发现罕见子空间也往往非常困难。多个子空间采样所产生的鲁棒性显然是这个方法令人满意的性质。在高维分析时，对多个子空间进行采样以提高鲁棒性的方法很常见，这涉及**集成分析**（ensemble analysis），下面将进行讨论。

9.4　异常点集成分析

多个异常分析算法（如上节讨论的高维方法）合并了异常检测算法多次运行的输出。这类算法可以看作集成分析的不同形式。一些实例如下。

1. LOF 中的参数调节

LOF 算法中的参数调节（参见 8.5.2.1 节）可以看作集成分析的一种形式，因为使用不同邻近区域大小 k 值来执行算法，然后选择每个数据点的最大的 LOF 分数。这就建立了一个更鲁棒的集成模型。实际上，许多异常分析的参数调节算法都可以看作集成方法。

2. 随机子空间采样

随机子空间采样方法对多个随机的数据子空间进行分析，它所确定的异常分是原始异常分的一种合并函数。即使进化的高维异常检测算法也可以看作一个使用最大化合并函数的集成方法。

集成分析在许多数据挖掘问题中都很流行，如聚类、分类和异常检测。因为异常点很罕见，而且可能导致过拟合，所以集成分析在异常分析中尤为重要。一个典型的异常点集成分析包括几个不同的部分。

1. 模型组件

这些是单独的方法或算法，它们被集成为一个集成组。例如，一个随机子空间采样方法合并了许多 LOF 算法，其中每个 LOF 算法被应用于不同子空间的投影。

2. 归一化

不同方法所返回的异常分可能是在非常不同的规模上的。在某些情况下，异常分可能是递增顺序的，而在另一些情况下，异常分可能是递减顺序的。所以，为了有意义地合并异常分，归一化十分重要，这样从不同组件返回的异常分才能够大致可比。

3. 模型合并

合并过程是指用于集成不同组件的异常分的方法。例如，在随机子空间采样中报告不同集成组件的异常分的累积和。其他合并函数包括最大异常分或者所有集成组件的异常分的最高排名。这里假设更高的排名表示更大的异常点可能性。所以，最高的排名与最大的异常分相似，只是使用排名而不是原始异常分。随机子空间采样也使用了最高排名合并函数。

异常点集成方法可以根据不同组件间的依赖关系和选择具体模型的过程进行不同的分类。下面的小节将探讨部分常见方法。

9.4.1 根据成员独立性的分类

这种分类检查成员的建立是否是独立的。

1）在顺序集成中，顺序应用一个给定算法或一组算法，使得一个算法的应用被前面的算法应用所影响。这种影响可以以不同方式实现，例如为了后面的分析改变基础数据，或者对算法进行具体的选择。最终结果或者是对异常点算法成员的加权合并，或者是最后一个应用的异常点算法成员的结果。顺序集成的典型场景是模型细化，用迭代来不断地改进一个特定的基础模型。

2）在独立集成中，独立应用不同算法或同一算法的不同实例到全部数据或部分数据上。换言之，不同的集成组件的执行结果是互相独立的。

本小节将详细介绍这两类集成法。

9.4.1.1 顺序集成

在顺序集成中，将一个或多个异常检测算法顺序地应用到全部或部分数据上。顺序集成的思路是算法的一次运行结果可能提供能用于改进未来运行的信息。于是，根据所使用的方法的不同，顺序运行中可能改变数据集或者算法。例如，考虑异常检测采用聚类模型的情况。因为异常点干扰了鲁棒的簇的生成，所以一个可能的方法是根据早先迭代获得的信息删除明显的异常点，然后把这个方法应用于依次改进的数据集上。通常，在后期迭代中发现的异常点会有更高的质量。这也有助于形成一个更鲁棒的异常分析模型。因此，这个方法的顺序特征可用于依次改进结果。如果需要，可以迭代固定次数或者迭代直至收敛来获得一个更鲁棒的解。图 9-2 给出了一个顺序集成方法的广义框架。

> **Algorithm** *SequentialEnsemble*（数据集：$\mathcal{D}$，基础算法：$\mathcal{A}_1, \cdots, \mathcal{A}_r$）
> **begin**
> $j = 1$;
>   **repeat**
>   基于过往运行的结果选择一个算法 $Q_j \in \{\mathcal{A}_1, \cdots, \mathcal{A}_r\}$；
>   基于过往运行的结果从 $\mathcal{D}$ 中创建一个新数据集 $f_j(\mathcal{D})$；
>   应用 Q_j 于 $f_j(\mathcal{D})$；
> $j = j + 1$；
>   **until**（终止）；
>   **return** 基于过往运行结果的合并的异常点；
> **end**

图 9-2 顺序集成框架

观察图 9-2 中算法的细节是有益的。在每次循环中，基于过往的运行结果，将一个依次改进的算法用于一个改进了的数据集。将函数 $f_j(\cdot)$ 用于创建改进的数据集，这可能对应于数据子集的选择，属性子集的选择，或一种通用的数据转换方法。上述描述的通用性保证了可以使用这种集成方法的许多自然的变体。例如，图 9-2 的算法假设存在许多不同的算法 $\mathcal{A}_1, \cdots, \mathcal{A}_r$，可能只选择其中一个算法，并把它应用于数据的依次改变。顺序集成常常难以应用于异常分析，因为缺乏异常点的真值，使得中间结果的优劣很难判断。于是，在许多情况下，将异常分的分布来代替异常点的真值。

9.4.1.2 独立集成法

在独立集成中，独立地运行异常分析算法的不同实例或运行在数据的不同部分。或者，可以应用同一个算法，但是采用不同的初始值、不同的参数集，甚至在随机算法中采用不同的随机种子。前面讨论过的 LOF 方法、高维进化搜索方法和随机子空间采样方法都是独立集成的例子。在异常分析中，独立集成比顺序集成更常见。在这种情况下，合并函数需要进行小心的归一化，特别是当不同的集成组件是异质的时。图 9-3 中的伪码给出了独立集成算法的一个通用描述。

```
Algorithm IndependentEnsemble（数据集：D，基础算法：A₁, ⋯, Aᵣ）
begin
  j = 1;
  repeat
    选择一个算法 Qⱼ ∈ {A₁, ⋯, Aᵣ};
    从 D 中创建一个新的数据集 fⱼ(D);
    应用 Qⱼ 于 fⱼ(D);
    j = j + 1;
  until（终止）;
return 基于过往运行结果的合并的异常点;
end
```

图 9-3　独立集成框架

独立集成的广义原理是，用不同方法来看待同一个问题可以得到不依赖于具体算法或者数据集的更加鲁棒的结果。独立集成常用来调节异常检测算法的参数。另一个应用是对多个子空间计算异常分，然后提供最好结果。

9.4.2　根据构成成员的分类

第二种集成分析算法的分类方式基于它们的构成成员。通常，这两种分类方式是互相正交的。一个集成算法可以是两种分类形成的四种可能中的任意一种。

考虑 LOF 参数调节的例子和在特征装袋方法中的子空间采样的例子。一个例子是每个模型是对 LOF 模型选择不同参数而得到的。所以，每个成员自身可以看作一个异常分析模型。另一个例子是在随机子空间方法中的每个组件是同一个算法应用于数据的不同选择（投影）上。虽然原则上一个集成能够同时采用这两种成员，但是这在实践中很少出现。所以，基于成员构成就把集成分成以模型为中心的集成和以数据为中心的集成。

9.4.2.1　以模型为中心的集成

以模型为中心的集成在同一数据集上合并不同模型所得到的异常分。LOF 参数调节的例子可以认为是一个以模型为中心的集成。于是，基于一种分类方式，它是独立集成，而基于另一种分类方式，它是以模型为中心的集成。

在集成算法中使用 LOF 的一个优势是异常分大致互相可比。这对于任意的算法不一定成立。例如，使用原始的 k 近邻距离方法，若合并函数是选择最大的异常分，参数（k）调节的集成将总是偏向于使用更大 k 值的组件。这是因为不同成员的异常分是不可比的。所以，在合并过程中采用归一化就至关重要。这个问题将在 9.4.3 节中详细讨论。

9.4.2.2　以数据为中心的集成

在以数据为中心的集成中，使用数据的不同部分、不同采样或不同函数进行分析。数据上的函数可能包括数据的采样（水平采样）或者相关的子空间（垂直采样）。前述的随机子空间采样方法就是以数据为中心的集成的例子。也可以在数据上使用更通用的函数，虽然实际上很少使用。数据的每个函数可能对数据的某个具体部分提供深入认识，这是成功的关键。

应该指出的是，可以引入一个预处理过程，产生数据上的一个具体函数作为模型的一部分，这样以数据为中心的集成也就可以认为是一个以模型为中心的集成。

9.4.3 归一化与合并

集成分析的最后阶段是合并从不同模型中产生的异常分。模型合并的主要挑战是不同模型产生的异常分互不可比。例如，在以模型为中心的集成中，如果不同的模型成员是异质的，那么异常分将不可比。k 近邻的异常分与 LOF 异常分是不可比的。所以，归一化十分重要。在这种情景下，需要使用单极值分析来归一化异常分。有两个不同复杂度的方法：

1）可以使用 8.2.1 节中的单极值分析方法。在这种情况下，可以计算每个数据点的 Z 值。虽然这个模型做了正态分布假设，但它仍然比使用原始值有更好的效果。

2）如果希望得到更加细化的分数，并且对异常分的典型分布有一定的认识，那么可以使用 6.5 节的混合模型来产生在概率上可以解释的拟合值。文献注释指出了关于这种方法的一个具体实例的文献。

另一个问题是不同的异常检测算法（集成组件）的异常分顺序可能不同。在一些算法中，高分表明更高的异常程度，而在另一些算法中则相反。对于前者，计算异常分的 Z 值，而对于后者，计算负 Z 值。这两个值是在相同的尺度上的，更易于比较。

最后一个步骤是合并从不同集成组件中获得的异常分。通常，合并的方法可能依赖于集成的构成。例如，在顺序集成中，最终的异常分可能是集成最后一次运行返回的异常分。但是，通常会使用一个合并函数来合并不同成员所产生的异常分。下面，假定更高的（归一化的）异常分表明更大的异常。以下两个合并函数尤其常见。

1. 最大函数

异常分是不同成员所产生的异常分的最大值。

2. 平均函数

异常分是不同成员所产生的异常分的平均值。

LOF 方法和随机子空间采样方法两者都使用最大函数（或者在异常分上使用，或者在异常分的排名上⊖使用），来避免不相关模型异常分的稀释。LOF 论文 [109] 给出了一个令人信服的论据，说明为什么最大合并函数具有优势。虽然平均合并函数可以更好地发现许多"容易发现"的异常点，这些异常点可以在许多集成组件中被发现，但是最大函数可以更好地发现隐藏的异常点。虽然在给定数据集中，隐藏的异常点相对较少，但是它们常常是异常分析中最有趣的异常点。一个常见的误解⊜是最大函数可能高估了绝对的异常分，或者它可能把正常点声明为异常点，因为使用的是许多集成组件的结果的最大值。这是不成问题的，因为异常分是相对的。关键是保证每个数据点的最大值都是在同样数量的集成组件的结果上计算的。绝对的异常分是无意义的，因为异常分的可比性是相对的，它基于一个固定数据集，而非基于多个数据集。如果需要，可以标准化合并的异常分，使其成为均值为 0、方差为 1 的值。随机子空间集成方法的实现 [334] 采用一个基本的（基于排名的）最大函数和一个基于平均值的合并函数。实验结果表明，最大函数和平均函数的相对性能与数据集相关。所以，根据数据集的不同，最大分或者平均分都可能取得最佳性能，但是最大合并函数总能更好地发

⊖ 在排名的情况下，如果使用最大函数，那么就给在排名中出现得最早的异常点赋予更高的排名值。也就是，在 n 个数据点中，把异常分（排名值）n 赋予最异常的数据点。

⊜ 这是对邦弗朗尼原理 [343] 的误解。

现隐藏的异常点。这就是为什么许多方法（如 LOF）推荐使用最大合并函数。

9.5 异常分析的应用

异常分析的应用非常多种多样，涉及许多领域，如故障检测、入侵检测、金融诈骗和网站日志分析。许多应用使用复杂数据类型，而本章介绍的方法不能完全解决这些问题。然而，从下面章节可见，可以针对复杂数据类型定义类似的方法。在许多情况下，其他数据类型可以转化为多维数据进行分析。

9.5.1　质量控制和故障检测

异常分析在质量控制和故障检测中有许许多多的应用。一些应用通常需要简单的单极值分析，而另一些应用则需要更复杂的方法。例如，制造过程中的异常可以通过检查每台机器在每天产生的次品数量来发现。当次品数量过高时，就表明存在异常情况。单极值分析在这种场景下很有用。

其他应用包括检测机器发动机故障，通过跟踪发动机的测量信息来确定故障。可以连续地监控系统的许多参数，如转子转速、温度、压强、性能等。希望能在故障出现后尽快发现发动机系统故障。这种应用常常是基于时间的，所以需要调整异常检测方法以使其适应于时序数据。这类方法将在第 14～15 章中详细讨论。

9.5.2　金融诈骗和异常事件

金融诈骗是异常分析的一种较常见的应用。可能出现异常点的场景包括信用卡诈骗、保险交易和内线交易。一家信用卡公司保存了不同顾客的信用卡交易记录数据。每个事务包括一组属性，对应于用户标识、消费金额、地理位置等。希望从这些数据中确定欺骗性的交易。通常，欺骗性的交易会呈现出罕见的属性组合。例如，在某个特定地点的频繁交易可能表明了诈骗行为。在这种情况下，子空间分析可能非常有用，因为跟踪的属性数量非常大，而且对于特定的用户可能只有部分属性是相关的。相似的论据也可以应用于其他相关的应用，例如保险诈骗。

更复杂的随时间变化的场景可以采用时序数据流来处理。一个实例是金融市场，其中股票报价对应于不同股票的变化。可以采用事务异常检测方法发现突变或异常崩溃。或者，可以采用第 2 章讨论的数据转换方法将时序数据转换为多维数据，比如使用小波转换。本章讨论的多维异常检测方法可以用于转换后的数据。

9.5.3　网站日志分析

在不同网站上的用户行为常常被自动地记录。可以使用网站日志分析来确定其中的异常行为。例如，假设有个用户试图入侵一个密码保护的网站。与绝大多数正常用户的行为相比，这个用户进行的一系列操作是很罕见的。异常检测的最有效的方法是使用序列数据的优化模型（参见第 15 章）。或者，可以通过小波方法的变体来把序列数据转化为多维数据，如第 2 章所述。可以在转化后的多维数据上检测异常点。

9.5.4　入侵检测应用

入侵是指在网络或计算机系统上的不同种类的恶意的安全违规。两种常见场景是基于主机的入侵和基于网络的入侵。在基于主机的入侵中，可以分析计算机系统的操作系统调用日志来确定异常。这种应用通常是离散序列挖掘的应用，与网站日志分析区别不大。在基于网络的入侵中，数据值之间的时间关系非常弱，数据可以当作多维数据记录的数据流。这种应用需要使用数据流异常检测方法，将在第 12 章中讨论。

9.5.5 生物学和医学应用

在生物学数据中产生的大部分数据类型都是复杂数据类型。这些数据类型将在后续章节中讨论。许多诊断工具，例如传感器数据和医学图像，会产生一种或多种复杂数据类型。一些实例如下：

1）在急诊室中常用的许多诊断工具（如心电图）是时序传感器数据。这些数据中罕见的曲线形状可以用于预测异常。

2）医学图像应用能生成不同脏器组织的二维和三维空间表示。例如，核磁共振成像、计算机 X 射线轴向分层造影扫描。这些数据可以用于确定异常情况。

3）基因数据被表示为离散序列。罕见变异可能指向特定的疾病，确定罕见变异对于诊断和研究都很有价值。

上述大部分应用都与复杂数据类型相关，将在本书后续章节中讨论。

9.5.6 地球科学应用

在地球科学应用中，异常检测可以发现例如罕见的环境温度和气压变化等异常情况。这些变化可以用于发现气候的异常变化或者重要事件，如飓风。另一个有趣的应用是确定地表覆盖的异常，采用异常分析方法来确定森林覆盖模式的变化。这种应用通常需要使用空间异常检测方法，将在第 16 章中讨论。

9.6 小结

异常检测方法可以通过使用与聚类分析相似的方法推广到类别型数据。通常，对于概率模型需要修改混合模型，对于基于距离模型需要修改距离函数。高维异常检测是一种特别困难的情况，因为大量的无关属性会干扰异常检测过程。所以，需要设计子空间方法。许多子空间探索方法通过多个数据投影来确定异常点。大部分高维方法是集成方法。集成方法也可以用于高维场景之外的应用，如参数调节。异常分析在许多领域有众多的应用，如故障检测、金融诈骗、网站日志分析、医学应用和地球科学。许多应用是基于复杂数据类型的，将在后续章节中讨论。

9.7 文献注释

[518] 提出了一个在类别型数据上的异常检测的混合模型算法。这个算法也能够采用一种定量型属性和类别型属性的联合混合模型，来处理混合的数据类型。第 7 章中讨论的任何类别型聚类方法都可以用于异常分析。流行的聚类算法包括 k-modes[135, 278]、ROCK[238]、CACTUS[220]、LIMBO[75] 和 STIRR[229]。基于距离的异常检测方法要求重新设计距离函数。[104,182] 中讨论了类别型数据的距离函数。特别地，[104] 对异常检测问题探索了类别型距离函数。可以在 [5] 中找到类别型数据的异常点算法的详细描述。

子空间异常检测探索了异常检测的有效性问题，是首先在 [46] 中提出的。在高维数据的场景下，存在两条研究线路，一条研究高维异常检测的效率[66, 501]，另一条研究高维异常检测的更本质的效果[46]。Aggarwal 和 Yu[46] 讨论了噪声和无关维度的掩盖行为。基于效率的方法常常设计更加有效的索引，这些索引在基于距离的算法中被用于最近邻居的确定和更高效的剪枝。本书讨论的随机子空间采样方法是在 [334] 中提出的。[365] 提出了一种隔离森林方法。[396,397] 提出了多种子空间异常点探索的排名方法。在这些方法中，异常点是在多个数据子空间上确定的。不同的子空间提供的信息可能是关于不同异常点或相同异常点的。所以，目标是鲁棒地合并这些不同子空间的信息，以形成最终的异常点集合。[396] 提出的 OUTRES 算法使用递归子空间探索来确定所有与某个特定数据点相关的子空间。不同子空间产生的异常分被合并为一个最终值。[397] 提出了某种方法，它采用数据的多个视图来进行子空间异常检测。

近期，还有在动态数据和数据流的场景中对异常检测问题的研究。[546] 提出了 SPOT 方法，能够确定高维数据流中的投影的异常点。这个方法采用了一种基于窗口的时间模型和衰减的单元总结，来捕捉数据流的统计信息。采用有监督和无监督的学习来获得一组最稀疏的子空间，并将其用于检测投影的异常点。使用一个多目标的遗传算法从训练数据中寻找异常的子空间。高维异常检测问题也已经扩展到其他特定应用领域，如天文数据[265] 和事务数据[264]。可以在 [5] 中找到高维数据的异常检测的详细描述。

与聚类和分类等场景相比，在异常检测场景下对集成问题的研究不够深入。许多异常点集成方法，如 LOF 方法[109]，没有在算法中显式地说明其集成组件。[223] 研究了异常分归一化的问题，可以用于合并集成组件。一篇近期的立场论文形式化了异常点集成概念，定义了不同类别的异常点集成[24]。因为异常检测问题是采用与分类问题相似的方式来验证的，所以许多分类集成算法（如装袋 / 子空间的不同变体）也将改善异常分析，至少在基准测试上是这样。虽然在许多情况下，结果确实给出了更高质量的异常点，但是需要谨慎理解这些结果。近期的许多子空间异常检测方法[46, 396, 397] 也可以看作集成方法。第一个高维异常检测方法[46] 也可以认为是集成方法。可以在 [5] 的最后一章中找到对异常检测不同应用的详细描述。

9.8 练习题

1. 假设算法 A 是为了检测数值数据中的异常点而设计的，而算法 B 是为了检测类别型数据中的异常点而设计的。描述如何使用这些算法对一个混合型的数据集进行异常检测。
2. 设计一个算法，采用马哈拉诺比斯距离来进行类别型数据的异常检测。这个方法有什么优点？
3. 采用基于匹配的相似度，实现一个基于距离的异常检测算法。
4. 设计一个特征装袋方法，使用数据的任意子空间而不是与坐标轴平行的子空间。描述如何以数据分布敏感的方式对任意子空间进行高效的采样。
5. 在异常检测中，比较多视图聚类和子空间集成。
6. 实现你所选择的任何两个异常检测算法。把异常分转化为 Z 值。使用最大函数来合并异常分。

第 10 章
Data Mining: The Textbook

数 据 分 类

"科学是对经验的系统性分类。"

——George Henry Lewes

10.1 引言

分类问题与第6~7章讨论的聚类问题密切相关。聚类问题是确定数据点的相似分组，而分类问题是从已经分为不同的组的样例数据中学习其结构。这些组也称为**类**或**类别**。这些类别的学习通常是用一个模型来实现的。对于一个或多个先前未见到过的、带有未知类标签的数据样本，模型可以用来预测其组标识符（或类标签）。因此，分类问题的一个输入是已经划分成不同类别的样例数据集，这个样例数据集称为**训练数据集**，这些类的组标识符称为**类标签**。在大多数情况下，类标签在特定应用的背景中具有明确的语义解释，例如一组对特定商品感兴趣的顾客，或者一组拥有某种所期望特质的数据对象。学习到的模型称为**训练模型**。那些之前未见过的待分类数据点统称为**测试数据集**。产生用于预测的训练模型的算法有时也称为**学习器**。

由此，分类称为监督学习，因为是用训练数据集来学习组别的结构，就好像一个老师监督他的学生完成一个特定的目标。和聚类一样，分类模型学习到的组别往往与特征变量的相似结构有关，但是这不一定总成立。在分类问题中，训练数据对如何定义组别提供了指导，这种指导是至关重要的。给定一组测试实例的数据集，分类模型在测试数据集上产生的组别试图重现训练数据集中的组别数量及其内部结构。所以，分类问题可以直观地表述如下：

给定一个训练数据集，其中每个数据点带有一个类标签，确定一个或多个之前未见过的测试实例的类标签。

大多数分类算法通常分为两个阶段。

1. 训练阶段

在这个阶段中，根据训练样例构建训练模型。直观地说，这可以理解为对训练数据集的分类组别进行总结的数学模型。

2. 测试阶段

在这个阶段中，训练模型被用来确定一个或多个之前没有见过的测试实例的类标签（或组标识符）。

分类问题比聚类问题更有用，这是因为不同于聚类，分类可以从样例数据集中抽取到用户定义的分组概念。这样的方法几乎可以直接适用于各种各样的问题，其中组别信息由特定应用的外部标准决定。一些例子如下。

1. 消费者目标营销

在这种情况下，各组（或标签）对应于对特定商品感兴趣的用户。例如，一个组对应于对某一个商品感兴趣的一组消费者，而另一组可能包含其余的消费者。在许多情况下，可以利用以往购买行为的训练样例，来发现哪些用户对某一个特定商品可能感兴趣或者不感兴趣，数据的特征变量对应于消费者的个人资料特征。这些训练样例可以用来学习,让我们在知道某人的个人信息但是不知道其购买行为的情况下,能判定其是否会对某个特定的商品感兴趣。

2. 医疗疾病管理

近年来,数据挖掘技术在医学研究中的应用日益增多。可以从病人的医疗检测和治疗方案中提取特征,根据治疗效果确定类标签。在这个应用中,我们希望通过基于这些特征构建的模型能够预测治疗效果。

3. 文档分类与过滤

在许多应用中,如新闻专线服务,我们需要对文件进行实时分类,来管理门户网站中特定主题下的文档。可以利用以往每个主题下的文件实例,将文档中的单词作为特征,将不同的主题作为类标签,比如政治、体育、时事等。

4. 多媒体数据分析

我们经常会需要对大量的多媒体数据进行分类,比如照片、视频、音频,或其他更复杂的多媒体数据。用户也许之前已经提供了一些视频与某些行为的关联信息,这些就可以用来确定一个给定的视频里是否发生了某种特定的行为。因此,这个问题可以被建模为一个二分类问题,其中包含发生或不发生特定行为的两组视频。

由于具有从样本中学习的能力,分类的应用场合是多种多样的。

假设训练数据集由 $\mathcal{D}$ 表示,其中含有 n 个数据点和 d 个特征或维度。同时,$\mathcal{D}$ 中的数据点所带有的标签值来自集合 $\{1, \cdots, k\}$。为了简化问题,在一些模型中假设标签值是二元的 $(k = 2)$。在后一种情况下,一种常用的约定是假设标签值来自集合 $\{-1, +1\}$。但是有时候为了记法上的方便,会假设标签值来自 $\{0, 1\}$。本章将根据不同的分类器采用其中一种约定。利用数据集 $\mathcal{D}$ 构建训练模型,对未知的测试实例预测标签。分类算法的输出将会是以下两种类型中的一种。

1. 标签预测

在这种情况下,预测每一个测试实例的标签。

2. 数值分数

在大多数情况下,学习器对每一个实例–标签组合打一个分数,衡量这个实例属于某个特定类别的倾向大小。取最大值,或者取在不同类别上的加权最大值,可以将数值分数转化为标签预测值。使用分数的一个好处是可以对不同的测试实例属于某个特定类别的可能性大小进行比较和排序。在某些情况下,数值分数就显得尤为重要,比如当某一个类别特别稀少时,可以根据数值分数进行排序,以确定最可能属于这个类别的候选实例。

这两种模型的设计过程存在一个细微但重要的区别,特别是当使用数值分数对不同的测试实例进行排序时。在第一种模型中,训练模型不需要计算不同的测试实例的相对分类可能性,只需考虑某个特定的实例属于不同标签的相对可能性大小。第二种模型同样需要对不同测试实例的分类分数进行标准化处理,这样才能合理地进行排序。大多数分类模型差别不大,都可以用于标签预测或打分排序的情况。

当训练数据集比较小的时候,分类模型的性能有时会很差。在这种情况下,模型只能表达出训练数据集的随机特性,而无法泛化到之前未出现过的测试实例所具有的类别结构。换句话说,这样的模型也许可以准确预测训练数据中的实例,但是如果用来预测未知的测试实例,效果就会很差。这种现象称为**过拟合**。本章和下一章中将多次讨论这一问题。

目前已有许多数据分类的模型,其中最著名的有决策树、基于规则的分类器、基于实例的分类器、SVM（支持向量机）和神经网络。构建模型前往往要进行特征选择，以确定对分类最有用的特征。这些模型方法将在本章中讨论。

本章内容的组织结构如下：10.2 节将介绍一些特征选择的常用模型；10.3 节将介绍决策树模型；基于规则的分类器将在 10.4 节中介绍；10.5 节讨论数据分类的概率模型；10.6 节介绍 SVM；神经网络分类器在 10.7 节中讨论；基于实例的学习方法在 10.8 节中进行讲解；10.9 节讨论评价方法；10.10 节给出本章小结。

10.2 分类的特征选择

特征选择是分类过程的第一阶段。真实数据可能包含与类标签的预测有关的特征。比如要预测疾病的类别，如糖尿病，相对于年龄而言，一个人的性别就不是很相关了。不相关的特征通常会影响分类模型的准确性，同时也会导致计算的效率低下。特征选择算法的目标是选择包含类标签信息最多的特征。分类问题的特征选择大致有下面三类方法。

1. 过滤（filter）模型

可以使用明确的数学评价准则来评估特征或特征子集的质量。该准则可以过滤掉不相关的特征。

2. 包装（wrapper）模型

假设分类算法可用来评价该算法在特征子集上的性能好坏，特征搜索算法就可以针对分类算法确定相关的特征集合。

3. 嵌入式（embedded）模型

分类模型的结果往往会提示哪些是最相关的特征。分离出这些特征，让分类器在这些优选的特征上进行训练。

在下面的介绍中，将详细说明每一种模型。

10.2.1 过滤模型

在过滤模型中，使用对类别敏感的判别准则对特征或者特征子集进行评估。同时评估一组特征的好处是很容易解释冗余特征的存在。考虑一种情况，比如两个特征是完全相互关联的，通过一个特征可以预测另一个特征。这样的话，相对于第一个特征，第二个特征没有提供额外的信息，因此只使用其中一个特征是合理的。然而，由于存在 2^d 个可能的特征子集，如果对其进行搜索，这样的方法通常代价很大。因此在实践中，大多数的特征选择方法孤立地分析每一个特征，然后选择最有区分度的特征。

一些特征选择的方法，如线性判别分析，对原始特征进行线性组合以生成新的特征集。在分类前使用这些分析方法，根据它们的使用方式的不同可以将其看作单独的分类器或者降维法。这些方法将在本小节中讨论。

10.2.1.1 基尼系数

基尼系数通常被用来衡量特征的区分能力。通常情况下，将基尼系数用于类别变量，但是通过离散化过程也可以推广到数值属性变量。令 $v_1, \cdots, v_r$ 为某个类别属性的 r 个可能的取值，p_j 表示属性值为 v_i 的数据点中属于类别 $j \in \{1, \cdots, k\}$ 的比例。这样，类别属性取值为 v_i 的基尼系数 $G(v_i)$ 可以定义如下：

$$G(v_i) = 1 - \sum_{j=1}^{k} p_j^2 \tag{10.1}$$

当某个属性值的不同类别均匀分布时，其基尼系数为 $1-1/k$。而当属性值为 v_i 的所有数据点属于同一个类别时，基尼系数为 0。因此，较低的基尼系数表示较大的区分能力。图 10-1 显示了在不同的 p_1 取值情况下，二分类问题的基尼系数的例子。需要注意的是，当 $p_1 = 0.5$ 时，基尼系数取得最大值。

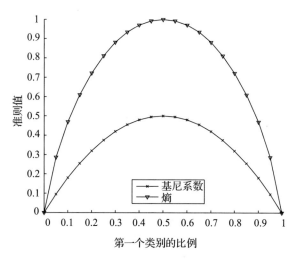

图 10-1　两个特征选择准则在不同的类别分布条件下的差异

将特定值的基尼系数转化为单个属性的基尼系数。设 n_i 为具有属性值 v_i 的数据点的个数。对于包含 $\sum_{i=1}^{r} n_i = n$ 个数据点的数据集，该属性的整体基尼系数 G 可以定义为不同属性值的加权平均值：

$$G = \sum_{i=1}^{r} n_i G(v_i) / n \tag{10.2}$$

较小的基尼系数表示较大的区分能力。基尼系数的定义通常是对于单个特征（而不是一个特征子集）而言的。

10.2.1.2　熵

固定某个特定属性值，可以引出信息增益的概念，基于类别的熵度量与信息增益密切相关。直观上看，熵度量和基尼系数达到了类似的目的，但是前者基于成熟的信息论原理。和之前一样，令 p_j 表示属性值为 v_i 的数据点中属于类别 j 的比例。那么，属性值为 v_i 的基于类的熵 $E(v_i)$ 可以定义如下：

$$E(v_i) = -\sum_{j=1}^{k} p_j \log_2(p_j) \tag{10.3}$$

基于类的熵取值在区间 $[0, \log_2(k)]$ 中。熵取值越高意味着不同类别的"混杂"程度越高。熵取值为 0 意味着完全划分，因此具有最大的区分能力。图 10-1 表示了一个二分类问题的熵的例子，分别取不同的概率值 p_1。与基尼系数的例子一样，可以将属性的整体的熵 E 定义为在不同的属性值下的加权平均：

$$E = \sum_{i=1}^{r} n_i E(v_i) / n \tag{10.4}$$

其中，n_i 表示属性值为 v_i 的数据点的个数。

10.2.1.3　Fisher 评分

Fisher 评分是专门用来度量平均类间距离对平均类内距离的比值的。Fisher 评分越大，属性的区分能力越大。令 μ_j 和 σ_j 分别表示属于类别 j 的数据点的某个特征的均值和方差，p_j 表示数据点属于类别 j 的比例，令 μ 表示该特征在所有数据上的平均值。Fisher 评分可以定义为类间距离对类内距离的比值：

$$F = \frac{\sum_{j=1}^{k} p_j (\mu_j - \mu)^2}{\sum_{j=1}^{k} p_j \sigma_j^2} \tag{10.5}$$

在上式中，分子表示平均类间距离，而分母表示平均类内距离。将 Fisher 评分最大的属性选为分类算法使用的特征。

10.2.1.4　Fisher 线性判别

Fisher 线性判别可以认为是 Fisher 评分的推广，新生成的特征是原始特征的线性组合，而不是原始特征的子集。设计的目的是希望新的特征对类标签具有很强的区分能力。相比于 PCA 而言，Fisher 线性判别是一种有监督的降维方法。注意，PCA 最大化特征空间中保留的方差，而不是最大化对特定类别的判别能力。例如，在图 10-2a 中判别能力最大的方向与最大的方差方向一致，但是在图 10-2b 中判别能力最大的方向与最小的方差方向一致。在每种情况下，如果把数据沿着最大判别方向 $\overline{W}$ 进行投影，类间距离对类内距离的比值将最大化。那么如何能确定这样的 d 维向量 $\overline{W}$ 呢？

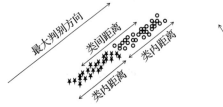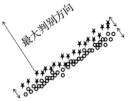

a) 判别方向与最大方差方向一致　　　　b) 判别方向与最小方差方向一致

图 10-2　类别分布对 Fisher 判别方向的影响

具有高判别能力的方向选择基于和 Fisher 评分相同的量化方法。尽管 Fisher 判别有对多分类情况的推广，但是它一般用于二分类的情况。令 $\overline{\mu_0}$ 和 $\overline{\mu_1}$ 分别表示两类中数据点的平均值，它们是 d 维的行向量。令 Σ_0 和 Σ_1 表示 $d \times d$ 的协方差矩阵，其中元素 (i, j) 表示相应类别维度 i 和 j 的协方差。令 p_0 和 p_1 分别表示两个类别出现的比例。这样，d 维行向量 $\overline{W}$ 的 Fisher 评分 $FS(\overline{W})$ 就等同于一个协方差矩阵的加权形式，用散布矩阵表示为：

$$FS(\overline{W}) = \frac{\text{沿} \overline{W} \text{方向的类间散布矩阵}}{\text{沿} \overline{W} \text{方向的类内散布矩阵}} \propto \frac{(\overline{W} \cdot \overline{\mu_1} - \overline{W} \cdot \overline{\mu_0})^2}{p_0 [\text{方差(类别 0)}] + p_1 [\text{方差(类别 1)}]}$$

$$= \frac{(\overline{W})[(\overline{\mu_1} - \overline{\mu_0})^{\mathrm{T}} (\overline{\mu_1} - \overline{\mu_0})] \overline{W}^{\mathrm{T}}}{p_0 [\overline{W} \Sigma_0 \overline{W}^{\mathrm{T}}] + p_1 [\overline{W} \Sigma_1 \overline{W}^{\mathrm{T}}]} = \frac{[\overline{W} \cdot (\overline{\mu_1} - \overline{\mu_0})]^2}{\overline{W}(p_0 \Sigma_0 + p_1 \Sigma_1) \overline{W}^{\mathrm{T}}}$$

注意，上式中的 $\overline{W}\sum_i\overline{W}^T$ 表示一组数据沿 $\overline{W}$ 方向投影后的协方差，其中 $\sum_i$ 为协方差矩阵。2.4.3.1 节推导了这个结果。秩为 1 的矩阵 $S_b=[(\overline{\mu_1}-\overline{\mu_0})^T(\overline{\mu_1}-\overline{\mu_0})]$ 称为 $^{\ominus}$（缩放过的）**类间散布矩阵**（between-class scatter-matrix），矩阵 $S_w=(p_0\sum_0+p_1\sum_1)$ 称为（缩放过的）**类内散布矩阵**（within-class scatter-matrix）。$FS(\overline{W})$ 是公式 10.5 中 Fisher 评分在任意轴方向上（平行于轴）的推广形式。求解方向 $\overline{W}$ 的目标是最大化 Fisher 评分。可以证明 $^{\ominus}$ 最优方向 $\overline{W}^*$ 可表示为如下的行向量形式：

$$\overline{W}^* \propto (\overline{\mu_1}-\overline{\mu_0})(p_0\sum_0+p_1\sum_1)^{-1} \tag{10.6}$$

如果需要的话，可以把数据投影到当前最优方向的正交子空间上，然后求出降维子空间中的 Fisher 评分，这样可以得到相继的正交方向。最终的结果是在更低维度上的新的特征表示，比原始特征空间中的表示更有判别能力。有意思的是，可以证明矩阵 $S_w+p_0p_1S_b$ 对数据点的类标签保持不变（见练习题 21），并且等于数据的协方差矩阵。因此，矩阵 $S_w+p_0p_1S_b$ 的前 k 个特征值可以导出 PCA 的基向量。

这种方法通常用来作为一个独立的分类器，称为**线性判别分析**（linear discriminant analysis）。可以把最优判别方向的垂直平面 $\overline{W}^*\cdot\overline{X}+b=0$ 作为二分类问题的分割界面。根据训练数据上的准确率选择最优的 b 值。这个方法将训练数据点沿着最优判别向量 $\overline{W}^*$ 方向进行投影，然后选择 b 值使得能最优地划分两个类别。对于二分类问题，如果将两个类别的变量分别设为 $-1/p_0$ 和 $+1/p_1$，可以证明二分类 Fisher 线性判别是数值分类的最小二乘回归的特例（参见 11.5.1.1 节）。

10.2.2 包装模型

不同分类模型采用不同的特征集会得到更准确的结果。过滤模型不依赖于所采用的分类算法。在某些情况下，过滤模型是有用的，根据分类算法的一些特性可以进行特征选择。正如本章稍后将看到的，如果线性分割能对类别进行最优的建模，那在一定的特征子集下采用线性分类器会取得更有效的结果；而如果距离能反映类别的分布情况，那采用基于距离的分类器将表现出不错的效果。

因此，包装式特征选择方法的输入之一是特定的分类算法，用 $\mathcal{A}$ 表示。包装模型能优化分类算法的特征选择过程。包装模型的基本策略是通过不断地往特征子集 F 中加入新的特征，来对其进行反复优化。该算法开始的时候，把特征集 F 初始化为一个空集 {}。该方法可以归纳为以下两个步骤，然后进行迭代：

⊖ 这两个散布矩阵的无缩放版本分别是 $np_0p_1S_b$ 和 nS_w。这两个矩阵之和是总体散布矩阵，也就是 n 乘以协方差矩阵（见练习题 21）。

⊖ 最大化 $FS(\overline{W})=\dfrac{\overline{W}S_b\overline{W}^T}{\overline{W}S_w\overline{W}^T}$ 等价于在 $\overline{W}S_w\overline{W}^T=1$ 条件下最大化 $\overline{W}S_b\overline{W}^T$。设置拉格朗日松弛的梯度 $\overline{W}S_b\overline{W}^T-\lambda(\overline{W}S_w\overline{W}^T-1)$ 为 0，产生广义特征向量条件 $S_b\overline{W}^T=\lambda S_w\overline{W}^T$。因为 $S_b\overline{W}^T=(\overline{\mu_1}^T-\overline{\mu_0}^T)[(\overline{\mu_1}-\overline{\mu_0})\overline{W}^T]$ 总是指向 $(\overline{\mu_1}^T-\overline{\mu_0}^T)$ 的方向，于是 $S_w\overline{W}^T\propto\overline{\mu_1}^T-\overline{\mu_0}^T$，所以得到 $\overline{W}\propto(\overline{\mu_1}-\overline{\mu_0})S_w^{-1}$。

1）把一个或多个特征加入当前的特征集中，生成扩充后的特征集 F。

2）利用分类算法 $\mathcal{A}$ 对特征集的准确率进行评价。根据准确率接受或拒绝这个扩充的特征集 F。

可以采用很多不同方式对 F 进行扩充。例如，一个贪婪策略是，在上一次迭代的特征集中加入一个对过滤准则有最大判别能力的特征。另外，也可以通过随机采样选择新增的特征。在第二个步骤中，用分类算法 $\mathcal{A}$ 的准确率来确定是接受新扩充的特征集，还是回到上一次迭代的特征集。重复这些步骤，直到准确率在当前特征集上不再提高为止。由于在第二个步骤中使用分类算法进行评估，所以最终确定的特征集对算法 $\mathcal{A}$ 的选择敏感。

10.2.3　嵌入式模型

嵌入式模型的核心思想是，许多分类算法的结果提供了重要的提示信息，包括该使用哪些最相关的特征。换言之，关于特征选择的知识被嵌入在分类问题的结果中。比如，考虑一个线性分类器，用如下的线性关系将训练样例 $\overline{X}$ 映射到类标签 $y_i \in \{-1, 1\}$：

$$y_i = \text{sign}\{\overline{W} \cdot \overline{X} + b\} \tag{10.7}$$

其中，$\overline{W} = (w_1, \cdots, w_d)$ 是 d 维系数向量，b 是从训练数据中学习到的标量。函数"sign"映射为 +1 或 −1，这取决于变量的正负性。正如我们将在后面看到的，许多线性模型，诸如 Fisher 线性判别、SVM 分类器、逻辑回归方法以及神经网络都使用了嵌入式模型。

假设将所有特征都标准化为单位方差。如果 $|w_i|$ 的值较小⊖，说明模型基本上没有用第 i 个特征，那么这个特征很可能是无用的。因此，可以去掉这样的维度。接下来，在数据集上用精简后的特征集训练同一个（或不同的）分类器。必要时，可以使用统计检验来决定在什么时候可以认为 $|w_i|$ 充分小了。许多决策树分类器（如 ID3）也在模型中嵌入了特征选择方法。

递归的特征消除法使用了递归迭代的方法。每次迭代会删掉少量的特征。在删减后的特征集上重新训练模型并计算权重，然后利用新的权重，删掉权重绝对值最小的特征。重复这些过程，直到剩下的所有特征都是足够相关的为止。一般而言，嵌入式模型需要根据当前的分类器进行单独的设计。

10.3　决策树

决策树是一种分类方法，其分类过程是依据特征变量使用一系列的分层决策建立的，它以树结构的形式展开。与树上特定节点对应的决策，称为**划分准则**，通常是训练数据上一个或多个特征变量的条件。这个划分准则将训练数据划分为两个或者多个部分。例如，考虑将年龄作为属性的情况，划分准则为年龄 ≤ 30。在这种情况下，决策树的左侧分支包含所有年龄不超过 30 岁的训练样例，而右侧的分支包含所有年龄大于 30 的实例。我们的目标是确定一个划分准则，使得树的每个分支的类变量的"混杂"程度尽可能小。决策树中的每个节点在逻辑上表示一个数据空间，它是所有上方节点中划分准则的组合。决策树通常被构造为对训练样例的层次分割，就像一个自顶向下的聚类算法对数据进行分层划分一样。决策树与聚类的主要区别是，决策树的划分准则是受训练样例中的类标签监督的。经典的决策树算法包括 ID3、C4.5 和 CART。为了说明决策树的基本思想，我们举一个例子。

⊖　线性模型的某些变体，如 L_1 正规化的 SVM 或 Lasso（参见 11.5.1 节），在这种情况下是特别有效的。这种方法也称为**稀疏学习方法**。

在表 10-1 中，显示了一个假想的慈善捐赠数据集的示意图。两个特征变量表示年龄和收入属性，这两个属性都与作为类标签的捐赠意愿有关。具体来说，个体捐赠的可能性与他的年龄和收入呈正相关关系。然而，最好的类别划分需要通过两个属性的组合实现。决策树的构建目标是完成一系列的划分任务，以自顶向下的方式生成叶子节点，将捐赠者和非捐赠者很好地分离开。图 10-3a 描述了实现该目标的一个方法。该图展现了用树形结构对训练样例进行分层排列。第一次划分用到了年龄属性，第二次划分的两个分支都用到了收入属性。要注意，在同一个决策树层次上，不同的划分不需要使用同一个属性。此外，图 10-3a 的决策树中每个节点有两个分支，但是这不是必需的。在这个例子中，所有叶节点的训练样例都属于同一类。因此，这棵树没有必要超过叶节点继续生长。图 10-3a 中的划分是单变量划分，因为只使用了单一的属性。为了对测试实例进行分类，自顶向下地遍历树中的一条相关路径，在树的每一个节点处根据划分准则决定选择哪条分支。叶节点中的主导类标签称作相关类（relevant class）。例如，一个年龄小于 50 岁且收入少于 60 000 元的测试实例将遍历图 10-3a 最左边的路径。因为这条路径的叶节点只包含非捐赠者的训练样例，所以这个测试实例将被归类为非捐赠者。

表 10-1　关于收入和年龄特征与慈善捐赠倾向的训练数据

姓　名	年　龄	收　入	捐献？
Nancy	21	37 000	N
Jim	27	41 000	N
Allen	43	61 000	Y
Jane	38	55 000	N
Steve	44	30 000	N
Peter	51	56 000	Y
Sayani	53	70 000	Y
Lata	56	74 000	Y
Mary	59	25 000	N
Victor	61	68 000	Y
Dale	63	51 000	Y

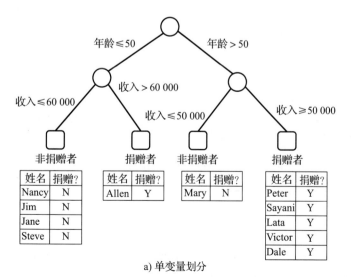

a) 单变量划分

图 10-3　构建决策树的单变量与多变量划分

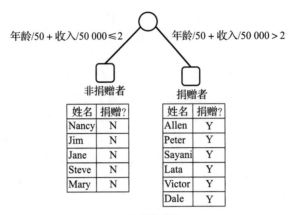

b) 多变量划分

图 10-3　（续）

多变量划分的划分准则使用多个变量。图 10-3b 是一个例子。在该例中，一次划分就把不同的类完全分割开。这表明多属性规则具有更强的区分能力，这是因为它们有较浅的树结构。对于相同的类别分割水平，浅层树结构一般更可取，这是因为浅层结构中的叶节点包含更多的实例，因此在统计意义上不太可能过拟合训练数据中的噪声。

决策树归纳算法有两种类型的节点：**内节点**（internal node）和**叶节点**（leaf node）。每个叶节点取该节点处的主导类标签。根节点是一个特殊的内部节点，对应于整个特征空间。一般的决策树归纳算法从根节点的全部训练数据开始，基于划分准则将数据递归地划分到低层的节点。只有包含不同类别的混合节点才需要进行进一步的划分。最终，决策树算法根据停止准则停止树的生长。最简单的停止准则就是所有叶节点的训练样例都属于同一类。但是有一个问题，构建到这种程度的决策树，可能会出现过拟合，因为模型拟合了训练数据噪声所导致的细微差别。这样一棵决策树就不能很好地泛化到未见过的测试实例。为了避免过拟合所导致的准确率下降，分类器引入后剪枝机制来剪除过拟合的节点。通常决策树训练算法如图 10-4 所示。

```
Algorithm GenericDecisionTree (数据集：D)
begin
  生成包含 D 的根节点；
  repeat
    在树中选择一个合格的节点；
    基于预定义的划分准则，将选定的节点拆分成两个或多个节点；
  until 不再有符合条件的可划分节点；
  去除树中的过拟合节点；
  对每个叶节点用主导类进行标记；
end
```

图 10-4　通用决策树的训练算法

构造好决策树之后，通过从根节点自顶向下地遍历到特定的叶节点，对未见过的测试实例进行分类。利用每个内节点的划分条件选择决策树的正确分支，从而进行下一步的遍历。最终到达的叶节点的标签将作为测试实例的类别。

10.3.1 划分准则

划分准则的目标是在孩子节点中最大程度地分割不同类别。在下面的内容中只讨论单变量划分的情况。假设评估一个划分的质量标准是可行的。划分准则的设计取决于基础属性的性质。

1. 二元属性

只可能有一种类型的划分，并且决策树总是二叉树。每个分支对应于一个二元值。

2. 类别型属性

如果一个类别型属性有 r 个不同的取值，则有多个划分方式。一种可能的方式是采用 r 路划分，即划分的每个分支对应于一个特定的属性值。另一种可能的方式是采用二元划分，逐一测试分类属性的 2^{r-1} 个组合（组别），然后选择其中最优的一个组合。当 r 很大时，这显然不是一个可行的选择。一个简单的方法是采用第 2 章中讨论的二元化方法将类别型数据转换为二元数据。这样的话，就可以使用二元属性的方法了。

3. 数值属性

如果数值属性包含（少量的）r 个有序数（例如，小区间 $[1, r]$ 中的整数），那么可以对每个离散的值生成一个 r 路的划分。然而，对于连续的数值型属性，通常采用二元条件进行划分，比如对属性值 x 以及常数 a 采用条件 $x \leqslant a$。

考虑一个节点包含 m 个数据点的例子。整个属性可能有 m 个数据点，对应的值 a 可以通过将节点中的数据按属性值大小进行排序来确定。一个可能的方法是测试划分中 a 所有可能的取值，然后选择一个最佳的值。另一个更快的方法是基于区间的等深划分，仅测试 a 取值范围里的一个很小的集合。

上述的很多方法需要从一系列候选划分中确定最优的划分。具体而言，要从多个属性以及划分每个属性的不同变量的汇总中做出选择。因此，需要量化划分质量的指标。这些量化指标和 10.2 节中的特征选择规则依据相同的原理。

1. 错误率

令 p 为数据集 S 中属于主导类别的实例比例，于是，错误率为 $1-p$。将数据集 r 路划分为 $S_1, \cdots, S_r$，总体划分的错误率可以为单个集合 S_i 上的错误率的加权平均值，其中 S_i 的权重为 $|S_i|$。然后选择候选划分中错误率最低的一个。

2. 基尼系数

数据集 S 的基尼系数 $G(S)$ 可以通过公式 10.1 计算，S 中训练数据点的类别分布为 $p_1, \cdots, p_k$。

$$G(S) = 1 - \sum_{j=1}^{k} p_j^2 \tag{10.8}$$

将集合 S 划分为 r 个子集 $S_1, \cdots, S_r$，其整体的基尼系数定义为每个集合 S_i 的基尼系数的加权平均值，其中集合 S_i 的权重为 $|S_i|$：

$$\text{Gini-Split}(S \Rightarrow S_1, \cdots, S_r) = \sum_{i=1}^{r} \frac{|S_i|}{S} G(S_i) \tag{10.9}$$

在候选集中选出基尼系数最低的划分。CART 算法就采用基尼系数作为划分准则。

3. 熵

ID3 是最早的分类算法中的一个，它使用熵作为度量指标。集合 S 的熵 $E(S)$ 可以根据 10.3 的公式进行计算，节点中训练数据的类别分布为 $p_1, \cdots, p_k$。

$$E(S) = -\sum_{j=1}^{k} p_j \log_2(p_j) \qquad (10.10)$$

和基尼系数的例子一样，将集合 S 划分为 r 个子集 $S_1, \cdots, S_r$，其整体的熵定义为每个集合 S_i 的熵的加权平均值，其中集合 S_i 的权重为 $|S_i|$：

$$\text{Entropy-Split}(S \Rightarrow S_1, \cdots, S_r) = \sum_{i=1}^{r} \frac{|S_i|}{|S|} E(S_i) \qquad (10.11)$$

熵取值越低，划分越可取。ID3 和 C4.5 算法使用了熵度量。

信息增益与熵密切相关，它等于熵 $E(S)$ 减去划分后的熵 $\text{Entropy-Split}(S \Rightarrow S_1, \cdots, S_r)$ 的差值。我们希望这个差值较大。虽然信息增益可能要把划分的程度进行标准化处理，但是从概念上讲，在划分中采用任意一个度量指标并没有什么差异。要注意的是，熵和信息增益度量仅能用于比较两个具有相同度的划分，这是因为这两个度量指标都倾向于选择度较大的划分。例如，如果一个类别属性有很多取值，那么算法将倾向于选择取值多的属性。C4.5 算法已经证明，用标准化因子 $-\sum_{i=1}^{r} \frac{|S_i|}{|S|} \log_2\left(\frac{|S_i|}{|S|}\right)$ 来拆分整体的信息增益，可以适应不同的类别值数量。

上述标准被用于选择划分属性以及关于该属性精确的划分准则。以一个数值数据库为例，测试每个数值属性的不同划分点，并从中选择最好的划分方式。

10.3.2 停止准则与剪枝

决策树生长的停止准则与基本的剪枝策略密切相关。当决策树生长到最末端，直到每一个叶节点只包含某个特定的类时，得到的决策树能 100% 地正确分类训练数据中的实例。但是，当它被用于分类未出现过的测试实例时表现不佳，这是因为此时决策树已经过拟合于训练样例中的随机特性。大部分的噪声是由比较底层的节点造成的，这些节点包含较少数量的数据点。一般情况下，如果在训练数据上具有相同的错误率，简单的模型（浅层决策树）优于复杂的模型（深层决策树）。

要减小过拟合的程度，一种可能的方法是早点停止树的生长。遗憾的是，我们无法得知停止树生长的正确时间点。因此，一个自然的策略是修剪决策树过拟合的部分，把内节点转换为叶节点。有很多不同的准则可以用来确定对哪一个节点进行剪枝。一个策略是使用最小描述长度原则（Minimum Description Length principle，MDL）显性地惩罚模型的复杂度。在这种方法中，一棵树的代价由自身（训练数据）的误差加权和以及复杂度（比如节点的数目）来定义。使用信息理论的原理来度量树的复杂度。因此，树的构建不仅要最小化分类误差，还要最小化树的代价。这种方法的主要问题是，代价函数本身是启发式的，在不同的数据集上不能表现出一致的良好性能。一个更简单、更直观的策略是，保留一小部分（比如 20%）的训练数据，然后在剩下的数据上构建决策树。之后在保留数据集上测试剪除掉一个节点对分类准确率的影响。如果剪枝提高了分类准确率，则剪掉这个节点。反复对叶节点进行剪枝，直到通过剪枝不再能提升准确率为止。这种做法虽然减少了构建树时的训练数据量，但是剪枝所带来的影响通常大于树构建阶段的训练数据减少所带来的影响。

实际应用考虑

决策树容易实现，并且具有很强的可解释性。给定足够多的训练数据，可以对任意复杂的决策边界进行建模。即使是一个单变量的决策树，也能通过构建足够深的树分段来逼近复杂的决策边界。但是主要的问题是，用树结构的模型合理地逼近复杂边界需要非常多的训练数据，并且所需数据随着数据维度的增加而增多。在有限的训练数据下，由此生成的决策边界通常是对真实边界的非常粗略的近似。过拟合在这种情况下非常普遍。决策树对树中较高层的划分准则的敏感使得过拟合问题更加突出。基于规则的分类器是与决策树紧密联系的，抛开决策树中严格的层次结构能缓解这些不利影响。

10.4　基于规则的分类器

基于规则的分类器使用一系列的"if-then"规则 $\mathcal{R} = \{R_1, \cdots, R_m\}$ 来匹配前提和结论。规则通常表示为如下的形式：

$$\text{if 条件 then 结论。}$$

规则左边的条件也称为前提，可以包含各种用于特征变量上的比较类运算符，例如 $<$、$\leqslant$、$>$、$=$、$\subseteq$ 或 $\in$。规则右边的部分指的是结论，包含一个类别变量。因此，一条规则 R_i 若是 $Q_i \Rightarrow c$ 的形式，那么 Q_i 为条件，c 为类别变量。"$\Rightarrow$"符号表示"则有"的意思。规则在训练阶段由训练数据生成。符号 Q_i 代表特征集上的条件。有些像关联模式分类器这样的分类器，前提条件可以对应于特征空间中的一个模式，但并不总是这样的。一般情况下，前提条件可以是关于特征变量的任意条件。这些规则将被用于测试实例的分类。当一条规则的前提条件与一个训练样例相匹配时，我们可以说这条规则覆盖了这个训练样例。

决策树可以看作基于规则的分类器的一个特例，决策树中的每条路径对应于一条规则。例如，图 10-3a 中的决策树对应于下列规则：

年龄 $\leqslant$ 50 岁 AND 收入 $\leqslant$ 60 000 元 $\Rightarrow \neg$ 捐赠者

年龄 $\leqslant$ 50 岁 AND 收入 $>$ 60 000 元 $\Rightarrow$ 捐赠者

年龄 $>$ 50 岁 AND 收入 $\leqslant$ 50 000 元 $\Rightarrow \neg$ 捐赠者

年龄 $>$ 50 岁 AND 收入 $>$ 50 000 元 $\Rightarrow$ 捐赠者

要注意的是，上述四条规则的每一条对应于图 10-3a 决策树中的一条路径。左边的逻辑表达式用一系列"与"（AND）逻辑运算符联结而成。前提条件中每一个原始条件（例如年龄 $\leqslant$ 50 岁），表示一个合取项（conjunct）。从训练数据集生成的规则集并不是唯一的，取决于具体的算法。图 10-3b 中的决策树只生成了两条规则。

年龄 /50 + 收入 /50 000 $\leqslant$ 2 $\Rightarrow \neg$ 捐赠者

年龄 /50 + 收入 /50 000 $>$ 2 $\Rightarrow$ 捐赠者

和决策树一样，无论是从规则集的基数来说，还是从每条规则的合取项数量来说，我们通常更希望得到简洁的规则。这是因为这样的规则不太可能过拟合数据，在未见过的测试数据上有很好的泛化能力。要注意的是，左边的前提条件总是对应于一条规则的条件。在许多基于规则的分类器（例如关联模式分类器）中，诸如"$\subseteq$"的逻辑运算符是隐式的，没有出现在规则的条件描述中。比如考虑这样的一个例子，年龄和收入被离散为类别型值。

年龄 [50:60]，收入 [50 000:60 000] $\Rightarrow$ 捐赠者

在这种情况下，将离散属性（年龄和收入）表示为"项"，关联模式挖掘算法可以发现

左边的项集。在规则的条件中隐含了操作符"⊆"。关联分类稍后会在本小节中详细讨论。

在基于规则的算法的训练阶段会生成一系列的规则。在分类阶段将会发现所有测试实例所触发的规则。测试实例触发规则是指，测试实例符合前提条件中的逻辑表达式。有时候，测试实例所触发的多条规则会产生矛盾的推断结果。在这种情况下，需要有方法来解决类标签预测的冲突。规则集满足下列一个或多个性质。

1. 互斥规则

每一条规则涵盖了一个互不相交的数据分割。因此，在大多数情况下，一个测试实例最多只触发一条规则。决策树所产生的规则满足该性质。然而，如果之后对提取到的规则进行修改以减少过拟合（如 C4.5rules 这样的分类器），那么由此产生的规则可能不再保持互斥特性。

2. 穷尽规则

整个数据空间中的每个数据至少被一条规则覆盖。因此，每个测试实例至少触发一条规则。决策树所生成的规则也满足这个性质。通常，构造穷尽规则并不难，可以生成一条通用规则，其推断结论为任何规则都没有覆盖的训练数据的主导标签。

如果一个规则集满足上述性质，那么进行分类的时候会相对容易些。其中的一个原因是每个测试实例都只映射到一条规则，用多条规则预测类别的时候不会产生冲突。如果规则集不是互斥的，测试实例所触发的冲突规则可以用两种方式来解决。

1. 规则排序

按优先级对规则排序，可以用多种方式定义优先级。一种方法是度量待排序规则的质量。一些主流的分类算法如 C4.5rules 和 RIPPER，使用基于类的排序方法，其中一些特定类别的规则优先于其他规则。由此生成的一组有序规则也称为**决策列表**。对于任意的测试实例，将优先触发的规则的推断结论作为测试实例的相关类标签，而忽略其他规则。如果触发不了任何规则，那么用默认的通用类别作为相关类标签。

2. 无序规则

规则排序不采用优先级。所有被触发的规则的主导类标签将作为分类结果。由于这种方法对规则排序方法所选择的单条规则不敏感，所以鲁棒性更强。训练阶段通常也更有效，因为用模式挖掘技术可以同时提取到所有的规则，而不必考虑规则的相对次序。有序规则挖掘算法一般要采用诸如序列覆盖的方法，将规则排序融入规则生成的过程中，但是计算代价很大。而无序规则方法的测试阶段很费时，因为测试实例要逐一与所有的规则进行比较。

那么如何对测试实例分类的不同规则进行排序呢？第一种可能的办法是根据质量准则进行排序，如规则的置信度，或者支持率和置信度的加权度量。然而，这种方法很少被使用。在大多数情况下，用类别对规则进行排序。在稀有类的分类应用中，有理由将所有属于稀有类的规则排在前面。RIPPER 算法就用到了这个方法。在其他的分类器中，例如 C4.5rules 算法，采用了多种准确率和信息理论的度量方法来对类别进行排序。

10.4.1　决策树规则生成

如前面所讨论的，可以从决策树不同的路径中提取规则。例如，C4.5rules 算法从 C4.5 决策树中提取规则。决策树的每个路径上的划分准则序列对应于一条相应规则的前提条件。乍一看似乎不需要规则排序，因为生成的规则是互斥和穷尽的。然而在提取规则之后，要进行剪枝步骤，从规则集中剪除许多合取项，以避免过拟合。用贪婪的方式逐一处理规则集，从中剪除合取项，从而在单独留出的验证集（即 holdout 集）上尽可能提高覆盖实例的分类准确率。这种方法除了不再局限于剪除决策树较低层的合取项之外，其他方面类似于决策树的剪枝。因此，剪枝过程比决策树的剪枝更灵活，因为它不受底层树结构的限制。合取项的剪枝可能会产生冗余的规则。需要删除这些规则。规则剪枝步骤增加了规则的覆盖范围，规则集会失去互斥特性，因此有必要再次对规则进行排序。

在 C4.5rules 算法中，所有属于具有最小描述长度的类的规则，优先于其他规则。规则集的总描述长度是对模型（规则集）大小进行编码所需的比特数，以及训练数据中特定类别规则集所覆盖实例数目的加权总和。通常情况下，这种方法青睐于具有较小数量训练样本的类别。第二种方法是先对在预留出的验证集（即 holdout 集）中误报率最小的规则集的类别进行排序。相较于决策树的基本形式，基于规则的改进版本能在有限的训练数据上，构建更加灵活的决策边界。这主要是因为模型不再受穷尽和互斥的规则集约束，具有更大的灵活性。因此这个方法在未看见过的测试实例上有更好的泛化能力。

10.4.2 顺序覆盖算法

顺序覆盖算法经常被用于创建有序规则列表。因此在这种情况下，分类过程使用最先被触发的规则对未出现过的测试实例进行分类。顺序覆盖算法的例子有 AQ、CN2 和 RIPPER 算法。顺序覆盖算法迭代执行以下两个步骤，从训练数据集 D 中生成规则集，直到满足停止准则为止：

1）（Learn-One-Rule）选择一个特定的类标签，并根据当前训练数据集 D 中具有这个类标签的实例，确定一条最优规则。把这条规则加到有序规则列表的底部。

2）（剪枝训练数据）移除上一步骤学习到的规则所覆盖的数据集 D 中的实例。将所有与规则前提匹配的训练样例移除，而不管类标签是否与规则结论一致。

上述的通用描述适用于所有顺序覆盖算法。不同的顺序覆盖算法主要在规则之间如何排序的细节上存在差异。

1.基于类别的排序

大多数的顺序覆盖算法，如 RIPPER 算法，会生成所有对应于特定类别的规则，并连续放置在序列表上。通常情况下，首先要对稀有类排序。因此，表中先存放的规则比其他规则更有利。有时候，这会人为地降低处于不利地位的类别的测试实例的分类准确率。

当使用基于类别的排序方法时，会连续生成特定类别的规则。对于每一个类别，规则的增加有一个依赖于算法的停止准则。例如，RIPPER 算法使用 MDL 准则，当进一步增加规则，模型的描述长度会增加至少一个预定义的单元数目时，就会停止增加新的规则。另一个更简单的停止准则是，当下一条生成的规则在单独的验证集上的错误率超过预定义的阈值时，就会停止生成新的规则。最后一个简单的方法是，设置一个类别中未被覆盖的训练样例数量的阈值，将其作为该类的停止准则。当一个类别中剩余的未被覆盖的训练样例低于阈值时，此类的规则将不再增长。此时，下一个类别的规则将会增长。对于 k 类的问题，重复执行 $k-1$ 次上述步骤。第 k 个类别的规则不会增加。排在最后的规则是单个的通用规则，将该规则的结论作为第 k 个类别。当测试实例不能激活剩余类别的规则时，就假设它属于相关类。

2.基于质量的排序

一些覆盖算法不使用基于类别的排序方法，而是使用质量度量的方法选择下一条规则，例如可以生成在剩余训练数据中具有最大置信度的规则。最后放置的"兜底"规则对应于剩余测试实例中的主要类别。基于质量的排序方法在实践中很少使用，这是因为仅由剩余测试实例定义的质量准则缺乏可解释性。

由于基于类别的排序方法更加常见，所以接下来介绍基于该假设的 Learn-One-Rule 算法。

10.4.2.1　Learn-One-Rule 算法

Learn-One-Rule 算法从一般到特殊地生成规则，这和决策树很相似，从一般节点到特殊节点分层地生成树。注意，决策树中的一条路径表示一条规则，规则的前提对应于树中不同节点处划分准则的合取项，规则的结论对应于叶节点的标签。决策树会一次生长出很多不同的不相交路径，而 Learn-One-Rule 算法只生长出一条"最佳"的路径。这是另一棵决策树和基于规则的方法之间密切联系的例子。

Learn-One-Rule 算法的思想是基于质量准则，在规则的左侧条件中逐渐加入合取项，以生成一条单一的决策路径（而不是一棵决策树）。树的根节点对应于规则 $\{\} \Rightarrow c$，类别 c 表示即将生成的规则的结论。该算法最简单的形式是，通过向前提中不断加入合取项，一次生长出一条规则。换句话说，加入合取项是为了尽可能提高规则的质量。最简单的质量评价准则是规则的准确率。不过，这个准则存在一个问题，由于过拟合原因，我们并不希望得到准确率高但是覆盖率低的规则。更精确的质量准则会平衡准确率和覆盖率两者的关系，这将在稍后详细讨论。在决策树中，必须对各种逻辑条件（或划分选择）进行测试，以确定要增加的最优合取项。不同划分选择的枚举过程类似于决策树。规则不断生长直到遇到特定的停止条件为止。通常，停止条件为规则的质量不再随着进一步的生长而提高。

使用该算法的一个挑战是，如果在树生长的早期出现一个错误，那么最后将得到次优的规则。为了降低次优规则的可能性，一个办法是在规则生长的过程中保留 m 条最优的路径，而不是只有一条最优的路径。以表 10-1 中的捐赠者为例，图 10-5 的例子表示只用到一条决策路径的规则生长。在此例中，规则生长到捐赠者类别。第一个增加的合取项为年龄 > 50，第二个增加的合取项为收入 $> 50\,000$。要注意到图 10-3a 与图 10-5 中的决策树之间直观存在的相似性。

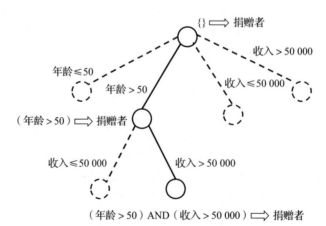

图 10-5　规则生长过程与决策树构建过程类似

我们继续介绍 Learn-One-Rule 算法中路径生长的质量准则。基于什么原因选择某条路径而不选择其他路径呢？受到规则生长与决策树之间相似性的启发，可以采用和决策树划分准则类似的度量指标，如准确率、熵或者基尼系数。

准则不需要修改，这是因为规则只与由其前提条件所覆盖的训练样例以及结论中的单个类别相关，而决策树划分由已知节点处的所有训练样例和所有类别评估。此外，决策树划分方法不需要考虑例如规则覆盖率这样的因素。我们要得到覆盖率高的规则以避免过拟合问题。例如，一条只覆盖单个训练样例的规则总是具有 100% 的准确率，但是它未必对未知的测试实例有很好的泛化能力。因此，一种策略是组合准确率和覆盖率准则，使其成为一个综合的度量方法。

最简单的组合方法是使用拉普拉斯平滑，使用参数 β 调节 k 类训练数据的平滑程度：

$$\text{Laplace}(\beta) = \frac{n^+ + \beta}{n^+ + n^- + k\beta} \qquad (10.12)$$

参数 $\beta > 0$ 控制平滑程度，n^+ 表示被规则覆盖的正确分类实例（正例），n^- 表示被规则覆盖的错误分类实例（负例）。因此，覆盖的实例总数为 $n^+ + n^-$。当覆盖的实例数 $n^+ + n^-$ 很小时，处于不可靠的低覆盖率，拉普拉斯平滑函数会惩罚准确率。因此，这个方法对于较大的覆盖率比较有利。

另一个可能的办法是使用似然比统计量（likelihood ratio statistic）。令 n_j 表示规则覆盖到的实例中属于类别 j 的观察数量，n_j^e 表示属于类别 j 的期望数量，假设这些被覆盖的实例和全体训练数据具有相同的类别分布。换句话说，如果 $p_1, \cdots, p_k$ 分别表示总体训练数据中属于每一个类别的实例比例，我们可以得到：

$$n_i^e = p_i \sum_{i=1}^{k} n_i \qquad (10.13)$$

然后，对于 k 分类的问题，似然比统计量 R 可以如下计算：

$$R = 2 \sum_{j=1}^{k} n_j \log(n_j / n_j^e) \qquad (10.14)$$

当覆盖实例的类别分布与原始训练数据的类别分布具有很大的差异时，R 的值会增加。因此，统计量倾向于得到类别分布与与原始训练数据分布差异很大的覆盖实例。此外，将原始频度 $n_1, \cdots, n_k$ 作为公式 10.14 中右侧的每一项的乘法因子，确保了对较大规则覆盖率的激励。CN2 算法采用了这个方法。

另一个准则为 FOIL 信息增益。"FOIL"表示一阶规则学习器（first order inductive learner）。考虑这样一种情形，一条规则包含 n_1^+ 个正例和 n_1^- 个负例，其中正例定义为匹配结论中的类别的训练样例。假设增加到前提条件中的合取项分别把正例和负例的数量改为 n_2^+ 和 n_2^- 个。这样，FOIL 信息增益 FG 定义如下：

$$FG = n_2^+ \left(\log_2 \frac{n_2^+}{n_2^+ + n_2^-} - \log_2 \frac{n_1^+}{n_1^+ + n_1^-} \right) \qquad (10.15)$$

这个方法倾向于选择覆盖率大的规则，这是因为在 FG 公式中 n_2^+ 是一个乘积因子。同时，由于括号内表达式的作用，信息增益会随着准确率的提高而增大。这种方法被 RIPPER 算法所采用。

和决策树的例子一样，规则集可能会一直生长，直到在训练数据上达到 100% 的准确率，或者新增的合取项不再使规则的准确率提高为止。RIPPER 算法采用的另一个准则是加入一个合取项之后，规则的最小描述长度的增加不超过特定的阈值。规则的描述长度由合取项和误分类实例的大小的加权函数来定义。

10.4.3 规则剪枝

规则剪枝不仅与 Learn-One-Rule 方法生成的规则有关，而且与从决策树中抽取规则的方法（如 C4.5rules）有关。不论采用哪种方法提取规则，由于过多的合取项而导致的过拟合问题都是存在的。正如对于决策树的剪枝，MDL 原则可用于剪枝。例如，对于规则中的每一个合取项，可以在规则的生长过程中在质量准则中加入惩罚项 δ。这会产生悲观错误率（pessimistic error rate）。因此，具有很多合取项的规则由于模型复杂度较大将有较大的惩罚项。计算悲观错误率的一个更简便的方法是，使用一个单独的预留的验证集（即 holdout 集）计算错误率（但不计入惩罚），这不同于规则生成过程中 Learn-One-Rule 方法所使用的数据集。

接下来要进行剪枝，会对规则生长（顺序覆盖）过程中先后加入的合取项进行逆序测试。如果剪枝降低了规则所覆盖的训练样例的悲观错误率，那么会采用这个新生成的规则。尽管一些算法（如 RIPPER 算法）在规则剪枝中会先测试最近加入的合取项，但是没有严格的要求规定必须这么做。可以按任何顺序测试要移除的合取项，或者采用贪婪的方式，以尽可能地减小悲观错误率。规则剪枝可能会产生一些相同的规则。在分类前要把冗余的规则从规则集中移除。

10.4.4 关联分类器

由于依赖于关联模式挖掘，关联分类器是一类流行的分类方法，其中存在许多有效的算法。读者可以参考第 4 章中关于关联模式挖掘算法的介绍。尽管所有的数据类型都可以通过离散化和二元化方法转换为二元属性（正如第 2 章所讨论的）下面的讨论还是假定采用二元属性。此外，不同于顺序覆盖算法总要对规则进行排序，关联分类器产生的规则可以是有序的，也可以是无序的，这取决于特定应用下的准则。基于类的关联规则的主要特征为，它们是用和常规关联规则挖掘同样的方式挖掘得到的关联规则，只是在结论中只有一个单一类别。关联分类的基本策略如下：

1）在给定最小支持率和置信度水平的条件下，挖掘所有基于类的关联规则。

2）对于一个给定的测试实例，使用挖掘到的规则进行分类。

实现这两个步骤有很多选择方案。实现第一个步骤的一个简单方法是，挖掘所有的关联规则，然后过滤出结论只对应于单个类的规则。然而这个方法非常浪费资源，因为它产生了很多没有类别结论的规则。此外，由于许多置信度为 100% 的规则是其他置信度为 100% 的规则的特例，因此在规则集中存在大量冗余。因此，在规则生成的过程中需要剪枝的方法。

基于关联的分类（CBA）算法采用 Apriori 改进方法，来生成满足相应约束关系的关联。第一步是生成 1 规则项（1-rule-item）。这些新生成的项对应于项和类别属性的组合。采用传统的 Apriori 形式的过程扩展这些规则项。另一个改进是，当生成置信度为 100% 的规则对应的模式时，为了保留规则集更大的一般性，将不会扩展这些规则。这种更广泛的方法几乎可以和任何树枚举算法结合使用。10.11 节指出了几个使用其他频繁模式挖掘方法的最新规则生成算法。

关联分类算法的第二步是使用生成的规则集对未知的测试实例进行类别预测。有序和无序的方法均可采用。有序方法基于支持率（类似于覆盖率）和置信度（类似于准确率）对规则进行排序。可以采用多种启发式方法得到一个集成的排序算法，例如支持率和置信度的加权组合。读者可以参考第 17 章中介绍的一个具有代表性的基于规则的分类器——XRules，它就用到了不同类型的度量指标。规则排序之后，会得到与测试实例最匹配的 m 条规则。匹配规则的主导类将作为测试实例的类别。另一个方法是不对规则进行排序，但是会根据所有被触发的规则求出主导类标签。其他启发式策略会在预测过程中根据规则的支持率和置信度，对不同的规则设定不同的权重。此外，许多关联分类器的变体在挖掘规则时不使用支持率或置信度，而是直接使用基于类的判别方法进行模式挖掘。10.11 节给出了这些方法的相关文献。

10.5 概率分类器

概率分类器构造的模型把特征变量和目标（类别）变量的关系量化为一个概率。这种建模的实现有很多种方法，其中最流行的两种模型如下。

1. 贝叶斯分类

贝叶斯规则用于在给定一组特征变量的情况下，对目标变量每个值的概率进行建模。类似于聚类中的混合建模（参见 6.5 节），假设类内的数据点由一个特定的概率分布（例如伯努利分布或多项分布）生成。每一类中的特征相互独立这个朴素贝叶斯假设常常（但并不总是）被用于简化建模。

2. 逻辑回归

假设目标变量是从伯努利分布上得到的，该分布的均值由定义在特征变量上的参数化 logit 函数确定。因此，类变量的概率分布是特征变量的参数化函数。这与贝叶斯模型相反，贝叶斯模型假定每一个类别有一个特定的特征分布的生成模型。

第一种分类器称为**生成分类器**（generative classifier），而第二种称为**判别分类器**（discriminative classifier）。下文中，将详细研究这两种分类器。

10.5.1 朴素贝叶斯分类器

贝叶斯分类器基于贝叶斯关于条件概率的定理。给定一组随机变量（特征变量）的已知观测值，该定理可以量化随机变量（类变量）的条件概率。贝叶斯定理在概率统计中得到了广泛的应用。为了理解贝叶斯定理，考虑下面基于表 10-1 的例子。

例 10.5.1 *慈善组织向一群人募捐，其中 6/11 的人年龄在 50 岁以上。该公司募捐成功率为 6/11，并且募捐人群中年龄大于 50 岁的概率为 5/6。如果已知一个人的年龄大于 50 岁，那么这个人捐赠的概率是多少？*

假设事件 E 表示（年龄 >50），事件 D 表示个体是捐赠者。我们的目标是求解后验概率 $P(D|E)$。这个量之所以称为"后验"概率，是因为它以个体年龄大于 50 岁的事件 E 的观测值作为条件。在不知道年龄的情况下"先验"概率 $P(D)$ 为 6/11。显然，个体年龄会影响后验概率，这是因为年龄和捐赠行为之间有明显的相关性。

根据训练数据直接计算 $P(D|E)$ 比较困难，但是如果其他的条件概率和先验概率很容易计算，如 $P(E|D)$、$P(D)$ 以及 $P(E)$，那么这时用贝叶斯定理计算 $P(D|E)$ 就很有用。具体而言，贝叶斯定理可以表述如下：

$$P(D \mid E) = \frac{P(E \mid D)P(D)}{P(E)} \qquad (10.16)$$

其中，等式右侧的每个表达式都是已知的。$P(E)$ 的值为 6/11，$P(E|D)$ 为 5/6。并且在知道年龄信息之前，先验概率 $P(D)$ 为 6/11。因此，可以如下计算后验概率：

$$P(D \mid E) = \frac{(5/6)(6/11)}{6/11} = 5/6 \qquad (10.17)$$

因此，如果我们有只包含年龄信息的一维训练数据以及类别变量，就可以采用这个办法计算后验概率。表 10-1 包含一个训练样例满足上述条件的例子。根据表 10-1 也很容易验证年龄超过 50 岁的个体进行捐赠的比例为 5/6，与用贝叶斯定理得到的结果一致。在这个特定的例子中，由于可以根据训练数据的单个属性直接对类别进行预测，并非一定要采用贝叶斯定理。现在问题来了，既然后验概率可以直接根据训练数据（表 10-1）计算得到，那为什么用贝叶斯定理进行间接计算还有用武之地呢？其原因是条件事件 E 常常是 d 个不同特征变量的约束组合，而不是单个变量的约束。这使得直接估计 $P(D|E)$ 很难。例如，由于表 10-1 中同时满足年龄和收入条件的实例比较少，根据训练数据很难粗略地估计概率 $P($ 捐赠者 | 年龄 >50，收入 >50 000)。这个问题随着特征维度的增加而增加。一般情况下，对于含有 d 个条件的 d 维测试实例，甚至有可能出现训练数据中没有一个元组满足所有条件的情况。贝叶斯规则可以用 $P($ 年龄 > 50，收入 > 50 000| 捐赠者) 的形式来表示 $P($ 捐赠者 | 年龄 >50，收入 >50 000)。利用一个连乘的近似，也就是朴素贝叶斯近似，可以很容易地计算得到前一个概率，而后一个概率不易计算。

为了便于讨论，假定所有的特征变量都是类别型（离散）变量。数值型变量的情况稍后再作讨论。设 C 是 d 维随机变量，表示一个未出现过的测试实例的类别变量，其特征值用一个 d 维的向量 $\overline{X} = (a_1, \cdots, a_d)$ 表示。现在的目标是计算 $P(C = c \mid \overline{X} = (a_1, \cdots, a_d))$。变量 $\overline{X}$ 各个维度的随机变量表示为 $\overline{X} = (x_1, \cdots, x_d)$。然后，我们来估计条件概率 $P(C = c \mid x_1 = a_1, \cdots, x_d = a_d)$。这个概率很难根据训练数据直接计算，因为训练数据可能不含任何一条具有属性值 $(a_1, \cdots, a_d)$ 的记录。接下来，根据贝叶斯定理，可以推断出以下等价公式：

$$P(C = c \mid x_1 = a_1, \cdots, x_d = a_d) = \frac{P(C = c)P(x_1 = a_1, \cdots, x_d = a_d \mid C = c)}{P(x_1 = a_1, \cdots, x_d = a_d)} \qquad (10.18)$$

$$\propto P(C = c)P(x_1 = a_1, \cdots, x_d = a_d \mid C = c) \qquad (10.19)$$

以上的第二个关系式基于这样一个事实：第一个关系式的分母中的项 $P(x_1 = a_1, \cdots, x_d = a_d)$ 是与类别无关的。因此，可以只计算分子部分，选条件概率最大的作为预测的类别。值 $P(C = c)$ 是类标识符 c 的先验概率，根据训练数据中属于类别 c 的比例来估计该先验概率。贝叶斯规则的关键用处是，右端式子中的项可以根据朴素贝叶斯近似准则利用训练数据计算得到。朴素贝叶斯近似假设在同一个类别内（以类别为条件），不同属性 $x_1, \cdots, x_d$ 是相互独立的。当两个随机事件 A 和 B 关于事件 F 相互独立时，满足 $P(A \cap B|F) = P(A|F)P(B|F)$。朴素贝叶斯近似假设在固定类别变量的值后，特征值之间是相互独立的。故可以推得公式 10.19 中右端的条件项。

$$P(x_1 = a_1, \cdots, x_d = a_d \mid C = c) = \prod_{j=1}^{d} P(x_j = a_j \mid C = c) \qquad (10.20)$$

因此，把公式 10.19 代入公式 10.20，可以用一个比例常数估算贝叶斯概率，如下所示：

$$P(C = c \mid x_1 = a_1, \cdots, x_d = a_d) \propto P(C = c) \prod_{j=1}^{d} P(x_j = a_j \mid C = c) \tag{10.21}$$

要注意的是，根据训练数据，每一个 $P(x_j = a_j \mid C = c)$ 项都比 $P(x_1 = a_1, \cdots, x_d = a_d \mid C = c)$ 容易计算。这是因为存在足够的训练样例满足前一个式子的条件，这样可以得到一个可靠的估计。具体来说，在属于类别 c 的条件下，将特征值取 a_j 的训练样例的比例作为 $P(x_j = a_j \mid C = c)$ 的最大似然估计值。换句话说，如果 $q(a_j, c)$ 是特征变量 $x_j = a_j$ 且类别为 c 的训练样例的数量，并且 $r(c)$ 为属于类别 c 的训练样例数量，则概率估计可以表示为：

$$P(x_j = a_j \mid C = c) = \frac{q(a_j, c)}{r(c)} \tag{10.22}$$

在某些情况下，无法获得足够的训练样例来鲁棒地估计这些值。例如，只有一个训练样例属于一个不常见的类别 c，满足 $r(c) = 1$ 和 $q(a_j, c) = 0$。在这种情况下，条件概率的估计值为 0。由于贝叶斯表达式是连乘的形式，因此整个概率会被估计为 0。显而易见，使用这些属于稀有类的少量训练样例不能得到鲁棒的估计值。为了避免这种情况，可以使用拉普拉斯平滑，在分子中加入值很小的量 α，在分母中加入 $\alpha \cdot m_j$，其中 m_j 为第 j 个属性的不同值的数量：

$$P(x_j = a_j \mid C = c) = \frac{q(a_j, c) + \alpha}{r(c) + \alpha \cdot m_j} \tag{10.23}$$

在上式中，α 是拉普拉斯平滑参数。当 $r(c) = 0$ 时，这使得对于所有的 m_j 个不同属性值，概率的估计值会产生 $1/m_j$ 的偏差。在类别 c 缺少训练数据的情况下，这种估计是合理的。因此，训练阶段只需要估计每个类别–属性–值的组合的条件概率 $P(x_j = a_j \mid C = c)$，以及每个类别的先验概率 $P(C = c)$。

当分类数据的每个特征属性只有两种输出结果时，所采用的模型也就成为贝叶斯分类问题的二元模型或伯努利模型。例如，在文本数据中，两种输出结果可能对应于一个单词的出现或不出现。如果一个特征变量有超过两种可能的输出结果，那么该模型也称为广义伯努利模型。模型隐含的生成假设类似于聚类的混合建模算法（参见 6.5 节）。每个类别的特征（混合分量）是从某个分布中独立生成的，该分布的概率是伯努利分布的连乘近似。训练阶段的模型参数估计类似于最大期望（EM）聚类算法中的 M 步骤。请注意，不同于 EM 聚类算法，它在训练阶段只用训练数据的标签来计算参数的最大似然估计。此外，不需要 E 步骤的过程（即迭代的方法），这是因为有标签的数据的（确定性）分配"概率"是已知的。在 13.5.2.1 节中，将会讨论一个更加复杂的模型——多模态模型。该模型可以解决属性相关的稀疏频率问题，如文本数据问题。通常来说，贝叶斯模型可以假定每一个类别（混合分量）的条件特征分布 $P(x_1 = a_1, \cdots, x_d = a_d \mid C = c)$ 满足任何参数形式，比如伯努利模型、多模态模型，甚至是数值型数据的高斯模型。对每个类别的参数分布采用数据驱动的方法进行估计。因此，本小节所讨论的方法只是众多可能方法中的一个示例。

上述的介绍是基于类别型数据而言的。通过使用离散化过程，也可以推广到数值型数据集。每一个离散的取值范围成为一个属性可能的分类型数值的取值。然而这样的方法有时候会对离散化的粒度敏感。另一种方法是假设每个混合分量（即类别）满足特定形式的概率分布，如高斯分布。对每个类的高斯分布的均值和方差参数用数据驱动的方式进行估计，正如在伯努利模型中估计类条件的特征概率。具体而言，每个高斯分布的均值和方差可以直接估计为相应类的训练数据的均值和方差。这类似于在高斯混合条件下 EM 聚类算法中的 M 步骤。对于测试实例，公式 10.21 中类别的条件概率可以替换为特定类中测试实例的高斯密度。

10.5.1.1   分类问题的排序模型

上述算法预测了单个测试实例的标签。在一些场景中，学习器会收到一组测试实例，我们希望根据属于某个重要类别 c 的可能性大小，对这些实例进行排序。这在稀有类的学习中很常见，具体会在 11.3 节中介绍。

正如公式 10.21 所表示的，测试实例 $(a_1, \cdots, a_d)$ 属于某个类别 c 的概率可以用一个比例常数来估计，具体如下：

$$P(C = c \mid x_1 = a_1, \cdots, x_d = a_d) \propto P(C = c) \prod_{j=1}^{d} P(x_j = a_j \mid C = c) \qquad （10.24）$$

在比较不同类别的分数时，比例常数是不相关的，而在比较不同测试实例的分数时，比例常数就有意义了。这是因为比例常数是特定测试实例的生成概率的倒数。一个计算比例常数的简单方法是，使用标准化方法，使得不同类别的概率之和为 1。因此，对于 k 分类的问题，如果假设类别 c 是取自范围 $\{1, \cdots, k\}$ 中的一个整数，可以计算贝叶斯概率如下：

$$P(C = c \mid x_1 = a_1, \cdots, x_d = a_d) = \frac{P(C = c) \prod_{j=1}^{d} P(x_j = a_j \mid C = c)}{\sum_{c=1}^{k} P(C = c) \prod_{j=1}^{d} P(x_j = a_j \mid C = c)} \qquad （10.25）$$

这些归一化的值可以用来对不同的测试实例进行排序。应该指出的是，大多数分类算法返回每个类别的分数，因此可以对几乎任何的分类算法进行类似的归一化处理。然而，在贝叶斯方法中，通常把归一化的值解释为概率，这会显得更加自然。

10.5.1.2   朴素假设的讨论

由于模型的条件独立性假设，所以贝叶斯模型是"朴素"的。这种假设显然是不正确的，因为在实际数据集中，特征之间几乎总是相关的，即使只考虑同样类别的情况（即以类别为条件的情况）。然而，虽然采用了这种近似，朴素贝叶斯分类器似乎仍然在许多领域的实践中表现得相当好。尽管可以用更加一般化的多元估计方法来实现贝叶斯模型，但是这种方法的计算代价会很大。此外，随着维度的增加，多元概率的估计会变得不准确，尤其是在训练数据有限的情况下。因此，理论上更准确的假设往往并不能保证在实际应用中得到很高的准确率。文献注释中给朴素假设有效性的理论推导的方法做了说明。

10.5.2   逻辑回归

贝叶斯分类器假设每个类满足特征概率分布的某种形式，而逻辑回归模型通过特征变量建立判别函数，直接对类成员的概率进行建模。因此两种情况下建模假设的性质是不同的。然而，两种模型分类器都使用特定的建模假设，即将特征变量映射到类成员概率，所以都是基于概率的分类器。在这两种情况下，概率模型的参数都是通过数据驱动的方式来估计的。

在逻辑回归最简单的形式中，假设类别变量是二元的，其值取自 $\{+1, -1\}$，不过，逻辑回归也可以对非二元的类别变量建模。用 $\bar{\Theta} = (\theta_0, \theta_1, \cdots, \theta_d)$ 表示 $d+1$ 个不同参数的向量，第

i 个参数 θ_i 表示关于数据集第 i 维的系数，θ_0 表示偏移系数。对于记录 $\overline{X} = (x_1, \cdots, x_d)$，类别变量 C 取值为 +1 或 −1 的概率可以用逻辑函数来计算：

$$P(C = +1 \mid \overline{X}) = \frac{1}{1 + e^{-\left(\theta_0 + \sum_{i=1}^{d} \theta_i x_i\right)}} \qquad (10.26)$$

$$P(C = -1 \mid \overline{X}) = \frac{1}{1 + e^{\left(\theta_0 + \sum_{i=1}^{d} \theta_i x_i\right)}} \qquad (10.27)$$

很容易验证上述两个概率值的和是 1。逻辑回归可以视为概率分类器或线性分类器。线性分类器（如 Fisher 判别）利用线性超平面将两个类分隔开。其他线性分类器（如 SVM 和神经网络）将在本章 10.6 节和 10.7 节中介绍。在逻辑回归中，参数 $\overline{\Theta} = (\theta_0, \theta_1, \cdots, \theta_d)$ 可以看作两个类别的分割超平面 $\theta_0 + \sum_{i=1}^{d} \theta_i x_i = 0$ 的系数。θ_i 是维度 i 的线性系数项，θ_0 是常数项。

$\theta_0 + \sum_{i=1}^{d} \theta_i x_i$ 的值可以是正数，也可以是负数，这取决于 $\overline{X}$ 的取值位于分割超平面的哪一侧。正值表示 +1 类的预测值，负数则是 −1 类的预测值。在其他很多的线性分类器中，根据表达式符号生成类标签 $\overline{X}$，其值取自集合 {−1, +1}。就上述判别函数定义的概率而言，逻辑回归得到的结果在形式上是相同的。

逻辑函数指数部分中的 $\theta_0 + \sum_{i=1}^{d} \theta_i x_i$ 项与数据点离分割超平面的距离成正比。如果数据点恰好位于该超平面上，根据逻辑函数，两个类的分配概率都是 0.5。如果距离为正值，将给正类分配大于 0.5 的概率值。而如果距离为负值，将给负类（对等地）分配大于 0.5 的概率值。该方案如图 10-6 所示。因此，逻辑函数对距离取幂，把距离转换为取值在 (0, 1) 之间、有直观意义的概率，如图 10-6 所示。逻辑回归类似于经典最小二乘线性回归，不同之处是逻辑函数用来估计类别成员的概率，而不是用来构建误差平方的目标函数。所以，逻辑回归采用最大似然优化模型，而不采用线性回归中的最小二乘优化模型。

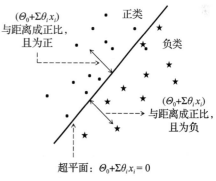

图 10-6　线性分类器中的逻辑回归

10.5.2.1　逻辑回归分类器的训练

通过最大似然估计方法计算逻辑回归模型的最佳拟合参数。让 $\mathcal{D}_+$ 和 $\mathcal{D}_-$ 分别表示训练数据中属于正类和负类的部分。第 k 个数据点表示为 $\overline{X_k} = (x_k^1, \cdots, x_k^d)$。那么，整个数据集的似然函数 $\mathcal{L}(\overline{\Theta})$ 可以定义为：

$$\mathcal{L}(\overline{\Theta}) = \prod_{\overline{X_k} \in \mathcal{D}_+} \frac{1}{1 + e^{-\left(\theta_0 + \sum_{i=1}^{d} \theta_i x_k^i\right)}} \prod_{\overline{X_k} \in \mathcal{D}_-} \frac{1}{1 + e^{\left(\theta_0 + \sum_{i=1}^{d} \theta_i x_k^i\right)}} \qquad (10.28)$$

训练数据附有由逻辑函数预测的标签，而似然函数是所有训练数据概率的乘积。现在的目标是最大化这个似然函数的值，从而得到参数向量 $\overline{\Theta}$ 的最优值。为了数值计算的方便，采用对数似然并得到下式。

$$\mathcal{LL}(\overline{\Theta}) = \log(\mathcal{L}(\overline{\Theta})) = -\sum_{\overline{X_k} \in \mathcal{D}_+} \log \left(1 + e^{-\left(\theta_0 + \sum_{i=1}^{d} \theta_i x_k^i \right)} \right) - \sum_{\overline{X_k} \in \mathcal{D}_-} \log \left(1 + e^{\left(\theta_0 + \sum_{i=1}^{d} \theta_i x_k^i \right)} \right) \quad （10.29）$$

关于向量 $\overline{\Theta}$ 的优化问题上述表达式不存在封闭形式的解。因此，一个普遍的方法是采用梯度下降方法迭代计算参数向量 $\overline{\Theta}$ 的最优解。将似然函数对每一个参数进行微分，得到梯度向量：

$$\nabla \mathcal{LL}(\overline{\Theta}) = \left(\frac{\partial \mathcal{LL}(\overline{\Theta})}{\partial \theta_0} \cdots \frac{\partial \mathcal{LL}(\overline{\Theta})}{\partial \theta_d} \right) \quad （10.30）$$

检验上述梯度的第 i 个元素$^{\ominus}$是有益的，其中 $i > 0$。同时将公式 10.29 的两端对 θ_i 求偏导，可以得到下式：

$$\frac{\partial \mathcal{LL}(\overline{\Theta})}{\partial \theta_i} = \sum_{\overline{X_k} \in \mathcal{D}_+} \frac{x_k^i}{1 + e^{\left(\theta_0 + \sum_{i=1}^{d} \theta_i x_i \right)}} - \sum_{\overline{X_k} \in \mathcal{D}_-} \frac{x_k^i}{1 + e^{-\left(\theta_0 + \sum_{i=1}^{d} \theta_i x_i \right)}} \quad （10.31）$$

$$= \sum_{\overline{X_k} \in \mathcal{D}_+} P(\overline{X_k} \in \mathcal{D}_-) x_k^i - \sum_{\overline{X_k} \in \mathcal{D}_-} P(\overline{X_k} \in \mathcal{D}_+) x_k^i \quad （10.32）$$

$$= \sum_{\overline{X_k} \in \mathcal{D}_+} P(错误预测 \overline{X_k}) x_k^i - \sum_{\overline{X_k} \in \mathcal{D}_-} P(错误预测 \overline{X_k}) x_k^i \quad （10.33）$$

有趣的是，$P(\overline{X_k} \in \mathcal{D}_+)$ 和 $P(\overline{X_k} \in \mathcal{D}_-)$ 项分别表示正类和负类中错误预测 $\overline{X_k}$ 的概率。因此，当前模型的错误可以用来判断最快上升方向。这个方法对于许多线性模型（例如神经网络）是正确的，这些模型也称作**错误驱动的方法**。此外，乘法因子 x_k^i 会影响由 $\overline{X_k}$ 产生的梯度方向的第 i 个元素的大小。因此，θ_i 的更新条件如下：

$$\theta_i \leftarrow \theta_i + \alpha \left(\sum_{\overline{X_k} \in \mathcal{D}_+} P(\overline{X_k} \in \mathcal{D}_-) x_k^i - \sum_{\overline{X_k} \in \mathcal{D}_-} P(\overline{X_k} \in \mathcal{D}_+) x_k^i \right) \quad （10.34）$$

α 表示步长大小，可以通过二元化搜索目标函数，使得其数值最大程度地增加，从而确定 α 的值。上述方法采用了批量梯度方法，使得在一次更新步骤中所有的训练数据点都对梯度产生了贡献。在实际条件下，可能会在更新过程中反复地逐个扫描这些数据。可以证明，似然函数是凹的。因此，通过梯度上升方法可以找到全局最优解。有很多正则化方法来减少过拟合问题。一个典型的例子是在对数似然函数 $\mathcal{LL}(\overline{\Theta})$ 中加入正则项 $-\lambda \sum_{i=1}^{d} \theta_i^2 / 2$，其中 λ 为平衡参数。在梯度更新中唯一的不同是，对于所有 $i \geqslant 1$，需要在第 i 个梯度元素中加入 $-\lambda \theta_i$ 项。

10.5.2.2　与其他线性模型的关系

尽管逻辑回归是概率的方法，但它也是更广泛的一类广义线性模型（参见 11.5.3 节）中的一个特例。线性模型有很多形式化的方式。例如，不通过逻辑函数建立似然准则，一种可能的方法是直接优化预测的平方误差。换句话说，如果 $\overline{X_k}$ 的类标签 $y_k \in \{-1, +1\}$，可以尝试

$\ominus$　对于 $i = 0$ 的情况，将 x_k^i 的值用 1 来替代。

优化所有测试实例上的平方误差 $\sum_{\overline{X_k} \in \mathcal{D}} \left(y_k - \text{sign} \left(\theta_0 + \sum_{i=1}^{d} \theta_i x_i^k \right) \right)^2$。这里，函数"sign"的值为
+1 或 -1，这取决于它的参数是正值还是负值。类似地，本章开始讨论的 Fisher 线性判别也
是一种线性最小二乘模型（参见 11.5.1.1 节），但是类别变量采用了不同的编码方式。下一节
中将讨论的线性模型使用最大间隔准则来分割两个类别。

10.6 SVM

SVM（Support Vector Machine，支持向量机）一般用于数值数据的二分类问题。利用
11.2 节中介绍的一系列技巧，可以把二分类问题推广到多类别的情况。同样地，也可以处理
类别型特征变量，只要使用第 2 章中讨论的二元化方法将类别型数据转换成二元数据即可。

假设类标签的值取自 {-1, 1}。和所有的线性模型一样，SVM 使用分割超平面作为两个
类别的决策边界。在 SVM 中，确定这些超平面的优化问题是建立在间隔的概念之上的。直
观上讲，**最大间隔超平面**是指能完全分割两个类别，并且边界的每一侧都有很大的区域（或
间隔）没有训练数据点落入。为了理解这个概念，首先讨论数据线性可分这种非常特殊的情
况。在线性可分的数据中，可以构建一个线性超平面完全分离属于两类的数据。当然，这种
特殊的情况较少见，因为真实的数据很少是完全可分的，至少会存在一些数据点不满足线性
可分的性质，比如标签标误的数据或者异常点。然而，线性可分的形式对理解最大分隔准则
至关重要。介绍完线性可分的情况，对公式做些修改，就可以处理更加一般的（实际）场景。

10.6.1 线性可分数据的 SVM

本小节将介绍线性可分数据中最大间隔的原理。当数据是线性可分的时，构建类之间的
线性分割超平面存在无穷多个可能的方式。图 10-7a 展示了两个超平面的例子，分别是超平
面 1 和超平面 2。哪一个超平面更好呢？为了更好地理解这个问题，考虑一个测试实例（用
正方形标记），显然比起类别 B，它更接近于类别 A。超平面 1 可以正确地把这个测试实例
分到类别 A，而超平面 2 错误地将其分到了类别 B。

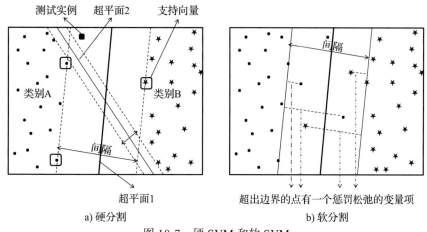

图 10-7 硬 SVM 和软 SVM

两个分类器之所以表现出不同的性能，是因为这个测试实例位于两个类之间充满噪声的

不确定区域内，不容易从已有的训练数据中得到普遍规律。换言之，很少有训练数据点像测试实例一样位于这个不确定的区域中。在这种情况下，像超平面 1 这样的分割超平面，其训练数据的类间最小垂直距离是尽可能大的，因此是鲁棒性最强的正确分类器。这个距离可以用超平面的间隔（margin）来定量表示。

考虑一个超平面可以完全分割两个线性可分的类的情况。超平面的间隔定义为在超平面两侧的两个类中离超平面最近的数据点到超平面的距离之和。我们进一步假设这两个类中最近的数据点与分割超平面的距离是相同的。可以构造两个平行的超平面，各自刚好碰到属于两个类的数据点，并且两个超平面中间没有落入其他数据点。位于这些超平面上的数据点称为**支持向量**（support vector），而这两个超平面之间的距离称为**间隔**（margin）。分割超平面（也称为决策平面）则在两个超平面正中间的位置上，以达到最准确的分类结果。超平面 1 和超平面 2 的间隔如图 10-7a 所示。显然，超平面 1 的间隔比超平面 2 的间隔要大。因此，如果那些未见过的测试实例落入不确定区域里，很容易出现分类错误，而前一个超平面对于这些测试实例具有较大的泛化能力。这和我们之前观察到的超平面 1 具有较高的分类准确率一致。

那我们如何求最大间隔超平面呢？具体来说，用一个函数来表示分割超平面的系数，然后将该问题形式化为非线性规划的优化问题，进而最大化间隔。通过求解这个最优问题，可以确定最优的系数。将数据集 $\mathcal{D}$ 中的 n 个数据点表示为 $(\overline{X_1}, y_1), \cdots, (\overline{X_n}, y_n)$，其中 $\overline{X_i}$ 表示第 i 个数据点的 d 维行向量，$y_i \in \{-1, +1\}$ 表示第 i 个数据点的二元类别变量。则分割超平面可以表示为如下的新形式：

$$\overline{W} \cdot \overline{X} + b = 0 \qquad (10.35)$$

其中，$\overline{W} = (w_1, \cdots, w_d)$ 是一个 d 维行向量，表示超平面的法向方向，b 表示偏移量（标量）。向量 $\overline{W}$ 调节超平面的方向，偏移量 b 调节超平面离原点的距离。与 $\overline{W}$ 和 b 对应的 $d+1$ 个参数需要从训练数据中学习，以最大化两个类之间的分离间隔。因为已经假设类是线性可分的，所以假定存在这样的超平面：所有 $y_i = +1$ 的数据点 $\overline{X_i}$ 位于超平面满足 $\overline{W} \cdot \overline{X_i} + b \geq 0$ 的一侧。类似地，所有 $y_i = -1$ 的点位于超平面满足 $\overline{W} \cdot \overline{X_i} + b \leq 0$ 的一侧。

$$\overline{W} \cdot \overline{X_i} + b \geq 0 \qquad \forall i : y_i = +1 \qquad (10.36)$$

$$\overline{W} \cdot \overline{X_i} + b \leq 0 \qquad \forall i : y_i = -1 \qquad (10.37)$$

这些约束还没有考虑数据点的间隔要求。定义更严格的约束条件会用到这些间隔要求。假定分割超平面 $\overline{W} \cdot \overline{X} + b = 0$ 位于两个超平面的间隔的中间位置。因此，对于这两个恰好在支持向量上的对称超平面，可以引入另一个参数 c 来表示它们之间的距离。

$$\overline{W} \cdot \overline{X} + b = +c \qquad (10.38)$$

$$\overline{W} \cdot \overline{X} + b = -c \qquad (10.39)$$

不失一般性地，假设变量 $\overline{W}$ 和 b 可以适当缩放，因此 c 的值可以设为 1。因此，两个分割超平面可以用以下的形式表示：

$$\overline{W} \cdot \overline{X} + b = +1 \qquad (10.40)$$

$$\overline{W} \cdot \overline{X} + b = -1 \qquad (10.41)$$

这些约束条件称为**间隔约束**。两个超平面将数据空间分为三个区域。假设没有数据点落在两个超平面之间的不确定决策边界的区域，每个类的数据点都映射到剩下两个区域中的其中一个。每个训练数据点的约束如下所示：

$$\overline{W} \cdot \overline{X_i} + b \geq +1 \quad \forall i : y_i = +1 \tag{10.42}$$

$$\overline{W} \cdot \overline{X_i} + b \leq -1 \quad \forall i : y_i = -1 \tag{10.43}$$

注意，为了简洁和代数上的方便，可以将正类和负类的约束写成如下的形式，但这看上去不太容易理解：

$$y_i(\overline{W} \cdot \overline{X_i} + b) \geq +1 \quad \forall i \tag{10.44}$$

关于正例和负例的两个超平面间的距离也称为间隔。正如前面所讨论的，我们的目标是最大程度地增加这个间隔。那么什么是两个平行超平面之间的距离（间隔）？通过线性代数可以证明，两个平行超平面之间的距离为它们的常数项归一化后的差值，其中归一化因子是系数的 L_2 范数 $\|\overline{W}\| = \sqrt{\sum_{i=1}^{d} w_i^2}$。上述两个超平面的常数项之间的差是 2，这表明它们之间的距离为 $2/\|\overline{W}\|$。这就是两个超平面的间隔，我们需要在上述条件的约束下最大化这个间隔。然而，这种形式的目标函数不容易优化，因为目标函数的分母中含有平方根项。然而，最大化 $2/\|\overline{W}\|$ 等价于最小化 $\|\overline{W}\|^2 /2$。由于要在关于训练数据的一组线性约束条件（公式 10.42~10.43）下最小化目标函数 $\|\overline{W}\|^2 /2$，所以这是一个凸二次规划问题。请注意，每个训练数据点都会产生一个约束，这会导致优化问题很庞大，这也解释了为什么 SVM 的计算复杂度很高。

求解这样的有约束的非线性规划问题，要用到的方法是**拉格朗日松弛**（Lagrangian relaxation）。其思路是，对不同的约束乘上非负的 n 维的拉格朗日乘子 $\overline{\lambda} = (\lambda_1, \cdots, \lambda_n) \geq 0$。乘子 λ_i 对应于第 i 个训练数据点的间隔约束。这样就放松了约束条件，如果不满足约束条件，拉格朗日惩罚项会让目标函数值增大。

$$L_P = \frac{\|\overline{W}\|^2}{2} - \sum_{i=1}^{n} \lambda_i [y_i(\overline{W} \cdot \overline{X_i} + b) - 1] \tag{10.45}$$

对于固定的非负值 λ_i，如果不满足约束条件会使 L_P 增大。因此，惩罚项会迫使 $\overline{W}$ 和 b 的值朝着满足约束条件的方向更新，从而使得关于 $\overline{W}$ 和 b 的函数 L_P 达到最小值。满足间隔约束条件的 $\overline{W}$ 和 b 总会得到非正的惩罚项。由于对于任意可行解 $(\overline{W}*, b*)$ 得到的惩罚项都是非正的，所以对于任意固定的非负 $\overline{\lambda}$，L_P 的最小值一定等于最初的最优目标函数值 $\|\overline{W}*\|^2 /2$。

因此，如果对于任意给定的 $\overline{\lambda}$ 值，使得 L_P 关于 $\overline{W}$ 和 b 最小化，并使得 L_P 关于非负拉格朗日乘子 $\overline{\lambda}$ 最大化，那么得到的对偶解 L_D^* 将会是 SVM 最优目标函数 $O* = \|\overline{W}*\|^2 /2$ 的下界。从数学上说，这种弱对偶条件可以表示为如下的形式：

$$O^* \geq L_D^* = \max_{\overline{\lambda} \geq 0} \min_{\overline{W}, b} L_P \tag{10.46}$$

像 SVM 这样的模型, 其最优化方程组比较特殊, 因为其目标函数是凸的, 而且约束条件是线性的。这种方程组满足强对偶性质。根据这个性质, 公式 10.46 中的极大极小关系会产生原问题 (如 $O^* = L_D^*$) 的最优可行解, 对于原问题, 拉格朗日惩罚项将不产生作用。解 $(\overline{W}^*, b^*, \overline{\lambda}^*)$ 称为拉格朗日公式的**鞍点**。值得注意的是, 只有当每一个训练数据点 $\overline{X}_i$ 满足 $\lambda_i[y_i(\overline{W} \cdot \overline{X}_i + b) - 1] = 0$ 的条件时, 可行解的惩罚项才为零。这些条件等价于 Kuhn-Tucker 最优性条件, 并可以推得 $\lambda_i > 0$ 的数据点 $\overline{X}_i$ 为支持向量。拉格朗日方程的求解遵循以下步骤。

1) 通过去掉极大极小公式中的最小化部分, 拉格朗日目标函数 L_P 可以更加方便地表示为一个单纯的最大化问题。只要利用关于 $\overline{W}$ 和 b 的梯度最优化条件, 去掉最小化变量 $\overline{W}$ 和 b, 即可实现上述转化。将 L_P 关于 $\overline{W}$ 的梯度设为 0, 我们可以得到以下公式:

$$\nabla L_P = \nabla \frac{\|\overline{W}\|^2}{2} - \nabla \sum_{i=1}^{n} \lambda_i [y_i(\overline{W} \cdot \overline{X}_i + b) - 1 = 0] \qquad (10.47)$$

$$\overline{W} - \sum_{i=1}^{n} \lambda_i y_i \overline{X}_i = 0 \qquad (10.48)$$

因此, 现在可以得到由拉格朗日乘子和训练数据点表示的 $\overline{W}$ 的计算式:

$$\overline{W} = \sum_{i=1}^{n} \lambda_i y_i \overline{X}_i \qquad (10.49)$$

此外, 将 L_P 关于 b 的偏导设为 0, 我们可以根据 L_P 得到 $\sum_{i=1}^{n} \lambda_i y_i = 0$。

2) 可以用优化条件 $\sum_{i=1}^{n} \lambda_i y_i = 0$ 来消除 L_P 中的 $-b \sum_{i=1}^{n} \lambda_i y_i$ 项。将公式 10.49 中的表达式 $\overline{W} = \sum_{i=1}^{n} \lambda_i y_i \overline{X}_i$ 代入 L_P 中, 就可以得到对偶问题 L_D, 其仅用最大化变量 $\overline{\lambda}$ 的形式表示。具体来说, 拉格朗日对偶问题的最大目标函数 L_D 如下所示:

$$L_D = \sum_{i=1}^{n} \lambda_i - \frac{1}{2} \sum_{i=1}^{n} \sum_{j=1}^{n} \lambda_i \lambda_j y_i y_j \overline{X}_i \cdot \overline{X}_j \qquad (10.50)$$

对偶问题在满足 $\lambda_i \geq 0$ 且 $\sum_{i=1}^{n} \lambda_i y_i = 0$ 的约束条件下最大化函数 L_D。注意, L_D 只用 λ_i、类标签以及训练数据的成对点积 $\overline{X}_i \cdot \overline{X}_j$ 表示。因此, 求解拉格朗日乘子只需要类变量和训练样例之间的点积, 而不需要直接获得的特征取值 $\overline{X}_i$。训练数据之间的点积可以看作两个点之间的一种相似程度, 它可以很容易地在数值域之外的数据类型上定义。这样的发现对于将线性 SVM 推广到非线性决策边界, 以及使用内核的技巧推广到任意数据类型是很重要的。

3) b 的值可以根据原始 SVM 公式中的约束求得, 其中拉格朗日乘子 λ_r 是严格正值的。根据 Kuhn-Tucker 条件, 这些训练数据是完全满足间隔约束 $y_r(\overline{W} \cdot \overline{X}_r + b) = +1$ 的。b 的值可以从任意的训练数据点 $(\overline{X}_r, y_r)$ 中求得, 如下所示:

$$y_r[\overline{W} \cdot \overline{X}_r + b] = +1 \qquad \forall r : \lambda_r > 0 \qquad (10.51)$$

$$y_r \left[\left(\sum_{i=1}^{n} \lambda_i y_i \overline{X_i} \cdot \overline{X_r} \right) + b \right] = +1 \qquad \forall r : \lambda_r > 0 \tag{10.52}$$

第二个表达式是将公式 10.49 中用拉格朗日乘子表示的 $\overline{W}$ 代入第一个表达式中得到的。请注意，这个公式只用拉格朗日乘子、类标签和训练样例之间的点积表示。利用这个公式可以求得 b 的值。为了减少数值误差，b 的值可以取在所有 $\lambda_r > 0$ 的支持向量上的平均值。

4）对于测试实例 $\overline{Z}$，其类标签 $F(\overline{Z})$ 由决策边界定义，其中 $\overline{W}$ 被代替为由拉格朗日乘子（公式 10.49）表示的形式：

$$F(\overline{Z}) = \mathrm{sign}\{\overline{W} \cdot \overline{Z} + b\} = \mathrm{sign}\left\{ \left(\sum_{i=1}^{n} \lambda_i y_i \overline{X_i} \cdot \overline{Z} \right) + b \right\} \tag{10.53}$$

需要注意的是，$F(\overline{Z})$ 完全可以用训练样例和测试实例的点积、类标签、拉格朗日乘子和偏移量 b 来表示。因为拉格朗日乘子 λ_i 和 b 可以用训练样例之间的点积表示，所以只需要用到不同实例（训练和测试实例）的点积信息就可以完成分类任务，而不需要知道训练样例或测试实例的确切特征值。

通过内核技巧（kernel trick）的技术，把 SVM 推广到非线性决策边界和任意数据类型，在这个过程中点积的观测值就显得尤为重要。这个技术就是将点积替换为内核相似性（参见 10.6.4 节）。

值得注意的是，根据 $\overline{W}$ 的推导（公式 10.49）和之前 b 的推导过程可以看出，在 SVM 的优化中，只用到了属于支持向量（$\lambda_r > 0$）的训练数据点。如在第 11 章中所讨论的，在一些缩放 SVM（如 SVMLight）中，会用到这个观测值。这样的分类器会丢弃那些远离分割超平面的无关训练数据点，从而缩小问题的规模。

10.6.1.1 拉格朗日对偶问题的求解

拉格朗日对偶问题 L_D 可以通过 n 维向量参数 $\overline{\lambda}$ 上的梯度上升方法来实现优化。

$$\frac{\partial L_D}{\partial \lambda_i} = 1 - y_i \sum_{j=1}^{n} y_j \lambda_j \overline{X_i} \cdot \overline{X_j} \tag{10.54}$$

因此，与逻辑回归类似，相应的基于梯度的更新公式为：

$$(\lambda_1, \cdots, \lambda_n) \leftarrow (\lambda_1, \cdots, \lambda_n) + \alpha \left(\frac{\partial L_D}{\partial \lambda_1}, \cdots, \frac{\partial L_D}{\partial \lambda_n} \right) \tag{10.55}$$

选择合适的步长 α，使得可以最大程度增加目标函数的值。零向量是 $\overline{\lambda}$ 的一个可行解，因此可以选择零向量作为初始解。

更新过程中的一个问题是，在完成一次更新后，可能不再满足约束条件 $\lambda_i \geq 0$ 和 $\sum_{i=1}^{n} \lambda_i y_i = 0$。因此，会在更新前将梯度向量投影在平面 $\sum_{i=1}^{n} \lambda_i y_i = 0$ 上，以得到修正后的梯度向量。要注意，将梯度 ∇L_D 投影到超平面的法向方向上得到的是 $\overline{H} = (\overline{y} \cdot \nabla L_D)\overline{y}$，其中 $\overline{y}$ 是单位向量 $\frac{1}{\sqrt{n}}(y_1, \cdots, y_n)$。在 ∇L_D 中减去这个分量，生成一个修正的梯度向量 $\overline{G} = \nabla L_D - \overline{H}$。经过投影，在修正后的梯度向量 $\overline{G}$ 上进行参数更新，将避免违反约束 $\sum_{i=1}^{n} \lambda_i y_i = 0$ 的情况。此外，

在一次更新后，任何非负的 λ_i 值会被重置为 0。

值得注意的是，约束 $\sum_{i=1}^{n} \lambda_i y_i = 0$ 是通过将 L_p 关于 b 的梯度设为 0 推得的。在其他的 SVM 公式中，会在数据中增加一个维度，并将其设为常数 1，从而将偏移向量 b 包含在 $\overline{W}$ 内。在这种情况下，梯度向量的更新被简化为公式 10.55，因为不需要再考虑约束 $\sum_{i=1}^{n} \lambda_i y_i = 0$ 的限制。

这样的 SVM 公式会在第 13 章中介绍。

10.6.2 不可分数据的 SVM 软间隔实现

之前的小节讨论了两类线性可分的数据的情况。然而，理想的线性可分是一个虚构的场景，在真实的数据集中通常不会满足这个性质。图 10-7b 举例说明了这样的一个数据集，在图中不能找到线性的分割平面。然而，许多真实的数据集是近似可分的，精心选择一个合适的超平面可以使大多数数据点位于分割超平面正确的一侧。在这种情况下，间隔的概念将会更加温和（变软），因为允许部分数据点不满足约束条件，但会以增加惩罚项作为代价。两个间隔超平面分开了"大部分"而不是所有的训练数据点。图 10-7b 展示了一个例子。

训练数据点 $\overline{X_i}$ 违反每个间隔约束的程度可以用一个松弛变量 $\xi_i \geq 0$ 来表示。因此，分割超平面上的新的软约束集合可以表示如下：

$$\overline{W} \cdot \overline{X_i} + b \geq +1 - \xi_i \quad \forall i: y_i = +1$$
$$\overline{W} \cdot \overline{X_i} + b \leq -1 + \xi_i \quad \forall i: y_i = -1$$
$$\xi_i \geq 0 \quad \forall i$$

当训练数据点位于分割超平面错误的一侧时，松弛变量 ξ_i 可以解释为其到分割超平面的距离，如图 10-7b 所示。当训练数据点位于分割超平面正确的一侧时，松弛变量取值为 0。

我们不希望有太多的训练数据点取正的 ξ_i 值，因此对于不满足约束的数据点，用 $C \cdot \xi_i^r$ 项来惩罚模型，其中 C 和 r 是用户自定义的参数，用来调节模型的柔性程度。小的 C 值会产生松弛的间隔，而大的 C 值会减小训练数据的误差，会产生狭窄的间隔。如果 C 足够大，那么在可分的类别中将不允许训练数据出现错误，这等价于将所有的松弛变量设为 0，即默认问题为硬分割形式。r 称为 hinge 损失，一般设为 1。因此，软间隔 SVM 的目标函数带有 hinge 损失项，可以定义为：

$$O = \frac{\|\overline{W}\|^2}{2} + C \sum_{i=1}^{n} \xi_i \tag{10.56}$$

和之前一样，这是一个凸二次优化问题，可以通过拉格朗日方法来求解。类似地，加上惩罚项，以及对于 $\xi_i \geq 0$ 的约束附加上乘子 $\beta_i \geq 0$，从而构建问题的拉格朗日松弛函数。

$$L_p = \frac{\|\overline{W}\|^2}{2} + C \sum_{i=1}^{n} \xi_i - \sum_{i=1}^{n} \lambda_i [y_i (\overline{W} \cdot \overline{X_i} + b) - 1 + \xi_i] - \sum_{i=1}^{n} \beta_i \xi_i \tag{10.57}$$

对于硬间隔 SVM 可以采用类似的方法，以去掉优化公式中的极小化变量 $\overline{W}$、ξ_i 和 b，就可以构造完全的极大化对偶公式。通过将 L_p 在这些变量上的梯度设为 0 即可实现。分别

设 L_P 关于 $\overline{W}$ 和 b 的梯度为 0，可以证明 $\overline{W}$ 的值与硬间隔情况下的值（公式 10.49）相同，并且满足同样的乘子约束 $\sum_{i=1}^{n}\lambda_i y_i = 0$。这是因为 L_P 中关于 ξ_i 的附加松弛项并不会影响 L_P 分别关于 $\overline{W}$ 和 b 的梯度。此外，可以证明，根据公式 10.50，软间隔条件下的拉格朗日对偶问题的目标函数 L_D 与硬间隔条件下的一样，这是因为每个有关 ξ_i 的线性项取值[⊖]都为 0。对偶最优问题唯一的不同是，非负拉格朗日乘子满足额外的约束 $C - \lambda_i = \beta_i \geq 0$。令 L_P 关于 ξ_i 的偏导为 0，推导得到这个约束。一种理解附加约束 $\lambda_i \leq C$ 的角度是，由于柔性间隔的存在，任意训练数据点 $\overline{X_i}$ 对权重向量 $\overline{W} = \sum_{i=1}^{n}\lambda_i y_i \overline{X_i}$ 的影响受到 C 的限制。软间隔 SVM 中的对偶问题在约束 $0 \leq \lambda_i \leq C$ 和 $\sum_{i=1}^{n}\lambda_i y_i = 0$ 的限制下最大化 L_D（方程 10.50）的值。

松弛非负约束的 Kuhn-Tucker 最优性条件为 $\beta_i \xi_i = 0$。由于我们已经推得 $\beta_i = C - \lambda_i$，所以可以得到 $(C - \lambda_i)\xi_i = 0$。换句话说，$\lambda_i < C$ 的训练数据 $\overline{X_i}$ 对应的松弛量 ξ_i 为零，其落于边界上或者边界正确的一侧。然而，在这种情况下，支持向量定义为满足软间隔 SVM 约束的数据点，其中一些数据点的松弛变量可能不为零。这些点可能位于边界上、边界之间，或者在决策边界错误的一侧。$\lambda_i > 0$ 的数据点总是支持向量。因此，位于边界上的支持向量将满足 $0 < \lambda_i < C$。这些点对求解 b 的值十分有用。考虑任意一个这样的支持向量 $\overline{X_r}$，其松弛变量为零，满足 $0 < \lambda_r < C$，计算 b 的值：

$$y_r \left[\left(\sum_{i=1}^{n} \lambda_i y_i \overline{X_i} \cdot \overline{X_r} \right) + b \right] = +1 \tag{10.58}$$

请注意，这个表示与硬间隔 SVM 的情况一样，除了根据条件 $0 < \lambda_r < C$ 来定义相关的训练数据点。梯度上升更新也和可分的情况一样（参考 10.6.1.1 节），除了在更新过程中需要重置任何超过 C 的乘子 λ_i 为 C。测试实例的分类仍然用到了拉格朗日乘子形式的公式 10.53，这是因为在这种情况下，权重向量和拉格朗日乘子的关系是一样的。因此，包含 hinge 损失的软间隔 SVM 与硬间隔 SVM 惊人地相似。这种相似性在其他的松弛惩罚函数中不太明显，如二次损失函数。

SVM 的软间隔形式也可以用无约束的原问题公式表示，只要同时去掉间隔约束和松弛变量。在公式 10.56 的原始目标函数中代入 $\xi_i = \max\{0, 1 - y_i[\overline{W} \cdot \overline{X_i} + b]\}$，这样我们可以得到只用 $\overline{W}$ 和 b 表示的无约束的最优（最小化）问题：

$$O = \frac{\|\overline{W}\|^2}{2} + C \sum_{i=1}^{n} \max\{0, 1 - y_i[\overline{W} \cdot \overline{X_i} + b]\} \tag{10.59}$$

可以使用梯度下降的方法，这类似于逻辑回归中的梯度上升法。不可微函数 O 关于 $w_1, \cdots, w_d$ 和 b 的偏导可以在观察值的基础上近似估计，这取决于最大化函数中项的值是否为正值。将梯度下降过程的精确推导作为一道习题留给读者。虽然对偶问题比较主流，但是

⊖ L_P 中牵涉 ξ_i 的附加项是 $(C - \beta_i - \lambda_i)\xi_i$。这一项的结果为 0，因为关于 ξ_i 的 L_P 的偏导为 $(C - \beta_i - \lambda_i)$。这项偏导数必然结果为 0，以使得 L_P 能够最优。

原问题直观上更加简单，并且当需要一个近似解的时候其往往更加有效。

10.6.2.1　不同线性模型的比较

线性分割超平面的法向量可以看作，数据点沿着该方向分割可以得到最好的效果。Fisher 线性判别通过选择一个最佳向量，使得沿着该方向上的类间离散度与类内离散度的比值最大，也可以实现上述目标。然而，SVM 的一个重要的显著特征是，它关注两个类之间的决策边界区域，因为这个区域的不确定性最大，容易出现分类错误。而 Fisher 判别关注两个类在整体上的分割性能，不一定能在不确定边界区域内得到最好的分割。这就是为什么对于容易过拟合的有噪声的数据集 SVM 有更好的泛化能力。

相比于 SVM，通过负对数似然函数将逻辑回归表示为最小化问题是有意义的。逻辑回归的系数 $(\theta_0, \cdots, \theta_d)$ 类似于 SVM 中的系数。SVM 中含有间隔分量，以提高分类器的泛化能力，这正如逻辑回归中使用正则化项。有趣的是，SVM 中的间隔分量 $\|\overline{W}\|^2/2$ 与逻辑回归中的正则化项 $\sum_{i=1}^{d} \theta_i^2/2$ 有相同的形式。SVM 有松弛惩罚项，正如逻辑回归在对数似然函数中显式地对错误的概率进行了惩罚。然而，在 SVM 中通过间隔违反来计算松弛变量，而在逻辑回归中通过决策边界距离的平滑函数来计算惩罚项。具体来说，逻辑回归中的对数似然函数构建形式为 $\log(1+e^{-y_i[\theta_0+\overline{\theta}\cdot\overline{X_i}]})$ 的平滑损失函数，而 SVM 中的 hinge 损失函数 $\max\{0, 1-y_i[\overline{W}\cdot\overline{X_i}+b]\}$ 不是平滑函数。误分类的惩罚项的不同特性是两个模型之间唯一的区别。因此，这些模型在概念上有一些相似性，但是它们注重的是不同方向上的优化。SVM 和正则化逻辑回归在很多实际的不可分数据集中表现出相似的性能。但是，在类别易于分割的特殊情况下，SVM 和 Fisher 线性判别方法的表现要优于逻辑回归。同样可以用类似的方式将所有这些方法推广到非线性决策边界的情况。

10.6.3　非线性 SVM

在许多情况下，线性的分类器不适合决策边界不是线性的问题。要理解这一点，我们考虑如图 10-8 所示的数据分布。很明显，不存在可以划分两类的线性分割超平面。这是因为这两个类是由以下的决策边界分割的：

$$8(x_1-1)^2 + 50(x_2-2)^2 = 1 \tag{10.60}$$

现在，如果对决策边界的性质已经有了一些了解，那么可以将训练数据按如下的方式映射到一个四维的新空间：

$$z_1 = x_1^2$$
$$z_2 = x_1$$
$$z_3 = x_2^2$$
$$z_4 = x_2$$

将公式 10.60 中的 x_1、x_1^2、x_2 和 x_2^2 项进行扩展，这样，公式 10.60 中的决策边界就可以用变量 $z_1, \cdots, z_4$ 来线性表示。

$$8x_1^2 - 16x_1 + 50x_2^2 - 200x_2 + 207 = 0$$
$$8z_1 - 16z_2 + 50z_3 - 200z_4 + 207 = 0$$

　　因此，现在每个训练数据点都可以表示在这四个新变换后的维度上，这个空间中的类别将会是线性可分的。SVM 优化公式可以在变换后的空间中作为一个线性模型进行求解，并且将其用于测试实例的分类时，也要转换到四维空间。需要注意的是，由于超平面系数向量 $\overline{W}$ 的维度增加了，因此问题的复杂度会大幅增加。

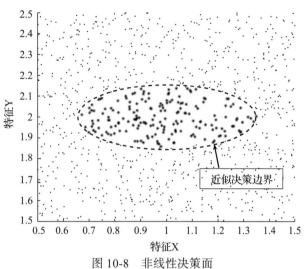

图 10-8　非线性决策面

　　一般情况下，对多项式的每个指数增加一组附加维度，是有可能近似任意的多项式决策边界的。高阶多项式可用来近似表示很多非线性函数，同样具有很强的表示能力。当不知道决策边界是线性的还是非线性的时，这种变换就十分有用。这是因为模型存在多余的自由度，通过数据驱动的方式学习更多数量的系数，就可以确定决策边界是线性的还是非线性的。在前面的例子中，给定足够多的训练数据，如果决策边界是线性的，那么系数 z_1 和 z_3 自动学习到的值几乎为 0。但是，这种额外的灵活性所付出的代价是增加了训练问题的计算复杂度，并且需要学习大量的系数。此外，如果没有足够的训练数据，则可能会导致过拟合问题，甚至一个简单的线性决策边界都会被错误地近似为非线性的边界。与之不同的方法是"内核技巧"，有时候用该方法来学习非线性决策边界。这种方法不显式地进行维度变换，可以学习任意的决策边界。

10.6.4　内核技巧

　　完全可以根据数据点对的点积求解 SVM 公式，内核技巧就是利用了这个重要的性质。我们不需要知道特征的取值。所以，问题的关键是通过内核函数 $K(\overline{X_i}, \overline{X_j})$，定义 d 维变换后的特征 $\Phi(\overline{X})$ 的成对点积（或相似度函数）。

$$K(\overline{X_i}, \overline{X_j}) = \Phi(\overline{X_i}) \cdot \Phi(\overline{X_j}) \tag{10.61}$$

　　应该记得在 SVM 中，为了有效地求解模型不需要显式地计算变换后的特征值 $\Phi(\overline{X})$，只要点积（或内核相似度）$K(\overline{X_i}, \overline{X_j})$ 是已知的。这意味要实现 SVM 分类，公式 10.50 中的 $\overline{X_i} \cdot \overline{X_j}$ 项可以由变换空间的点积 $K(\overline{X_i}, \overline{X_j})$ 所替换，公式 10.53 中的 $\overline{X_i} \cdot \overline{Z}$ 项可以由 $K(\overline{X_i}, \overline{Z})$ 所替换。

$$L_D = \sum_{i=1}^{n} \lambda_i - \frac{1}{2} \cdot \sum_{i=1}^{n}\sum_{j=1}^{n} \lambda_i \lambda_j y_i y_j K(\overline{X_i}, \overline{X_j}) \qquad (10.62)$$

$$F(\overline{Z}) = \text{sign}\left\{ \left(\sum_{i=1}^{n} \lambda_i y_i K(\overline{X_i}, \overline{Z}) \right) + b \right\} \qquad (10.63)$$

注意，根据公式 10.58，偏置量 b 也可表示为点积的形式。在 10.6.1.1 节中讨论的更新公式中做了这些修改，所有的式子都被表示为点积的形式。

因此，所有的计算都是在原始的空间中进行的，我们不需要知道实际的转换函数 $\Phi(\cdot)$，只要知道内核相似度函数 $K(\cdot,\cdot)$。仔细选择合适的内核，利用基于内核的相似性可以近似任意的非线性决策边界。对 $\overline{X_i}$ 和 $\overline{X_j}$ 的相似性进行建模有很多方法。一些常见的内核函数的选择如下：

函　　数	形　　式
高斯径向基核	$K(\overline{X_i}, \overline{X_j}) = e^{-\|\overline{X_i}-\overline{X_j}\|^2/2\sigma^2}$
多项式核	$K(\overline{X_i}, \overline{X_j}) = (\overline{X_i} \cdot \overline{X_j} + c)^h$
sigmoid 核	$K(\overline{X_i}, \overline{X_j}) = \tanh(\kappa \overline{X_i} \cdot \overline{X_j} - \delta)$

很多这些内核函数有与它们相关的参数。在一般情况下可能需要通过留出一些训练数据来调整这些参数，并测试不同参数选择得到的准确率。许多内核函数没有列在上表中。内核函数需要满足 Mercer 定理的性质才有效。这个条件确保 $n \times n$ 大小的内核相似矩阵 $S = [K(\overline{X_i}, \overline{X_j})]$ 是半正定的，并且相似度可以在某些变换空间中表示为点积的形式。为什么为了相似度可以表示为点积的形式，内核相似矩阵必须是半正定的呢？要注意的是，如果 $n \times n$ 的内核相似矩阵 S 可以表示为 $n \times n$ 的点积矩阵 AA^T，而 $n \times r$ 的矩阵 A 是数据点变换后的特征表示，那么对于任意的 n 维列向量 $\overline{V}$，我们有 $\overline{V}^T S \overline{V} = (A\overline{V})^T (A\overline{V}) \geqslant 0$。换句话说，$S$ 是半正定的。反过来，如果内核矩阵 S 是半正定的，那么可以通过特征分解 $S = Q\Sigma^2 Q^T = (Q\Sigma)(Q\Sigma)^T$ 将其表示为点积的形式，其中 Σ^2 是特征值非负的 $n \times n$ 对角矩阵，而 Q 是按列包含 S 的特征向量的 $n \times n$ 矩阵。矩阵 $Q\Sigma$ 是数据点的 n 维变换表示，它有时也称为特定数据的 Mercer 内核映射（data-specific Mercer kernel map）。该映射是面向特定数据集的，它可以用于许多非线性降维方法中，如内核主成分分析。

哪种内核函数最适合图 10-8 的例子呢？一般而言，没有预先定义好的规则用于选择内核函数。理想的情况是，如果定义了相似度值 $K(\overline{X_i}, \overline{X_j})$，那么就存在这样的一个空间，其中具有这种相似性结构的点是线性可分的，在变换空间 $\Phi(\cdot)$ 中的线性 SVM 就可以很好地发挥作用。

为了解释这一点，我们将回顾图 10-8 的例子。让 $\overline{X2_i}$ 和 $\overline{X2_j}$ 分别表示将 $\overline{X_i}$ 和 $\overline{X_j}$ 的每一个坐标平方后得到 d 维向量。在图 10-8 的例子中，考虑上一节中的变换 (z_1, z_2, z_3, z_4)。可以证明，转换后的两个点的点积可以从下列内核函数中获得。

$$Transformed\text{-}Dot\text{-}Product(\overline{X_i}, \overline{X_j}) = \overline{X_i} \cdot \overline{X_j} + \overline{X2_i} \cdot \overline{X2_j} \tag{10.64}$$

这很容易验证，只要用两个数据点的变换变量 $z_1, \cdots, z_4$ 对上述表达式进行展开。内核函数 Transformed-Dot-Product $(\overline{X_i}, \overline{X_j})$ 会得到与显式变换 $z_1, \cdots, z_4$ 一样的拉格朗日乘子和决策边界。有意思的是，这个内核函数与二阶多项式内核函数紧密相关。

$$K(\overline{X_i}, \overline{X_j}) = (0.5 + \overline{X_i} \cdot \overline{X_j})^2 \tag{10.65}$$

展开二阶多项式内核函数，可以得到 Transformed-Dot-Product $(\overline{X_i}, \overline{X_j})$ 之外的项的超集。额外项包括常数项 0.25，以及维度之间的点积项。这些项使得模型具有更大的灵活性。在图 10-8 中的二维情况的例子里，二阶多项式内核函数等价于使用一个额外的变换变量 $z_5 = \sqrt{2}x_1x_2$ 来表示两个维度值的乘积，以及使用常数维度值 $z_6 = 0.5$。这两个变量是在原来的四个变量 (z_1, z_2, z_3, z_4) 的基础上增加的。在这种情况下，尽管这些额外的变量可能会导致过拟合，但是由于它们是冗余的，所以不会影响找到正确的决策边界的能力。另外，如果图 10-8 中的椭圆已经沿着坐标轴体系投影，像 $z_5 = \sqrt{2}x_1x_2$ 这样的变量就会派上用场。用原有的 4 个变量 (z_1, z_2, z_3, z_4) 建立的线性分类器就不可能将不同的类完全分开。因此，二阶多项式内核比之前小节中的变换可以发现更加一般的决策边界。更高阶的多项式内核函数可以对更加复杂的边界建模，但因此也会有更大的风险出现过拟合问题。

在一般情况下，不同的内核有不同程度的灵活性。例如，可以证明，由宽度为 σ 的高斯内核得到的变换特征空间通过多项式的指数项展开具有无限多的维度。参数 σ 控制不同维度的相对比例。较小的 σ 值对复杂的边界建模有很强的能力，但它也可能导致过拟合。较小的数据集也更容易出现过拟合问题。因此，内核参数的最优值不仅取决于决策边界的形状，也取决于训练数据集的大小。参数调整在内核方法中很重要。通过适当的调整，多个内核函数可以模拟复杂的决策边界。此外，内核函数可以用于 SVM 处理复杂的数据类型。这是因为内核方法只需要对象之间的相似度，而不需要数据点的特征值。在文本、图像、序列和图数据中都已经用到了内核函数。

10.6.4.1 其他内核方法的应用

内核方法的应用不局限于 SVM。内核方法可以扩展到任何的模型中，只要求解的结果是直接或间接地用点积的形式表示的。这样的例子包括 Fisher 判别、逻辑回归、线性回归（参考 11.5.4 节）、降维和 k-means 聚类。

1. 内核 k 均值（kernel k-means）

主要思想是数据点 $\overline{X}$ 之间的欧几里得距离以及簇 $\mathcal{C}$ 的簇质心 $\overline{\mu}$ 可以通过 $\overline{X}$ 与 $\mathcal{C}$ 中数据点的点积来计算：

$$\| \overline{X} - \overline{\mu} \|^2 = \left\| \overline{X} - \frac{\sum_{\overline{X_i} \in \mathcal{C}} \overline{X_i}}{|\mathcal{C}|} \right\|^2 = \overline{X} \cdot \overline{X} - 2\frac{\sum_{\overline{X_i} \in \mathcal{C}} \overline{X} \cdot \overline{X_i}}{|\mathcal{C}|} + \frac{\sum_{\overline{X_i}, \overline{X_j} \in \mathcal{C}} \overline{X_i} \cdot \overline{X_j}}{|\mathcal{C}|^2} \tag{10.66}$$

在内核 k-means 方法中，点积 $\overline{X_i} \cdot \overline{X_j}$ 由内核相似度 $K(\overline{X_i}, \overline{X_j})$ 所替换。对于数据点 $\overline{X}$，选择在所有簇中公式 10.66 的距离最小的分簇为该点所在的簇。注意，在 k-means 迭代过程中，尽管为了计算公式 10.66，分配给每个数据点的分簇需要保持不变，但是变换空间中的簇质心没必要显式地保持不变。这是因为它属于隐式的非线性变换方法，尽管内

核 k-means 采用的是偏向球形的欧几里得距离，但是它依然能够得到任意形状的簇，如谱聚类。

2. 内核主成分分析（kernel PCA）

在传统的 SVD 和 PCA 方法中，有 $n \times d$ 的均值中心化矩阵 D，基向量由特征向量 $D^T D$（分列的内积矩阵）给出，转换后的点的坐标由缩放特征向量 DD^T（分行的内积矩阵）给出。而在内核 PCA 方法中，没法求得基向量，但可以得到变换后的数据坐标。分行的内积矩阵 DD^T 可以由内核相似矩阵 $S = [K(\overline{X_i}, \overline{X_j})]_{n \times n}$ 所代替。对于变换空间中的均值中心化数据，将相似矩阵修改为 $S \Leftarrow \left(I - \dfrac{U}{n}\right) S \left(I - \dfrac{U}{n}\right)$，其中 U 是 $n \times n$ 的全 1 矩阵（见练习题 17）。假设矩阵 S 可近似表示为 k 维变换空间中的降维数据的点积。因此，需要将 S 近似分解为 AA^T 的形式，从而得到变换空间中的 $n \times k$ 的降维表示 A。这是通过特征值分解实现的。让矩阵 Q_k 表示包含 S 的 k 个最大特征向量的 $n \times k$ 矩阵，$\sum_k$ 表示包含对应特征值开方的 $k \times k$ 矩阵。显然 $S \approx Q_k \sum_k^2 Q_k^T = (Q_k \sum_k)(Q_k \sum_k)^T$，数据的 k 维特征表示由 $n \times k$ 矩阵 $A = Q_k \sum_k$ 的行给出。要注意的是，这是特定数据的 Mercer 内核映射的截断形式。这种非线性的表示与 ISOMAP 方法所得到的相似，然而它不同于 ISOMAP，样本外数据同样可以转换到新的空间。谱聚类算法中的表示同样利用稀疏相似矩阵中的大特征向量[⊖]，这更适合于保留聚类的局部相似性。事实上，可以证明大多数形式的非线性表示是相似矩阵的大特征向量（参考第 2 章中的表 2-3），进而可以证明它们是内核 PCA 的特例。

10.7 神经网络

神经网络是一种模拟人类神经系统的模型。人的神经系统是由神经细胞组成的，称为神经元。生物神经元连接到另一个神经元上的接触点，称为突触。生物体内的学习是通过改变神经元之间突触连接的强度来进行的。这些连接的强度变化是对外部刺激的响应。神经网络可以认为是对这个生物过程的模拟。

与生物网络一样，人工神经网络中的各个节点称为神经元（neuron）。这些神经元是计算的单位，接收来自某些神经元的输入，对这些输入进行计算，并将它们输送到其他神经元。神经元的计算函数由神经元输入连接的权重定义。权重可以看作类似于突触连接的强度。通过恰当地改变这些权重大小可以学习得到计算函数，这类似于生物神经网络中突触连接强度的学习。人工神经网络中用于学习权重的"外部刺激"来自训练数据。其思想是每当当前的权重集产生不正确的预测时，就不断修正权重值。

⊖ [450] 中原来的结果用了一个更通用的方法来将任何样本外数据的 $m \times d$ 矩阵 D' 嵌入到 k 维空间中成为 $m \times k$ 矩阵 $S'Q_k \sum_k^{-1}$。这里，$S' = D'D^T$ 是 D' 中的样本外数据点与 D 中的样本内数据点的核相似性的 $m \times n$ 矩阵。然而，当 $D' = D$ 时，展开 S' 为 $S' = S \approx Q_k \sum_k^2 Q_k^T$，这个表达式简化成等价的 $Q_k \sum_k$ 了。

⊖ 参考 19.3.4 节，对称拉普拉斯的小特征向量与 $S = \Lambda^{-1/2} W \Lambda^{-1/2}$ 的大特征向量相同。这里，W 往往是由数据点间的稀疏化的热内核相似度来定义的，并且涉及 $\Lambda^{-1/2}$ 的因素提供了相似度值的局部正规化，以便处理不同密度的簇。

节点之间的连接结构是决定神经网络效果的关键。从简单的单层感知器到复杂的多层网络，神经网络有很多不同的结构。

10.7.1　单层神经网络：感知器

神经网络的最基本的结构称作**感知器**。图 10-10a 说明了感知器结构的一个例子。感知器包含两层的节点，对应于若干个输入节点和一个输出节点。输入节点的数量恰好等于数据集的维度 d。每个输入节点接收一个数值属性，并将其传递给输出节点。因此，输入节点只传递输入值，对这些值不执行任何计算。在基本的感知器模型中，输出节点是唯一一对输入进行数学计算的节点。假设训练数据的各个特征是数值形式的。对于类别型属性，可以为属性的每个取值创建一个单独的二元输入来进行处理。将类别型属性二元化为多元属性在逻辑上也是一样的。进了方便接下来的讨论，我们假设所有的输入变量都是数值型的。并进一步假设分类问题的类标签包含两个可能的取值，取自 {-1, +1}。

如前面所讨论的，每个输入节点通过一个加权连接与输出节点相连。这些权重定义了从输入节点传递的值到取值为 {-1, +1} 的二元值的函数。将测试实例作为输入节点的输入，最终得到的值可以解释为感知器对测试实例类标签的预测值，对于二分类问题该值取值为 {-1,+1}。就像生物系统的学习是通过调整突触的强度实现的，感知器的学习过程是当预测的标签与真正的标签不匹配时，通过调整输入节点到输出节点之间连接的权重来实现的。

感知器学习得到的函数称为**激活函数**，这是一个有符号线性函数。该函数与 SVM 中将训练样例映射到二元类标签的函数非常相似。对于 d 维的数据记录，令 $\overline{W} = (w_i, \cdots, w_d)$ 表示 d 个不同的输入连接到输出神经元的权重系数。此外，激活函数中包含一个偏置量 b。对于第 i 个数据记录 $\overline{X_i}$ 有特征值 $\left(x_i^1, \cdots, x_i^d\right)$，其输出 $z_i \in \{-1,+1\}$ 表示为：

$$z_i = \text{sign}\left\{\sum_{j=1}^{d} w_j x_i^j + b\right\} \tag{10.67}$$

$$= \text{sign}\{\overline{W} \cdot \overline{X_i} + b\} \tag{10.68}$$

z_i 表示神经元对 $\overline{X_i}$ 的类变量的预测值。因此，需要对权重进行学习，使得对于尽可能多的训练样例，预测类别 z_i 的值等于真实类别 y_i 的值。预测误差 $(z_i - y_i)$ 可能的值有 -2、0 或 +2。当预测类别正确时，误差就会得到 0 值。神经网络算法的目标是学习权重向量 $\overline{W}$ 和偏置量 b，使得 z_i 尽可能地近似等于真实的类变量 y_i。

在基本的感知器算法中，首先会设置一个随机的权重向量。接下来算法逐一把输入数据项 $\overline{X_i}$ 作为神经网络的输入，计算相应的预测值 z_i。然后根据误差值 $(z_i - y_i)$ 更新权重。具体来说，当数据点 $\overline{X_i}$ 进入第 t 次迭代时，权重向量 $\overline{W}^t$ 的更新公式为：

$$\overline{W}^{t+1} = \overline{W}^t + \eta(y_i - z_i)\overline{X_i} \tag{10.69}$$

参数 η 调节神经网络的学习率。感知器算法反复遍历所有的训练样例，不断迭代更新权重直到到达收敛点为止。基本的感知器算法如图 10-9 所示。要注意的是，单一的训练数据点可以反复计算多次。每一个周期称为一轮迭代（epoch）。

```
Algorithm Perceptron (训练数据: D)
begin
    随机初始化权重向量 W̄;
repeat
    接收下一个训练元组 (X̄ᵢ, yᵢ);
    zᵢ = W̄ · X̄ᵢ + b;
    W̄ = W̄ + η(yᵢ - zᵢ)X̄ᵢ;
until 收敛;
end
```

图 10-9　感知器算法

我们来检验一下更新公式 10.69 中的增量项 $(y_i - z_i)\overline{X_i}$，不考虑乘子 η。可以证明，该增量项是关于权重向量 $\overline{W}$ 的类变量的最小二乘预测误差 $(y_i - z_i)^2 = (y_i - \text{sign}(\overline{W} \cdot \overline{X_i} - b))^2$ 的负梯度的启发式近似[⊖]。在这种情况下，权重是基于一个个元组的训练数据来更新的，而不是在全体训练数据上全局地更新（像在全局最小二乘优化中所期望的那样）。然而，基本的感知器算法可以认为是梯度下降法的一个修改版本，它隐式地最小化预测的平方误差。很容易发现，只有得到错误的分类结果才会得到非零的权重更新。这是因为在公式 10.69 中，当预测值 z_i 与类标签 y_i 相同时，增量项为 0。

现在的问题是如何选择 η 学习率。较大的 η 值会带来较快的学习速度，但是有时候会导致得到次优的解。较小的 η 值会得到较高质量的解，但收敛速度会变慢。在实践中，最初会选择较大的 η 值，然后随着权重逐渐接近最优值而逐渐减小其值。其思想是大的步长在早期很有帮助，但在后期会使得在不同的次优解中来回振荡。例如，η 值有时会选择与当前训练数据的迭代次数成反比的数。

10.7.2　多层神经网络

感知器模型是神经网络中最基本的形式，只包含一个输入层和一个输出层。由于输入层只传递属性值，而不对输入应用任何数学函数，所以感知器模型学习到的函数只是基于单个输出节点的简单线性模型。在实际情况中，需要用多层神经网络学习更加复杂的模型。

多层神经网络除了输入层和输出层，还有**隐藏层**。隐藏层中的节点原则上可以用不同的拓扑结构进行连接。比如，隐藏层本身可以包含多层，一层的节点可以作为下一层节点的输入。这称作**多层前馈网络**（multilayer feed-forward network）。假设一层的节点与下一层的节点全连接。因此，当分析人员指定了层数和每层的节点数之后，多层前馈网络的拓扑结构就会自动确定。基本的感知器可以看作单层前馈网络。只包含一个隐藏层的多层前馈网络是普遍使用的模型。这样的网络可以认为是两层前馈网络。图 10-10b 说明了一个两层前馈神经网络的例子。多层前馈神经网络的另一个特点是，它不限于使用输入的线性符号函数。任意函数，如逻辑函数、sigmoid 或双曲切线，都可以用于隐藏层和输出层。以下是一个函数的例子，用于训练元组数据 $\overline{X_i} = \left(x_i^1, \cdots, x_i^d \right)$，生成输出值 z_i：

⊖　符号函数的导数只能用它的参数的导数来取代。符号函数的导数处处是零，除了在零处（此处它是不确定的）。

$$z_i = \sum_{j=1}^{d} w_j \frac{1}{1+e^{-x_i^j}} + b \qquad (10.70)$$

这里的 z_i 值不再是最终类标签 $\{-1,+1\}$ 的预测输出值，而是隐藏层节点上的计算函数值。然后该层输出会前向传播到下一层。

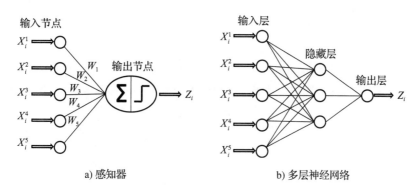

a) 感知器   b) 多层神经网络

图 10-10   单层神经网络与多层神经网络

在单层神经网络中，训练过程相对简单，这是因为输出节点的预期输出是已知的，它等于训练数据的类标签。利用已知的标定好的真实数据（ground truth），以最小二乘形式构建一个优化问题，并以梯度下降的方法更新权重。由于输出节点是单层网络中唯一具有权值的神经元，因此该方法易于实现。在多层网络的情况下，问题是隐藏层节点的真实标定输出是不知道的，因为没有与这些节点的输出相互关联的训练数据标签。因此，产生的一个问题是当训练样本分类错误时，如何更新这些节点的权重。显然，当出现分类错误时，需要从前层节点到更前一层的节点传递关于期望输出（对应误差）的某种"反馈"信息。这是通过使用反向传播（backpropagation）算法来实现的。本章不会详细讨论该算法，但会简要介绍该算法的主要内容。对于每一个测试实例，权重更新过程中的反向传播算法包含两个主要阶段。

1. 前向阶段

在这个阶段中，将训练样例的输入传递到神经网络中。使用当前的权重集，逐层正向级联进行计算。将最后的预测输出与训练样例的类标签进行比较，检查预测的标签是否是错误的。

2. 反向阶段

反向阶段的主要目标是根据后面层的误差提供对前面层节点输出值的误差估计，从而反向地学习权重。隐藏层节点的误差估计是它前面层的误差估计与权重的函数。利用误差估计计算误差相对于节点权重的梯度，然后更新节点的权重。实际的更新公式在概念上与基本的感知器不太一样。产生差异的原因是，隐藏层节点通常使用非线性的函数，隐藏层的误差是通过反向传播计算的，而不是通过比较输出和训练标签直接计算得到的。整个过程是向后传播的，从而更新网络中的所有节点的权重。

多层网络更新算法的基本框架与图 10-9 中所示的单层算法相同。不同之处主要在于多层网络的隐藏层节点不能再使用公式 10.69。取而代之的是，使用前面介绍的前向 – 反向方法。在单层网络中，通过在每一轮迭代中反复遍历训练数据，不断进行节点参数的更新直到收敛为止。一个神经网络有时可能需要成千上万轮迭代，才能学习到不同节点的权重。

多层神经网络比内核 SVM 在模拟任意形式的函数上具有更强的能力。多层神经网络不仅能学习任意形状的决策边界，而且可以学习数据在不同区域具有不同决策边界的非连续分布。从逻辑上讲，隐藏层中的不同节点可以学习数据不同区域的不同决策边界，输出层中的节点会融合这些决策边界得到的结果。例如，图 10-10b 中隐藏层的三个不同节点，可以在数据的不同区域中学习到三个具有不同形状的不同决策边界。如果有更多的节点和网络层，几乎可以近似模拟所有的函数。比起基于内核的 SVM 只能学习单一的非线性决策边界，神经网络更具普适性。从这个意义上而言，神经网络可以作为通用的函数近似模型。不过普适性给神经网络的设计实现带来不少挑战：

1）网络拓扑结构的初步设计给分析人员带来了很多权衡的挑战。更多数量的节点和隐藏层具有更大的通用性，但同时也会产生过拟合的风险。由于多层神经网络在分类过程中解释性差，所以在神经网络拓扑结构的设计方面少有指导性意见。虽然一些爬山方法对构造正确的神经网络拓扑结构有一定的学习能力，但是良好的神经网络设计仍然是一个悬而未决的问题。

2) 神经网络训练缓慢，有时对噪声敏感。如前所述，训练多层神经网络可能需要成千上万次迭代。一个更大网络的学习过程可能非常缓慢。虽然神经网络的训练过程缓慢，但是它对于测试实例分类十分有效。

之前的讨论只涉及二元类标签。为了将该方法推广到多类问题，下一章将讨论多元分类算法。另外，对于多元分类问题，需要对基本的感知器模型和一般的神经元模型进行修改，从而得到多元的输出层节点。每个输出节点对应于某个特定类标签的预测值。除了每个输出节点的权重也需要进行学习，整个训练过程与之前的例子完全相同。

10.7.3 不同线性模型的比较

逻辑回归和神经网络一样，根据分类的错误更新模型参数。这并不特别令人惊讶，因为这两个分类器都是线性分类，但它们具有不同形式的优化目标函数。事实上，可以证明感知器算法中用到的一些逻辑激活函数形式上近似等价于逻辑回归。研究神经网络与 SVM 方法的关系也具有一定的指导意义。在 SVM 中，优化函数基于最大间隔分割原则。这不同于神经网络，在神经网络中，预测误差引起直接的惩罚，然后使用爬山的方法进行优化。从这个意义上说，SVM 模型通过使用最大间隔原则，比基本的感知器模型具有更大的复杂性，从而可以更好地关注更重要的决策边界区域。此外，可以在目标函数中使用（加权后的）正则化惩罚项 $\lambda \|\overline{W}\|^2 / 2$，从而提高神经网络的泛化能力。请注意，这个正则化项类似于 SVM 的最大间隔项。事实上，SVM 的最大间隔项也称为正则化项。神经网络不同于 SVM 的是，最大间隔项由 L_1 惩罚项 $\sum_{i=1}^{d} |w_i|$ 代替。在这种情况下，正则化的解释比基于间隔的解释更加自然。此外，SVM 中松弛项的某些形式（例如二次松弛），类似于其他线性模型（例如最小二乘模型）中的主要目标函数。其主要的区别是，在 SVM 中松弛项依据间隔分割，而不是决策边界来计算。这与 SVM 的思想一致，即不仅要防止训练数据点落于决策边界的错误一侧，同时也要防止数据点靠近决策边界。因此，不同的线性模型在概念上有很多相似性，但它们强调不同方面的优化。这就是为什么最大间隔模型通常比线性模型对噪声更有鲁棒性，因为它只使用距离惩罚项，以减少被分到分割超平面错误一侧的数据数量。在实验中已经观察到神经网络对噪声敏感。另外，多层神经网络原则上几乎可以近似所有的函数。

10.8 基于实例的学习

前面章节中讨论的大多数分类器都可称为渴望的学习器，它们预先构造分类模型，然后将其用于对一个特定的测试实例分类。在基于实例的学习中，训练被推迟到分类的最后一步。这样的分类器也称为懒惰的学习器。描述基于实例的学习方法的最简单原则是：

类似的实例有类似的类标签。

利用该一般原则的一种方法是使用最近邻分类。对于一个给定的测试实例，最接近的 m 个训练样例是确定的。把这 m 个训练样例中的主导标签作为相关类。在一些模型的变体中，使用逆距离权重的方法，以体现出 m 个靠近测试实例的训练样例具有不同程度的重要性。

逆距离权重函数的一个例子为 $f(\delta) = e^{-\delta^2/t^2}$，其中 t 是用户定义的参数。这里，δ 是训练点到测试实例的距离。利用权重进行投票，投票分数最大的类作为相关类。

如果有必要的话，可以构造一个最近邻索引，以便能够更有效地检索实例。最近邻分类器的最大挑战是参数 m 的选择。一般情况下，由于数据的噪声变化，非常小的 m 值不能得到鲁棒的分类结构。而大的 m 值将失去数据局部性的敏感度。在实践中，通过启发式的方式选择一个合适的 m 值。一个常见的方法是测试不同的 m 值在训练数据集上的准确性。当计算训练样例 $\overline{X}$ 的 m 个最近邻时，数据点 $\overline{X}$ 不包括⊖在最近邻中。通过类似的方法，可以学习距离权重算法中的 t 值。

10.8.1 最近邻分类器的设计差异

最近邻分类器在设计上的一些改变可以帮助实现更有效的分类结果。这是因为由于对特征和类别分布敏感，欧氏函数通常不是最有效的距离度量。建议读者回顾一下第 3 章中关于距离函数设计的内容。无监督和有监督的距离设计方法通常都可以提供更有效的分类结果。两个 d 维点 $\overline{X}$ 和 $\overline{Y}$ 的距离用一个 $d \times d$ 的矩阵 A 来定义，而不采用欧几里得距离度量：

$$Dist(\overline{X}, \overline{Y}) = \sqrt{(\overline{X} - \overline{Y})A(\overline{X} - \overline{Y})^{\mathrm{T}}} \qquad (10.71)$$

如果矩阵 A 是一个单位矩阵，那么这个距离函数与欧氏度量是一样的。选择不同的矩阵 A 可以得到对局部和全局数据分布有更好敏感性的距离函数。下面的小节会讨论不同的矩阵选择。

10.8.1.1 无监督的马哈拉诺比斯距离

第 3 章中介绍了马哈拉诺比斯度量。其中，选择数据集的 $d \times d$ 协方差矩阵的逆矩阵 Σ 作为矩阵 A 的值。矩阵 Σ 的第 (i, j) 的元素表示第 i 维与第 j 维的协方差。因此，马哈拉诺比斯距离的定义如下：

$$Dist(\overline{X}, \overline{Y}) = \sqrt{(\overline{X} - \overline{Y})\Sigma^{-1}(\overline{X}, \overline{Y})^{\mathrm{T}}} \qquad (10.72)$$

马哈拉诺比斯度量能很好地适应不同尺度的维度和不同特征的冗余。即使数据是不相关的，马哈拉诺比斯度量也是很有用的，因为它可以自动地对各种物理量属性的不同范围做出缩放调整，比如年龄和收入。这样的缩放可以确保没有属性会主导距离函数。如果属性是相关的，马哈拉诺比斯度量对不同特征的冗余有很好的解释。然而其主要的缺点是，不能很好地解释数据中不同形状的分布。

⊖ 这种方法也称为 leave-one-out 交叉验证，在 10.9 节中对其进行了详细描述。

10.8.1.2 最近邻线性判别分析

为了使最近邻分类器得到最好的分类结果，距离函数需要考虑不同类的不同分布。例如，在图 10-11 中有两个类 A 和 B，分别用"."和"＊"表示。由 X 表示的测试实例位于属于类别 A 的边界一侧。然而，欧氏度量不能很好地适应类的分布结构，测试实例周围的圆圈内似乎包含了更多来自类别 B 而不是类别 A 的数据。

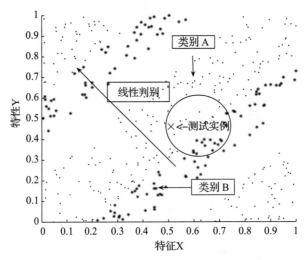

图 10-11　距离函数设计中类别敏感的重要性

解决这个问题的一个方法是，在距离函数中对最大判别方向设置较大的权重，并且在公式 10.71 中选择合适的矩阵 A。在图 10-11 中，形象地表示了最佳的判别方向。10.2.1.4 节中介绍的 Fisher 线性判别可以用来确定这个方向，之后将数据映射到一维空间中。在这个一维空间中，不同的类别可以完全分离开。最近邻分类器在新的投影空间中表现很好。然而这是一个很特殊的例子，只有一维投影表现很好，并不能推广到任意的数据集中。

计算距离的更一般化的方法是采用对类别敏感的方法对不同的方向进行软加权，而不是强硬地选择一个特定的方向。这可以通过在公式 10.71 中选择合适的矩阵来实现。矩阵 A 的选择决定了测试实例近邻的形状。软加权会使圆形的欧氏轮廓变形，这不同于硬性地选择特定方向。在数据集很小的情况下，在不出现过拟合的前提下不能找到最优线性判别方向，此时软加权的方法同样有效。因此，其核心思想是利用矩阵 A 在判别能力弱的方向上"拉伸"近邻点，在判别能力强的方向上"压缩"近邻点。要注意的是，利用一个因子 $\alpha>1$ 使得近邻沿着某个方向被拉伸，等价于通过这个因子降低这个方向的重要性，这是因为这个方向上的距离分量需要除以 α。这其实也是马哈拉诺比斯距离计算时用的方法，只是马哈拉诺比斯距离是无监督的方法，与类别的分布无关。在无监督的马哈拉诺比斯度量情况下，拉伸的程度由矩阵 A 决定，它反比于沿不同方向的方差。在有监督的情况下，我们的目标是拉伸一些方向，从而使得拉伸的程度反比于沿不同方向上的组间方差与组内方差的比值。

令 $\mathcal{D}$ 表示整个数据集，$\mathcal{D}_i$ 是数据集中属于类别 i 的部分。令 $\bar{\mu}$ 表示整个数据集的均值。令 $p_i = |\mathcal{D}_i|/|\mathcal{D}|$ 表示数据点属于类别 i 的比例，$\overline{\mu_i}$ 表示 $\mathcal{D}_i$ 均值的 d 维行向量，$\sum_i$ 表示 $\mathcal{D}_i$ 的

$d \times d$ 的协方差矩阵。然后，缩放后$^{\ominus}$的类内散布矩阵 S_w 定义如下：

$$S_w = \sum_{i=1}^{k} p_i \Sigma_i \qquad (10.73)$$

类间散布矩阵 S_b 的计算方法如下：

$$S_b = \sum_{i=1}^{k} p_i (\overline{\mu_i} - \overline{\mu})^{\mathrm{T}} (\overline{\mu_i} - \overline{\mu}) \qquad (10.74)$$

请注意，矩阵 S_b 是一个 $d \times d$ 的矩阵，因为它是 $d \times 1$ 矩阵与 $1 \times d$ 矩阵的乘积。若要基于类别分布设定距离所需的变形，下面的公式可以给出所需的矩阵 A（在公式 10.71 中使用）：

$$A = S_w^{-1} S_b S_w^{-1} \qquad (10.75)$$

可以证明，选择这样的矩阵 A 可以很好地区分不同的类别，其中每个方向上的拉伸程度反比于沿不同的方向上的类间方差与类内方差的比值。关于前面提到的步骤，读者可以参阅文献注释中提供的指南。

10.9 分类器评估

给定一个分类模型，我们如何量化其在给定数据集上的准确性？这样的量化有多种应用，如分类器有效性的评估、不同模型的比较、针对特定数据集的最佳模型选择、参数调整和在几种元算法（如集成分析）中的使用。最后一个应用将在下一章中介绍。这给评价的方法论和量化的具体方法带来了挑战。这两个挑战如下所示。

1. 方法论问题

方法论问题是将有标签数据分为用于评估的训练和测试两个部分。下面会看到，方法的选择对评价过程的直接影响很明显，如分类精度的低估或高估。有这样几种可能的方法，如holdout、bootstrap 和交叉验证。

2. 量化问题

量化问题是在已经选好用于评估的特定方法论（例如交叉验证）的情况下，度量一个算法的质量。这样的度量包括准确率、代价敏感准确率，或量化真正例和假正例的折中的工作特征曲线。还有其他专门设计用来比较分类器相对性能的数值方法。

下面，这些关于分类器评价的不同方面将会详细展开。

10.9.1 方法论问题

虽然分类问题是对无标签的测试实例而言的，但是最终的评估过程也需要测试实例的关联标签。这些标签对应于标定过的真实数据（ground truth），需要在评估过程中使用，而不是在训练过程中使用。分类器不能使用相同的实例进行训练和测试，这是因为由于过拟合问题，这种方法会使分类器的准确率偏高。理想的情况是对未知的测试实例有很强的泛化能力。

在基准分类模型的训练过程中，经常出现的一个错误是分析人员用测试集来微调分类算法的参数，或是对模型设计做出其他选择。这种方法会高估真正的准确率，因为测试集的知识已经被隐性地用在了训练过程中。在实践中，有标签数据应分为三个部分：有标签数据的

$\ominus$ 未缩放的版本可以通过将 S_w 乘以数据点的数目得到。在一个比例常数下，缩放与否对最终结果没有多大影响。

模型构建部分；有标签数据的验证部分；测试数据。数据的划分如图 10-12 所示。验证部分的数据应用于参数微调或模型选择。模型选择（参见 11.8.3.4 节）是指确定哪个分类算法最适合当前特定的数据集。在这个阶段中，不应该使用测试数据。调整参数后，有时候会在整个训练数据集（包括验证集，但不包括测试集部分）上重新构建分类模型。只有在最后阶段，测试数据才能被用来评估分类算法。注意，如果分析人员根据算法在测试数据集上的最终表现，再次对算法进行某种方式的调整，那么测试集的知识会"污染"所得到的结果。

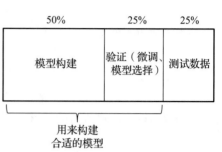

图 10-12   将有标签数据分为参数微调部分和评估部分

本小节讨论如何将有标签数据分为构建和微调模型（如前两部分）的数据和准确评估分类准确率的测试数据（第三部分）。利用本小节中讨论的方法论，同样可以把前两个部分的数据分为第一和第二部分（例如参数调整），虽然我们一贯使用术语"训练数据"和"测试数据"来描述这两部分数据。划分有标签数据的一个问题是，准确率会依赖于数据划分的方式。特别是当有标签数据集很小的时候，会不小心给出一个很小的测试数据集，以至于不能准确地评估训练数据的结果，因此不能用测试集来检测从训练集中学习得来的模型。当有标签数据集较小时，要谨慎采用合适的方法论，从而避免错误的评估。

10.9.1.1　holdout

在 holdout 方法中，带标签的数据被随机地分为两个不相交的集合，分别对应于训练数据和测试数据。通常将大部分数据（比如三分之二或四分之三）作为训练数据，将剩余的数据作为测试数据。可以重复几次这样的采样方法，以获得多个采样数据集用于最终的计算。这种方法存在的问题是，在训练数据中过度表达的类别正好是那些在测试数据中表达不足的。当原始的类别分布不均衡时，这些随机变化会产生显著的影响。此外，由于只将有标签数据的一个子集用于训练，训练数据的整体能力没有反映在误差估计中。因此，得到的误差估计是悲观的。通过在 b 个不同的 holdout 采样数据集上重复这一过程，可以确定误差估计值的均值和方差。方差有助于得到误差的统计置信区间。

使用 holdout 方法的一个问题是类别不均衡的情况。考虑一个包含 1000 个数据点的数据集，其中 990 个数据点属于一个类，10 个数据点属于另一个类。在这种情况下，采样 200 个数据点作为测试集，甚至可能不含一个属于稀有类的数据点。显然，在这种情况下很难估计分类的准确率，尤其是当使用代价敏感准确率度量指标来衡量不同类别时。因此，一个合理的方式是在 holdout 方法中以相同的比例、独立地对两个类别采样。因此，在第一个类别中会采样 198 个数据点，在稀有类中会采样 2 个数据点作为测试数据集。这样的方法保证了在训练集和测试集上，各个类都有相同程度的代表性。

10.9.1.2　交叉验证

在交叉验证中，有标签的数据被分为 m 个大小相等的不相交子集，每个子集大小为 n/m。m 取值通常在 10 左右。这 m 个数据片段，其中一个作为测试集，另外 $(m-1)$ 个作为训练数据集。分别将这 m 个片段中的一个作为测试数据集。训练数据集的大小为 $(m-1)n/m$。当 m 取值很大、几乎等于有标签数据集大小时，计算误差接近于从原始训练数据中得到的结果，但这时测试数据集比较小（只有 n/m 大小）。然而，由于在 m 个不同的测试集中每个有标签实例仅出现一次，因此交叉验证的整体准确率往往有很好的代表性。一个特殊情况是 m 取值为 n。这样的话，$(n-1)$ 个样本用于训练，1 个样本用于测试。那么就会有 n 个不同的方式选择测试样本，最后取 n 个结果的平均值。所以，这种情况也称为 leave-one-out 交叉验证。对于大数据集，这种特殊情况的代价会很大，因为它需要进行 n 次训练过程。不过，这样的方法特别适用于即时学习方法，例如最近邻分类器，因为它训练模型的时候不需要提前构造好模型。通过重复 b 次这样的 m 路数据拆分，可以得到误差估计的均值和方差。方差有助于确定错误的统计置信区间。分层交叉验证（stratified cross-validation）方法是在 m 个不同的片段中每个类别的实例成比例地出现，这个方法得到的结果通常不那么悲观。

10.9.1.3　bootstrap

在 bootstrap 方法中，对有标签数据进行有放回（with replacement）的均匀采样，生成的训练数据集很可能会包含重复的数据。对 n 个有标签数据有放回地采样 n 次。这样得到的训练数据集与原来的有标签数据集一样大。然而，训练数据集经常会有重复的数据，并且会错过原始有标签数据中的一部分数据。

一个特定的数据点不被包含在样本集内的概率为 $(1-1/n)$。因此，该数据点不被包含在 n 个采样样本中的概率为 $(1-1/n)^n$。当 n 很大时，表达式的计算结果近似为 $1/e$，其中 e 是自然对数的底。因此，一个有标签数据至少出现在训练数据集中一次的概率为 $1-1/e \approx 0.632$。训练模型是建立在含有重复数据点的 bootstrap 采样之上的。把包含所有有标签数据的原始数据集作为测试样本，计算整体的准确率。因为训练样本与测试样本有很大的重合，所以这个计算很接近于真实的分类器的准确率。事实上，若使用 1 邻居最近邻分类器，对于包含于 bootstrap 采样样本中的任何数据点，总能得到 100% 的准确率，所以这种评估在很多情形下是不现实的。在 b 个不同的 bootstrap 采样中重复进行这个过程，可以确定误差估计的平均值和方差。

一个更好的方法是使用 leave-one-out bootstrap。在这种方法中，每个有标签实例 $\overline{X}$ 的准确率 $A(\overline{X})$ 只根据 bootstrap 样本（不含 $\overline{X}$）的子集上的分类器性能来计算。leave-one-out bootstrap 的整体准确率 A_l 为所有有标签实例 $\overline{X}$ 的 $A(\overline{X})$ 的平均值。这种方法得到是一种悲观的准确度估计。0.632-bootstrap 可以通过一种"折中"的方法来提高准确率。先计算在所有 b 个 bootstrap 样本集上的平均训练数据准确率 A_t。这种方法得到的准确率是非常乐观的估计。例如，对于 1 邻居最近邻分类器，A_t 总能达到 100%。整体的准确率 A 是 leave-one-out 准确率和训练数据准确率的加权平均值：

$$A = (0.632) \cdot A_l + (0.368) \cdot A_t \qquad (10.76)$$

尽管进行了折中，0.632-bootstrap 这样的估计通常仍是乐观的。当有标签数据集较小的时候，bootstrap 方法会更加合适。

10.9.2　量化问题

本小节将讨论确定分类器的训练和测试数据集之后，如何量化分类器的准确率。根据分类的输出结果，这里有几种准确率的度量指标。

1）在大多数分类器中，输出是对测试实例标签的预测。在这种情况下，测试实例标定的真实标签会与预测的标签进行比较，从而得到分类器的整体准确率。

2）在许多情况下，输出为测试实例属于每一个类别的概率的数值型得分。比如贝叶斯分类器的输出就是测试实例的概率。作为惯例，假设属于一个类的分数越大，则属于该类别的可能性就会越大。

下面将讨论在这两种情况下量化准确率的方法。

10.9.2.1 类标签输出

当输出以类标签的形式表示时，标定好的真实标签会与预测到的标签进行比较，从而得到下面的度量指标。

1. 准确率

准确率是测试实例的预测值与真实值一致的比例。

2. 代价敏感准确率

在进行准确率比较时，并不是在所有的情况下所有的类都是同等重要的。在类不均衡的情况下这点特别重要，这将在下一章中详细讨论。例如，考虑一个例子，将肿瘤分类为恶性或良性，前者比后者少得多。与后者的误判相比往往更不希望发生前者误判。通常对不同类的误分类加上不同的代价 $c_1, \cdots, c_k$，以实现不同误分类的量化。让 $n_1, \cdots, n_k$ 表示测试实例属于每一个类别的数量。此外，用 $a_1, \cdots, a_k$ 表示测试实例的子集中属于每一个类别的准确率（用比例表示）。然后，整体的准确率 A 可以计算为在各个类别上的准确率的加权组合：

$$A = \frac{\sum_{i=1}^{k} c_i n_i a_i}{\sum_{i=1}^{k} c_i n_i} \qquad (10.77)$$

当代价系数 $c_1, \cdots, c_k$ 相同时，代价敏感准确率和不加权的准确率一样。

除了准确率，模型的统计鲁棒性也是一个重要的问题。例如，如果两个分类器在少量的测试实例集上训练并进行比较，那么两者在准确率上的差异很可能是随机变化的值，而不是两个分类器之间真正的统计意义上的差异。因此设计度量两个分类器优劣的统计度量指标很重要。

大多数统计方法如 holdout、bootsrap 和交叉验证，进行 $b > 1$ 次不同的随机采样过程，从而得到准确率的多次估计值。为了进一步的讨论，我们假设使用 b 轮不同的交叉验证（即 b 次 m 路的划分）。令 $\mathcal{M}_1$ 和 $\mathcal{M}_2$ 表示两个模型。$A_{i,1}$ 和 $A_{i,2}$ 分别表示模型 $\mathcal{M}_1$ 和 $\mathcal{M}_2$ 在第 i 次交叉验证中得到的准确率。对应的准确率差值 $\delta a_i = A_{i,1} - A_{i,2}$。这样就可以得到 b 个计算结果：$\delta a_1, \cdots, \delta a_b$。请注意，$\delta a_i$ 可能是正值也可能是负值，这取决于在当前轮次的交叉验证中哪个分类器性能占优。令两个分类器准确率差值的平均数用 ΔA 表示。

$$\Delta A = \frac{\sum_{i=1}^{b} \delta a_i}{b} \qquad (10.78)$$

准确率差值的标准差 σ 可估计如下：

$$\sigma = \sqrt{\frac{\sum_{i=1}^{b} (\delta a_i - \Delta A)^2}{b-1}} \qquad (10.79)$$

注意，ΔA 的符号告诉我们哪个分类器优于另一个。例如，如果 $\Delta A > 0$，说明模型 $\mathcal{M}_1$ 比 $\mathcal{M}_2$ 有更高的平均准确率。在这种情况下，我们希望得到关于置信度（或概率值）的统计度量指标，以显示 $\mathcal{M}_1$ 的确比 $\mathcal{M}_2$ 要好。

这里的想法是假设不同的样本 $\delta a_1, \cdots, \delta a_b$ 是正态分布采样的。因此，这种分布的估计均值和标准差分别由 ΔA 和 σ 定义。因此根据中心极限定理，b 个样本的估计均值 ΔA 的标准差为 $\sigma / \sqrt{b}$。然后，标准偏差 s 是 ΔA 与 break-even 准确率差值 0 的函数，计算如下：

$$s = \frac{\sqrt{b}\,|\Delta A - 0|}{\sigma} \tag{10.80}$$

当 b 较大时，零均值和单位方差的标准正态分布可以用来量化一个分类器真正优于其他分类器的概率。在标准正态分布对称的尾部区域的任意一侧的概率，超过远离均值的标准方差，对应的概率说明这个偏差不显著，可能是偶然情况所导致的。用 1 减去这个概率，可以得到一个分类器真正优于其他分类器的置信度。

对于较大的 b 值，往往计算上代价很大。在这种情况下，不太可能使用少量的 b 个样本来很好地估计标准差 σ。对于这种情况，将不再使用正态分布，而是使用用 $(b-1)$ 个自由度的 t 分布。该分布与正态分布非常相似，但它有更宽的尾部区域来表示更大的估计不确定性。事实上，对于较大的 b 值，$(b-1)$ 个自由度的 t 分布会收敛于正态分布。

10.9.2.2 数值型输出

很多时候，分类算法对于每一个测试样本及其标签的输出是数值型的。当数值型返回值可以合理地在不同测试样本之间进行比较时（比如贝叶斯分类器返回的概率值），可以根据测试样本属于某个类的相对趋势来比较不同的测试样本。当我们关心的类是少见类时这种情况经常出现。在这些情况下，采用二分类是有意义的，其中一个类是正类，另一个类是负类。下面的讨论和 8.8.2 节中对于异常点的有效性度量的讨论相似。这种相似性是由于异常点的有效性度量与分类器的评估是完全相同的。

采用数值型分数的好处是它在权衡哪些点为正类上具有较大的灵活性。这个可以通过对正类的数值分数设定一个阈值来定义二元类标签。如果阈值设置得过高以减少预测为正类的实例，那么算法会错分一些真正例（假负例）。如果阈值设置得过于宽松，这会导致过多的假正例。这导致了假正例与假负例之间的权衡。真正的问题在于正确的阈值在真实场景中是不知道的。然而，整体的权衡度量可以用一系列的方法体现，两种不同的算法可以在整体权衡曲线下进行比较。这些度量曲线有精度-召回率曲线和 ROC 曲线。

对于基于预测为正类的数值上的给定阈值 t，将预测的正类集合标记为 $\mathcal{S}(t)$。随着 t 的变化，$\mathcal{S}(t)$ 的大小也发生变化。定义 $\mathcal{G}$ 为数据集合中的正类集合。因此，对于任何给定的阈值 t，**精度**（precision）可以定义为预测为正类且本身为正类的样本数目所占百分比。

$$Precision(t) = 100 * \frac{|\mathcal{S}(t) \bigcap \mathcal{G}|}{|\mathcal{S}(t)|}$$

由于在上式中分子和分母可能会随着 t 的值而发生变化，因而精度不能保证是 t 的单调函数。**召回率**（recall）可以定义为在阈值为 t 时在所有正例中分类器识别出来的正例所占的比例。

$$Recall(t) = 100 * \frac{|\mathcal{S}(t) \bigcap \mathcal{G}|}{|\mathcal{G}|}$$

虽然精度和召回率之间存在天然的权衡，但这种权衡并不一定单调。F_1 度量是统一精度和召回率的一种度量指标，其为精度和召回率的调和平均数。

$$F_1(t) = \frac{2 \cdot Precision(t) \cdot Recall(t)}{Precision(t) + Recall(t)}$$ （10.81）

尽管 F_1 度量比精度和召回率提供了更好的度量分类器性能的方式，但是它的值与 t 相关，因而不是精度与召回率权衡的全面度量。通过改变阈值 t 的值，描点做出精度和召回率的图像，可以观测出分类器在精度和召回率之间的权衡。在随后的例子中，我们可以看到因为精度函数没有单调性而导致结果非常难以从直观上进行解释。

另一种对于精度和召回率的权衡的更直观的解释采用了 ROC 曲线。**真正率**（true-positive rate，TPR）与召回率的定义相同，其定义为当阈值为 t 时，在所有正例中预测的正例所占的比例。

$$TPR(t) = Recall(t) = 100 * \frac{|\mathcal{S}(t) \bigcap \mathcal{G}|}{|\mathcal{G}|}$$

假正率（false-positive rate，FPR）定义为错误预测为正例的负例占整个负例集合的比例。因此，给定数据集合 $\mathcal{D}$ 和正例集合 $\mathcal{G}$，该度量的形式化定义如下：

$$FPR(t) = 100 * \frac{|\mathcal{S}(t) - \mathcal{G}|}{|\mathcal{D} - \mathcal{G}|}$$ （10.82）

ROC 曲线是以 $FPR(t)$ 为 x 轴、以 $TPR(t)$ 为 y 轴的关于 t 的曲线。注意，ROC 曲线的终点总是在 (0, 0) 和 (100, 100) 处，随机分类器通过 ROC 曲线的对角线展现其性能。对角线向上升起的部分说明了该方法的准确率。ROC 曲线以下的部分提供了度量特定方法的定量描述。

为了解释从不同的表示方式中获得的知识，给定一个含有 100 个点的集合，其中有 5 个点属于正类。算法 A 和 B 对数据集中的所有点从 1 到 100 进行排序，小数值表示具有较大的可能性被预测为正类。因此，真正率和假正率可以通过对 5 个正类点的预测值进行排序来计算。在表 10-2 中列举了 5 个正例在两个算法下的假设排名，表中也包含了采用随机方式对 5 个正类产生的数值，还给出了正确预测 5 个正类的完美排名。由表得出的 ROC 曲线如图 10-13a 所示。对应的精度和召回率曲线如图 10-13b 所示。尽管精度和召回率曲线的直观性不如 ROC 曲线，但是不同算法间的相对趋势在两种情况下是相同的。一般而言，ROC 曲线可以更简单地将算法性能与随机分类器性能进行比较，因而用途更加广泛。

表 10-2　真正例的排名

算　法	正例的排名	算　法	正例的排名
算法 A	1, 5, 8, 15, 20	随机算法	17, 36, 45, 59, 66
算法 B	3, 7, 11, 13, 15	完美预测	1, 2, 3, 4, 5

我们可以从上述曲线获得什么结论？当一条曲线在所有时候都比另一条曲线更优时，前者对应的算法就是更优的。例如，很显然，完美预测要比所有算法都好，随机算法要比所有其他算法都差。另外，算法 A 和算法 B 的曲线没有完全包含。在这种情况下，很难说一种算法严格优于另一种算法。从表 10-2 可以看出，对于前三个正例，算法 A 的识别比较好，而对于后两个的识别比较差。对于算法 B 而言，尽管五个正例可以较早的确定但是识别最好的正例的排名没有算法 A 好。因此，相对于算法 B 而言算法 A 在前期具有较大的优势但是算法 B 在后半曲线上优势较大。因此，可以通过计算 ROC 曲线以下的面积作为算法整体性能的度量。

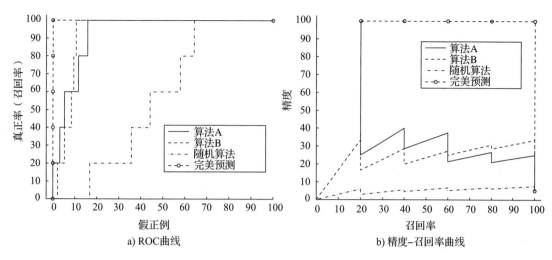

图 10-13   ROC 曲线与精度 – 召回率曲线

10.10   小结

数据分类问题可以认为是数据聚类问题的监督版本，其中预定义的分组被提供给学习器。将此预定义的分组用于训练分类器，以将未知的测试用例分类成组。数据分类模型种类繁多。

决策树为训练数据创建了一种层次模型。对于每个测试实例，使用与之对应的树上的最优路径来进行分类。树上的每条路径可以看作一个分类规则。基于规则的分类器可以看作泛化的决策树，它的分类不必限制数据必须具有层次结构。因此，可以使用多个相互冲突的规则来覆盖相同的训练实例或测试实例。概率分类器是将特征值映射到具有概率的未知测试实例。使用朴素贝叶斯规则或逻辑函数可以进行有效的概率估计。SVM 和神经网络是线性分类器的两种形式，但是两者优化的目标函数是不同的。对于 SVM，使用了最大间隔原则，而对于神经网络，预测值的最小二乘误差是近似优化的。分类器中基于实例的学习方法是指推迟学习分类的时间，而不是让急切的学习者预先就建立分类模型。基于实例的学习最简单的形式是最近邻分类器。通过使用不同类型的距离函数和以局部为中心的模型，基于实例的学习方法可以有很多变化。

分类器的评估对于测试不同模型的相对有效性具有重要的作用。许多模型，如 holdout 验证、分层采样、bootstrap 法和交叉验证已在本章中提及。分类器的评估有两种方法：标签分配或数值评分。对于标签分配，可以使用准确率或代价敏感准确率。对于数值评分，可以用 ROC 曲线来量化真正率和假正率之间的差异。

10.11   文献注释

数据挖掘、机器学习和模式识别社区对数据分类问题进行了广泛的研究。关于这些主题的书籍可从这些社区 [33, 95, 189, 256, 389] 中获得。关于数据分类主题的两个综述可以在 [286, 330] 中找到。最近的一本书 [33] 包含了数据分类各个方面的综述。

特征选择是数据分类中的一个重要问题，它要保证模型在训练时不为数据中的噪声所干扰。两本关于特征选择的书可以在 [360, 366] 中找到。Fisher 判别分析首次在 [207] 中提出，它与线性判别分析中的数据正态分布的假设 [379] 相比，有些许的不同。最著名的决策树算法有 ID3 算法[431]、C4.5[430] 和 CART[110]。决策树方法也可以应用在多元分割[116] 的场景下，不过这些方法的计算更耗时。关于决策树算法的综述可以在 [121, 393, 398] 中找到。决策树可以转换成基于规则的分类器，其中的规则是互斥的。例如，C4.5 决策树方法可以扩展为 C4.5rules 算法[430]。其他流行的基于规则的系统包括 AQ[386]、CN2[177] 和 RIPPER[178]。本章中的大部分讨论都是基于这些算法的。此外，流行的联想分类算法包括 CBA[358]、CPAR[529] 和 CMAR[349]。在 [149] 中讨论了关于判别模式的分类方法。最近一个基于模式的分类算法的综述可以在 [115] 中找到。在 [187, 333, 344] 中，详细讨论了朴素贝叶斯分类器。[344] 中的工作特别显著，它提供了一种对朴素贝叶斯假设的理解与阐释。在 [33] 的第 3 章中，简要讨论了逻辑回归模型。更详细的讨论可以在 [275] 中找到。

关于 SVM 主题的许多书籍可以在 [494, 449, 478, 155] 中找到。关于 SVM 的一个很好的教程可以在 [124] 中找到。关于拉格朗日松弛技术解决二次优化问题的详细讨论，可以在 [485] 中找到。[133] 指出，相关文献似乎在很大程度上忽略了 SVM 的原始方法的优势。有这样的误解：内核函数的技巧只适用于对偶。事实上该技巧也可以应用到原始形式上[133]。关于 SVM 的内核函数的讨论可以在 [451] 中找到。关于内核函数的其他应用，如非线性 k-means 和非线性 PCA，在 [173, 450] 中讨论。感知器算法归功于 Rosenblatt[439]。在 [96, 260] 中，详细讨论了神经网络模型。反向传播算法也在这些书中有详细描述。最早的基于实例的分类器在 [167] 中讨论。随后，该方法被扩展到符号属性[166]。关于基于实例的分类器的两个综述可以在 [14, 183] 中找到。在 [216, 255] 中讨论了最近邻分类的局部方法。广义的基于实例的学习方法已经在许多领域（如决策树[217]、基于规则的方法[347]、贝叶斯方法[214]、SVM[105, 544] 以及神经网络[97, 209, 281]）中得到了研究。分类器评价的方法在 [256] 中进行了讨论。

10.12   练习题

1. 计算表 10-1 的整个数据集中两个类的基尼系数。计算数据集中年龄不小于 50 岁的部分的基尼系数。

2. 用熵准则重复计算上一题。

3. 阐述如何构建一个基于规则的（可能过拟合的）分类器，使之在训练集上有 100% 的准确率。假设任意两个训练样例的特征变量值都不相同。

4. 借用 SVM 的最大软间隔分割准则设计单变量决策树。假设这棵决策树被泛化到多变量的情况下。比较由此产生的决策边界与 SVM 的有何不同。哪一个分类器能更准确地处理更大的数据集？

5. 与决策树相比，基于规则的分类器的优势有哪些？

6. 证明 SVM 是基于规则的分类器的特例。设计一个基于规则的分类器，它能使用 SVM 创建一个有序的规则列表。

7. 实现一个关联模式分类器，其中只有最大模式用于分类，将规则集的多数标签结果作为测试实例的标签。

8. 假设训练数据是 d 维的数值数据，已知属于类别 i 的数据实例 $\overline{X}$ 的概率密度正比于 $e^{-\|\overline{X}-\overline{\mu_i}\|}$，这里 $\|\cdot\|$ 是曼哈顿距离，$\overline{\mu_i}$ 对每个类别已知。在这种情况下，如何实现贝叶斯分类器？如果是 $\overline{\mu_i}$ 未知的，答案该如何变化？

9. 解释规则集合的互斥性和穷尽性的关系。为什么规则集合需要顺序？为什么要设置某个类为默认的类别？

10. 考虑"年龄 >40 ⇒ 捐献者"和"年龄 ≤ 50 ⇒ ¬ 捐献者"。这两条规则是互斥的吗？这两条规则是穷尽的吗？

11. 对于表 10-1 的例子，确定每个类别的先验概率。确定年龄至少为 50 的情况下每个类的条件概率。

12. 实现朴素贝叶斯分类器。

13. 对于表 10-1 的例子，提供一个单一的线性可分超平面。这个超平面是唯一的吗？

14. 考虑一个包含四个点的数据集，这四个点位于正方形的四角上。一条对角线上的两个点属于一个类，另一条对角线上的两个点属于另一个类。这个数据集是线性可分的吗？证明你的结论。

15. 提供一个系统的方法来在一个标记的数据集中确定两个类别是否是线性可分的。

16. 对于带有 hinge 损失软 SVM 公式，证明：

（a）与硬 SVM 一样，权重向量是由公式 $\overline{W} = \sum_{i=1}^{n} \lambda_i y_i \overline{X_i}$ 计算得出的。

（b）与硬 SVM 一样，需满足条件 $\sum_{i=1}^{n} \lambda_i y_i = 0$。

（c）拉格朗日乘子满足 $\lambda_i \leq C$。

（d）拉格朗日对偶和硬 SVM 中的一样。

17. 证明：通过对数据集进行适当的预处理，有可能将偏置参数 b 从 SVM 的决策边界中忽略掉。换言之，决策边界中现在是 $\overline{W} \cdot \overline{X} = 0$。在 SVM 的拉格朗日对偶优化的梯度上升方法中，消除偏差参数的影响是什么？

18. 证明：$n \times d$ 的数据矩阵通过预先与 $n \times n$ 的矩阵 $(I - U/n)$ 相乘，能被均值中心化，其中单位矩阵 U 中（对角）元素全部是 1。证明：对于均值中心化的数据，$n \times n$ 的内核矩阵 K 能在转换后的空间中被调整为 $K' = (I - U/n)K(I - U/n)$。

19. 考虑两个分类器 A 和 B。在一个数据集上，10 份交叉验证表明分类器 A 比 B 要好 3%，并在 100 次交叉验证后得出标准差为 7%。在另一个数据集上，分类器 B 比 A 要好 1%，并在 100 次验证后得出标准差为 0.1%。基于这些信息，哪个分类器更优？为什么？

20. 提供一个非线性变换，能使练习题 14 的数据集线性可分。

21. 令 S_w 和 S_b 为 10.2.1.3 节中为二元分类问题所定义的。假设这两个类出现的比例分别是 p_0 和 p_1。证明 $S_w + p_0 p_1 S_b$ 等于数据集的协方差矩阵。

数据分类：高级概念

"标签是归档记录时用的，是标记衣物的，不是标记人的。"

——Martina Navratilova

11.1 引言

这一章专注在分类问题的高级场景上，包括困难的和特殊的分类问题，以及使用额外的输入或者数个分类器的组合来改进分类算法多种方法。这一章中讨论的问题可以分为两类。

- **困难的分类场景**：分类问题在很多情况下具有更大的挑战性，包括多类别场景、稀有类别场景以及训练数据规模庞大的情况。
- **分类算法的扩展**：分类算法可以通过使用额外的以数据为中心的输入、以用户为中心的输入或者多个模型来进行扩展。

我们讨论的困难分类场景包括。

1. 多类别学习

尽管包括决策树、贝叶斯方法和基于规则的分类器在内的许多分类器可以直接用于多类别学习，但还有一些分类器（例如 SVM）本来只是被设计用来解决二元分类问题。因此设计了一些元算法（meta-algorithm）来使这些二元分类器适用于多类别学习。

2. 稀有类别学习

正例和负例的数量可能是不均衡的，也就是说，数据集中可能只包含了少量的正例。直接使用传统的分类方法通常会导致分类器将所有的实例分类为负例。在这种不均衡的情况下，这样的分类器不能提供太多的信息，因为将稀有类别错误分类的代价远高于将普通类别错误分类的代价。

3. 可扩展的学习

典型训练数据集的规模在近年间已经显著增加。因此，设计的模型能够以可扩展的方式进行学习是很重要的。在数据不能常驻内存的情况下，设计的算法能够尽可能少地访问硬盘也是很重要的。

4. 数值型类别变量

书中大部分讨论都假设类别变量是分类型（categorical）的。当类别变量是数值型（numeric）的时，分类算法需要进行适当的修改。这个问题也称为**回归建模**。

使用更多的训练数据或者同时使用大量的分类模型可以提高学习的准确性，其他方法也可以用来改进分类算法。例如以下这些。

1. 半监督学习

在一些情况下，用未标注的数据来提高分类器的效果。尽管未标注的数据不包含任何关于标记分布的信息，但它包含了大量关于潜在数据的流形（见 3.2.1.7 节）和聚类结构的信息。因为分类问题是聚类问题的监督式版本，这种关联可以用来提高分类精度。核心思路是，在大部分的真实数据集中，数据稠密区域中的标记以一种平滑的方式在改变。而确定数据中的稠密区域仅仅需要未标注的数据。

2. 主动学习

在现实环境中，获取标记的成本通常是昂贵的。在主动学习中，用户（或者先知（oracle））活跃地参与了确定哪些实例最具信息量、哪些标记应该获取的过程。通常而言，这些实例给用户提供了更多关于数据中不确定区域的精确知识，在这些区域中数据标记的分布是未知的。

3. 集成学习

类似于聚类问题和异常检测问题，集成学习使用多个模型的力量来为分类过程提供更鲁棒的结果。这么做的动机与聚类问题和异常检测问题中的动机是相似的。

本章内容的组织结构如下：11.2 节解决多类别问题；11.3 节介绍稀有类别学习的方法；11.4 节介绍可扩展分类的方法；11.5 节讨论对于数值型类别变量的分类；11.6 节介绍半监督学习的方法；11.7 节讨论主动学习的方法；11.8 节提出集成学习的方法；11.9 节给出本章小结。

11.2　多类别学习

有些模型（例如 SVM、神经网络和逻辑回归）本来是为二元分类场景设计的。尽管可以将这些方法直接推广到多类别的情况，但若能设计一种框架，将各类二元方法嵌入其中就可以进行多类别分类，将会很有帮助。这样的框架称为元算法，它将一个二元分类算法 $\mathcal{A}$ 作为输入，并使用它来进行多标记预测。有许多策略可以用来将二元分类器转化为多标记分类器。在接下来的讨论中，我们假设分类器的数量为 k。

第一种策略是"一对多"（one-against-rest）方法。这种方法会创建 k 个不同的二分类问题，每个问题对应不同的类别。在第 i 个问题中，将第 i 个类别作为正例的集合，将所有剩余的实例都作为负例。二元分类器 $\mathcal{A}$ 被用在每一个训练数据集上。总共会创建 k 个模型。如果第 i 个问题的预测为正类，那么第 i 个类别将得到一票。否则，剩下的所有类别都将得到一票。在实际情况中，可能会有多个模型预测某个实例属于正类，这可能会导致平局。为了避免平局，我们可以使用分类器的数值输出（例如贝叶斯后验概率）来对投票进行加权。将得到最高数值分数的类别选为预测结果。注意，用于投票加权的数值分数的选择取决于所使用的分类器。直观上而言，这个分数代表了分类器选择某个特定标记的置信度。

第二种策略是"一对一"（one-against-one）方法。在这种策略中，我们会为 $\binom{k}{2}$ 个类别对中的每一对构建一个训练数据集。二元分类器 $\mathcal{A}$ 被用在每一个训练数据集上。这样，总共会有 $k(k-1)/2$ 个模型。对于每个模型，预测结果会为胜者提供一票。得票最多的类别标记会成为最终的胜者。初看起来，这种方法的计算量更大，因为相比于之前的 k 个分类器，它需要训练 $k(k-1)/2$ 个分类器。然而在"一对一"方法中，每个训练集的规模更小，这会减少计算成本。具体而言，后者训练数据集的规模平均下来近似等于"一对多"方法中所使用的训练数据集的规模的 $2/k$。如果每个分类器的运行时间与训练点数量的比例是超线性的，那么这种方法的总体运行时间实际上可能比第一种仅需要训练 k 个分类器的方法的运行时间要少。对于使用内核函数的 SVM 分类器，这是常见的情况：它的运行时间与训练点数量的比例是高于线性的。注意，内核矩阵的规模随着训练点数量的增加呈二次增长。"一对一"方法也可能会导致不同类别得到同样的票数，从而产生平局。在这种情况下，分类器的数值分数输出可以用来为不同类别的得票进行加权。与之前的情况一样，数值分数的选择取决于基础分类模型的选择。

11.3 稀有类别学习

在许多应用中，类别的分布都是不均衡的。考虑这样的场景：每个数据点代表了信用卡的激活情况，它的标记可以是"正常的"或者"欺诈性的"。在这种情况下，类别的分布通常是非常不均衡的。例如，可能 99% 的数据点都是正常的，只有 1% 的数据点是欺诈性的。由于正常类别占有优势，因此直接应用分类算法可能会导致误导性的结果。

考虑一个测试实例 $\overline{X}$，它最近的 100 个邻居包含了 49 个稀有类别的实例和 51 个正常类别的实例。在这种情况下，很明显这个测试实例被很大比例的与期望相关的稀有类别的实例所包围。然而，一个 $k = 100$ 的 k 近邻分类器会把测试实例 $\overline{X}$ 分类为正常类别。这样的分类器不能提供有用的结果，因为它的行为类似于把每个实例都分类为正常类别的简单分类器。

这种行为不限于最近邻分类器。贝叶斯分类器会得到有偏见的、更青睐于普通类别的先验概率。决策树会难以把稀有类别的实例分离出来。因此大部分的这些分类器，如果不进行适当的修改，都会把许多稀有类别的实例分类为占多数的那个类别。有趣的是，即使一个把所有实例标注为正常类别的简单分类器依然拥有很高的绝对精度。然而在这样的应用领域中，在稀有类别上取得更高的分类精度更为重要。这是因为对于这些与稀有类别检测有关的应用，错误分类一个稀有类别实例的代价远高于错误分类一个正常类别实例的代价。例如，在之前关于信用卡的场景中，相比于错误地警告用户他们的卡片有可疑行为，将欺诈行为当作正常行为会给信用卡公司带来更大的损失。

这些观察告诉我们，稀有类别学习的算法需要有一个明确的机制来提升稀有类别的重要性。我们用一个损失矩阵（cost-matrix）$C(i, j)$ 来实现这个机制，这个矩阵量化了将类别 i 误分类为类别 j 的损失（$i \neq j$）。在实践中，对于多类别问题，我们通常难以得到完整的 $k \times k$ 的误分类概率矩阵。因此，相比于考虑源类别 – 目标类别对（source-destination pair），我们可以将错误分类的代价简化为只与源类别有关。换句话说，把类别 i 错误分类的代价记为 $C(i)$，不用考虑到底将它错误地预测成了哪个类别 j。通常而言，误分类一个稀有类别实例的代价远高于误分类一个正常类别实例的代价。因此，我们的目标变成了最大化按损失加权后的精度，而不是绝对精度。

幸运的是，对已有的分类算法进行适当的修改就可以实现这些目标。例如我们可以进行以下的修改。

1. 样例重加权

不同类别的训练样例将会根据它们的误分类损失重新进行加权。相对于普通类别的样例，这种方法会自然偏向于更精确地分类稀有类别的样例。因此，我们需要修改分类算法使得它在样例加权的情况下可以工作。

2. 样例重采样

对不同类别的样例重新采样，降采样正常类别，而超采样稀有类别。在这种情况下，我们可以直接使用未考虑权重的分类器。

这两种方法将在接下来的小节中进行讨论。

11.3.1 样例重加权

在这种情况下，将根据样例的损失来成比例地对其设置权重。原始分类问题的目的是最大化精度，类似地，加权问题的解决方案也将最大化按损失加权后的精度。因此，将所有属于第 i 个类别的实例的权重设置为 $C(i)$。在大部分情况下，需要进行的改动相对较小。下面将简要地介绍不同分类算法需要进行的改动。

1. 决策树

权重可以很容易地被合并进决策树算法中。决策树的分割条件需要计算 Gini 系数或者熵，它们都可以在样例具有权重的情况下进行计算。Gini 系数和熵都是与训练样例的类别分布成正比的函数。这个类别分布的比例可以使用样例的权重进行计算。剪枝过程也可以修改为度量去除节点对加权精度的影响。

2. 基于规则的分类器

顺序覆盖算法和决策树的构造是类似的。主要的区别在于规则生长的条件。度量方式（例如拉普拉斯度量和 FOIL 信息熵）使用了规则所覆盖的正例和负例的原始数量。在这种情况下，加权后的样例数量被用来代替样例的原始数量。规则剪枝使用加权后的精度来度量结合剪枝的影响。对于关联分类器，需要将实例的权重用在支持率和置信度的计算中。

3. 贝叶斯分类器

贝叶斯分类器的实现事实上和未加权的版本是基本一样的，关键的区别在于概率估计的过程。类别的先验概率以及特征的条件概率现在使用实例的权重值来进行计算。

4. SVM

一个有趣的情况是，样例的加权不会影响硬间隔的 SVM，因为支持向量并不依赖于样例的权重。不过在实践中我们通常使用软间隔。在这种情况下，可以对目标函数中的松弛惩罚项适当地加权，这会导致软 SVM 的原始问题和对偶问题都需要进行相应的修改（见练习题 3 和 4）。这通常会导致 SVM 的边界往正常类别的一边移动。这保证了较少的稀有类别会因为违反间隔而受到（大量的）惩罚，但较多的正常类别会因此而受到惩罚。这使得分类器不太可能错误地误分类稀有类别的样例，但更有可能误分类普通类别的样例。

5. 基于实例的方法

在确定给定实例的 m 近邻后，它们对不同的类别所进行的投票将会得到加权。

因此，大部分的分类器可以通过相对较小的改动来适应加权后的情况。加权技术的优势是它使用原始训练数据进行工作，因此和操纵训练数据的采样方法相比，它没那么容易发生过拟合。

11.3.2 样例重采样

在自适应的重采样中，为了增强稀有类别对分类模型的影响，不同的类别会进行不同的采样。采样可以是重置采样也可以是不重置采样。可以超采样稀有类别，也可以降采样正常类别，或者两者同时进行。分类模型将在重新采样后的数据上进行学习。采样概率通常和误分类的损失成正比。这可以增加在用于学习的样例中稀有类别损失所占的比例。这种方法普遍适用于多类别的场景。我们通常发现，正常类别降采样比稀有类别超采样更有优势。因为当我们使用降采样时，训练数据的规模会比原始数据集更小，这会带来更高的学习效率。

在方法的一些变种中，所有稀有类别的实例会和一小部分正常类别的实例结合起来使用。这也称为**单向选择**（one-sided selection）。这种做法的逻辑是，稀有类别的实例是非常珍贵的，因此不应该进行任何形式的采样。相对于超采样，降采样有数种优势，原因如下：

1）在更小的训练数据集上构造模型会消耗更少的时间。

2）对于建模而言，正常类别的样例不那么重要，而更有价值的所有稀有类别样例都应该被包含进建模过程中。因此，丢弃的样例并不会明显影响模型的效果。

11.3.2.1　加权和采样的关系

我们可以这样理解重采样方法：它根据数据的权重成比例地进行采样，之后平等对待所有的样例。因此，尽管采样方法有着较大的随机性，但这两种方法还是基本等价的。而直接基于权重的方法通常更加可靠，因为它不存在随机性。另外，采样可以和装袋之类的集成方法天然地结合起来，从而提高精度（参阅 11.8 节）。此外，因为采样得到了一个更小的数据集，所以它还具有独特的效率优势。例如，在一个稀有类别与正常类别的比例为 1:99 的数据集中，当我们重采样至数据由稀有类别和正常类别均匀混合而成时，重采样技术可以显著地将数据集规模缩减为原始数据的 2%。这样的重采样使得性能提升了 50 倍。

11.3.2.2　合成超采样：SMOTE

对占少数的类别进行超采样的一个问题是，大量的重置采样会得到代表同一个数据点的许多重复样例。重复的样例会导致过拟合问题，从而降低分类的精度。为了解决这个问题，近来的一种方法是使用合成超采样，这种方法通过合成样例使得样例间不会重复。

这种名为 SOMTE 的方法的工作原理如下。对于每个少数类别的实例，我们找到和它属于同一类别的 k 近邻实例。之后，根据超采样要求的程度，随机选出它们中的一部分。对于每个采样得到的样例 – 邻居对（example-neighbor pair），一个合成的数据样例将会从连接这个少数类别的实例至它最近邻的线段上生成得到。合成样例的位置是从线段上按均等的概率随机选择的。将这些新的属于少数类别的样例添加至数据集中，分类器将会在这个增强的数据集上进行训练。SMOTE 算法通常比普通的超采样方法更精确。相比于只有来自原始训练数据中的稀有类别的样例受到重采样，这种方法使得重采样数据可以选择的区域变得更加广泛了。

11.4　可扩展分类

在许多应用中，训练数据的规模相当庞大。这为保证构建分类模型的可扩展性带来了很多挑战。在这种情况下，数据通常不能全部放入内存中，因此我们需要设计针对硬盘访问进行优化的算法。尽管传统的决策树算法（例如 C4.5）在较小的数据集上工作得不错，但它没有针对常驻硬盘的数据进行优化。一种方法是对训练数据进行采样，但这样做的劣势是它在丢弃训练样例时会失去一些有助于训练的知识。有些分类器（例如关联分类器和最近邻方法）分别使用更加高效的频繁模式挖掘算法和最近邻索引来进行加速。而另一些分类器（例如决策树和 SVM）则需要更细致的修改，因为它们在计算量上并不依赖于特定的密集子程序。这两种分类器相当地流行，每一种都被广泛地用于不同的数据领域。因此，这一章将专门关注这两种分类器的可扩展性。数据流带来了一种额外的可扩展性挑战，然而这一章将不会讨论相关的算法。关于数据流的讨论请参阅第 12 章。

11.4.1　可扩展的决策树

决策树构造过程的计算量是很大的，因为对节点分割条件的评估有时会非常缓慢。接下来，我们将讨论两种构造可扩展的决策树的常用方法。

11.4.1.1　RainForest

RainForest 方法是基于这样的观察提出的：对于单变量的决策树，分割条件的评估并不需要访问多维形式的数据。因为单变量分割中每一种属性值都是彼此独立地进行分析的，所以只需要在不同的类别上维护不同属性值的统计计数信息。对于数值数据，我们假设它们已经被离散化为类别属性值。数量的统计结果统称为 AVC 集合。每个决策树的节点有其特定的 AVC 集合，它提供了对于不同类别在与这个节点对应的数据记录中不同属性值的出现数量。因此，AVC 集合的规模仅仅取决于不同属性值的数量以及类别的数量。和数据记录的数量相比，这个集合的规模通常是极小的。因此，内存的需求取决于数据的维度、每个维度下不同取值的数量以及类别的数量。基础训练数据集越大，节省空间的比例越高。

AVC 集合存储在内存中，用来高效地评估节点的分割条件。对节点进行分割直到 AVC 集合不再适合存放在内存中。我们并不需要通过扫描所有数据来得到新创建的节点所对应的 AVC 集合。通过细心地交叉进行分割过程和 AVC 集合创建过程，我们可以显著地降低计算量和硬盘访问次数。

11.4.1.2　BOAT

树结构的自助乐观算法（Bootstrapped Optimistic Algorithm for Tree construction，简称 BOAT）在决策树的构建过程中使用了自助样本（bootstrapped sample）。在自助法中，对数据进行重置采样，得到 b 个不同的自助样本。用它们得到 b 棵不同的树，记为 $T_1, \cdots, T_b$。对于不同树的某个特定节点，检查分割属性和分割子集的选择是否一致。对于不满足条件的节点，会将它们及相应的子树删除。通过在每个节点的数值属性上增加一个置信区间，可以用自助法创建一个信息粗糙的分割标准 (information-coarse splitting criterion)。置信区间的宽度可以通过自助样本的数量来进行控制。在算法接下来的步骤中，通过将分割的不同置信区间融合成一个离散的标准，可以将粗糙的分割标准转换成一个精确的标准。实际上，BOAT 使用 $T_1, \cdots, T_b$ 得到的新树非常接近于使用所有数据时应该得到的那棵树。BOAT 算法比 RainForest 算法更快，因为它只需要扫描两遍数据集。此外，BOAT 还有进行增量化决策树归纳的能力以及处理元组删除的能力。

11.4.2　可扩展的 SVM

SVM 的一个主要问题是，优化问题的规模随着训练数据点数量的增加成比例地增加，当使用基于内核函数的 SVM 时，空间的需求更可能随着数据点数量的增加以平方比例地增加。例如，考虑 10.6 节中讨论的 SVM 优化问题。基于内核函数的拉格朗日对偶问题，可以由第 10 章中的公式 10.62 改写为以下形式：

$$L_D = \sum_{i=1}^{n} \lambda_i - \frac{1}{2} \sum_{i=1}^{n} \sum_{j=1}^{n} \lambda_i \lambda_j y_i y_j K(\overline{X_i}, \overline{X_j}) \tag{11.1}$$

拉格朗日算子（或者最优化变量）的数量等于训练数据点的数量 n，内核矩阵 $K(\overline{X_i}, \overline{X_j})$ 的大小是 $O(n)^2$。结果是，当 n 的值较大时，整个优化问题的系数都不能载入内存中。SVMLight 方法可用于解决这个问题。这个方法主要基于以下两点观察：

1）我们并不需要一次性解决全部问题。在给定的时间上可以选择变量的一个子集 $\lambda_1, \cdots, \lambda_n$（或者叫作工作集）来进行优化。迭代地选择和优化不同的工作集，直到达成全局的最优解为止。

2）SVM 的支持向量只对应于训练数据点中的一小部分。即使移除了其余的大多数训练数据点，也不会对 SVM 的决策边界有所影响。因此，在计算量巨大的训练过程中尽早地确定这些数据点，对于效率最大化至关重要。

接下来的观察讨论了如何将上述的观察利用起来。在第一点观察的情况下，我们使用一种迭代的方法，通过将大多数的变量固定为当前取值，仅仅优化变量中小部分的工作集，来对优化问题的变量集合迭代地进行优化。注意，每个局部优化相关的内核矩阵的大小和工作集 S_q 的大小 q 的平方（而不是训练点的数量 n）成正比。SVMLight 算法重复地执行以下两个迭代步骤，直到达成全局优化条件为止：

1）选择 q 个变量作为活动的工作集 S_q，将剩余的 $n-q$ 个变量固定为当前取值。

2）求解 $L_D(S_q)$，一个较小的、只有 q 个变量的优化子问题。

一个主要问题是在每轮迭代中如何指定大小为 q 的工作集。在理想情况下，我们希望选择的工作集能使目标函数得到最大程度优化。设 $\overline{V}$ 是一个长度等于拉格朗日变量数量的向量，且其中最多有 q 个非零元素。我们的目标是确定 q 个非零元素的最优选择，进而确定工作集。我们设置了一个最优化问题来确定 $\overline{V}$，也就是最优化 $\overline{V}$ 与（关于拉格朗日变量的）L_D 梯度的点积。这是一个独立的最优化问题，需要在每一轮迭代中对它求解，来确定最优化的工作集。

第二个加速 SVM 的方法是收缩工作集。在 SVM 的公式中，主要关注的是如何确定决策边界。那些在间隔正确一侧、并且远离间隔的训练样例，对求解优化问题的过程不会有影响，即使把它们移除也是如此。尽可能早地识别出这些训练样例并且将它们移除有助于最优化问题。一种基于拉格朗日乘子估计的启发式方法被用在 SVMLight 方法中。如何确定这类训练样例的具体细节超出了本书的范围，但在文献注释中可以找到相关引用。之后出现的一种方法称为 SVMPerf，它展示了如何达到线性的时间复杂度，不过仅仅在使用线性模型的情况下。对于某些领域（例如文本）线性模型在实践中工作得相当不错。进一步而言，SVMPerf 方法的时间复杂度是 $O(s \cdot n)$，其中 s 是非零特征的数量，n 是训练样例的数量。当 $s \ll d$ 时，这种分类器是相当高效的。这通常是稀疏高维领域的情况，例如文本或者购物篮数据。这将在 13.5.3 节中进行讨论。

11.5 数值型类别的回归模型

在许多应用中，类别变量是数值型的。在这种情况下，我们的目标是最小化数值型类别变量预测值的平方误差。这样的类别变量也称为响应变量、因变量或者从属变量。特征变量也称为解释变量、输入变量、预测变量、自变量或者回归量。预测的过程称为回归建模。这一节将讨论若干这样的回归建模算法。

11.5.1 线性回归

设 D 是一个 $n \times d$ 的数据矩阵，它的第 i 个数据点（行）是一个 d 维的输入特征向量 $\overline{X_i}$，对应的响应变量是 y_i。将由响应变量组成的 n 维列向量记为 $\overline{y} = (y_1, \cdots, y_n)^T$。在线性回归中，每个响应变量 y_i 对其相应的自变量 $\overline{X_i}$ 的依赖关系是通过一种线性关系的形式来进行建模的：

$$y_i \approx \overline{W} \cdot \overline{X_i} \quad \forall i \in \{1, \cdots, n\} \tag{11.2}$$

这里，$\overline{W} = (w_1, \cdots, w_d)$ 是系数的 d 维行向量，它需要通过训练数据来学习，从而最小化建模的不明原因误差 $\sum_{i=1}^{n}(\overline{W}\cdot\overline{X_i}-y_i)^2$。测试实例的响应值可以使用这个线性关系来进行预测。

注意，公式右侧并不需要一个常数（偏置）项，因为我们可以给每个数据点增加一个人工的维度$\ominus$，它的值为1，从而在$\overline{W}$中包含一个常数项。或者我们可以对数据矩阵和响应变量进行中心化，而不是使用一个人工的维度。在这种情况下，可以证明偏置项不是必需的（见练习题8）。进一步而言，除了人工设置的列，我们假设数据矩阵的所有列的标准差都被缩放至1。通常而言，这是常见的标准化数据的方法，用来保证所有属性有相似的尺度和权重。图11-1a举例说明了针对一个一维特征变量的线性关系。

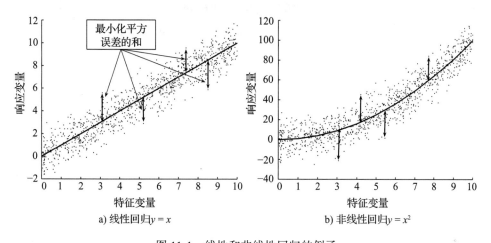

图 11-1　线性和非线性回归的例子

为了最小化对训练数据进行预测的平方误差，我们必须找到可以最小化下列目标函数 O 的 $\overline{W}$：

$$O = \sum_{i=1}^{n}(\overline{W}\cdot\overline{X_i}-y_i)^2 =\parallel D\overline{W}^{\mathrm{T}}-\overline{y}\parallel^2 \tag{11.3}$$

使用$\ominus$矩阵微积分，O 关于 $\overline{W}$ 的梯度可以证明是 d 维的向量 $2D^{\mathrm{T}}(D\overline{W}^{\mathrm{T}}-\overline{y})$。将梯度设为 0 可以得到下列 d 维向量的最优化条件：

$$D^{\mathrm{T}}D\overline{W}^{\mathrm{T}} = D^{\mathrm{T}}\overline{y} \tag{11.4}$$

如果对称矩阵 $D^{\mathrm{T}}D$ 是可逆的，那么 $\overline{W}$ 的解可以由上述条件推导为 $\overline{W}^{\mathrm{T}}=(D^{\mathrm{T}}D)^{-1}D^{\mathrm{T}}\overline{y}$。一个预先未知的测试实例 $\overline{T}$ 的数值类别值可以由 $\overline{W}$ 和 $\overline{T}$ 的点积来进行预测。

值得注意的是，矩阵 $(D^{\mathrm{T}}D)^{-1}D^{\mathrm{T}}$ 也称为矩阵 D 的**摩尔—彭若斯广义逆** D^{+}。因此，线性回归的解也可以表示为 $D^{+}\overline{y}$。即使 $D^{\mathrm{T}}D$ 是不可逆的，伪逆也有更广义的定义：

$\ominus$　这里，我们假设包含这个人工维度后，维度的总数是 d。

$\ominus$　排除常数项，可以将目标函数 $O = (D\overline{W}^{\mathrm{T}}-\overline{y})^{\mathrm{T}}(D\overline{W}^{\mathrm{T}}-\overline{y})$ 展开为两个加法项 $\overline{W}D^{\mathrm{T}}D\overline{W}^{\mathrm{T}}$ 和 $-(\overline{W}D^{\mathrm{T}}\overline{y}+\overline{y}^{\mathrm{T}}D\overline{W}^{\mathrm{T}})=-2\overline{W}D^{\mathrm{T}}\overline{y}$。这两项的梯度分别为 $2D^{\mathrm{T}}D\overline{W}^{\mathrm{T}}$，$-2D^{\mathrm{T}}\overline{y}$。当把 Tikhonov 正则项 $\lambda\parallel\overline{W}\parallel^2$ 加入目标函数中时，额外的一项 $2\lambda W^{\mathrm{T}}$ 将会出现在梯度中。

$$D^+ = \lim_{\delta \to 0}(D^T D + \delta^2 I)^{-1} D^T \qquad (11.5)$$

这里，I 是一个 $d \times d$ 的单位矩阵。当训练数据点的数量较少时，所有训练样例可能位于一个维度少于 d 的超平面上。这让 $d \times d$ 的矩阵 $D^T D$ 不是满秩的，因此它也是不可逆的。换言之，等式 $D^T D \overline{W}^T = D^T \overline{y}$ 的方程组是欠定的，它有无数多个解。在这种情况下，公式 11.5 中的摩尔—彭若斯广义逆的广义定义是有用的。即使 $D^T D$ 的逆不存在，公式 11.5 的极限仍然可以计算。我们可以使用 D 的 SVD 来计算 D^+（参阅 2.4.3.4 节）。通过使用下列的矩阵等式可以进行更高效的计算（见练习题 15）：

$$D^+ = (D^T D)^+ D^T = D^T(DD^T)^+ \qquad (11.6)$$

当 $d \ll n$ 或者 $n \ll d$ 时这个等式是有用的。这里只证明 $d \ll n$ 的情况，因为另一种情况是类似的。第一步是将 $d \times d$ 的对称矩阵 $D^T D$ 对角化：

$$D^T D = P \Lambda P^T \qquad (11.7)$$

P 的列是 $D^T D$ 的正交特征向量，Λ 是特征值的对角矩阵。当矩阵 $D^T D$ 的秩 $k < d$ 时，$D^T D$ 的伪逆 $(D^T D)^+$ 通过下式计算：

$$(D^T D)^+ = P \Lambda^+ P^T \qquad (11.8)$$

通过将 Λ 的 k 个非零元素设为 $1/\Lambda_{ii}$、将零元素设为 0 得到 Λ_{ii}^+。然后，$\overline{W}$ 的解定义如下：

$$\overline{W}^T = (D^T D)^+ D^T \overline{y} \qquad (11.9)$$

即使等式 $D^T D \overline{W}^T = D^T \overline{y}$ 的欠定方程组有无数个解，伪逆通常为 $\overline{W}$ 提供了所有解中有最小 L_2 范式 $\|\overline{W}\|$ 的那个解。我们希望得到最小的系数因为它们可以避免过拟合。通常，过拟合是一个重要的问题，特别是当矩阵 $D^T D$ 不是满秩的时。一种更高效的方法是使用 Tikhonov 正则化或者 Lasso 算法。Tikhonov 正则化也称为**岭回归**（ridge regression），它在公式 11.3 的目标函数中增加了一个惩罚项 $\lambda \|\overline{W}\|^2$，其中 $\lambda > 0$ 是一个正则化参数。在这种情况下 $\overline{W}^T$ 的解变为 $(D^T D + \lambda I)^{-1} D^T \overline{y}$，其中 I 是一个 $d \times d$ 的单位矩阵。矩阵 $(D^T D + \lambda I)$ 可以证明是正定的，因此也是可逆的。摩尔—彭若斯广义逆给出的简洁解是 Tikhonov 正则化中 λ 取无穷小时的特例（即 $\lambda \to 0$）。通常，λ 的值通过交叉验证的方法来自适应地选择。

在 Lasso 算法中，用一个 L_1 惩罚项 $\lambda \sum_{i=1}^{d} |w_i|$ 来代替 L_2 惩罚项。这样得到的问题不存在解析解，它可以用迭代的方法来求解，例如近端梯度法（proximal gradient method）和坐标下降（coordinate desent）法 [256]。Lasso 法倾向于得到 $\overline{W}$ 的稀疏解（即只由少数几个非零元素构成），并且它对于含有许多不相关特征的高维数据特别有效。Lasso 法也可以看作一个用于特征选择的嵌入式方法（参阅 10.2 节），因为将系数为 0 的特征有效地去除了。Lasso 法相对于岭回归的优势不在于它的效果，而在于它可以进行具有高度可解释性的特征选择。

尽管在正则化时使用的惩罚项看上去很随意，但它通过排除较大的系数得到了稳定性。通过对所有的回归系数进行惩罚，噪声特征在很大程度上变得不重要了。线性回归中过拟合的一种常见情况是，$\overline{W} \cdot \overline{X}$ 中较大系数的额外贡献经常会被一个小训练集中的另一个较大系数所抵消。这些特征可能是噪声。这样的情况可能会导致在未知的测试实例上有不精确的预测，因为响应预测对特征值的小扰动非常敏感。正则化通过惩罚较大的系数避免了这样的情况。这些正则化方法也存在贝叶斯解释。例如，Tikhonov 正则化假设在参数 $\overline{W}$ 和类别变量上存在高斯先验。当可用的训练集有限时，这样的假设有助于得到唯一的、在概率上可解释的解。

11.5.1.1　与 Fisher 线性判别的关系

针对二元类别的 Fisher 线性判别（参阅 10.2.1.4 节）可以证明是最小二乘回归的一种特例。考虑一个有两种类别的问题，其中 n 个数据点属于这两种类别 0 和 1 的比例分别是 p_0 和 p_1。假设两种类别的 d 维平均向量分别是 $\overline{\mu_0}$ 和 $\overline{\mu_1}$，协方差矩阵分别是 Σ_0 和 Σ_1。并且假设数据矩阵 D 是中心化的。响应变量 $\overline{y}$ 对于类别 0 设为 $-1/p_0$，对于类别 1 设为 $+1/p_1$。注意，响应变量因此也是中心化的。我们现在考察通过最小二乘回归得到的 $\overline{W}$ 的解。$D^T\overline{y}$ 和 $\overline{\mu_1}^T - \overline{\mu_0}^T$ 成正比，因为数据记录中类别为 0 的比例为 p_0，它们的 $\overline{y}$ 值是 $-1/p_0$，类别为 1 的比例为 p_1，它们的 $\overline{y}$ 值是 $1/p_1$。换言之，我们可以得到：

$$(D^TD)\overline{W}^T = D^T\overline{y}$$
$$\propto \overline{\mu_1}^T - \overline{\mu_0}^T$$

对于中心化的数据，$\dfrac{D^TD}{n}$ 等于协方差矩阵。这可以用简单的代数来证明（参见第 10 章的练习题 21）：协方差矩阵等于 $S_w + p_0p_1S_b$，其中 $S_w = (p_0\Sigma_0 + p_1\Sigma_1)$ 和 $S_b = (\overline{\mu_1} - \overline{\mu_0})^T + (\overline{\mu_1} - \overline{\mu_0})$ 分别是（缩放的）$d \times d$ 的类内和类间散列矩阵。因此，我们可以得到：

$$(S_w + p_0p_1S_b)\overline{W}^T \propto \overline{\mu_1}^T - \overline{\mu_0}^T \tag{11.10}$$

进一步而言，向量 $S_b\overline{W}^T$ 总是指向 $\overline{\mu_1}^T - \overline{\mu_0}^T$ 的方向，因为 $S_b\overline{W}^T = (\overline{\mu_1}^T - \overline{\mu_0}^T)[(\overline{\mu_1} - \overline{\mu_0})\overline{W}^T]$。这意味着我们可以从公式 11.10 中舍弃包含 S_b 的项而不会影响比例常数：

$$S_w\overline{W}^T \propto (\overline{\mu_1}^T - \overline{\mu_0}^T)$$
$$(p_0\Sigma_0 + p_1\Sigma_1)\overline{W}^T \propto (\overline{\mu_1}^T - \overline{\mu_0}^T)$$
$$\overline{W}^T \propto (p_0\Sigma_0 + p_1\Sigma_1)^{-1}(\overline{\mu_1}^T - \overline{\mu_0}^T)$$

很容易看出向量 $\overline{W}$ 和 10.2.1.4 节中的 Fisher 线性判别是一样的。

11.5.2　主成分回归

因为过拟合是由 $\overline{W}$ 中大量的参数引起的，一个自然的解决方法是减少数据矩阵的维度。在主成分回归中，我们会求出输入数据矩阵 D 的最大的 $k \ll d$ 个主成分（参阅 2.4.3.1 节），它们对应的特征值不为零。这些主成分是 D 的 $d \times d$ 的协方差矩阵的前 k 个特征向量。让这前 k 个特征向量以正交列的形式组成 $d \times k$ 的矩阵 P_k。原先的 $n \times d$ 的数据矩阵 D 被转换为新的 $n \times k$ 的矩阵 $R = DP_k$。新得到的 k 维的输入变量 $\overline{Z_1}, \cdots, \overline{Z_n}$ 是 R 中的行，它们被作为训练数据来学习得到一个降低为 k 维的系数集 $\overline{W}$：

$$y_i \approx \overline{W} \cdot \overline{Z_i} \tag{11.11}$$

在这种情况下，回归系数 $\overline{W}$ 的 k 维向量可以用 R 来表示为 $(R^{\mathrm{T}}R)^{-1}R^{\mathrm{T}}\overline{y}$。这个解和之前的情况是相同的，除了这个较小的、满秩的 $k \times k$ 的矩阵 $R^{\mathrm{T}}R$ 是可逆的。对一个测试实例 $\overline{T}$ 进行预测时，我们先将它转换到这个新的 k 维空间上，变成 $\overline{T}P_k$。$\overline{T}P_k$ 和 $\overline{W}$ 的点积给出了对测试实例的数值预测。主成分回归之所以有效，是因为它去掉了那些方差较小的维度，这些维度要么是冗余的方向（特征值为零），要么是噪声的方向（非常小的特征值）。如果在基于 PCA 的轴旋转后所有的方向都被包含了进来（即 $k = d$），那么这种方法将产生和在原始数据上进行线性回归同样的结果。在进行 PCA 之前，我们通常将数据矩阵正则化为零均值、单位方差的矩阵。在这种情况下，测试实例需要以同样的方法进行缩放和转化。

11.5.3　广义线性模型

线性模型中一个隐含的假设是，第 i 个特征变量的固定变化会导致响应变量的固定变化，且比例为 w_i。然而，在许多设定中这种假设是不合适的。例如，如果响应变量是人的高度，特征变量是年龄，我们并不会预计高度会随着年龄线性地变化。进一步而言，这个模型需要能够解释这些变量不能为负的事实。在其他情况下，例如顾客评分，响应变量可能从一个有界的范围中取一个整数值。不过，线性模型的简单、优雅使得它仍然可以在这些设定下使用。在广义线性模型（GLM）中，将每个响应变量 y_i 建模为一个平均值为 $f(\overline{W} \cdot \overline{X}_i)$ 的（通常是指数的）概率分布的结果：

$$y_i \sim 概率分布的均值为 f(\overline{W} \cdot \overline{X}_i) \quad \forall i \in \{1, \cdots, n\} \tag{11.12}$$

函数 $f(\cdot)$ 称为**均值函数**（mean function），它的逆 $f^{-1}(\cdot)$ 称为**联系函数**（link function）。尽管在不同的概率分布下我们可以使用相同的均值 / 联系函数，但均值 / 联系函数通常会和概率分布配对，从而最大化模型的有效性和可解释性。如果观测到的响应变量是离散的（例如二元的），我们可以为 y_i 使用一个离散的概率分布（例如伯努利分布），只要它的均值是 $f(\overline{W} \cdot \overline{X}_i)$。这种情况的一个例子是逻辑回归。下表展示了一些概率分布假设下常用的均值函数：

联系函数	均值函数	分布假设
恒等	$\overline{W} \cdot \overline{X}$	正态
倒数	$-1/(\overline{W} \cdot \overline{X})$	指数，伽马
log	$\exp(\overline{W} \cdot \overline{X})$	泊松
logit	$1/[1 + \exp(-\overline{W} \cdot \overline{X})]$	伯努利，分类
probit	$\Phi(\overline{W} \cdot \overline{X})$	伯努利，分类

联系函数在特定应用中控制了响应变量的本质和可用性。例如，log、logit 和 porbit 联系函数通常用来对一个离散的或者分类的输出的相对频数进行建模。因为对响应变量进行了概率化的建模，所以我们使用最大似然的方法来确定最优化的参数集合 $\overline{W}$，它最大化了响应变量输出的概率（或者概率密度）的乘积。对参数 $\overline{W}$ 进行估计后，测试实例 $\overline{T}$ 的期望响应

值使用 $f(\overline{W} \cdot \overline{T})$ 来进行估计。进一步而言，响应变量的概率分布（均值为 $f(\overline{W} \cdot \overline{T})$）可以用来进行更详细的分析。

GLM 的一个重要特例是最小二乘回归。在这种情况下，响应变量 y_i 的概率分布是一个均值为 $f(\overline{W} \cdot \overline{X}_i) = \overline{W} \cdot \overline{X}_i$、方差为常数 σ^2 的正态分布。$f(\overline{W} \cdot \overline{X}_i) = \overline{W} \cdot \overline{X}_i$ 的关系遵循了联系函数是恒等函数的事实。训练数据的似然函数如下：

$$\text{Likelihood}(\{y_1, \cdots, y_n\}) = \prod_{i=1}^{n} \text{Probability}(y_i) = \prod_{i=1}^{n} \frac{1}{\sqrt{2\pi}\sigma} \exp\left(-\frac{(y_i - f(\overline{W} \cdot \overline{X}_i))^2}{2\sigma^2}\right)$$

$$= \prod_{i=1}^{n} \frac{1}{\sqrt{2\pi}\sigma} \exp\left(-\frac{(y_i - \overline{W} \cdot \overline{X}_i)^2}{2\sigma^2}\right)$$

$$\propto \exp\left(-\frac{\sum_{i=1}^{n}(y_i - \overline{W} \cdot \overline{X}_i)^2}{2\sigma^2}\right)$$

在这个特例中，最大似然方法可以证明是等价于最小二乘方法的，因为对数似然函数退化成了与线性回归的目标函数成正比的函数。在 10.6 节中详细讨论了另一种使用 logit 函数和伯努利分布的最大似然估计的特例。在这种情况下，将离散的二元变量 y_i 建模为服从均值为 $f(\overline{W} \cdot \overline{X}_i) = 1 / [1 + \exp(-\overline{W} \cdot \overline{X}_i)]$ 的伯努利分布：

$$y_i = \begin{cases} 1 & \text{概率为} 1/[1 + \exp(-\overline{W} \cdot \overline{X}_i)] \\ 0 & \text{概率为} 1/[1 + \exp(\overline{W} \cdot \overline{X}_i)] \end{cases} \tag{11.13}$$

注意[⊖]，y_i 的均值仍旧服从上面表格中提到的均值函数。这种 GLM 的特例称为**逻辑回归**（logistic regression）。逻辑回归也可以用于 k 路分类的响应变量。在这种情况下，我们会使用一个 k 路分类的分布，将它的均值函数映射到一个 k 维的向量上，来表示分类变量的每个结果。一个额外的限制是，必须将 k 维向量的分量增加到 1。probit 回归和 logit 回归属于同一模型家族，它使用标准正态分布的累积概率密度函数（CDF）$\Phi(\cdot)$ 来代替 logit 函数。有序 probit 回归通过使用标准正态分布的分位数，来对一定范围内的有序整数值（例如评分）的响应变量进行建模。GLM 的主要观点是，在某个特定的应用中，根据观察到的响应变量的本质来合理地选择联系函数和分布假设。可以认为广义线性模型把许多类别的回归模型统一了起来，例如线性回归、逻辑回归、probit 回归和泊松回归。

11.5.4 非线性和多项式回归

线性回归不能描述非线性的关系，例如图 11-1b。通过衍生的输入特征（derived input feature），基本的线性回归方法可以用来进行非线性回归。例如，我们考虑一个新的 m 个特征的集合，将第 j 个数据点的 m 个特征记为 $h_1(\overline{X}_j), \cdots, h_m(\overline{X}_j)$。这里，$h_i(\cdot)$ 代表一个非线性的变换函数，它把 d 维的输入特征空间映射至一维的空间。由此，我们得到了一个新的

⊖ 为了简化符号，在第 10 章中使用了 $y_i \in \{-1, +1\}$ 的另一种描述。在那种情况下，均值函数需要调整为 $\dfrac{1 - \exp(-\overline{W} \cdot \overline{X})}{1 + \exp(-\overline{W} \cdot \overline{X})}$。

$n×m$ 的输入数据矩阵。通过在这个衍生的数据矩阵上应用线性回归，我们得以用以下形式对关系进行建模：

$$y = \sum_{i=1}^{m} w_i h_i(\overline{X}) \qquad (11.14)$$

例如，在多项式回归中，将每个维度不超过 r 阶的高次幂用作新的衍生的特征集合。这个方法通过因子 r 扩展了维度的数量，它也通过非线性关系得到了更强的可表达性。这种方法的主要缺点是，它扩展了参数集合 $\overline{W}$ 的维度，会导致过拟合。因此，使用正则化方法是非常重要的。

任意的非线性关系可以通过诸如内核岭回归（kernel ridge regression）等方法来描述。为了使用内核，我们的主要目标是证明线性岭回归的解析解可以表示为训练样例和测试实例的点积。实现这个目标的一种方法是形式化岭回归的对偶问题[448]，然后使用 SVM 中的内核技巧。另一种简单的方法是在矩阵代数中使用 Sherman—Morrison—Woodbury 恒等式的一个特殊变种（见练习题 14），这对于任意的 $n×d$ 的数据矩阵 D 和标量 λ 是成立的：

$$(D^T D + \lambda I_d)^{-1} D^T = D^T (DD^T + \lambda I_n)^{-1} \qquad (11.15)$$

注意，I_d 是一个 $d×d$ 的单位矩阵，I_n 是一个 $n×n$ 的单位矩阵。对于一个未知的测试实例 $\overline{Z}$，将它表示为一个行向量，线性回归的预测值 $F(\overline{Z})$ 由 $\overline{Z} \overline{W}^T$ 得到。通过为 $\overline{W}^T$ 代入岭回归的解析解，然后使用之前提到的恒等式，我们可以得到：

$$F(\overline{Z}) = \overline{Z}(D^T D + \lambda I_d)^{-1} D^T \overline{y} = \overline{Z} D^T (DD^T + \lambda I_n)^{-1} \overline{y} \qquad (11.16)$$

注意，$\overline{Z}D^T$ 是一个 n 维的行向量，它由测试实例 $\overline{Z}$ 和 n 个训练样例的点积得到。根据该内核技巧，我们可以将这个行向量置换为包含测试实例和训练样例间的 n 个内核相似度的矩阵 $\overline{\kappa}$。进一步而言，矩阵 DD^T 包含了 $n×n$ 个训练样例间的点积。我们可以将这个矩阵替换为在训练样例上构造的 $n×n$ 的内核矩阵 K。然后，对测试实例 $\overline{Z}$ 的预测如下：

$$F(\overline{Z}) = \overline{\kappa}(K + \lambda I_n)^{-1} \overline{y} \qquad (11.17)$$

该内核技巧也可以应用到其他线性回归的变种上，例如 Fisher 判别和逻辑回归。对 Fisher 判别的扩展是直观的，因为它是线性回归的一种特例，而对内核逻辑回归的派生使用了类似于 SVM 的对偶优化公式。

11.5.5　由决策树至回归树

回归树的设计是对特征和响应变量间的非线性关系进行建模。如果对数据的分层划分中的每个叶节点构建一个回归模型，那么我们可以得到每个划分的局部最优化的线性回归模型。即使类别变量和特征变量的关系是非线性的，局部的线性近似仍相当有效。通过确定每个测试实例合适的划分位置，可以使用局部最优化的线性回归模型来对其进行分类。这种层次划分本质上是一棵决策树，因为每个测试实例的划分位置是通过内部节点的分割条件来确定的。构建决策树的总体策略和分类型类别变量的情况仍保持一致。类似地，和传统的决策树一样，分割可以在特征变量上使用单变量（坐标平行）的分割。不过因为数值型类别变量的缘故，分割和剪枝条件需要进行一些修改。

1. 分割条件

在分类型类别的情况下，分割条件使用类别变量的 Gini 系数或者熵作为定性的度量来决定属性的分割。而在数值型类别的情况下，我们使用一种基于误差的度量。将上一节的回归建模方法用于每个由潜在分割得到的子节点。在不同的子节点中计算训练数据点预测值的聚合平方误差。在特定节点的所有可能划分中选择有最小聚合平方误差的那个划分。

这种方法的主要计算复杂度问题是对每个可能的划分都需要构造一个线性回归模型。一种替代的方法是在构造树的阶段中不使用线性回归。从可能的划分得到的子节点中的数值型类别变量的平均方差被用作评价分割的质量标准。换言之，传统决策树构造中对分类型类别变量的 Gini 系数划分标准由数值型类别变量的方差所代替。仅在整棵树已经构造好后，每个叶节点才会构造线性回归模型来进行预测。尽管这种方法会导致一棵更大的树，但它从计算复杂度的角度来看却是更加可行的。

2. 剪枝条件

为了减少过拟合，在构造决策树的过程中不使用一部分训练数据。这些训练数据之后会用于评测决策树预测的平方误差。我们使用一种与分类型类别变量的情况相似的后剪枝策略。迭代地去除叶节点（如果去掉它们可以增加在验证集上的精度），直到没有更多的节点可去除为止。

这种方法的主要缺点是，当叶节点包含的数据不够多时，线性回归模型很有可能发生过拟合。因此，从一开始我们就需要足够数量的训练数据。在这种情况下，回归树是非常强大的，因为它可以对复杂的非线性关系进行建模。

11.5.6 模型有效性评估

线性回归模型的有效性可以用一种称为 R^2 统计量或者决定系数的度量来进行评估。术语 $SSE = \sum_{i=1}^{n}(y_i - g(\overline{X_i}))^2$ 表示回归预测的平方和误差。这里，$g(\overline{X_i})$ 表示回归所使用的线性模型。响应变量关于它的均值的平方误差（或者总平方和）是 $SST = \sum_{i=1}^{n}(y_i - \sum_{j=1}^{n}\frac{y_j}{n})^2$。那么，未解释的方差由 SSE/SST 给出，R^2 统计量如下所示：

$$R^2 = 1 - \frac{SSE}{SST} \tag{11.18}$$

对于线性模型的情况，这个统计量总是介于 0 到 1 之间。我们希望这个统计量是较大的值。当维度较多时，调整的 R^2 统计量提供了更精确的度量：

$$R^2 = 1 - \frac{(n-d)SSE}{(n-1)SST} \tag{11.19}$$

R^2 统计量仅适用于线性模型。对于非线性模型，R^2 统计量很可能具有误导性，甚至导致结论和事实相反。在这种情况下，我们可以直接使用 SSE 作为误差的度量。

11.6 半监督学习

在许多应用中，有标注的数据是昂贵并且难以得到的。但我们通常拥有充裕的未标注的数据。未标注的数据可以用来显著提升许多挖掘算法的精度。以下两个原因使得未标注的数据是有用的：

1）未标注的数据可以用来估计数据的低维流形结构。标记分布可能出现的变化可以从这种流形结构上推测出来。

2）未标注的数据可以用来估计特征的联合概率分布。特征的联合概率分布对于将特征关联到标记是有帮助的。

上述两点原因紧密相关。我们将使用两个例子来解释这些观点。在图 11-2 中，我们展示了一个仅有两个有标注样例的例子。仅基于该训练数据，图 11-2a 展示了一个合理的决策边界。注意，仅使用有限的训练数据的话，这是我们可以得到的最佳的决策边界。决策边界的一部分在几乎没有可用的特征值的区域中。因此，这些区域中的决策边界可能不能反映未知的测试实例的类别情况。

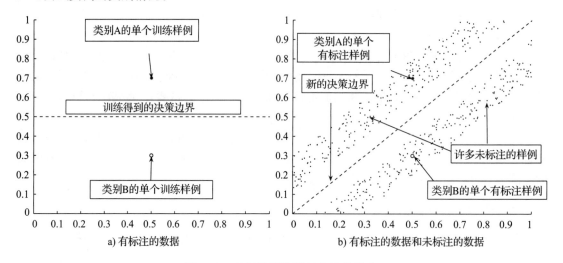

图 11-2   未标注的数据对分类的影响

现在，假设将大量的未标注的数据添加到训练数据中，如图 11-2b 所示。因为这些未标注数据的加入，所以数据立刻显示出它们是分布在两个流形中的，每个流形包含了一个训练样例。这里的一个关键假设是，类别变量在空间的密集区域上平滑地变化，而在经过空间的稀疏区域时则会显著地发生变化。考虑潜在的特征相关性以及有标注的实例，可以得到一个新的决策边界。在图 11-2a 的这个特定的例子中，如果一个测试实例在坐标 (1, 0.7) 上，仅考虑初始的训练数据，那么大多数的分类器（例如最近邻分类器）会把这个数据点分为类别 A。然而这个预测是不可靠的，因为几乎没有之前已知的有标注的样例位于该测试实例所在的区域中。而通过为图 11-2b 的每个超平面中的未标注样例添加适当的类别，未标注的样例可以用来适当地扩展有标注样例。此时，很明显在坐标 (1, 0.7) 附近的测试实例确实属于类别 B。

另一个理解特征关联估计的影响的方法是看一个直观可解释文本的例子。考虑一个人试图确定一些文档是否属于"科学"类别的情景。一个可能的情况是，并没有足够多的有标注文档包含了"爱因斯坦"一词。不过，在未标注的文档中，"爱因斯坦"一词可能经常和其他（更常用的）一些词共同出现，例如"物理学"。这时，这些更常用的词可能已经和"科学"类别联系了起来，因为它们在有标注的文档中出现过。因此，未标注的文档提供了"爱因斯坦"一词也和"科学"类别有联系这一信息。这个例子展示了未标注的数据可以用来学习联合特征分布，这和分类过程非常相关。

许多半监督方法也称为**直推**（transductive）法，因为它们不考虑处理超出样例的测试实例。换言之，需要在构造训练模型时就给出所有的测试实例。模型构造好后，就不考虑任何新的超出样例的实例了[⊝]。这和之前章节中讨论的大部分归纳（inductive）分类器不同，在归纳分类器中训练和测试阶段是完全独立的。

主要有两类技术来进行无监督学习。其中的一些方法是元算法（meta-algorithm），它们可以把任何已有的分类算法作为一个子程序，利用它把未标注数据所带来的影响包含进来。第二类方法是对具体的某个分类器进行一些修改，使它可以解释未标注数据所带来的影响。第二类方法的两个例子是半监督贝叶斯分类器和直推 SVM。这一节会讨论这两类技术。

11.6.1　通用元算法

通用元算法的目标是使得已有的分类算法可以使用未标注的数据来强化分类过程。最简单的方法是**自训练**（self-training），这个方法利用平滑性假设来逐步扩大训练数据中标注的部分。这个方法的主要缺点是可能导致过拟合。一种避免过拟合的方法是**协同训练**（co-training）。协同训练使用在特征空间中每个特征上训练得到的分类器，来划分特征空间以及独立的标注实例。从一个分类器得到的标注实例被当作其他分类器的反馈，反之亦然。

11.6.1.1　自训练

自训练过程可以使用任意已有的分类算法 $\mathcal{A}$ 作为输入。分类器 $\mathcal{A}$ 被用来逐步地为未标注样例中具有最高预测置信度的那个样例增加标注结果。自训练过程的输入包括初始的有标注的集合 L、未标注的集合 U、用户定义的参数 k（它通常被设置为 1）。自训练过程迭代地执行以下步骤：

1）在当前有标注的集合 L 上使用算法 $\mathcal{A}$ 进行学习，得到未标注的集合 U 中分类器 $\mathcal{A}$ 最具置信度的 k 个实例。

2）为这 k 个最具置信度的预测实例增加标注，并把它们增加到 L 中。从 U 中移除它们。

很容易看出，对于图 11-2 中的简单例子自训练过程可以得到非常好的结果。然而在实践中，不同的类别也许并不能完全地分离。自训练的主要缺点是，由于噪声的存在，将预测的标注增加到训练数据中可能导致误差传播。另一种方法称为协同训练，可以更有效地避免这种过拟合。

11.6.1.2　协同训练

在协同训练中，我们假设特征集合可以被划分为两个不相交的集合 F_1 和 F_2，它们中的每一个都足以用来学习目标分类函数。正确地选择这两个特征子集以使得它们互相独立是很重要的。在每个集合上构造一个分类器，从而得到两个分类器。尽管这两个分类器被用来相互构造训练集，但它们在预测未标注样例时并不能和对方进行直接的交互。这是这个方法称为**协同训练**的原因。

设 L 是有标注的训练数据，U 是未标注的数据。设 L_1 和 L_2 是每个分类器的有标注的集合。集合 L_1 和 L_2 被初始化为可用的有标注的数据 L，不同之处在于它们分别用不相交的特征集合 F_1 和 F_2 来进行表示。在协同训练的过程中，将初始的未标注集合 U 中的不同样例分别增加到 L_1 和 L_2 中，L_1 和 L_2 中的训练样例可能是和对方不同的。分别使用训练集合 L_1 和 L_2 构造两个分类模型 $\mathcal{A}_1$ 和 $\mathcal{A}_2$。之后迭代地进行以下步骤：

1）使用有标注的集合 L_1 来训练分类器 $\mathcal{A}_1$，将 k 个最具置信度的预测实例从未标注的集合 $U-L_2$ 中移动到分类器 $\mathcal{A}_2$ 所使用的训练数据集合 L_2 中。

2）使用有标注的集合 L_2 来训练分类器 $\mathcal{A}_2$，将 k 个最具置信度的预测实例从未标注的

⊝　因为直推分类器只需要考虑为已给定的测试实例进行标注。——译者注

集合 $U-L_1$ 中移动到分类器 A_1 所使用的训练数据集合 L_1 中。

在这个方法的许多具体实现中,将每个类别下的最具置信度的标注样例添加到另一个分类器的训练集中。重复地执行这个过程直到标注了所有实例为止。之后两个分类器会使用扩展后的训练数据集重新进行训练。这个方法不仅可以用来标注未标注的数据集 U,也可以用来标注未知的测试实例。当这个过程结束时将返回两个分类器。对于一个未知的测试实例,将每个分类器用来确定类别标记的分数。测试实例的分数通过结合两个分类器给出的分数来确定。例如,如果将贝叶斯方法作为基础的分类器,那么可以使用两个分类器返回的后验概率的乘积作为最后的分数。

因为两个算法使用了不相交的特征集合,所以协同训练对于噪声更加鲁棒。因为这里一个重要的假设是两个集合中的特征关于特定的类别是条件独立的。换言之,当类别标记固定时,一个子集中的特征和另一个子集中的特征是条件独立的。直观上而言,这让一个分类器所产生的实例对于另一个分类器而言应该是随机分布的,反之亦然。因此,相对于自训练方法,这种方法通常对噪声更加鲁棒。

11.6.2　分类算法的具体变种

上一节中设计的算法是通用的元算法,它几乎可以使用所有已知的分类算法 A 进行半监督学习。而依靠其他一些分类算法的变种,例如贝叶斯分类器和 SVM 的变种,我们设计出了另外一些半监督学习的方法。

11.6.2.1　使用 EM 算法的半监督贝叶斯分类器

一个重要的观察结果是,EM 聚类算法(参阅 6.5 节)和朴素贝叶斯分类器(参阅 10.5.1 节)使用了相同的生成混合模型,其中每个簇(类别)的样例通过一个预先定义的分布产生,例如伯努利分布或者高斯分布。在朴素贝叶斯分类器中,EM 算法中的迭代方法是不需要的,因为已经将训练数据的类别固定了,这使得期望步骤(E 步骤)没有必要了。然而,在半监督分类的情况下,未标注的样例需要被赋予一个类别进而可以扩展训练数据。因此,EM 算法的迭代方法就变得重要了。半监督的贝叶斯分类器可以看作 EM 聚类和朴素贝斯分类器的结合。

这种方法本来是在以文本数据为背景的情况下提出的,这里将假设数据是分类型的以方便讨论。注意,文本数据的二元表示也可以认为是一种分类型数据。朴素贝叶斯方法需要对每个类别下出现不同特征值的条件概率进行估计。具体而言,10.5.1 节中的公式 10.22 需要估计概率 $P(x_j = a_j \,|\, C = c)$。这个表达式表示给定类别的情况下出现某个特征值的条件概率,它是通过训练数据来估计的。如果训练数据的规模较小,那么这个概率是不能精确估计的。考虑文本领域的情况,如果对于某个特定的类别仅有 5 至 10 个可用的标注文档,而 x_j 是关于某个特定的词 j 是否出现的二元变量,那么这个概率是不能精确估计的。正如之前所讨论的,有标注数据和未标注数据中特征的联合分布在这种情况下很有帮助。

直观上而言,我们的想法是使用 EM 聚类算法找到和标注类别最相似的文档簇。一个部分监督的 EM 算法把每个簇和特定的类别联系起来。将这些簇中的条件特征分布用作相应类别的特征分布。

基本的想法是,使用一个生成模型从数据中得到半监督的簇。在这种情况下将混合模型分量和类别间的一对一关系保留下来。在 7.2.3 节和 7.5.1 节中分别讨论了用于分类型数据聚类的 EM 算法和它的半监督变种。我们建议读者在阅读以下内容前先复习一下这些章节中的相关背景。

在初始化时，将标注样例用作 EM 算法的种子，把混合模型分量的数量设定为类别的数量。在 E 步骤中，用一个贝叶斯分类器来指定文档的簇（类别）。在第一次迭代中，和标准的贝叶斯分类器一样，这个贝叶斯分类器使用仅有的标注数据来确定后验簇（类别）的成员概率的集合。这可以得到一个"软性"簇的集合，其中每个数据点 $\overline{X}$ 根据它的后验贝叶斯成员概率，都有一个关于每个类别 c 的介于 $(0,1)$ 的权重 $w(\overline{X},c)$。只有有标注的文档对于每个类别才有一个 0 或 1 的二元权重（取决于它们的固定赋值）。$P(x_j = a_j \mid C = c)$ 的值现在可以使用第 10 章中的公式 10.22 的一个加权变种来估计，它同时利用了有标注和未标注的文档：

$$P(x_j = a_j \mid C = c) = \frac{\sum_{\overline{X} \in \mathcal{L} \cup \mathcal{U}} w(\overline{X}, c) I(x_j, a_j)}{\sum_{\overline{X} \in \mathcal{L} \cup \mathcal{U}} w(\overline{X}, c)} \tag{11.20}$$

这里，$I(x_j, a_j)$ 是一个指示变量，当 $\overline{X}$ 的第 j 个特征 x_j 的取值是 a_j 时，它的值为 1，否则为 0。它和公式 10.22 的主要区别是，未标注的文档的后验贝叶斯概率也被用来估计关于类别的条件特征分布。和在标准贝叶斯方法中一样，同样的拉普拉斯平滑方法可以被包含进来以减少过拟合。可以通过计算将数据点指定给每个簇的平均概率来估计每个簇的先验概率 $P(C = c)$。这是 EM 算法中的最大化步骤（M 步骤）。下一次的 E 步骤使用这些修改后的 $P(x_j = a_j \mid C = c)$ 和先验概率的值，通过一个标准的贝叶斯分类器来得到后验贝叶斯概率。因此，这种贝叶斯分类器暗中包含了未标注数据所带来的影响。这个算法可以总结为迭代地执行下列两个步骤直到收敛为止：

1）(E 步骤) 使用贝叶斯规则估计数据点隶属于簇（类别）的后验概率。

$$P(C = c \mid \overline{X}) \propto P(C = c) \prod_{j=1}^{d} P(x_j = a_j \mid C = c) \tag{11.21}$$

2）(M 步骤) 使用当前估计的后验概率（未标注数据）和已知的数据点隶属于簇（类别）的关系（有标注数据），来估计特征对于不同簇（类别）的条件分布。

使用这个方法的一个挑战是，聚类结构可能不能很好地对应于类别分布。在这种情况下，使用未标注的数据可能不利于分类的精度，因为 EM 算法得到的簇已经漂离了真正的类别结构。毕竟未标注数据多于有标注数据，因此公式 11.20 中对 $P(x_j = a_j \mid C = c)$ 的估计将主要受未标注数据的影响。为了改善这种影响，在估计 $P(x_j = a_j \mid C = c)$ 时对有标注和未标注的数据加上不同的权重。未标注的数据使用一个预先定义的折扣因子 $\mu < 1$ 来降低未标注数据的权重，使得聚类结构和类别区分能更好地对应。换言之，在估计公式 11.20 中的 $P(x_j = a_j \mid C = c)$ 时，仅有未标注的数据的 $w(\overline{X}, c)$ 的值需要乘以 μ。半监督分类器的 EM 方法非常值得注意，因为它说明了半监督聚类和半监督分类之间的联系，即使这两种类型的半监督情景是以不同的应用场景为动机的。

11.6.2.2　直推 SVM

在大部分半监督方法中一个常见的假设是，无监督的样例的标记在数据密集的区域中不会突然变化。在直推 SVM 中，这个假设被暗含在了对那些可以最大化 SVM 间隔的无监督样例指定类别的过程中。为了更好地理解这一点，我们考虑图 11-2b 中的例子。在这种情况下，仅当包含了类别 A 的单个样例的簇中的样例标记也被设置为同样的值 A 时，SVM 的间隔才会最优化。对于包含了类别 B 的单个样例的簇中的未标注样例，也同样成立。因此，SVM 的公式需要进行修改来包含额外的间隔约束，以及对每个未标注样例的二元决策变量。

回忆一下 10.6 节中的讨论，原始的 SVM 公式最小化了目标函数 $\frac{\|W\|^2}{2} + C\sum_{i=1}^{n}\xi_i$，使其满足以下约束：

$$y_i(\overline{W}\cdot\overline{X}_i + b) \geq 1 - \xi_i \quad \forall i \tag{11.22}$$

松弛变量有一个额外的非负约束 $\xi_i \geq 0$。注意，y_i 的值是已知的，因为训练数据是有标注的。对于未标注样例的情况，我们为每个未标注的训练样例 $\overline{X}_i \in \mathcal{U}$ 设置一个二元的决策变量 $z_i \in \{-1, +1\}$（以及相应的松弛惩罚）。这些决策变量对应于未标注的样例所属的具体类别。下列的约束被添加至最优化问题中：

$$z_i(\overline{W}\cdot\overline{X}_i + b) \geq 1 - \xi_i \quad \forall i : \overline{X}_i \in \mathcal{U} \tag{11.23}$$

对于未标注的样例，松弛惩罚也可以被包含在最优化的目标函数中。注意，和 y_i 不同的是，z_i 的值是未知的，并且它是成为最优化问题一部分的二元整数变量。进一步而言，修改后的最优化公式是一个整数规划，它远比原先的 SVM 的凸优化问题更难解决。

因此，许多使用迭代机制的方法被设计用来近似地求解这个问题。其中的一个方法首先标注最具置信度的预测样例，然后迭代地扩展它们。从未标注数据中初始标注出的正例数量，是基于准确率和召回率之间折中的需求来确定的。正例和负例的比例维持将贯穿这个迭代算法。在每一轮迭代中，将一个正例改为负例，同时将一个负例改为正例，来尽可能地改进软间隔。文献注释中包含了这种情况下一些常用方法的讨论。

11.6.3 基于图的半监督学习

在 2.2.2.9 节中讨论了将任意数据类型转换为图的方法。因此，这种方法的优势是，只要存在一个量化数据对象间邻近程度的距离函数，就可以用它来对任意的数据类型进行半监督分类。这是基于图的方法从原先的最近邻分类法继承而来的性质。基于图的半监督的步骤如下。

1）在有标注和未标注的数据记录上构造一个相似图。将每个数据对象 O_i 关联至相似图中的一个节点。将每个对象和 k 近邻连接起来。

2）边 (i, j) 的权重 w_{ij} 等于对象 O_i 和 O_j 的距离的内核化函数 $d(O_i, O_j)$，它的值越大则相似度越高。一种典型的权重是基于热核函数 [90] 的：

$$w_{ij} = e^{-d(O_i, O_j)^2/t^2} \tag{11.24}$$

这里，t 是一个用户定义的参数。

主要的问题是，在图中同时包含了有标注和未标注的节点。现在我们想要使用这些邻近关系来推断未标注节点的标注值。这个问题和 19.4 节中介绍的协同分类问题完全一致。我们建议读者参考相应章节中所介绍的方法。

基于图的半监督学习可以看作对最近邻分类器的一种半监督式扩展。基于图的半监督方法与最近邻方法的区别在于构造相似图的方法不同。最近邻方法在概念上可以认为是，只在有标注实例和未标注实例之间存在边的相似图上的协同分类方法。最近邻方法简单地从有标注的节点上选择占优势的标注值，并将其关联到未标注的节点上。在半监督的情况下，可以添加边到任意的节点对之间，无论节点是有标注的还是无标注的。因为相似图中有标注节点的匮乏，有必要在半监督方法中添加这些额外的边。这些边能够把任意形状的未标注的簇关联到离它们最近的有标注实例上。读者可以在 19.4 节中找到关于协同分类的讨论。

11.6.4　对半监督学习的讨论

半监督学习中的一个重要问题是，未标注的数据是否总是能帮助改进分类的精度。半监督学习依赖于潜在数据的固有类别结构。为了使半监督学习有效，数据的类别结构应该近似地吻合于它的聚类结构，这个假设在半监督 EM 算法的情况中尤为明显。而这个假设在其他的方法中也被隐性地使用了。

在实践中，当有标注的样例的数量非常少，并且没有可行的办法来对空间中的稀疏区域进行可信的预测时，半监督学习是最有效的。在某些领域（例如图分类）中，这几乎总是正确的。因此，在这些领域中，直推式的设定是仅有的可以用来进行分类的方法。这些方法将在 19.4 节中进行讨论。另外，当已经有大量可用的有标注数据时，未标注的样例就不会对学习提供太多的帮助，事实上，它们在有些情况下甚至是有害的。

11.7　主动学习

通过上一节中对半监督分类的讨论，可以看到在真实的应用中有标注的数据通常是稀缺的。尽管有标注的数据通常难以获得，但得到有标注数据的代价通常是可以量化的。下面是一些昂贵的标注机制的例子。

- **文档收集**：在网络上有大量可用的文档数据，它们通常是未标注的。一个常用的方法是手动地标注这些文档，这是一个缓慢、辛苦且费力的过程。作为替代的方法，可以使用众包机制来标注，例如亚马逊土耳其机器人（Amazon Mechanical Turk）。这种方法通常需要以实例数量为单位承担相应的费用。
- **隐私约束的数据集**：在许多场景下，数据的标记可能是敏感的信息，会产生大量的查询成本（例如，从相关实体获得许可的成本）。在这种情况下，成本很难明确地量化，但可以通过模型来进行估计。
- **社交网络**：在社交网络中，我们可能想要识别节点的具体属性。例如，广告公司可能想要识别出那些对化妆品感兴趣的社交网络节点。然而，这些标记很少会显式地关联到节点。识别相关的节点可能需要人工地检测社交网络的帖子或者进行用户调查。这两个过程都是耗时且昂贵的。

从上述的例子可以看出，对标记的获得应该看作一个可以改进模型精度的、以成本为中心的过程。主动学习的目标是在获取标记的某个特定的成本下，最大化分类的精度。因此，主动学习集成了标记获取和模型构建。这和本书中讨论的所有其他算法都不同，其他算法都假设训练数据的标记都已经有了。

并非所有的训练样例具有同等的信息量。为了阐明这一点，考虑图 11-3 所示的有两个类别的问题。这两个类别分别为 A 和 B，有一个垂直的决策边界来分割它们。假设获取标记的过程相当昂贵，在整个数据集中只允许获得四个样例的标记，并用这四个样例的集合来训练一个模型。显然，训练样例的数量很少，并且对训练样例的错误选择可能会导致严重的过拟合。例如，在图 11-3a 的情况中，四个样例是从数据集中随机采样而来的。一个典型的线性分类器，例如逻辑回归，可能得到一个与图 11-3a 中虚线相对应的决策边界。显然这个决策边界不能很好地表示真实（垂直）的决策边界。而在图 11-3b 的情况中，更仔细地选出了沿着真实决策边界对齐的采样样例。这个有标注样例的集合可以为整个数据集提供一个更好的分类模型。主动学习的目标是在一个单独的框架中整合标注和分类的过程，以此得到更鲁棒的模型。在实践中，确定查询实例的正确选择是一个非常具有挑战性的问题。这个问题的关键是使用从已经得到的标记中获取的知识，来"猜测"最有信息量的区域，并在其中查询标记。这个方法可以尽快地帮助发现决策边界的真实形状。因此，主动学习的关键问题如下：

在给定的成本下，我们应该怎样选择实例进行标注，才能创建最具精度的模型？

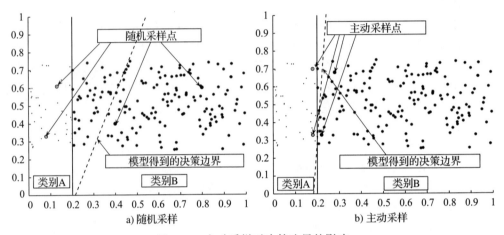

图 11-3　主动采样对决策边界的影响

在某些场景中，标注的成本可能依实例而变化，尽管在绝大多数模型中简单地假设了所有实例具有相同的成本。每个主动学习系统有两个主要的组件，其中一个已经介绍过了。

1. 先知（oracle）

先知以特定测试实例的标记的形式提供了对潜在查询的响应。先知可以是一个人类标注者，或者是一个以成本为驱动的获取数据的系统，例如亚马逊土耳其机器人。通常，为了进行建模，先知被看作输入过程中的一个黑箱。

2. 查询系统

查询系统的任务是向先知查询特定记录的标记。查询的策略通常是使用当前已知的训练样例标记的分布，来确定查询中最有信息量的区域。

查询系统的设计可能会依赖于当前的应用。例如，某些查询系统使用选择性采样，将一系列样例呈现给用户，由他来决定哪些需要查询。基于池的采样方法假设实例有一个可用的基础"池"，通过它来查询数据点的标记。因此，学习器的任务是依次确定池中需要进行查询的（有信息量的）样例。

基于池的方法是主动学习中最常见的场景，因此我们会在这一章中讨论它。这个步骤的主要方法是迭代的。在每轮迭代中，将一些感兴趣的实例识别出来，对其增加的标记对之后的分类极有帮助。识别出最重要的实例是查询系统的工作，为查询样例确定标记是先知的工作（在某些情况下它可能是一个人类专家）。重复迭代过程直到成本预算耗尽或者增加更多的标记已经不能继续提升分类精度为止。

显然，主动学习的关键部分在于查询策略的选择。查询应该怎样执行？从图 11-3 的例子可以看出，最有效的查询策略可以明确地映射出分割的边界。因为边界区域通常包含了多个类别的实例，它们以类别标记的不确定性或者关于类别标记的不同学习器间的不一致性为特征。当然，这并不总是成立的，因为不确定的区域有时可能会包含一些不具代表性的异常点。因此，不同的模型在识别最具信息量的查询点的最合适的方法上有不同的假设。

1. 基于异构性的模型

这些模型尝试对已知条件下仍不确定的、异构的或者不同的空间区域进行采样。这种模型的例子包括不确定性采样（uncertainty sampling），委员会查询（query-bycommittee）以及期望模型变化（expected model change）。这些模型所基于的假设是，决策边界附近的区域更可能是异构的，这些区域中的实例对于学习决策边界更有价值。

2. 基于性能的模型

这些模型直接利用分类器的性能度量，例如期望误差或者方差下降。因此，这些模型量化了将剩余未标注实例进行标注后对分类器性能的影响。

3. 基于代表性的模型

这些模型尝试从训练样例的潜在群体中创造尽可能具有代表性的数据。例如，我们可能希望被查询的实例的密度分布和训练数据的相同。然而，在这种查询模型中通常会保留一个异构性标准。

接下来，我们将对这几种不同的模型进行简要讨论。

11.7.1 基于异构性的模型

这些模型的目标是确定最具异构性的区域。典型的方法是，利用当前训练标注的集合来检查可以进行标注的未知实例的分类不确定性。这种异构性可以用不同的方法来量化，例如使用分类的不确定性、当前模型下的不相似性或者由分类器组成的委员会间的不一致性来进行度量。

11.7.1.1 不确定性采样

在不确定性采样中，学习器尝试标注那些标记最不确定的实例。例如，贝叶斯分类器的后验概率可以用作不确定性的度量。贝叶斯分类器在标记可用的实例上进行训练。当一个二元标注实例的后验类别概率很接近于 0.5 时，可以认为它是不确定的。相应的标准可以用如下方式形式化：

$$\text{Certain}(\overline{X}) = \sum_{i=1}^{k} \| p_i - 0.5 \| \tag{11.25}$$

这个值介于 (0, 1) 之间，越低的值代表越高的不确定性。在多类别的场景中，用一个熵形式的度量来量化不确定性。如果基于当前有标注实例的集合，k 个类别的贝叶斯后验概率分别是 $p_1, \cdots, p_k$，那么熵度量 $\text{Entropy}(\overline{X})$ 的定义如下：

$$\text{Entropy}(\overline{X}) = -\sum_{i=1}^{k} p_i \log(p_i) \tag{11.26}$$

在这种情况下，熵的值越大，不确定性就越高，我们也更希望获取它的标记。

11.7.1.2 委员会查询

在这种情况下，异构性是由不同分类器的不一致性来度量的，而不是单个分类器在不同标记上的后验概率。这个评判标准尝试以不同的方式来实现同样的直观目标。直观上而言，当贝叶斯分类器对于不同类别的后验概率都相同时, 不同的分类模型对于预测的标记可能存在显著的不一致性。因此, 这个方法使用由当前有标注的实例集合上训练的不同分类器组成的委员会, 用这些分类器来预测每个未标注实例的类别标记。将分类器预测最不一致的实例选作这种场景下将要标注的实例。

在直观的层面上, 委员会查询方法和不确定性采样方法能达到相似的异构性目标。不同的分类器更可能在靠近真实决策边界的实例的类别标记上产生不一致。量化不一致性的数学公式和不确定性采样也是相同的。具体而言, 公式 11.26 中的对于每个类别 i 的后验概率 p_i 由每个类别 i 收到的投票的比例来代替。使用基于不同建模理论的不同分类器非常有利。

11.7.1.3 期望模型变化

在这种方法中, 选出在当前分类模型中增加一个特定实例后达到最大化期望变化的实例。在许多基于最优化的分类模型中, 例如判决概率模型, 可以量化模型目标函数关于模型参数的梯度, 将梯度发生最大变化的实例加入有标注的实例集合中。直观上而言, 这样的实例很可能和当前模型构造过程中已经使用的有标注的实例非常不同。在候选实例 $\overline{X}$ 的正确训练标记为第 i 个类别的情况下, 设 $\delta g_i(\overline{X})$ 是关于模型参数的梯度的变化值。换言之, 如果当前的有标注的训练集合是 L, 则 $\overline{\nabla G(L)}$ 是目标函数关于模型参数的梯度:

$$\delta g_i(\overline{X}) = \| \overline{\nabla G(L \cup (\overline{X}, i))} - \overline{\nabla G(L)} \| \qquad (11.27)$$

当然, 我们还不知道 $\overline{X}$ 的训练标记, 但是我们可以使用贝叶斯分类器来仅估计每个标记的后验概率。假设在当前已知标记的训练数据下类别 i 的后验概率是 p_i。那么, 对于实例 $\overline{X}$ 的期望模型变化 $C(\overline{X})$ 定义如下:

$$C(\overline{X}) = \sum_{i=1}^{k} p_i \cdot \delta g_i(\overline{X})$$

查询 $C(\overline{X})$ 值最大的实例 $\overline{X}$ 的标记。

11.7.2 基于性能的模型

尽管基于异构性的模型的动机是不确定的区域因为很接近于决策边界所以最具信息量, 但它们也有其缺点。查询不确定的区域会在无意间向训练数据中引入不具代表性的异常点。基于性能的模型直接关注分类的目标函数。因此, 这些方法会在剩余的未标注实例上评测分类的精度。

11.7.2.1 期望误差下降

为了便于讨论, 将剩余的未标注实例的集合记为 V。将这个集合用作验证集, 计算在它上面的期望误差下降。这种方法和不确定性采样是互补的。不确定性采样最大化查询实例标记的不确定性, 而期望误差下降最小化将查询实例添加至训练数据中时剩余实例集合 V 的期望标记的不确定性。因此, 在二分类问题的情况下, 添加查询实例后, V 中实例的预测后验概率应该尽可能地远离 0.5。这里的想法是, 在预测剩余的未标注实例的类别标记时如果有更高的确定性, 那么最终在未知的测试集上就会有一个更低的误差。因此, 误差下降模型也可以看作最大化确定性的模型 (greatest certainty model), 不同之处在于确定性标准被应用于 V 中的实例而不是查询实例本身。设 $p_i(\overline{X})$ 的含义是在当前有标注实例下训练的贝叶斯模型对查询的候选实例 $\overline{X}$ 进行分类时标记 i 的后验概率。设 $P_j^{(\overline{X}, i)}(\overline{Z})$ 表示当实例 – 标记的组

合 $(\overline{X},i)$ 被添加至当前的有标注实例集合时类别 j 的后验概率。因此，二分类模型（即 $k=2$）的误差目标函数 $E(\overline{X},V)$ 定义如下：

$$E(\overline{X},V) = \sum_{i=1}^{k} p_i(\overline{X}) \left(\sum_{j=1}^{k} \sum_{\overline{Z} \in V} \| P_j^{(\overline{X},i)}(\overline{Z}) - 0.5 \| \right) \qquad (11.28)$$

这个目标函数可以理解为剩余测试实例的期望标注的确定性。因此，最大化这个目标函数，而不是像基于不确定性的方法中那样最小化。

这个结果可以使用和在基于不确定性的模型中讨论的同样的熵准则来扩展至 k 路模型。在这种情况下，上述的表达式将会修改，将 $\| P_j^{(\overline{X},i)}(\overline{Z}) - 0.5 \|$ 替换为该类别的熵 $-P_j^{(\overline{X},i)}(\overline{Z}) \log(P_j^{(\overline{X},i)}(\overline{Z}))$。此外，需要最小化这个准则。

11.7.2.2　期望方差下降

对上述的公式 11.28 中的误差下降方法的一个观察是，它需要根据 V 中的未标注实例的整个集合来进行计算，并且需要增量式地训练一个新的模型来测试添加新实例后的效果。这会带来很高的计算复杂度。需要指出的是，当一个实例集合的误差下降时，相应的方差通常也会下降。整体的广义误差可以表示为⊖真实标注噪声、模型偏差与方差的和。其中只有最后一项高度依赖于实例是如何选择的。因此，我们可以用减少方差来代替减少误差，这么做的好处是可以降低计算复杂度。这些技术的主要优势是可以用解析形式来表示方差，因此可以达到更低的计算复杂度。这类方法的详细内容超出了本书的范围，请查阅文献注释。

11.7.3　基于代表性的模型

相对于基于异构性的模型，基于性能的模型的主要优势是它们尝试在未标注实例的聚合集合上对误差进行改进，而不是评估被查询实例的不确定性。因此，它可以避免不具有代表性或者类似异常点的查询。在一些模型中，代表性本身成为查询标准的一部分。衡量代表性的一种方法是使用一种基于密度的准则，利用空间中区域的密度来对查询标准进行加权。这个权重会和基于异构性的查询标准结合起来。因此，这种模型可以认为是基于异构性的模型的变种，但它使用基于代表性的权重来确保不会选出异常点。

因此，这类方法将被查询实例的异构性和未标注集合 V 上的一个代表性函数结合起来，来决定被查询的实例。代表性函数对输入空间的稠密区域进行加权。将这种模型的目标函数 $O(\overline{X},V)$ 表示为异构性部分 $H(\overline{X})$ 和代表性部分 $R(\overline{X},V)$ 的乘积。

$$O(\overline{X},V) = H(\overline{X}) R(\overline{X},V)$$

$H(\overline{X})$（假设是一个最大化函数）的值可以是任意的异构性标准（进行适当的转化使其目标最大化），例如不确定采样中的熵标准，或者期望模型变化标准。代表性标准 $R(\overline{X},V)$ 则是对 V 中实例 $\overline{X}$ 的密度的简单度量。这个密度的一个简单版本是 V 中实例 $\overline{X}$ 的平均相似度。这个简单度量的许多更复杂的变种会在其他地方使用。读者可以查阅文献注释中对可用度量的讨论。

⊖　下一节中将详细讨论其中的理论概念。

11.8 集成方法

集成方法的动机所基于的事实是，由于分类器的不同特性，或者对训练数据中一些随机假象的敏感性不同，它们对测试实例所进行的预测也可能不同。集成方法，是一种通过结合多个分类器的结果，来增加预测精度的方法。集成分析的基本方法是，通过使用不同的模型，或者在训练数据的不同子集上使用相同的模型，来多次应用基础集成学习器。来自不同分类器的结果之后将被结合成一个单独的鲁棒的预测。

尽管在如何构造单个学习器和如何用不同的集成方法将它们结合起来上有着显著的差异，但我们将从集成算法的一个非常通用的描述开始入手。在这一节接下来的部分中，我们将会讨论这个通用框架的具体实例化，例如装袋法（bagging）、提升法（boosting）和随机决策树。集成方法使用了一系列基础分类算法 $\mathcal{A}_1, \cdots, \mathcal{A}_r$ 的集合。注意，这些学习器可以是完全不同的算法，例如决策树、SVM 或者贝叶斯分类器。在某些类型的集成算法中，例如提升法和装袋法，只使用一个单独的学习算法，但它使用训练数据的不同部分。用不同的学习器来更好地利用不同算法在数据不同区域中所具有的鲁棒性。将在第 j 轮迭代中选择的学习算法记为 $\mathcal{Q}_j$。假设 $\mathcal{Q}_j$ 是从基础学习器中选出的。此时，将从基础训练数据中选出一个衍生的训练数据集合 $f_j(\mathcal{D})$。这可能是对训练数据的随机采样，如装袋法，也可能是基于集成组件上的过去的执行结果，如提升法。在第 j 轮迭代中，在 $f_j(\mathcal{D})$ 上应用选择的分类算法 $\mathcal{Q}_j$ 从而得到模型 $\mathcal{M}_j$。对于每个测试实例 T，通过结合不同模型 $\mathcal{M}_j$ 在 T 上的结果来得到最终的预测。这种结合可以用不同的方式来完成。例如，可以是简单的平均、加权的投票，或者将模型结合的过程也看成一个学习问题。图 11-4 展示了整体的集成框架。

Algorithm *EnsembleClassify*（训练数据集：$\mathcal{D}$，基础算法：$\mathcal{A}_1, \cdots, \mathcal{A}_r$，测试用例：$\mathcal{T}$）
begin
  $j = 1$;
  repeat
    从 $\mathcal{A}_1, \cdots, \mathcal{A}_r$ 中选择算法 $\mathcal{Q}_j$;
    从 $\mathcal{D}$ 中创建一个新的训练数据集 $f_j(\mathcal{D})$;
    将 $\mathcal{Q}_j$ 应用到 $f_j(\mathcal{D})$ 来学习模型 $\mathcal{M}_j$;
    $j = j + 1$;
  until(中止);
  基于从所有学习到的模型 $\mathcal{M}_j$ 得到的预测结果的组合，来得到每个 $T \in \mathcal{T}$ 的标记;
end

图 11-4 通用集成框架

图 11-4 中的描述非常通用，它对于如何学习集成组件以及如何完成结合过程，都有很高的弹性。集成学习的两种主要类型是图 11-4 中所描述的框架的特例。

1. 以数据为中心的集成学习

使用一个单一的基础学习算法（例如，SVM 或者决策树），并且主要的变化在于怎样对第 j 个集成组件构造衍生的数据集 $f_j(\mathcal{D})$。在这种情况下，算法的输入仅仅包含单个的学习算法 $\mathcal{A}_1$。对于第 j 个集成组件的数据集 $f_j(\mathcal{D})$ 的构造方法可以是对数据进行采样，关注上一次执行集成组件时训练数据中错误分类的部分，操作数据的特征或者操作数据中的类别标记。

2. 以模型为中心的集成学习

在每一轮集成迭代中使用不同的算法 Q_j。在这种情况下，每个集成组件的数据集 $f_j(D)$ 和原始数据集 D 是相同的。这种方法的基本原理是，不同的模型可能在数据的不同区域上工作得更好，因此只要在任意的具体测试实例上，某个分类算法的具体错误没有在大多数的集成组件上体现出来，模型的结合就可能对任意给出的测试实例更加有效。

在展示具体的实例化之前，我们首先讨论集成分析的基本原理。

11.8.1 为什么集成分析有效

理解集成分析的基本原理的最好方法是考察分类器的误差的组成成分，就像统计学习理论中所讨论的那样。分类器的误差主要有三个组成成分。

1. 偏差

每个分类器对于类别间决策边界的本质都有它自己的假设。例如，一个线性的 SVM 分类器假设两个类别可以由一个线性的决策边界分割开。这在实践中当然是不成立的。例如，在图 11-5a 中，不同类别间的决策边界显然不是线性的。实线是正确的决策边界。因此，没有（线性的）SVM 分类器可以正确地对所有可能的测试实例进行分类，即使这是一个在大量训练数据上训练得最好的 SVM 模型。尽管在图 11-5a 中 SVM 分类器看起来像是最好的逼近，但它显然不能吻合正确的分类边界，因此存在一个固有的误差。换言之，任何给定的线性 SVM 模型会有一个固有的偏差。当一个分类器的偏差较大时，它会在错误建模的决策边界附近的一些测试实例上一贯地产生错误的预测，即使在学习阶段使用了训练数据的不同实例。

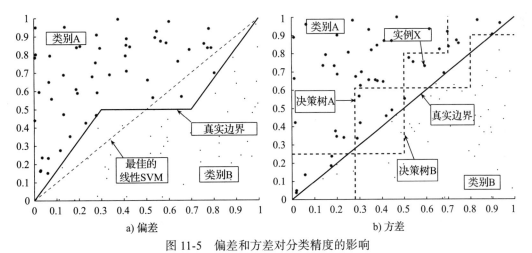

图 11-5 偏差和方差对分类精度的影响

2. 方差

选择训练数据时的随机变化会导致不同的模型。考虑图 11-5b 中展示的例子。在这种情况下，真实的决策边界是线性的。一棵足够深的单变量决策树，可以通过轴平行的逐段逼近来很好地逼近一个线性边界。然而，当使用有限的训练数据时，即使不对树进行剪枝而使其成长得够深，逐段逼近也会粗略地类似于图 11-5b 中所示的假想的决策树 A 和 B 的边界。训练数据的不同选择可能会带来不同的划分选择，因此决策树 A 和 B 的决策边界是非常不同的。对于某些（测试）实例，例如 X，在使用由不同训练数据集得到的决策树进行分类时结果是不一致的。这是模型方差的表现。模型方差和过拟合密切相关。当分类器有过拟合的倾向时，它在使用不同训练集进行训练后，会对同一个测试实例做出不一致的预测。

3. 噪声

噪声指的是目标类别标记中的固有错误。因为这是数据质量的一个内在方面，所以我们对于纠正它几乎无能为力。因此，集成分析通常关注于减少偏差和方差。

注意，对分类器设计的选择通常反映了对偏差和方差的折中。例如，对决策树进行剪枝可以得到一个更加稳定的分类器，因此减少了方差。但是，因为剪枝后的决策树相比于未剪枝时，做出了关于决策边界简洁性的更强假设，所以会导致更大的偏差。类似地，在最近邻分类器中使用更大的邻居数量会导致更大的偏差但是更小的方差。通常而言，对于决策边界更简单的假设时带来更大的偏差和更小的方差。另外，复杂的假设会降低方差，但当使用有限的数据时难难做出鲁棒的估计。偏差和方差几乎会受到模型的每个设计选择的影响，例如对于基础算法的选择或者对于模型参数的选择。

集成分析通常可以用来同时减小分类过程的偏差和方差。例如，考虑图 11-5a 中所示的例子，在这种情况下决策边界不是线性的，因此任何线性 SVM 分类器都不能找到正确的决策边界。然而，通过使用不同的模型参数或者数据子集的不同选择，我们可以创建三个不同的线性 SVM 超平面 A、B 和 C，如图 11-6a 中所示。注意，这几个分类器倾向于在数据的不同部分上工作得更好，并且它们在数据的任何一个特定部分上都有不同的偏差方向。在一些方法中，例如提升法，数据不同部分上的不同表现有时会被人工地引入集成组件中。在其他情况下，这可能是使用差异很大的集成模型组件（例如，决策树和贝叶斯分类器）所带来的自然结果。现在，考虑用上面提到的超平面分别是 A、B 和 C 的三个分类器来进行多数投票，从而得到一个新的集成分类器。图 11-6a 展示了这个集成分类器的决策边界。这个决策边界是非线性的，并且相对于真实的决策边界的偏差较小。其原因在于，不同的分类器在训练数据的不同部分上有不同的偏差层次和方向，对不同的分类器进行多数投票，通常可以在任何特定区域中得到比每个组件分类器更小的偏差。

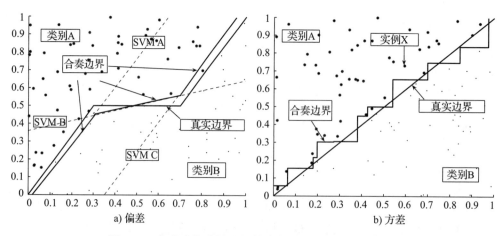

图 11-6   集成决策边界比组件分类器的决策边界更精确

类似的论点也适用于图 11-5b 中所展示的关于方差的例子。尽管诸如 X 的实例会因为模型方差受到不一致的分类，但当模型偏差较小时它们通常还是可以正确分类的。因此，通过聚合足够多的独立的分类器，靠近决策边界的实例（例如 X）将更有可能被正确地分类。例如，仅使用三棵独立的树进行多数投票，如果每棵树有 80% 的概率能正确地对 X 进行分类，那么最终正确的概率是 $\left(0.8^3 + \binom{3}{2} \times 0.8^2 \times 0.2\right) \times 100 \approx 90\%$。换言之，多数分类器的集成决策边界比它的任何一个组件分类器都更加接近于真实的决策边界。事实上，图 11-6b 给出了一个在结合了一系列相对粗糙的决策树后集成边界看起来是什么样子的例子。注意，集成边界更接近于真实的边界，因为对于一个有限的训练集，它没有被决策树行为中不可预测的变化所控制。因此，这样的集成能够更好地利用训练数据中的知识。

通常而言，不同的分类器模型有不同来源的偏差和方差。太简单的模型（例如线性 SVM 或者较浅的决策树），对决策边界的形状做出了很多假设，因此偏差较高。太复杂的模型（例如较深的决策树）会过拟合数据，因此方差较高。有时，在同一个分类器中使用不同的参数会偏向于偏差 – 方差折中曲线中的不同部分。例如，在最近邻分类器中，较小的 k 值会带来更低的偏差但是更高的方差。因为不同的集成学习方法对偏差和方差有不同的影响，所以选择分类器组件是很重要的，以便可以最优化偏差 – 方差折中的影响。在表 11-1 中提供了不同模型对偏差和方差的影响的总览。

表 11-1 不同技术对偏差 – 方差折中的影响

技　术	偏差的来源 / 层次	方差的来源 / 层次
简单模型	过于简单会在决策边界中增加偏差	低方差，简单的模型不会过拟合
复杂模型	通常偏差比简单的模型更低，可以对复杂的边界建模	高方差，复杂的假设对于数据变化会过度敏感
较浅的决策树	高偏差，较浅的决策树会忽略许多相关的分割判断	低方差，较高的分割层次不依赖于小幅的数据变化
较深的决策树	比较浅的决策树的偏差低，较深的层次可以对复杂的边界建模	高方差，因此较低层次的过拟合
规则	每条规则较少的先行词会增加偏差	每条规则较多的先行词会增加方差
朴素贝叶斯	简单模型（例如伯努利分布）和朴素假设会带来高偏差	估计模型参数时的方差，参数越多方差越大
线性模型	高偏差，正确的决策边界可能不是线性的	低方差，线性分割器可以鲁棒建模
内核 SVM	偏差比线性 SVM 低，取决于内核函数的选择	方差比线性 SVM 高
k 近邻模型	简单的距离函数（例如欧几里得距离）会带来偏差，并且偏差随着 k 的增加而增加	复杂的距离函数（例如局部判别）会带来方差，并且方差随着 k 的增加而减少
正则化	增加偏差	减少方差

11.8.2　偏差 – 方差折中的正式表述

接下来，我们将提供关于偏差 – 方差折中的正式表述。考虑一个使用训练数据集 $\mathcal{D}$ 的分类问题。这个分类问题可以看作学习特征变量 $\overline{X}$ 和二元类别变量 y 之间的函数 $f(\overline{X})$：

$$y = f(\overline{X}) + \epsilon \tag{11.29}$$

这里，$f(\overline{X})$ 是表示特征变量和类别变量之间真实（但是未知）关系的函数，ϵ 是数据的固有误差，它不能被建模。因此，对于 n 个测试实例 $(\overline{X_1}, y_1), \cdots, (\overline{X_n}, y_n)$，固有噪声 ϵ_a^2 可以用如下公式进行估计：

$$\epsilon_a^2 = \frac{1}{n}\sum_{i=1}^{n}(y_i - f(\overline{X_i}))^2 \tag{11.30}$$

因为函数 $f(\overline{X})$ 的准确形式是未知的，所以大部分分类算法基于建模假设构建了模型 $g(\overline{X}, \mathcal{D})$。这种建模假设的一个例子是 SVM 中的线性决策边界。函数 $g(\overline{X}, \mathcal{D})$ 可以是在算法（例如决策树）上定义的，也可以是以解析形式定义的，例如 10.6 节中讨论的 SVM 分类器。在后者中，函数 $g(\overline{X}, \mathcal{D})$ 的定义如下：

$$g(\overline{X}, \mathcal{D}) = \text{sign}\{\overline{W} \cdot \overline{X} + b\} \tag{11.31}$$

注意，系数 $\overline{W}$ 和 b 只能通过训练数据集 $\mathcal{D}$ 来估计。记号 $\mathcal{D}$ 作为 $g(\overline{X}, \mathcal{D})$ 中的一个参数出现，因为训练数据集被用来估计模型系数，例如 $\overline{W}$ 和 b。对于一个有限规模的训练数据集 $\mathcal{D}$，通常不能很精确地估计 $g(\overline{X}, \mathcal{D})$，就像图 11-5b 中粗糙的决策边界一样。因此，训练数据集对估计结果 $g(\overline{X}, \mathcal{D})$ 的具体影响可以通过比较它和它在训练数据集上的所有可能结果的期望值 $E_{\mathcal{D}}[g(\overline{X}, \mathcal{D})]$ 来进行量化。

除了依数据集而定的固有误差 ϵ_a^2 以外，在建模和估计的过程中有两种主要的误差：

1）关于 $g(\overline{X}, \mathcal{D})$ 的建模假设可能不能反映真实的模型。考虑为 $g(\overline{X}, \mathcal{D})$ 使用线性 SVM 建模假设而类别间的真实边界非线性的情况。这会为模型带来偏差。在实践中，偏差通常来自过于简化的建模假设。即使有非常大的训练数据集，并且能以某种方式估计出 $g(\overline{X}, \mathcal{D})$ 的期望值，但真实模型和假设模型间的不同所带来的偏差也会使 $(f(\overline{X}) - E_{\mathcal{D}}[g(\overline{X}, \mathcal{D})])^2$ 的值不为零。这称为（平方）偏差。注意，通常可以通过为 $g(\overline{X}, \mathcal{D})$ 假设一个更加复杂的形式来减少偏差，例如在图 11-5a 中使用一个内核 SVM 来代替线性 SVM。

2）即使关于 $g(\overline{X}, \mathcal{D})$ 的假设是正确的，也不可能在任何给定的训练数据集 $\mathcal{D}$ 上准确地估计 $E_{\mathcal{D}}[g(\overline{X}, \mathcal{D})]$。对于训练数据集 $\mathcal{D}$ 的不同实例化和固定的测试实例 $\overline{X}$，预测的类别标记 $g(\overline{X}, \mathcal{D})$ 会是不同的。这是模型的方差，可以记为 $E_{\mathcal{D}}[(g(\overline{X}, \mathcal{D}) - E_{\mathcal{D}}[g(\overline{X}, \mathcal{D})])^2]$。注意，期望函数 $E_{\mathcal{D}}[g(\overline{X}, \mathcal{D})]$ 定义的决策边界，相对于由训练数据的某个特定实例化 $\mathcal{D}$ 定义的决策边界（例如图 11-5b 中的边界 A 和 B），通常离真实决策边界（例如图 11-6b 中的集成边界估计）更近。

可以证明，在不同训练数据集 $\mathcal{D}$ 的选择上，测试数据点 $(\overline{X_1}, y_1), \cdots, (\overline{X_n}, y_n)$ 的预测的期望均方误差 $E_{\mathcal{D}}[MSE] = \frac{1}{n}\sum_{i=1}^{n} E_{\mathcal{D}}[(y_i - g(\overline{X_i}, \mathcal{D}))^2]$ 可以如下地被分解为偏差、方差和固有误差：

$$E_{\mathcal{D}}[MSE] = \frac{1}{n}\sum_{i=1}^{n}\left(\underbrace{(f(\overline{X_i}) - E_{\mathcal{D}}[g(\overline{X_i}, \mathcal{D})])^2}_{\text{偏差}^2} + \underbrace{E_{\mathcal{D}}[(g(\overline{X_i}, \mathcal{D}) - E_{\mathcal{D}}[g(\overline{X_i}, \mathcal{D})])^2]}_{\text{方差}}\right) + \underbrace{\epsilon_a^2}_{\text{固有误差}}$$

集成方法通过减小被结合模型的偏差和方差，来减小分类的误差。通过谨慎地选择拥有特定偏差 - 方差属性的模型组件并适当地结合它们，相对于单个模型，我们通常可以同时减小偏差和方差。

11.8.3　集成学习的具体实例化

通过降低偏差、方差或者同时降低两者，许多集成方法可以用来增加精度。接下来，我们选择了一些模型来进行讨论。

11.8.3.1　装袋法

装袋法，也称为自助聚合（bootstrapped aggregating），是一种尝试减少预测方差的方法。它的基本思路是，如果预测的方差是 σ^2，那么 k 个独立同分布预测的平均方差会降至 $\frac{\sigma^2}{k}$。给定足够的独立预测器，这种平均的方法就会显著地降低方差。

那么如何逼近独立同分布的预测器呢？在装袋法中，我们从原始数据中有放回地对数据点均匀采样。这种采样方法称为**自助法**，也可用它来进行模型评价。样本的规模和原始数据的规模是近似的。这些样本可能包含重复的数据点，并且通常包含比例大约为

$$1-\left(1-\frac{1}{n}\right)^n \approx 1-1/e$$

的不同的原始数据点。这里，e 表示自然对数。这个结果很容易得到，因为一个数据点不在样本中的概率是 $\left(1-\frac{1}{n}\right)^n$。最后我们得到 k 个不同的、大小为 n 的且独立的自助样本，并用每一个训练得到一个分类器。对于一个给定的测试实例，预测的类别标记可以通过不同分类器投票后占多数的结果来得到。

装袋法的主要优势是它降低了模型的方差。然而，它不能降低模型的偏差。因此，它对于图 11-5a 中的例子无效，而对于图 11-5b 中的例子有效。在图 11-5b 中，通过自助法采样的随机变化来得到不同的决策树边界。而这些自助法采样的多数投票比在整个数据集上构建的模型的表现更好，因为它降低了方差。当偏差是构成误差的主要成分时，自助法则可能导致精度略微下降。因此，当设计自助法时，一种明智的做法是使设计的个体组件可以以方差为代价来降低偏差，因为装袋法会改善后者。这种选择优化了方差–偏差间的折中。例如，我们可以选择一棵叶节点类别纯净度为 100% 的较深的决策树。事实上，决策树是装袋法的理想选择，因为当它们长得足够深时，它们的偏差较低而方差较高。装袋法的问题是，因为集成组件间的相关性，所以独立同分布假设并不总是成立的。

11.8.3.2　随机森林

当来自不同集成组件的单个预测满足独立同分布属性时，装袋法工作得最好。如果有 k 个不同的预测器，每个的方差为 σ^2，它们之间的逐对正相关系数为 ρ，那么平均预测的方差可以表示为 $\rho \cdot \sigma^2 + \frac{(1-\rho) \cdot \sigma^2}{k}$。$\rho \cdot \sigma^2$ 是与集成组件数量 k 无关的项。这一项限制了装袋法性能的进一步提升。正如我们之前所讨论的，通过自助决策树得到的预测通常是正相关的。

随机森林可以看作基本装袋法被应用至决策树时的广义情况。随机森林被定义为决策树的集成，在这些决策树的构建过程中随机性被显式地插入其中。尽管装袋法的自助采样方法也是一种向建模过程中间接加入随机性的方法，但这么做有一些缺点。在装袋法中直接使用决策树的主要缺点是，树的顶层划分选择相对于自助采样在统计意义上是一个近似不变量。因此，这些树会更加相关，这限制了装袋法减少误差的能力。在这种情况下，直接增加决策树模型组件的多样性是有道理的。我们的想法是使用随机化的决策树模型，它在不同的集成组件间有更低的相关性。通过平均的方法可以更有效地降低潜在的可变性。最终的结果通常

比直接在决策树上应用装袋法更加精确。图 11-6b 提供了这种方法对决策边界影响的一个典型例子，这和装袋法的影响类似，但它通常更加明显。

随机分割选择（random-split selection）方法直接向分割标准中引入了随机性。使用一个整数参数 $q \leqslant d$ 来调节分割选择中引入的随机性的强弱。在每个节点的分割选择之前，首先随机选择属性的一个规模为 q 的子集 S。接着，这个节点的分割将仅仅使用这个子集。较大的 q 值将带来相关的树，这些树类似于没有注入随机性的树。通过选择相对于全维度 d 较小的 q 值，降低随机森林不同组件间的相关性。得到的树也可以更有效地生长，因为每个节点需要考虑的属性数量更少。而当选择的特征子集 S 的规模 q 较大时，每个集成组件个体将有更高的精度，这也是我们所想要的。因此，我们的目标是选择一个最佳的折中点。当输入属性的数量为 d 时，总共选择 $q = \log_2(d) + 1$ 个属性可以得到最佳的折中。有趣的是，即使选择 $q = 1$ 似乎在精度方面也可以得到不错的结果，尽管这需要使用大量的集成组件。组合方法被构建之后，在一个测试实例的所有预测的类标签中选择最大的一个作为该实例的预测值。这个方法称为**森林 -RI**，因为它基于随机的输入选择。

当总体维度 d 较小时，这种方法就表现得不太好，因为此时不可能使用一个远比 d 小的 q。在折中情况下，指定一个值 $L \leqslant d$，它对应于组合在一起的输入特征的数量。在每个节点上，随机地选择 L 个特征，通过从 $[-1, 1]$ 间均匀随机产生的系数将它们线性地组合起来。总共产生 q 个这样的组合，进而得到多变量属性的一个新的子集 S。在之前的情况中，分割仅仅使用了属性集 S。这会得到多变量的随机分割。这个方法称为**森林 -RC**，因为它使用了随机的线性组合。

在随机森林方法中，我们不使用剪枝从而生长出较深的树。每棵树在训练数据的自助采样上生长从而更多地减少方差。和装袋法一样，通过随机森林方法方差可以显著地减少。然而，因为每个组成的分类器的分割选择是受约束的，所以它们可能会有更高的偏差。当训练数据中有信息的特征的比例较小时这可能会导致问题。因此，随机森林的改进是方差降低的结果。在实践中，随机森林方法的表现通常比装袋法更好，并且和提升法相当。它对于噪声和异常点也具有抵抗力。

11.8.3.3 提升法（boosting）

在提升法中，每个训练样例都有一个相关的权重，通过使用这些权重可以训练得到不同的分类器。基于分类器的表现，迭代地修改权重。换言之，未来模型的构造依赖于先前模型的结果。因此，这个模型中的每个分类器是使用同样的算法 $\mathcal{A}$ 在一个加权后的训练数据集上构造的。基本的思路是，通过相对地增加权重，在未来的迭代中关注那些错误分类的实例。这里的假设是这些错误分类实例的误差是由分类偏差所引起的。因此，增加错误分类实例的权重可以使新的分类器纠正这些特定实例上的偏差。通过迭代地使用这个方法，创建不同分类器的加权组合，可以得到一个拥有更低全局偏差的分类器。例如在图 11-6a 中，每一个 SVM 个体不是全局最优的，并且仅在靠近决策边界的特定区域内是精确的，但是它们的组合集成提供了一个非常精确的决策边界。

最有名的提升法是 Adaboost 算法。为了简化讨论，接下来我们将假设二元分类的场景。假设类别标记是从 $\{-1, +1\}$ 中选出的。这个算法将每个训练样例关联至一个权重，权重根据上一轮迭代的分类结果在每一轮迭代中进行更新。因此，基础分类器需要能够使用加权的实例进行工作。可以通过直接修改训练模型，或者对训练数据进行有偏差的自助法采样来将权重包含进来。请读者回顾稀有类别学习一节中关于这个话题的讨论。错误分类的实例在接下来的迭代中会给予更高的权重。注意，对于全局的训练数据，这相当于人为地为后续迭代的分类器引入偏差，但是这减小了特定模型 $\mathcal{A}$ 难以分类的某些局部区域中的偏差。

在第 t 轮迭代中，第 i 个实例的权重为 $W_t(i)$。在算法开始时，n 个实例拥有相等的权重 $1/n$，之后在每一轮迭代中将进行更新。当第 i 个实例被错误分类时，它的（相对的）权重被增加至 $W_{t+1}(i)=W_t(i)\mathrm{e}^{-\alpha_t}$。这里，$\alpha_t$ 通过函数 $\frac{1}{2}\log_e((1-\epsilon_t)/\epsilon_t)$ 来选择，其中 ϵ_t 是模型在第 t 轮迭代中错误预测的训练样例的比例（通过 $W_t(i)$ 加权后计算得到）。当分类器在训练数据上达到100%精度时（$\epsilon_t=0$），或者它的性能不如一个随机的（二元）分类器时（$\epsilon_t\geq0.5$），这个方法将停止。另一个额外的停止条件是自助法迭代轮数的上界为用户定义的参数 T。这个算法的总体训练部分如图 11-7 所示。

```
Algorithm AdaBoost（数据集：𝒟，基础分类器：𝒜，最大轮数：T）
begin
  t = 0;
  对每个 i 将 W₁(i) 初始化为 1/n;
  repeat
    t = t + 1;
    将 𝒜 作用在带权重 Wₜ(·) 的数据集上，并得出 𝒟 上带权重的错误率 εₜ;
    αₜ = ½ logₑ((1−εₜ)/εₜ);
    对 𝒟 中每一个被错误分类的点 X̄ᵢ，设 Wₜ₊₁(i) = Wₜ(i)eᵅᵗ;
    否则（即对正确分类的点），设 Wₜ₊₁(i) = Wₜ(i)e⁻ᵅᵗ;
    对每一个实例 X̄ᵢ，进行正则化: Wₜ₊₁(i) = Wₜ₊₁(i) / [Σⁿᵢ₌₁ Wₜ₊₁(j)];
  until （(t≥T) 或 (εₜ=0) 或 (εₜ≥0.5)）;
  在测试实例上做分类，其中每个集成组件使用 αₜ 作为其权重;
end
```

图 11-7 AdaBoost 算法

接下来还需要解释的是，一个具体的测试实例如何使用这个集成学习器来分类。将提升法不同迭代中引入的每一个模型应用到这个实例上。对测试实例的第 t 轮预测值 $p_t\in\{-1,+1\}$ 通过 α_t 进行加权，并聚合加权后的预测值。聚合结果 $\sum_t p_t\alpha_t$ 的符号给出了对测试实例的类别标记的最终预测。注意在这种方法中，精度较低的组件的权重也较低。

错误率 $\epsilon_t\geq0.5$ 是和一个随机（二元）分类器的期望错误率同样糟糕甚至更糟糕的情况。这是将这种情况也作为停止条件的原因。在提升法的一些实现中，当 $\epsilon_t\geq0.5$ 时权重将被重新设置为 $1/n$，提升法将使用这些重置的权重继续执行。在另一些实现中，ϵ_t 的值允许超过 0.5，因此对于一个测试实例的一些预测结果 p_t 将会使用负值权重 $\alpha_t=\log_e((1-\epsilon_t)/\epsilon_t)$。

提升法主要关注于减少偏差。通过更加关注错误分类的实例，误差中的偏差项得以减小。组合决策边界是对简单决策边界的一个复杂组合，每个简单决策边界对训练数据中的特定区域进行最优化。图 11-6a 提供了一个关于简单决策边界如何组合成复杂决策边界的例子。因为这种方法关注于分类器模型的偏差，所以它可以将许多弱（高偏差的）分类器组合得到一个强分类器。因此，这种方法在集成组件个体中通常需要使用方差较低的（高偏差的）简单学习器。尽管提升法关注的是偏差，但当重新加权是通过采样实现的时，它也可以略微地减少方差。减少的原因是在随机采样后（尽管也是重新加权后）的实例上重复构建了模型。方差减小的幅度取决于所使用的重新加权策略。在迭代轮次之间修改权重的幅度越小，方差减少得越多。例如，如果在自助法的迭代轮次之间不对权重进行修改，那么自助法就变为了装袋法，它只会减少方差。因此，我们可以通过自助法的不同变种，以不同的方式来探索偏差－方差间的折中。

如果数据集中有显著的噪声，那么自助法是容易受害的。这是因为，提升法假设误分类是由错误建模得到的决策边界附近的实例的偏差成分引起的，然而这也可能只是数据错误标注的结果。这是数据中固有的噪声成分，而不是模型中的。在这种情况下，自助法会对数据中低质量的部分不合适地反复训练。事实上，确实有很多有噪声的真实世界数据集，自助法在它们上的性能不太好。当数据集没有包含过多噪声时，自助法的精度通常优于装袋法。

11.8.3.4　模型桶

模型桶所基于的直觉是，通常难以知道哪个分类器更适合于某个特定数据集的先验知识。例如，一个特定的数据集可能更适合于使用决策树，而另一个数据集可能更适合于使用 SVM。因此，我们需要模型选择的方法。当给定一个数据集时，如何决定使用哪个算法？我们的思路是首先将数据集分成两个子集 A 和 B。在子集 A 上训练每个算法。然后将集合 B 用来评测每个模型的性能，从而选出这个比赛中的胜者。接着，在完整的数据集上重新训练胜者。如有需要，可以在比赛中使用交叉验证，来代替将训练数据分为两个子集的"holdout"法。

注意，对于某个特定的数据集，模型桶的精度不会超过最好的分类器的精度。然而，在许多数据集上，这种方法的优势是能够使用适合于每个数据集的最佳模型，因为不同的分类器在不同的数据集上的表现可能不同。模型桶通常被用于模型选择和分类算法中的参数调整。每个模型个体是相同的分类器，但选择的参数不同。因此，胜者可以提供所有模型中最优的参数选择。

模型桶方法所基于的思想是，不同的分类器在不同的数据集上会有不同类型的偏差。这是因为"正确的"决策边界是随着数据集变化的。通过使用一个"赢家通吃"的比赛，将为每个数据集选出最精确的决策边界。因为模型桶基于全局精度来评测分类器的精度，所以它也会倾向于选择方差较低的模型。因此，这种方法可以同时降低偏差和方差。

11.8.3.5　堆积法

堆积法是一种非常通用的方法，其中将使用两个层次的分类器。和模型桶方法的情况一样，将训练集分为两个子集 A 和 B。将子集 A 用来训练第一层的分类器，它们是集成组件。将子集 B 用来训练第二层的分类器，它们将上一阶段的不同集成组件组合起来。这两个步骤的描述如下：

1）在训练数据集 A 上训练 k 个分类器（集成组件）。可以通过不同的方式生成这 k 个集成组件，例如在数据子集 A 上进行 k 次自助法采样（装袋法），进行 k 轮提升法，训练 k 个不同的随机决策树，或者简单地训练 k 个异构的分类器。

2）在训练数据子集 B 上确定这些分类器的 k 个输出。创造一个包含 k 个特征的新集合，其中的每个特征值是这 k 个分类器中某个分类器的输出。因此，基于第一层分类器的 k 个预测，训练数据子集 B 中的每个点被转换到了这个 k 维的空间中。它的类别标记是它的（已知的）真实标注值。在这个对子集 B 的新表示上训练第二层的分类器。

最终得到 k 个第一层的模型（将它们用来转换特征空间）以及一个第二层的组合分类器。对于一个测试实例，将第一层的模型用来创造一个新的 k 维表示。接着将第二层的分类器用来对测试实例进行预测。在堆积法的许多实现中，将数据子集 B 的原始特征保留下来，和新的 k 个特征一起训练第二层的分类器。也可以使用类别的概率作为特征，而不是使用类别标记的预测。为了避免第一层和第二层模型中训练数据的丢失，可以将这种方法和 m 路交叉验证结合起来。在这种方法中，通过迭代地使用 $(m-1)$ 个片段来训练第一层的分类器，从而为每个数据点得到一个新的特征集合，并且用它来得到剩余部分的特征。第二层分类器在新创建的数据集上训练得到，这些数据集表示了所有的训练数据点。另外，为了能够在分类时为测试实例得到更加鲁棒的特征转换，第一层的分类器会在所有的训练数据上重新训练。

堆积法能够同时降低偏差和方差，因为它的组合器从不同集成组件的误差中进行学习。许多其他的集成方法可以看成堆积法的特例，其中使用了一个数据独立的模型组合算法，例如多数投票。堆积法的主要优势是它的组合器的灵活的学习方法，这使得它潜在地比其他的集成方法更加强大。

11.9 小结

在这一章中，我们学习了数据分类中的数个高级话题，例如多类别学习、可扩展学习以及稀有类别分类。它们是数据分类中更具挑战性的问题，需要专门的方法来解决。利用半监督学习中额外的未标注数据，或者主动学习中用户对数据的选择性获取，我们通常可以增强分类过程。可以用集成方法来显著地改善分类精度。

在多类别学习方法中，使用一个元算法框架来结合二元分类器。通常使用一对多或者一对一方法。来自不同分类器的投票提供了最终结果。在很多场景中，一对一方法比一对多方法更有效。我们为数据分类设计了很多可扩展的方法。对于决策树，可扩展的方法包括 RainForest 和 BOAT。也有许多更快的 SVM 分类器变种。

稀有类别学习问题非常普遍，因为在许多现实场景中类别分布很不均衡。通常而言，我们使用成本加权的方法来改变分类问题的目标函数。成本加权可以通过样例加权或者样例重采样的方法来实现。通常，在样本重采样中对普通类别降采样，这能得到更好的训练效率。

在现实领域中，训练数据的缺乏是很常见的。半监督学习是解决训练数据缺乏的一种方式。在这些方法中，丰富可用的未标注数据被用来对几乎没有有标注数据可用的区域中的类别分布进行估计。利用丰富的未标注数据的另一种方法是主动地进行标注，这使得我们可以确定对于分类最有信息量的标记。

集成方法通过减少分类器的偏差和方差来提升它们的精度。一些集成方法（例如装袋法和随机森林）只能减少方差，而另一些集成方法（例如提升法和堆积法）可以同时减小偏差和方差。在某些情况下，例如在装袋法中，集成可能对数据中的噪声产生过拟合，因此导致更低的精度。

11.10 文献注释

有很多可以在二元分类器上使用的策略。二元分类器的一个典型例子是 SVM。在 [106] 中介绍了一对多策略。在 [318] 中讨论了一对一策略。

可扩展的决策树方法的一些例子包括 SLIQ[381]、BOAT[227] 和 RainForest[228]。决策树的一些早期的并行实现包括 SPRINT 方法 [458]。可扩展 SVM 方法的一个例子是 SVMLight[291]。其他一些方法（例如 SVMPerf[292]）重新形式化了 SVM 的最优化来减少松弛变量的数量，并且增加了约束的数量。一种在一个时刻只使用约束的一个小子集的平面分割法可以被用来使 SVM 分类器变得可扩展。这个方法将在第 13 章中进行讨论。

在 [136,139,193] 中更详细地讨论了不均衡和成本敏感的学习。也有一些通用方法的变种可以被用来进行成本敏感的学习，例如 MetaCost[174]、加权法 [531] 和采样法 [136,531]。在 [137] 中讨论了 SMOTE 方法。提升法也可以被用来解决成本敏感学习的问题。在 [203] 中提出了 AdaCost 算法。提升技术也可以和采样方法结合起来，例如 SMOTEBoost 算法[138]。[296] 提供了提升法对稀有类别探测问题的评测。[110,256,391] 提供了对线性回归模型和回归树的讨论。

最近，研究者们研究了半监督和主动学习问题，以利用外部信息进行更好的监督。在 [100] 中讨论了协同训练方法。[410] 提出了将有标注数据和未标注数据结合起来的 EM 算法。[293, 496] 提出了直推式 SVM 方法。[293] 中的方法是一种使用了迭代方法的可扩展 SVM 方法。在 [101, 294] 中讨论了基于图的半监督学习方法。[33, 555] 提供了对半监督分类的综述。

[13, 454] 提供了对主动学习的详细综述。研究者们提出了不确定性采样方法[345]，委员会查询[457]、最大模型变化[157]、最大误差下降[158] 以及最大方差下降[158]。基于代表性的方法在 [455] 中进行了讨论。主动学习的另一种形式是垂直地查询数据。换言之，它学习了在给定成本水平下应该收集哪些属性以最小化误差，而不是学习样例。

元算法分析问题近期变得非常重要，因为它对提升分类算法的精度有显著影响。[111, 112] 提出了装袋法和随机森林法。[215] 提出了提升法。[175] 提出了贝叶斯模型平均和组合法。[491,513] 讨论了堆积法。[541] 则解释了模型桶方法。

11.11 练习题

1. 假设一个分类训练算法在规模为 n 的数据集上进行训练所需要的时间是 $O(n^r)$，其中 r 大于 1。考虑一个在 k 个不同类别上完全均匀分布的数据集 $\mathcal{D}$。比较一对多方法和一对一方法所需的运行时间。

2. 讨论一些加速分类器的通用元策略。讨论一些可以将以下分类器的尺度增加的策略：最近邻分类器，关联分类器。

3. 为了将使用 hinge 损失函数的软间隔 SVM 分类器变为稀有类别学习下的加权分类器，描述我们需要对其对偶公式进行哪些改变。

4. 为了将使用 hinge 损失函数的软间隔 SVM 分类器变为稀有类别学习下的加权分类器，描述我们需要对其原始公式进行哪些改变。

5. 实现"一对多"和"一对一"的多类别方法。使用最近邻算法作为基础分类器。

6. 使用有监督的 k-means 算法，设计一个半监督分类算法。这个算法和基于 EM 的半监督方法的关系是什么？

7. 假设数据分布在两个细长的、分离的同心环中，两个同心环分属两个类别。假设每一个环中只有少量的有标注样例，但是有大量的未标注样例。那么你会使用以下哪种方法：EM

算法，直推 SVM 算法，基于图的半监督分类方法？为什么？

8. 写出使用偏置项 b、形式为 $y = \overline{W} \cdot \overline{X} + b$ 的最小二乘回归的最优化公式。给出用数据矩阵 $\mathcal{D}$ 和响应变量向量 $\overline{y}$ 表示的 $\overline{W}$ 和 b 的最优值的解析解。证明当数据矩阵 $\mathcal{D}$ 和响应变量向量 $\overline{y}$ 都是中心化的时，偏置项 b 的最优值永远为 0。

9. 为不确定性采样方法设计一种修改方法，使得其中查询不同实例的成本是不同的。假设查询实例 i 的成本是 c_i。

10. 考虑这样的情况：在（训练）数据的样本上训练分类器时，分类器会给出非常一致的类别标记预测。你会使用哪种集成方法？为什么？

11. 设计一种 AdaBoost 算法的启发式变种，使其在降低误差的方差方面优于 AdaBoost。这是否意味着这个集成方法的整体错误率比 AdaBoost 低？

12. 在装袋法中，你会使用线性 SVM 来创建集成组件，还是使用内核 SVM？如果是在提升法中呢？

13. 考虑一个 d 维的数据集。假设在一个随机选择的维度为 $d/2$ 的子空间中，使用 1 近邻的类别标记作为分类模型。将这个分类器反复地使用在测试实例之上从而得到一个多数投票的预测。使用偏差 – 方差的原理讨论这样的分类器可以降低误差的原因。

14. 对于任意的 $d \times n$ 的矩阵 A 和标量 λ，使用奇异值分解证明以下等式是成立的：

$$(AA^T + \lambda I_d)^{-1} A = A(A^T A + \lambda I_n)^{-1}$$

其中 I_d 和 I_n 分别是 $d \times d$ 和 $n \times n$ 的单位矩阵。

15. 设 $n \times d$ 的矩阵 D 的奇异值分解是 $Q \Sigma P^T$。根据第 2 章，它的伪逆是 $P \Sigma^+ Q^T$。这里，通过将 $n \times d$ 的矩阵 Σ 中的非零对角元素取倒数并将矩阵转置来得到 Σ^+。

（a）使用这个结果证明：

$$D^+ = (D^T D)^+ D^T$$

（b）证明计算伪逆的另一种方法如下：

$$D^+ = D^T (DD^T)^+$$

（c）讨论当 n 和 d 取不同值时，不同方法计算 D 的伪逆的效率。

（d）讨论当线性回归中包含内核函数技巧时，上述任意计算伪逆的方法的有效性。

第 12 章

Data Mining: The Textbook

数据流挖掘

"你永远不会两次踏入同一个流。"

——Heraclitus

12.1 引言

硬件技术的进步开创了很多种数据获取的新途径，这些途径相比之前变得更加快速。比如，平日的很多交易会使用信用卡或手机来完成，这就引发了自动化数据采集。相似地，比如可穿戴传感器、移动设备等新的收集数据的方式加速了动态可用数据的爆炸式增长。这些形式的数据收集有一个很重要的假设，那就是随着时间的推移，数据会以一个非常快的速率得到连续积累。这些动态数据集称为**数据流**。

在这种流模式中有一个非常关键的假设，那就是由于资源的限制，已经不可能存储下所有的数据。虽然可以采用分布式"大数据"框架来存储如此大规模的数据，但这种方式会以巨大的存储成本为代价以及牺牲一定的实时处理能力。在很多情况下，由于高昂的成本和其他考虑，这种框架变得有些不实际。流框架提供了另一种可行的方法，它通常可以用精心设计的算法来实现实时的分析，而不需要专门的基础设施上的投资。数据流应用领域的一些例子如下。

1. 交易流

交易流通常是由客户的购买活动创建的。一个例子是通过使用信用卡、超市 POS 机上的交易或者网上消费而创建的数据。

2. Web 点击流

用户在流行的网站上的活动创建了网络点击流。如果这个网站足够流行，那么数据生成速率就会足够快，以至于有必要采取流方法来处理。

3. 社交流

比如 Twitter 这些在线的社交网络将会由于用户活动而持续不断地产生大规模的文本流。这种流的速度和规模通常与社交网络中的参与者数量成超线性比例。

4. 网络流

网络通信中包含大量的网络流量。这种流通常被用来挖掘入侵、异常或者其他不同寻常的活动。

由于连续到达的大规模数据的相关处理上的约束，数据流出现了很多独特的挑战。尤其是，数据流算法通常需要在以下约束条件下进行运算，这些限制至少有一些会一直存在，而另外一些偶尔出现。

1. 一趟（one-pass）约束

由于数据量是连续、快速地产生的，因此假设数据只能处理一次。这是所有流模型中的一个强制约束。几乎不可能假设先将数据存档然后等以后再处理。这对于流应用算法的开发有显著影响。尤其是，很多数据挖掘算法本质上是迭代的，需要在数据上扫描多次。需要对这些算法进行适当的修改，才能将其用在流模型的环境中。

2. 概念漂移

在大多数应用中，数据会随着时间而演变。这意味着各个统计属性，比如属性之间的相关性、属性和类标签之间的相关性，还有簇分布等，会随着时间而变化。数据流的这个方面几乎总是出现在实际应用中，但它不一定是所有算法的通用假设。

3. 资源约束

数据流通常是由外部程序生成，而基本不受用户控制。因此，用户也基本上不能控制流的到达率。通常，数据到达率会随着时间而变化，所以在高峰时段连续执行在线处理是非常困难的。在这些情况下，舍弃一些不能及时处理的元组很有必要。这称为**减载**。尽管资源限制在流模型中非常普遍，但令人惊讶的是，很少有算法将其纳入其中。

4. 海量域（massive-domain）约束

在有些情况下，当属性值是离散的时，它们可能会包含大量不同的值。比如，考虑一个场景，当需要分析电子邮件网络中的成对通信情况的时候，在一个有 10^8 个用户的电子邮件网络中，不同的地址对数量会有 10^{16} 种，如果用所需要的存储量来表示，那么它的大小很容易突破 PB 级。在这种情况下，即使储存简单的比如像不同流元素的数量这样的统计信息也都变得十分困难。因此，需要为海量域数据流的概要构造设计许多专门的数据结构。

由于数据流的规模庞大，实际上挖掘过程中的所有流方法都采用了一种在线的概要构造方法。其基本思想是创建一个在线的概要，然后在它的基础上进行挖掘。根据手头应用的不同，可以构造出许多不同的概要。概要的性质对能够从它里面挖掘出来的东西的类型有很大的影响。概要结构有许多种，包括随机样本、Bloom 过滤器、梗概和不同元素计数的数据结构等。另外，一些传统的数据挖掘应用（如聚类）也可以被用来从数据中构建有效的概要。

本章内容的组织结构如下：12.2 节介绍各种类型的数据流的概要构造方法；12.3 节讨论数据流中的频繁模式挖掘方法；12.4 节讨论聚类方法；12.5 节讨论异常分析方法；12.6 节介绍分类方法；12.7 节给出本章小结。

12.2 流中的概要数据结构

对于不同的应用设计了很多个概要数据结构。概要数据结构主要有两种类型。

1. 通用型

在这种情况下，概要能够在大部分的应用中被直接使用。唯一一个这样的概要是数据点的随机采样，尽管它不能被用于某些应用，例如不同元素的计数。在数据流的环境中，从数据中维护一个随机样本的过程也称为**蓄水池采样**。

2. 专用型

在这种情况下，概要是为某一特定任务而设计的，比如频繁元素计数或者不同元素计数。这样的数据结构包括为不同元素计数而设计的 Flajolet-Martin 数据结构，以及为频繁元素计数或矩计算而设计的梗概。

接下来，将对不同类型的概要结构进行讨论。

12.2.1 蓄水池采样

采样是对于流汇总最灵活的一种方法。对比其他概要数据结构，采样最显著的优势是它可以用于任意的应用。当已经从数据中抽取一个样本点后，几乎任何离线算法都可以应用到这个样本上。在默认情况下，应当将采样认为是流场景中的一种方法，尽管它在一小部分应用中确实有局限性，比如不同元素计数。在数据流的环境中，用来从数据中维护一个动态数据样本的方法称为**蓄水池采样**（reservoir sampling）。所得到的样本称为**蓄水池样本**。我们已经在 2.4.1.2 节中简要介绍过蓄水池采样的方法。

对于一个简单的问题，比如采样，在流场景中却出现了一些有趣的难题。产生这些难题的原因是人们不可能在磁盘上存储整个数据流来采样。在蓄水池采样中，目标是从数据流中持续地维护一个动态更新的 k 个点的样本，而不需要在任何给定的时间点及时地、明确地在磁盘上存储流。因此，对于流中的每个输入数据点，人们必须使用一系列高效实现的运算来维护这个样本。在静态情况下，将一个数据点放入样本中的概率是 k/n，其中 k 是样本大小，n 是数据集中点的数量。在流场景中，"数据集"不是静态的，并且 n 的值会随时间而持续增加。另外，对于前面已经到达的数据点，如果没有把它放在样本中，那么它就会不可挽回地丢失。所以，在任意一个给定的时刻，采样方法使用的是关于流中以前历史的不完备的知识。换句话说，对于流中的每个输入数据点，需要动态地做出两个简单的接纳控制决策：

1）应该使用哪种采样规则来决定是否要把输入数据点纳入样本中？

2）应该使用哪种规则来决定如何弹出样本中的某个数据点，从而为新插入的数据点腾出空间？

蓄水池采样算法是以如下方式运行的：对于一个大小为 k 的蓄水池，流中的前 k 个数据点总是会被放在蓄水池中。随后，对于第 n 个输入的流数据点，会用以下两种接纳控制决策方法：

1）以 k/n 的概率向蓄水池中插入第 n 个输入的流数据点；

2）如果新数据点要插入进来，那么需要在之前蓄水池的 k 个数据点中随机弹出 1 个，来为新数据点腾出空间。

可以看出，前面提到的这种维护规则从数据流中维护一种无偏性的蓄水池样本。

引理 12.2.1   在 n 个流数据点到达后，流中任何一个数据点被放入蓄水池样本中的概率都是相同的，即 k/n。

证明： 这个结果很容易通过归纳法来证明。在初始的 k 个数据点中，这个引理是永真的。让我们（归纳地）假定在 $(n-1)$ 个数据点到来后，这个引理是真的。因此，每个数据点被放入蓄水池样本中的概率是 $k/(n-1)$。因为将即将到来的数据点包含在样本中的概率是 k/n，所以引理是永真的。还要给出流里剩下的那些数据点被包含在蓄水池中的概率。对于一个新输入的数据点，会有两种不相交的情况，所以一个数据点最后出现在蓄水池中的概率是这两种情况的概率和。

1）输入数据点没有被插入蓄水池样本中。出现这种情况的概率是 $(n-k)/n$。因为根据归纳假设，之前任何一个数据点在样本中的概率是 $k/(n-1)$，那么在这种情况下，一个数据点留在蓄水池中的概率可由乘法得出，即 $p_1 = \dfrac{k(n-k)}{n(n-1)}$。

2）输入数据点被插入蓄水池样本中。出现这种情况的概率等同于新数据的插入概率，即 k/n。而后，蓄水池样本中已经存在的数据点会被保留的概率是 $(k-1)/k$，因为只有一个点会被弹出。由归纳假设可知，之前流中的任何一个数据点被放入蓄水池中的概率是 $k/(n-1)$，那就意味着在这种情况下一个数据点留在样本中的概率 p_2 是由下面三部分相乘得出的：

$$p_2 = \left(\frac{k}{n}\right)\left(\frac{k-1}{k}\right)\left(\frac{k}{n-1}\right) = \frac{k(k-1)}{n(n-1)} \tag{12.1}$$

因此，在收到 n 个数据点后，流中的某个数据点出现在样本中的概率是由 p_1 和 p_2 相加得出的，显然，这个概率等于 k/n。

蓄水池方法的主要问题是它不能处理概念漂移，因为它是对数据进行无任何衰减的均匀采样。

12.2.1.1 处理概念漂移

在流媒体场景中，通常认为近期的数据要比旧的数据更重要。这是因为数据生成的过程会随着时间而改变，并且从分析的角度来看，旧数据通常被看成是"过时"的。从蓄水池中得到的均匀随机样本会包含时间上均匀分布的数据点。在通常情况下，大部分流应用都会使用一种基于衰减的框架来调节数据点的相对重要性，使得越近期的数据点被放入样本中的概率越大。这是通过使用一个偏差函数来实现的。

和第 r 个数据点以及第 n 个数据点到达时间相关的偏差函数是 $f(r, n)$。偏差函数与概率值 $p(r, n)$ 相关，这个值是当第 n 个数据点到达后，第 r 个数据点仍旧被保留在蓄水池样本中的概率。换句话说，$p(r, n)$ 的值和 $f(r, n)$ 成正比。我们可以合理假设，对于固定的 r 个数据点，偏差函数会随着 n 的增长而减少；对于固定的 n 个数据点，偏差函数会随着 r 的增长而增长。换句话说，近期的数据点被保留在样本中的概率会更高。这种采样将会产生数据点的一个偏差敏感的样本 $S(n)$。

定义 12.2.1 定义 $f(r, n)$ 为在 n 个数据点到达后第 r 个数据点的偏差函数。当流中第 n 个数据点到达后，此时，若流中第 r 个数据点属于样本 $S(n)$（共 n 个数据点）的相对概率 $p(r, n)$ 正比于 $f(r, n)$，则将该样本定义为偏差样本。

在一般情况下，随意选取偏差函数来进行蓄水池采样，还是一个未解决的问题。不过，在通常情况下，都会用指数偏差函数来解决：

$$f(r, n) = e^{-\lambda(n-r)} \tag{12.2}$$

参数 λ 定义了偏差率，通常其取值区间是 [0, 1]。在一般情况下，该参数的选取与应用相关。若 $\lambda=0$，则表示无偏差的情况。指数偏差函数定义了一类无记忆性函数，即当前数据点在未来会得到保留的概率与它过去的历史或者到达时间无关。可以看出，这个问题只关心空间受限的场景，蓄水池样本的大小 k 要严格小于 $1/\lambda$。这是因为一个有限长度的流中的指数偏差样本的大小不会超过 $1/\lambda$[35]。这也称作**最大蓄水池需求**。接下来的讨论基于 $k<1/\lambda$ 的假设。

算法开始于一个空的蓄水池，用以下的替换策略来填充蓄水池。假设在第 n 个数据点到达时（就在之前），蓄水池填充的比例是 $F(n) \in [0, 1]$。当第 $(n+1)$ 个点到达的时候，它被插入样本中的概率⊖为 $\lambda \cdot k$。然而，样本中的旧数据点没有必要删掉，因为蓄水池只是半满状态。这就像抛一个正面朝上概率为 $F(n)$ 的硬币一样。如果是正面，将会在蓄水池中随机选取一个点，由新到达的第 $(n+1)$ 个点替换；如果不是，将不会有删除，而是把第 $(n+1)$ 个点添加到蓄水池样本中。在后一种情况中，蓄水池样本中点的数量（当前样本容量）会增加 1。

⊖ 值至多为 1，因为 $k<1/\lambda$。

在这种方法中，蓄水池会在开始的时候很快被填满，但当它接近最大容量时，速度会慢下来。读者可以参照文献注释来证明这种方法的正确性，在相同的工作中还有关于能够更快填充蓄水池的这个方法的变体的讨论。

12.2.1.2　采样的有效理论界限

虽然蓄水池方法能够提供数据样本，但我们往往还希望对采样所得结果的质量范围给出一个界限。一种常用的手段是对蓄水池样本的聚合统计量进行估计，这些聚合值的精度常用尾不等式（tail inequality）的方式来进行度量。

最简单的尾不等式是马尔可夫不等式（Markov inequality），它由只取非负值的概率分布定义。我们记 X 为一个随机变量，其概率分布为 $f_X(x)$，平均值为 $E[X]$，方差为 $Var[X]$。

定理 12.2.1（马尔可夫不等式）　令 X 为一个只取非负值的随机变量。对于满足 $E[X] < \alpha$ 的任意常量 α，如下公式成立：

$$P(X > \alpha) \leqslant E[X] / \alpha \tag{12.3}$$

证明： 令 $f_X(x)$ 代表 X 的密度函数，则有：

$$
\begin{aligned}
E[X] &= \int_x x f_X(x) \mathrm{d}x \\
&= \int_{0 \leqslant x \leqslant \alpha} x f_X(x) \mathrm{d}x + \int_{x > \alpha} x f_X(x) \mathrm{d}x \\
&\geqslant \int_{x > \alpha} x f_X(x) \mathrm{d}x \\
&\geqslant \int_{x > \alpha} \alpha f_X(x) \mathrm{d}x
\end{aligned}
$$

第一个不等式由 X 的非负性得到，第二个不等式通过只在 $x > \alpha$ 的范围里进行积分来得到。最后一行的右侧项等价于 $\alpha P(x > \alpha)$，因此，下列公式成立：

$$E[X] \geqslant \alpha P(X > \alpha) \tag{12.4}$$

对该不等式重新组合则得到最终的结果。

马尔可夫不等式仅对非负值的概率分布有定义，而且也只提供上界。在实际应用中，我们更希望对于可以取到正负值的概率分布两端都有一个界限。

考虑随机变量 X 不一定非负的情形，切比雪夫不等式（Chebychev inequality）是获得 X 对称边界值的有效方法，它是马尔可夫不等式对 X 衍生公式（基于方差）的一个直接应用。

定理 12.2.2（切比雪夫不等式）　令 X 为任意随机变量，则对于任何常量 α，下式成立：

$$P(|X - E[X]| > \alpha) \leqslant Var[X] / \alpha^2 \tag{12.5}$$

证明： 当且仅当 $(X - E[X])^2 > \alpha^2$，不等式 $|X - E[X]| > \alpha$ 为真，通过定义 $Y = (X - E[X])^2$ 为由 X 衍生的非负随机变量，容易看到 $E[Y] = Var[X]$。此时，定理中不等式左边和 $P(Y > \alpha^2)$ 等价。通过在 Y 上应用马尔可夫不等式，即可得到所需结果。

上述证明中的主要技巧在于马尔可夫不等式在衍生的非负随机变量上的应用，这种方法在证明其他类型的边界时也十分有效，尤其当 X 的分布满足某些特性（比如若干个伯努利随机变量之和）时。在这种情况下，随机变量的带参函数可用于产生一个带参数的界限值，然后可以通过参数优化来获得最严格的可能界限，一些有名的界限（如 Chernoff 边界、Hoeffding 不等式）都是通过这种方法得到的。这些界限要比马尔可夫不等式、切比雪夫不等式严格得多，因为给定随机变量 X 的相应概率分布，参数优化这一步骤隐式地创建了一个在这种特殊形式下最优化的界限值。

许多现实生活中的场景可以通过使用特殊类别的随机变量来表示。一个典型的例子是，某个随机变量 X 可以表示为许多其他独立有界随机变量的和。例如，考虑这样一种数据点具有和它相关联的二元类标签的情况，而且人们希望使用数据流中的样本来估计属于每个类的数据比例。虽然根据样本中属于一个类别的点的比例可以给出一个估计值，但要如何确定它的概率精度呢？可以注意到，估计的比例值可以表示为一系列独立同分布的二元随机变量之和，这些随机变量依赖于每个样本实例所关联的类别。Chernoff 边界就能为估计值的精度提供一种较优的界限。

另一个例子是涉及的随机变量不一定是二元的但仍然有界。例如，数据流中的每个数据点对应于一个特定年龄的个体。个体的平均年龄可以通过蓄水池样本中点的平均值进行估计。注意，年龄（在现实中）可以假定为范围 (0, 125) 上的有界的随机变量。在这种情况下，Hoeffding 界限可以用来确定估计值的一个较为严格的界限。

首先，我们介绍 Chernoff 边界，考虑到对低尾（lower-tail）和上尾（upper-tail）的表示的区别，它们需要分别介绍，低尾 Chernoff 边界如下所示。

定理 12.2.3（低尾 Chernoff 边界） 设随机变量 X 可表示为 n 个独立二元（伯努利）随机变量之和，其中每个有 p_i 的概率取值为 1。

$$X = \sum_{i=1}^{n} X_i$$

则对于任意 $\delta \in (0, 1)$ 有：

$$P(X < (1-\delta)E[X]) < e^{-E[X]\delta^2/2} \tag{12.6}$$

其中 e 为自然对数的底。

证明： 首先给出如下不等式：

$$P(X < (1-\delta)E[X]) < \left(\frac{e^{-\delta}}{(1-\delta)^{(1-\delta)}} \right)^{E[X]} \tag{12.7}$$

为了得到参数化的界限值，引入未知参数 $t > 0$，将关于 X 的低尾不等式转化成关于 e^{-tX} 的上尾不等式。通过在上面应用马尔可夫不等式，得到的界限同时是关于 t 的函数。通过对这一函数进行优化，能够得到最严格的可能界限。应用马尔可夫不等式所得到的结果如下：

$$P(X < (1-\delta)E[X]) \leq \frac{E[e^{-tX}]}{e^{-t(1-\delta)E[X]}}$$

对指数中的项以 $X = \sum_{i=1}^{n} X_i$ 进行展开，可以得到：

$$P(X < (1-\delta)E[X]) \leq \frac{\prod_i E[e^{-tX_i}]}{e^{-t(1-\delta)E[X]}} \tag{12.8}$$

上述简化利用了一个特性，即独立变量乘积的期望与期望的乘积等价。由于每个 X_i 都服从伯努利分布，通过分别将所有 X_i 取到 0 或 1 的概率累加起来，可以得到：

$$E[e^{-tX_i}] = 1 + E[X_i](e^{-t} - 1) < e^{E[X_i](e^{-t}-1)}$$

右侧的不等式由 $e^{E[X_i](e^{-t}-1)}$ 的多项式展开得到。通过在公式 12.8 中减去这个不等式，并使用 $E[X] = \sum_i E[X_i]$，可以得到下式：

$$P(X < (1-\delta)E[X]) \leqslant \frac{e^{E[X](e^{-t}-1)}}{e^{-t(1-\delta)E[X]}}$$

右边的表达式对于所有 $t > 0$ 成立。想要选取一个提供最严格的可能界限的 t 值。通过标准的最优化方法，即令该表达式对 t 求导，很容易得到这个具体数值。通过最优化过程，可以发现最优值 $t = t^*$ 为：

$$t^* = \ln(1/(1-\delta)) \tag{12.9}$$

通过将 t^* 的值代入不等式中，可以看到它与公式 12.7 等价，这就完成了第一部分的证明。

利用对数项 $(1-\delta)\ln(1-\delta)$ 的泰勒展开中的前两项，可以得到 $(1-\delta)^{(1-\delta)} > e^{-\delta+\delta^2/2}$。将公式 12.7 中的分母减去该不等式，就得到了想要的结果。

类似地，还可以得到一个形式略微不同的上尾 Chernoff 边界。

定理 12.2.4（上尾 Chernoff 边界） 设随机变量 X 可表示为 n 个独立二元（伯努利）随机变量之和，其中每个有 p_i 的概率取值为 1。

$$X = \sum_{i=1}^{n} X_i$$

则对于任意 $\delta \in (0, 2e-1)$ 有：

$$P(X > (1+\delta)E[X]) < e^{-E[X]\delta^2/4} \tag{12.10}$$

其中 e 为自然对数的底。

证明： 首先给出如下不等式：

$$P(X > (1+\delta)E[X]) < \left(\frac{e^\delta}{(1+\delta)^{(1+\delta)}}\right)^{E[X]} \tag{12.11}$$

与之前类似，可以通过引入未知参数 $t > 0$，并将关于 X 的上尾不等式转化为 e^{tX} 的形式，在上面应用马尔可夫不等式，来得到关于 t 的界限函数。通过对这一函数进行优化来得到最严格的可能界限。

进一步还可以看到，通过对公式 12.11 中的不等式在 $\delta \in (0, 2e-1)$ 条件下进行代数上的简化，也能得到想要的结果。

接下来我们要介绍的是 Hoeffding 不等式。Hoeffding 不等式是比 Chernoff 边界更一般化的尾不等式，因为它不要求涉及的数据值满足伯努利分布。在这种情况下，第 i 个数据值需要从有界区间 $[l_i, u_i]$ 中产生，对应的概率界限则由以 l_i 和 u_i 为参数的表达式表示，因此 Chernoff 边界只是 Hoeffding 不等式的一个特例。Hoeffding 不等式的定义如下，注意，此时上尾不等式与低尾不等式是一致的。

定理 12.2.5（Hoeffding 不等式） 设随机变量 X 可表示为 n 个区间 $[l_i, u_i]$ 上的独立随机变量之和。

$$X = \sum_{i=1}^{n} X_i$$

则对于任意 $\theta > 0$，以下公式成立：

$$P(X - E[X] > \theta) \leqslant e^{-\frac{2\theta^2}{\sum_{i=1}^{n}(u_i-l_i)^2}} \tag{12.12}$$

$$P(E[X]-X>\theta)\leqslant \mathrm{e}^{-\dfrac{2\theta^{2}}{\sum\limits_{i=1}^{n}(u_i-l_i)^2}} \tag{12.13}$$

证明： 这里简单介绍上尾部分的证明，低尾不等式的证明是相同的。对于未知参数 t，下式成立。

$$P(X-E[X]>\theta)=P(\mathrm{e}^{t(X-E[X])}>\mathrm{e}^{t\theta}) \tag{12.14}$$

可以使用马尔可夫不等式得到右式的概率最大为 $E[\mathrm{e}^{(X-E[X])}]\mathrm{e}^{-t\theta}$，表达式 $E[\mathrm{e}^{(X-E[X])}]$ 可以展开成关于单个成分 X_i 的形式。由于乘积的期望与期望的乘积等价，因此得到：

$$P(X-E[X]>\theta)\leqslant \mathrm{e}^{-t\theta}\prod_i E[\mathrm{e}^{t(X_i-E[X_i])}] \tag{12.15}$$

关键要证明 $E[\mathrm{e}^{t(X_i-E[X_i])}]$ 的值最大为 $\mathrm{e}^{t^2(u_i-l_i)^2/8}$。这个可以通过在参数上使用指数函数 $\mathrm{e}^{t(X_i-E[X_i])}$ 的凸性质并结合泰勒定理（见练习题 12）来得到。

因此，下式成立：

$$P(X-E[X]>\theta)\leqslant \mathrm{e}^{-t\theta}\prod_i \mathrm{e}^{t^2(u_i-l_i)^2/8} \tag{12.16}$$

这个不等式对于任意非负的 t 都有效。为了找到最严格的界限，需要求得使得上式右边最小化的 t 值，其最优值 $t=t^*$ 为：

$$t^*=\frac{4\theta}{\sum\limits_{i=1}^{n}(u_i-l_i)^2} \tag{12.17}$$

通过将 $t=t^*$ 代入公式 12.16 中，就可以得到想要的结果。低尾界限可以通过对 $P(E[X]-X>\theta)$ 而不是 $P(X-E[X]>\theta)$ 使用上述步骤来得到。

因此，可以在不同的场景下使用不同的不等式，而且它们的强度也各不相同。表 12-1 对这些差异进行了说明。

表 12-1　界定尾部概率的不同方法的比较

结　　果	场　　景	强度
切比雪夫	任意随机变量	弱
马尔可夫	非负随机变量	弱
Hoeffding	独立有界随机变量之和	强
Chernoff	独立伯努利变量之和	强

12.2.2　海量域场景的概述结构

如引言中所讨论的，在许多流式应用中包含离散的属性值，它们的值域由大量不同的离散值组成。典型的例子是网络流中的 IP 地址和电子邮件流中的电子邮件地址。这样的场景在数据流中更加常见，因为在流中大量的数据项经常与不同类型的离散标识符相关，电子邮件地址和 IP 地址就是这种标识符的例子。流对象往往还会关联标识符对，比如电子邮件中同时有发送者和接收者的邮箱地址。在某些应用中，可能会希望在统计数据中使用成对标识符，因此将成对的组合当作一个单独的属性进行统计，此时值域中可能的取值范围将会更广。举例来说，对于某个拥有一亿个不同账户的电子邮件应用，可能的成对标识符数量将会达到 10^{16}。在这种情况下，即使只存储简单的概要统计量，如成员资格、频繁项计数、不同元素计数等，从空间限制上来说也有很大的挑战性。

如果不同元素的总数较小，可以简单地建立一个数组，并通过更新其中的数值来维护有效的概要，这样一种概要值可以满足上面提到的所有查询操作。然而在海量域场景下，这种方法是不现实的，因为 10^{16} 个元素的数组需要 10 PB 以上的空间。而且对于某些查询，比如成员资格与不同元素计数，只使用蓄水池样本并不能得到正确的结果。这是因为绝大部分的数据流都包含了不常见的元素，蓄水池数据只会在查询结果中不成比例地对常见元素给出过高估计，而无法得知确切的出现频率。成员资格与不同元素计数这两种查询就是典型的例子。

建立一个单独的概要结构来处理所有查询，这通常比较困难，因此，对于不同类型的查询专门设计不同的概要结构。接下来，我们会介绍一系列不同的概要结构，它们分别针对特定的查询进行了优化处理。对于本章中讨论的每个概要结构，我们也会简单描述相关的查询与处理过程。

12.2.2.1　Bloom 过滤器

Bloom 过滤器可以用于离散元素的成员资格查询。成员资格查询是要解决如下问题：

给定一个元素，它是否出现在数据流中？

Bloom 过滤器持续更新数据流的一种概要信息，来给这类查询提供具有一定准确率保证的答复。这种数据结构的一个特点是有可能出现假正例的结果，但绝对不会出现假负例。也就是说，如果 Bloom 过滤器报告某个元素不在数据流中出现，这个结果就一定是正确的。之所以将这一方法称为“过滤器”，是由于它常被用来实时地对数据流进行重要的过滤决策。这是因为对于一些过滤任务，比如重复数据的删除，很重要的一点是需要知道一个条目是否曾出现在数据流中。后面我们对此会有更详细的讨论，这里先以较简单的查询为例进行说明。

Bloom 过滤器是一个长度为 m 的二进制位数组，共占用 $m/8$ 字节的空间，数组中的元素索引值为 0 到 $m-1$，即索引范围为 $\{0, 1, 2, \cdots, m-1\}$。同时 Bloom 过滤器还具有 w 个相互独立的散列函数，记为 $h_1(\cdot), \cdots, h_w(\cdot)$，其中每个函数的参数是数据流的一个元素，并将其以均匀概率随机映射到 $\{0, \cdots, m-1\}$ 之间的一个整数。

考虑一个包含离散元素的数据流，这里所说的离散元素可以指电子邮件地址（可以是单独的或者收–发用户对的）、IP 地址，或任意其他离散值组成的海量域中的可能取值。Bloom 过滤器中的每一位被用于记录所遇到的不同的值，散列函数则被用于将流中的元素映射到 Bloom 过滤器的每个位上。在下面的叙述中，我们将用 $\mathcal{B}$ 来指代 Bloom 过滤器的数据结构。

根据数据流 $\mathcal{S}$ 建立 Bloom 过滤器的步骤如下。一开始，Bloom 过滤器上的所有数位被初始化为 0。对于流中到达的每一个元素 x，分别将其传递给函数 $h_1(x), \cdots, h_w(x)$。对于每个 $i \in \{1, \cdots, w\}$，将 Bloom 过滤器中的 $h_i(x)$ 数位置为 1。很多时候，这一位上的值已经是 1 了，此时不需要改变它的值。图 12-1 直观展示了 Bloom 过滤器及其更新过程，图 12-2 给出了更新步骤的伪代码。在伪代码中，$\mathcal{S}$ 表示数据流，$\mathcal{B}$ 表示 Bloom 过滤器的数据结构，输入的参数则包括 Bloom 过滤器的大小 m 和散列函数的数量 w。值得注意的是，多个不同元素可能映射到 Bloom 过滤器的相同位上，我们称这一现象为**碰撞**（collision），正如后面所提到的，碰撞可能导致成员资格查询中假正例的产生。

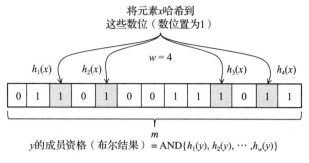

图 12-1　Bloom 过滤器

```
Algorithm BloomConstruct (数据流：S, 过滤器的大小：m, 哈希函数个数：w)
begin
    将长度为 m 的二进制位数组 B 的每一位初始化为 0;
    repeat
        从 S 中收取下一个元素 x;
        for i 从 1 到 w do
            将 B 中第 h_i(x) 位置为 1;
    until 数据流 S 结束；
    return B;
end
```

图 12-2　Bloom 过滤器更新

Bloom 过滤器可以用来检查数据流中某一项 y 的成员资格。首先计算所有散列函数 $h_1(y), \cdots, h_w(y)$ 的值，然后查看 B 中的 $h_i(y)$ 数位上的值，若其中任意一个为 0，则可以保证这一元素并未在数据流中出现过。否则，如果该元素曾出现过，则散列函数所产生的项肯定会被置为 1。由此判断 Bloom 过滤器肯定不会产生假负例。另外，若所有 $h_1(y), \cdots, h_w(y)$ 数位在过滤器中为 1，过滤器就认为 y 曾经在数据流中出现过。这个操作可以将 $h_1(y), \cdots, h_w(y)$ 对应的位数用 AND 运算来快速执行。整个过程的伪代码见图 12-3，其中成员资格查询的结果用变量 BooleanFlag 来表示，它是流程最后的返回值。

```
Algorithm BloomQuery (元素：y, Bloom 过滤器：B)
begin
    初始化 BooleanFlag = 1;
    for i 从 1 到 w do
        BooleanFlag = BooleanFlag AND h_i(y);
    return BooleanFlag;
end
```

图 12-3　用 Bloom 过滤器检查成员资格

Bloom 过滤器虽然不会产生假负例，但仍有可能导致假正例。如果散列函数产生的 w 个值 $h_i(y)$（$i \in \{1, \cdots, w\}$）都恰好分别由与 y 不同的元素置为 1 了，那么假正例就发生了，这也是由碰撞所导致的直接结果。随着数据流中元素数目的不断增加，Bloom 过滤器中的所有数位最终都将被置为 1，这个时候，所有的成员资格查询结果都为真，这当然不是一个有用的结果。因此，在固定过滤器大小和流中不同元素数量的情况下，给出假正例概率的界限就很有指导意义。

引理 12.2.2   考虑一个大小为 m、包括 w 个散列函数的 Bloom 过滤器，令 n 表示当前数据流 S 中不同元素的数目，假设 y 为某个尚未在流中出现过的元素，则此时 y 会产生假正例的概率 F 可以表示为：

$$F = \left[1 - \left(1 - \frac{1}{m} \right)^{w \cdot n} \right]^w \tag{12.18}$$

证明： 给定 $r \in \{1, \cdots, w\}$，考虑 Bloom 过滤器中 $h_r(y)$ 这个数位。流中每个元素 $x \in S$ 都会设置 w 个不同位 $h_1(x), \cdots, h_w(x)$ 为 1，其中所有这些位都与 $h_r(y)$ 不同的概率为 $(1-1/m)^w$。对于 n 个不同的流元素，相应概率值变为 $(1-1/m)^{w \cdot n}$，因此，由 S 中 n 个元素中的一个将 $h_r(y)$ 设置成 1 的概率是 $Q = 1-(1-1/m)^{w \cdot n}$。因为假正例只有所有 $h_r(y)$（$r \in \{1, \cdots, w\}$）都由某数据流中的元素（分别）设置成 1 时才会发生，所以发生的概率是 $F = Q^w$。这就得到了引理中的结果。

上面假正例概率的公式依赖于流中不同元素的数量，但当我们单纯将流元素的总数（包括重复元素）代入时，可以得到一个假正例概率的上界。

上述引理中的表达式可以利用 $(1-1/m)^m \approx e^{-1}$ 这一特性来进行简化，这里 e 是自然对数的底。相应地，该表达式可以重写为：

$$F = (1 - e^{-n \cdot w/m})^w \tag{12.19}$$

因为当 w 的值过小或过大时都会导致较差的效果，所以需要根据 m 和 n 对 w 的值进行最优化以减小假正例的概率。可以证明在 $w = m \cdot \ln(2)/n$ 时，假正例概率是最小的。将该值代入公式 12.19，可以看到散列函数数量最优化时的假正例概率为：

$$F = 2^{-m \cdot \ln(2)/n} \tag{12.20}$$

上式完全可以写成只跟 m/n 有关的一个表达式，因此，对于一个固定的假正例概率 F，Bloom 过滤器的大小需要与数据流中不同元素的数量成正比。更确切地说，对于一个固定的 F 值，所对应的比例常数为 $\frac{m}{n} = \frac{\ln(1/F)}{(\ln(2))^2}$。虽然看起来这一压缩率并不显著，但要注意到 Bloom 过滤器是使用二进制位来记录任意类型元素（如字符串）的成员资格的，而且由于位运算在底层实现的高效性，整体来说这一方法还是十分有用的。

我们仍然需要意识到，在很多应用环境中，n 的值是无法事先得到的。对此的一种策略是采用一系列的 Bloom 过滤器，其中每个过滤器的 w 值以几何形式增长，并在成员资格查询中定义一个逻辑上的 AND 操作同时作用于不同的 Bloom 过滤器上，这一方法可以在数据流的整个生命周期内提供更加稳定的性能。

Bloom 过滤器之所以称为"过滤器"，是因为它经常被用于决策判断哪些元素应该从数据流中被排除出去（根据成员资格查询的结果）。举例来说，如果想要在数据流中去重，Bloom 过滤器就是一个不错的选择。另一种应用是从大量值中过滤掉某些遭禁止的元素，比如电子邮件流中的某些垃圾邮件的发送地址。在这种情形下，要预先通过垃圾邮件地址集合建立好 Bloom 过滤器。

基本 Bloom 过滤器的许多衍生形式可以提供不同的功能以供用户取舍。

1）Bloom 过滤器可以用来估计数据流中不同元素的数量。假如 $m_0 < m$ 是值为 0 的二进制位的数量，则不同元素的总数 n 可以估计为：

$$n \approx \frac{m \cdot \ln(m / m_0)}{w}$$

（12.21）

随着 Bloom 过滤器逐渐被 1 填满，这一估计的精确度将迅速下降。当 $m_0 = 0$ 时，估计得到的 n 值为 ∞，事实上此时这一估计是完全没有作用的。

2）通过为两个数据流分别建立一个 Bloom 过滤器，可以估计数据流之间并集与交集的大小。若要求并集的大小，只需在两个过滤器间实行二进制 OR 运算，容易看到所得的结果与在两个流的并集上使用 Bloom 过滤器的结果完全一致，然后可以使用公式 12.21 进行估计。然而这一方法在求交集时不能直接使用，虽然可以用两个过滤器的二进制 AND 操作的结果来估计，但它与直接在两个数据流的交集上使用 Bloom 过滤器所得的结果并不相同，其中可能包含假负例的结果，所以这种方法是有损的。要估计交集的大小，可以先估计并集的大小然后使用下面的公式：

$$|\mathcal{S}_1 \cap \mathcal{S}_2| = |\mathcal{S}_1| + |\mathcal{S}_2| - |\mathcal{S}_1 \cup \mathcal{S}_2|$$

（12.22）

3）Bloom 过滤器本质上是为成员资格这类查询而设计的，当它被纯粹地用于不同元素计数时，并不是空间上最有效率的数据结构。在后面的章节中，我们会介绍 Flajolet-Martin 算法，一种空间上更为高效的方法。

4）Bloom 过滤器可以在一定程度上对删除操作进行记录，这是通过在删除元素时将对应的位数组值设置为 0 来进行的。但在这种情况下，假正例的情形也会有出现的可能。

5）Bloom 过滤器可以衍生为让 w 个不同的散列函数分别映射到不同的位数组上。更进一步的推广是可以在数组中记录映射的次数而不仅仅是二进制值，从而支持更多的查询。这一推广（如下一节所提到的）称为**最小计数梗概**。

在文本领域的许多流设置中，Bloom 过滤器都有广泛的应用。

12.2.2.2　最小计数梗概

虽然 Bloom 过滤器对于成员资格这类查询非常有效，但它并不能满足基于计数的查询的需要，因为在过滤器中只记录了二进制值。最小计数梗概（count-min sketch）才是专门为这种查询所设计的方法，它在直观上也与 Bloom 过滤器十分相近。最小计数梗概包括 w 个不同的数值数组，每个长度为 m，因此其所需空间为 $m \cdot w$ 个存储数值的单元。在 w 个数组中元素的索引都从 0 开始，对应于 $\{0, \cdots, m-1\}$ 的索引范围。也可以把最小计数梗概整体上看作一个 $w \times m$ 的二维数组。

w 个数值数组中的每一个都对应于一个散列函数，第 i 个数组对应于第 i 个函数 $h_i(\cdot)$。散列函数满足如下的性质：

1）散列函数 $h_i(\cdot)$ 将流中的元素映射到 [0，$m-1$] 上的一个整数，该数可以看作第 i 个数组上的一个索引。

2）w 个散列函数 $h_i(\cdot), \cdots, h_w(\cdot)$ 相互之间是完全独立的，但是同一函数对于不同的参数是两两独立的。也就是说，对于任意两个不同的值 x_1、x_2，$h_i(x_1)$ 和 $h_i(x_2)$ 是相互独立的。

两两独立是比完全独立要弱一点的性质，在最小计数梗概中采用这一性质更加方便，因为构造两两独立的散列函数更加容易。

对梗概的更新步骤如下。最小计数梗概中的所有 $m \cdot w$ 个条目都被初始化为 0。对于每个从流中到达的元素 x，执行散列函数 $h_1(x)$, $\cdots$, $h_w(x)$。对于第 i 个数组，元素 $h_i(x)$ 增加 1。因此，如果把最小计数梗概 CM 看作一个 $w \times m$ 的二维数值数组，则元素 $(i, h_i(x))$ 增加 1。注意，$h_i(x)$ 的值是 $[0, m-1]$ 中的整数，这个范围同样也是数组的索引范围。对于最小计数梗概更新过程的一个图解描述见图 12-4，整个更新过程的伪代码见图 12-5。在伪代码中，数据流表示为 $\mathcal{S}$，最小计数梗概的数据结构表示为 CM，该算法的输入为数据流 $\mathcal{S}$ 与指示最小计数梗概中二维数组大小的参数对 (w, m)。一个的 $w \times m$ 二维数组 CM 被初始化为 0，对于每个到达的流元素，所有数组元素 $(i, h_i(x))$（$i \in \{1, \cdots, w\}$）的值会得到更新。在伪代码描述中，当所有的流元素处理完后，会返回梗概 CM 的结果。而在实际情况下，最小计数梗概可以在流 $\mathcal{S}$ 的任何进展阶段使用。如同 Bloom 过滤器中的情形，可能将多个不同的流元素映射到相同的单元中，因此不同的元素都在这一单元上加了 1，最终单元上这个位置的结果会被过高估计。

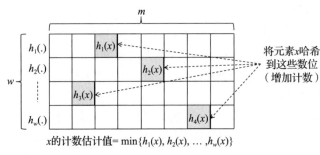

x的计数估计值$= \min\{h_1(x), h_2(x), \ldots, h_w(x)\}$

图 12-4 最小计数梗概

```
Algorithm CountMinConstruct (数据流：S, 宽度：w, 高度：m)
begin
    将 w × m 矩阵 CM 的每一位都初始置为 0;
    repeat
        从 S 中收取下一个元素 x;
        for i 从 1 到 w do
        将 CM 中 (i, h_i(x)) 中的值增加 1;
    until 数据流 S 结束;
    return CM;
end
```

图 12-5 最小计数梗概的更新

最小计数梗概可以用于多种不同的查询，其中最简单的查询就是判断给定元素 y 的出现次数。首先计算散列函数 $h_1(y)$, $\cdots$, $h_w(y)$，对于 CM 中第 i 个数组，将 $(i, h_i(y))$ 上的值 $V_i(y)$ 取出，由于可能的碰撞，每个 $V_i(y)$ 的值都可能是 y 真实出现次数的过高估计，所以使用其中的最小值 $\min_i\{V_i(y)\}$ 就可以得到一个最严格的估计。整个过程的伪代码见图 12-6。

由于数据流中不同元素所导致的碰撞，最小计数梗概会产生过高估计的出现次数，因此对于估计质量给出一个上界将会很有帮助。

⊖ 当每个元素与一个非负频率相关时，最小计数梗概可以通过频率值进行更新。这里只讨论以 1 为单位更新的简单情况。

```
Algorithm CountMinQuery (元素：y，最小计数梗概：CM)
begin
    初始化 Estimate 为 ∞；
    for i 从 1 到 w do
        Estimate = min{Estimate, Vᵢ(y)}；
        { 其中 Vᵢ(y) 是 CM 在 (i, hᵢ(y)) 位置上的计数 }
    return Estimate；
end
```

图 12-6   最小计数梗概上的频率查询

引理 12.2.3   令 $E(y)$ 表示使用 $w \times m$ 大小的最小计数梗概对条目 y 的出现次数的估计值，令 n_f 表示当前收到的所有条目的总次数，$G(y)$ 表示条目 y 的真实次数，则有至少 $1 - e^{-w}$ 的可能，$E(y)$ 的上界可以表示为：

$$E(y) \leq G(y) + \frac{n_f \cdot e}{m} \tag{12.23}$$

其中 e 是自然对数的底。

证明：散列映射到条目 y 所对应的单元上的其他条目数量大约为$^{\ominus}$ n_f / m，假设将所有产生混淆的其他条目随机平均分配到不同单元上。该结论用到了散列函数的两两独立性，因为它依赖于将 y 映射到某个单元并不影响其他条目映射的概率分布这一事实。在 y 所属的 w 个单元的任何一个中，产生混淆的其他条目超过 $n_f \cdot e / m$ 的概率最多为 e^{-1}，这可以通过马尔可夫不等式得到。对于超过公式 12.23 中上界的 $E(y)$，需要让 y 所映射到的所有 w 个单元都超过上界值，因此公式 12.23 不成立的概率为 e^{-w}。这就得到了所需结果。

在许多情况下，更希望能够直接控制错误级别 ϵ 和错误率 δ。通过设置 $m = e / \epsilon$ 以及 $w = \ln(1 / \delta)$，就有可能对结果做出限制以满足用户给出的错误容忍度 $n_f \cdot \epsilon$ 和正确率 $1 - \delta$。对于查询的两个自然推广如下：

1）如果数据流上的元素都伴随有一个正值作为出现次数，那么更新操作要做的调整仅仅是在计数时加上这个正值，估计次数的界限仍然可以用公式 12.23 表示，其中 n_f 表示流中条目的出现次数之和。

2）如果数据流上的元素伴随有一个或正或负的出现次数，则查询过程需要有进一步的改变。在这种情况下，返回计数值的中位数，公式 12.23 中的相应的错误界限也要有所调整。条目 y 的估计次数 $E(y)$ 以 $1 - e^{-w/4}$ 的概率落在如下范围之内。

$$G(y) - \frac{3n_f \cdot e}{m} \leq E(y) \leq G(y) + \frac{3n_f \cdot e}{m} \tag{12.24}$$

其中 n_f 代表数据流中到达条目的出现次数的绝对值的总和，此时的界限要比只有非负元素的情形弱得多。

一种不错的应用场景是对两个数据流中离散属性值的出现次数进行点乘，这在估计两个包含海量域属性的数据流的合并后规模时十分有用。对一对非负数据流条目出现次数的点乘，可以通过在两个流上分别建立一个 $w \times m$ 的最小计数梗概来进行估计，二者采用同样的

$\ominus$ 事实上该值等于 n_s / m，其中 n_s 是 y 以外所有条目的次数，等于 n_f 减去 y 的出现次数。

散列函数。对于每个散列函数，计算相应的两个计数最小值数组的点乘，w 个数组中最小的点乘结果就是估计结果。如同之前的情况，这是一个被过高估计的值，有至少 $1-e^{-w}$ 的概率获得一个估计上界，对应的误差范围为 $n_f^1 \cdot n_f^2 \cdot e / m$，其中 n_f^1 和 n_f^2 分别是两个流中条目出现次数之和。其他常见的使用最小计数梗概的查询还包括分位数与频繁元素的确定，频繁元素也称为**重量级元素**（heavy hitter）。文献注释中还提供了许多使用最小计数梗概的查询与应用。

12.2.2.3 AMS 梗概

如前面几节所提到的，不同的概要结构的设计是用于不同类型查询的。虽然 Bloom 过滤器和最小计数梗概对于许多查询都能给出不错的估计，但对于另一些查询（比如二阶矩）来说，使用 Alon-Matias-Szegedy（AMS）梗概会更加容易。在 AMS 梗概中，对于数据流中的每个元素，通过应用散列函数来获得一个 $\{-1, 1\}$ 中的随机二元值，这些二元值是 4 独立的。也就是说，对于最多四个从同一散列函数采样得到的值，它们之间在统计意义上是互相独立的。设计这样一个 4 独立的散列函数要比设计完全独立的散列函数更加容易。关于 4 独立散列函数的一些细节可以在文献注释中找到。

考虑一个数据流，其中第 i 个元素伴随有一个汇总次数 f_i。对于具有 n 个不同元素的数据流来说，其二阶矩 F_2 定义如下：

$$F_2 = \sum_{i=1}^{n} f_i^2 \qquad (12.25)$$

在海量域的场景中，不同元素的总量很大，对于次数 f_i 的运行时统计难以在一个数组中维护，要估计二阶矩也比较困难。然而这可以使用 AMS 梗概来有效做到。作为一个实际应用，二阶矩可以为海量域数据流中不同属性自连接（self-join）的大小做出估计，它也可以看作基尼系数的一个衍生，对数据流中不同条目的出现次数的偏移进行度量。当偏移较大时，F_2 的值也较大，而且接近于它的上界 $\left(\sum_{i=1}^{n} f_i\right)^2$。

AMS 梗概中包含 m 个不同的梗概组件，每个都关联到一个独立的散列函数。所有散列函数产生梗概组件的方法如下。对于每个到达的流元素，通过将散列函数应用于其上，产生一个 -1 与 1 之间的随机二选一的值，它取到这两个值的概率相同。用 $r \in \{-1, 1\}$ 表示这个值，然后将这个流元素的次数与 r 相乘。对于具有 n 个不同元素的以及汇总次数为 $f_1, \cdots, f_n$ 的数据流来说，对应的梗概组件 Q 可以表示如下：

$$Q = \sum_{i=1}^{n} f_i \cdot r_i \qquad (12.26)$$

这一关系式是由于 Q 在每次收到流中的一个条目后增量更新的性质。注意，Q 的值是一个随机变量，取决于散列函数如何产生 $r_1, \cdots, r_n$ 的值。Q 的值在估计二阶矩时非常有用。

引理 12.2.4 数据流的二阶矩可以通过 AMS 梗概组件 Q 的平方来估计：

$$F_2 = E[Q]^2 \qquad (12.27)$$

证明： 容易看到 $Q^2 = \sum_{i=1}^{n} f_i^2 r_i^2 + 2\sum_{i=1}^{n}\sum_{j=1}^{n} f_i \cdot f_j \cdot r_i \cdot r_j$。对于任何一对散列值 r_i 和 r_j，有 $r_i^2 = r_j^2 =$

1 且 $E[r_i \cdot r_j] = E[r_i] \cdot E[r_j] = 0$。后一个结果用到了两两独立性，它通过 4 独立性得到，因

此，$E[Q^2] = \sum_{i=1}^{n} f_i^2 = F_2$。

4 独立性同样可以用于为估计值的方差给出一个界限（见练习题 16）。

引理 12.2.5　AMS 梗概中组件 Q 的平方的方差界限可以用次数矩的两倍来表示：

$$Var[Q^2] \leqslant 2 \cdot F_2^2 \tag{12.28}$$

这一方差的界限可以通过对 m 个不同组件 $Q_1, \cdots, Q_m$ 取平均来进一步转化。通过切比雪夫不等式的使用，转化后的方差可以用来建立一个二阶矩质量的（较弱的）概率估计。通过使用这类概率分析中常见的"平均数 – 中位数组合技巧"，可以使该估计变得更加严格。这一技巧可以用来更加稳健地估计一个随机变量，条件是其方差不会超过其期望值的平方与一个适当大小的因子的乘积，这正适用于随机变量 Q^2。

平均数 – 中位数组合技巧的过程如下。想要为二阶矩在乘上 $1 \pm \epsilon$ 的范围内建立一个置信度至少为 $(1 - \delta)$ 的界限估计。令 $Q_1, \cdots, Q_m$ 表示通过不同散列函数生成的 m 个梗概组件，选 m 的值为 $O(\ln(1/\delta)/\epsilon)^2$。然后将 m 个组件划分成 $O(\ln(1/\delta))$ 个不同的组，每组大小为 $O(1/\epsilon^2)$。对每一个组中的梗概值求平均，将所有 $O(\ln(1/\delta))$ 个平均数的中位数作为最终结果。通过组合使用切比雪夫不等式和 Chernoff 边界可以得到如下的结果。

引理 12.2.6　通过选择 $O(1/\epsilon^2)$ 个 Q_i^2 副本的平均值（$O(\ln(1/\delta))$ 个）的中位数，可以保证以梗概为基础的二阶矩估计的精度至少有 $1 - \delta$ 的概率落在 $1 \pm \epsilon$ 的范围内。

证明：根据引理 12.2.5，每个梗概组件的方差最大为 $2 \cdot F_2^2$。通过使用 $16/\epsilon^2$ 个独立梗概组件的平均值，平均后估计值的方差可以减小到 $F_2^2 \cdot \epsilon^2/8$。此时切比雪夫不等式可以表明最多只有 1/8 的概率会超出该平均估计值的 ϵ 界限。假定存在 $4 \cdot \ln(1/\delta)$ 个这样相互独立的平均估计值，定义随机变量 Y 为这 $q = 4 \cdot \ln(1/\delta)$ 个估计值是否超出 ϵ 界限的伯努利指示变量的和，Y 的期望值为 $q/8 = \ln(1/\delta)/2$。可以使用 Chernoff 边界得到如下结果。

$$P(Y > q/2) = P(Y > (1+3) \cdot q/8) = P(Y > (1+3)E[Y]) \leqslant e^{-3^2 \cdot \ln(1/\delta)/8} = \delta^{9/8} \leqslant \delta$$

仅当超过一半的平均估计值超出 ϵ 界限时，它们的中位数才有可能越界。这一事件发生的概率正是 $P(Y > q/2)$，因此中位数越界的概率最多为 δ。

相似地，根据相应的质量界限，AMS 梗概可以用来估计许多其他数值。比如，考虑两个梗概组件为 Q_i 和 R_i 的数据流。

1）一对数据流中相应条目出现次数的点乘值，可以用对应梗概组件 Q_i 和 R_i 的乘积来估计。通过使用 $O(1/\epsilon^2)$ 个不同 $Q_i \cdot R_i$ 的平均值（$O(\ln(1/\delta))$ 个）的中位数，可以至少以 $1 - \delta$ 的概率给出 $1 \pm \epsilon$ 范围的估计界限。这一估计同样可以通过最小计数梗概来进行，不过得到的界限值是不同的。

2）一对数据流中出现次数的欧几里得距离可以估计为 $Q_i^2 + R_i^2 - 2Q_i \cdot R_i$。欧几里得距离可以看作两个流之间出现次数的三次点乘的线性组合（包括自乘），因为每一次点乘都可以用上面所说的"平均数 – 中位数技巧"进行估计，可以直接使用该方法来计算当前场景下的

质量界限。

3）与最小计数梗概类似，AMS 梗概可以用来估计出现次数的值。对于流中出现次数为 f_j 的第 j 个不同元素，随机变量 r_j 与 Q_j 的乘积可以作为出现次数的估计。

$$E[f_j] = r_j \cdot Q_i \qquad (12.29)$$

这些数值在不同 Q_j 上的平均值、中位数或者平均值 – 中位数组合可以作为一个稳健的估计，AMS 梗概也能用来识别数据流中的重量级元素。

AMS 梗概能够解决的一些查询与最小计数梗概相近，但另一些则有所不同。这两种方法所提供的界限值也有所差异，而且没有哪种能在所有场景下比另一种更好。由于自然的散列表数据结构，最小计数梗概具有直观上容易解释的优点，所以它更容易无缝衔接到数据挖掘的应用之中，比如聚类和分类等。

12.2.2.4 Flajolet-Martin 算法

梗概被设计用来处理数据流中那些以常见条目的大量聚合信息为主的统计量，然而，它们并不适合于估计那些由非常见条目为主的流统计量。在某些问题中，比如不同元素总数，数据流中大量的非频繁条目很容易影响估计结果。这类查询可以用 Flajolet-Martin 算法来有效解决。

Flajolet-Martin 算法使用一个散列函数 $h(\cdot)$ 来提供从数据流中某个元素 x 到区间 $[0, 2^L - 1]$ 上的整数的映射。L 的值选得足够大，使得 2^L 能够成为不同元素总数的一个上界。为了实现方便，L 的值常选为 64，而且对于大部分实际问题来说，2^{64} 已经足够大了。因此，整数 $h(x)$ 的二进制表示的长度为 L，记二进制表示中最右边的 1 的位置[⊖]为 R，此时 R 还能表示二进制表示中最右边连续的 0 的个数。令 R_{max} 表示所有数据流元素的 R 的最大值，R_{max} 的值可以在数据流到达过程中增量式地进行维护，只要为每个新元素应用散列函数，计算最右位置并看情况更新 R_{max} 值即可。Flajolet-Martin 算法的关键思路是这个动态维护的 R_{max} 值与当前流中不同元素个数是对数相关的。

从直观上阐述这一结果比较容易。对于一个平均分布的散列函数，在数据流元素的二进制表示中有连续 R 个尾部 0 的概率为 2^{-R-1}，因此，对于 n 个不同元素和固定的 R 值，连续 R 个尾部 0 出现的期望次数为 $2^{-R-1} \cdot n$。随着 R 值超过 $\log(n)$，这种位串出现的期望次数将会指数式地降到 1 以下。当然，在应用中，R 的值并不是固定的，而是一个由散列函数产生的随机变量。可以严格地证明 R 在所有流元素上的最大值的期望值 $E[R_{max}]$ 与不同元素的总数对数相关，如下所示：

$$E[R_{max}] = \log_2(\phi n), \quad \phi = 0.77351 \qquad (12.30)$$

其标准差为 $\sigma(R_{max}) = 1.12$，所以，$2^{R_{max}} / \phi$ 的值提供了不同元素数量 n 的一个估计。为了进一步提高 R_{max} 的估计效果，可以使用如下技术：

1）采用多个散列函数，使用它们计算得到 R_{max} 的平均值。

2）平均值仍然倾向于较大的方差，因此采用"平均值 – 中位数技巧"，给出一系列平均值的中位数。注意，这很像 AMS 梗概中用到的那个技巧。同样地，切比雪夫不等式与 Chernoff 边界的组合可以给出数量上的保证。

⊖ 最低位的位置记为 0，左边一位为 1，依此类推。

需要指出的是，Bloom 过滤器也可以用来估计不同元素的数目，但它在计算不同元素个数时对空间的利用并不高效，成员资格查询中就不会出现这种需求。

12.3 数据流中的频繁模式挖掘

对于数据流中的频繁模式挖掘问题的研究主要基于两种不同的场景：第一种是海量域的场景，在这种场景中可能的项非常多，即使是发现频繁项的问题也变得很困难，频繁项也称为**重量级元素**（heavy hitter）；第二种是有大量项的场景，但是它们在可控范围内，也就是在主存中能够放下，在这种场景中，由于频繁项的计数能够直接用一个数组维护，因此频繁项的问题变得不再有趣，更有趣的是发现频繁模式。由于大部分的频繁模式挖掘算法需要多趟遍历整个数据集，但在数据流场景中具有一趟的约束条件，因此频繁模式的挖掘变得很困难。接下来将会讨论两种不同的方法：第一种方法将通用概要结构和传统的频繁模式挖掘算法相结合；第二种方法是设计频繁模式挖掘算法的流版本。

12.3.1 利用概要结构

概要结构能够在大部分的数据流挖掘问题中有效地被使用，这些数据流挖掘问题包括频繁模式挖掘。在频繁模式挖掘方法的背景下，概要结构特别有吸引力，因为它能够使用更广泛的算法，或者它能够将时序衰减结合到频繁模式挖掘的过程中。

12.3.1.1 蓄水池采样

对于数据流中的频繁模式挖掘，蓄水池采样是最灵活的方法之一。它可以用于频繁项的挖掘（在海量域的场景中）或者频繁模式的挖掘。使用蓄水池采样的基本思想如下：

1）从数据流中维护一个蓄水池样本 S；

2）在这个蓄水池样本 S 上应用一种频繁模式挖掘的算法，并且返回最后的模式。

可以定性地得出被挖掘出来的频繁模式是关于样本 S 的大小的一个函数。一个模式是假正例的概率可以由 Chernoff 边界决定。通过使用适度的低支持率的阈值，可以保证减少获得的假负例的数量。在文献注释中包含这样的证明的文献指南。由于蓄水池采样清晰地分开了采样和挖掘的过程，因此，它具有一些灵活性上的优势。实际上，任何高效的频繁模式挖掘算法都可以应用在常驻内存的蓄水池样本上。此外，不同的模式挖掘算法，比如约束的模式挖掘或者有趣的模式挖掘，也都能够很好地被应用。概念漂移也能够相对容易地被解决。使用衰减偏置的蓄水池采样以及现有的频繁模式挖掘方法被转换成支持率的衰减加权定义。

12.3.1.2 梗概

梗概能够用来确定频繁项，尽管不能很容易地用它们来确定频繁项集。其核心思想是梗概一般能够相对更精确地估计比较频繁的项的计数。这是因为对任何项的频率估计的边界是一个绝对值，其误差取决于流中项的聚集频率而不是项自身，这可以明显地从引理 12.2.3 中得出。因此，重量级元素的频率能够相对更准确地被估计。AMS 梗概和最小计数梗概都能够用来决定重量级元素。文献注释中有一些这方面的算法文献指引。

12.3.2 有损计数算法

有损计数算法既能够用来求解频繁项计数，又能够用来求解频繁项集计数。这个方法将数据流划分成段 $S_1, \cdots, S_i, \cdots$，其中每个段 S_i 的长度为 $w = \lfloor 1/\epsilon \rfloor$，参数 ϵ 是用户指定的精度上的容忍度。

首先介绍比较容易的频繁项的挖掘。这个算法在一个数组中维护了所有项的频率，并且当新来一个项的时候增加相应的频率。如果不同项的数目不是很大，就能够维护所有项的计数并且返回频繁项。当能够得到的所有可用空间小于维护不同项的计数所需的空间的时候，这个算法就会遇到问题。在这样的情况下，当到达一个段 S_i 的边界的时候可以丢弃不频繁的项。这会导致删去很多项，因为在实际情况下，流中大部分的项是不频繁的。如何决定应该丢弃哪些项以保留近似的质量约束？为了达到这个目的，可以使用一个 decremental 的小技巧。

当到达一个段 S_i 的边界的时候，数组中每个项的频率计数减 1。在降低之后，频率为 0 的项会从数组中删去。考虑当 n 项都已经处理过的时候，由于每个段包含 w 个项，也就是总共 $r = O(n/w) = O(n \cdot \epsilon)$ 个段已经处理过。这意味着任何特定的项最多降低 $r = O(n \cdot \epsilon)$ 次。因此，在处理了 n 个项之后，如果在每个项的计数上增加 $\lfloor n \cdot \epsilon \rfloor$，那么就不会低估任何计数了。此外，它很好地高估了频率并且和用户定义的容忍度 ϵ 成正比。如果使用高估的方式计算频繁项，那么结果中可能包含一些假正例但是没有假负例。在一些均匀性的假设下，有损计数算法需要 $O(1/\epsilon)$ 的空间。

通过使用成批的多个段，这个方法能够推广到频繁模式挖掘的情形，其中每个段的大小为 $w = \lfloor 1/\epsilon \rfloor$。在这种情况下，会维护一个包含模式计数的数组。然而，很明显地，模式不能有效地从单个交易中生成。这里的想法是将 η 个段打包到一起读入内存，其中 η 值取决于能够得到的内存的大小。当 η 个段已经被读入内存，可以使用任何基于内存的频繁模式挖掘算法找到支持率至少为 η 的频繁模式。首先，将数组中原来的所有计数减少 η，并且将从当前的段中找到的频繁模式的计数加到数组中，支持率为 0 或者为负数的项集会从这个数组中删去。在处理了长度为 n 的整个流之后，任何一个项集的计数最多减少 $\lfloor \epsilon \cdot n \rfloor$。因此，在处理的最后在每个项集的计数上添加 $\lfloor \epsilon \cdot n \rfloor$，没有任何项集的计数会受到低估，而是和前面的例子一样存在高估。因此，在返回的频繁项集的结果中没有假负例，假正例则是在用户定义的容忍度 ϵ 的范围内。从概念上讲，频繁项集计数的算法和前面讲到的频繁项计数的算法的主要差异是批的使用。批主要是为了减少使用频繁模式挖掘算法所生成的频繁模式（其支持率至少为 η）的数目。如果不是用批的方法，在支持率为 1 的情况下，将会产生大量的不相关的频繁模式。有损计数的主要缺点是它不能够适应概念漂移，在这个意义上，蓄水池采样要优于有损计数算法。

12.4 数据流聚类

在数据流的场景下，聚类问题特别显著，因为它能够提供紧凑的数据流概要。数据流的聚类经常被用作蓄水池采样的启发式替代，尤其当使用一种更精细的聚类方法的时候。由于这些原因，流聚类经常被用作其他应用的前驱。接下来，我们将会讨论一些代表性的流聚类算法。

12.4.1 STREAM 算法

STREAM 算法基于 k-medians 聚类算法，它的核心思想是将整个流分成更小的常驻内存的段。因此，将原始的数据流 $\mathcal{S}$ 分成段 $S_1, \cdots, S_r$，其中每个数据段最多包含 m 个数据点，m

的值取决于预先定义的内存预算。

由于每个段 S_i 都能够放入内存，因此能够在段数据上使用更复杂的聚类算法而不需要担心一趟的约束。我们能够使用各种 k-medians[⊖]风格的算法。在 k-medians 算法中，首先从每块 S_i 中选出一个含有 k 个代表点的集合 $\mathcal{Y}$，然后将 S_i 中的每个点都分配给和它最相近的代表点。目标是使得选出的代表点能够最小化 S_i 中每个点到相应的代表点之间的距离平方的和（Sum of SQuared distance，SSQ）。对于一个包含 m 个数据点 $\overline{X_1}, \cdots, \overline{X_m}$ 的段 S，以及一个包含 k 个代表点的集合 $\mathcal{Y} = \overline{Y_1}, \cdots, \overline{Y_k}$，目标函数定义如下：

$$Objective(\mathcal{S}, \mathcal{Y}) = \sum_{\overline{X_i} \in S, \overline{X_i} \Leftarrow \overline{Y_{j_i}}} dist(\overline{X_i}, \overline{Y_{j_i}}) \tag{12.31}$$

在上面的式子中 $\Leftarrow$ 表示分配操作。一个数据点和相应的簇中心点之间的距离平方用 $dist(\overline{X_i}, \overline{Y_{j_i}})$ 来表示，其中数据点 $\overline{X_i}$ 被分配给代表点 $\overline{Y_{j_i}}$。原则上，任何的分割算法（比如 k-means、k-medoids）都可以用来决定一个段 S_i 的代表点 $\overline{Y_1}, \cdots, \overline{Y_k}$。为了讨论的方便，我们把这个分割算法看作黑盒。

当处理过第一个段 S_1 之后，保存了 k 个中值。将分配给每个代表点的数据点的数目作为这个代表点的"权重"。将这样的代表点看作第一层（level-1）代表点。当接下来独立处理第二个段 S_2 之后，将会有 $2 \cdot k$ 个代表点。因此，存储这些代表点的内存需求将会随着时间增加，当处理过 r 个段之后，将会有 $r \cdot k$ 个代表点。当代表点的数目超过 m 的时候，将会在这 $r \cdot k$ 个数据点上应用第二层的聚类，存储的代表点的权重也会用于聚类的过程。这个聚类过程所产生的代表点将会存储为第二层（level-2）代表点。在一般情况下，当第 p 层的代表点的数目达到 m 的时候，它们将会通过聚类的方法转换成 k 个第 $(p+1)$ 层的代表点。因此，这个过程将会使得所有层的代表点的总数目增加，尽管更高层的代表点的数目的指数增加要慢于那些更低层的代表点。整个数据流处理到最后（或者当需要的特定聚类结果出现的时候），将最后一次使用 k-medians 子程序将所有不同层的代表点聚类。

具体用于 k-medians 问题的算法选择是保证高质量聚类的关键。影响最后输出结果质量的另一个因素是将流分解成块以及随后的层次聚类的效果。这样的问题分解如何影响最后输出的质量？这个问题已经在 STREAM 论文 [240] 中研究过，最后输出的质量不能够比在中间阶段使用特定的 k-medians 聚类子程序时更糟。

引理 12.4.1 在 STREAM 算法中用于 k-medians 聚类的子程序的影响因子近似为 c，则 STREAM 算法的近似影响因子不会比 $5 \cdot c$ 更糟。

对于 k-medians 问题有各种各样的解决方案。原则上，几乎所有的近似算法都可以看作一个黑盒。一个特别有效的解决方法是基于灵活的位置，读者可以在文献注释中了解相关的方法。

STREAM 算法的一个主要限制是它对于底层数据流的进化不是特别敏感。在很多情况下，底层数据流中模式的进化和改变很显著。因此，聚类过程能够适应这样的变化并能够在不同的时间视野上提供见解是很关键的。在这个意义上，CluStream 算法能够在不同的时间

⊖ 这里的术语与第 6 章所介绍的 k-medians 算法不一样，其实 STREAM 中的相关子程序跟 k-medoids 更相似一些。但为了跟描述 STREAM 的原文 [240] 保持一致，我们这里还是用了 "k-medians" 这个术语。

粒度上提供更好的洞察。

12.4.2 CluStream 算法

在进化的数据流中概念漂移使得簇随时间很明显地改变，过去几天的簇和过去几个月的簇很明显地不同。在很多数据挖掘的应用中，分析者可能希望能够灵活地知道一个或者多个时间窗口上的簇，这在最初的流聚类过程中是不知道的。由于数据流在设计算法的时候自然地强加了一趟的约束，因此使用传统的算法很难在不同的时间窗口上计算簇。针对这种情况，对 STREAM 算法的一个很直接的扩展是需要同时维护所有时间窗口上使用聚类算法的中间结果。这种方法的计算负担将会随着数据流的前进而增加，并且会很快成为在线实现的一个瓶颈。

解决这个问题的一个很自然的方法是使用两阶段的聚类过程，这两个阶段包括一个在线的微聚类阶段和一个离线的宏聚类阶段。在线的微聚类阶段实时地处理流，以持续地维护汇总但详细的簇统计信息，这些称为**微簇**；离线的宏聚类阶段进一步总结了这些簇的细节，以便能够给用户提供不同时间跨度、不同时间粒度上的更精确的簇理解。这是通过在微簇中保留充足的详细的统计信息来实现的，从而可以根据用户指定的时间跨度重新聚类这些详细的代表点。

12.4.2.1 微簇的定义

假设对于在时间戳 $T_1, \cdots, T_k, \cdots$ 上到来的数据流中的多维度记录，用 $\overline{X_1}, \cdots, \overline{X_k}, \cdots$ 来表示，每个 $\overline{X_i}$ 是一个包含 d 个维度的多维度记录，用 $\overline{X_i} = (x_i^1, \cdots, x_i^d)$ 来表示。为了方便不同时间跨度上的聚类和分析，微簇捕获数据流的汇总统计信息，这些汇总统计信息是通过如下结构定义的。

1. 微簇

微簇被定义为第 7 章的 BIRCH 算法中使用的聚类特征向量在时间上的扩充，这个概念可以看作专为流场景设计的 CF 向量的一种时间上的优化表示。为了达到这个目标，微簇包含除了特征统计量之外的时间上的统计量。

2. 金字塔时间帧

微簇在时间上遵循金字塔的模式，并以快照的形式存储。这种模式提供了在存储需求和从不同时间窗口召回汇总统计量的能力之间的一种权衡。这一点对于能够重新再聚类不同时间窗口的数据非常重要。

定义 12.4.1 时间戳 $T_{i_1}, \cdots, T_{i_n}$ 上的 d 维数据点 $\overline{X_{i_1}}, \cdots, \overline{X_{i_n}}$ 的微簇是 $(2 \cdot d + 3)$ 个元组 $(\overline{CF2^x}, \overline{CF1^x}, CF2^t, CF1^t, n)$，其中 $\overline{CF2^x}$ 和 $\overline{CF1^x}$ 是一个包含 d 项的向量。在这个元组中每项的定义如下：

1）$\overline{CF2^x}$ 是每个维度上的数据值的平方和所组成的向量，因此，$\overline{CF2^x}$ 包含 d 个值，其中第 p 项的值为 $\sum_{j=1}^{n}(x_{i_j}^p)^2$。

2）$\overline{CF1^x}$ 是每个维度上的数据值的和所组成的向量，因此，$\overline{CF1^x}$ 包含 d 个值，其中第 p 项的值为 $\sum_{j=1}^{n} x_{i_j}^p$。

3）$CF2^t$ 是时间戳 $T_{i_1},\cdots,T_{i_n}$ 的平方和。

4）$CF1^t$ 是时间戳 $T_{i_1},\cdots,T_{i_n}$ 的和。

5）n 是数据点的数目。

微簇的一个重要性质是它们是可加的，换句话说，微簇可以通过纯粹的加法操作来更新。需要注意的是，微簇的 $(2\cdot d+3)$ 个元组的每一个都可以表示为这个微簇中的数据点的线性可分的总和。这是一个能够在在线流场景中有效维护微簇的重要性质。当数据点 $\overline{X_i}$ 需要被添加到一个微簇中的时候，这个数据点 $\overline{X_i}$ 相应的统计量需要被添加到 $(2\cdot d+3)$ 个组件的每一个中。同样地，流中时间段 (t_1,t_2) 上的微簇可通过抽取时间点 t_1 到时间点 t_2 之间的微簇来得到。这个性质对于允许在更高层的任意时间窗口 (t_1,t_2) 上从存储的不同时间的微簇中计算宏簇来说非常重要。

12.4.2.2 微簇算法

从当前时刻开始，对于用户指定的任何历史长度，数据流聚类算法都能够生成近似的簇。这是通过存储数据流中特定瞬间的微簇来实现的，这也称为**快照**。与此同时，这个算法始终维护着微簇的当前快照。可加的性质能够用来从任何时间窗口抽取微簇，然后在宏聚类阶段应用这种表示。

这个算法的输入是微簇的数量，用 k 来表示。这个算法的在线阶段以一种交互的方式工作，它总是维护当前的一组微簇。无论什么时候到来一个新的数据点 $\overline{X_i}$，这个算法会更新微簇来反映这种改变。每个数据点或者由一个微簇吸收进去，或者被放进它自己所在的簇中。首选项是将数据点吸收到当前存在的微簇中。这个数据点到当前微簇质心 $M_1,\cdots,M_k$ 的距离是确定的，其中数据点 $\overline{X_i}$ 到微簇质心 M_j 的距离用 $dist(M_j,\overline{X_i})$ 来表示。由于微簇的质心可以由聚类特征向量得到，因此，这个距离值能够很容易地计算出来，从而确定距离这个数据点最近的簇 M_p。将这个数据点 $\overline{X_i}$ 分配给最近的簇 M_p，除非这个数据点注定不会自然地属于这个（或者任何一个）簇。在这样的情况下，需要将这个数据点 $\overline{X_i}$ 分配给一个新的微簇。因此，在分配一个数据点给一个微簇之前，首先需要确定它是否属于距离它最近的微簇的质心 M_p。

为此，这个簇的特征向量 M_p 将会被用来决定这个数据点是否要落在微簇 M_p 的最大边界之内。如果落在这个范围内，将会利用微簇可加的性质将这个数据点添加到这个微簇中。微簇 M_p 的最大边界定义为微簇 M_p 内的数据点到质心的均方根偏差的一个因子 t，t 是用户指定的参数，通常设定为 3。

如果这个数据点没有在最近的微簇的最大边界之内，那么将会创建一个包含这个数据点 $\overline{X_i}$ 的新的微簇。然而，为了创建这个新的微簇，其他微簇的数目将会减 1 来释放内存空间，这可以通过删去一个旧的微簇或者将两个微簇合并来实现，这两种决策是通过考察不同簇的陈旧度以及它们所包含的数据点的数目来确定的。微簇的时间戳统计量被用来确定它们中的一个是否足够陈旧而要去删除它，如果不是足够陈旧的话，将会开始合并两个微簇。

一个微簇的陈旧度是如何确定的？用微簇来近似簇 $\mathcal{M}$ 的最后 m 个数据点的平均时间

戳。这个值不是明确知道的，因为为了最小化内存的需求最后 m 个数据点不是明确确定的。微簇中时间戳的均值 μ 和方差 σ^2 可以与时间戳的正态分布假设一起来估计这个值。因此，如果这个簇所包含的数据点数 $m_0 > m$，则均值为 μ、方差为 σ^2 的正态分布的第 $m/(2 \cdot m_0)$ 个百分位数可以用作估计值，将这个值看作簇 $\mathcal{M}$ 的**相关标记**。值得注意的是 μ 和 σ^2 可以从簇的特征向量的临时组件中得到。当任何一个微簇最小的相关标记低于用户指定的阈值 δ 时，可以将这个微簇消去；当没有微簇可以消去的时候，则合并最近的两个微簇。由于聚类特征向量的存在，合并操作能够有效地执行，两个微簇之间的距离也能够通过聚类特征向量很容易地计算。当两个微簇合并的时候，它们的统计量将会加在一起，这是因为微簇可加的性质。

12.4.2.3　金字塔时间帧

为了能够对簇进行特定时间跨度的分析，将会定期存储微簇统计量，这个维护过程会在微聚类阶段执行。在这个方法中，微簇的快照根据快照的新旧程度以不同的粒度顺序存储，快照按照不同的级别排序，从 1 到 $\log(T)$，其中 T 是从流开始时消耗的时钟时间。快照的顺序是由存储这个快照的时间粒度的级别决定的，其依据以下规则：

- 第 i 个顺序的快照存储在时间区间 α^i 上，其中 α 是一个整数并且 $\alpha \geqslant 1$。尤其是，当时钟值能够整除 α^i 的时候，将存储第 i 个顺序的每个快照。

- 在任何给定的时间，只存储第 i 个顺序的最后 $\alpha^l + 1$ 个快照。

上述定义允许在快照存储中有相当大的冗余。例如，时钟时间 8 能够整除 2^0、2^1、2^2 以及 2^3（当 $\alpha = 2$ 时）。因此，时钟时间为 8 的微簇状态同时对应到第 0 序、第 1 序、第 2 序以及第 3 序的快照上。从实现的角度来看，一个快照只需要维护一次。

用一个例子来阐述快照。考虑这样一个情景，当流从时钟时间 1 开始，并且 $\alpha = 2$，$l = 2$，因此将存储每个序的 $2^2 + 1 = 5$ 个快照。然后，在时钟时间为 55 的时候，这些时钟时间上的快照存储形式如表 12-2 所示。尽管在这种情况下，一些快照是冗余的，但它们没有以一种冗余的形式存储，其相应的存储模式如图 12-7 所示。很明显，在这种金字塔存储模式中，最近的快照存储得更频繁。

表 12-2　$\alpha = 2$ 和 $l = 2$ 时的快照存储的例子 [39]

快照的次序	时钟时间（最后 5 个快照）	快照的次序	时钟时间（最后 5 个快照）
0	55 54 53 52 51	3	48 40 32 24 16
1	54 52 50 48 46	4	48 32 16
2	52 48 44 40 36	5	32

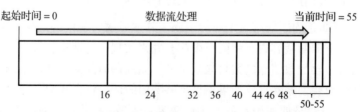

图 12-7　在金字塔存储模式中最近的快照存储得更频繁

在数据流的处理过程中，在任何时刻，下面所观察到的现象都是真的：

- 从流挖掘过程开始的 T 时间单元上存储的任何快照的最大序是 $\log_\alpha(T)$。

- 从流挖掘过程开始的 T 时间单元上维护的快照的最大数目是 $(\alpha^l+1)\cdot\log_\alpha(T)$。

- 对于任何用户指定的时间跨度 h，至少能够找到一个存储的快照，其对应的跨度的长度在期望值 h 的 $(1+1/\alpha^{l-1})$ 单元内。因为微簇在时间跨度 (t_c-h, t_c) 内的统计量能够由时间 t_c 上的统计量减去时间 t_c-h 上的统计量得到，因此，这个性质很重要。t_c-h 的近似时间局部性以内的微簇都可以用来替换，这就使得能够从金字塔模式的微簇统计量中，对任意时间跨度 (t_c-h, t_c) 以内的数据点近似聚类。

对于一个更大的值 l，时间跨度可以近似为理想情况，用一个例子来说明由存储的金字塔模式的快照实现的有效性和紧凑性。比如，当 $l=10$ 的时候，在 0.2% 以内近似任何的时间跨度都是可能的，与此同时，对于一个时钟粒度为 1 秒、运行 100 年的流来说，总共只需要 $(2^{10}+1)\cdot\log_2(100*365*24*60*60)\approx32\,343$ 的快照，如果一个大小为 $k\cdot(2\cdot d+3)$ 的快照需要的内存空间不到 1M，则总共的存储需求只要几 GB。由于历史的快照能够存储在磁盘上并且只有当前的快照需要存储在内存中，因此这种需求从实际角度来看很适用。随着聚类算法的进展，只维护那些对应于金字塔时间帧的相关快照，将剩下的快照丢弃，这就使得对于一个特定的簇的计算代价在一个适度的范围内。

12.4.3　海量域场景的流聚类

正如前面所讨论的，海量域的场景在流的环境中非常普遍。在很多的情况下，人们需要处理多维度的数据流，其中每个属性是一个巨大的域中的可能值。在这样的情况下，由于"简洁的"簇的汇总信息变得更加地空间密集，因此，流的分析变得更加困难，这也是许多概要结构的动机，比如 Bloom 滤波、最小计数梗概、AMS 梗概和 Flajolet-Martin 算法。

由于在海量域的场景中，维护簇的精确统计信息很困难，因此，聚类问题也变得更加富有挑战性。对于海量域场景的流聚类问题有一个最近设计的方法——CSketch。它的基本思想是用最小计数梗概存储每个簇中属性值组合的频率，因此，使用的最小技术梗概的数目等于簇的数目。然后使用一个在线风格的 k-means 聚类算法，其中将梗概用作簇中（离散）属性值的代表。对于任何一个即将到来的数据点，计算关于每个簇的点乘。

计算的过程如下：针对 d 维中每个属性值的组合，对于一个特殊的值 r 使用散列函数 $h_r(\cdot)$，就可以确定相应的梗概单元的频率。然后对于 d 个不同的维度，将所有梗概单元的频率加在一起，这为点乘提供了一种估计。为了获得一个更紧密的估计，使用不同的散列函数（不同的值 r）上的最小值。为了避免偏向于含有许多数据项的簇，用点乘的结果除以簇中所有项的总频率。

由于在一个小的空间上最小计数梗概能够精确地计算点乘，因此，这个计算方法能够精确地执行。将数据点分配给具有最大点乘的簇，然后，更新这个簇的梗概的统计信息，因此，对于数据点如何增量地添加到簇中，在这点上，这个方法和微簇存在共性，然而，它没有实现融合和移除步骤。更进一步，对于簇的统计信息的维护，使用梗概的表示方式而不是微簇的表示方式。对于有无限空间可用的聚类，理论上能够保证簇的质量。能够在文献注释中找到关于这些结果的相关文献。

12.5 流的异常检测

流的异常检测通常出现在多维数据或者时间序列数据流的环境中。多维数据流中的异常检测通常与时间序列的异常检测有很大不同。在后者中，将每个时间序列看作一个单元，而多维数据的时间相关性更弱。本章将会解决多维流异常检测的问题，而时间序列的问题将会在第 14 章中解决。

多维流中的异常检测和静态的多维异常分析类似，唯一的区别是额外的时间成分的分析，尽管时间成分比在时间序列数据中要弱。在多维数据流的场景中，由于需要快速发现异常，因此效率是一个很重要的问题。在多维数据流的场景中可能会出现两种异常的情况。

1）一种是基于单个记录的异常检测。例如，一个特定主题的首发故事代表了这种类型的一个异常，这样的异常点也称为**新颖点**。

2）第二种是基于多维度数据的聚集趋势的改变。例如，一个不寻常的事件（如恐怖袭击）可能会导致一个特定主题上突发的首发故事，这是一种基于特定时间窗口的聚合异常。第二种变化点总是从第一种类型的个体异常开始的；然而，第一种类型的个体异常点不总是发展成一个聚合的变化点。这和概念漂移紧密相关。然而概念漂移通常是温和的，突然的变化可能看作异常的时间点而不是异常的数据点。

本小节将讨论这两种异常（或者变化点）。

12.5.1 单个数据点作为异常点

检测单个数据点为异常点的问题和无监督异常检测问题紧密相关，特别是当使用整个历史数据流时。这个问题在文本领域的首发故事检测的环境中有广泛的研究。这样的异常通常是趋势的引领者或者最终成为正常数据的一部分。然而，在数据点的一个窗口上，当一个单个的记录被声明为异常点的时候，它可能不是新奇点。在这种情况下，通过在数据点的一个窗口上直接使用这些基于近似的算法，它们能够很容易地推广到增量的场景中。

基于距离的算法能够很容易地推广到流的场景中，原始的基于距离的异常点的定义按照如下方式进行了修改：

一个数据点的异常得分是根据它到一个长度为 W 的时间窗口中的数据点的 k 最近邻距离来定义的。

值得注意的是，这是一个在原始的基于距离的定义的基础上相对简单的修改。当整个窗口的数据点能够在内存中维护的时候，通过计算这个窗口中每个数据点的得分能够很容易地确定异常点。然而，在这个窗口中添加或者删除数据点使得增量地维护这些数据点的得分变得富有挑战性。更进一步，一些算法（比如 LOF）需要重新计算统计量（比如可达距离）。LOF 算法已经扩展到增量的场景。在这个过程中有两步需要执行：

1）计算新添加的数据点的统计量，比如它的可达距离和 LOF 得分。

2）这个窗口中已经存在的数据点的 LOF 得分需要随着它们的密度以及可达距离的变化而更新。换句话说，由于许多已经存在的数据点会被新添加的数据点影响，因此需要更新它们的得分。然而，并不需要更新所有的数据点，因为只有新数据点的局部区域受到影响。相似地，当删除数据点时，只有删除点的局部区域中的 LOF 得分需要更新。

由于众所周知基于距离的计算代价昂贵，上述的许多方法在数据流的环境中也相当昂贵。因此，通过使用一个在线的基于聚类的方法可以大大改善异常检测过程的复杂度。本章前面提到的微聚类的方法能自动地发现异常数据和簇。

尽管当数据点的数目有限时，基于聚类的方法一般不可取，但这不是在流分析的情况下。在数据流的环境下，数目充足的数据点通常可以在一个更高级别的粒度层次上维护簇。在流聚类算法的情况下，新簇的形成往往与无监督的新奇点相关。例如，CluStream 算法明确地规定了在数据流中新簇的产生是在一个新到来的数据点没有在数据中已有的簇的特殊统计半径以内时。可以认为这样的数据点是异常点。在很多的情况下，这是一个新趋势的开始，因为在这个算法的后面阶段有更多的数据点将加入这个簇里。在一些情况下，这样的数据点可能对应于新奇点；在其他的情况下，它们可能与很久以前所看到的趋势相对应，但是在当前的簇中没有反映出来。在任何一种情况下，这样的数据点都是有趣的异常点。然而，除非人们愿意允许流中簇的数目随着时间增加，否则不太可能区分这些不同种类的异常点。

12.5.2 聚集变化点作为异常点

底层数据中的局部和全局聚合趋势的突然变化往往是数据中异常事件的指示。人们提出了很多方法以统计的方式度量底层数据流中的变化级别。衡量概念漂移的一种方式是使用速度密度的概念，速度密度估计的想法是对数据构建一个基于密度的速度简历，这和静态数据集中的内核密度估计概念类似。对于 n 个数据点的内核密度估计 $\overline{f}(\overline{X})$ 和内核函数 $K'_h(\cdot)$ 的定义如下：

$$f(\overline{X}) = \frac{1}{n} \sum_{i=1}^{n} K'_h(\overline{X} - \overline{X}_i)$$

用宽度为 h 的高斯内核函数作为内核函数：

$$K'_h(\overline{X} - \overline{X}_i) \propto e^{-\|\overline{X} - \overline{X}_i\|^2/(2h^2)}$$

估计误差是由内核的宽度 h 来定义的，它是以一种基于 Silverman 近似规则的数据驱动方式来选择的。

在一个大小为 h_t 的时间窗口上计算速度密度。直观上，h_t 的值定义了时间跨度，在这个跨度上衡量进化。因此，如果 h_t 选择得比较大的话，则速度密度估计技术提供长期的趋势；而当 h_t 选择得比较小的时候，则提供相对短期的趋势。这就给用户在不同时间跨度上分析数据变化提供了灵活性。另外，使用了一个空间平滑参数 h_s，它和常规的内核密度估计中内核的宽度 h 类似。

设 t 是当前时刻，S 是在时间窗口 $(t-h_t, t)$ 中到达的数据点的集合。使用正向时间片密度估计和逆向时间片密度估计这两个度量来估计空间位置 $\overline{X}$ 和时间 t 上的密度增长率。直观上，正向时间片密度估计衡量了给定时间 t 上的所有空间位置的密度函数，它基于过去的时间窗口 $(t-h_t, t)$ 中已经到达的数据点的集合。相似地，逆向时间片密度估计基于将来的时间窗口 $(t, t+h_t)$ 中将要到来的数据点的集合，衡量了给定时间 t 上的密度函数。明显地，直到这些点已经到达，才能计算这个值。

假设 S 中的第 i 个数据点用 $(\overline{X}_i, t_i)$ 来表示，其中 i 的值从 1 到 $|S|$。则在空间位置 $\overline{X}$、时间 t、数据点集合 S 上的正向时间片密度估计 $F_{(h_s, h_t)}(X, t)$ 的定义如下：

$$F_{(h_s, h_t)}(\overline{X}, t) = C_f \cdot \sum_{i=1}^{|S|} K_{(h_s, h_t)}(X - \overline{X}_i, t - t_i)$$

其中， $K_{(h_s,h_t)}(\cdot,\cdot)$ 是一个时空的内核平滑函数， h_s 是空间的内核向量， h_t 是时间的内核宽度。内核函数 $K_{(h_s,h_t)}(X-\overline{X_i},t-t_i)$ 是一个平滑分布，它随着 $t-t_i$ 的增加而降低。 C_f 的值是一个适当选择的归一化常数，以使得空间平面上的密度和为 1。因此， C_f 的定义如下：

$$\int_{\text{全部}\,X} F_{(h_s,h_t)}(\overline{X},t)\delta X = 1$$

逆向时间片密度估计和正向时间片密度估计的计算不同。假设时间区间 $(t, t + h_t)$ 上的数据点的集合用 U 来表示，和前面一样的是 C_r 是一个选择的归一化常数。相应地，逆向时间片密度估计 $R_{(h_s,h_t)}(\overline{X},t)$ 的定义如下：

$$R_{(h_s,h_t)}(\overline{X},t) = C_r \cdot \sum_{i=1}^{|U|} K_{(h_s,h_t)}(\overline{X}-\overline{X_i},t_i-t)$$

在这种情况下，使用 t_i-t 作为参数，而不是 $t-t_i$。因此，在区间 $(t, t + h_t)$ 上，当时间逆转，数据流以逆向到来，从 $t + h_t$ 开始到 t 结束的时候，逆向时间片密度估计将和正向时间片密度估计一样。

空间位置 $\overline{X}$、时间 T 上的速度密度 $V_{(h_s,h_t)}(\overline{X},T)$ 如下：

$$V_{(h_s,h_t)}(\overline{X},T) = \frac{F_{(h_s,h_t)}(X,T) - R_{(h_s,h_t)}(\overline{X},T-h_t)}{h_t}$$

需要注意的是，逆向时间片密度估计的定义使用时间参数 $T-h_t$，因此关于 $T-h_t$ 时间段的未来点在时间 T 上是已知的。速度密度的正值对应于给定点数据密度的增加，负值对应于数据密度减少。在一般情况下，已经证明，如果时空内核函数按照如下的定义，则速度密度直接和给定点的数据密度的变化成正比。

$$K_{(h_s,h_t)}(X,t) = (1-t/h_t) \cdot K'_{h_s}(X)$$

这个内核函数仅为范围 $(0, h_t)$ 内的值 t 而定义。因为高斯空间内核函数 $K'_{h_s}(\cdot)$ 的有效性，所以使用它，尤其是， $K'_{h_s}(\cdot)$ 是 d 个完全相同的高斯内核函数的乘积，并且 $h_s = (h_s^1, \cdots, h_s^d)$，其中 h_s^i 是第 i 维上的平滑参数。

速度密度与数据点和时间都相关，因此，这个定义允许将数据点和时间点标记为异常点。然而，在聚集变化分析中，一个数据点作为异常点的解释和本小节前面的定义稍有不同。异常点是在聚集集合的基础上定义的，而不是以特殊方式为那个点而定义的。由于异常点是突然发生变化的区域中的数据点，因此，异常点定义为时刻 t 上的局部速度密度的绝对值非常大的数据点 $\overline{X}$。如果需要，可以用一个正态分布来确定绝对速度密度值之中的极值。因此，速度密度的方法能够将多维数据分布量化，这样就可以用来和极值分析相结合。

值得注意的是，数据点 $\overline{X}$ 是异常点只在聚集变化发生在局部的情况下，而不是它自身的性质作为异常点。在新闻故事例子的情况下，这相当于一个新闻故事，这个故事属于特殊爆发的相关文章。因此，这样的方法能够检测出数据中局部簇的紧急事件，并且以一种及时的方式返回相应的数据点。更进一步，我们也能够计算底层数据流中发生变化的聚集绝对级别。这是通过求和空间中采样点的变化计算整个数据空间的平均绝对速度密度实现的。聚合速度密度值很大的时刻可能会声明为异常点。

12.6 流分类

由于受概念漂移的影响，流分类问题特别具有挑战性。一种简单的方法是用蓄水池采样的方法为训练数据创建一种简洁的表示，这种简洁表示能够用于建立一种离线的模型。在需要时，可以使用一种基于衰减的蓄水池采样来处理概念漂移。这样的方法有一个优势，就是因为与流模式相关的挑战已经在采样阶段解决了，所以可以使用任何一种传统的分类算法。另外也有一些专门用于流分类的方法。

12.6.1 VFDT 家族

非常快的决策树（VFDT）是基于 Hoeffding 树设计的。它的基本想法是，可以在一个非常大的数据集的样本上使用精心设计的方法来构建决策树，使得最后的结果树有很高的概率和在原始数据集上得到的树相同。使用 Hoeffding 边界来估计这个概率值，因此，这个方法的中间步骤的设计假设这个边界已知，这也是这样的树称为 Hoeffding 树的原因。

可以增量地构建 Hoeffding 树，即随着流的到来增长这棵树。一个重要的假设是流不进化，因此，当前到达的点的集合可以看作整个流的一个样本。当已收集到足够的元组来量化相应的分割标准的精度的时候，在流的早期阶段构造这棵树的高层；级别较低的节点随后构造，因为较低级别节点的统计信息只有在较高级别节点已经构造后才能收集。因此构造了树的连续级别，随着更多的流的到来，这棵树持续增长。Hoeffding 树算法的关键是量化统计已收集到的足够多的数据以进行分割，使得执行和在流已知的情况下一样的分割。

在当前的流样本上和在全部流上会构造相同的决策树，只要在每个阶段采用相同的分割。因此，这个方法的目标是保证样本上和全部流上的分割完全相同。为了便于讨论，我们考虑每个属性⊖是二元属性的情形，在这种情况下，只要在每个点上选择相同的分割的属性，这两种算法就会产生相同的树。分割属性的选择使用一个度量，比如基尼系数。我们考虑根据原始数据构造的树上的一个特定节点，以及根据样本数据构造的树上的同样的节点，在流样本上和在全部流上选择相同的属性的概率是多大？

考虑一个分割的最佳和次佳的属性，它们在样本数据中的索引分别用 i 和 j 来表示。分别用 G_i 和 G_i' 来表示在全部流中和在样本数据中计算出来的分割属性 i 的基尼系数。由于在样本数据中选中属性 i 来进行分割，很明显 $G_i' < G_j'$。问题是采样可能会产生错误，换句话说，在原始数据中，可能会是 $G_j < G_i$。令 G_j' 和 G_i' 之间的差异 $G_j' - G_i'$ 为 $\epsilon > 0$。如果评估分割的样本数目 n 足够大，则可以证明如果使用 Hoeffding 约束，不期望的情况 $G_j < G_i$ 有用户指定的 $1-\delta$ 的概率不会发生，规定值 n 将会是 ϵ 和 δ 的函数。在样本连续累加的数据流的情况下，关键是要等有一个足够大的样本的时候再分割。在 Hoeffding 树中，使用 Hoeffding 约束来确定关于 ϵ 和 δ 的 n 值，如下所示：

$$n = \frac{R^2 \cdot \ln(1/\delta)}{2\epsilon^2} \tag{12.32}$$

R 的值表示分割标准的范围。对于基尼系数，R 的值为 1；对于熵标准，它的值是

⊖ 使用离散化和二元化方法，一般的属性也可以转换为二元数据，因此这里的观点可以用于一般的属性。

$\log(k)$，其中 k 是类的数目。在分割标准中紧密的关系对应于较小的 ϵ 值。根据公式 12.32，这样的关系将会导致大规模样本的需求，因此，需要更长的等待时间直到得到的流样本让我们足够有信心进行分割。

Hoeffding 树方法确定，对于初始分割，最佳和次佳的分割属性之间的基尼系数至少是 $\sqrt{\dfrac{R^2 \cdot \ln(1/\delta)}{2n}}$，这保证了特定节点上的分割质量。在分割质量中有紧密关系（非常小的 ϵ 值）的情况下，这个算法需要等待一个较大的 n 值，直到前面提到的分割条件得到满足。可以表明，Hoeffding 树与根据无限数据构造的树做同样的实例分类的概率至少是 $1-\delta/p$，其中 p 是实例将会分配到特定叶子上的概率。内存的需求是适度的，因为为了做出分割的决策，只有（不同类上的）属性的不同离散值的计数需要在各种各样的节点上进行维护。

Hoeffding 树算法理论上的主要含义是，为了生成一棵和在潜在的无限数据流上构造出来的树同样的树，并不需要所有的数据。相反地，一旦概率确定程度 δ 固定，所需的元组总数是有限的。这个方法的主要瓶颈是，由于树构建时的紧密关系，一些节点的构造被延迟，大部分的时间都花在了打破紧密关系上。在 Hoeffding 树算法中，一旦决定进行某个分割（且它是比较差的），它就不能逆转。增量式的 Hoeffding 树的构造过程如图 12-8 所示。值得注意的是，在流进程中的任意一点上都可以进行测试实例的分类，但是树的大小将会随着时间和分类精度的增长而增长。

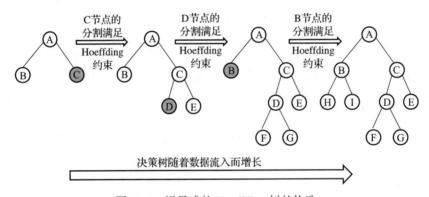

图 12-8　增量式的 Hoeffding 树的构造

Hoeffding 树算法通过积极地打破紧密关系以及钝化不太有希望的叶子节点来改善 VFDT 方法。为了提高精度，它也有许多优化，比如丢弃较差的分割属性以及在多个数据点上批处理中间计算。然而，它不能处理概念漂移的情况。CVFDT 方法是后来被设计用来解决概念漂移的。CVFDT 包含两个主要思想来解决漂移所带来的额外挑战：

1）训练项的滑动窗口用于限制历史行为的影响；

2）由于流的进化，最佳的分割属性可能不再是最佳选择，因此在每个中间节点 i 上构造可选的子树。

由于使用滑动窗口的方法，和前面的方法的不同之处在于随着滑动窗口向前移动，节点上的属性频率统计信息也会更新。对于即将到来的项，它们的统计信息将会添加到当前窗口中的属性值频率上，而这个窗口另一端上将到期的项将会从统计信息中删除。因此，当这些统计信息更新后，一些节点可能不再满足 Hoeffding 约束，这样的节点会被替换掉。CVFDT 联合每个中间节点 i 和一系列可选的子树（对应于不同属性上的分割）。这些可选的子树会随着用于分类的主树一起增长。一旦最佳的分割属性发生改变，可用这些可选子树进行周期性的替换。实验结果表明，CVFDT 方法在概念漂移的数据流中一般能够达到较高的精度。

12.6.2　有监督的微簇方法

监督的微簇方法基本上是基于实例的分类方法。在这个模型中，它假设随着时间同时接收到一个训练流和一个测试流。由于概念漂移，随时间动态地调整这个模型很重要。

在最近邻分类方法中，将前 k 个最近邻中主要的类标签作为相关结果返回。在流的场景中，对于一个特定的测试实例，很难有效地计算 k 个最近邻，因为流的大小在增加。然而，细粒度的微簇能够用于创建固定大小的数据流的汇总，它不会随着流进程而增加。使用一个微聚类的监督式的改进，其中不同类别的数据点不允许簇内混合。通过对 CluStream 算法进行较小的改变可以相对容易地维护这些微簇。主要的差别是，在簇更新的过程中数据点分配给属于相同类的微簇。因此，标签和微簇相关而不是和单个的数据点相关。将前 k 个最近的微簇的主要标签作为相关标签返回。

然而，这并没有考虑到作为概念漂移的结果的算法所需要的改变。由于概念漂移，流中的趋势将会改变。因此，它和从特定时间跨度使用微簇来提高精度更相关。虽然最近的跨度往往可能是相关的，但有时可能不是如此，比如当流中的趋势突然恢复到更旧的趋势时。因此，将训练流中的一部分单独分离出来作为验证流。将验证流中最近的部分用作评估不同时间窗口精度的测试用例。选出最优的跨度。在这个选出来的最优跨度上对于这些测试用例使用 k 最近邻方法。

12.6.3　集成方法

对于数据流分类也提出了一种鲁棒的集成方法。由于它能够有效地解释底层数据的进化，因此这个方法也能够处理概念漂移。将数据流分成块，在这些块上训练多个分类器。最后的分类得分通过一个关于这些块上的得分的函数来计算。特别是从数据流的连续块中，集成分类得分，比如 C4.5、RIPPER、朴素贝叶斯。在随时间进化的环境下，集成中的分类器基于它们的期望分类精度来加权。这保证了该方法能够实现更高的精度，因为为了优化数据流中一部分的精度分类器进行了动态的调整。可以表明，如果所有分类器的权重都基于它们的期望分类精度来赋值的话，那么集成的分类器要比一个单个的分类器产生更小的误差。

12.6.4　海量域流的分类

许多流的应用包含非常高基数的多维离散属性。由于内存的限制，变得难以使用传统的分类方法。我们可以使用最小计数梗概来解决这些挑战。每个类关联一个梗概，这个梗概用于跟踪训练数据中频繁的 r 组合项，其中 r 由一个小数 k 来约束。对于每个输入的训练数据点，将所有可能的 r 组合（其中 $r \leqslant k$）看作伪项，将它们添加到相关的类的梗概中。不同的类将会有不同的相关的伪项，这表明这些伪项将在属于不同类的梗概的单元中以不同的频率出现。可以将这种差异用来确定不同梗概中最有判别性的单元。确定频繁的有判别性的伪项来创造关于伪项到不同类的隐含规则。这些规则是隐含的，因为它们不是实际物化的，但是隐含地存储在梗概中。只是在测试实例分类的时候检索它们。对于给定的测试用例，对应于它们内部项的组合的伪项是确定的。它们中有判别性的伪项是从特定类的梗概中检索它们的统计信息来确定的。随后这些将用于测试用例的分类，使用同样的一般方法作为基于规则的分类器。文献注释中包含海量域分类的更详细工作的文献指引。

12.7 小结

在这一章中，我们展现了流挖掘的算法。流展现了关于高容量、概念漂移、数据项的海量域特性以及资源约束的挑战。在这种情况下，概要结构是流场景中最根本的问题之一。只要能够构造一个高质量的流概要，就可以将它用于流挖掘算法。使用概要方法的一个主要问题是不同的概要结构适用于不同的应用。数据流中最常用的概要结构是蓄水池采样和梗概。蓄水池采样提供了最大的灵活性，应该尽可能地使用。

在流场景中，和频繁模式挖掘、聚类、异常检测、分类相关的核心问题已经解决。当需要近似解的时候，这些问题中的大部分能够用蓄水池采样有效地解决。在异常检测的特殊情况下，在流场景中问题定义可能有许多变化。

12.8 文献注释

对流算法的详细讨论可以在 [40] 中找到。蓄水池采样方法最初是在 [498] 中提出来的。衰减的有偏蓄水池采样在 [35] 中提出。最小计数梗概在 [165] 中有讨论，最小计数梗概的各种其他应用也在同样的文献中有讨论。AMS 梗概是在 [72] 中提出的。对于不同元素计数的 Flajolet-Martin 数据结构是在 [208] 中提出的。[40] 提供了数据流中的概要构造算法的综述，在这篇综述中还能找到这些数据结构的功能的详细讨论。

有损频繁项集计数算法在 [376] 中提出。[34,40] 是关于流中频繁模式挖掘的综述。[240] 提出了 STREAM 算法。在 [36] 中解决了海量域场景的流聚类。[32] 是关于流聚类算法的综述。对于异常点的检测算法 STORM 在 [67] 中有讨论，在 [426] 中提出了数据流中 LOF 算法的扩展。在 [21] 中提出了聚集变化检测算法。数据流中的异常检测算法在 [5] 中讨论。[176,279] 分别提出了 VFDT 和 CVFDT 算法。[20] 讨论了基于微簇的分类方法，[503] 讨论了集成的方法。[47] 讨论了海量域场景中的流分类。[33] 是流分类方法的综述。

12.9 练习题

1. X 是一个均值为 0.5、[0,1] 范围内的随机变量。解释 $P(x > 0.9) \leqslant 5/9$。

2. 假设一个随机变量 X 的标准差是其均值的 r 倍。其中，r 是一个常量。解释如何结合切比雪夫不等式和 Chernoff 边界来证明反复的独立同分布采样可以用于创建 X 的良好边界估计。换句话说，想创建另一个随机变量 Z（使用多个独立同分布采样）和 X 有相同的期望值，比如，对于一个小的 δ，我们想要证明：
$$P(|Z - E[Z]| > \alpha \cdot E[Z]) \leqslant \delta$$
（提示：这是本章中讨论的"均值 – 中值策略"。）

3. 讨论什么样的场景会同时用到 Hoeffding 不等式和切比雪夫边界。哪一个更常用？

4. 假设有一个大小为 $k = 1000$ 的蓄水池，并且有一个包含两个类的完全相同的分布的流的样本。使用上尾切比雪夫边界确定蓄水池中包含两个类中其中一个的多于 600 个样本的概率。能够使用下尾吗？

5. （困难）给出有偏蓄水池采样的完整证明。

6. （困难）给出使用最小计数梗概得到的点积估计的正确性证明。

7. 讨论对于各种流挖掘问题不同概要构造方法的普遍性。为什么很难在异常分析中应用这些方法？

8. 实现 CluStream 算法。

9. 用微聚类的方法来将前面练习题的实现扩展到分类问题。

10. 实现对于不同元素计数的 Flajolet-Martin 算法。

11. 假设 X 是一个随机变量，它总是位于区间 $[1,64]$ 中。假设 Y 是 X 的独立且相同的实现的一个大数 n 的几何平均值。估计 $\log_2(Y)$ 的边界。假设知道 $\log_2(X)$ 的期望值。

12. 令 Z 为一个满足 $E[Z]=0$ 且 $Z \in [a,b]$ 的随机变量。

   （a）说明 $E[e^{t \cdot Z}] \leq e^{t^2 \cdot (b-a)^2/8}$。

   （b）使用前面的结果完成 Hoeffding 不等式的证明。

13. 假设将 n 个不同的项装进一个长度为 m 有 w 个散列函数的 Bloom 滤波器中。

   （a）证明一个位取值为 0 的概率为 $(1-1/m)^{nw}$。

   （b）证明 a 中的概率近似等于 $e^{-nw/m}$。

   （c）证明在 Bloom 滤波器中 0 位的期望值 m_0 和 n、m、w 的关系如下：

$$n \approx \frac{m \cdot \ln(m/m_0)}{w}$$

14. 当负计数项包含在梗概中的时候，证明本章中讨论的最小计数梗概的边界。

15. 有两个有相同散列函数的流，为它们中的每个流构造一个 AMS 梗概的单个组件。证明这些组件的乘积的期望值等于这两个流中不同项的频率向量的点积。

16. 证明一个 AMS 梗概组件的平方的方差以数据流中项的二阶矩的 4 次方作为上限。

17. 证明本章中讨论的 AMS 点查询频率估计方法的正确性。换句话说，$r_i \cdot Q$ 的期望值应该等于点查询的结果。

文本数据挖掘

> "人生的前四十年让我们积累了大量的文本，接下来的三十年提供注解。"
>
> ——Arthur Schopenhauer

13.1 引言

文本数据广泛存在于诸如 Web、社交网络、新闻专线服务和图书馆等领域。随着对人的语言和表达的记录越来越方便，文本数据量将会随着时间的推移而不断增加。这种趋势随着图书馆的日益数字化以及 Web 和社交网络的普及而进一步加强。以下是相关领域的一些例子。

1. 数字图书馆

文章和书籍生产的最新发展趋势是依靠数字化的版本，而不是硬拷贝。这导致了数字图书馆的发展，而有效的文档管理则变得至关重要。此外，挖掘工具也被用于某些领域以搜集有用的洞察，如生物医学文献领域。

2. Web 和基于 Web 的应用

Web 是一个用链接和其他类型的辅助信息来进一步丰富的巨大的文档资源库。Web 文档也称为**超文本**。超文本的可用附加辅助信息在知识发现过程中非常有用。此外，许多基于 Web 的应用，如社交网络、聊天板和公告板，是用来分析文本的重要来源。

3. 新闻专线服务

近年来，淡化纸质媒体的使用、重视电子新闻传播的趋势有所增加。这种趋势创建了一个可以为重要事件和洞见提供分析依据的大规模新闻文档流。

文本的特征（或维度）的集合也称为它的**词典**。文档的集合称为**语料库**。一个文档可以看作一个序列或者一个多维记录。文本文档是单词的离散序列，也称为**字符串**。因此，第 15 章中讨论的很多序列挖掘方法在理论上同样适用于文本。然而，这些序列挖掘方法很少被用于文本领域。一部分原因是，当序列的长度和可能的词数都相对适中时序列挖掘方法才是最有效的，但事实上，文档通常是从几十万词汇中生成的长序列。

在实践中，通常将文本以频率标注的词袋形式展示为多维数据。单词也称为**词项**。虽然这样的表示丢掉了文字中的顺序信息，但这使得我们能够使用大量的基于多维数据的技术。通常会对文本进行预处理，包括将很常见的词语除去，以及将同一个词的不同形式合并。将处理后的文档表示为单词的无序集合，其中每个单词都与其归一化的频率相关联。得到的表示形式也称为文本的**向量空间表示**。文档的向量空间表示是包含文档中的每个单词（维度）的频率的多维向量。这个数据集的总维度等于词典中不同单词的数量。文档中不存在的词典中的单词的频率为 0。因此，文本和前面章节中研究的多维数据类型没有很大的不同。

由于文本本身的多维性质，前几章中研究的技术在做一些适度的改进之后也可应用于文本领域。这些改进有哪些？为什么它们是必需的？为了理解这些改进，需要理解许多文本数据所特有的具体特征。

1. "0" 属性的数量

尽管文本数据的基础维度可能是几十万，但是一个文档可能只包含几百个单词。如果将词典中的每个词看成一个属性，并且将文档的词频作为属性值，那么大多数属性值是 0。这种现象称为高维稀疏性。不同文档间的非零值的数目也可能变化很大。这对文本挖掘的许多基本方面，如距离的计算，会产生很大的影响。例如，尽管在理论上使用欧几里得函数来度量距离是可行的，但从实践角度来看这并不是非常有效。这是因为欧几里得距离对不同的文档长度（非零属性的数量）非常敏感。欧几里得距离函数计算的两个短文档之间的距离和两个长文档之间的距离不具有可比性，因为后者通常比较大。

2. 非负性

词的频率取非负值。当将非负性与高维稀疏性相结合时，可以使用特殊的方法来做文档分析。在通常情况下，所有的数据挖掘算法必须认识到一个事实，即在一个文档中一个单词的出现在统计意义上要比它的不出现显著很多。不同于传统的多维技术，在这种情况下，设计一个好的距离函数至关重要的一点是要结合数据集的全局统计特性。

3. 辅助信息

在一些领域（如 Web）中额外的辅助信息是可用的。例如，与文档相关的超链接或其他元数据。这些附加属性可以被用于进一步增强挖掘过程。

本章将讨论许多传统数据挖掘技术在文本领域中的应用。文档预处理的相关问题也会涉及。

本章内容的组织结构如下：13.2 节讨论文档准备和相似度计算的问题，聚类方法在 13.3 节中讨论，主题建模算法被安排在 13.4 节中，分类方法在 13.5 节中讨论，首发故事检测问题在 13.6 节中讨论，13.7 节给出本章小结。

13.2 文档准备和相似度计算

由于文本本身不是直接多维表示的，因此首先需要将原始文本转换为多维格式。从 Web 获取的文档还需要额外的步骤。本节将讨论这些不同的步骤。

1. 删除停用词

停用词是在语言中经常出现但对于数据的挖掘并不是很有价值的单词。例如，单词 "a" "an" 和 "the" 是常见单词，但是它们对于文档内容的实际理解基本没有提供信息。在通常情况下，冠词、介词和连词都是停用词。有时也将代词当作停用词。能找到不同语言的针对文本挖掘的标准停用词列表。关键要明白，几乎所有的文档都包含这些词，但它们通常不表示主题或语义内容。因此，这些单词对分析添加了噪声，谨慎的做法是将其删除。

2. 词干提取

同一个单词的不同变化需要加以合并。例如，同一个单词的单数和复数表示以及同一个单词的不同时态应该考虑合并起来。在许多情况下，词干提取是指从单词中提取公共词根，并且所提取的词根甚至可能不是一个单词。例如，hope 和 hoping 的共同词根是 hop。很显然，其缺点是单词 hop 本身有着和上面两个单词不同的意思与用法。因此，尽管词干提取通常会提高文档检索的召回率，但它有时会造成轻微的准确率下降。然而，它往往能在挖掘应用中产生更高质量的结果。

3. 标点符号

在词干提取之后，将逗号和分号之类的标点符号删除。此外，也会将数字删除。如果将连字符除去会产生单独的且有意义的单词,那么连字符也会被除去。通常,可以通过基础字典库来进行这些操作。此外,以连字符相连的不同部分要么会被拆分成不同的单词,要么会被合并成一个单词。

经过上述处理后,所产生的文档可能只包含语义相关的词。将这个文档看成一个词袋,相对顺序在其中是无关紧要的。尽管这种表示明显会使顺序信息缺失,但词袋模型还是相当有效的。

13.2.1 文档归一化和相似度计算

文档归一化的问题和相似度计算密切相关。文本相似性的问题在第3章中已经有所讨论,为了完整性这里也进行了讨论。文档主要使用两种基本类型的归一化。

1. 逆文档频率

高频单词往往会在数据挖掘操作(如相似度计算)中产生噪声。删除停用词就是因为这个原因。逆文档频率以一种更柔和的方式泛化这一原则,即高频单词有更小的权重。

2. 频率阻尼

文档中某个单词的重复出现通常会使相似度计算产生显著的偏差。为了使相似度计算更稳定,对词频使用阻尼函数从而使不同单词的频率变得彼此间更加相似。应当指出的是频率阻尼是可选的,效果因当前应用的不同而变化。一些应用(如聚类)在没有阻尼的情况下也能显示出相同的或更好的性能。在数据集比较干净并且基本没有垃圾文档的情况下尤其如此。

接下来,我们将讨论不同类型的归一化。第 i 个词项的逆文档频率 id_i 是关于出现该词项的文档数目 n_i 的递减函数:

$$id_i = \log(n / n_i) \tag{13.1}$$

其中,集合中文档的数目记作 n。还有其他计算逆文档频率的方式,但是它们对相似度函数的影响通常是有限的。

接下来,对频率阻尼的概念进行讨论。该归一化确保单个单词的过度出现并不会使相似度计算出现大的错误。考虑一个词频向量为 $\overline{X} = (x_1, \cdots, x_d)$ 的文档,其中 d 是词典的大小。在计算相似度之前可以选择性地将阻尼函数 $f(\cdot)$(如平方根或对数)应用于频率的调整:

$$f(x_i) = \sqrt{x_i}$$
$$f(x_i) = \log(x_i)$$

频率阻尼是可选的且通常是省略的。这相当于设置 $f(x_i)$ 为 x_i。第 i 个单词的归一化频率 $h(x_i)$ 可以定义如下:

$$h(x_i) = f(x_i)id_i \tag{13.2}$$

该模型普遍称为 tf-idf 模型,其中 tf 表示词项频率,idf 表示逆文档频率。

将文档的归一化表示用于数据挖掘算法。一个普遍使用的度量是余弦度量,原始频率分别为 $\overline{X} = (x_1, \cdots, x_d)$ 和 $\overline{Y} = (y_1, \cdots, y_d)$ 的两个文档之间的余弦度量通过它们的归一化表示定义为:

$$\cos(\overline{X}, \overline{Y}) = \frac{\sum_{i=1}^{d} h(x_i)h(y_i)}{\sqrt{\sum_{i=1}^{d} h(x_i)^2} \sqrt{\sum_{i=1}^{d} h(y_i)^2}} \tag{13.3}$$

另一个不太常用的文本度量方式是 Jaccard 系数 $J(\overline{X}, \overline{Y})$：

$$J(\overline{X}, \overline{Y}) = \frac{\sum_{i=1}^{d} h(x_i)h(y_i)}{\sum_{i=1}^{d} h(x_i)^2 + \sum_{i=1}^{d} h(y_i)^2 - \sum_{i=1}^{d} h(x_i)h(y_i)} \quad (13.4)$$

很少将 Jaccard 系数用于文本领域，但经常将它用于稀疏的二元数据以及集合。许多交易和购物篮数据使用 Jaccard 系数。需要指出的是，交易和购物篮数据与文本数据在稀疏性和非负性上有很多相似之处。本章中论述的大多数文本挖掘技术在做一些小的改动之后也可被应用到这些领域。

13.2.2 专用于 Web 文档的预处理

Web 文档因为一些共同的结构属性和内部丰富的链接而必须使用专门的预处理技术。Web 文档预处理的两个主要方面包括除去文档特定的没有用的部分（例如标签）和利用文档的实际结构信息。大多数预处理技术通常会将 HTML 标签除去。

HTML 文档中有大量的字段，如标题、元数据以及文档的正文。在通常情况下，分析算法以不同的重要性来对待这些字段，因此给予它们不同的权重。例如，通常认为一个文档的标题比正文更重要，因此权重更高。另一个例子是 Web 文档中的锚文本。锚文本包含链接所指向的网页的描述。由于它的描述性，它显得比较重要，但有时和页面本身的主题不相关。因此，往往将它从文档的文本中除去。在一些可能的情况下，甚至可以将锚文本加入它所指向的文档。这是因为锚文本通常是它所指向的文档的摘要说明。

一个网页可能通常被组织成与页面的主题不相关的多个内容块。一个典型的网页会有很多不相关的模块，如广告、免责声明或者通知，这些东西对于数据挖掘没有太大帮助。现已表明，只将主要模块的文本用于挖掘可以提高挖掘结果的质量。但是，（自动）判定网络规模的文档集合的主要模块本身就是一个有趣的数据挖掘问题。虽然将网页分解成多个块比较容易，但是有时难以确定哪个是主模块。大多数自动发现主模块的方法都依赖于一个事实，即一个特定的站点通常会对该站点上的文档使用相似的布局。因此，如果可以获得站点上的一个文档集合，那么就可以使用两种类型的自动化方法。

1. 将块标签问题当作分类问题

在这种情况下，我们的想法是使用 Web 浏览器，如 Internet Explorer，创建一个提取训练数据中每个块的视觉呈现特征的新训练集。许多浏览器提供可用于提取每个块的坐标的 API。然后我们手动标记一些主模块样例。这就形成了一个训练数据集。将训练数据集用于构造一个分类模型。将该模型用于确定该站点上的剩余的（未标记）文档的主模块。

2. 树匹配方法

大多数网站使用固定模板生成文档。因此，如果可以提取该模板，那么主模块就可以相对容易地识别。首要步骤是从 HTML 网页中提取标签树。它表示了网站中的频率树模式。文献注释中所讨论的树匹配算法可以被用来从这些标签树中确定这样的模板。在发现模板后，在所提取的模板中就可以确定哪个块是主要的。许多次要的块在不同的网页中往往有类似内容，因此可以删去。

13.3   专用于文本的聚类方法

第 6 章中讨论的大部分算法都可以被扩展到文本数据上。这是因为文本的向量空间表示也是多维数据点。本章中的讨论将首先集中于通用的多维聚类算法的修改，然后在这些背景下提出具体的算法。第 6 章中讨论的一些聚类方法在文本领域中的使用比其他聚类算法更为普遍。利用文本领域的非负性、稀疏性和高维特征的算法通常优于那些没有利用这些特性的算法。许多聚类算法要做出重大的调整来处理文本数据的特殊结构。接下来，我们会对一些重要算法的必要调整进行详细讨论。

13.3.1   基于代表点的算法

这种算法对应于 k-means、k-modes 和 k-median 等一类的算法。其中，k-means 算法在文本数据中最为常用。为了能将这些算法有效地用于文本数据，有必要做出两个主要的修改。

1）首要修改是相似度函数的选择。使用余弦相似度函数代替欧几里得距离。

2）其次是对簇质心的计算进行修改。并非所有位于质心的单词都会被保留。簇中的低频词会被去除。在通常情况下，每个质心最多保留 200 到 400 个单词。这也称为**簇摘要**，它为簇提供了一个具有代表性的主题词的集合。基于投影的文档聚类已被证明非常有效。减少质心中单词数目也会加快相似度的计算。

本小节将会讨论一个专门用于文本处理的 k-means 算法的变体，它使用了层次聚类中的概念。分层方法可以很容易地被推广到文本，因为它们是基于相似性和距离的通用概念。此外，把它们和 k-means 算法结合起来可以同时保证结果的稳定性和算法的高效性。

13.3.1.1   分散 / 聚集方法

严格地说，术语分散 / 聚集并不是指聚类算法本身，而是指由聚类赋予的浏览能力。然而本小节将着眼于聚类算法。这个算法综合使用了 k-means 聚类和层次划分。尽管层次划分算法非常鲁棒，但它们的算法复杂度通常比 $\Omega(n^2)$ 差，其中 n 是集合中文档的数量。而 k-means 算法的复杂度是 $O(k \cdot n)$，其中 k 是簇的数目。尽管 k-means 算法更高效，但它有时会对种子的选择比较敏感。对于每个文档仅包含词典的一小部分的文本数据尤其如此。例如，考虑将文档集划分成五个簇的情况。常规的 k-means 算法将从原始数据中选择五个文档作为初始种子。这五个文档中的不同单词通常是整个词典的一个非常小的子集。因此，当文档没有大量包含词典子集中的单词的时候，k-means 的前几轮迭代未必能够将很多文档有意义地分配给簇。这个最初的非相关性有时可能被后面的迭代所继承，导致最终结果的质量很差。

为了解决这个问题，分散 / 聚集使用一种将层次划分和 k-means 聚类以两阶段的方式结合的方法。在第一阶段中，对语料库的样本使用一种高效简化版的层次聚类以产生一组鲁棒的种子集合。这是通过使用两种可能的处理过程之一实现的，这两种过程分别称作**铅弹**和**分馏**。二者是不同的层次处理过程。在第二阶段中，将第一阶段中产生的鲁棒的种子用作适应文本数据的 k-means 算法的起点。应仔细选择第一阶段中产生的样例的大小，以平衡第一阶段和第二阶段所需的时间。因此，整个方法可以如下描述：

1）使用铅弹过程或者分馏过程来创建一个鲁棒的初始的种子集合。

2）在得到的种子集合上运行 k-means 算法来生成最终的簇。可以使用额外的改进来进一步改善聚类质量。

接下来，将对铅弹过程和分馏过程进行描述。两者都是第一阶段的可选方案，它们有差不多的运行时间。分馏方法更加鲁棒，但铅弹方法在很多实际情况下更快。

- **铅弹**：设 k 是要发现的簇的数目，n 是语料库中文档的数目。铅弹方法选择大小为 $\sqrt{k \cdot n}$ 的一个种子的超集，然后将它们凝聚为 k 个种子。将简单的凝聚层级聚类算法（需要$^{\ominus}$平方时间）应用到 $\sqrt{k \cdot n}$ 个种子的初始样本上。因为在这个阶段使用平方复杂度的算法，所以这种方法需要 $O(k \cdot n)$ 的时间。该种子集合比直接从原始数据采样的 k 个种子更加鲁棒，因为它代表了语料库的一个较大样本的概要。

- **分馏**：不像铅弹方法那样使用 $\sqrt{k \cdot n}$ 个文档样本，分馏方法作用在语料库的所有文档上。分馏算法开始将语料库分为 n/m 个桶，每个包含 $m > k$ 个文档。将凝聚算法应用于每个桶上以使其以系数 v 缩减，$v \in (0, 1)$。该步骤在每个桶中创建 $v \cdot m$ 个凝聚文档，即所有桶加起来共有 $v \cdot n$ 个凝聚文档。"凝聚文档"定义为簇中文档的拼接。通过将每个凝聚文档作为单个文档来处理，这个过程得以不断地重复。当只剩 k 个种子的时候方法终止。

接下来解释文档是如何分桶的。一个可能的做法是将文档随机划分。然而，通过更精心设计的过程可以获得更有效的结果。一种做法是根据文档中第 j 个最常见单词的索引对文档进行排序。这里，选择 j 为一个较小的对应于文档中中等词频的数字，例如 3。将以此排序的 m 个文档的连续分组映射到多个簇。这种方法确保所得的分组都至少存在一些公共单词，因此分组并不是完全随机的。这在提高中心的质量上有时会有所帮助。

在分馏算法的第一次迭代中针对 m 个文档进行的凝聚聚类操作在每个分组上都需要 $O(m^2)$ 的时间，对 n/m 个不同的分组共需要 $O(n \cdot m)$ 的时间。随着每轮迭代中个体的数量以系数 v 呈几何级减少，所有迭代的总运行时间是 $O(n \cdot m \cdot (1 + v + v^2 + \cdots))$。对于 $v < 1$，所有迭代的运行时间仍然是 $O(n \cdot m)$。通过选择 $m = O(k)$，对于初始化步骤来讲仍然可以保证 $O(n \cdot k)$ 的运行时间。

铅弹和分馏过程需要 $O(k \cdot n)$ 的时间。这等同于 k-means 算法的单次迭代的运行时间。正如接下来所讨论的，这对于（渐近地）平衡算法在两个阶段中的运行时间非常重要。

当初始簇中心通过铅弹或分馏算法确定后，就可以用在第一步中得到的种子运行 k-means 算法。将每个文档分配到 k 个簇中心中最近的那个。将每个簇的质心确定为属于该簇的文档的拼接。此外，将每个质心的低频词删除。这些质心会替换掉前一次迭代中的种子。这个过程可以迭代地重复以优化簇中心。因为最大的提升仅在前几次迭代中发生，所以通常仅需要很少次数的迭代就可以停止。这保证了第一和第二阶段的总体运行时间都是 $O(k \cdot n)$。

也可以在第二阶段聚类后使用一些改善手段。这些改善手段如下。

- **分割操作**：分割可以用于将簇进一步优化为更细粒度的群组。这可以通过对簇中的 $k = 2$ 的单个文档应用铅弹过程，并重新围绕这些中心进行聚类来实现。对包含 n_i 个文档的簇，整个过程需要 $O(k \cdot n_i)$ 的时间，因此分割所有的群组需要 $O(k \cdot n)$ 的时间。然而，分割所有的群组是没有必要的，相反，只有群组的一个子集可以被分割，即

$\ominus$　正如第 6 章所讨论的，标准的凝聚算法需要超过平方的时间，尽管一些更简单的单链接聚类算法的变种[469]可以在大约平方时间内实现。

那些不是很相关的并且包含不同性质的文档的群组。为了度量群组的相关性，需要计算簇中文档的自相似度。这种自相似度提供了一种对潜在相关性的理解。这个量可以通过计算簇中文档与其质心文档的平均相似度或簇中文档彼此间的平均相似度来获得。可以选择性地将分割标准用于具有低自相似度的簇。这有助于创造更加相关的簇。

- **连接操作**：连接操作把相似的簇合并为一个。为执行合并操作，将计算每个簇的主题词，即簇质心中频率最高的单词。如果有两个簇的主题词之间显著重叠，那么可以认为这两个簇是相似的。

分散 / 集中的做法非常有效，因为它能结合分层算法和 k-means 算法。

13.3.2 概率算法

概率文本聚类可以看作无监督的朴素贝叶斯方法，该方法在 10.5.1 节中曾讨论过。它假设需要将每个文档分配到 k 个簇 $\mathcal{G}_1, \cdots, \mathcal{G}_k$ 中的一个。基本的思路如下：

1）选择一个簇 $\mathcal{G}_m$，其中 $m \in \{1, \cdots, k\}$。

2）基于生成模型为 $\mathcal{G}_m$ 生成一个词项分布。针对文本的生成模型的例子包括伯努利模型和多项式模型等。

观测数据在随后的生成过程中被用于估计伯努利或者多项式分布的参数。本小节将讨论伯努利模型。

聚类使用 EM 算法以迭代的方式进行。EM 算法在 E 步骤中使用贝叶斯规则根据条件词项分布决定文档的簇分配，在 M 步骤中从簇分配推断出条件词项分布。在初始化时，文档被随机地分配给簇。最初的先验概率 $P(\mathcal{G}_m)$ 和条件特征分布 $P(w_j | \mathcal{G}_m)$ 由此随机分配的统计分布估计得出。在 E 步骤中，用一个贝叶斯分类器来估计后验概率 $P(\mathcal{G}_m | \overline{X})$。贝叶斯分类器通常使用伯努利模型或者在之后的章节中将讨论的多项式模型。贝叶斯分类器的后验概率 $P(\mathcal{G}_m | \overline{X})$ 可以看作将文档 $\overline{X}$ 分配给第 m 个混合分量 $\mathcal{G}_m$ 的软分配概率。在 M 步骤中，可以按如下公式根据这些后验概率计算出单词 w_j 的条件特征分布 $P(w_j | \mathcal{G}_m)$：

$$P(w_j | \mathcal{G}_m) = \frac{\sum_{\overline{X}} P(\mathcal{G}_m | \overline{X}) \cdot I(\overline{X}, w_j)}{\sum_{\overline{X}} P(\mathcal{G}_m | \overline{X})} \tag{13.5}$$

这里，$I(\overline{X}, w_j)$ 是一个指示变量，当单词 w_j 在 $\overline{X}$ 中出现时取 1，反之则取 0。正如在贝叶斯分类方法里那样，拉普拉斯平滑方法同样可以被集成进来以减少过拟合。通过计算文档被分配到 $\mathcal{G}_m$ 的概率平均值可以估计出每个簇的先验概率 $P(\mathcal{G}_m)$。这样就完成了对 EM 算法中的 M 步骤的描述。下面的 E 步骤通过标准贝叶斯分类器使用修改过的 $P(w_j | \mathcal{G}_m)$ 和先验概率得出后验贝叶斯概率。因此，下面两个迭代步骤会重复进行直至收敛。

1）（E 步骤）使用贝叶斯规则估计从文档到簇的后验概率：

$$P(\mathcal{G}_m | \overline{X}) \propto P(\mathcal{G}_m) \prod_{w_j \in \overline{X}} P(w_j | \mathcal{G}_m) \prod_{w_j \notin \overline{X}} (1 - P(w_j | \mathcal{G}_m)) \tag{13.6}$$

上述贝叶斯规则假设了一个伯努利生成模型。请注意公式 13.6 和朴素贝叶斯对分类的后验概率估计是一样的。也可以使用之后章节中提到的多项式模型。在这种情况下，就用多项式贝叶斯分类器代替公式 13.6 中的后验概率。

2）（M 步骤）使用在 E 步骤中得出的概率来估计词的条件分布 $P(w_j|\mathcal{G}_m)$（公式 13.5）和不同簇的先验概率 $P(\mathcal{G}_m)$。

在该过程的最后，$P(\mathcal{G}_m|\overline{X})$ 的估计值提供了簇分配概率，同时，$P(w_j|\mathcal{G}_m)$ 的估计值提供了每个簇的词项分布。这可以视作之前提到过的簇摘要概念的概率变体。因此，概率方法提供了关于簇成员和单词与各个簇的相关性的双重认识。

13.3.3　同步发现文档簇和词簇

前一小节中讨论的概率算法可以同时发现文档簇和词簇。正如 7.4 节中关于高维聚类方法的讨论那样，这在高维情况下是很重要的，因为簇最好同时以行和列来刻画。在文本领域中，该方法还能提供额外的好处——簇的主题词可以提供关于这个簇的语义分析。另外一个例子就是 6.8 节中讨论的非负矩阵分解方法。这个方法在文本领域中非常流行，因为分解的矩阵对文本数据有很自然的解释。该方法可以同时发现词簇和文档簇，这两者由两个分解的矩阵的列表示。这和联合聚类的概念也密切相关。

13.3.3.1　联合聚类

联合聚类对非负矩阵最有效。非负矩阵有许多值为 0 的条目，换言之，矩阵是稀疏的。文本数据就是如此。联合聚类方法也可以推广到密集矩阵，尽管该技术与文本领域无关。因为联合聚类利用了两种"模式"（词和文档），所以它也称为**双向聚类**或者**双模聚类**。尽管这里的联合聚类在文本数据上展开，但它在稍加修改后也可用于生物学领域。

联合聚类的基本思想是重新安排数据矩阵的行和列，使得能将绝大多数的非零条目安排在区块中。对文本数据来说，这个矩阵就是 $n \times d$ 的文档词项矩阵 D，其中行对应于文档，列对应于词项。因此，第 i 个簇与行 $\mathcal{R}_i$ 的集合（文档）以及列 $\mathcal{V}_i$ 的集合（单词）相关。i 不同行 $\mathcal{R}_i$ 之间就不会相交，列 $\mathcal{V}_i$ 也是如此。因此，联合聚类能够同时得出文档簇和词簇。从直观的角度来看，代表列 $\mathcal{V}_i$ 的单词是与簇 $\mathcal{R}_i$ 最相关（或最有主题性）的词。因此集合 $\mathcal{V}_i$ 定义了簇 $\mathcal{R}_i$ 的摘要。

对文本数据来说，词簇与文档簇一样重要，因为它们提供了关于底层文档集合的主题的认识。书中讨论过的关于文档聚类的绝大多数算法，比如分散 / 聚合方法、概率方法和非负矩阵分解法（见 6.8 节），不仅提供文档簇还提供词簇（或者簇摘要）。但是，上述算法中不同词簇中的单词有重叠，而所有算法中文档簇都没有重叠（概率（软）EM 算法除外）。在联合聚类中，词簇和文档簇都是非重叠的。每个文档和词都严格地与一个特定的簇相关联。联合聚类的一个很棒的特性就是它显式地探索了词簇和文档簇的二元性。可以证明，连续的词簇会引出连续的文档簇，反之亦然。例如，如果有意义的词簇可用，可以通过将每一个文档分配到与其拥有最多共同词的词簇来完成文档聚类。对于联合聚类，目标就是同步完成上述内容使词簇和文档簇以最优的方式相互依赖。

为了说明这一点，图 13-1a 展示了一个 6×6 的文档 - 词矩阵的简单例子[⊖]。矩阵中的条

⊖　尽管在这个特定的例子中文档 - 词项矩阵是正方形的，但这只是特例，因为一般而言语料库的大小 n 和词典的大小 d 是不一样的。

目对应着六个标记为 D_1, …, D_6 的文档中的词频。在这里，六个词是 champion、electron、trophy、relativity、quantum 和 tournament。显而易见，部分词来源于体育相关主题，部分来源于科学相关主题。注意，在图 13-1a 中非零条目似乎是被随机安排的。同时也应注意到文档 $\{D_1, D_4, D_6\}$ 包含着体育相关的词汇而文档 $\{D_2, D_3, D_5\}$ 包含着科学相关的词汇。但对于条目随机分配的图 13-1a，这并不是很明显。当行和列交换使得体育相关行 / 列在所有的科学相关行 / 列之前时，就得出了图 13-1b。这样，对条目而言就有了一个清晰的区块结构，其中不相邻的矩形区块包含了最多的非零条目。这些矩形区块在图 13-1b 中加了阴影。目标就是最小化非阴影区块的非零条目的权重。

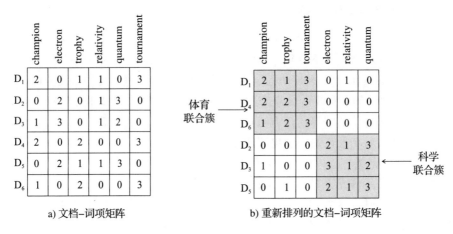

图 13-1　在联合聚类中对行和列重新排序

那么这个联合聚类问题又该如何解决呢？最简单的解决方法就是将问题转化为二分图的划分问题，使得非阴影区域中非零条目的权重之和等于跨分区的边的权重之和。创建一个节点集 N_d，其中每个节点都代表集合中的一个文档。创建一个节点集 N_w，其中每个节点都代表集合中的一个词。创建一个无向二分图 $G=(N_d \cup N_w, A)$，使其满足 A 中的边 (i, j) 对应于矩阵中的一个非零条目，其中 $i \in N_d$，$j \in N_w$。边的权重对应于文档中词项的频率。图 13-2 就是联合聚类图 13-1 的二分图。对这个图的划分代表了对行和列的同步划分。这里为了简洁，使用二路划分代替了一般使用的多路划分。需要注意的是每个划分都包括一个文档的集合和相应的词的集合。很容易发现，图 13-2 中每个图划分所对应的文档和词都代表图 13-1b 中的阴影区域。也容易看到，跨分区的边的权重代表图 13-1b 中非零条目的权重。因此，一个 k 路联合聚类问题可以转换为 k 路图划分问题。总体的联合聚类法可以如下描述：

1）创建一个图 $G=(N_d \cup N_w, A)$，图中 N_d 中的节点代表文档，N_w 中的节点代表词，A 中的边代表矩阵 D 中的非零条目。

2）使用 k 路图划分算法来将 $N_d \cup N_w$ 中的节点分成 k 组。

3）报告行 - 列对 $(\mathcal{R}_i \mathcal{V}_i)$，$i \in \{1, \cdots, k\}$。其中，$\mathcal{R}_i$ 代表第 i 个簇中对应于 N_d 中节点的行，$\mathcal{V}_i$ 代表第 i 个簇中对应于 N_w 中节点的列。

k 路图划分是如何进行的仍未说明，该问题将在 19.3 节中讨论。其中任何一种算法都可以用于决定所需要的图划分。专门解决二分图划分问题的方法也会在文献注释中讨论。

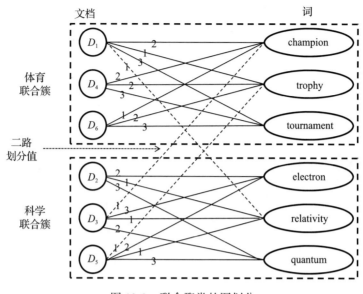

图 13-2　联合聚类的图划分

13.4　主题建模

主题建模可以认为是潜在语义分析（LSA）方法的概率版本，该方法的最基础版本就是**概率潜在语义分析**（PLSA）。该方法提供了进行维度约简的替代方法，并且比起传统的 LSA 有一些优势。

概率潜在语义分析是基于期望最大化的混合建模算法。但是，这里 EM 算法所使用的方式与本书中其他关于 EM 算法的例子是不同的。这是因为潜在的生成过程不一样，优化它可以发现词的相关性结构而非文档的簇结构。这是因为该方法可以认为是 SVD 和 LSA 的概率变体而非聚类的概率变体。但是，使用这种方法也可以生成软簇。还有许多其他的维度约简的方法，比如和聚类密切相关的非负矩阵分解。实际上，PLSA 是一种目标函数为最大似然的非负矩阵分解。

在本书绝大多数的 EM 聚类算法中，都会先选择一个混合模型分量（簇），然后基于该分量的概率分布的特定形式生成数据记录。一个例子就是 13.3.2 节中讨论的伯努利聚类模型。从根本上说，PLSA 的生成过程⊖是为了维度约简而非聚类而设计的，同一个文档的不同部分可以由不同的混合模型分量生成。假设有 k 个方面（或者潜在主题）由 $\mathcal{G}_1, \cdots, \mathcal{G}_k$ 来标识。生成过程按如下步骤建立文档 – 词项矩阵：

1）选择一个带有概率 $P(\mathcal{G}_m)$ 的潜在成分（方面）$\mathcal{G}_m$。

2）用概率 $P(\overline{X_i}|\mathcal{G}_m)$ 和 $P(w_j|\mathcal{G}_m)$ 生成文档 – 词对 $(\overline{X_i}, w_j)$ 的坐标 (i, j)。为文档 – 词项矩阵的 (i, j) 条目的频率加 1。文档和词的坐标以概率独立的方式生成。

在生成过程中所有的参数（如 $P(\mathcal{G}_m)$、$P(\overline{X_i}|\mathcal{G}_m)$ 和 $P(w_j|\mathcal{G}_m)$）都需要根据 $n \times d$ 文档 – 词项矩阵的观察频数来估计。

⊖ 最初的工作[271]使用了不对称的生成过程，它和这里讨论的（简单）对称生成过程是等价的。

尽管方面 $\mathcal{G}_1, \cdots, \mathcal{G}_k$ 类似于 13.3.2 节中的聚类,但它们并不相同。注意,13.3.2 节中生成过程的每一次迭代都创建文档 – 词项矩阵的一整行的最终频率向量。在 PLSA 中,甚至一个单个的矩阵条目都可能受到不同混合模型分量的频率贡献。实际上,甚至是在确定性的潜在语义分析中,也将文档表示为不同潜在方向的线性组合。因此,在 13.3.2 节的方法中,把每个混合模型分量解释为一个簇更加直接。图 13-3 展示了这些模型的生成过程的不同。然而,由于 PLSA 极高的可解释性和底层潜在分解的非负本质,因此可以用它来聚类。它和聚类的关系以及适用范围将在之后讨论。

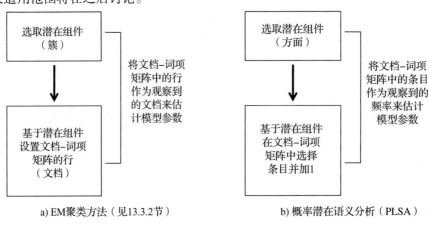

图 13-3   EM 聚类方法与 PLSA 不同的生成过程

PLSA 中的一个重要假设是当潜在主题分量 $\mathcal{G}_m$ 固定后,所选择的文档和词是条件独立的。换言之,假设如下:

$$P(\overline{X_i}, w_j \mid \mathcal{G}_m) = P(\overline{X_i} \mid \mathcal{G}_m) \cdot P(w_j \mid \mathcal{G}_m) \tag{13.7}$$

这意味着选择文档 – 词对的联合概率 $P(\overline{X_i}, w_j)$ 可以以如下形式表示:

$$P(\overline{X_i}, w_j) = \sum_{m=1}^{k} P(\mathcal{G}_m) \cdot P(\overline{X_i}, w_j \mid \mathcal{G}_m) = \sum_{m=1}^{k} P(\mathcal{G}_m) \cdot P(\overline{X_i} \mid \mathcal{G}_m) \cdot P(w_j \mid \mathcal{G}_m) \tag{13.8}$$

值得强调的是,一个潜在成分内的文档和词之间的局部独立性并不意味着同样的文档和词在整个语料库上是全局独立的。这个局部独立性假设对 EM 算法的推导很有帮助。

PLSA 会估计特定文档 – 词对所关联的潜在成分的后验概率 $P(\mathcal{G}_m \mid \overline{X_i}, w_j)$。EM 算法先把 $P(\mathcal{G}_m)$、$P(\overline{X_i} \mid \mathcal{G}_m)$ 和 $P(w_j \mid \mathcal{G}_m)$ 分别初始化为 $1/k$、$1/n$ 和 $1/d$。这里,k、n、d 分别代表簇的数量、文档的数量和词的数量。算法迭代执行如下的 E 步骤和 M 步骤直至收敛:

1)(E 步骤)根据 $P(\mathcal{G}_m)$、$P(\overline{X_i} \mid \mathcal{G}_m)$ 和 $P(w_j \mid \mathcal{G}_m)$ 来估计后验概率 $P(\mathcal{G}_m \mid \overline{X_i}, w_j)$。

2)(M 步骤)根据后验概率 $P(\mathcal{G}_m \mid \overline{X_i}, w_j)$ 来估计 $P(\mathcal{G}_m)$、$P(\overline{X_i} \mid \mathcal{G}_m)$ 和 $P(w_j \mid \mathcal{G}_m)$。使用对数似然最大化来观察词 – 文档共现的数据。

迭代地重复这些步骤直至收敛。E 步骤和 M 步骤的细节仍有待讨论。首先,讨论 E 步骤。E 步骤中估计出的后验概率可以使用贝叶斯规则进行扩展:

$$P(\mathcal{G}_m \mid \overline{X_i}, w_j) = \frac{P(\mathcal{G}_m) \cdot P(\overline{X_i}, w_j \mid \mathcal{G}_m)}{P(\overline{X_i}, w_j)} \tag{13.9}$$

公式右侧的分子可以按公式 13.7 展开，分母可以按公式 13.8 展开：

$$P(\mathcal{G}_m \mid \overline{X_i}, w_j) = \frac{P(\mathcal{G}_m) \cdot P(\overline{X_i} \mid \mathcal{G}_m) \cdot P(w_j \mid \mathcal{G}_m)}{\sum_{r=1}^{k} P(\mathcal{G}_r) \cdot P(\overline{X_i} \mid \mathcal{G}_r) \cdot P(w_j \mid \mathcal{G}_r)} \tag{13.10}$$

这表明 E 步骤可以根据估计值 $P(\mathcal{G}_m)$、$P(\overline{X_i} \mid \mathcal{G}_m)$ 和 $P(w_j \mid \mathcal{G}_m)$ 来实现。

仍要展示的是这些值如何用 M 步骤中观察到的词 – 文档共现来估计。后验概率 $P(\mathcal{G}_m \mid \overline{X_i}, w_j)$ 可以认为是每个方面 $\mathcal{G}_m$ 的词 – 文档共现对的权重。可以利用这些权重并借由对数似然函数的最大化来估计每个方面的 $P(\mathcal{G}_m)$、$P(\overline{X_i} \mid \mathcal{G}_m)$ 和 $P(w_j \mid \mathcal{G}_m)$。对数似然函数以及关于最大化过程的不同微积分在这里不做讨论，而是直接展示最终的估计值。让 $f(\overline{X_i}, w_j)$ 代表语料库中文档 $\overline{X_i}$ 中的词 w_j 的观测频率。然后，M 步骤中的估计值如下：

$$P(\overline{X_i} \mid \mathcal{G}_m) \propto \sum_{w_j} f(\overline{X_i}, w_j) \cdot P(\mathcal{G}_m \mid \overline{X_i}, w_j) \quad \forall i \in \{1, \cdots, n\}, m \in \{1, \cdots, k\} \tag{13.11}$$

$$P(w_j \mid \mathcal{G}_m) \propto \sum_{\overline{X_i}} f(\overline{X_i}, w_j) \cdot P(\mathcal{G}_m \mid \overline{X_i}, w_j) \quad \forall j \in \{1, \cdots, d\}, m \in \{1, \cdots, k\} \tag{13.12}$$

$$P(\mathcal{G}_m) \propto \sum_{\overline{X_i}} \sum_{w_j} f(\overline{X_i}, w_j) \cdot P(\mathcal{G}_m \mid \overline{X_i}, w_j) \quad \forall m \in \{1, \cdots, k\} \tag{13.13}$$

通过保证这些估计值在相应随机变量上的所有输出结果之和为 1，可以将这些估计值缩放为概率。这个缩放对应于上面公式中 "∝" 符号相关的比例常数。此外，这些估计值可以用于将最初的文档 – 词项矩阵分解为三个矩阵的乘积，这一点与 SVD/LSA 很相似。这个关系将在接下来的部分中探索。

13.4.1　维度约简中的使用以及与潜在语义分析的对比

M 步骤中估计的三个关键参数集分别为 $P(\overline{X_i} \mid \mathcal{G}_m)$、$P(w_j \mid \mathcal{G}_m)$ 和 $P(\mathcal{G}_m)$。这些参数集对 $n \times d$ 文档 – 词项矩阵 D 提供了类似于 SVD 的矩阵分解。假设将文档 – 词项矩阵 D 缩放了常数倍从而使得聚合概率的和为 1。因此，D 的 (i, j) 项可以看作概率量 $P(\overline{X_i}, w_j)$ 的观测实例。设 Q_k 是第 (i, m) 项为 $P(\overline{X_i} \mid \mathcal{G}_m)$ 的 $n \times k$ 矩阵，Σ_k 是第 m 个对角线元素为 $P(\mathcal{G}_m)$ 的 $k \times k$ 对角矩阵，P_k 是第 (j, m) 项为 $P(w_j \mid \mathcal{G}_m)$ 的 $d \times k$ 矩阵。那么由公式 13.8 可知，矩阵 D 的第 (i, j) 项 $P(\overline{X_i} \mid w_j)$ 可以由之前提到的矩阵表示，在此再次表述为：

$$P(\overline{X_i}, w_j) = \sum_{m=1}^{k} P(\mathcal{G}_m) \cdot P(\overline{X_i} \mid \mathcal{G}_m) \cdot P(w_j \mid \mathcal{G}_m) \tag{13.14}$$

等式左边等价于 D 的第 (i, j) 项，等式右边等价于矩阵乘积 $Q_k \Sigma_k P_k^{\mathrm{T}}$ 的第 (i, j) 项。取决于分量的数目 k，等式左边只可能近似接近于 D，我们将其表示为 D_k。通过叠加公式 13.14 的 $n \times d$ 个条件，可得到如下矩阵条件：

$$D_k = Q_k \Sigma_k P_k^{\mathrm{T}} \tag{13.15}$$

值得注意的是，公式 13.15 中的矩阵分解和 SVD/LSA 中的类似（参见第 2 章中的公式 2.12）。因此，和在 LSA 中一样，D_k 是文档－词项矩阵 D 的近似，其在 k 维空间中的变换表示由 $Q_k\sum_k$ 给出。然而，此变换表示与 PLSA 和 LSA 中的不同。这是因为在这两种情况下优化的目标函数不同。LSA 最小化近似的均方误差，而 PLSA 最大化概率生成模型的对数似然拟合。PLSA 的一个优点是，Q_k 和 P_k 中的项以及转换的坐标值都是非负的并且具有清晰的概率可解释性。通过检查 P_k 中每列的概率值，可以很快推断出对应方面的主题词。这在 LSA 中是不可能的，在 LSA 中 P_k 矩阵中的项没有明确的概率显著性甚至可能为负。LSA 的一个优点是变换可以用正交轴系统的旋转来解释。在 LSA 中，P_k 中的列是一组表示旋转后的基的正交单位向量。在 PLSA 中却不是这样的。在 LSA 中基系统的正交性能够简单地将非样本文档（即不包含在 D 中的文档）映射到新的旋转后的轴系统上。

有趣的是，正如在 SVD/LSA 中一样，文档矩阵的转置的潜在属性由 PLSA 透露。$P_k\sum_k$ 的每一行可以看作由 Q_k 的列定义的基空间上的文档矩阵 D 的竖直或倒排列表表示（转置的行）的变换后的坐标。这些补充性质如图 13-4 所示。PLSA 还可以看作一种非负矩阵分解方法（见 6.8 节），其中矩阵元素可以理解为概率并且需要最大化生成模型的最大似然估计而不是最小化误差矩阵的 Frobenius 范数。

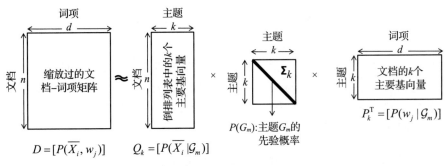

图 13-4　PLSA 的矩阵分解

图 13-5 展示了一个针对 6 个文档和 6 个单词的近似最优 PLSA 矩阵分解的例子。这个例子和第 6 章中非负矩阵分解（NMF）所用到的一样（见图 6-22）。需要注意的是，除了将 PLSA 中所有的基向量标准化使得和为 1 外，这两种情况下的分解很相似，而且基向量的重要性反映在包含先验概率的另外一个对角矩阵中。尽管这里展现的 PLSA 分解和 NMF 分解一样，但通常来讲因为两者的目标函数不同，分解还是会有一些不同[⊖]。另外，在真实的例子中，在分解后的矩阵中绝大部分项不会严格为 0，但是它们中的大部分都会很小。

和 LSA 一样，PLSA 也处理了同义词和多义词的问题。例如，如果方面 $\mathcal{G}_1$ 可以解释 cat 这个主题，那么分别包含词 "cat" 和 "kitten" 的两个文档 $\overline{X}$ 和 $\overline{Y}$ 在方面 $\mathcal{G}_1$ 的变换后坐标上会有正值。因此，在变换后的空间中这些文档间的相似度计算会有改善。一个多义词可能在不同的方面都有正分量。例如，词 "jaguar" 可能代表猫科动物也可能代表汽车。如果 $\mathcal{G}_1$ 可以解释猫科这个主题，$\mathcal{G}_2$ 可以解释汽车这个主题，那么 $P(\text{"jaguar"}|\mathcal{G}_1)$ 和 $P(\text{"jaguar"}|\mathcal{G}_2)$ 可能会是很大的正值。然而，文档中的其他词会提供加强这两个方面其中一个的必要的上下文

　⊖　例子中展示的 PLSA 分解是近似最优的，但不是严格最优的。

环境。内容主要关于猫科的文档 $\overline{X}$ 的 $P(\overline{X}|\mathcal{G}_1)$ 会很大,而主要关于汽车的文档 $\overline{Y}$ 的 $P(\overline{Y}|\mathcal{G}_2)$ 也会很大。这会反映在矩阵 $Q_k=[P(\overline{X_i}|\mathcal{G}_m)]_{n\times k}$ 和新的变换后坐标表示 $Q_k\sum_k$ 中。因此,计算对多义词来说也具有鲁棒性。通常来讲,语义概念在变换后的表示 $Q_k\sum_k$ 中会被放大。因此,相较于原始的 $n\times d$ 文档 – 词项矩阵,很多数据挖掘应用会在 $n\times k$ 变换表示 $Q_k\sum_k$ 上表现得更鲁棒。

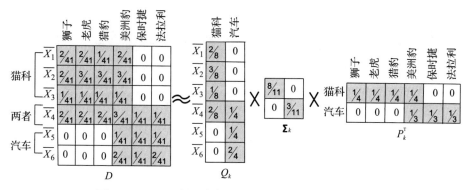

图 13-5　PLSA 的一个例子(重温第 6 章中的图 6-22)

13.4.2　聚类中的使用以及与概率聚类的对比

在聚类中估计的参数有直观的解释。在用于聚类的贝叶斯模型中(见图 13-3a),将生成过程进行优化以对文档进行聚类,而主题建模中的生成过程(见图 13-3b)对发现潜在语义分量进行优化。后者可以看作对文档 – 词对进行聚类,这和对文档进行聚类不同。因此,尽管在两种情况下都需要估计参数集 $P(\omega_j|\mathcal{G}_m)$ 和 $P(\overline{X}|\mathcal{G}_m)$,但得到的结果在性质上是不同的。图 13-3a 所示的模型从一个独特的隐藏分量(簇)中生成一个文档,并且最终的软聚类是从观测数据中估计的不确定性的结果。而在概率潜在语义分析模型中,即使是在生成建模层面上,同一文档的不同部分也可能由不同的方面生成。因此,文档不是由单独的混合分量生成的,而是由混合分量的组合生成的。在这个意义上,PLSA 提供了一个更现实的模型。因为一个既讨论猫科又讨论汽车的不常见文档的多样化词汇可能由不同的方面生成。在贝叶斯聚类中,尽管这样的文档完全是由混合分量中的一个生成的,由于估计的不确定性,它可能和两个或更多的簇有相似的指派(后验)概率。产生差别的原因是 PLSA 原本被作为数据变换和降维的方法,而非聚类方法。然而,从 PLSA 中通常也能获得比较好的文档聚类效果。值 $P(\mathcal{G}_m|\overline{X_i})$ 提供了文档 $\overline{X_i}$ 关于方面 $\mathcal{G}_m$ 的指派概率,这个值可以用 M 步骤中使用贝叶斯规则估计的参数由以下方式求得:

$$P(\mathcal{G}_m|\overline{X_i})=\frac{P(\mathcal{G}_m)\cdot P(\overline{X_i}|\mathcal{G}_m)}{\sum_{r=1}^{k}P(\mathcal{G}_r)\cdot P(\overline{X_i}|\mathcal{G}_r)} \qquad (13.16)$$

因此,PLSA 可以看作提供文档到簇的指派概率的软聚类算法。此外,M 步骤中估计的量 $P(\omega_j|\mathcal{G}_m)$ 提供了不同单词与方面(或者主题)在概率上的密切程度信息。在方面 $\mathcal{G}_m$ 上有最高概率值的词项可以看作对应主题的簇摘要。

PLSA 还提供了关于文档的 $n \times k$ 多维坐标表示 $Q_k \sum_k$，因此还可以用另外一种办法进行聚类——把文档表示在这个新的空间中然后在变换后的语料库上运行 k-means 算法。因为同义词和多义词的噪声影响已经被 PLSA 删除，所以约简表示后的语料库上的 k-means 算法通常比在原始语料库上更有效。

13.4.3　PLSA 的局限性

尽管直观上 PLSA 方法是健全的概率模型，但它依旧有一些实际操作中的缺点。PLSA 参数的个数会随着文档数目线性增加。因此，这样的方法在估计参数很多时可能会很慢，也可能会对训练数据产生过拟合。此外，虽然 PLSA 对训练数据集提供了一个文档 - 词项对的生成模型，但它却无法容易地对没见过的文档分配概率。本书讨论的大部分其他 EM 混合模型（如概率贝叶斯模型）更擅长对没见过的文档分配概率。为了解决这些问题，出现了隐含狄利克雷分布（LDA）。这个模型在主题上使用狄利克雷先验，对新文档的泛化相对容易。在这个意义上，LDA 是一个完全生成模型。文献注释中有关于该模型的进一步信息。

13.5　专用于文本的分类方法

正如在聚类中一样，分类算法也受文本数据的非负性、稀疏性和高维性的影响。稀疏性的一个重要影响是，文档中一个单词的出现比不出现包含更多的信息。这一观察对那些用对称的方式处理单词的存在和不存在的分类算法（如贝叶斯分类中用到的伯努利模型）会有影响。

文本领域中的流行技术包括基于实例的方法、贝叶斯分类器和 SVM 分类器。贝叶斯分类器流行的原因是 Web 文本通常包含其他类型的特征（如 URL）及其他辅助信息。在贝叶斯分类器中包含这些特征相对容易。文本的稀疏性、高维性也使得有必要针对文本领域设计更精妙的多项式贝叶斯模型。SVM 分类器因为其极高的准确度对文本数据来说也特别流行。使用 SVM 分类器的主要问题是文本的高维性使得必须增强这类分类器的性能。在下文中，将讨论其中的一些算法。

13.5.1　基于实例的分类器

基于实例的分类器在文本上的效果出奇地好，尤其是当使用聚类或者维度约简进行预处理的时候。最简单形式的最近邻分类器返回在余弦相似性度量下最近的 k 个邻居中占优的类标签。对余弦相似度进行加权通常会提供更加可靠的结果。由于文本集合的稀疏性和高维性，该基本过程可以从两个方面进行修改从而提升效率和有效性。第一种方法使用潜在语义索引形式的维度约简。第二种方法使用细粒度的聚类来执行基于质心的分类。

13.5.1.1　利用潜在语义分析

基于实例的分类器的一个主要误差来源是文本集合中的固有噪声。这种噪声往往是同义词和多义词的结果。例如，单词 comical 和 hilarious 差不多是一个意思。多义性指的是同一个词可以表示两个不同的东西。例如，jaguar 一词可以指汽车或者猫科。在通常情况下，一个词的意义可以通过文档中其他单词的上下文来理解。文本的这些特性对分类算法提出了挑战，因为通过词频计算相似度可能不完全准确。举例来说，两个文件分别使用了单词 comical 和 hilarious，这让它们显得不十分相似。在潜在语义索引中，可以通过对文档集合进行维度约简来降低这些影响。

潜在语义分析（LSA）是依赖于奇异值分解（SVD）来简化表示文本集合的方法。建议读者参考 2.4.3.3 节来查看关于 SVD 和 LSA 的详细信息。潜在语义分析（LSA）是 SVD 方法在 $n \times d$ 文档－词项矩阵 D 上的应用，其中 d 是词典的大小，n 是文档的数量。在 $d \times d$ 的矩阵 $D^T D$ 上将有最大特征值的特征向量用作数据表示。数据集的稀疏性决定了固有维度会比较小。因此，在文本领域中，由 LSA 引起的维度下降相当剧烈。用不到 300 维来表示一个词典大小为 100 000 的语料库并不少见。删除特征值小的维度通常会降低同义词和多义词的噪声效应。现在，这个数据表示不再稀疏并且类似于多维数值数据。可以对这个变换后的语料库使用传统的 k 近邻分类器。该 LSA 方法在创建特征向量前确实需要额外的处理。

13.5.1.2 基于质心的分类

基于质心的分类是一种快速的替代 k 近邻分类器的方法。其基本思想是使用现成的聚类算法把每个类别的文件划分成簇。从每个类别的文档派生的簇的数目正比于该类别中的文档数。这确保了每个类别中的簇有大致相同的粒度。类标签则与单个簇而不与实际的文件相关联。

质心的簇摘要是通过只保留质心中最频繁的单词来提取的。在通常情况下，每个质心保留 200 至 400 个词。这些质心中的词典为每一类别的主题提供了稳定且局部的代表。例如，对应于标签"Business schools"和"Law schools"的两个类别的（加权）词向量的例子可能如下所示。

- **Business schools**：business（35），management（31），school（22），university（11），campus（15），presentation（12），student（17），market（11）……
- **Law schools**：law（22），university（11），school（13），examination（15），justice（17），campus（10），courts（15），prosecutor（22），student（15）……

在通常情况下，已经从簇摘要中删减大部分的噪声词。相似的词语由同一个质心表示，有多重含义的词会由上下文不同的质心表示。因此，这个方法也间接解决了同义词和多义词的问题，同时还有 k 近邻分类在较少的质心上运行效率更高的额外优点。输出的是基于余弦相似性度量的前 k 个匹配质心的主导标签。这种方法在很多情况下可以提供与一般的 k 近邻分类器相当的或者更好的准确率。

13.5.1.3 Rocchio 分类

Rocchio 方法可以看作上文所描述的基于质心的分类器的一个特例。在这种情况下，将属于同一类的所有文档聚集成一个单一的质心。对于给定的文档，输出的是最近的质心的类标签。这种方法显然是非常快的，因为它只需要很少次数的相似度计算，该计算依赖于数据中类的数目。但该方法的缺点是其准确性取决于类连续假设。类连续假设（如 [377] 所述）可表述如下：

"同一类中的文档构成一个连续区域，不同类的区域不相互重合。"

因此，如果将同一类的文档分成不同的簇，Rocchio 方法将不能很好地工作。在这种情况下，一类文档的质心甚至可能不位于该类的某个簇中。一个不适用 Rocchio 方法的糟糕案例如图 13-6 给示，其中有两个类和四个簇，每个类和两个不同的簇相关联。在这种情况下，两个类的质心近似相同。因此，Rocchio 方法很难区分这两个类。而针对小的 k 值的 k 近邻分类器或者基于质心的分类器在这种情况下效果会很好。正如第 11 章中所讨论的，增大 k 近邻分类器的 k 值会增加其偏差。Rocchio 分类器可以看作 k 值很大的 k 近邻分类器。

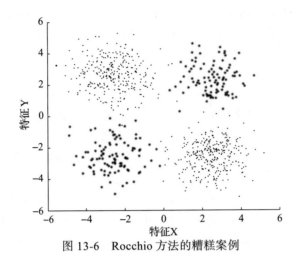

图 13-6   Rocchio 方法的糟糕案例

13.5.2   贝叶斯分类器

我们在 10.5.1 节中描述过贝叶斯分类器。这个分类器描述的是一个二项式（或伯努利）模型：一个文档属于某个类的后验概率是根据特征词在文档中出现或不出现来计算的。这种特殊情况对应于一个事实，即每个特征（词）取值为 0 或 1 取决于它是否在文档中出现。然而，这样的方法并不能对文档中的词频做出解释。

13.5.2.1   多项式的贝叶斯模型

一个更一般的途径是使用多项式贝叶斯模型，其中明确使用词频。当文档较短、词典较小时，伯努利模型通常有效。然而当文档更长、词典更大时，多项式模型就更加有效了。在讨论多项式模型前，我们先重温文本分类背景下的伯努利模型。

设 C 是关于某个未见过的测试实例的类变量的随机变量，它有一个 d 维的特征值 $\overline{X} = (a_1, \cdots, a_d)$。对于文本数据的伯努利模型，每个 a_i 取值为 1 还是 0 取决于词典中第 i 个词是否在文档 $\overline{X}$ 中出现。该模型的目标是估计后验概率 $P(C = c \mid \overline{X} = (a_1, \cdots, a_d))$。设 $\overline{X}$ 各个维度的随机变量是 $\overline{X} = (x_1, \cdots, x_d)$。接着，需要估计条件概率 $P(C = c \mid x_1 = a_1, \cdots, x_d = a_d)$。然后，根据贝叶斯理论，就可以推导出下列公式。

$$P(C = c \mid x_1 = a_1, \cdots, x_d = a_d) = \frac{P(C = c)P(x_1 = a_1, \cdots, x_d = a_d \mid C = c)}{P(x_1 = a_1, \cdots, x_d = a_d)} \tag{13.17}$$

$$\propto P(C = c)P(x_1 = a_1, \cdots, x_d = a_d \mid C = c) \tag{13.18}$$

$$\approx P(C = c)\prod_{i=1}^{d} P(x_i = a_i \mid C = c) \tag{13.19}$$

最后一个公式基于特征词相互独立这一"幼稚"的假设。在第 10 章中讨论的二项式模型中，每个属性 a_i 取值 1 或 0 取决于该词是否出现。因此，如果 c 类中包含单词 i 的文档占比为 $p(i, c)$，那么当 a_i 等于 1 时，$P(x_i = a_i \mid C = c)$ 就可以估值[⊖]为 $p(i, c)$，否则为 $1 - p(i, c)$。需要注意的是，这种方法明确地对"单词的不出现"进行惩罚。当词典很大时，很多单词将

⊖   由于拉普拉斯平滑，估计值会与实际值有微小的差异。读者可以参阅 10.5.1 节。

不会在某个文档中出现。"单词不出现"将会主导伯努利模型，但是这一条件和类标签只是弱相关的，因此会导致评估中出现较大的噪声。在一个长文档中往往会重复出现某些单词，然而这种方法忽略了词频信息。针对这些问题，可以使用多项式的贝叶斯模型。

在多项式的贝叶斯模型中，假设一个文档中的 L 个单词是从一个多项式分布中采样得到的。这个文档中所有单词的个数可以记作 $L = \sum_{j=1}^{d} a_i$。其中，a_i 的值就是该词在文档中的原始词频。一个词频向量为 $(a_1, \cdots, a_d)$ 的测试文本的类后验概率是通过下述生成方法来定义和评估的。

1）根据类特定的先验概率进行采样，得到某个类 c。

2）根据类 c 的单词分布进行有放回的采样，得到 L 个单词。类 c 的单词分布是用一个多项式模型来定义的；采样过程产生词频向量 $(a_1, \cdots, a_d)$。所有的训练集和测试集都遵守上述生成模型。此外，生成过程中的所有模型参数都是通过训练集来估计的。

3）测试实例分类：在第一步中根据测试文档中的观测词频 $(a_1, \cdots, a_d)$，生成类 c 的后验概率是什么？

当这 L 个单词的顺序也需要考虑时，那么能够获得词频 $(a_1, \cdots, a_d)$ 的采样方案数目是 $\dfrac{L!}{\prod\limits_{i:a_i>0} a_i!}$。根据之前的独立性假设，每个顺序的概率是 $\prod\limits_{i:a_i>0} p(i,c)^{a_i}$。其中，$p(i,c)$ 可以用单词 i 在类 c 中的出现频数（包括重复次数）来估计。和伯努利模型不同，若单词 i 在类 c 的某个文档中重复出现，则 $p(i,c)$ 会增加。如果单词 i 在类 c 的所有文档中出现的频数是 $n(i,c)$，则 $p(i,c) = \dfrac{n(i,c)}{\sum\limits_{i} n(i,c)}$。那么，类条件特征分布就可以用下式估计：

$$P(x_1 = a_1, \cdots, x_d = a_d \mid C = c) \approx \frac{L!}{\prod\limits_{i:a_i>0} a_i!} \prod\limits_{i:a_i>0} p(i,c)^{a_i} \qquad (13.20)$$

根据贝叶斯规则，多项式的贝叶斯模型就可以通过下列公式计算一个测试文档的后验概率：

$$P(C = c \mid x_1 = a_1, \cdots, x_d = a_d) \propto P(C = c) \cdot P(x_1 = a_1, \cdots, x_d = a_d \mid C = c) \qquad (13.21)$$

$$\approx P(C = c) \cdot \frac{L!}{\prod\limits_{i:a_i>0} a_i!} \prod\limits_{i:a_i>0} p(i,c)^{a_i} \qquad (13.22)$$

$$\propto P(C = c) \cdot \prod\limits_{i:a_i>0} p(i,c)^{a_i} \qquad (13.23)$$

在最后一个公式中移除常数因子 $\dfrac{L!}{\prod\limits_{i:a_i>0} a_i!}$ 是因为它在所有类中都相同。需要注意的是，右边的乘积只用了 a_i 严格大于 0 的那些单词。因此，"单词不出现"这一条件被忽略了。在这个例子中，假设 a_i 就是单词的原始频数（a_i 是个整数）。也可以用单词的 tf-idf 值来优化多项式的贝叶斯模型，那么 a_i 可能就是分数了。然而这样的话，生成模型的解释就不那么直观了。

13.5.3　高维稀疏数据的 SVM 分类器

SVM 公式的拉格朗日对偶中的项规模可达维数的平方级。读者可以参阅 10.6 节和 11.4.2 节中的相关内容。11.4.2 节中的 SVMLight 方法只是改变了算法的实现方式，并未对 SVM 公式做出任何变动。更重要的是，SVMLight 并没有针对文本数据的高维性和稀疏性做出任何变动。

文本领域是高维而稀疏的。在一个文档中，只有很少的维度是非零值。此外，线性分类器往往在文本领域上表现得不错，并不需要内核函数。因此，我们就会很自然地把注意力放在线性分类器上，并研究是否可以用领域特有的文本字符集来提高 SVM 分类器的复杂度。SVMPerf 是一个为文本分类设计的线性时间复杂度的算法。它的训练时间复杂度是 $O(n \cdot s)$，其中 s 是训练集中平均每个文档中的非零属性的个数。

在解释这个算法之前，我们先重温一下 10.6 节中介绍的基于惩罚的软 SVM 公式。问题的定义可以用下列最优化公式（OP1）表示：

$$(\text{OP1}):\text{最小化}\frac{\|\overline{W}\|^2}{2}+C\frac{\sum_{i=1}^{n}\xi_i}{n}$$

$$\text{满足：}$$

$$y_i\overline{W}\cdot\overline{X_i}\geq 1-\xi_i \quad \forall i$$
$$\xi_i\geq 0 \quad \forall i$$

和第 10 章中的传统 SVM 公式不同的是，常数项 b 消失了。传统的 SVM 公式使用的约束条件是 $y_i(\overline{W}\cdot\overline{X_i}+b)\geq 1-\xi_i$。然而这两个公式是等价的，因为当给训练集的每个实例中都加入一个值为 1 的无用特征时，它们的效果是一样的。这个特征的 $\overline{W}$ 系数将等于 b。这两者还有一个较小的差异是，传统公式的目标函数的松弛部分被扩大了 n 倍。然而这并不是一个有显著意义的区别，不仅因为常数项 C 可以相应地变动，还因为这个细小差异并没有让代数公式变得更复杂。

SVMPerf 算法重新定义了这个问题，它引入了一个单独的松弛变量 ξ，并将 OP1 中的 n 个约束条件扩展成它的随机子集的集合，也就是 2^n 个约束条件。设指示向量 $\overline{U}=(u_1,\cdots,u_n)\in\{0,1\}^n$ 表示扩展得到的新约束，那么 SVM 模型也可以改写成如下形式：

$$(\text{OP2}):\text{最小化}\frac{\|\overline{W}\|^2}{2}+C\xi$$

$$\text{满足：}$$

$$\frac{1}{n}\sum_{i=1}^{n}u_iy_i\overline{W}\cdot\overline{X_i}\geq\frac{\sum_{i=1}^{n}u_i}{n}-\xi \quad \forall\overline{U}\in\{0,1\}^n$$
$$\xi\geq 0$$

最优化公式 OP2 和最优化公式 OP1 所不同的是，OP2 仅有一个松弛变量 ξ，但却将 OP1 中的 n 个约束条件扩展成 2^n 个约束。可以证明 OP1 和 OP2 的解存在一一对应的关系。

引理 13.5.1　当 $\overline{W}=\overline{W}^*$ 时，OP1 和 OP2 的解存在一一对应的关系，且 $\xi^*=\frac{\sum_{i=1}^{n}\xi_i^*}{n}$。

证明：证明当 OP1 和 OP2 的 $\overline{W}$ 相同的时候，它们的目标函数值将会相同。首先，根据 $\overline{W}$ 求出 OP1 和 OP2 的松弛变量。对于 OP1，为了最小化松弛惩罚，可以根据松弛约束求得 ξ_i 的最优解，即 $\xi_i = \max\{0, 1 - y_i \overline{W} \cdot \overline{X_i}\}$。对于 OP2，可以求得一个相似的结果。

$$\xi = \max_{u_1, \cdots, u_n} \left\{ \frac{\sum_{i=1}^{n} u_i}{n} - \frac{1}{n} \sum_{i=1}^{n} u_i y_i \overline{W} \cdot \overline{X_i} \right\} \tag{13.24}$$

因为这个函数对于 u_i 是线性可分的，所以可以将最大化函数放在求和公式里，然后就可以根据下列公式独立地优化每个 u_i：

$$\xi = \sum_{i=1}^{n} \max_{u_i} u_i \left\{ \frac{1}{n} - \frac{1}{n} y_i \overline{W} \cdot \overline{X_i} \right\} \tag{13.25}$$

为了求得最优解，当 $\left\{ \frac{1}{n} - \frac{1}{n} y_i \overline{W} \cdot \overline{X_i} \right\}$ 为正数时，u_i 应取值为 1，否则，u_i 取值为 0。因此，可以得到以下公式：

$$\xi = \sum_{i=1}^{n} \max \left\{ 0, \frac{1}{n} - \frac{1}{n} y_i \overline{W} \cdot \overline{X_i} \right\} \tag{13.26}$$

$$= \frac{1}{n} \sum_{i=1}^{n} \max \{0, 1 - y_i \overline{W} \cdot \overline{X_i}\} = \frac{\sum_{i=1}^{n} \xi_i}{n} \tag{13.27}$$

OP1 和 OP2 中的 $\overline{W}$ 的最优值之间的一一对应关系反映了这两类优化问题是等价的。

因此，求得 OP2 的最优解就有可能求得 OP1 的最优解。当然，为什么 OP2 比 OP1 更好现在还没有说明白。毕竟 OP2 包含了指数级的约束条件，单单枚举这些约束似乎都是很棘手的问题，更别说解决它们了。

尽管如此，OP2 的确比 OP1 更有优势。首先，一个单个的松弛变量就可以管理所有约束。这表示所有的约束都可以通过 $(\overline{W}, \xi)$ 的形式来表达。此外，如果只想用 2^n 约束的一个子集来解决最优化问题，而其他的约束只需要满足 $(\overline{W}, \xi)$ 波动 ϵ 的精度，那么可以保证的是，$(\overline{W}, \xi + \epsilon)$ 可以满足所有的约束。

于是问题的关键便成了永远不要明确地使用所有约束。而是将 2^n 个约束的一个小的子集 WS 用作工作集。先从一个空集 WS 开始，当相应的最优化问题被解决后，再把不在 WS 中的被违反得最严重的那条约束加入工作集 WS 中。通过将 u_i 取值为 1（$y_i \overline{W} \cdot \overline{X_i} < 1$，反之，$u_i$ 取 0），被违反得最严重的约束向量 $\overline{U}$ 就能相对容易地被找到。此外，增加工作集 WS 的迭代过程如下所示：

1）只用工作集 WS 中的约束，解出 OP2 的最优解 $(\overline{W}, \xi)$。

2）通过将 u_i 取值为 1（$y_i \overline{W} \cdot \overline{X_i} < 1$，反之，$u_i$ 取 0），找出被违反得最严重的约束。

3）将这条约束加入 WS。

当被违反得最严重的约束的违反程度不超过 ϵ 时，迭代停止。这样就得到一个近似解，满足所需要的精度 ϵ。

这个算法有几个让人满意的属性。可以证明，对于一个固定大小的工作集 WS，算法所需时间是 $O(n \cdot s)$，其中，n 是训练样例的数量，s 是训练集中平均每个文档中的非零属性的数量。这对于文本领域来说很重要，因为非零属性的数量很少。此外，这个算法往往在较少的迭代后结束。工作集 WS 不会超过常数级的大小，整个算法会在 $O(n \cdot s)$ 的时间内结束。

13.6 新事物和首发故事检测

在临时文本流挖掘的场景中，首发故事检测的问题很常见。其目标是在文本流中找到与之前文本流不同的新事物。当需要在新文本流中及时发现一个新主题的首发故事时，这个问题就显得尤为重要。

一个简单的途径是计算出当前文档与之前所有文档的最大相似度，当相似度很低时就将这个文档当作新事物。或者，可以连续地报告最大相似度的倒数，并将其作为一种流式的新颖性评分。这个方法的最大问题是，随着时间的推移，文本流会越来越大，而新文档必须和之前的所有文档计算相似度。一种可行的方案是对历史文本流进行采样，维持一个固定大小的样本，然后将任何新来的文档与这个样本的最大相似度的倒数作为新颖性的评分。这个做法的主要缺陷是文档对之间的相似度并不能稳定地表示出总趋势。文本是稀疏的，文档对之间的相似度并不能反映出同义词和多义词的影响。

微聚类方法

微聚类方法可以用于在线文本聚类。其思想是微聚类同时确定簇和检测文本流中的新事物。最基本的微聚类算法在 12.4 节中描述过了。该算法维持 k 个不同的簇质心或簇摘要。对于一个新来的文档，计算出它和所有质心的相似度。如果相似度大于用户定义的阈值，那么就将该文档加入簇中。同时，将该文档中的词频加到相应的质心的词频中。对于每个文档，只保留质心中词频最高的 r 个词。r 一般取值 200 到 400。但如果新来的文档和任一质心都不够相似的话，那么就将它报告为新事物，或称为首发故事。同时，将创建一个只包含该文档的新簇。为了保留这个新质心，只能移除一个旧的质心。通过保留每个簇的最近更新时间，可以移除那个最久没有得到更新的簇。这个算法可以在线报告文本流中的新事物。该算法的细节可以参考文献注释中的相关文献。

13.7 小结

文本领域挖掘有时是一件很具挑战性的任务，因为它是高维且稀疏的。此外，还需要设计文本挖掘的专用算法。

首先是建立文本数据的词袋表示。此外，还需要做一些预处理，例如移除停用词、提取词干、移除数字。对于网络文档，还需要移除标签文本、从页面中抽取文本等。

分类和聚类算法也需要进行修改。例如，基于密度的方法几乎不会被用于文本分类。k-means 算法、层次方法以及概率方法经过适当的修改后可以用于文本分类。两个常用的算法是分散/聚集算法和概率 EM 算法。联合聚类算法也经常用于文本数据。可以将主题建模看成用来降维和聚类的概率建模方法。新事物检测和文本聚类很相关。文本流的聚类算法也可以用于新事物检测，因为不适合于任何簇的文档可能是新事物。

在文本数据的分类算法中，决策树并不常见。而基于实例的方法、贝叶斯方法和 SVM 倒是很常见。多项式的贝叶斯模型尤其适用于长文本的分类。最后，SVMPerf 算法对文本分类很高效。

13.8　文献注释

[377] 是文本挖掘领域中一本极好的书，这本书不仅涵盖了信息检索和挖掘问题，还包括一些预处理和相似度计算的问题。关于文本挖掘的综述详见 [31]。树匹配算法的相关讨论可参阅 [357,542]。

本章中的分散 / 聚集算法在 [168] 中被提出。在 [452] 中为了高效的文本聚类而突出罕见词的重要性。Hofmann 在 [271] 中讨论了 PLSA 模型。LDA 是更进一步的实现，详见 [98]。[99] 是一篇关于主题建模的综述。联合聚类算法在 [171,172,437] 中讨论，它也被用于生物聚类。关于生物聚类算法可以参阅 [374]。[31,32] 是关于文本聚类的综述。

文本分类问题在业界被广泛研究。[184] 讨论了 LSA 算法。[249] 讨论了基于质心的文本分类。不同版本的贝叶斯模型可见 [31,33]。SVMPerf 和 SVMLight 分类器可分别参阅 [291] 和 [292]。关于 SVM 分类器的综述可见 [124]。[31,33,453] 是关于文本分类的综述。

主题检测和跟踪 [557] 首次提出了首发故事的检测问题。本章中描述的基于微聚类检测新事物的方法摘自 [48]。新事物检测的概率模型可参阅 [545]。关于首发故事检测这一主题的讨论可参阅 [5]。

13.9　练习题

1. 实现一个将文本集转化成向量空间表示的程序。使用 tf-idf 进行正则化，并且从 http://www.ranks.nl/resources/stopwords.html 下载停用词列表，在创建向量空间表示前移除这些停用词。

2. 分析 k-medoids 算法用于文本数据的缺陷。

3. 假设你将共享的最近邻相似度函数（见第 2 章）与余弦相似度配对来实现用于文本的 k-means 聚类算法。与直接使用余弦相似度相比，这样做有什么优点呢？

4. 结合层次算法和 k-means 算法，设计一个合并操作和分配操作相间的用于文本的聚类算法。相对于只能先合并再分配的分散 / 聚集聚类算法，它有什么优缺点？

5. 假设你从社交网站上抓取了很多短文本。设计一个贝叶斯分类器，仅使用推文的前 10 个单词的标识和准确位置进行分类。如何处理长度不足 10 个单词的推文？

6. 修改单链接文本聚类算法，使其能够避免过度链接。

7. 分析为什么多项式的贝叶斯模型要比伯努利贝叶斯模型更适合于有大量词汇的长文本。

8. 假设你有很多类标签及相应的文档集。设计一个简单的监督型降维算法，使用 PLSA 模型将文档 – 单词矩阵转化为一些基础向量，其中每个向量偏向于某一类或某些类。应该能够控制参数 λ 的监督水平。

9. 设计一个用于文本聚类的 EM 算法，其中，文档是从多项式分布而非伯努利分布生成的。并且讨论在什么场景下这种聚类算法比伯努利模型更好？

10. 对于二分类，证明 Rocchio 算法定义了一个线性决策界。如何描述多分类情况下的决策边界？

11. 设计一个方法，使用 EM 算法进行异常文档检测。

参 考 文 献

[1] N. Adam, and J. Wortman. Security-control methods for statistical databases. *ACM Computing Surveys*, 21(4), pp. 515–556, 1989.

[2] G. Adomavicius, and A. Tuzhilin. Toward the next generation of recommender systems: A survey of the state-of-the-art and possible extensions. *IEEE Transactions on Knowledge and Data Engineering*, 17(6), pp. 734–749, 2005.

[3] R. C. Agarwal, C. C. Aggarwal, and V. V. V. Prasad. A tree projection algorithm for generation of frequent item sets. *Journal of parallel and Distributed Computing*, 61(3), pp. 350–371, 2001. Also available as *IBM Research Report*, RC21341, 1999.

[4] R. C. Agarwal, C. C. Aggarwal, and V. V. V. Prasad. Depth-first generation of long patterns. *ACM KDD Conference*, pp. 108–118, 2000. Also available as "Depth-first generation of large itemsets for association rules." *IBM Research Report*, RC21538, 1999.

[5] C. Aggarwal. Outlier analysis. *Springer*, 2013.

[6] C. Aggarwal. Social network data analytics. *Springer*, 2011.

[7] C. Aggarwal, and P. Yu. The igrid index: reversing the dimensionality curse for similarity indexing in high-dimensional space. *KDD Conference*, pp. 119–129, 2000.

[8] C. Aggarwal, and P. Yu. On static and dynamic methods for condensation-based privacy-preserving data mining. *ACM Transactions on Database Systems (TODS)*, 33(1), 2, 2008.

[9] C. Aggarwal. On unifying privacy and uncertain data models. *IEEE International Conference on Data Engineering*, pp. 386–395, 2008.

[10] C. Aggarwal. On k-anonymity and the curse of dimensionality, *Very Large Databases Conference*, pp. 901–909, 2005.

[11] C. Aggarwal. On randomization, public information and the curse of dimensionality. *IEEE International Conference on Data Engineering*, pp. 136–145, 2007.

[12] C. Aggarwal. Privacy and the dimensionality curse. *Privacy-Preserving Data Mining: Models and Algorithms*, Springer, pp. 433–460, 2008.

[13] C. Aggarwal, X. Kong, Q. Gu, J. Han, and P. Yu. Active learning: a survey. *Data Classification: Algorithms and Applications*, CRC Press, 2014.

[14] C. Aggarwal. Instance-based learning: A survey. *Data Classification: Algorithms and Applications*, CRC Press, 2014.

[15] C. Aggarwal. Redesigning distance-functions and distance-based applications for high-dimensional data. *ACM SIGMOD Record*, 30(1), pp. 13–18, 2001.

[16] C. Aggarwal, and P. Yu. Mining associations with the collective strength approach. *ACM PODS Conference*, pp. 863–873, 1998.

[17] C. Aggarwal, A. Hinneburg, and D. Keim. On the surprising behavior of distance-metrics in high-dimensional space. *ICDT Conference*, pp. 420–434, 2001.

[18] C. Aggarwal. Managing and mining uncertain data. *Springer*, 2009.

[19] C. Aggarwal, C. Procopiuc, J. Wolf, P. Yu, and J. Park. Fast algorithms for projected clustering. *ACM SIGMOD Conference*, pp. 61–72, 1999.

[20] C. Aggarwal, J. Han, J. Wang, and P. Yu. On demand classification of data streams. *ACM KDD Conference*, pp. 503–508, 2004.

[21] C. Aggarwal. On change diagnosis in evolving data streams. *IEEE Transactions on Knowledge and Data Engineering*, 17(5), pp. 587–600, 2005.

[22] C. Aggarwal, and P. S. Yu. Finding generalized projected clusters in high dimensional spaces. *ACM SIGMOD Conference*, pp. 70–81, 2000.

[23] C. Aggarwal, and S. Parthasarathy. Mining massively incomplete data sets by conceptual reconstruction. *ACM KDD Conference*, pp. 227–232, 2001.

[24] C. Aggarwal. Outlier ensembles: position paper. *ACM SIGKDD Explorations*, 14(2), pp. 49–58, 2012.

[25] C. Aggarwal. On the effects of dimensionality reduction on high dimensional similarity search. *ACM PODS Conference*, pp. 256–266, 2001.

[26] C. Aggarwal, and H. Wang. Managing and mining graph data. *Springer*, 2010.

[27] C. Aggarwal, C. Procopiuc, and P. Yu. Finding localized associations in market basket data. *IEEE Transactions on Knowledge and Data Engineering*, 14(1), pp. 51–62, 2002.

[28] D. Agrawal, and C. Aggarwal. On the design and quantification of privacy-preserving data mining algorithms. *ACM PODS Conference*, pp. 247–255, 2001.

[29] C. Aggarwal, and P. Yu. Privacy-preserving data mining: models and algorithms. *Springer*, 2008.

[30] C. Aggarwal. Managing and mining sensor data. *Springer*, 2013.

[31] C. Aggarwal, and C. Zhai. Mining text data. *Springer*, 2012.

[32] C. Aggarwal, and C. Reddy. Data clustering: algorithms and applications, *CRC Press*, 2014.

[33] C. Aggarwal. Data classification: algorithms and applications. *CRC Press*, 2014.

[34] C. Aggarwal, and J. Han. Frequent pattern mining. *Springer*, 2014.

[35] C. Aggarwal. On biased reservoir sampling in the presence of stream evolution. *VLDB Conference*, pp. 607–618, 2006.

[36] C. Aggarwal. A framework for clustering massive-domain data streams. *IEEE ICDE Conference*, pp. 102–113, 2009.

[37] C. Aggarwal, and P. Yu. Online generation of association rules. *ICDE Conference*, pp. 402–411, 1998.

[38] C. Aggarwal, Z. Sun, and P. Yu. Online generation of profile association rules. *ACM KDD Conference*, pp. 129–133, 1998.

[39] C. Aggarwal, J. Han, J. Wang, and P. Yu. A framework for clustering evolving data streams, *VLDB Conference*, pp. 81–92, 2003.

[40] C. Aggarwal. Data streams: models and algorithms. *Springer*, 2007.

[41] C. Aggarwal, J. Wolf, and P. Yu. A new method for similarity indexing of market basket data. *ACM SIGMOD Conference*, pp. 407–418, 1999.

[42] C. Aggarwal, N. Ta, J. Wang, J. Feng, and M. Zaki. Xproj: A framework for projected structural clustering of XML documents. *ACM KDD Conference*, pp. 46–55, 2007.

[43] C. Aggarwal. A human-computer interactive method for projected clustering. *IEEE Transactions on Knowledge and Data Engineering*, 16(4). pp. 448–460. 2004.

[44] C. Aggarwal, and N. Li. On node classification in dynamic content-based networks. *SDM Conference*, pp. 355–366, 2011.

[45] C. Aggarwal, A. Khan, and X. Yan. On flow authority discovery in social networks. *SDM Conference*, pp. 522–533, 2011.

[46] C. Aggarwal, and P. Yu. Outlier detection for high dimensional data. *ACM SIGMOD Conference*, pp. 37–46, 2011.

[47] C. Aggarwal, and P. Yu. On classification of high-cardinality data streams. *SDM Conference*, 2010.

[48] C. Aggarwal, and P. Yu. On clustering massive text and categorical data streams. *Knowledge and information systems*, 24(2), pp. 171–196, 2010.

[49] C. Aggarwal, Y. Xie, and P. Yu. On dynamic link inference in heterogeneous networks. *SDM Conference*, pp. 415–426, 2011.

[50] C. Aggarwal, Y. Xie, and P. Yu. On dynamic data-driven selection of sensor streams. *ACM KDD Conference*, pp. 1226–1234, 2011.

[51] C. Aggarwal. On effective classification of strings with wavelets. *ACM KDD Conference*, pp. 163–172, 2002.

[52] C. Aggarwal. On abnormality detection in spuriously populated data streams. *SDM Conference*, pp. 80–91, 2005.

[53] R. Agrawal, K.-I. Lin, H. Sawhney, and K. Shim. Fast similarity search in the presence of noise, scaling, and translation in time-series databases. *VLDB Conference*, pp. 490–501, 1995.

[54] R. Agrawal, and J. Shafer. Parallel mining of association rules. *IEEE Transactions on Knowledge and Data Engineering*, 8(6), pp. 962–969, 1996. Also appears as *IBM Research Report*, RJ10004, January 1996.

[55] R. Agrawal, T. Imielinski, and A. Swami. Mining association rules between sets of items in large databases. *ACM SIGMOD Conference*, pp. 207–216, 1993.

[56] R. Agrawal, and R. Srikant. Fast algorithms for mining association rules. *VLDB Conference*, pp. 487–499, 1994.

[57] R. Agrawal, H. Mannila, R. Srikant, H. Toivonen, and A. I. Verkamo. Fast discovery of association rules. *Advances in knowledge discovery and data mining*, 12, pp. 307–328, 1996.

[58] R. Agrawal, J. Gehrke, D. Gunopulos, and P. Raghavan. Automatic subspace clustering of high dimensional data for data mining applications. *ACM SIGMOD Conference*, pp. 94–105, 1998.

[59] R. Agrawal, and R. Srikant. Mining sequential patterns. *IEEE International Conference on Data Engineering*, pp. 3–14, 1995.

[60] R. Agrawal, and R. Srikant. Privacy-preserving data mining. *ACM SIGMOD Conference*, pp. 439–450, 2000.

[61] M. Agyemang, K. Barker, and R. Alhajj. A comprehensive survey of numeric and symbolic outlier mining techniques. *Intelligent Data Analysis*, 10(6). pp. 521–538, 2006.

[62] R. Ahuja, T. Magnanti, and J. Orlin. Network flows: theory, algorithms, and applications. *Prentice Hall*, Englewood Cliffs, New Jersey, 1993.

[63] M. Al Hasan, and M. J. Zaki. A survey of link prediction in social networks. *Social network data analytics*, Springer, pp. 243–275, 2011.

[64] M. Al Hasan, V. Chaoji, S. Salem, and M. Zaki. Link prediction using supervised learning. *SDM Workshop on Link Analysis, Counter-terrorism and Security*, 2006.

[65] S. Anand, and B. Mobasher. Intelligent techniques for web personalization. *International conference on Intelligent Techniques for Web Personalization*, pp. 1–36, 2003.

[66] F. Angiulli, and C. Pizzuti. Fast Outlier detection in high dimensional spaces. *European Conference on Principles of Knowledge Discovery and Data Mining*, pp. 15–27, 2002.

[67] F. Angiulli, and F. Fassetti. Detecting distance-based outliers in streams of data. *ACM CIKM Conference*, pp. 811–820, 2007.

[68] L. Akoglu, H. Tong, J. Vreeken, and C. Faloutsos. Fast and reliable anomaly detection in categorical data. *ACM CIKM Conference*, pp. 415–424, 2012.

[69] R. Albert, and A. L. Barabasi. Statistical mechanics of complex networks. *Reviews of modern physics* 74, 1, 47, 2002.

[70] R. Albert, and A. L. Barabasi. Topology of evolving networks: local events and universality. *Physical review letters* 85, 24, pp. 5234–5237, 2000.

[71] P. Allison. Missing data. *Sage*, 2001.

[72] N. Alon, Y. Matias, and M. Szegedy. The space complexity of approximating the frequency moments. *ACM PODS Conference*, pp. 20–29, 1996.

[73] S. Altschul, T. Madden, A. Schaffer, J. Zhang, Z. Zhang, W. Miller, and D. Lipman. Gapped BLAST and PSI-BLAST: a new generation of protein database search programs. *Nucleic acids research*, 25(17), pp. 3389–3402, 1997.

[74] M. R. Anderberg. Cluster Analysis for Applications. *Academic Press*, New York, 1973.

[75] P. Andritsos, P. Tsaparas, R. J. Miller, and K. C. Sevcik. LIMBO: Scalable clustering of categorical data. *EDBT Conference*, pp. 123–146, 2004.

[76] M. Ankerst, M. M. Breunig, H.-P. Kriegel, and J. Sander. OPTICS: ordering points to identify the clustering structure. *ACM SIGMOD Conference*, pp. 49–60, 1999.

[77] A. Apostolico, and C. Guerra. The longest common subsequence problem revisited. *Algorithmica*, 2(1–4), pp. 315–336, 1987.

[78] A. Azran. The rendezvous algorithm: Multiclass semi-supervised learning with markov random walks. *International Conference on Machine Learning*, pp. 49–56, 2007.

[79] A. Banerjee, S. Merugu, I. S. Dhillon, and J. Ghosh. Clustering with Bregman divergences. *Journal of Machine Learning Research*, 6, pp. 1705–1749, 2005.

[80] S. Basu, A. Banerjee, and R. J. Mooney. Semi-supervised clustering by seeding. *ICML Conference*, pp. 27–34, 2002.

[81] S. Basu, M. Bilenko, and R. J. Mooney. A probabilistic framework for semi-supervised clustering. *ACM KDD Conference*, pp. 59–68, 2004.

[82] R. J. Bayardo Jr. Efficiently mining long patterns from databases. *ACM SIGMOD*, pp. 85–93, 1998.

[83] R. J. Bayardo, and R. Agrawal. Data privacy through optimal k-anonymization. *IEEE International Conference on Data Engineering*, pp. 217–228, 2005.

[84] R. Beckman, and R. Cook. Outliers. *Technometrics*, 25(2), pp. 119–149, 1983.

[85] A. Ben-Hur, C. S. Ong, S. Sonnenburg, B. Scholkopf, and G. Ratsch. Support vector machines and kernels for computational biology. *PLoS computational biology*, 4(10), e1000173, 2008.

[86] M. Benkert, J. Gudmundsson, F. Hubner, and T. Wolle. Reporting flock patterns. *COMGEO*, 2008

[87] D. Berndt, and J. Clifford. Using dynamic time warping to find patterns in time series. *KDD Workshop*, 10(16), pp. 359–370, 1994.

[88] K. Beyer, J. Goldstein, R. Ramakrishnan, and U. Shaft. When is "nearest neighbor" meaningful? *International Conference on Database Theory*, pp. 217–235, 1999.

[89] V. Barnett, and T. Lewis. Outliers in statistical data. *Wiley*, 1994.

[90] M. Belkin, and P. Niyogi. Laplacian eigenmaps and spectral techniques for embedding and clustering. *NIPS*, pp. 585–591, 2001.

[91] M. Bezzi, S. De Capitani di Vimercati, S. Foresti, G. Livraga, P. Samarati, and R. Sassi. Modeling and preventing inferences from sensitive value distributions in data release. *Journal of Computer Security*, 20(4), pp. 393–436, 2012.

[92] L. Bergroth, H. Hakonen, and T. Raita. A survey of longest common subsequence algorithms. *String Processing and Information Retrieval*, 2000.

[93] S. Bhagat, G. Cormode, and S. Muthukrishnan. Node classification in social networks. *Social Network Data Analytics*, Springer, pp. 115–148. 2011.

[94] M. Bilenko, S. Basu, and R. J. Mooney. Integrating constraints and metric learning in semi-supervised clustering. *ICML Conference*, 2004.

[95] C. M. Bishop. Pattern recognition and machine learning. *Springer*, 2007.

[96] C. M. Bishop. Neural networks for pattern recognition. *Oxford University Press*, 1995.

[97] C. M. Bishop. Improving the generalization properties of radial basis function neural networks. *Neural Computation*, 3(4), pp. 579–588, 1991.

[98] D. Blei, A. Ng, and M. Jordan. Latent dirichlet allocation. *Journal of Machine Learning Research*, 3: pp. 993–1022, 2003.

[99] D. Blei. Probabilistic topic models. *Communications of the ACM*, 55(4), pp. 77–84, 2012.

[100] A. Blum, and T. Mitchell. Combining labeled and unlabeled data with co-training. *Proceedings of Conference on Computational Learning Theory*, 1998.

[101] A. Blum, and S. Chawla. Combining labeled and unlabeled data with graph mincuts. *ICML Conference*, 2001.

[102] C. Bohm, K. Haegler, N. Muller, and C. Plant. Coco: coding cost for parameter free outlier detection. *ACM KDD Conference*, 2009.

[103] K. Borgwardt, and H.-P. Kriegel. Shortest-path kernels on graphs. *IEEE International Conference on Data Mining*, 2005.

[104] S. Boriah, V. Chandola, and V. Kumar. Similarity measures for categorical data: A comparative evaluation. *SIAM Conference on Data Mining*, 2008.

[105] L. Bottou, and V. Vapnik. Local learning algorithms. *Neural Computation*, 4(6), pp. 888–900, 1992.

[106] L. Bottou, C. Cortes, J. S. Denker, H. Drucker, I. Guyon, L. Jackel, Y. LeCun, U. A. Müller, E. Säckinger, P. Simard, and V. Vapnik. Comparison of classifier methods: a case study in handwriting digit recognition. *International Conference on Pattern Recognition*, pp. 77–87, 1994.

[107] J. Boulicaut, A. Bykowski, and C. Rigotti. Approximation of frequency queries by means of free-sets. *Principles of Data Mining and Knowledge Discovery*, pp. 75–85, 2000.

[108] P. Bradley, and U. Fayyad. Refining initial points for k-means clustering. *ICML Conference*, pp. 91–99, 1998.

[109] M. Breunig, H.-P. Kriegel, R. Ng, and J. Sander. LOF: Identifying density-based local outliers. *ACM SIGMOD Conference*, 2000.

[110] L. Breiman, J. Friedman, C. Stone, and R. Olshen. Classification and regression trees. *CRC press*, 1984.

[111] L. Breiman. Random forests. *Machine Learning*, 45(1), pp. 5–32, 2001.

[112] L. Breiman. Bagging predictors. *Machine Learning*, 24(2), pp. 123–140, 1996.

[113] S. Brin, R. Motwani, and C. Silverstein. Beyond market baskets: generalizing association rules to correlations. *ACM SIGMOD Conference*, pp. 265–276, 1997.

[114] S. Brin, and L. Page. The anatomy of a large-scale hypertextual web search engine. *Computer Networks*, 30(1–7), pp. 107–117, 1998.

[115] B. Bringmann, S. Nijssen, and A. Zimmermann. Pattern-based classification: A unifying perspective. *arXiv preprint, arXiv:1111.6191*, 2011.

[116] C. Brodley, and P. Utgoff. Multivariate decision trees. *Machine learning*, 19(1), pp. 45–77, 1995.

[117] Y. Bu, L. Chen, A. W.-C. Fu, and D. Liu. Efficient anomaly monitoring over moving object trajectory streams. *ACM KDD Conference*, pp. 159–168, 2009.

[118] M. Bulmer. Principles of Statistics. *Dover Publications*, 1979.

[119] H. Bunke. On a relation between graph edit distance and maximum common subgraph. *Pattern Recognition Letters*, 18(8), pp. 689–694, 1997.

[120] H. Bunke, and K. Shearer. A graph distance metric based on the maximal common subgraph.*Pattern recognition letters*, 19(3), pp. 255–259, 1998.

[121] W. Buntine. Learning Classification Trees. *Artificial intelligence frontiers in statistics*. Chapman and Hall, pp. 182–201, 1993.

[122] T. Burnaby. On a method for character weighting a similarity coefficient employing the concept of information. *Mathematical Geology*, 2(1), 25–38, 1970.

[123] D. Burdick, M. Calimlim, and J. Gehrke. MAFIA: A maximal frequent itemset algorithm for transactional databases. *IEEE International Conference on Data Engineering*, pp. 443–452, 2001.

[124] C. Burges. A tutorial on support vector machines for pattern recognition. *Data mining and knowledge discovery*, 2(2), pp. 121–167, 1998.

[125] T. Calders, and B. Goethals. Mining all non-derivable frequent itemsets. *Principles of Knowledge Discovery and Data Mining*, pp. 74–86, 2002.

[126] T. Calders, C. Rigotti, and J. F. Boulicaut. A survey on condensed representations for frequent sets. In *Constraint-based mining and inductive databases*, pp. 64–80, Springer, 2006.

[127] S. Chakrabarti. Mining the Web: Discovering knowledge from hypertext data. *Morgan Kaufmann*, 2003.

[128] S. Chakrabarti, B. Dom, and P. Indyk. Enhanced hypertext categorization using hyperlinks. *ACM SIGMOD Conference*, pp. 307–318, 1998.

[129] S. Chakrabarti, S. Sarawagi, and B. Dom. Mining surprising patterns using temporal description length. *VLDB Conference*, pp. 606–617, 1998.

[130] K. P. Chan, and A. W. C. Fu. Efficient time series matching by wavelets.*IEEE International Conference on Data Engineering*, pp. 126–133, 1999.

[131] V. Chandola, A. Banerjee, and V. Kumar. Anomaly detection: A survey. *ACM Computing Surveys*, 41(3), 2009.

[132] V. Chandola, A. Banerjee, and V. Kumar. Anomaly detection for discrete sequences: A survey. *IEEE Transactions on Knowledge and Data Engineering*, 24(5), pp. 823–839, 2012.

[133] O. Chapelle. Training a support vector machine in the primal. *Neural Computation*, 19(5), pp. 1155–1178, 2007.

[134] C. Chatfield. The analysis of time series: an introduction. *CRC Press*, 2003.

[135] A. Chaturvedi, P. Green, and J. D. Carroll. K-modes clustering, *Journal of Classification*, 18(1), pp. 35–55, 2001.

[136] N. V. Chawla, N. Japkowicz, and A. Kotcz. Editorial: Special issue on learning from imbalanced data sets. *ACM SIGKDD Explorations Newsletter*, 6(1), 1–6, 2004.

[137] N. V. Chawla, K. W. Bower, L. O. Hall, and W. P. Kegelmeyer. SMOTE: synthetic minority over-sampling technique. *Journal of Artificial Intelligence Research (JAIR)*, 16, pp. 321–356, 2002.

[138] N. Chawla, A. Lazarevic, L. Hall, and K. Bowyer. SMOTEBoost: Improving prediction of the minority class in boosting. *PKDD*, pp. 107–119, 2003.

[139] N. V. Chawla, D. A. Cieslak, L. O. Hall, and A. Joshi. Automatically countering imbalance and its empirical relationship to cost. *Data Mining and Knowledge Discovery*, 17(2), pp. 225–252, 2008.

[140] K. Chen, and L. Liu. A survey of multiplicative perturbation for privacy-preserving data mining. *Privacy-Preserving Data Mining: Models and Algorithms*, Springer, pp. 157–181, 2008.

[141] L. Chen, and R. Ng. On the marriage of L_p-norms and the edit distance. *VLDB Conference*, pp. 792–803, 2004.

[142] W. Chen, Y. Wang, and S. Yang. Efficient influence maximization in social networks. *ACM KDD Conference*, pp. 199–208, 2009.

[143] W. Chen, C. Wang, and Y. Wang. Scalable influence maximization for prevalent viral marketing in large-scale social networks. *ACM KDD Conference*, pp. 1029–1038, 2010.

[144] W. Chen, Y. Yuan, and L. Zhang. Scalable influence maximization in social networks under the linear threshold model. *IEEE International Conference on Data Mining*, pp. 88–97, 2010.

[145] D. Chen, C.-T. Lu, Y. Chen, and D. Kou. On detecting spatial outliers. *Geoinformatica*, 12: pp. 455–475, 2008.

[146] T. Cheng, and Z. Li. A hybrid approach to detect spatialtemporal outliers. *International Conference on Geoinformatics*, pp. 173–178, 2004.

[147] T. Cheng, and Z. Li. A multiscale approach for spatio-temporal outlier detection. *Transactions in GIS*, 10(2), pp. 253–263, March 2006.

[148] Y. Cheng. Mean shift, mode seeking, and clustering. *IEEE Transactions on PAMI*, 17(8), pp. 790–799, 1995.

[149] H. Cheng, X. Yan, J. Han, and C. Hsu. Discriminative frequent pattern analysis for effective classification. *ICDE Conference*, pp. 716–725, 2007.

[150] F. Y. Chin, and G. Ozsoyoglu. Auditing and inference control in statistical databases. *IEEE Transactions on Software Enginerring*, 8(6), pp. 113–139, April 1982.

[151] B. Chiu, E. Keogh, and S. Lonardi. Probabilistic discovery of time series motifs. *ACM KDD Conference*, pp. 493–498, 2003.

[152] F. Chung. Spectral Graph Theory. *Number 92 in CBMS Conference Series in Mathematics, American Mathematical Society*, 1997.

[153] V. Ciriani, S. De Capitani di Vimercati, S. Foresti, and P. Samarati. k-anonymous data mining: A survey. *Privacy-preserving data mining: models and algorithms*, Springer, pp. 105–136, 2008.

[154] C. Clifton, M. Kantarcioglu, J. Vaidya, X. Lin, and M. Y. Zhu. Tools for privacy preserving distributed data mining. *ACM SIGKDD Explorations Newsletter*, 4(2), pp. 28–34, 2002.

[155] N. Cristianini, and J. Shawe-Taylor. An introduction to support vector machines and other kernel-based learning methods. *Cambridge University Press*, 2000.

[156] W. Cochran. Sampling techniques. *John Wiley and Sons*, 2007.

[157] D. Cohn, L. Atlas, and R. Ladner. Improving generalization with active learning. *Machine Learning*, 5(2), pp. 201–221, 1994.

[158] D. Cohn, Z. Ghahramani, and M. Jordan. Active learning with statistical models. *Journal of Artificial Intelligence Research*, 4, pp. 129–145, 1996.

[159] D. Comaniciu, and P. Meer. Mean shift: A robust approach toward feature space analysis. *IEEE Transactions on PAMI*, 24(5), pp. 603–619, 2002.

[160] D. Cook, and L. Holder. Graph-based data mining. *IEEE Intelligent Systems*, 15(2), pp. 32–41, 2000.

[161] R. Cooley, B. Mobasher, and J. Srivastava. Data preparation for mining world wide web browsing patterns. *Knowledge and information systems*, 1(1), pp. 5–32, 1999.

[162] L. P. Cordella, P. Foggia, C. Sansone, and M. Vento. A (sub)graph isomorphism algorithm for matching large graphs. *IEEE Transactions on Pattern Mining and Machine Intelligence*, 26(10), pp. 1367–1372, 2004.

[163] H. Shang, Y. Zhang, X. Lin, and J. X. Yu. Taming verification hardness: an efficient algorithm for testing subgraph isomorphism. *Proceedings of the VLDB Endowment*, 1(1), pp. 364–375, 2008.

[164] J. R. Ullmann. An algorithm for subgraph isomorphism. *Journal of the ACM*, 23: pp. 31–42, January 1976.

[165] G. Cormode, and S. Muthukrishnan. An improved data stream summary: the count-min sketch and its applications. *Journal of Algorithms*, 55(1), pp. 58–75, 2005.

[166] S. Cost, and S. Salzberg. A weighted nearest neighbor algorithm for learning with symbolic features. *Machine Learning*, 10(1), pp. 57–78, 1993.

[167] T. Cover, and P. Hart. Nearest neighbor pattern classification. *IEEE Transactions on Information Theory*, 13(1), pp. 21–27, 1967.

[168] D. Cutting, D. Karger, J. Pedersen, and J. Tukey. Scatter/gather: A cluster-based approach to browsing large document collections. *ACM SIGIR Conference*, pp. 318–329, 1992.

[169] M. Dash, K. Choi, P. Scheuermann, and H. Liu. Feature selection for clustering-a filter solution. *ICDM Conference*, pp. 115–122, 2002.

[170] M. Deshpande, and G. Karypis. Item-based top-n recommendation algorithms. *ACM Transactions on Information Systems (TOIS)*, 22(1), pp. 143–177, 2004.

[171] I. Dhillon. Co-clustering documents and words using bipartite spectral graph partitioning, *ACM KDD Conference*, pp. 269–274, 2001.

[172] I. Dhillon, S. Mallela, and D. Modha. Information-theoretic co-clustering. *ACM KDD Conference*, pp. 89–98, 2003.

[173] I. Dhillon, Y. Guan, and B. Kulis. Kernel k-means: spectral clustering and normalized cuts. *ACM KDD Conference*, pp. 551–556, 2004.

[174] P. Domingos. MetaCost: A general framework for making classifiers cost-sensitive. *ACM KDD Conference*, pp. 155–164, 1999.

[175] P. Domingos. Bayesian averaging of classifiers and the overfitting problem. *ICML Conference*, pp. 223–230, 2000.

[176] P. Domingos, and G. Hulten. Mining high-speed data streams. *ACM KDD Conference*, pp. 71–80. 2000.

[177] P. Clark, and T. Niblett. The CN2 induction algorithm. *Machine Learning*, 3(4), pp. 261–283, 1989.

[178] W. W. Cohen. Fast effectve rule induction. *ICML Conference*, pp. 115–123, 1995.

[179] L. H. Cox. Suppression methodology and statistical disclosure control. *Journal of the American Statistical Association*, 75(370), pp. 377–385, 1980.

[180] E. Cohen, M. Datar, S. Fujiwara, A. Gionis, P. Indyk, R. Motwani, and C. Yang. Finding interesting associations without support pruning. *IEEE Transactions on Knowledge and Data Engineering*, 13(1), pp. 64–78, 2001.

[181] T. Dalenius, and S. Reiss. Data-swapping: A technique for disclosure control. *Journal of statistical planning and inference*, 6(1), pp. 73–85, 1982.

[182] G. Das, and H. Mannila. Context-based similarity measures for categorical databases. *PKDD Conference*, pp. 201–210, 2000.

[183] B. V. Dasarathy. Nearest neighbor (NN) norms: NN pattern classification techniques. *IEEE Computer Society Press*, 1990,

[184] S. Deerwester, S. Dumais, T. Landauer, G. Furnas, and R. Harshman. Indexing by latent semantic analysis. *JASIS*, 41(6), pp. 391–407, 1990.

[185] C. Ding, X. He, and H. Simon. On the equivalence of nonnegative matrix factorization and spectral clustering. *SDM Conference*, pp. 606–610, 2005.

[186] J. Domingo-Ferrer, and J. M. Mateo-Sanz. Practical data-oriented microaggregation for statistical disclosure control. *IEEE Transactions on Knowledge and Data Engineering*, 14(1), pp. 189–201, 2002.

[187] P. Domingos, and M. Pazzani. On the optimality of the simple bayesian classifier under zero-one loss. *Machine Learning*, 29(2–3), pp. 103–130, 1997.

[188] W. Du, and M. Atallah. Secure multi-party computation: A review and open problems. *CERIAS Tech. Report*, 2001-51, Purdue University, 2001.

[189] R. Duda, P. Hart, and D. Stork. Pattern classification. *John Wiley and Sons*, 2012.

[190] C. Dwork. Differential privacy: A survey of results. *Theory and Applications of Models of Computation*, Springer, pp. 1–19, 2008.

[191] C. Dwork. A firm foundation for private data analysis. *Communications of the ACM*, 54(1), pp. 86–95, 2011.

[192] D. Easley, and J. Kleinberg. Networks, crowds, and markets: Reasoning about a highly connected world. *Cambridge University Press*, 2010.

[193] C. Elkan. The foundations of cost-sensitive learning. *IJCAI*, pp. 973–978, 2001.

[194] R. Elmasri, and S. Navathe. *Fundamentals of Database Systems*. Addison-Wesley, 2010.

[195] L. Ertoz, M. Steinbach, and V. Kumar. A new shared nearest neighbor clustering algorithm and its applications. *Workshop on Clustering High Dimensional Data and its Applications*, pp. 105–115, 2002.

[196] P. Erdos, and A. Renyi. On random graphs. *Publicationes Mathematicae Debrecen*, 6, pp. 290–297, 1959.

[197] M. Ester, H.-P. Kriegel, J. Sander, and X. Xu. A density-based algorithm for discovering clusters in large spatial databases with noise. *ACM KDD Conference*, pp. 226–231, 1996.

[198] M. Ester, H. P. Kriegel, J. Sander, M. Wimmer, and X. Xu. Incremental clustering for mining in a data warehousing environment. *VLDB Conference*, pp. 323–333, 1998.

[199] S. Even, O. Goldreich, and A. Lempel. A randomized protocol for signing contracts. *Communications of the ACM*, 28(6), pp. 637–647, 1985.

[200] A. Evfimievski, R. Srikant, R. Agrawal, and J. Gehrke. Privacy preserving mining of association rules. *Information Systems*, 29(4), pp. 343–364, 2004.

[201] M. Faloutsos, P. Faloutsos, and C. Faloutsos. On power-law relationships of the internet topology. *ACM SIGCOMM Computer Communication Review*, pp. 251–262, 1999.

[202] C. Faloutsos, and K. I. Lin. Fastmap: A fast algorithm for indexing, data-mining and visualization of traditional and multimedia datasets. *ACM SIGMOD Conference*, pp. 163–174, 1995.

[203] W. Fan, S. Stolfo, J. Zhang, and P. Chan. AdaCost: Misclassification cost sensitive boosting. *ICML Conference*, pp. 97–105, 1999.

[204] T. Fawcett. ROC Graphs: Notes and Practical Considerations for Researchers. *Technical Report HPL-2003-4*, Palo Alto, CA, HP Laboratories, 2003.

[205] X. Fern, and C. Brodley. Random projection for high dimensional data clustering: A cluster ensemble approach. *ICML Conference*, pp. 186–193, 2003.

[206] C. Fiduccia, and R. Mattheyses. A linear-time heuristic for improving network partitions. In *IEEE Conference on Design Automation*, pp. 175–181, 1982.

[207] R. Fisher. The use of multiple measurements in taxonomic problems. *Annals of Eugenics*, 7: pp. 179–188, 1936.

[208] P. Flajolet, and G. N. Martin. Probabilistic counting algorithms for data base applications. *Journal of Computer and System Sciences*, 31(2), pp. 182–209, 1985.

[209] G. W. Flake. Square unit augmented, radially extended, multilayer perceptrons. *Neural Networks: Tricks of the Trade*, pp. 145–163, 1998.

[210] F. Fouss, A. Pirotte, J. Renders, and M. Saerens. Random-walk computation of similarities between nodes of a graph with application to collaborative recommendation. *IEEE Transactions on Knowledge and Data Engineering*, 19(3), pp. 355–369, 2007.

[211] S. Forrest, C. Warrender, and B. Pearlmutter. Detecting intrusions using system calls: alternate data models. *IEEE ISRSP*, 1999.

[212] S. Fortunato. Community Detection in Graphs. *Physics Reports*, 486(3–5), pp. 75–174, February 2010.

[213] A. Frank, and A. Asuncion. UCI Machine Learning Repository, Irvine, CA: University of California, School of Information and Computer Science, 2010. `http://archive.ics.uci.edu/ml`

[214] E. Frank, M. Hall, and B. Pfahringer. Locally weighted naive bayes. *Proceedings of the Nineteenth conference on Uncertainty in Artificial Intelligence*, pp, 249–256, 2002.

[215] Y. Freund, and R. Schapire. A decision-theoretic generalization of online learning and application to boosting. *Computational Learning Theory*, pp. 23–37, 1995.

[216] J. Friedman. Flexible nearest neighbor classification. *Technical Report, Stanford University*, 1994.

[217] J. Friedman, R. Kohavi, and Y. Yun. Lazy decision trees. *Proceedings of the National Conference on Artificial Intelligence*, pp. 717–724, 1996.

[218] B. Fung, K. Wang, R. Chen, and P. S. Yu. Privacy-preserving data publishing: A survey of recent developments. *ACM Computing Surveys (CSUR)*, 42(4), 2010.

[219] G. Gan, C. Ma, and J. Wu. Data clustering: theory, algorithms, and applications. *SIAM*, 2007.

[220] V. Ganti, J. Gehrke, and R. Ramakrishnan. CACTUS: Clustering categorical data using summaries. *ACM KDD Conference*, pp. 73–83, 1999.

[221] M. Garey, and D. S. Johnson. Computers and intractability: A guide to the theory of NP-completeness. *New York, Freeman*, 1979.

[222] H. Galhardas, D. Florescu, D. Shasha, and E. Simon. AJAX: an extensible data cleaning tool. *ACM SIGMOD Conference* 29(2), pp. 590, 2000.

[223] J. Gao, and P.-N. Tan. Converting output scores from outlier detection algorithms into probability estimates. *ICDM Conference*, pp. 212–221, 2006.

[224] M. Garofalakis, R. Rastogi, and K. Shim. SPIRIT: Sequential pattern mining with regular expression constraints. *VLDB Conference*, pp. 7–10, 1999.

[225] T. Gartner, P. Flach, and S. Wrobel. On graph kernels: Hardness results and efficient alternatives. *COLT: Kernel 2003 Workshop Proceedings*, pp. 129–143, 2003.

[226] Y. Ge, H. Xiong, Z.-H. Zhou, H. Ozdemir, J. Yu, and K. Lee. Top-Eye: Top-k evolving trajectory outlier detection. *CIKM Conference*, pp. 1733–1736, 2010.

[227] J. Gehrke, V. Ganti, R. Ramakrishnan, and W.-Y. Loh. BOAT: Optimistic decision tree construction. *ACM SIGMOD Conference*, pp. 169–180, 1999.

[228] J. Gehrke, R. Ramakrishnan, and V. Ganti. Rainforest-a framework for fast decision tree construction of large datasets. *VLDB Conference*, pp. 416–427, 1998.

[229] D. Gibson, J. Kleinberg, and P. Raghavan. Clustering categorical data: an approach based on dynamical systems. *The VLDB Journal*, 8(3), pp. 222–236, 2000.

[230] M. Girvan, and M. Newman. Community structure in social and biological networks. *Proceedings of the National Academy of Sciences*, 99(12), pp. 7821–7826.

[231] S. Goil, H. Nagesh, and A. Choudhary. MAFIA: Efficient and scalable subspace clustering for very large data sets. *ACM KDD Conference*, pp. 443–452, 1999.

[232] D. W. Goodall. A new similarity index based on probability. *Biometrics*, 22(4), pp. 882–907, 1966.

[233] K. Gouda, and M. J. Zaki. Genmax: An efficient algorithm for mining maximal frequent itemsets. *Data Mining and Knowledge Discovery*, 11(3), pp. 223–242, 2005.

[234] A. Goyal, F. Bonchi, and L. V. S. Lakshmanan. A data-based approach to social influence maximization. *VLDB Conference*, pp. 73–84, 2011.

[235] A. Goyal, F. Bonchi, and L. V. S. Lakshmanan. Learning influence probabilities in social networks. *ACM WSDM Conference*, pp. 241–250, 2011.

[236] R. Gozalbes, J. P. Doucet, and F. Derouin. Application of topological descriptors in QSAR and drug design: history and new trends. *Current Drug Targets-Infectious Disorders*, 2(1), pp. 93–102, 2002.

[237] M. Gupta, J. Gao, C. Aggarwal, and J. Han. Outlier detection for temporal data. Morgan and Claypool, 2014.

[238] S. Guha, R. Rastogi, and K. Shim. ROCK: A robust clustering algorithm for categorical attributes. *Information Systems*, 25(5), pp. 345–366, 2000.

[239] S. Guha, R. Rastogi, and K. Shim. CURE: An efficient clustering algorithm for large databases. *ACM SIGMOD Conference*, pp. 73–84, 1998.

[240] S. Guha, A. Meyerson, N. Mishra, R. Motwani, and L. O'Callaghan. Clustering data

streams: Theory and practice. *IEEE Transactions on Knowledge and Data Engineering*, 15(3), pp. 515–528, 2003.

[241] D. Gunopulos, and G. Das. Time series similarity measures and time series indexing. *ACM SIGMOD Conference*, pp, 624, 2001.

[242] V. Guralnik, and G. Karypis. A scalable algorithm for clustering sequential data. *IEEE International Conference on Data Engineering*, pp. 179–186, 2001.

[243] V. Guralnik, and G. Karypis. Parallel tree-projection-based sequence mining algorithms. *Parallel Computing*, 30(4): pp. 443–472, April 2004. Also appears in *European Conference in Parallel Processing*, 2001.

[244] D. Gusfield. Algorithms on strings, trees and sequences. *Cambridge University Press*, 1997.

[245] I. Guyon (Ed.). Feature extraction: foundations and applications. *Springer*, 2006.

[246] I. Guyon, and A. Elisseeff. An introduction to variable and feature selection. *Journal of Machine Learning Research*, 3, pp. 1157–1182, 2003.

[247] M. Halkidi, Y. Batistakis, and M. Vazirgiannis. Cluster validity methods: part I. *ACM SIGMOD record*, 31(2), pp. 40–45, 2002.

[248] M. Halkidi, Y. Batistakis, and M. Vazirgiannis. Clustering validity checking methods: part II. *ACM SIGMOD Record*, 31(3), pp. 19–27, 2002.

[249] E. Han, and G. Karypis. Centroid-based document classification: analysis and experimental results. *ECML Conference*, pp. 424–431, 2000.

[250] J. Han, M. Kamber, and J. Pei. Data mining: concepts and techniques. *Morgan Kaufmann*, 2011.

[251] J. Han, G. Dong, and Y. Yin. Efficient mining of partial periodic patterns in time series database. *International Conference on Data Engineering*, pp. 106–115, 1999.

[252] J. Han, J. Pei, and Y. Yin. Mining frequent patterns without candidate generation. *ACM SIGMOD Conference*, pp. 1–12, 2000.

[253] J. Han, H. Cheng, D. Xin, and X. Yan. Frequent pattern mining: current status and future directions. *Data Mining and Knowledge Discovery*, 15(1), pp. 55–86, 2007.

[254] J. Haslett, R. Brandley, P. Craig, A. Unwin, and G. Wills. Dynamic graphics for exploring spatial data with application to locating global and local anomalies. *The American Statistician*, 45: pp. 234–242, 1991.

[255] T. Hastie, and R. Tibshirani. Discriminant adaptive nearest neighbor classification. *IEEE Transactions on Pattern Analysis and Machine Intelligence*, 18(6), pp. 607–616, 1996.

[256] T. Hastie, R. Tibshirani, and J. Friedman. The elements of statistical learning. *Springer*, 2009.

[257] V. Hautamaki, V. Karkkainen, and P. Franti. Outlier detection using k-nearest neighbor graph. *International Conference on Pattern Recognition*, pp. 430–433, 2004.

[258] T. H. Haveliwala. Topic-sensitive pagerank. *World Wide Web Conference*, pp. 517-526, 2002.

[259] D. M. Hawkins. Identification of outliers. *Chapman and Hall*, 1980.

[260] S. Haykin. Kalman filtering and neural networks. *Wiley*, 2001.

[261] S. Haykin. Neural networks and learning machines. *Prentice Hall*, 2008.

[262] X. He, D. Cai, and P. Niyogi. Laplacian score for feature selection. *Advances in Neural Information Processing Systems*, 18, 507, 2006.

[263] Z. He, X. Xu, J. Huang, and S. Deng. FP-Outlier: Frequent pattern-based outlier detection. *COMSIS*, 2(1), pp. 103–118, 2005.

[264] Z. He, X. Xu, and S. Deng. Discovering cluster-based local outliers, *Pattern Recognition Letters*, Vol 24(9–10), pp. 1641–1650, 2003.

[265] M. Henrion, D. Hand, A. Gandy, and D. Mortlock. CASOS: A subspace method for anomaly detection in high-dimensional astronomical databases. *Statistical Analysis and Data Mining*, 2012.
Online first: http://onlinelibrary.wiley.com/enhanced/doi/10.1002/sam.11167/

[266] A. Hinneburg, C. Aggarwal, and D. Keim. What is the nearest neighbor in high-dimensional space? *VLDB Conference*, pp. 506–516, 2000.

[267] A. Hinneburg, and D. Keim. An efficient approach to clustering in large multimedia databases with noise. *ACM KDD Conference*, pp. 58–65, 1998.

[268] A. Hinneburg, D. A. Keim, and M. Wawryniuk. HD-Eye: Visual mining of high-dimensional data. *Computer Graphics and Applications*, 19(5), pp. 22–31, 1999.

[269] A. Hinneburg, and H. Gabriel. DENCLUE 2.0: Fast clustering based on kernel-density estimation. *Intelligent Data Analysis, Springer*, pp. 70–80, 2007.

[270] D. S. Hirschberg. Algorithms for the longest common subsequence problem. *Journal of the ACM (JACM)*, 24(4), pp. 664–675, 1975.

[271] T. Hofmann. Probabilistic latent semantic indexing. *ACM SIGIR Conference*, pp. 50–57, 1999.

[272] T. Hofmann. Latent semantic models for collaborative filtering. *ACM Transactions on Information Systems (TOIS)*, 22(1), pp. 89–114, 2004.

[273] M. Holsheimer, M. Kersten, H. Mannila, and H. Toivonen. A perspective on databases and data mining, *ACM KDD Conference*, pp. 150–155, 1995.

[274] S. Hofmeyr, S. Forrest, and A. Somayaji. Intrusion detection using sequences of system calls. *Journal of Computer Security*, 6(3), pp. 151–180, 1998.

[275] D. Hosmer Jr., S. Lemeshow, and R. Sturdivant. Applied logistic regression. *Wiley*, 2013.

[276] J. Huan, W. Wang, and J. Prins. Efficient mining of frequent subgraphs in the presence of isomorphism. *IEEE ICDM Conference*, pp. 549–552, 2003.

[277] Z. Huang, X. Li, and H. Chen. Link prediction approach to collaborative filtering. *ACM/IEEE-CS joint conference on Digital libraries*, pp. 141–142, 2005.

[278] Z. Huang, and M. Ng. A fuzzy k-modes algorithm for clustering categorical data. *IEEE Transactions on Fuzzy Systems*, 7(4), pp. 446–452, 1999.

[279] G. Hulten, L. Spencer, and P. Domingos. Mining time-changing data streams. *ACM KDD Conference*, pp. 97–106, 2001.

[280] J. W. Hunt, and T. G. Szymanski. A fast algorithm for computing longest common subsequences. *Communications of the ACM*, 20(5), pp. 350–353, 1977.

[281] Y. S. Hwang, and S. Y. Bang. An efficient method to construct a radial basis function neural network classifier. *Neural Networks*, 10(8), pp. 1495–1503, 1997.

[282] A. Inokuchi, T. Washio, and H. Motoda. An apriori-based algorithm on mining frequent substructures from graph data. *Principles on Knowledge Discovery and Data Mining*, pp. 13–23, 2000.

[283] H. V. Jagadish, A. O. Mendelzon, and T. Milo. Similarity-based queries. *ACM PODS Conference*, pp. 36–45, 1995.

[284] A. K. Jain, and R. C. Dubes. Algorithms for clustering data. *Prentice-Hall, Inc.*, 1998.

[285] A. Jain, M. Murty, and P. Flynn. Data clustering: A review. *ACM Computing Surveys (CSUR)*, 31(3):264–323, 1999.

[286] A. Jain, R. Duin, and J. Mao. Statistical pattern recognition: A review. *IEEE Transactions on Pattern Analysis and Machine Intelligence,*, 22(1), pp. 4–37, 2000.

[287] V. Janeja, and V. Atluri. Random walks to identify anomalous free-form spatial scan windows. *IEEE Transactions on Knowledge and Data Engineering*, 20(10), pp. 1378–1392, 2008.

[288] J. Rennie, and N. Srebro. Fast maximum margin matrix factorization for collaborative prediction. *ICML Conference*, pp. 713–718, 2005.

[289] G. Jeh, and J. Widom. SimRank: a measure of structural-context similarity. *ACM KDD Conference*, pp. 538–543, 2003.

[290] H. Jeung, M. L. Yiu, X. Zhou, C. Jensen, and H. Shen. Discovery of convoys in trajectory databases. *VLDB Conference*, pp. 1068–1080, 2008.

[291] T. Joachims. Making Large scale SVMs practical. *Advances in Kernel Methods, Support Vector Learning*, pp. 169–184, *MIT Press*, Cambridge, 1998.

[292] T. Joachims. Training Linear SVMs in Linear Time. *ACM KDD Conference*, pp. 217–226, 2006.

[293] T. Joachims. Transductive inference for text classification using support vector machines. *International Conference on Machine Learning*, pp. 200–209, 1999.

[294] T. Joachims. Transductive learning via spectral graph partitioning. *ICML Conference*, pp. 290–297, 2003.

[295] I. Jolliffe. Principal component analysis. *John Wiley and Sons*, 2005.

[296] M. Joshi, V. Kumar, and R. Agarwal. Evaluating boosting algorithms to classify rare classes: comparison and improvements. *IEEE ICDM Conference*, pp. 257–264, 2001.

[297] M. Kantarcioglu. A survey of privacy-preserving methods across horizontally partitioned data. *Privacy-Preserving Data Mining: Models and Algorithms*, Springer, pp. 313–335, 2008.

[298] H. Kashima, K. Tsuda, and A. Inokuchi. Kernels for graphs. In *Kernel Methods in Computational Biology*, MIT Press, Cambridge, MA, 2004.

[299] D. Karger, and C. Stein. A new approach to the minimum cut problem. *Journal of the ACM (JACM)*, 43(4), pp. 601–640, 1996.

[300] G. Karypis, E. H. Han, and V. Kumar. Chameleon: Hierarchical clustering using dynamic modeling. *Computer*, 32(8), pp, 68–75, 1999.

[301] G. Karypis, and V. Kumar. A fast and high quality multilevel scheme for partitioning irregular graphs. *SIAM Journal on scientific Computing*, 20(1), pp. 359–392, 1998.

[302] G. Karypis, R. Aggarwal, V. Kumar, and S. Shekhar. Multilevel hypergraph partitioning: applications in VLSI domain. *IEEE Transactions on Very Large Scale Integration (VLSI) Systems*, 7(1), pp. 69–79, 1999.

[303] L. Kaufman, and P. J. Rousseeuw. Finding groups in data: an introduction to cluster analysis. *Wiley*, 2009.

[304] D. Kempe, J. Kleinberg, and E. Tardos. Maximizing the spread of influence through a social network. *ACM KDD Conference*, pp. 137–146, 2003.

[305] E. Keogh, S. Lonardi, and C. Ratanamahatana. Towards parameter-free data mining. *ACM KDD Conference*, pp. 206–215, 2004.

[306] E. Keogh, J. Lin, and A. Fu. HOT SAX: Finding the most unusual time series subsequence: Algorithms and applications. *IEEE ICDM Conference*, pp. 8, 2005.

[307] E. Keogh, and M. Pazzani. Scaling up dynamic time-warping for data mining applications. *ACM KDD Conference*, pp. 285–289, 2000.

[308] E. Keogh. Exact indexing of dynamic time warping. *VLDB Conference*, pp. 406–417, 2002.

[309] E. Keogh, K. Chakrabarti, M. Pazzani, and S. Mehrotra. Dimensionality reduction for fast similarity searching in large time series datanases. *Knowledge and Infomration Systems*, pp. 263–286, 2000.

[310] E. Keogh, S. Lonardi, and B. Y.-C. Chiu. Finding surprising patterns in a time series database in linear time and space. *ACM KDD Conference*, pp. 550–556, 2002.

[311] E. Keogh, S. Lonardi, and C. Ratanamahatana. Towards parameter-free data mining. *ACM KDD Conference*, pp. 206–215, 2004.

[312] B. Kernighan, and S. Lin. An efficient heuristic procedure for partitioning graphs. *Bell System Technical Journal*, 1970.

[313] A. Khan, N. Li, X. Yan, Z. Guan, S. Chakraborty, and S. Tao. Neighborhood-based fast graph search in large networks. *ACM SIGMOD Conference*, pp. 901–912, 2011.

[314] A. Khan, Y. Wu, C. Aggarwal, and X. Yan. Nema: Fast graph matching with label similarity. *Proceedings of the VLDB Endowment*, 6(3), pp. 181–192, 2013.

[315] D. Kifer, and J. Gehrke. Injecting utility into anonymized datasets. *ACM SIGMOD Conference*, pp. 217–228, 2006.

[316] L. Kissner, and D. Song. Privacy-preserving set operations. *Advances in Cryptology–CRYPTO*, pp. 241–257, 2005.

[317] J. Kleinberg. Authoritative sources in a hyperlinked environment. *Journal of the ACM (JACM)*, 46(5), pp. 604–632, 1999.

[318] S. Knerr, L. Personnaz, and G. Dreyfus. Single-layer learning revisited: a stepwise procedure for building and training a neural network. In J. Fogelman, editor, *Neurocomputing: Algorithms, Architectures and Applications*. Springer-Verlag, 1990.

[319] E. Knorr, and R. Ng. Algorithms for mining distance-based outliers in large datasets. *VLDB Conference*, pp. 392–403, 1998.

[320] E. Knorr, and R. Ng. Finding intensional knowledge of distance-based outliers. *VLDB Conference*, pp. 211–222, 1999.

[321] Y. Koren, R. Bell, and C. Volinsky. Matrix factorization techniques for recommender systems. *Computer*, 42(8), pp. 30–37, 2009.

[322] Y. Koren. Factorization meets the neighborhood: a multifaceted collaborative filtering model. *ACM KDD Conference*, pp. 426–434, 2008.

[323] Y. Koren. Collaborative filtering with temporal dynamics. *Communications of the ACM,*, 53(4), pp. 89–97, 2010.

[324] D. Kostakos, G. Trajcevski, D. Gunopulos, and C. Aggarwal. Time series data clustering. *Data Clustering: Algorithms and Applications*, CRC Press, 2013.

[325] J. Konstan. Introduction to recommender systems: algorithms and evaluation. *ACM Transactions on Information Systems*, 22(1), pp. 1–4, 2004.

[326] Y. Kou, C. T. Lu, and D. Chen. Spatial weighted outlier detection, *SIAM Conference on Data Mining*, 2006.

[327] A. Krogh, M. Brown, I. Mian, K. Sjolander, and D. Haussler. Hidden Markov models in computational biology: Applications to protein modeling. *Journal of molecular biology*, 235(5), pp. 1501–1531, 1994.

[328] J. B. Kruskal. Nonmetric multidimensional scaling: a numerical method. *Psychometrika*, 29(2), pp. 115–129, 1964.

[329] B. Kulis, S. Basu, I. Dhillon, and R. Mooney. Semi-supervised graph clustering: a kernel approach. *Machine Learning*, 74(1), pp. 1–22, 2009.

[330] S. Kulkarni, G. Lugosi, and S. Venkatesh. Learning pattern classification: a survey. *IEEE Transactions on Information Theory*, 44(6), pp. 2178–2206, 1998.

[331] M. Kuramochi, and G. Karypis. Frequent subgraph discovery. *IEEE International Conference on Data Mining*, pp. 313–320, 2001.

[332] L. V. S. Lakshmanan, R. Ng, J. Han, and A. Pang. Optimization of constrained frequent set queries with 2-variable constraints. *ACM SIGMOD Conference*, pp. 157–168, 1999.

[333] P. Langley, W. Iba, and K. Thompson. An analysis of Bayesian classifiers. *Proceedings of the National Conference on Artificial Intelligence*, pp. 223–228, 1992.

[334] A. Lazarevic, and V. Kumar. Feature bagging for outlier detection. *ACM KDD Conference*, pp. 157–166, 2005.

[335] K. LeFevre, D. J. DeWitt, and R. Ramakrishnan. Incognito: Efficient full-domain k-anonymity. *ACM SIGMOD Conference*, pp. 49–60, 2005.

[336] K. LeFevre, D. J. DeWitt, and R. Ramakrishnan. Mondrian multidimensional k-anonymity. *IEEE International Conference on Data Engineering*, pp. 25, 2006.

[337] J.-G. Lee, J. Han, and X. Li. Trajectory outlier detection: A partition-and-detect framework. *ICDE Conference*, pp. 140–149, 2008.

[338] J.-G. Lee, J. Han, and K.-Y. Whang. Trajectory clustering: a partition-and-group framework. *ACM SIGMOD Conference*, pp. 593–604, 2007.

[339] J.-G. Lee, J. Han, X. Li, and H. Gonzalez. TraClass: trajectory classification using hierarchical region-based and trajectory-based clustering. *Proceedings of the VLDB Endowment*, 1(1), pp. 1081–1094, 2008.

[340] W. Lee, and D. Xiang. Information theoretic measures for anomaly detection. *IEEE Symposium on Security and Privacy*, pp. 130–143, 2001.

[341] J. Leskovec, D. Huttenlocher, and J. Kleinberg. Predicting positive and negative links in online social networks. *World Wide Web Conference*, pp. 641–650, 2010.

[342] J. Leskovec, J. Kleinberg, and C. Faloutsos. Graphs over time: densification laws, shrinking diameters, and possible explanations. *ACM KDD Conference*, pp. 177–187, 2005.

[343] J. Leskovec, A. Rajaraman, and J. Ullman. Mining of massive datasets. *Cambridge University Press*, 2012.

[344] D. Lewis. Naive Bayes at forty: The independence assumption in information retrieval. *ECML Conference*, pp. 4–15, 1998.

[345] D. Lewis, and J. Catlett. Heterogeneous uncertainty sampling for supervised learning. *ICML Conference*, pp. 148–156, 1994.

[346] C. Li, Q. Yang, J. Wang, and M. Li. Efficient mining of gap-constrained subsequences and its various applications. *ACM Transactions on Knowledge Discovery from Data (TKDD)*, 6(1), 2, 2012.

[347] J. Li, G. Dong, K. Ramamohanarao, and L. Wong. Deeps: A new instance-based lazy discovery and classification system. *Machine Learning*, 54(2), pp. 99–124, 2004.

[348] N. Li, T. Li, and S. Venkatasubramanian. t-closeness: Privacy beyond k-anonymity and ℓ-diversity. *IEEE International Conference on Data Engineering*, pp. 106–115, 2007.

[349] W. Li, J. Han, and J. Pei. CMAR: Accurate and efficient classification based on multiple class-association rules. *IEEE ICDM Conference*, pp. 369–376, 2001.

[350] Y. Li, M. Dong, and J. Hua. Localized feature selection for clustering. *Pattern Recognition Letters*, 29(1), 10–18, 2008.

[351] Z. Li, B. Ding, J. Han, and R. Kays. Swarm: Mining relaxed temporal moving object clusters. *Proceedings of the VLDB Endowment*, 3(1–2), pp. 732–734, 2010.

[352] Z. Li, B. Ding, J. Han, R. Kays, and P. Nye. Mining periodic behaviors for moving objects. *ACM KDD Conference*, pp. 1099–1108, 2010.

[353] D. Liben-Nowell, and J. Kleinberg. The link-prediction problem for social networks. *Journal of the American Society for Information Science and Technology*, 58(7), pp. 1019–1031, 2007.

[354] R. Lichtenwalter, J. Lussier, and N. Chawla. New perspectives and methods in link prediction. *ACM KDD Conference*, pp. 243–252, 2010.

[355] J. Lin, E. Keogh, S. Lonardi, and B. Chiu. Experiencing SAX: a novel symbolic representation of time series. *Data Mining and Knowledge Discovery*, 15(2), pp. 107–144, 2003.

[356] J. Lin, E. Keogh, S. Lonardi, and P. Patel. Finding motifs in time series. *Proceedings of the 2nd Workshop on Temporal Data*, 2002.

[357] B. Liu. Web data mining: exploring hyperlinks, contents, and usage data. *Springer*, New York, 2007.

[358] B. Liu, W. Hsu, and Y. Ma. Integrating classification and association rule mining. *ACM KDD Conference*, pp. 80–86, 1998.

[359] G. Liu, H. Lu, W. Lou, and J. X. Yu. On computing, storing and querying frequent patterns. *ACM KDD Conference*, pp. 607–612, 2003.

[360] H. Liu, and H. Motoda. Feature selection for knowledge discovery and data mining. *Springer*, 1998.

[361] J. Liu, Y. Pan, K. Wang, and J. Han. Mining frequent item sets by opportunistic projection. *ACM KDD Conference*, pp. 229–238, 2002.

[362] L. Liu, J. Tang, J. Han, M. Jiang, and S. Yang. Mining topic-level influence in heterogeneous networks. *ACM CIKM Conference*, pp. 199–208, 2010.

[363] D. Lin. An Information-theoretic Definition of Similarity. *ICML Conference*, pp. 296–304, 1998.

[364] R. Little, and D. Rubin. Statistical analysis with missing data. *Wiley*, 2002.

[365] F. T. Liu, K. M. Ting, and Z.-H. Zhou. Isolation forest. *IEEE ICDM Conference*, pp. 413–422, 2008.

[366] H. Liu, and H. Motoda. Computational methods of feature selection. *Chapman and Hall/CRC*, 2007.

[367] K. Liu, C. Giannella, and H. Kargupta. A survey of attack techniques on privacy-preserving data perturbation methods. *Privacy-Preserving Data Mining: Models and Algorithms*, Springer, pp. 359–381, 2008.

[368] B. London, and L. Getoor. Collective classification of network data. *Data Classification: Algorithms and Applications*, CRC Press, pp. 399–416, 2014.

[369] C.-T. Lu, D. Chen, and Y. Kou. Algorithms for spatial outlier detection, *IEEE ICDM Conference*, pp. 597–600, 2003.

[370] Q. Lu, and L. Getoor. Link-based classification. *ICML Conference*, pp. 496–503, 2003.

[371] U. von Luxburg. A tutorial on spectral clustering. *Statistics and computing*, 17(4), pp. 395–416, 2007.

[372] A. Machanavajjhala, D. Kifer, J. Gehrke, and M. Venkitasubramaniam. ℓ-diversity: privacy beyond k-anonymity. *ACM Transactions on Knowledge Discovery from Data (TKDD)*, 1(3), 2007.

[373] S. Macskassy, and F. Provost. A simple relational classifier. *Second Workshop on Multi-Relational Data Mining (MRDM) at ACM KDD Conference*, 2003.

[374] S. C. Madeira, and A. L. Oliveira. Biclustering algorithms for biological data analysis: a survey. *IEEE/ACM Transactions on Computational Biology and Bioinformatics.* 1(1), pp. 24–45, 2004.

[375] N. Mamoulis, H. Cao, G. Kollios, M. Hadjieleftheriou, Y. Tao, and D. Cheung. Mining, indexing, and querying historical spatiotemporal data. *ACM KDD Conference*, pp. 236–245, 2004.

[376] G. Manku, and R. Motwani. Approximate frequency counts over data streams. *VLDB Conference*, pp. 346–357, 2002.

[377] C. Manning, P. Raghavan, and H. Schutze. Introduction to information retrieval. *Cambridge University Press*, Cambridge, 2008.

[378] M. Markou, and S. Singh. Novelty detection: a review, part 1: statistical approaches. *Signal Processing*, 83(12), pp. 2481–2497, 2003.

[379] G. J. McLachian. Discriminant analysis and statistical pattern recognition. *Wiler Interscience*, 2004.

[380] M. Markou, and S. Singh. Novelty detection: A review, part 2: neural network-based approaches. *Signal Processing*, 83(12), pp. 2481–2497, 2003.

[381] M. Mehta, R. Agrawal, and J. Rissanen. SLIQ: A fast scalable classifier for data mining, *EDBT Conference*, pp. 18–32, 1996.

[382] P. Melville, M. Saar-Tsechansky, F. Provost, and R. Mooney. An expected utility approach to active feature-value acquisition. *IEEE ICDM Conference*, 2005.

[383] A. K. Menon, and C. Elkan. Link prediction via matrix factorization. *Machine Learning and Knowledge Discovery in Databases*, pp. 437–452, 2011.

[384] B. Messmer, and H. Bunke. A new algorithm for error-tolerant subgraph isomprohism detection. *IEEE Transactions on Pattern Mining and Machine Intelligence*, 20(5), pp. 493–504, 1998.

[385] A. Meyerson, and R. Williams. On the complexity of optimal k-anonymization. *ACM PODS Conference*, pp. 223–228, 2004.

[386] R. Michalski, I. Mozetic, J. Hong, and N. Lavrac. The multi-purpose incremental learning system AQ15 and its testing application to three medical domains. *Proceedings of the AAAI*, pp. 1–41, 1986.

[387] C. Michael, and A. Ghosh. Two state-based approaches to program-based anomaly detection. *Computer Security Applications Conference*, pp. 21, 2000.

[388] H. Miller, and J. Han. Geographic data mining and knowledge discovery. *CRC Press*, 2009.

[389] T. M. Mitchell. Machine learning. *McGraw Hill International Edition*, 1997.

[390] B. Mobasher. Web usage mining and personalization. *Practical Handbook of Internet Computing, ed. Munindar Singh*, pp, 264–265, CRC Press, 2005.

[391] D. Montgomery, E. Peck, and G. Vining. Introduction to linear regression analysis. *John Wiley and Sons*, 2012.

[392] C. H. Mooney, and J. F. Roddick. Sequential pattern mining: approaches and algorithms. *ACM Computing Surveys (CSUR)*, 45(2), 2013.

[393] B. Moret. Decision trees and diagrams. *ACM Computing Surveys (CSUR)*, 14(4), pp. 593–623, 1982.

[394] A. Mueen, E. Keogh, Q. Zhu, S. Cash, and M. Westover. Exact discovery of time series motifs. *SDM Conference*, pp. 473–484, 2009.

[395] A. Mueen, and E. Keogh. Online discovery and maintenance of time series motifs. *ACM KDD Conference*, pp. 1089–1098, 2010.

[396] E. Muller, M. Schiffer, and T. Seidl. Statistical selection of relevant subspace projections for outlier ranking. *ICDE Conference*, pp, 434–445, 2011.

[397] E. Muller, I. Assent, P. Iglesias, Y. Mulle, and K. Bohm. Outlier analysis via subspace analysis in multiple views of the data. *IEEE ICDM Conference*, pp. 529–538, 2012.

[398] S. K. Murthy. Automatic construction of decision trees from data: A multi-disciplinary survey. *Data Mining and Knowledge Discovery*, 2(4), pp. 345–389, 1998.

[399] S. Nabar, K. Kenthapadi, N. Mishra, and R. Motwani. A survey of query auditing techniques for data privacy. *Privacy-Preserving Data Mining: Models and Algorithms*, Springer, pp. 415–431, 2008.

[400] D. Nadeau, and S. Sekine. A survey of named entity recognition and classification. *Lingvisticae Investigationes*, 30(1), 3–26, 2007.

[401] M. Naor, and B. Pinkas. Efficient oblivious transfer protocols. *SODA Conference*, pp. 448–457, 2001.

[402] A. Narayanan, and V. Shmatikov. How to break anonymity of the netflix prize dataset. *arXiv preprint cs/0610105*, 2006. http://arxiv.org/abs/cs/0610105

[403] G. Nemhauser, and L. Wolsey. Integer and combinatorial optimization. *Wiley*, New York, 1988.

[404] J. Neville, and D. Jensen. Iterative classification in relational data. *AAAI Workshop on Learning Statistical Models from Relational Data*, pp. 13–20, 2000.

[405] A. Ng, M. Jordan, and Y. Weiss. On spectral clustering analysis and an algorithm. *Advances in Neural Information Processing Systems*, pp. 849–856, 2001.

[406] R. T. Ng, L. V. S. Lakshmanan, J. Han, and A. Pang. Exploratory mining and pruning optimizations of constrained associations rules. *ACM SIGMOD Conference*, pp. 13–24, 1998.

[407] R. T. Ng, and J. Han. CLARANS: A method for clustering objects for spatial data mining. *IEEE Transactions on Knowledge and Data Engineering*, 14(5), pp. 1003–1016, 2002.

[408] M. Neuhaus, and H. Bunke. Automatic learning of cost functions for graph edit distance. *Information Sciences*, 177(1), pp. 239–247, 2007.

[409] M. Neuhaus, K. Riesen, and H. Bunke. Fast suboptimal algorithms for the computation of graph edit distance. *Structural, Syntactic, and Statistical Pattern Recognition*, pp. 163–172, 2006.

[410] K. Nigam, A. McCallum, S. Thrun, and T. Mitchell. Text classification with labeled and unlabeled data using EM. *Machine Learning*, 39(2), pp. 103–134, 2000.

[411] B. Ozden, S. Ramaswamy, and A. Silberschatz. Cyclic association rules. *International Conference on Data Engineering*, pp. 412–421, 1998.

[412] L. Page, S. Brin, R. Motwani, and T. Winograd. The PageRank citation engine: Bringing order to the web. *Technical Report*, 1999–0120, Computer Science Department, Stanford University, 1998.

[413] F. Pan, G. Cong, A. Tung, J. Yang, and M. Zaki. CARPENTER: Finding closed patterns in long biological datasets. *ACM KDD Conference*, pp. 637–642, 2003.

[414] T. Palpanas. Real-time data analytics in sensor networks. *Managing and Mining Sensor Data*, pp. 173–210, Springer, 2013.

[415] F. Pan, A. K. H. Tung, G. Cong, and X. Xu. COBBLER: Combining column and row enumeration for closed pattern discovery. *International Conference on Scientific and Statistical Database Management*, pp. 21–30, 2004.

[416] C. Papadimitriou, H. Tamaki, P. Raghavan, and S. Vempala. Latent semantic indexing: A probabilistic analysis. *ACM PODS Conference*, pp. 159–168, 1998.

[417] N. Pasquier, Y. Bastide, R. Taouil, and L. Lakhal. Discovering frequent closed itemsets for association rules. *International Conference on Database Theory*, pp. 398–416, 1999.

[418] P. Patel, E. Keogh, J. Lin, and S. Lonardi. Mining motifs in massive time series databases. *IEEE ICDM Conference*, pp. 370–377, 2002.

[419] J. Pei, J. Han, H. Lu, S. Nishio, S. Tang, and D. Yang. H-mine: Hyper-structure mining of frequent patterns in large databases. *IEEE ICDM Conference*, pp. 441–448, 2001.

[420] J. Pei, J. Han, and R. Mao. CLOSET: An efficient algorithm for mining frequent closed itemsets. *ACM SIGMOD Workshop on Research Issues in Data Mining and Knowledge Discovery*, pp, 21–30, 2000.

[421] J. Pei, J. Han, B. Mortazavi-Asl, J. Wang, H. Pinto, Q. Chen, U. Dayal, and M. C. Hsu. Mining sequential patterns by pattern-growth: The prefixspan approach. *IEEE Transactions on Knowledge and Data Engineering*, 16(11), pp. 1424–1440, 2004.

[422] J. Pei, J. Han, and L. V. S. Lakshmanan. Mining frequent patterns with convertible constraints. *ICDE Conference*, pp. 433–442, 2001.

[423] D. Pelleg, and A. W. Moore. X-means: Extending k-means with efficient estimation of the number of clusters. *ICML Conference*, pp. 727–734, 2000.

[424] M. Petrou, and C. Petrou. Image processing: the fundamentals. *Wiley*, 2010.

[425] D. Pierrakos, G. Paliouras, C. Papatheodorou, and C. Spyropoulos. Web usage mining as a tool for personalization: a survey. *User Modeling and User-Adapted Interaction*, 13(4), pp, 311–372, 2003.

[426] D. Pokrajac, A. Lazerevic, and L. Latecki. Incremental local outlier detection for data streams. *Computational Intelligence and Data Mining Conference*, pp. 504–515, 2007.

[427] S. A. Macskassy, and F. Provost. Classification in networked data: A toolkit and a univariate case study. *Joirnal of Machine Learning Research*, 8, pp. 935–983, 2007.

[428] G. Qi, C. Aggarwal, and T. Huang. Link Prediction across networks by biased cross-network sampling. *IEEE ICDE Conference*, pp. 793–804, 2013.

[429] G. Qi, C. Aggarwak, and T. Huang. Online community detection in social sensing. *ACM WSDM Conference*, pp. 617–626, 2013.

[430] J. Quinlan. C4.5: programs for machine learning. *Morgan-Kaufmann Publishers*, 1993.

[431] J. Quinlan. Induction of decision trees. *Machine Learning*, 1, pp. 81–106, 1986.

[432] D. Rafiei, and A. Mendelzon. Similarity-based queries for time series data, *ACM SIGMOD Record*, 26(2), pp. 13–25, 1997.

[433] E. Rahm, and H. Do. Data cleaning: problems and current approaches, *IEEE Data Engineering Bulletin*, 23(4), pp. 3–13, 2000.

[434] R. Ramakrishnan, and J. Gehrke. Database Management Systems. *Osborne/McGraw Hill*, 1990.

[435] V. Raman, and J. Hellerstein. Potter's wheel: An interactive data cleaning system. *VLDB Conference*, pp. 381–390, 2001.

[436] S. Ramaswamy, R. Rastogi, and K. Shim. Efficient algorithms for mining outliers from large data sets. *ACM SIGMOD Conference*, pp. 427–438, 2000.

[437] M. Rege, M. Dong, and F. Fotouhi. Co-clustering documents and words using bipartite isoperimetric graph partitioning. *IEEE ICDM Conference*, pp. 532–541, 2006.

[438] E. S. Ristad, and P. N. Yianilos. Learning string-edit distance. *IEEE Transactions on Pattern Analysis and Machine Intelligence*. 20(5), pp. 522–532, 1998.

[439] F. Rosenblatt. The perceptron: A probabilistic model for information storage and organization in the brain. *Psychological review*, 65(6), 286, 1958.

[440] R. Salakhutdinov, and A. Mnih. *Probabilistic Matrix Factorization. Advances in Neural and Information Processing Systems*, pp. 1257–1264, 2007.

[441] G. Salton, and M. J. McGill. Introduction to modern information retrieval. *McGraw Hill*, 1986.

[442] P. Samarati. Protecting respondents identities in microdata release. *IEEE Transactions on Knowledge and Data Engineering*, 13(6), pp. 1010–1027, 2001.

[443] H. Samet. The design and analysis of spatial data structures. *Addison-Wesley*, Reading, MA, 1990.

[444] J. Sander, M. Ester, H. P. Kriegel, and X. Xu. Density-based clustering in spatial databases: The algorithm gdbscan and its applications. *Data Mining and Knowledge Discovery*, 2(2), pp. 169–194, 1998.

[445] B. Sarwar, G. Karypis, J. Konstan, and J. Riedl. Item-based collaborative filtering recommendation algorithms. *World Wide Web Conference*, pp. 285–295, 2001.

[446] A. Savasere, E. Omiecinski, and S. B. Navathe. An efficient algorithm for mining association rules in large databases. *Very Large Databases Conference*, pp. 432–444, 1995.

[447] A. Savasere, E. Omiecinski, and S. Navathe. Mining for strong negative associations in a large database of customer transactions. *IEEE ICDE Conference*, pp. 494–502, 1998.

[448] C. Saunders, A. Gammerman, and V. Vovk. Ridge regression learning algorithm in dual variables. *ICML Conference*, pp. 515–521, 1998.

[449] B. Scholkopf, and A. J. Smola. Learning with kernels: support vector machines, regularization, optimization, and beyond. *Cambridge University Press*, 2001.

[450] B. Scholkopf, A. Smola, and K.-R. Muller. Nonlinear component analysis as a kernel eigenvalue problem. *Neural Computation*, 10(5), pp. 1299–1319, 1998.

[451] B. Scholkopf, and A. J. Smola. *Learning with Kernels*. MIT Press, Cambridge, MA, 2002.

[452] H. Schutze, and C. Silverstein. Projections for efficient document clustering. *ACM SIGIR Conference*, pp. 74–81, 1997.

[453] F. Sebastiani. Machine Learning in Automated Text Categorization. *ACM Computing Surveys*, 34(1), 2002.

[454] B. Settles. Active Learning. *Morgan and Claypool*, 2012.

[455] B. Settles, and M. Craven. An analysis of active learning strategies for sequence labeling tasks. *Proceedings of the Conference on Empirical Methods in Natural Language Processing (EMNLP)*, pp. 1069–1078, 2008.

[456] D. Seung, and L. Lee. Algorithms for non-negative matrix factorization. *Advances in Neural Information Processing Systems*, 13, pp. 556–562, 2001.

[457] H. Seung, M. Opper, and H. Sompolinsky. Query by committee. *Fifth annual workshop on Computational learning theory*, pp. 287–294, 1992.

[458] J. Shafer, R. Agrawal, and M. Mehta. SPRINT: A scalable parallel classifier for data mining. *VLDB Conference*, pp. 544–555, 1996.

[459] S. Shekhar, C. T. Lu, and P. Zhang. Detecting graph-based spatial outliers: algorithms and applications. *ACM KDD Conference*, pp. 371–376, 2001.

[460] S.Shekhar, C. T. Lu, and P. Zhang. A unified approach to detecting spatial outliers. *Geoinformatica*, 7(2), pp. 139–166, 2003.

[461] S. Shekhar, and S. Chawla. A tour of spatial databases. *Prentice Hall*, 2002.

[462] S. Shekhar, C. T. Lu, and P. Zhang. Detecting graph-based spatial outliers. *Intelligent Data Analysis*, 6, pp. 451–468, 2002.

[463] S. Shekhar, and Y. Huang. Discovering spatial co-location patterns: a summary of results. In *Advances in Spatial and Temporal Databases*, pp. 236–256, Springer, 2001.

[464] G. Sheikholeslami, S. Chatterjee, and A. Zhang. Wavecluster: A multi-resolution clustering approach for very large spatial databases. *VLDB Conference*, pp. 428–439, 1998.

[465] P. Shenoy, J. Haritsa, S. Sudarshan, G., Bhalotia, M. Bawa, and D. Shah. Turbo-charging vertical mining of large databases. *ACM SIGMOD Conference*, 29(2), pp. 22–35, 2000.

[466] J. Shi, and J. Malik. Normalized cuts and image segmentation. *IEEE Transactions on Pattern Analysis and Machine Intelligence.* 22(8), pp. 888–905, 2000.

[467] R. Shumway, and D. Stoffer. Time-series analysis and its applications: With R examples, *Springer*, New York, 2011.

[468] M.-L. Shyu, S.-C. Chen, K. Sarinnapakorn, and L. Chang. A novel anomaly detection scheme based on principal component classifier, *ICDM Conference*, pp. 353–365, 2003.

[469] R. Sibson. SLINK: An optimally efficient algorithm for the single-link clustering method. The Computer Journal, 16(1), pp. 30–34, 1973.

[470] A. Siebes, J. Vreeken, and M. van Leeuwen. itemsets that compress. *SDM Conference*, pp. 393–404, 2006.

[471] B. W. Silverman. Density Estimation for Statistics and Data Analysis. *Chapman and Hall*, 1986.

[472] K. Smets, and J. Vreeken. The odd one out: Identifying and characterising anomalies. *SIAM Conference on Data Mining*, pp. 804–815, 2011.

[473] E. S. Smirnov. On exact methods in systematics. *Systematic Zoology*, 17(1), pp. 1–13, 1968.

[474] P. Smyth. Clustering sequences with hidden Markov models. *Advances in Neural Information Processing Systems*, pp. 648–654, 1997.

[475] E. J. Stollnitz, and T. D. De Rose. Wavelets for computer graphics: theory and applications. *Morgan Kaufmann*, 1996.

[476] R. Srikant, and R. Agrawal. Mining quantitative association rules in large relational tables. *ACM SIGMOD Conference*, pp. 1–12, 1996.

[477] J. Srivastava, R. Cooley, M. Deshpande, and P. N. Tan. Web usage mining: Discovery and applications of usage patterns from web data. *ACM SIGKDD Explorations Newsletter*, 1(2), pp. 12–23, 2000.

[478] I. Steinwart, and A. Christmann. Support vector machines. *Springer*, 2008.

[479] A. Strehl, and J. Ghosh. Cluster ensembles—a knowledge reuse framework for combining multiple partitions. *Journal of Machine Learning Research*, 3, pp. 583–617, 2003.

[480] G. Strang. An introduction to linear algebra. *Wellesley Cambridge Press*, 2009.

[481] G. Strang, and K. Borre. Linear algebra, geodesy, and GPS. *Wellesley Cambridge Press*, 1997.

[482] K. Subbian, C. Aggarwal, and J. Srivasatava. Content-centric flow mining for influence analysis in social streams. *CIKM Conference*, pp. 841–846, 2013.

[483] J. Sun, and J. Tang. A survey of models and algorithms for social influence analysis. *Social Network Data Analytics*, Springer, pp. 177–214, 2011.

[484] Y. Sun, J. Han, C. Aggarwal, and N. Chawla. When will it happen?: relationship prediction in heterogeneous information networks. *ACM international conference on Web search and data mining*, pp. 663–672, 2012.

[485] P.-N Tan, M. Steinbach, and V. Kumar. Introduction to data mining. *Addison-Wesley*, 2005.

[486] P. N. Tan, V. Kumar, and J. Srivastava. Selecting the right interestingness measure for association patterns. *ACM KDD Conference*, pp. 32–41, 2002.

[487] J. Tang, Z. Chen, A. W.-C. Fu, and D. W. Cheung. Enhancing effectiveness of outlier detection for low density patterns. *PAKDD Conference*, pp. 535–548, 2002.

[488] J. Tang, J. Sun, C. Wang, and Z. Yang. Social influence analysis in large-scale networks. *ACM SIGKDD international conference on Knowledge discovery and data mining*, pp. 807–816, 2009.

[489] B. Taskar, M. Wong, P. Abbeel, and D. Koller. Link prediction in relational data. *Advances in Neural Information Processing Systems*, 2003.

[490] J. Tenenbaum, V. De Silva, and J. Langford. A global geometric framework for nonlinear dimensionality reduction. *Science*, 290 (5500), pp. 2319–2323, 2000.

[491] K. Ting, and I. Witten. Issues in stacked generalization. *Journal of Artificial Intelligence Research*, 10, pp. 271–289, 1999.

[492] T. Mitsa. Temporal data mining. *CRC Press*, 2010.

[493] H. Toivonen. Sampling large databases for association rules. *VLDB Conference*, pp. 134–145, 1996.

[494] V. Vapnik. The nature of statistical learning theory. *Springer*, 2000.

[495] J. Vaidya. A survey of privacy-preserving methods across vertically partitioned data. *Privacy-Preserving Data Mining: Models and Algorithms*, Springer, pp. 337–358, 2008.

[496] V. Vapnik. Statistical learning theory. *Wiley*, 1998.

[497] V. Verykios, and A. Gkoulalas-Divanis. A Survey of Association Rule Hiding Methods for Privacy. *Privacy-Preserving Data Mining: Models and Algorithms*, Springer, pp. 267–289, 2008.

[498] J. S. Vitter. Random sampling with a reservoir. *ACM Transactions on Mathematical Software (TOMS)*, 11(1), pp. 37–57, 2006.

[499] M. Vlachos, M. Hadjieleftheriou, D. Gunopulos, and E. Keogh. Indexing multidimensional time-series with support for multiple distance measures. *ACM KDD Conference*, pp. 216–225, 2003.

[500] M. Vlachos, G. Kollios, and D. Gunopulos. Discovering similar multidimensional trajectories. *IEEE International Conference on Data Engineering*, pp. 673–684, 2002.

[501] T. De Vries, S. Chawla, and M. Houle. Finding local anomalies in very high dimensional space. *IEEE ICDM Conference*, pp. 128–137, 2010.

[502] A. Waddell, and R. Oldford. Interactive visual clustering of high dimensional data by exploring low-dimensional subspaces. *INFOVIS*, 2012.

[503] H. Wang, W. Fan, P. Yu, and J. Han. Mining concept-drifting data streams using ensemble classifiers. *ACM KDD Conference*, pp. 226–235, 2003.

[504] J. Wang, J. Han, and J. Pei. Closet+: Searching for the best strategies for mining frequent closed itemsets. *ACM KDD Conference*, pp. 236–245, 2003.

[505] J. Wang, Y. Zhang, L. Zhou, G. Karypis, and C. C. Aggarwal. Discriminating subsequence discovery for sequence clustering. *SIAM Conference on Data Mining*, pp. 605–610, 2007.

[506] W. Wang, J. Yang, and R. Muntz. STING: A statistical information grid approach to spatial data mining. *VLDB Conference*, pp. 186–195, 1997.

[507] J. S. Walker. Fast fourier transforms. *CRC Press*, 1996.

[508] S. Wasserman. Social network analysis: Methods and applications. *Cambridge University Press*, 1994.

[509] D. Watts, and D. Strogatz. Collective dynamics of 'small-world' networks. *Nature*, 393 (6684), pp. 440–442, 1998.

[510] L. Wei, E. Keogh, and X. Xi. SAXually Explicit images: Finding unusual shapes. *IEEE ICDM Conference*, pp. 711–720, 2006.

[511] H. Wiener. Structural determination of paraffin boiling points. *Journal of the American Chemical Society*. 1(69). pp. 17–20, 1947.

[512] L. Willenborg, and T. De Waal. Elements of statistical disclosure control. *Springer*, 2001.

[513] D. Wolpert. Stacked generalization. *Neural Networks*, 5(2), pp. 241–259, 1992.

[514] X. Xiao, and Y. Tao. Anatomy: Simple and effective privacy preservation. *Very Large Databases Conference*, pp. 139–150, 2006.

[515] D. Xin, J. Han, X. Yan, and H. Cheng. Mining compressed frequent-pattern sets. *VLDB Conference*, pp. 709–720, 2005.

[516] Z. Xing, J. Pei, and E. Keogh. A brief survey on sequence classification. *SIGKDD Explorations Newsletter*, 12(1), pp. 40–48, 2010.

[517] H. Xiong, P. N. Tan, and V. Kumar. Mining strong affinity association patterns in data sets with skewed support distribution. *ICDM Conference*, pp. 387–394, 2003.

[518] K. Yaminshi, J. Takeuchi, and G. Williams. Online unsupervised outlier detection using finite mixtures with discounted learning algorithms, *ACM KDD Conference*, pp. 320–324, 2000.

[519] X. Yan, and J. Han. gSpan: Graph-based substructure pattern mining. *IEEE International Conference on Data Mining*, pp. 721–724, 2002.

[520] X. Yan, P. Yu, and J. Han. Substructure similarity search in graph databases. *ACM SIGMOD Conference*, pp. 766–777, 2005.

[521] X. Yan, P. Yu, and J. Han. Graph indexing: a frequent structure-based approach. *ACM SIGMOD Conference*, pp. 335–346, 2004.

[522] X. Yan, F. Zhu, J. Han, and P. S. Yu. Searching substructures with superimposed distance. *International Conference on Data Engineering*, pp. 88, 2006.

[523] J. Yang, and W. Wang. CLUSEQ: efficient and effective sequence clustering. *IEEE International Conference on Data Engineering*, pp. 101–112, 2003.

[524] D. Yankov, E. Keogh, J. Medina, B. Chiu, and V. Zordan. Detecting time series motifs under uniform scaling. *ACM KDD Conference*, pp. 844–853, 2007.

[525] N. Ye. A markov chain model of temporal behavior for anomaly detection. *IEEE Information Assurance Workshop*, pp. 169, 2004.

[526] B. K. Yi, H. V. Jagadish, and C. Faloutsos. Efficient retrieval of similar time sequences under time warping. *IEEE International Conference on Data Engineering*, pp. 201–208, 1998.

[527] B. K. Yi, N. Sidiropoulos, T. Johnson, H. V. Jagadish, C. Faloutsos, and A. Biliris. Online data mining for co-evolving time sequences. *International Conference on Data Engineering*, pp. 13–22, 2000.

[528] H. Yildirim, and M. Krishnamoorthy. A random walk method for alleviating the sparsity problem in collaborative filtering. *ACM conference on Recommender systems*, pp. 131–138, 2008.

[529] X. Yin, and J. Han. CPAR: Classification based on predictive association rules. *SIAM international conference on data mining*, pp. 331–335, 2003.

[530] S. Yu, and J. Shi. Multiclass spectral clustering. *International Conference on Computer Vision*, 2003.

[531] B. Zadrozny, J. Langford, and N. Abe. Cost-sensitive learning by cost-proportionate example weighting. *ICDM Conference*, pp. 435–442, 2003.

[532] R. Zafarani, M. A. Abbasi, and H. Liu. Social media mining: an introduction. *Cambridge University Press*, New York, 2014.

[533] H. Zakerzadeh, C. Aggarwal, and K. Barker. Towards breaking the curse of dimensionality for high-dimensional privacy. *SIAM Conference on Data Mining*, pp. 731–739, 2014.

[534] M. J. Zaki. Scalable algorithms for association mining. *IEEE Transactions on Knowledge and Data Engineering*, 12(3), pp. 372–390, 2000.

[535] M. J. Zaki. SPADE: An efficient algorithm for mining frequent sequences. *Machine learning*, 42(1–2), pp. 31–60, 2001. 31–60.

[536] M. J. Zaki, and M. Wagner Jr. Data mining and analysis: fundamental concepts and algorithms. *Cambridge University Press*, 2014.

[537] M. J. Zaki, S. Parthasarathy, M. Ogihara, and W. Li. New algorithms for fast discovery of association rules. *KDD Conference*, pp. 283–286, 1997.

[538] M. J. Zaki, and K. Gouda. Fast vertical mining using diffsets. *ACM KDD Conference*, pp. 326–335, 2003.

[539] M. J. Zaki, and C. Hsiao. CHARM: An efficient algorithm for closed itemset mining. *SIAM Conference on Data Mining*, pp. 457–473, 2002.

[540] M. J. Zaki, and C. Aggarwal. XRules: An effective algorithm for structural classification of XML data. *Machine Learning*, 62(1–2), pp. 137–170, 2006.

[541] B. Zenko. Is combining classifiers better than selecting the best one? *Machine Learning*, pp. 255–273, 2004.

[542] Y. Zhai, and B. Liu. Web data extraction based on partial tree alignment. *World Wide Web Conference*, pp. 76–85, 2005.

[543] D. Zhan, M. Li, Y. Li, and Z.-H. Zhou. Learning instance specific distances using metric propagation. *ICML Conference*, pp. 1225–1232, 2009.

[544] H. Zhang, A. Berg, M. Maire, and J. Malik. SVM-KNN: Discriminative nearest neighbor classification for visual category recognition. *Computer Vision and Pattern Recognition*, pp. 2126–2136, 2006.

[545] J. Zhang, Z. Ghahramani, and Y. Yang. A probabilistic model for online document clustering with application to novelty detection. *Advances in Neural Information Processing Systems*, pp. 1617–1624, 2004.

[546] J. Zhang, Q. Gao, and H. Wang. SPOT: A system for detecting projected outliers from high-dimensional data stream. *ICDE Conference*, 2008.

[547] D. Zhang, and G. Lu. Review of shape representation and description techniques. *Pattern Recognition*, 37(1), pp. 1–19, 2004.

[548] S. Zhang, W. Wang, J. Ford, and F. Makedon. Learning from incomplete ratings using nonnegative matrix factorization. *SIAM Conference on Data Mining*, pp. 549–553, 2006.

[549] T. Zhang, R. Ramakrishnan, and M. Livny. BIRCH: an efficient data clustering method for very large databases. *ACM SIGMOD Conference*, pp. 103–114, 1996.

[550] Z. Zhao, and H. Liu. Spectral feature selection for supervised and unsupervised learning. *ICML Conference*, pp. 1151–1157, 2007.

[551] D. Zhou, O. Bousquet, T. Lal, J. Weston, and B. Scholkopf. Learning with local and global consistency. *Advances in Neural Information Processing Systems*, 16(16), pp. 321–328, 2004.

[552] D. Zhou, J. Huang, and B. Scholkopf. Learning from labeled and unlabeled data on a directed graph. *ICML Conference*, pp. 1036–1043, 2005.

[553] F. Zhu, X. Yan, J. Han, P. S. Yu, and H. Cheng. Mining colossal frequent patterns by core pattern fusion. *ICDE Conference*, pp. 706–715, 2007.

[554] X. Zhu, Z. Ghahramani, and J. Lafferty. Semi-supervised learning using gaussian fields and harmonic functions. *ICML Conference*, pp. 912–919, 2003.

[555] X. Zhu, and A. Goldberg. Introduction to semi-supervised learning. *Morgan and Claypool*, 2009.

[556] http://db.csail.mit.edu/labdata/labdata.html.

[557] http://www.itl.nist.gov/iad/mig/tests/tdt/tasks/fsd.html.

[558] http://sifter.org/~simon/journal/20061211.html.

[559] http://www.netflixprize.com/.

推荐阅读

推荐系统：原理与实践

作者：Charu C. Aggarwal　ISBN：978-7-111-60032-9　定价：129.00元

本书从原理、技术、应用角度对推荐系统进行全面介绍。首先介绍重要的推荐系统算法，包括它们的优缺点以及适用场景；然后，在特定领域场景和不同类型的输入信息以及知识基础的背景下研究推荐问题；最后，讨论推荐系统的高级话题（包括攻击模型、组推荐系统、多标准系统和主动学习系统）；此外，还涉及推荐系统的实际应用，比如新闻的推荐和计算广告等。

本书对推荐系统的介绍兼顾原理性和应用性。作者没有回避推荐技术原理中大量深入的数学方法，同时涵盖推荐系统涉及的众多技术和实际应用，使读者知其然更知其所以然，做到理论和实际的有效融合。

推荐阅读

数据挖掘：概念与技术（原书第3版）

作者：韩家炜 Micheline Kamber 裴健 译者：范明 孟小峰 ISBN：978-7-111-39140-1 定价：79.00元

数据挖掘领域最具里程碑意义的经典著作
完整全面阐述该领域的重要知识和技术创新

Jiawei、Micheline和Jian的教材全景式地讨论了数据挖掘的所有相关方法，从聚类和分类的经典主题，到数据库方法（关联规则、数据立方体），到更新和更高级的主题（SVD/PCA、小波、支持向量机），等等。总的来说，这是一本既讲述经典数据挖掘方法又涵盖大量当代数据挖掘技术的优秀著作，既是教学相长的优秀教材，又对专业人员具有很高的参考价值。

—— 摘自卡内基-梅隆大学Christos Faloutsos教授为本书所作序言

异构信息网络挖掘：原理和方法

作者：孙怡舟 韩家炜 译者：段磊 朱敏 唐常杰 ISBN：978-7-111-54995-6 定价：69.00元

本书讲述挖掘异构信息网络所需的原理和方法。是著名华裔科学家韩家炜和美国加州大学洛杉矶分校副教授孙怡舟博士联袂编写的数据挖掘研究生教材。本书是伊利诺伊香槟分校数据挖掘高级课程的参考教材，与我们引进出版的那本韩老师的名著《数据挖掘：概念与技术》互为补充，适合作为研究生数据挖掘课程的参考教材，也适合数据挖掘研究人员和专业技术人员参考。

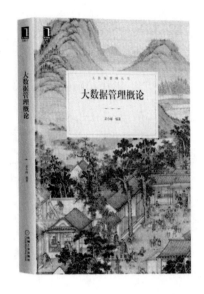 

大数据管理概论

作者：孟小峰　ISBN：978-7-111-56440-9　定价：69.00元

　　本书涵盖大数据管理的理论、方法、技术等诸多方面，集成了大数据融合、储存、分析、隐私、和系统等方面的工作。全书共分7章。第1章描述大数据的概念、演变过程和处理模式；第2章提出大数据融合的概念，分析大数据融合的独特性和任务，给出大数据融合的方法论；第3章介绍大数据存储与管理方法；第4章描述大数据分析技术，包括实时分析、交互分析、智能分析等；第5章讲述大数据涉及的隐私主题，主要介绍不同领域中的隐私保护问题及其隐私保护技术；第6章介绍大数据管理系统，并分析其体系结构；第7章是基于大数据的交互学科研究，介绍在线用户行为演化的相关研究。适合对大数据管理领域有兴趣的学生、研究人员和相关从业人员阅读参考。

大数据、小数据、无数据：网络世界的数据学术

作者：[美]克莉丝汀 L. 伯格曼（Christine L. Borgman）译者：孟小峰 张祎 赵尔平

ISBN：978-7-111-57578-8　定价：99.00元

　　任何领域的学术研究都离不开数据，如果说元数据是关于"数据"的"数据"，那么本书就是关于"研究"的"研究"。作者跨越了自然科学、社会科学和人文学科的界限，直指学术研究事业面临的挑战，旨在打破数据的利益壁垒，构筑数据学术的大同世界。2015年，美国出版商协会授予本书计算机与信息科学领域的"美国专业与学术杰出出版奖"。

　　我们生活在数据的海洋之中。本书深刻而又广泛地探讨了数据相关问题，以及其与学术甚至更广泛的知识系统之间的联系方式。这些研究结论可以为充分利用数据并防止数据滥用提供宝贵指导。

——Jonathan Zittrain，哈佛大学法律和计算机科学教授，哈佛大学法学院图书馆馆长